高等学校地图学与地理信息系统系列教材

普通地图编制

General Map Compilation

何宗宜　宋鹰　编著

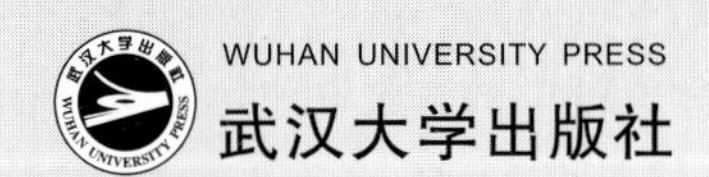

WUHAN UNIVERSITY PRESS
武汉大学出版社

图书在版编目(CIP)数据

普通地图编制/何宗宜,宋鹰编著. —武汉:武汉大学出版社,2015.6
高等学校地图学与地理信息系统系列教材
ISBN 978-7-307-15569-5

Ⅰ.普… Ⅱ.①何… ②宋… Ⅲ.地图编绘—高等学校—教材
Ⅳ.P283

中国版本图书馆 CIP 数据核字(2015)第 072584 号

责任编辑:鲍 玲　　责任校对:汪欣怡　　版式设计:马 佳

出版发行:**武汉大学出版社**　(430072 武昌 珞珈山)
(电子邮件:cbs22@ whu. edu. cn 网址:www. wdp. com. cn)
印刷:湖北金海印务有限公司
开本:787 × 1092 1/16 印张:31 字数:673 千字 插页:1
版次:2015 年 6 月第 1 版 2015 年 6 月第 1 次印刷
ISBN 978-7-307-15569-5 定价:56.00 元

前　言

数字地图是国家基础地理信息最重要的可视化形式,是国家空间数据基础设施的基础,也是智慧城市的数据基础。数字地形图是覆盖我国范围的精度最高、内容最丰富的基础测绘成果,是用途最广、使用频率最高的基础地理信息品种之一,是国民经济建设、国防建设、国土整治、资源开发、环境保护、防灾减灾、文化教育、地理国情监测等不可或缺的基础性、战略性信息资源,是提高测绘地理信息的服务保障能力,促进国家经济建设和社会发展的基础空间信息资源。一幅普通地图表达的地理空间有时是整个地段、有时是一个地区、有时是整个地球,且具有可量测性、直观性和一览性等特有的地图特性。普通地图的这些特性是地图作者利用创造性思维在制作地图数据的过程中进行科学的抽象再加工形成的。近十几年来,我国的地图生产部门和科研机构已经开始采用全数字地图制图技术,充分利用空间数据资源,设计制作出各种比例尺地图数据集,使地图在国民经济建设和人们日常生活中发挥越来越重要的作用。随着数字地图制图技术、地理信息科学的快速发展,需要新的普通地图制图理论和技术来制作满足信息化时代要求的地图数据、多种比例尺地图数据集。

本书是作者在几十年科研和教学的基础上撰写的,全书共分十二章。其中,第一章、第三章到第八章、第十章、第十一章、第十二章由何宗宜教授编写,第二章和第九章由宋鹰副教授编写。全书由何宗宜教授统稿,进行了全面校订。第一章介绍地图基础知识、普通地图内容和国内外的普通地图的分幅和编号情况,详细论述了我国地形图的分幅编号方法与地图分幅编号的应用。第二章介绍地图符号、色彩和注记等地图语言知识,重点论述了视觉变量及视觉效果、普通地图符号设计的基本方法,地图色彩的感受效果、地图色彩设计的基本方法、普通地图中的色彩应用,地图注记的分类与设计方法。第三章介绍地图的数学基础,重点论述了普通地图的空间基准,地图投影在普通地图中的应用。第四章介绍普通地图的表示方法,详细地论述了普通地图各要素的分类和表示方法。第五章介绍普通地图要素综合的基本理论和方法。第六章介绍普通地图中自然要素的制图综合,详细地论述了水系、地貌、土质、植被的综合原则和方法。第七章介绍普通地图中社会经济要素的制图综合,详细地论述了居民地、交通网和境界的综合原则和方法。第八章介绍普通地图制图自动综合,分析了普通地图自动综合现状,论述了普通地图自动综合软件分类、结构设计和功能设计。第九章介绍普通地图设计,重点论述了普通地图总体设计的内容和方法,总体设计书内容和撰写方法。第十章介绍制图区域和地图资料,详细地论述了普通地图制图区域的研究内容和方法,普通地图制图资料数据收集、整理、评价、选择和处理方法。第十一章介绍普通地图数据制作的技术方法，重点论述了地图数据制作的技术流程、地图数据处理、地图数据制作和地图数据的审校。第十二章介绍地图数字出版的技术方法，重点论述了地图数字出版技术流程、地图数码打样、地图数字制版和地图数字印刷。

本书中的插图由朱曦、付婷、胡曦等人绘制。书中还引用了许多参考资料，在参考文献中未能一一列出，在此一并致谢。

由于作者水平所限，书中疏漏之处敬请读者批评指正。

编著者

2015 年 1 月于珞珈山

目 录

第一章 概 述

第一节 地图定义和基本特性

地图是先于文字形成的用图解语言表达事物的工具。古代人类在生存斗争中，伴随着渔猎、耕作等实践活动，积累了相当丰富的地理知识。为了记载生活资料的产地，人类将它用图形模仿的方法记载下来，作为以后活动的指导。最初，人们并没有完整的地图概念，他们在记载各种事物的过程中，应用了最直接、形象的绘图方法，用各种图形表现各种事物和现象。其中，用于描绘地理环境的图画由于其具有描绘地面的独特的优越性最终发展成为地图。由于地图是在人们的实践活动中产生的，原始地图大都服务于某一项专门的生产操作，所以最早的地图是“专门”地图，后来在很多“专门”地图中找到了一些共同的地形因素，才出现了以表示地势河川、居民地和道路为主的“普通”地图。

地图是在人们不断认识的基础上发展起来的，它是人们认识周围客观环境和事物的结果，然而在认识世界的每一次深化过程中，又常常以地图作为依据，所以地图又是人们认识周围环境和事物的工具。

过去，人们把地图看成是“地球表面(或局部)在平面上的缩写”。这种说法从“地图是以符号缩小地表示客观世界”这个角度来说是正确的，但它又是不充分的，因为它没有说出同样是表达地球表面状态的产品如遥感影像、地面摄影像片、风景图画等同地图的区别。

为了给地图下一个科学的定义，我们首先研究地图具有哪些基本特性。

1. 可量测性

制作地图要使用特殊的数学法则，它包含地图投影、地图比例尺和地图定向这三个方面。

地球的自然表面是一个极不规则的曲面，不可能用数学公式来表达，也无法进行计算。所以，必须寻找一个形状和大小都很接近于地球的数学表面。大地水准面是假想大洋表面向大陆延伸而包围整个地球所形成的曲面，它虽然比地球的自然表面要规则得多，但依旧不能用数学公式表达，这是因为受地球内部质量分布不均匀的影响，大地水准面产生了微小的起伏，它的形状仍是一个复杂的表面。为了便于测绘成果的计算，选择一个大小和形状同大地水准面极为相近的旋转椭球面来代替。旋转椭球面虽是一个纯数学表面，但仍然是一个不可展的曲面。地图投影是用解析方法找出旋转椭球面点经纬度(φ, λ)同平面直角坐标(x, y)之间的关系，地图投影的任务就是将椭球面上的经纬度坐标(φ, λ)变成平面上的直角坐标(x, y)。正是由于实现了这种点位的转换，才有可能将地面的各种物体和现象正确地描绘到平面上，才能保证地图图形具有可量度性，人们才能依据地图研究制图物体(现象)的形状和分布，进行各种量测。投影的结果存在误差是难免的，地图投影方法可以精确地确定每个点上产生的误差的性质和大小。

地图比例尺是地面上微小线段在地图上缩小的倍数。它是地图上某线段 l 与实地上的相应线段 L 的水平长度之比，表示为：

$$l : L = 1 : M \tag{1-1}$$

式中：M 为地图比例尺分母。

由于地球表面是曲面，所以必须限定在一个较小的范围内才会有“水平长度”。

地图定向是确定地图图形的地理方向。没有确定的地理方向，就无法确定地理事物的方位。地图的数学法则中一定要包含地图的定向法则。

使用了特殊的数学法则，地图就具有了可量测性，人们可以在地图上量测两点间的距离、区域面积，确定地物的方向，并可根据地图图形量测高差，计算出体积、地面坡度、河流曲率等。

2. 直观性

地图上表示各种复杂的自然和人文事物都是通过地图语言来实现的。地图语言包括地图符号、色彩和注记。采用地图语言表示各种复杂的自然和社会现象，使地图比影像等更具直观性。与影像相比地图有如下特点：

①实地上形体小却有重要意义的物体，如三角点、水准点等，在影像上不易辨认或完全没有影像，而地图上则可以根据需要，即使在较小的比例尺地图上也可以用符号清晰地表示出来。

②许多事物虽有其形，但其质量和数量特征是无法在影像中识别的，如湖水的性质、温度和深度，河流的流速，土壤的性质，道路的路面材料，房屋的坚固程度，地势起伏的绝对和相对高度等，而这些特征在地图上则可以通过符号或注记表达出来。

③地面上一些受遮盖的物体，在影像上无法显示，而在地图上却能使用符号将其表现出来。例如：地铁、隧道、涵洞、地下管道等地下建筑物也能在地图上清晰显示等。

④许多自然和社会现象，如行政区划界线、磁力线、经纬线、降雨量、产量、产值、地下径流、太阳辐射和日照等，都是无形的现象，在影像上根本不可能显示，只有在地图上通过使用符号或注记才能表达出来。

这样，地图上不仅能表示大的物体，而且还可以表示小而重要的物体；不仅能表示物体质的特征，还可以表示量的大小；不仅能表示看得见的物体，而且还可以表示被遮盖的或无形体的现象。同时，读地图只要读图例，就可直观地读出事物的名称、性质等，而无须像读航空像片那样去判读。

3. 一览性

地图作者在制图过程中进行思维加工，科学地抽取事物内在的本质特征和规律，使制作的地图具有明显的一览性。

随着编图时地图比例尺的缩小，地图面积在迅速缩小，可能表达在地图上的物体(如河流、居民地、道路等)的数量也必须相应地减少，这就势必还要去掉一些次要的而选取主要的物体，同类物体也要求进一步减少它们按质量、数量区分的等级，简化其轮廓图形，概括地表示地图内容。

这种制图综合的过程，是地图作者进行思维加工，抽取事物内在的本质特征与联系表现于地图的过程，通过制图综合使用图者更易于理解事物内在的本质和规律。由于实施了制图综合，不论多大的制图区域，都可以按照制图目的，一览无遗地呈现在读者面前，这就是地图的一览性。

基于以上地图的特有属性，形成了现阶段较广泛的地图定义，即"地图是根据一定的数学法则，将地球(或其他星体)上各种自然现象和社会现象，使用地图语言，通过制图综合，缩小表示在平面上，反映各种空间分布、组合、联系、数量和质量特征及其在时间中的变化和发展"。

当前，随着科学技术的进步，地图及其定义也在不断发展。数字地图、电子地图、网络地图和真三维地图的出现都会引起地图学家对地图定义的讨论。

第二节　地图的分类

随着地图应用领域的扩展及科学技术的进步，编制和应用地图也越来越普遍，地图的选题范围也越来越广，因此，地图的品种和数量也在日益增多。为使编图更有针对性，以及便于使用和管理地图，需要对地图进行分类。

地图的科学分类，有利于研究各类地图的性质和特点，发展地图的新品种；有利于有针对性地组织与合理安排地图的生产；有利于地图编目及其存储，便于地图的管理和使用；地图分类对于处理和检索地图资料具有重要现实意义。

地图分类的标志有很多，主要有地图的内容、比例尺，制图区域范围，用途，使用方式和其他标志等。

一、地图按其内容分类

地图按其内容可分为普通地图和专题地图两大类。

普通地图是以相对平衡的详细程度表示地球表面的水系、地貌、土质植被、居民地、交通网、境界等自然现象和社会现象的地图。它比较全面地反映了制图区域的自然人文环境、地理条件和人类改造自然的一般状况，反映出自然、社会经济等方面的相互联系和影响的基本规律。随着地图比例尺的不同，所表达的内容的详简程度也有很大的差别。普通地图按内容的概括程度，区域及图幅的划分状况等分为地形图和普通地理图

(简称地理图)。

专题地图是根据专业方面的需要，突出反映一种或几种主题要素或现象的地图，其中作为主题的要素表示得很详细，而其他要素则视反映主题的需要，作为地理基础概略表示。主题的专题内容，可以是普通地图上所固有的要素，例如，行政区划图的主题是居民地的行政等级及境界，它们都是普通地图上固有的内容。但更多的是属于专业部门特殊需要的内容，例如，气候地图表示的各种气候因素的空间分布、地质图上表达的各种地质现象、环境地图中表示的诸如污染与保护、土壤图表示的土壤种类，等等。专题地图按其内容性质再分为自然现象地图(自然地理图)和社会现象地图(社会经济地图)。

二、地图按比例尺分类

地图按比例尺分类是一种习惯上的分类方法。它的意义在于地图比例尺影响着地图内容的详细程度和使用特点。由于比例尺并不能直接体现地图的内容和特点，且比例尺的大小又有其相对性，它不能单独作为地图分类的标志，往往作为二级分类标志与地图按内容分类联系起来使用。在普通地图中，我国把地图按比例尺分为：

大比例尺地图：1∶10万及更大比例尺的地图；

中比例尺地图：1∶10万和1∶100万比例尺之间的地图；

小比例尺地图：1∶100万及更小比例尺的地图。

但这种划分也是相对的，不同的国家、国内不同的地图生产部门的分法都不一定相同。例如：前苏联将地图分为地形图(大于1∶20万)、地形一览图(1∶20万~1∶100万)、一览图(小于1∶100万)三种；而法国则分为更大比例尺(大于1∶1000)、大比例尺(1∶1 000~1∶2.5万)、中比例尺(1∶2.5万~1∶10万)、小比例尺(1∶10万~1∶50万)、更小比例尺(小于1∶100万)五种。

例如，国内城市规划及其他工程设计部门把地图按比例尺分为：

大比例尺地图：1∶2 000及更大比例尺的地图；

中比例尺地图：1∶5 000和1∶10 000比例尺之间的地图；

小比例尺地图：1∶25 000及更小比例尺的地图。

我国把1∶5千、1∶1万、1∶2.5万、1∶5万、1∶10万、1∶25万、1∶50万、1∶100万这八种比例尺的地形图规定为国家基本比例尺地形图，它们是按国家统一测图编图规范和图式进行测制或编制的地形图。

三、地图按制图区域分类

地图按制图区域分类，就是按地图所包括的空间加以区别。地图制图区域分类可按自然区和行政区来细分。

按自然区可分为：世界地图、东半球地图、西半球地图、大洲地图(如亚洲地图、欧洲地图等)、南极地图、北极地图、大洋地图(如太平洋地图、大西洋地图等)、自然区域地图(如青藏高原地图、长江流域地图等)。

按行政区可分为：国家地图、省(区)地图、市(县)地图和乡镇地图等。

还可以按经济区划或其他的区划标志分类。

随空间技术的发展，出现了一种其他行星的地图，如月球图、火星图等，也可以列入按制图区域分类之中。

四、地图按用途分类

地图按其用途分类，就是按供一定范围的读者使用。地图按用途可分为通用与专用两种。

通用地图：为广大读者提供科学参考或一般参考，例如，中华人民共和国挂图，世界挂图等。

专用地图：为各种专门用途而制作的，例如，航空飞行用的航空图，中小学用的教学挂图等。

按其用途还可分为民用和军用两种。民用地图可以进一步分为国民经济建设与管理地图(如自然条件和资源调查与评价图、行政区划图、土地利用地图和规划地图等)，教育、科学与文化地图(如教学地图、科学参考图、文化教育图、交通旅游地图)。军用地图可以进一步划分为战术图、战役图、战略图，或者分为军用地形图、协同图以及各种军事专用地图(如航空图、航海图等)。

五、地图按使用方式分类

地图按使用方式可分为：

桌面用图：放在桌面上使用，能在明视距离阅读的地图，如地形图、地图集等。

挂图：挂在墙上使用的地图，其中，挂图又有近距离阅读的一般挂图和远距离阅读的教学挂图。

袖珍地图：通常包括小的图册或便于折叠的丝绸质地图及折叠得很小巧的旅游地图等。

野外用图：经常在野外使用，防雨水、耐折叠的地图。如丝绸地图，在特殊纸张上印刷的地图。

电子地图：是以计算机屏幕显示的地图，如多媒体电子地图、网络地图和真三维地图等。

六、地图按维数分类

地图按维数可分为：

2 维地图：一般的平面地图；

2.5 维地图：一般的立体地图，如立体模型地图、塑料压膜立体地图、光栅立体地图、互补色立体地图等；

3 维地图：是真正的 3 维立体显示，能任意方向和角度显示 3 维图像。在 3 维地图基础上利用虚拟现实技术，形成“可进入”地图，使用者有身临其境的感觉。

4 维地图：是除 3 维立体以外，再增加一维属性值(一般是时间维)。利用 4 维地图可分析并预报水灾、暴风雨、地震等。

七、地图按其他标志分类

地图按其感受方式，可分为视觉地图和触觉(盲文)地图。

地图按其结构，可分为单幅图、系列图和地图集等。

地图按其语言，可分为汉语地图、各少数民族语言地图和外文地图等。

地图按瞬时状态，可分为静态地图和动态地图。

地图按存储介质，可分为纸质地图、丝绸地图、数字地图和电子地图等。

第三节　地图的用途

人们必须借助工具来研究复杂的地理现象，这种工具就是被称为地理学第二语言的地图。地图可以使人们拓展正常的视野范围，用于记录、计算、显示、分析地理事物的空间关系，将读者感兴趣的广大区域收入视野。地图在经济建设、国防军事、科学研究、文化教育等方面都得到广泛的应用，地图已在许多学科和部门的规划设计、分析评价、预测预报、决策管理、宣传教育中发挥重要作用。

一、在国民经济建设方面的应用

①土地、森林、矿产、水利、油气、地热、海洋和草场等资源的调查、勘察、规划、开发和利用。

②工矿、交通、水利等工程建设的选址、选线、勘察、设计和施工。

③国土整治规划、环境监测、预警与治理。

④各级政府和管理部门将地图作为规划和管理的工具。

⑤农业、工业、交通运输、行政、旅游、地貌、气候、水文、土壤、植物、动物等地理区划中的应用。

⑥城市建设、规划与管理，土地利用，地籍管理，房屋管理。

⑦交通运输的规划、设计与管理。

⑧导航定位、远洋航行、航空运输、水利、工业、农业、林业等其他领域的应用。

⑨各种灾害的预报，抗震、防洪、救灾等应急救援的应用。

二、在国防建设方面的应用

①地图是“指挥员的眼睛”，各级指挥员在组织计划和指挥作战时，都要用地图研究敌我态势、地形条件、河流与交通状况、居民情况等，确定进攻、包围、追击的路线，选择阵地、构筑工事、部署兵力、配备火力等。

②国防工程的规划、设计和施工。

③巡航导弹专门配有以数字地形模型为基础的数字地图，自动确定飞行方向、路线和打击目标。

④炮兵和导弹火箭部队要利用精确地图量算方位、距离和高差，准备射击目标；空军和海军也要利用地图计划航线、领航和寻找目标。

三、在科学研究方面的应用

①地学、生物学等学科可以通过地图分析自然要素和自然现象的分布规律、动态变化以及相互联系，从而得出科学结论和建立假说，或作出综合评价与进行预测预报。可以是研究一种要素(如地貌、植被等)和现象(如温度、降水、地磁、地震等)分布的一般规律和区域差异，也可以是一种要素的某种类型的分布规律和特点(如地貌要素中岩溶地貌的分布规律)，还可以是自然综合体或区域经济综合体各种现象和要素总的分布规律和特点。例如，我国地质学家根据地质主要构造带图分析，确定石油地层的分布，从而找到油田。

②地震工作者根据地质构造图、地震分布图等作出地震预报。

③土壤工作者根据气候图、地质图、地貌图、植被图研究土壤的形成。

④地貌工作者根据降雨量图、地质图、地貌图研究冲积平原与三角洲的动态变化。

⑤地质和地理学家利用地图开展区域调查和研究工作。

四、在其他方面的应用

①旅游地图和交通地图是人们旅行不可缺少的工具。

②国家疆域版图的主要依据。

③利用地图进行教学、宣传，传播信息。

④利用地图进行航空、航海、宇宙导航。

⑤利用地图分析地方病与流行病，制订防治计划。

⑥利用天气图，结合卫星云图，根据大气过程在某一时刻的空间定位和对这些过程发展规律的认识，做出天气预报。

第四节 普通地图内容

凡具有空间分布的物体或现象，不论是自然要素，还是人文要素都可以用地图的形式来予以表现，普通地图是以表示地面自然形态和人类活动的结果中最基本的目标为对象的。普通地图上所表示的内容可分为三个部分：数学要素、地理要素、图廓外辅助要素。

一、数学要素

数学要素指数学基础在地图上的表现。数学要素包括：地图投影及与之有联系的地图的坐标网、控制点、比例尺和地图定向等内容。

坐标网是制作地图时绘制地图内容图形的控制网，利用地图时可以根据它确定地面点的位置和进行各种量算。由于地图投影的不同，坐标网常表现为不同的系统和形状。地图的坐标网，有地理坐标网和直角坐标网之分，它们都是地图投影的具体表现形式。由于地图的要求不同，有些地图要同时表现两种形式的坐标网，另外一些地图则只要表示其中一种坐标网即可。

控制点是测图和制图的控制基础，它保证地图上的地理要素对坐标网具有正确位置。控制点的位置和高程是用精密仪器测量得来的，现在可以依赖全球卫星定位系统(GPS)利用GPS接收机直接测得，具有很高的精度。控制点分为平面控制点和高程控制点。平面控制点又分为天文点、三角点和埋石点，其中三角点和埋石点是测图和编图的控制点，三角点是国家等级的平面控制点，埋石点是精度低于国家等级的平面控制点，天文点是用天文测量方法测得天文经纬度的控制点。高程控制点是指水准点。控制点只在大比例尺地形图上才选用，起补充坐标网的作用。

地图的比例尺是表示地图对实地的缩小程度，是图上线段与该线段在实地长度之比。

地图的定向则是确定地图上图形的方向。一般地图图形均以北方定向。

二、地理要素

普通地图的主题内容是地理要素现象。根据地理现象的性质，大致可以区分为自然要素、社会要素和其他标志等。

自然要素包括海洋要素、陆地水系、地貌、土质和植被等。海洋要素包括海岸线、沿海地带、后滨、潮浸地带、干出滩、沿海地带、前滨。陆地水系对地图内容的其他要素起着制约作用，它包括河流、湖泊、水库、沟渠及池塘。地貌要素包括陆地地貌和海底地貌。陆地地貌是指陆地部分地面高低起伏变化和形态变化的特点。海底地貌是指海洋部分海底高低起伏的变化、形态特点和海底底质。土质主要是指沼泽地、沙砾地、戈壁滩、石块地、小草丘地、残丘地、盐碱地、龟裂地等。植被是地表植物覆盖层的简称，地图上表示的植被要素可以分为天然的和人工的两大类。

社会要素包括居民地、交通网、境界及行政中心。居民地是人类居住和进行各种活动的中心场所，是普通地图的重要地理要素之一；地图上应表示居民地的类型、形状、行政意义和人口数、交通状况和居民地内部建筑物的性质等，以反映出居民地所处的政治经济地位、军事价值和历史文化意义。交通运输是来往通达的各种运输事业的总称；地图上表示的交通运输网包括陆上交通、水路交通、空中交通和管线运输；陆上交通包括铁路、公路和其他道路；水路交通分为内河航线和海洋航线；管线运输包括高压输电线、石油及天然气管道等。地图上表示的境界分为政区境界和其他境界两类；其他境界主要指一些专门的界线，如停火线、禁区界、旅游和园林界等。行政中心是与政治区划和行政区划相对应的，例如，我国的行政中心有首都、省(自治区、直辖市)府、省辖市(自治州、盟)府、县(自治县、旗、市)府等。

其他的标志包括方位物，革命和历史性纪念标志，磁力异常标志，经济标志，科学、文化、卫生等方面的标志等。并不是每种比例尺地图上都要表示这些标志的，例如，大比例尺地图上着重表示的方位物，在小比例尺地图上则不需要表示；又如，磁力异常标志通常只在小比例尺地图上表达。其他的独立物体，虽然各种比例尺地图上都有，但表示的详细程度也有明显的差别。

三、图外辅助要素

图外辅助要素是指为阅读和使用地图时提供的具有一定参考意义的说明性内容或工具性内容。普通地图的图廓外，布置有图名、图号、接图表、图例、图廓、分度带、图解比例尺、坡度尺、三北方向图、图幅接合表、行政区划略图、各种附图、编图时使用的资料、资料略图、坐标系统、编图单位、编图时间及成图说明等读图工具和参考资料，它们是普通地图上不可缺少的一类要素。

第五节　地图的分幅和编号

对于一个确定的制图区域来说。如果要求内容比较概略，就可以采用比较小的比例尺，有可能将全区绘于一张图纸上；如果要求内容表达详细，就要采用较大的比例尺，这时就不可能将整个制图区域绘制在一张图纸上。尤其是地形图，更不可能将辽阔的区域测绘或编制在一张图上。为了不重测(编)、漏测(编)，就需要将地面按一定的规律分成若干块，这就是地图的分幅。另外，若不分幅，地图幅面过大，一般印刷设备难以满足地图印刷的要求。为了科学地反映各种比例尺地形图之间的关系和相同比例尺地图之间的拼接关系，为了能快速检索查找到所需要的某种地区某种比例尺的地图，也为了便于地图发放、保管和使用，需要将地形图按一定的规律进行编号。总之，为了便于编图、测图、印刷、保管和使用地图的需要，必须对地图进行分幅和编号。

一、地图的分幅

地图有两类分幅形式，即矩形分幅和经纬线分幅。

1. 矩形分幅

每幅地图的图廓都是一个矩形，因此相邻图幅是以直线划分的。矩形的大小多根据纸张和印刷机的规格(全开、对开、四开、八开等)而定。

矩形分幅可以分为拼接的和不拼接的两种。拼接使用的矩形分幅是指相邻图幅有共同的图廓线(图 1-1)，使用地图时可以按其共用边拼接起来。大型挂图多采用这种分幅形式，新中国成立前的1∶5万地形图也曾用过这种方法分幅，现在世界上还有一些国家的地形图仍采用这种矩形分幅方式。不拼接的矩形分幅指图幅之间没有共用边，常常是每个图幅专指一个制图主区，图幅之间不能拼接，地图集中的分区地图通常都是这样分幅的，它们之间常有一定的重叠，而且有时还可以根据主区的大小变更地图的比例尺(图1-2)。

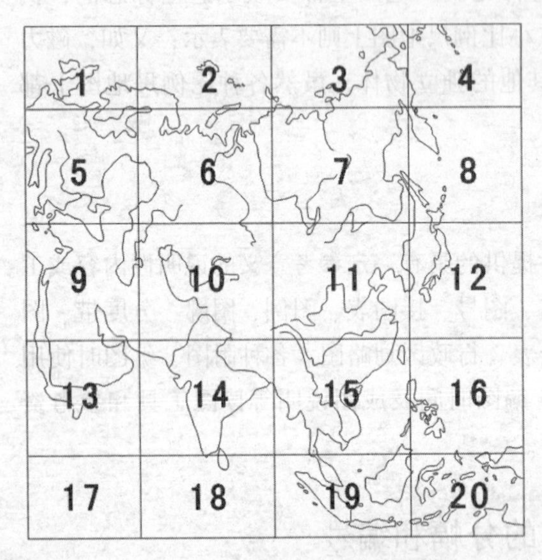

图1-1　拼接的矩形分幅

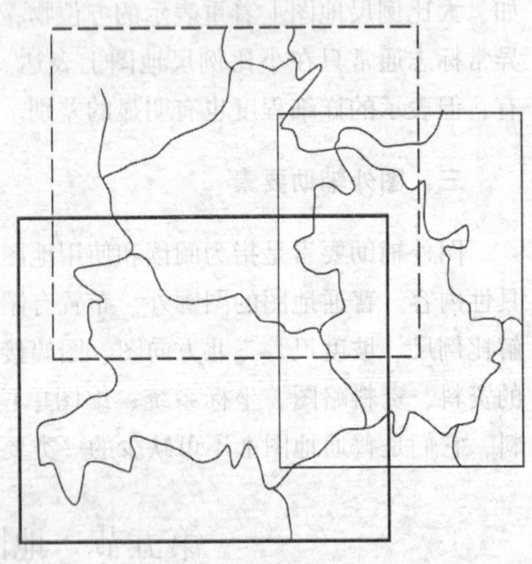

图1-2　不拼接的矩形分幅

矩形分幅的主要优点是：图幅之间接合紧密，便于拼接使用；各图幅的印刷面积可以相对平衡，有利于充分利用纸张和印刷机的版面；可以使分幅线有意识地避开重要地物，以保持其图像在图面上的完整。它的缺点是图廓线没有明确的地理坐标，因此使图幅缺少准确的地理位置概念，而且整个制图区域只能一次投影制成。

2. 经纬线分幅

地图的图廓由经纬线组成(即以经线和纬线来分割图幅)称为经纬线分幅。它是当前世界上各国地形图和大区域的小比例尺分幅地图所采用的主要分幅形式。

我国的八种基本比例尺地形图就是按经纬线分幅的，它们是以1∶100万地图为基础，按规定的经差和纬差划分图幅，使相邻比例尺地图的数量成简单的倍数关系(表1-1)。

经纬线分幅的主要优点是：每个图幅都有明确的地理位置概念，因此适用于很大区域范围(全国、大洲、全世界)的地图分幅。它的缺点是：当经纬线是曲线时(许多投影把纬线投影成曲线，有一些投影也把经线投影成曲线)，图幅拼接不方便，如果使用横向分带投影，如圆锥投影，同一条纬线在不同投影带中，其曲率不相等，拼接起来就更加困难(图1-3)；它的另一个缺点是随着纬度的升高，相同的经、纬差所包围的面积不断缩小，因而实际图幅不断变小，这就不利于有效地利用纸张和印刷机的版面，为了克服这个缺点，在高纬度地区不得不采用合幅的方式，这样就干扰了分幅的系统性；此外，经纬线分幅还经常会破坏重要物体(如大城市)的完整性，也是其不足之处。

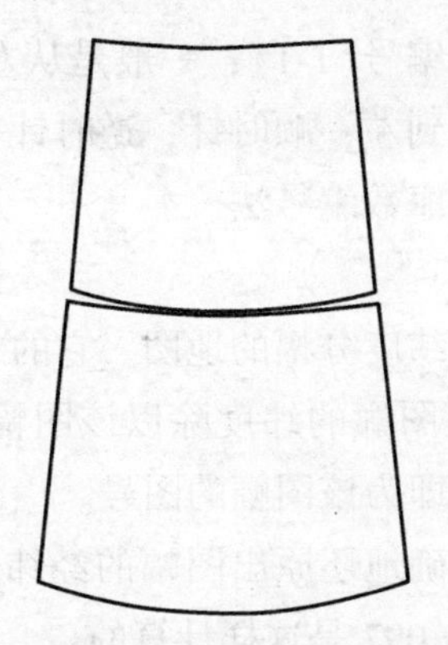

图 1-3　两幅图在不同投影带中同一纬线投影成不同曲率的圆弧

二、地图的编号

多幅地图中的每一幅图用一个特定的号码来标志，就叫做地图的编号。

常见的编号方法有下面五种：

1. 行列式编号

将制图区域划分为若干行和列，并相应地按序数或字母顺序编上号码。列的编号可以自左向右，也可以自右向左；行的编号可以自上而下，也可以自下而上。图幅的编号则取“行号-列号”或“列号-行号”的形式标记。图 1-4 中行号用阿拉伯数字从左向右排列，列的号码用罗马字母标记，自上而下排列，采用“行号-列号”的形式编号。因该区(大洋洲，澳大利亚等国家)在南半球，图号前冠以“S”。

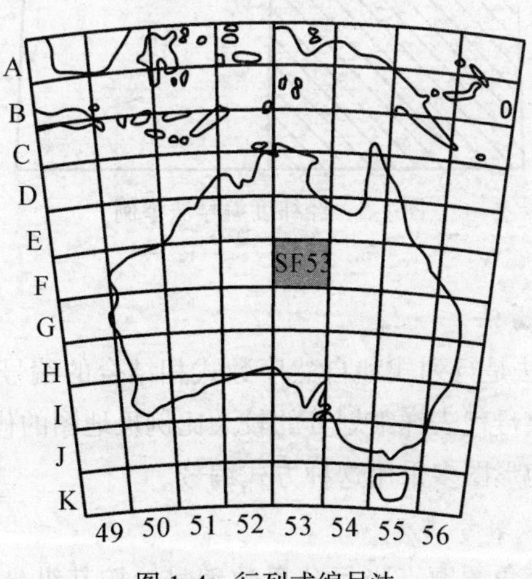

图 1-4　行列式编号法

大区域的分幅地图常用此编号法。例如，国际百万分之一地图就是用行列式编号的。目前，世界上许多国家的地形图仍通用行列式的方法编号。

2. 自然序数编号法

将分幅地图按自然序数顺序编号(1-1)，一般是从左到右，自上而下，也可以用别的排列方法，如自上而下，从右到左；顺时针；逆时针等。

小区域的分幅地图常用自然序数编号法。

3. 经纬度编号法

经纬度编号法只适用于按经纬度分幅的地图。它的编号方法是：以图幅右图廓的经度除以该图幅的经差得行号，上图廓的纬度除以该图幅的纬差得列号，然后用行数在前、列数在后的顺序编在一起，即为该图幅的图号。

这种方法编号的图号可以准确地还原出图幅的经纬度范围，具有定位意义。图 1-5 中 1∶5 万比例尺地图的编号 289 097 是这样计算的：

$$行号=\frac{72°15'}{15'}=289$$

$$列号=\frac{16°10'}{10'}=097$$

所计算的数字不足三位时，在前面用 0 补足。这样，行号和列号结合起来即为 289 097。图 1-5 中有晕线的部分为 1∶2.5 万比例尺地图，它的图号可以用同样的方法算得为 577 193。

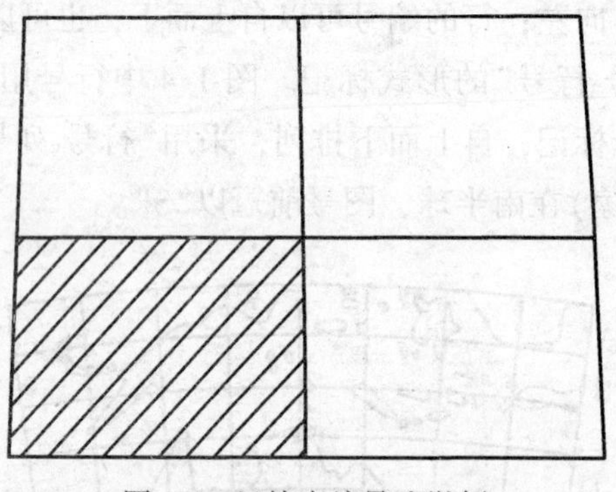

图 1-5　经纬度编号法举例

4. 行列-自然序数编号法

行列-自然序数编号法是行列式和自然序数式相结合的编号方法，即在行列编号的基础上，用自然序数或字母代表详细划分的较大比例尺地图的代码，两者结合构成分幅图的编号。世界各国的地形图多采用这种方式编号。

5. 图廓点坐标公里数编号法

图幅编号一般按西南角图廓点坐标公里数编号，按其纵坐标 x 在前，横坐标 y 在后，以短线相连，即“$x-y$”的顺序编号。

这种编号方法主要用于工程用图等大比例尺地形图。

三、我国基本比例尺地形图的分幅与编号

我国的地形图是按照国家统一制定的编制规范和图式图例，由国家统一组织测制的，提供各部门、各地区使用，所以称为国家基本比例尺地形图。

国家基本比例尺地形图的比例尺系列：1∶5 000、1∶1 万、1∶2.5 万、1∶5 万、1∶10 万、1∶25 万、1∶50 万、1∶100 万这八种比例尺。

1∶5 000 和 1∶1 万的地形图主要是农田基本建设和国家重点建设项目的基本图件，也是部队基本战术和军事工程施工用图。

1∶2.5 万地形图是农林水利或其他工程建设规划或总体设计用图，在军事上是基本战术用图，作为团级单位部署兵力、指挥作战的基本用图。

1∶5 万地形图是铁路、公路选线、重要工程规划布局，地质、地理、植被、土壤等专业调查或综合科学考察中野外调查和填图的地理底图，也可以作为县级规划生产部门全县范围农林水利交通总体规划的基本用图，军事上可供师、团级指挥机关组织指挥战役用。

1∶10 万地形图可以作为地区或县范围总体规划用图或各种专业调查或综合考察野外使用的地理底图，军事上供师、军级指挥机关指挥作战使用。

1∶25 万地形图可作为各种专业调查或综合科学考察总结果的地理底图，以及地区或省级机关规划用的工作底图。军事上供军级以上领导机关使用，还有空军飞行领航时寻找大型目标使用。

1∶50 万地形图是省级领导机关总体规划用图或相当于省(区)范围各专业地图的地理底图。军事上供高级司令部或各种兵种协同作战时使用。

1∶100 万地形图可作为国家或各部门总体规划或作为国家基本自然条件和土地资源地图的地理底图。军事上主要供最高领导机关和各军兵种作为战略用图。

1991 年制定了《国家基本比例尺地形图的分幅和编号》的国家标准。1991 年以后制作的地形图，按此标准进行分幅和编号。

我国基本比例尺地图的分幅和编号系统，是以 1∶100 万地图为基础的(图 1-6)。1∶100 万地形图采用行列式编号，其他比例尺地形图也是采用行列加行列编号。

1. 1∶100 万地形图的分幅编号

1891 年在瑞士的第五届国际地理学会议上提出了编制百万分之一世界地图建议，1909 年和 1913 年相继在伦敦和巴黎举行了两次国际百万分之一地图会议，就该图的类型、规格、投影、表示方法、内容选择等作了一系列的规定，此后，百万分之一地图逐渐成了国际性的地图。

国际 1∶100 万地图的标准分幅是经差 6°，纬差 4°；由于随纬度增高地图面积迅速缩小，所以规定在纬度 60°至 76°之间双幅合并，即每幅图包括经差 12°，纬差 4°；在纬

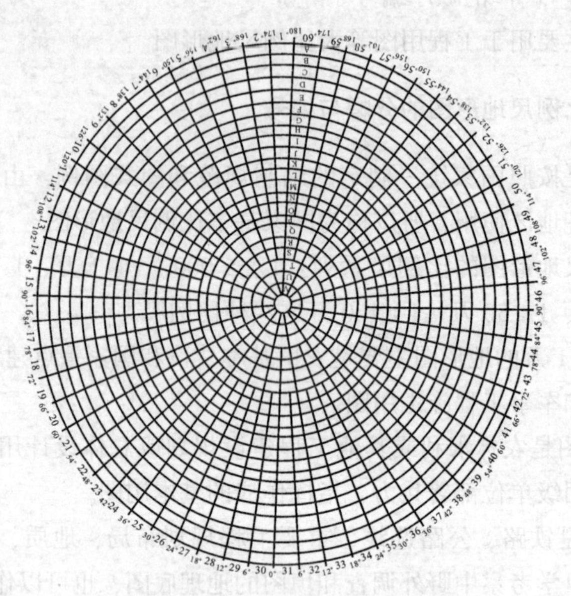

图 1-6　北半球的 1∶100 万地图分幅编号

度 76°至 88°之间由四幅合并，即每幅图包括经差 24°，纬差 4°。纬度 88°以上单独为一幅。我国 1∶100 万地图的分幅、编号均按照国际 1∶100 万地图的标准进行，其他各种比例尺地形图的分幅编号均建立在 1∶100 万地图的基础上。我国处于纬度 60°以下，所以没有合幅。

每幅 1∶100 万地图所包含的范围为经差 6°、纬差 4°。从赤道算起，每 4°为一行，至南、北纬 88°，各为 22 行，北半球的图幅在列号前面冠以 N，南半球的图幅冠以 S，我国地处北半球，图号前的 N 全省略；以下依次用英文字母 A，B，C，…，V 表示其相应的行号；从 180°经线算起，自西向东每 6°为一列，全球分为 60 列，依次用阿拉伯数字 1，2，3，…，60 表示。这样，由经线和纬线围成的每一个图幅就可以有一个行号和一个列号，把它们结合在一起表示为“行号列号”的形式，即是该图幅的编号。如北京所在的 1∶100 万地图的编号为 NJ50，一般记为 J50。高纬度的双幅、四幅合并时，图号照写，如 NP33、34，NT25、26、27、28。

我国领域内的 1∶100 万地图分幅和编号如图 1-7 所示。

2. 1∶5 000~1∶50 万比例尺地形图的分幅

每幅 1∶100 万地形图划分为 2 行 2 列，共 4 幅 1∶50 万地形图，每幅 1∶50 万地形图的分幅为经差 3°、纬差 2°(图 1-8)。

每幅 1∶100 万地形图划分为 4 行 4 列，共 16 幅 1∶25 万地形图，每幅 1∶25 万地形图的分幅为经差 1°30′、纬差 1°(图 1-8)。

每幅 1∶100 万地形图划分为 12 行 12 列，共 144 幅 1∶10 万地形图，每幅 1∶10 万地形图的分幅为经差 30′、纬差 20′(图 1-8)。

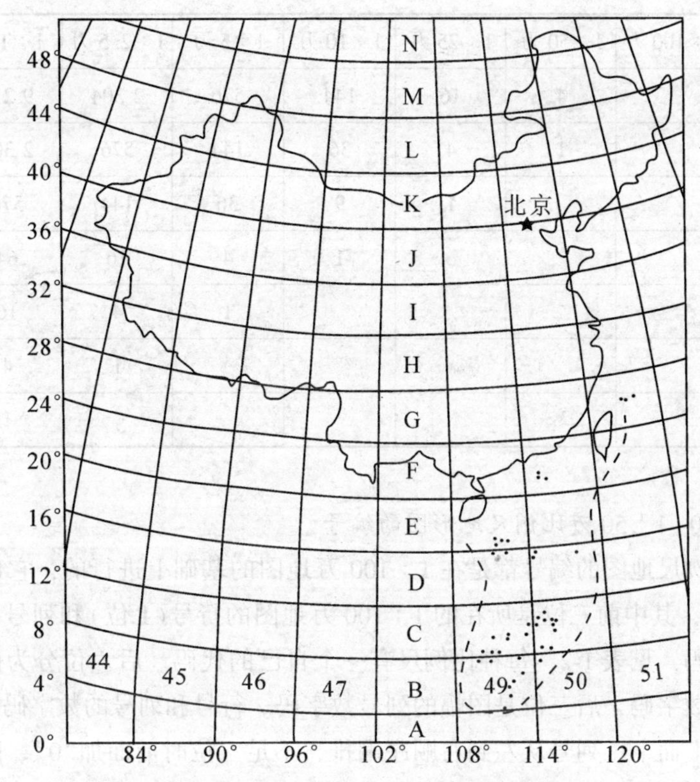

图 1-7　我国 1：100 万地图分幅和编号

每幅 1：100 万地形图划分为 24 行 24 列，共 576 幅 1：5 万地形图，每幅 1：5 万地形图的分幅为经差 15′、纬差 10′(图 1-8)。

每幅 1：100 万地形图划分为 48 行 48 列，共 2 304 幅 1：2.5 万地形图，每幅 1：2.5 万地形图的分幅为经差 7′30″、纬差 5′(图 1-8)。

每幅 1：100 万地形图划分为 96 行 96 列，共 9 216 幅 1：1 万地形图，每幅 1：1 万地形图的分幅为经差 3′45″、纬差 2′30″(图 1-8)。

每幅 1：100 万地形图划分为 192 行 192 列，共 36 864 幅 1：5 000 地形图，每幅 1：5 000 地形图的分幅为经差 1′52.5″、纬差 1′15″(图 1-8)。

各比例尺地形图的经纬差、行列数和图幅数成简单的倍数关系，见表 1-1。

表 1-1　　基本比例尺地形图的图幅大小及其图幅间的数量关系

比例尺		1：100 万	1：50 万	1：25 万	1：10 万	1：5 万	1：2.5 万	1：1 万	1：5 000
图幅范围	经差	6°	3°	1°30′	30′	15′	7′30″	3′45″	1′52.5″
	纬差	4°	2°	1°	20′	10′	5′	2′30″	1′15″

续表

比例尺	1∶100 万	1∶50 万	1∶25 万	1∶10 万	1∶5 万	1∶2.5 万	1∶1 万	1∶5 000
图幅间数量关系	1	4	16	144	576	2 304	9 216	36 864
		1	4	36	144	576	2 304	9 216
			1	9	36	144	576	2 304
				1	4	16	64	256
					1	4	16	64
						1	4	16
							1	4

3. 1∶5 000~1∶50 万比例尺地形图的编号

这七种比例尺地图的编号都是在 1∶100 万地图的基础上进行的，它们的编号都由 10 位代码组成，其中前三位是所在的 1∶100 万地图的行号(1 位)和列号(2 位)，第四位是比例尺代码，见表 1-2，每种比例尺有一个自己的代码。后六位分为两段，前三位是图幅的行号数字码，后三位是图幅的列号数字码。行号和列号的数字码编码方法是一致的，行号从上而下，列号从左到右顺序编排，不足三位时前面加“0”。图号的构成如图 1-9 所示。

表 1-2　　比例尺代码

比例尺	1∶50 万	1∶25 万	1∶10 万	1∶5 万	1∶2.5 万	1∶1 万	1∶5 000
代码	B	C	D	E	F	G	H

1∶5 000~1∶50 万比例尺地图的行、列划分和编号如前文图 1-8 所示。

例 1：1∶50 万地形图的编号(图 1-10)。

晕线所示图号为 J50B001002。

例 2：1∶25 万地形图的编号(图 1-11)。

晕线所示图号为 J50C003003。

例 3：1∶10 万地形图的编号(图 1-12)。

45°晕线所示图号为 J50D010010。

例 4：1∶5 万地形图的编号(图 1-12)。

135°晕线所示图号为 J50E017016。

例 5：1∶2.5 万地形图的编号(图 1-12)。

交叉晕线所示图号为 J50F042002。

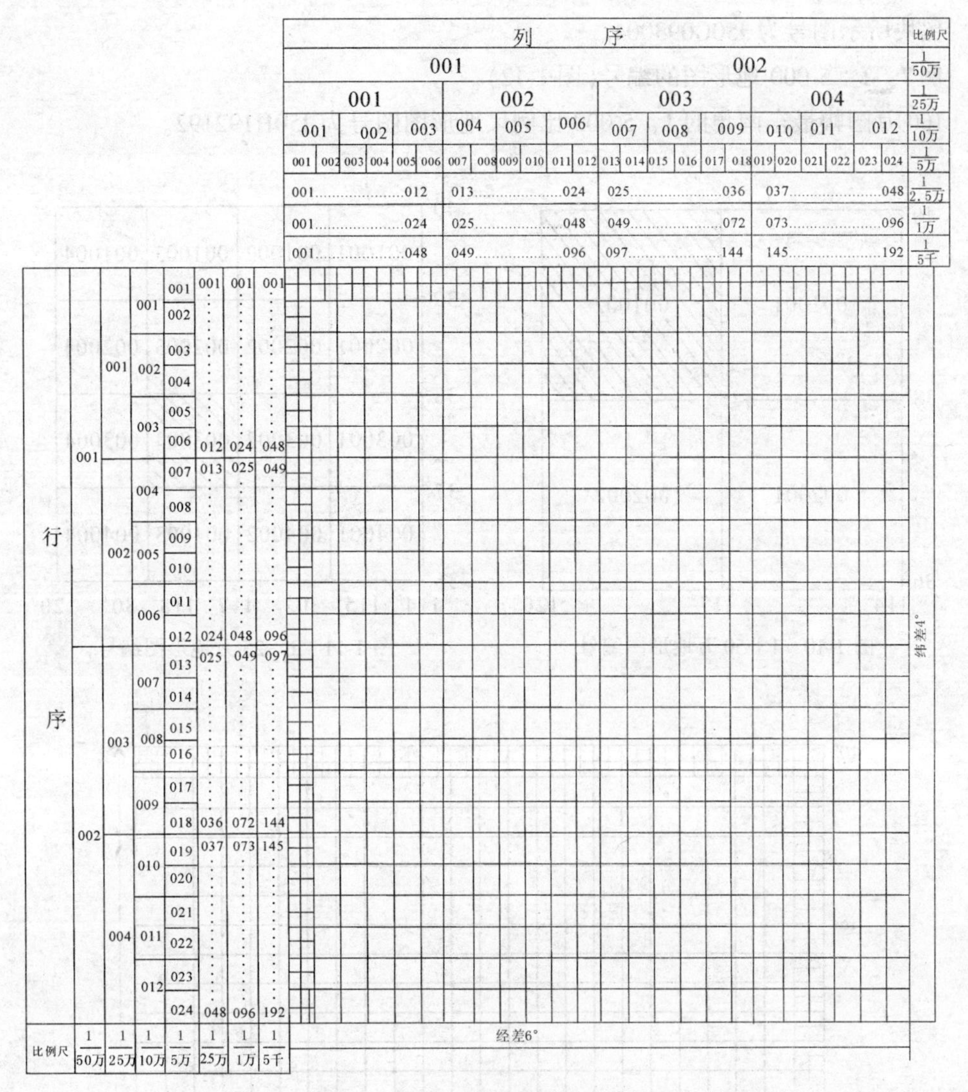

图 1-8　1：5 000~1：50 万比例尺地图的行、列划分和编号

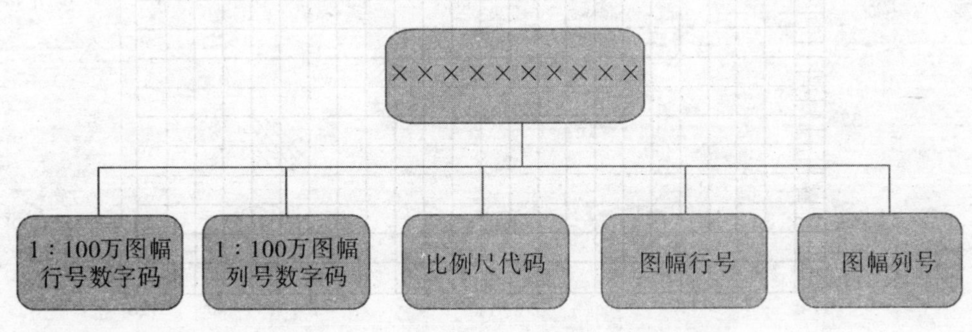

图 1-9　1：5 000~1：50 万地形图图号的构成

例 6：1∶1 万地形图的编号(图 1-12)。

黑块所示图号为 J50G093004。

例 7：1∶5 000 地形图的编号(图 1-12)。

100 万图幅最东南角的 1∶5 000 比例尺地形图图号为 J50H192192。

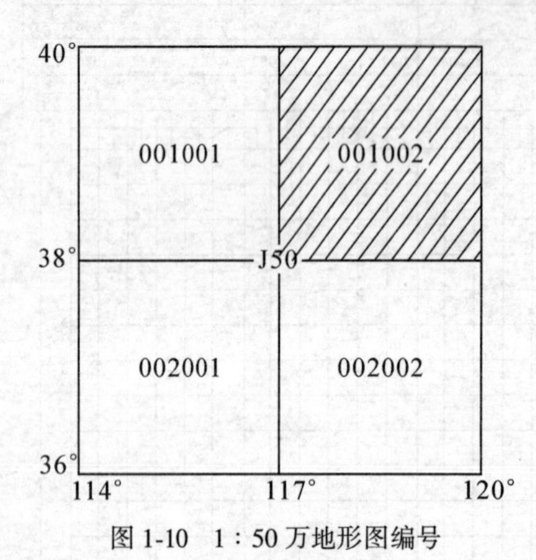

图 1-10　1∶50 万地形图编号

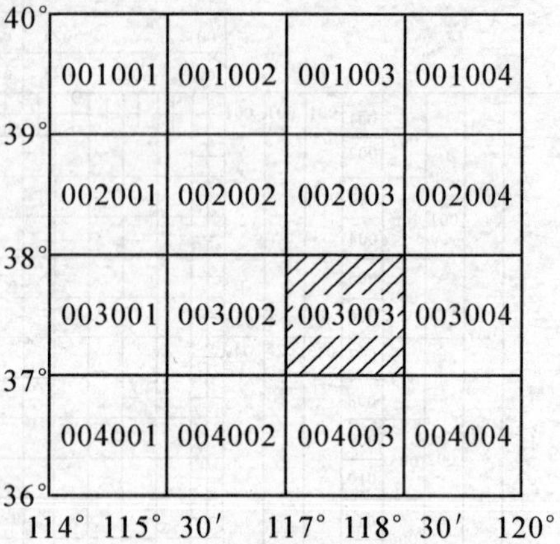

	114°–115°30′	115°30′–117°	117°–118°30′	118°30′–120°
40°–39°	001001	001002	001003	001004
39°–38°	002001	002002	002003	002004
38°–37°	003001	003002	003003	003004
37°–36°	004001	004002	004003	004004

图 1-11　1∶25 万地形图编号

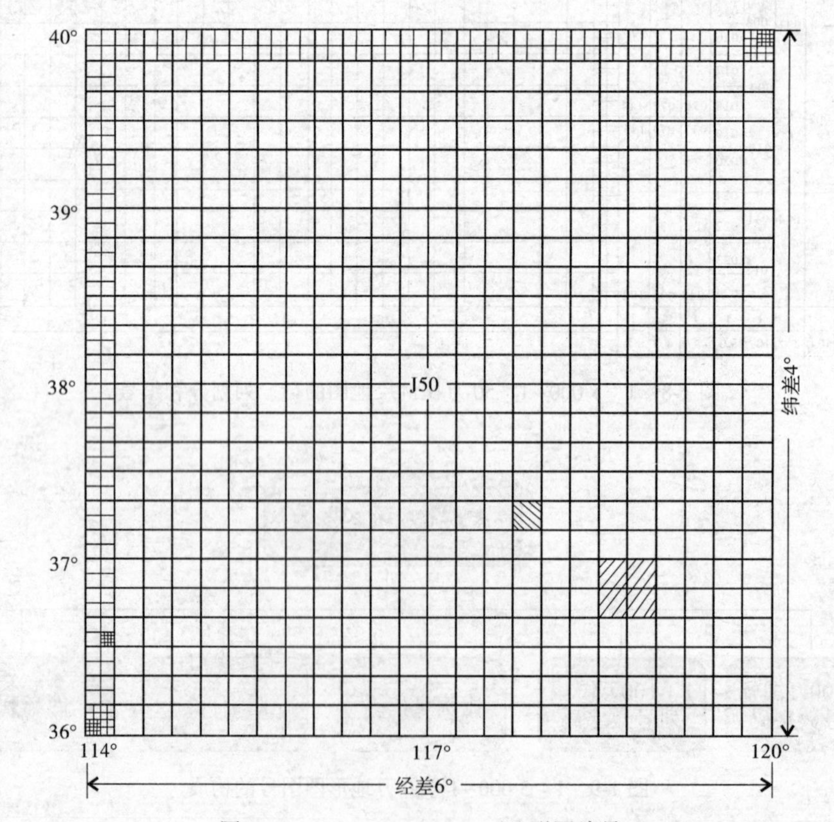

图 1-12　1∶5 000~1∶10 万地形图编号

4. 地图分幅编号的应用

(1)已知某点的经纬度或图幅西南图廓点的经纬度，计算图幅编号

有两种方法即解析法和图解法。

①解析法步骤如下：

a. 计算1：100万图幅编号

$$\left.\begin{aligned} a &= \left[\frac{\varphi}{4^\circ}\right]+1 \\ b &= \left[\frac{\lambda}{6^\circ}\right]+31 \end{aligned}\right\} \tag{1-2}$$

式中：[ ]表示分数值取整；

a 为1：100万图幅所在的纬度带的行号(字符)所对应的数字码；

b 为1：100万图幅所在的经度带的列号所对应的数字码；

λ 为某点的经度或图幅西南图廓点的经度；

φ 为某点的纬度或图幅西南图廓点的纬度。

b. 计算所求比例尺地形图在1：100万图号后的行、列编号

$$\left.\begin{aligned} c &= \frac{4^\circ}{\Delta\varphi}-\left[\left(\frac{\varphi}{4^\circ}\right)\div\Delta\varphi\right] \\ d &= \left[\left(\frac{\lambda}{6^\circ}\right)\div\Delta\lambda\right]+1 \end{aligned}\right\} \tag{1-3}$$

式中：( )表示商取余；

[ ]表示分数值取整；

c 为所求比例尺地形图在1：100万地形图编号后的行号；

d 为所求比例尺地形图在1：100万地形图编号后的列号；

λ 为某点的经度或图幅西南图廓点的经度；

φ 为某点的纬度或图幅西南图廓点的纬度；

$\Delta\lambda$ 为所求比例尺地形图分幅的经差；

$\Delta\varphi$ 为所求比例尺地形图分幅的纬差。

②图解法步骤如下：

a. 计算该点所在的1：100万地形图的编号。

b. 绘出该1：100万图幅经纬度范围略图，计算和划分出该1：100万地图包含相应比例尺地图的图幅数，注出相应的经纬度。

c. 根据实际点的经纬度，即可判定该点所在的比例尺地形图的编号。

例1：某点经度为114°33′45″，纬度为39°22′30″，计算其所在1：25万、1：10万和1：1万地形图的编号。

解：按公式(1-2)求该点所在1：100万图幅的编号

$$a=\left[\frac{39°22'30''}{4°}\right]+1=10(\text{字符为 J})$$

$$b=\left[\frac{114°33'45''}{6°}\right]+31=50$$

该点所在 1∶100 万图幅的图号为 J50。

按公式(1-3)求该点所在的 1∶25 万地形图的编号

$$\Delta\varphi=1°,\ \Delta\lambda=1°30'$$

$$c=\frac{4°}{1°}-\left[\left(\frac{39°22'30''}{4°}\right)\div 1°\right]=001$$

$$d=\left[\left(\frac{114°33'45''}{6°}\right)\div 1°30'\right]+1=001$$

1∶25 万地形图图号为 J50C001001。

按公式(1-3)求该点所在的 1∶10 万地形图的编号

$$\Delta\varphi=20',\ \Delta\lambda=30'$$

$$c=\frac{4°}{20'}-\left[\left(\frac{39°22'30''}{4°}\right)\div 20'\right]=002$$

$$d=\left[\left(\frac{114°33'45''}{6°}\right)\div 30'\right]+1=002$$

1∶10 万地形图图号为 J50D002002。

按公式(1-3)求该点所在的 1∶1 万地形图的编号

$$\Delta\varphi=2'30'',\ \Delta\lambda=3'45''$$

$$c=\frac{4°}{2'30''}-\left[\left(\frac{39°22'30''}{4°}\right)\div 2'30''\right]=015$$

$$d=\left[\left(\frac{114°33'45''}{6°}\right)\div 3'45''\right]+1=010$$

1∶1 万地形图图号为 J50G015010。

例 2：已知某点位于北纬 32°54′，东经 112°48′，用图解法求该点所在 1∶25 万地形图的编号。

解：按公式(1-2)求该点在 1∶100 万图幅的图号

$$a=\left[\frac{32°54'}{4°}\right]+1=9(\text{字符为 I})$$

$$b=\left[\frac{112°48'}{6°}\right]+31=49$$

该点所在 1∶100 万图幅的图号为 I49。

计算和图解出 16 幅 1∶25 万地形图，注出经纬度(图 1-13)。

根据已知的经纬度可判定该点所在 1∶25 万地形图的图幅号为：I49C004004

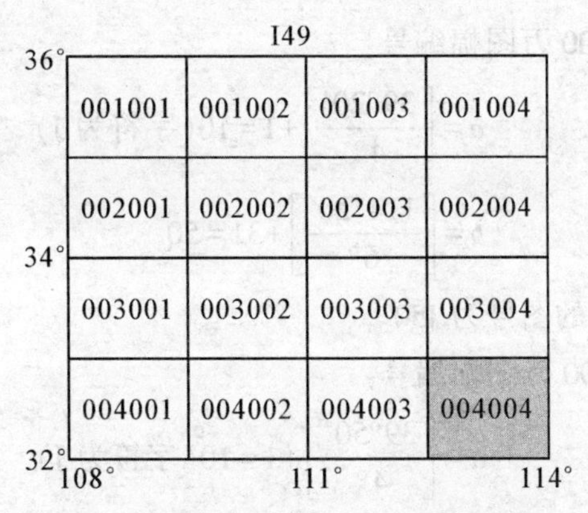

图 1-13　I49 所对应的 1∶25 万的图幅

例 3：已知制图区域的经纬度范围如图 1-14 所示，编制该地区的地图时，需收集 1∶10 万地形图作为编图资料，请求出所需 1∶10 万地形图图号。

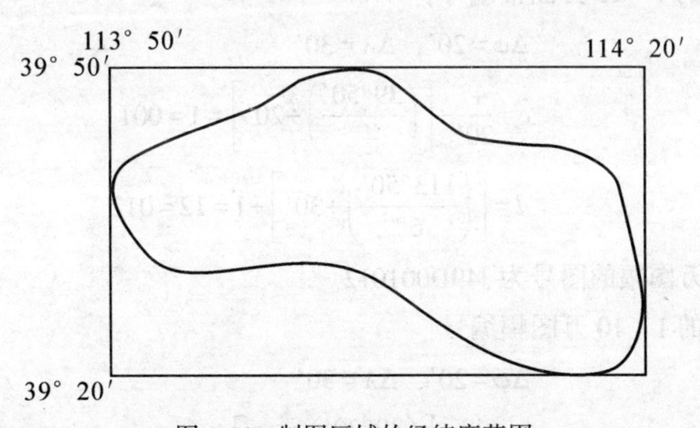

图 1-14　制图区域的经纬度范围

解：利用公式(1-2)，求出各图廓点在 1∶100 万图中的图幅号。

西南角对应的 1∶100 万图幅编号：

$$a=\left[\frac{39°20'}{4°}\right]+1=10(\text{字符为 J})$$

$$b=\left[\frac{113°50'}{6°}\right]+31=49$$

该点所在 1∶100 万图幅的图号为 J49。

西北角对应的 1∶100 万图幅编号：

$$a=\left[\frac{39°50'}{4°}\right]+1=10(\text{字符为 J})$$

$$b=\left[\frac{113°50'}{6°}\right]+31=49$$

该点所在 1∶100 万图幅的图号为 J49。

东南角对应的 1∶100 万图幅编号：

$$a=\left[\frac{39°20'}{4°}\right]+1=10(\text{字符为 J})$$

$$b=\left[\frac{114°20'}{6°}\right]+31=50$$

该点所在 1∶100 万图幅的图号为 J50。

东北角对应的 1∶100 万图幅编号：

$$a=\left[\frac{39°50'}{4°}\right]+1=10(\text{字符为 J})$$

$$b=\left[\frac{114°20'}{6°}\right]+31=50$$

该点所在 1∶100 万图幅的图号为 J50。

利用公式(1-3)，求出在比例尺 1∶10 万时各点的图幅编号。

西北角所在的 1∶10 万图幅编号：

$$\Delta\varphi=20',\ \Delta\lambda=30'$$

$$c=\frac{4°}{20'}-\left[\left(\frac{39°50'}{4°}\right)\div 20'\right]=1=001$$

$$d=\left[\left(\frac{113°50'}{6°}\right)\div 30'\right]+1=12=012$$

该点所在 1∶10 万图幅的图号为 J49D001012。

西南角所在的 1∶10 万图幅编号：

$$\Delta\varphi=20',\ \Delta\lambda=30'$$

$$c=\frac{4°}{20'}-\left[\left(\frac{39°20'}{4°}\right)\div 20'\right]=2=002$$

$$d=\left[\left(\frac{113°50'}{6°}\right)\div 30'\right]+1=12=012$$

该点所在 1∶10 万图幅的图号为 J49D002012。

东北角所在的 1∶10 万图幅编号：

$$\Delta\varphi=20',\ \Delta\lambda=30'$$

$$c=\frac{4°}{20'}-\left[\left(\frac{39°50'}{4°}\right)\div 20'\right]=1=001$$

$$d=\left[\left(\frac{114°20'}{6°}\right)\div 30'\right]+1=1=001$$

该点所在 1∶10 万图幅的图号为 J50D001001。

东南角所在的 1∶10 万图幅编号：

$$\Delta\varphi=20',\ \Delta\lambda=30'$$

$$c=\frac{4°}{20'}-\left[\left(\frac{39°20'}{4°}\right)\div 20'\right]=2=002$$

$$d=\left[\left(\frac{114°20'}{6°}\right)\div 30'\right]+1=1=001$$

该点所在 1∶10 万图幅的图号为 J50D002001。

由计算结果(表 1-3)可知，四个角点之间的图幅号是完全相接的，中间没有其他图幅存在。

表 1-3　　制图区域包含的 1∶10 万图幅编号

西北角所在的图幅编号 J49D001012	东北角所在的图幅编号 J50D001001
西南角所在的图幅编号 J49D002012	东南角所在的图幅编号 J50D002001

(2)已知图号计算该图幅西南图廓点的经纬度

按式(1-4)计算该图幅西南图廓点的经纬度：

$$\left.\begin{aligned}\lambda&=(b-31)\times 6°+(d-1)\times\Delta\lambda\\ \varphi&=(a-1)\times 4°+\left(\frac{4°}{\Delta\varphi}-c\right)\times\Delta\varphi\end{aligned}\right\}\tag{1-4}$$

式中：λ 为图幅西南图廓点的经度；

φ 为图幅西南图廓点的纬度；

a 为 1∶100 万图幅所在的纬度带的行号(字符)所对应的数字码；

b 为 1∶100 万图幅所在的经度带的列号所对应的数字码；

式中其他各符号的意义同式(1-3)。

例 1：已知某图幅图号为 J50B001001，求其西南图廓点的经纬度。

解：按公式(1-4)计算

$$a=10,\ b=50,\ c=001,\ d=001,\ \Delta\varphi=2°,\ \Delta\lambda=3°$$

$$\lambda=(50-31)\times 6°+(1-1)\times 3°=114°$$

$$\varphi=(10-1)\times 4°+\left(\frac{4°}{2°}-1\right)\times 2°=38°$$

该图幅西南图廓点的经纬度分别为 114°、38°。

例 2：已知某图幅图号为 J50D002002，求其西南图廓点的经纬度。

解：按公式(1-4)计算

$$a=10,\ b=50,\ c=002,\ d=002,\ \Delta\varphi=20',\ \Delta\lambda=30'$$

$$\lambda=(50-31)\times 6°+(2-1)\times 30'=114°30'$$

$$\varphi=(10-1)\times 4°+\left(\frac{4°}{20'}-2\right)\times 20'=39°20'$$

该图幅西南图廓点的经纬度分别为 114°30′、39°20′。

(3)不同比例尺地形图编号的行列关系换算

①由较小比例尺地形图编号中的行、列代码计算所含各种较大比例尺地形图编号中的行、列代码。

最西北角图幅编号中的行、列代码按式(1-5)计算：

$$\left.\begin{aligned} c_{大} &= \frac{\Delta\varphi_{小}}{\Delta\varphi_{大}}\times(c_{小}-1)+1 \\ d_{大} &= \frac{\Delta\lambda_{小}}{\Delta\lambda_{大}}\times(d_{小}-1)+1 \end{aligned}\right\} \tag{1-5}$$

最东南角图幅编号中的行、列代码按式(1-6)计算：

$$\left.\begin{aligned} c_{大} &= \frac{\Delta\varphi_{小}}{\Delta\varphi_{大}}\times c_{小} \\ d_{大} &= \frac{\Delta\lambda_{小}}{\Delta\lambda_{大}}\times d_{小} \end{aligned}\right\} \tag{1-6}$$

两式中：$c_{大}$为较大比例尺地形图在1∶100万地形图编号后的行号；

$d_{大}$为较大比例尺地形图在1∶100万地形图编号后的列号；

$c_{小}$为较小比例尺地形图在1∶100万地形图编号后的行号；

$d_{小}$为较小比例尺地形图在1∶100万地形图编号后的列号；

$\Delta\varphi_{大}$为大比例尺地形图分幅的纬差；$\Delta\varphi_{小}$为小比例尺地形图分幅的纬差；

$\Delta\lambda_{大}$为大比例尺地形图分幅的经差；$\Delta\lambda_{小}$为小比例尺地形图分幅的经差。

例1：1∶10万地形图编号中的行、列代码为004001，求所包含的1∶2.5万地形图编号的行、列代码。

解：已知 $c_{小}=004$，$d_{小}=001$，$\Delta\varphi_{小}=20'$，$\Delta\varphi_{大}=5'$，$\Delta\lambda_{小}=30'$，$\Delta\lambda_{大}=7'30''$

按公式(1-5)得，最西北角图幅编号中的行、列代码：

$$c_{大}=\frac{20'}{5'}\times(4-1)+1=013;\quad d_{大}=\frac{30'}{7'30''}\times(1-1)+1=001$$

按公式(1-6)得，最东南角图幅编号中的行、列代码：

$$c_{大}=\frac{20'}{5'}\times 4=016;\quad d_{大}=\frac{30'}{7'30''}\times 1=004$$

所包含的1∶2.5万地形图编号中的行、列代码为：

013001	013002	013003	013004
014001	014002	014003	014004
015001	015002	015003	015004
016001	016002	016003	016004

②由较大比例尺地形图编号中的行、列代码计算包含该图的较小比例尺地形图编号中的行、列代码。

较小比例尺地形图编号中的行、列代码按式(1-7)计算：

$$
\left.\begin{aligned}
c_{小} &= \left[(c_{大}-1) \times \frac{\Delta\varphi_{大}}{\Delta\varphi_{小}} \right] + 1 \\
d_{小} &= \left[(d_{大}-1) \times \frac{\Delta\lambda_{大}}{\Delta\lambda_{小}} \right] + 1
\end{aligned}\right\} \tag{1-7}
$$

公式中的各种符号的意义同式(1-6)。

例 1：1∶2.5 万地形图图号中的行、列代码分别为 016004 和 013003，计算包含该图的 1∶10 万地形图图号中的行、列代码。

解：由题知 $c_{大}=016$，$d_{大}=004$，$\Delta\varphi_{小}=20'$，$\Delta\varphi_{大}=5'$，$\Delta\lambda_{小}=30'$，$\Delta\lambda_{大}=7'30''$

按公式(1-7)可得：$c_{小}=\left[16\times\frac{5'}{20'}\right]+1=4=004$；$d_{小}=\left[4\times\frac{7'30''}{30'}\right]+1=1=001$

由题知 $c_{大}=013$，$d_{大}=003$，$\Delta\varphi_{小}=20'$，$\Delta\varphi_{大}=5'$，$\Delta\lambda_{小}=30'$，$\Delta\lambda_{大}=7'30''$

按公式(1-7)可得：$c_{小}=\left[13\times\frac{5'}{20'}\right]+1=4=004$；$d_{小}=\left[3\times\frac{7'30''}{30'}\right]+1=1=001$

包含行、列代码分别为 016004 和 013003 的 1∶2.5 万地形图的 1∶10 万地形图的行、列代码均为 004001。也就是说，这两幅 1∶2.5 万地形图均属于行、列代码为 004001 的同一幅 1∶10 万地形图。

四、20 世纪 70 至 80 年代我国基本比例尺地形图的分幅与编号

20 世纪 70 至 80 年代，我国基本比例尺地形图的分幅和编号系统，是以 1∶100 万地形图为基础，延伸出 1∶50 万、1∶25 万、1∶10 万三种比例尺；在 1∶10 万以后又分为 1∶5 万至 1∶2.5 万一支，及 1∶1 万的一支(图 1-15)。1∶100 万地形图采用行列式编号，其他比例尺地形图都是采用行列-自然序数编号。

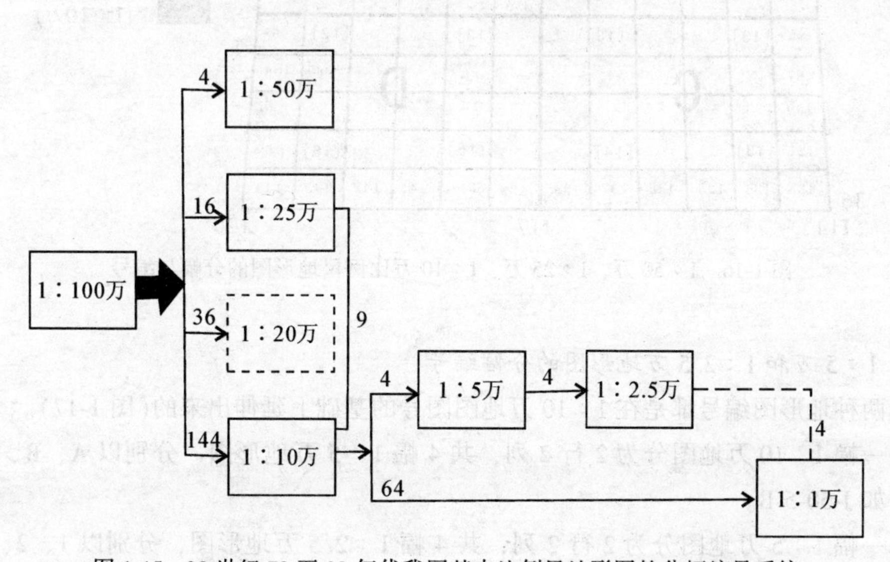

图 1-15　20 世纪 70 至 80 年代我国基本比例尺地形图的分幅编号系统

1. 1：100 万地形图采用的分幅编号

1：100 万地形图的编号与现行的 1：100 万地图的编号没有实质性的区别，只是由“行列”式变为“行-列”式，中间用连接号。例如，北京所在的 1：100 万地图的图号“J50”变换为“J-50”。

2. 1：50 万、1：25 万和 1：10 万地形图的分幅编号

这三种地图编号都是在 1：100 万地图图号上加上自己的代号而成(图 1-16)。

每一幅 1：100 万地图分为 2 行 2 列，共 4 幅 1：50 万地形图，分别以 A、B、C、D 表示，如 J-50-B。

每一幅 1：100 万地图分为 4 行 4 列，共 16 幅 1：25 万地形图，分别以[1]，[2]，…，[16]表示，如 J-50-[6]。

每一幅 1：100 万地图分为 12 行 12 列，共 144 幅 1：10 万地形图，分别以 1，2，…，144 表示，如 J-50-8。

每幅 1：50 万地形图包括 4 幅 1：25 万地形图，36 幅 1：10 万地形图；每幅 1：25 万地形图包括 9 幅 1：10 万地形图；但是它们的图号间都没有直接的联系。

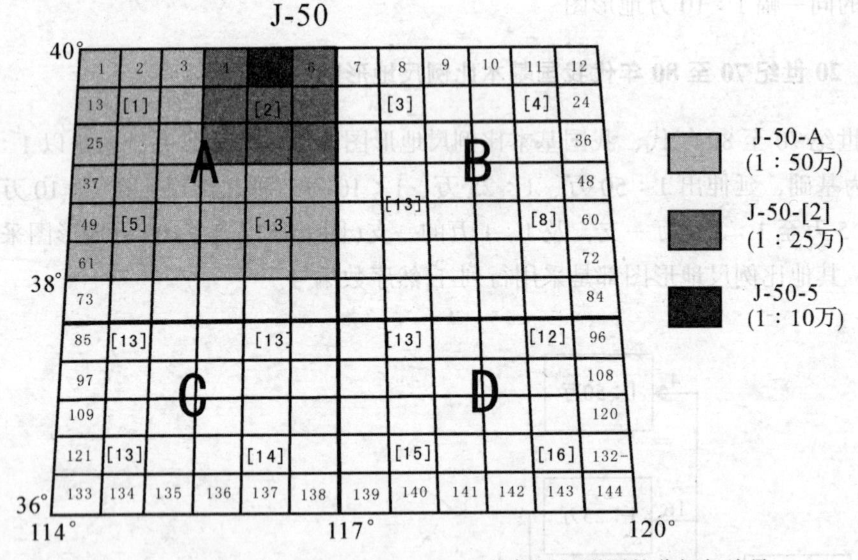

图 1-16　1：50 万、1：25 万、1：10 万比例尺地形图的分幅与编号

3. 1：5 万和 1：2.5 万地形图的分幅编号

这两种地形图编号都是在 1：10 万地图图号的基础上延伸出来的(图 1-17)。

每一幅 1：10 万地图分为 2 行 2 列，共 4 幅 1：5 万地形图，分别以 A、B、C、D 表示，如 J-50-5-B。

每一幅 1：5 万地图分为 2 行 2 列，共 4 幅 1：2.5 万地形图，分别以 1、2、3、4 表示，如 J-50-5-B-3。

4.1：1 万和 1：5 000 地形图的分幅编号

每一幅 1：10 万地图分为 8 行 8 列，共 64 幅 1：1 万地形图，分别以(1)，(2)，…，(64)表示，如 J-50-5-(18)(图 1-17)。

每一幅 1：1 万地图分为 2 行 2 列，共 4 幅 1：5 000 地形图，分别以 a、b、c、d 表示，如 J-50-5-(31)-c(图 1-17)。

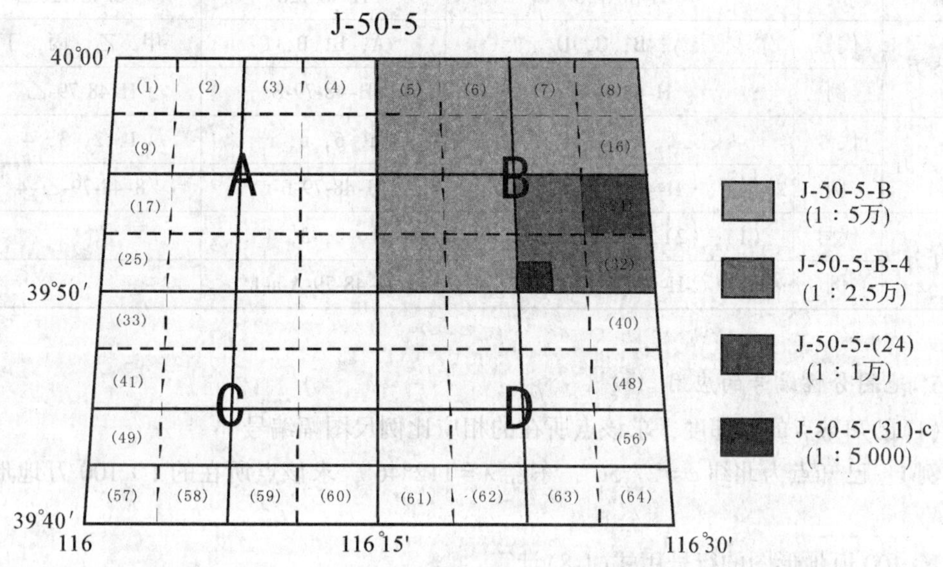

图 1-17　1：5 万、1：2.5 万、1：1 万、1：5 000 比例尺地形图的分幅与编号

从图 1-17 中还可以看出这几种比例尺地形图之间的相互关系。

我国基本比例尺地形图的分幅、编号有过几次变化，而且有的至今还在混杂使用。为了使用地图方便，现将变化情况列于表 1-4。

1：20 万地形图虽被 1：25 万地形图在 20 世纪 80 年代所取代，这里也一并列出图号的变更情况，以供用图之需。

表 1-4　**我国基本比例尺地形图的分幅编号变化**

比例尺	类别	20 世纪 70 至 80 年代的编号系统	20 世纪 70 年代前曾采用过的编号系统	
1：100 万	行号	A，B，C，…，V	A，B，C，…，V	1，2，3，…，22
	例	H-48	H-48	8-48
1：50 万	代号	A，B，C，D	А，Б，В，Г	甲，乙，丙，丁
	例	H-48-D	H-48-Г	8-48-丁
1：25 万	例	H-48-[2]		

续表

比例尺	类别	20 世纪 70 至 80 年代的编号系统	20 世纪 70 年代前曾采用过的编号系统	
1：20 万	代号	(1)，(2)，(3)，…，(36)	Ⅰ，Ⅱ，Ⅲ，…，ⅩⅩⅩⅥ	(1)，(2)，(3)，…，(36)
	例	H-48-(16)	H-48-ⅩⅥ	8-48-(16)
1：10 万	例	H-48-126	H-48-126	8-48-126
1：5 万	代号	A，B，C，D	А，Б，В，Г	甲，乙，丙，丁
	例	H-48-79-B	H-48-79-Б	H-48-79-乙
1：2.5 万	代号	1，2，3，4	а，б，в，г	1，2，3，4
	例	H-48-79-B-4	H-48-79-Б-г	8-48-79-乙-4
1：1 万	代号	(1)，(2)，(3)，…，(64)	1，2，3，4	
	例	H-48-79-(1)	H-48-79-A-a-1	

5. *地图分幅编号的应用*

(1)已知某点的经纬度，求该点所在的相应比例尺图幅编号

例 1：已知点为北纬 $\varphi=27°56'$，东经 $\lambda=112°46'$，求该点所在的 1：100 万地形图的编号。

1：100 万地形图的行号用式(1-8)计算：

$$\text{行号}=\left[\frac{\varphi}{4°}\right]+1 \tag{1-8}$$

式中：[ ]表示分数值取整。

该点所在的 1：100 万地形图的行号为：

$$\text{行号}=\left[\frac{\varphi}{4°}\right]+1=\left[\frac{27°56'}{4°}\right]+1=7(\text{相当于 G})$$

1：100 万地形图的列号用式(1-9)计算：

$$\text{列号}=\left[\frac{\lambda}{6°}\right]+31 \tag{1-9}$$

式中：[ ]表示分数值取整。

该点所在的 1：100 万地形图的列号为：

$$\text{列号}=\left[\frac{\lambda}{6°}\right]+31=\left[\frac{112°46'}{6°}\right]+31=49$$

所以，该点所在的 1：100 万地形图的编号为 G-49。

如果图幅所在位置是西经，则

$$\text{列号}=30-\left[\frac{\lambda}{6°}\right]$$

例 2：已知点为北纬 $\varphi=27°56'$，东经 $\lambda=112°46'$，求该点所在的 1：50 万、1：10

万、1∶5万、1∶2.5万及1∶1万地形图的编号。

求大于1∶50万比例尺地形图的编号可以用解析法和图解法。

1)解析法

首先要求出该点所在的1∶100万地图的编号(见例1)，如所求的比例尺为1∶5万、1∶2.5万及1∶1万，还要求出1∶10万地图的编号，因为1∶10万地图是这些比例尺地图分幅编号的基础图幅，然后，求出本图代号，即可组合成所求比例尺地图的编号。

按(1-10)通式计算本图代号：

$$W=V-\left[\left(\frac{\varphi}{\Delta\varphi}\right)\div\Delta\varphi'\right]\times n+\left[\left(\frac{\lambda}{\Delta\lambda}\right)\div\Delta\lambda'\right] \tag{1-10}$$

式中：[ ] 表示分数值取整；

( )表示分数值取余；

W 为所求图幅代号；

V 为划分为该比例尺图幅后，左下角一幅图的代号数；

n 为划分为该比例尺图的行数；

φ 为所求点纬度；

λ 为所求点经度；

$\Delta\varphi$ 为作为该比例尺图分幅编号基础的前图之纬差；

$\Delta\lambda$ 为作为该比例尺图分幅编号基础的前图之经差；

$\Delta\varphi'$ 为所求图幅的纬差；

$\Delta\lambda'$ 为所求图幅的经差。

2)图解法

先求出该点所在的1∶100万地形图编号，绘出经纬度范围及按相应比例尺图的经纬差划分图幅略图，注出其经纬度，即可判定该点所在的相应比例尺图的编号。

①求该点所在的1∶50万地形图的编号。

a. 解析法：先求出该点所在的1∶100万地形图编号为：G-49。

$$V=3,\ n=2,\ \varphi=27°56',\ \lambda=112°46',$$
$$\Delta\varphi=4°,\ \Delta\lambda=6°,\ \Delta\varphi'=2°,\ \Delta\lambda'=3°$$

该点所在的1∶50万地形图的图幅代号(W)为：

$$\begin{aligned}W&=V-\left[\left(\frac{\varphi}{\Delta\varphi}\right)\div\Delta\varphi'\right]\times n+\left[\left(\frac{\lambda}{\Delta\lambda}\right)\div\Delta\lambda'\right]\\&=3-\left[\left(\frac{27°56'}{4°}\right)\div2°\right]\times2+\left[\left(\frac{112°46'}{6°}\right)\div3°\right]\\&=3-[3°56'\div2°]\times2+[4°46'\div3°]=3-1\times2+1=2(\text{相应于 B})\end{aligned}$$

所以，该点所在的1∶50万地形图的编号为G-49-B。

b. 图解法：先求出该点所在的1∶100万地形图编号，绘出其经纬度范围的略图，再划分为四幅1∶50万地形图，分别注出其经纬度(图1-18)，就可以判断出该点所在的 1：50 万地形图的编号为：G-49-B。

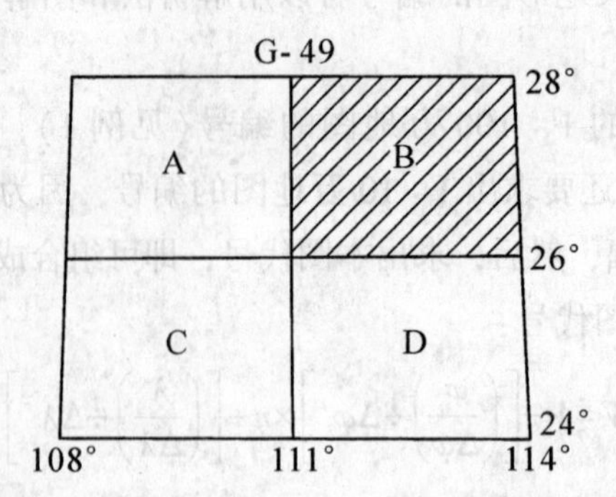

图 1-18　图解法求 1：50 万地形图的编号

②求该点所在的 1：10 万地形图的编号。

a. 解析法：先求出该点所在的 1：100 万地形图编号为：G-49。

$$V=133,\ n=12,\ \varphi=27°56',\ \lambda=112°46',$$

$$\Delta\varphi=4°,\ \Delta\lambda=6°,\ \Delta\varphi'=20',\ \Delta\lambda'=30'$$

该点所在的 1：10 万地形图的图幅代号(W)为：

$$W=V-\left[\left(\frac{\varphi}{\Delta\varphi}\right)\div\Delta\varphi'\right]\times n+\left[\left(\frac{\lambda}{\Delta\lambda}\right)\div\Delta\lambda'\right]$$

$$=133-\left[\left(\frac{27°56'}{4°}\right)\div 20'\right]\times 12+\left[\left(\frac{112°46'}{6°}\right)\div 30'\right]$$

$$=133-[3°56'\div 20']\times 12+[4°46'\div 30']=133-11\times 12+9=10$$

所以，该点所在的 1：10 万地形图的编号为 G-49-10。

b. 图解法：先求出该点所在的 1：100 万地形图编号，绘出其经纬度范围的略图，再划分为 144 幅 1：10 万地形图，分别注出其经纬度(图 1-19)，就可以判断出该点所在的 1：10 万地形图的编号为：G-49-10。

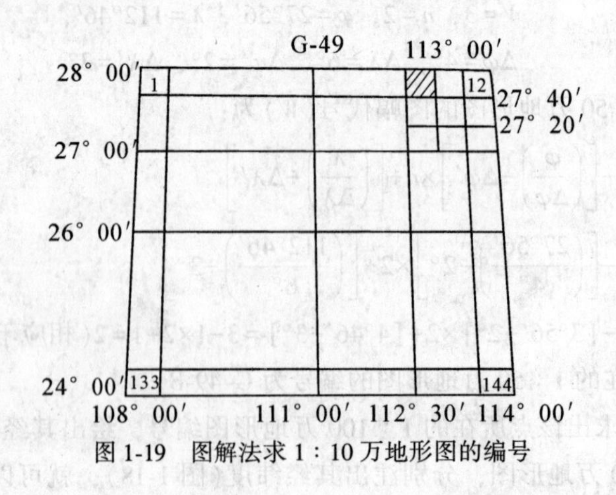

图 1-19　图解法求 1：10 万地形图的编号

③求该点所在的 1∶5 万地形图的编号。

a. 解析法：先求出该点所在的 1∶10 万地形图的编号为 G-49-10。

$$V=3,\ n=2,\ \varphi=27°56',\ \lambda=112°46',$$
$$\Delta\varphi=20',\ \Delta\lambda=30',\ \Delta\varphi'=10',\ \Delta\lambda'=15'$$

该点所在的 1∶5 万地形图的图幅代号(W)为：

$$\begin{aligned}W&=V-\left[\left(\frac{\varphi}{\Delta\varphi}\right)\div\Delta\varphi'\right]\times n+\left[\left(\frac{\lambda}{\Delta\lambda}\right)\div\Delta\lambda'\right]\\&=3-\left[\left(\frac{27°56'}{20'}\right)\div10'\right]\times2+\left[\left(\frac{112°46'}{30'}\right)\div15'\right]\\&=3-[16'\div10']\times2+[16'\div15']=3-1\times2+1=2(\text{相应于 B})\end{aligned}$$

所以，该点所在的 1∶5 万地形图的编号为 G-49-10-B。

b. 图解法：先求出该点所在的 1∶100 万和 1∶10 万地形图编号，绘出其经纬度范围的略图，再将 1∶10 万地形图划分为四幅 1∶5 万地形图，分别注出其经纬度(图 1-20)，就可以判断出该点所在的 1∶5 万地形图的编号为：G-49-10-B。

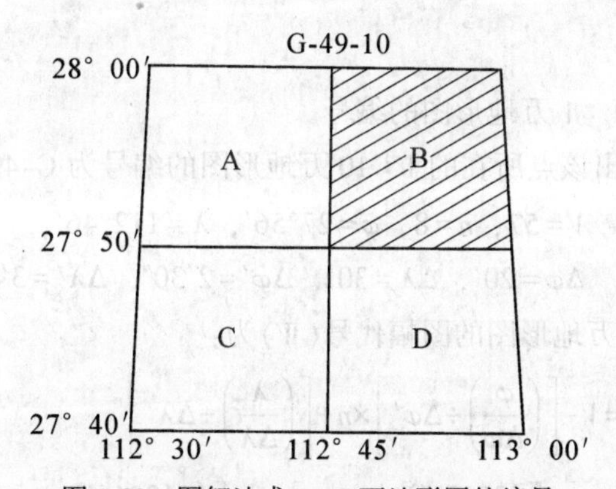

图 1-20　图解法求 1∶5 万地形图的编号

④求该点所在的 1∶2.5 万地形图的编号。

a. 解析法：先求出该点所在的 1∶5 万地形图的编号为 G-49-10-B。

$$V=3,\ n=2,\ \varphi=27°56',\ \lambda=112°46',$$
$$\Delta\varphi=10',\ \Delta\lambda=10',\ \Delta\varphi'=5',\ \Delta\lambda'=7'30''$$

该点所在的 1∶2.5 万地形图的图幅代号(W)为：

$$\begin{aligned}W&=V-\left[\left(\frac{\varphi}{\Delta\varphi}\right)\div\Delta\varphi'\right]\times n+\left[\left(\frac{\lambda}{\Delta\lambda}\right)\div\Delta\lambda'\right]\\&=3-\left[\left(\frac{27°56'}{10'}\right)\div5'\right]\times2+\left[\left(\frac{112°46'}{15'}\right)\div7'30''\right]\\&=3-[6'\div5']\times2+[1'\div7'30'']=3-1\times2+0=1\end{aligned}$$

所以，该点所在的 1∶2.5 万地形图的编号为 G-49-10-B-1。

b. 图解法：先求出该点所在的 1∶100 万地形图编号，绘出其经纬度范围，根据 1∶10 万和 1∶5 万的略图，再将 1∶5 万地形图划分为四幅 1∶2.5 万地形图，分别注出其经纬度(图 1-21)，就可以判断出该点所在的 1∶2.5 万地形图的编号为：G-49-10-B-1。

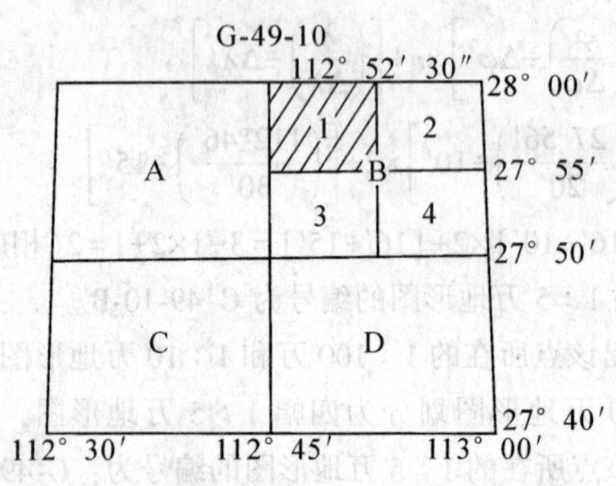

图 1-21　图解法求 1∶2.5 万地形图的编号

⑤求该点所在的 1∶1 万地形图的编号。

a. 解析法：先求出该点所在的 1∶10 万地形图的编号为 G-49-10。

$$V=57,\ n=8,\ \varphi=27°56',\ \lambda=112°46',$$

$$\Delta\varphi=20',\ \Delta\lambda=30',\ \Delta\varphi'=2'30'',\ \Delta\lambda'=3'45''$$

该点所在的 1∶1 万地形图的图幅代号(W)为：

$$W=V-\left[\left(\frac{\varphi}{\Delta\varphi}\right)\div\Delta\varphi'\right]\times n+\left[\left(\frac{\lambda}{\Delta\lambda}\right)\div\Delta\lambda'\right]$$

$$=57-\left[\left(\frac{27°56'}{20'}\right)\div 2'30''\right]\times 8+\left[\left(\frac{112°46'}{30'}\right)\div 3'45''\right]$$

$$=57-[16'\div 2'30'']\times 8+[16'\div 3'45'']=57-6\times 8+4=13$$

所以，该点所在的 1∶1 万地形图的编号为 G-49-10-(13)。

b. 图解法：先求出该点所在的 1∶100 万地形图编号，绘出其经纬度范围，根据 1∶10 万的略图，再将 1∶10 万地形图划分为 64 幅 1∶1 万地形图，分别注出其经纬度(图 1-22)，就可以判断出该点所在的 1∶1 万地形图的编号为：G-49-10-(13)。

(2)已知图幅的编号，求出相应的经纬度范围

根据图幅的编号反求经纬度范围也有解析法和图解法两种方法。

1)解析法

先求出图幅所在的 1∶100 万地形图的经纬度范围。

设：西图廓经度为 λ_1，东图廓经度为 λ_2，南图廓纬度为 φ_1，北图廓纬度为 φ_2。

则 1∶100 万地形图的经纬度范围按式(1-11)计算：

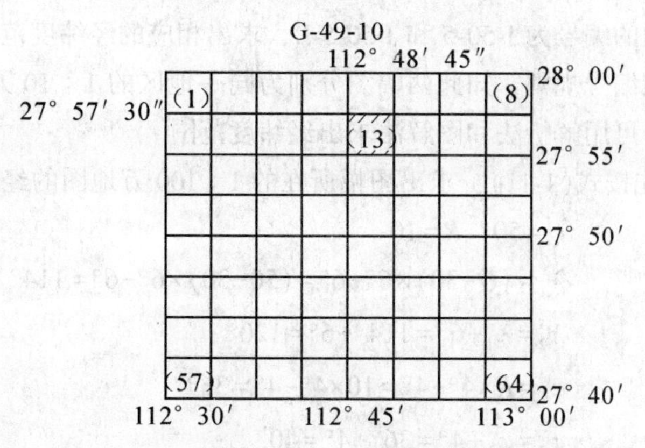

图 1-22　图解法求 1∶1 万地形图的编号

$$
\left.\begin{aligned}
\lambda_1 &= (Q-30)\times 6°-6° \\
\lambda_2 &= \lambda_1+6° \\
\varphi_1 &= R\times 4°-4° \\
\varphi_2 &= \varphi_1+4°
\end{aligned}\right\} \tag{1-11}
$$

式中：Q 为列号，R 为行号。

可按式(1-12)一次或两次计算，求出图幅对应的经纬度范围：

$$
\left.\begin{aligned}
\lambda_1' &= \lambda_1+\left(\frac{W-1}{n}\right)\times\Delta\lambda' \\
\lambda_2' &= \lambda_1'+\Delta\lambda' \\
\varphi_1' &= \varphi_1+\left[\frac{S-W}{n}\right]\times\Delta\varphi' \\
\varphi_2' &= \varphi_1'+\Delta\varphi'
\end{aligned}\right\} \tag{1-12}
$$

式中：[　] 表示分数值取整；

(　) 表示分数值取余；

λ_1、λ_2、φ_1、φ_2 分别为编号中前图之西、东、南、北图廓的经度或纬度；

λ_1'、λ_2'、φ_1'、φ_2' 分别为所求图幅之西、东、南、北图廓的经度或纬度；

$\Delta\lambda'$、$\Delta\varphi'$ 分别为所求图幅的经、纬差；

S 是划分为该比例尺地图后图幅的总数；

n 为列数；

W 为该图代号。

2) 图解法

先求出图幅所在的 1∶100 万地形图的经纬度范围。然后，绘出 1∶100 万地形图的略图，按相应比例尺图的经纬差分出图幅数，注出经纬度，由该图的代号，即可推算出图幅的经纬度范围。如果是更大比例尺地形图，需再将图幅按大比例尺图的经纬差进一步划分出该比例尺的图幅数，再由该图的代号，可推算出图幅的经纬度范围。

例：已知两图的编号为 J-50-5 和 J-50-5-B，求出相应的经纬度范围。

由地形图分幅编号规则，知此两幅图分别为同一地区的 1：10 万和 1：5 万地形图的编号，根据编号可用解析法和图解法求出经纬度范围。

a. 解析法：先按式(1-11)，求出图幅所在的 1：100 万地图的经纬度范围。

$$Q=50,\ R=10$$

$$\lambda_1=(Q-30)\times6°-6°=(50-30)\times6°-6°=114°$$

$$\lambda_2=\lambda_1+6°=114°+6°=120°$$

$$\varphi_1=R\times4°-4°=10\times4°-4°=36°$$

$$\varphi_2=\varphi_1+4°=36°+4°=40°$$

再按式(1-12)，求出 J-50-5 图幅的经纬度范围。

$$\Delta\lambda'=30',\ \Delta\varphi'=20',\ S=144,\ n=12,\ W=5$$

$$\lambda_1'=\lambda_1+\left(\frac{W-1}{n}\right)\times\Delta\lambda'=114°+\left(\frac{5-1}{12}\right)\times30'=114°+4\times30'=116°$$

$$\lambda_2'=\lambda_1'+\Delta\lambda'=116°+30'=116°30'$$

$$\varphi_1'=\varphi_1+\left[\frac{S-W}{n}\right]\times\Delta\varphi'=36°+\left[\frac{144-5}{12}\right]\times20'=36°+11\times20'=39°40'$$

$$\varphi_2'=\varphi_1'+\Delta\varphi=39°40'+20'=40°$$

J-50-5-B 图幅，需以编号之前的图(1：10 万)为基础，按式(1-12)再次计算，其经纬度范围为：

$$\Delta\lambda'=15',\ \Delta\varphi'=10',\ S=4,\ n=2,\ W=2$$

$$\lambda_1'=\lambda_1+\left(\frac{W-1}{n}\right)\times\Delta\lambda'=116°+\left(\frac{2-1}{2}\right)\times15'=116°+1\times15'=116°15'$$

$$\lambda_2'=\lambda_1'+\Delta\lambda'=116°15'+15'=116°30'$$

$$\varphi_1'=\varphi_1+\left[\frac{S-W}{n}\right]\times\Delta\varphi'=39°40'+\left[\frac{4-2}{2}\right]\times10'=39°40'+1\times10'=39°50'$$

$$\varphi_2'=\varphi_1'+\Delta\varphi=39°50'+10'=40°$$

同理，如果要算 1：2.5 万和 1：1 万图的经纬度范围，亦需如此先算出 1：10 万图的经纬度范围。

b. 图解法：先求出图幅所在的 1：100 万地图的经纬度范围。然后，绘出 1：100 万地图的略图，按 1：10 万图的经纬差分为 144 幅，由该图的代号(5)，可以推算出图幅的经纬度范围。

J-50-5 图幅的经纬度范围为：

λ：116°—116°30′　　φ：39°40′—40°

再将 J-50-5 划分为 4 幅 1：5 万的地形图，以同样方法也可推算出其经纬度范围(图 1-23)。

J-50-5-B 的图幅范围为：

λ：116°15′—116°30′　　φ：39°50′—40°

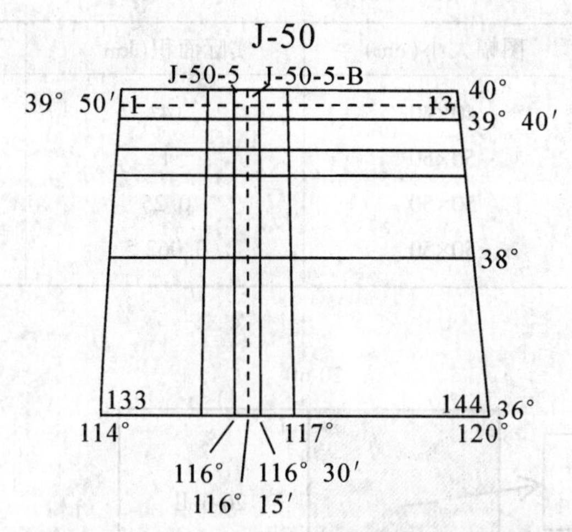

图 1-23　1：10 万和 1：5 万地形图分幅编号草图

五、大比例尺地形图的分幅与编号

1. 大比例尺地形图的特点

①没有严格统一规定的大地坐标系统和高程系统。

有些工程用的小区域大比例尺地形图，是按照国家统一规定的坐标系统和高程系统测绘的；有的则是采用某个城市坐标系统、施工坐标系统、假定坐标系统及假定高程系统。

②没有严格统一的地形图比例尺系列和分幅编号系统。

有的地形图是按照国家基本比例尺地形图系列选择比例尺；有的则是根据具体工程需要选择适当比例尺。

③可以结合工程规划、施工的特殊要求，对国家测绘部门的测图规范和图示作一些补充规定。

2. 大比例尺地形图的分幅与编号

为了适应各种工程设计和施工的需要，对于大比例尺地形图，大多按纵横坐标格网线进行等间距分幅，即采用正方形分幅与编号方法。图幅大小见表 1-5。

图幅的编号一般采用坐标编号法。由图幅西南角纵坐标 x 和横坐标 y 组成编号，1：5 000 坐标值取至 km，1：2 000、1：1 000 取至 0. 1km，1：500 取至 0. 01km。例如，某幅 1：1 000 地形图的西南角坐标为 x=6 230km、y=10km，则其编号为 6230. 0-10. 0。

也可以采用基本图号法编号，即以 1：5 000 地形图作为基础，较大比例尺图幅的编号是在它的编号后面加上罗马数字。

例如，一幅 1：5 000 地形图的编号为 20-60，则其他图的编号如图 1-24 所示。

表 1-5　　　　　　　　　　**正方形分幅的图幅规格与面积大小**

地形图比例尺	图幅大小(cm)	实际面积(km^2)	1：5 000 图幅包含数
1：5 000	40×40	4	1
1：2 000	50×50	1	4
1：1 000	50×50	0. 25	16
1：500	50×50	0. 062 5	64

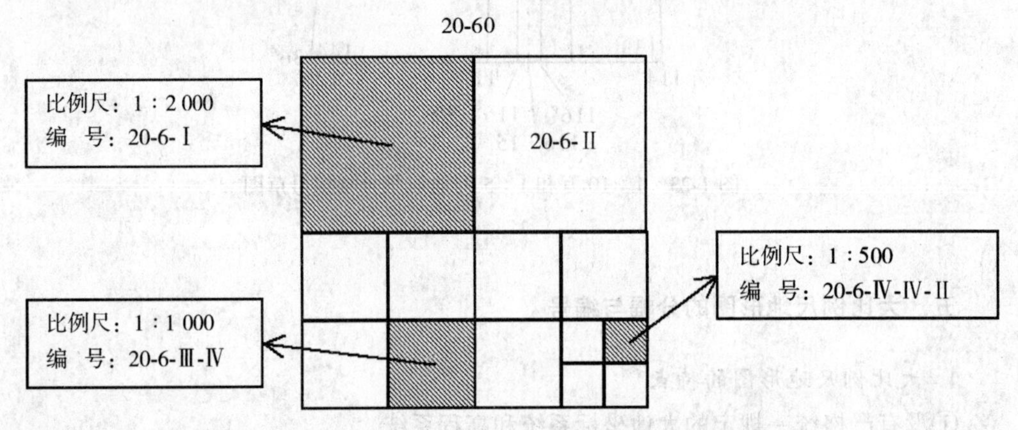

图 1-24　1：500~1：5 000 基本图号法的分幅编号

若为独立地区测图，其编号也可自行规定，如以某一工程名称或代号(电厂、863)编号，如图 1-25 所示。

××电厂

电-1	电-2	电-3	电-4	电-5
电-6	……			
电-11	……			
电-16	……			
电-20	……			电-25

图 1-25　某电厂 1：2 000 地形图分幅总图及编号

六、几个外国系列地图的分幅编号

随着测绘地理信息事业的发展，制图与地理信息业务范围不断扩大，接触国外资料的情况日益增多。为此，在这里简单介绍几个比较有代表性的国家的系列地图分幅与编号的方法。

1. 美国

美国地形图是按经纬线分幅的，其分幅范围见表 1-6。

表 1-6　　美国地形图的分幅方法

地图比例尺		经差	纬差
1∶100 万(国际标准分幅)		6°	4°
1∶25 万	纬度 60°以上	3°	1°
	纬度 60°以下	2°	1°
1∶10 万，1∶12.5 万		30′	30′
1∶5 万，1∶625 005，1∶63 360		15′	15′
1∶2.4 万，1∶2.5 万，1∶31 680		7.5′	7.5′

早期的美国地形图没有统一的编号方法，1948 年以后才改用现在的编号方法，即按 1∶100 万和 1∶10 万两个系统编号。

(1)1∶100 万和 1∶25 万比例尺地形图的分幅与编号

美国的 1∶100 万地图是按照国际标准分幅和编号的。

图 1-26 包括的范围为 Nφ44°~48°，Wλ90°~96°，这是编号为 NL15 的一幅 1∶100 万地形图及其所包含的 1∶25 万地图的分幅略图。其中 N 代表北半球(不省略)，L 为行号，15 为列号。

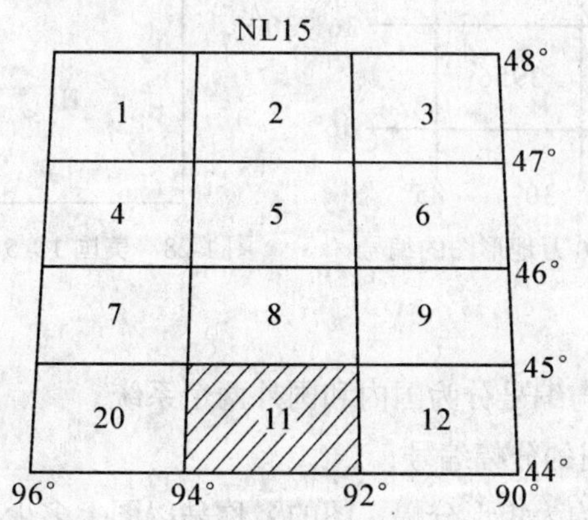

图 1-26　美国 1∶100 万和 1∶25 万地图的分幅与编号

1∶25 万地形图是在 1∶100 万地图的基础上进行分幅、编号的。在纬度 60°以下的地区，每幅 1∶100 万地图分为 12 幅 1∶25 万地图，每幅的经差为 2°、纬差为 1°，按自然序数 1~12 自左向右、自上而下编号；在纬度 60°以上的地区，由于 1∶100 万地图是双幅合并，所以在此范围内每幅 1∶100 万地图划分为 16 幅 1∶25 万地图，每幅的经差为 3°、纬差为 1°，按自然序数 1~16，以同样的顺序编号。1∶25 万地图的编号是在 1∶100 万地图编号的后面加上 1∶25 万的顺序代号，如 NL15-11。

(2)1∶10 万、1∶5 万、1∶2.5 万地形图的分幅与编号

美国的大于 1∶10 万比例尺的地形图，其分幅编号自成系统，不与 1∶100 万地图发生直接联系。

1∶10 万地形图采用独立的行列式编号，按经差、纬差各 30′划分图幅。在 Wλ129°30′~105°的范围内，每 30′为一列，自左向右用 01~49 表示列号；在 Wλ105°~66°的范围内，每 30′为一列，自左向右用 00~77 表示行号，Nφ8°30′向北，每 30′为一行，由下向上从 01 起编号递增。图 1-27 是美国 1∶10 万地形图的行列号码的一部分，图中有晕线部分的编号为 3857，其中前两位数为列号，后两位数为行号。

1∶5 万和 1∶2.5 万比例尺地图是在 1∶10 万地图的基础上分幅和编号的(图 1-28)，每幅 1∶10 万地图分为 4 幅 1∶5 万地图，用罗马数字从右上角开始，按顺时针方向编号，图中有斜晕线部分的图幅编号为 3857Ⅱ。每幅 1∶5 万地图又分为 4 幅 1∶2.5 万地图，用 N、S、E、W(N、S，E、W 分别为英语 North 北，South 南，East 东，West 西的缩写)组合成 NE，SE，SW，NW 四个代码作为它们的代号，图中有网线部分的图幅编号为 3857Ⅱ SE。

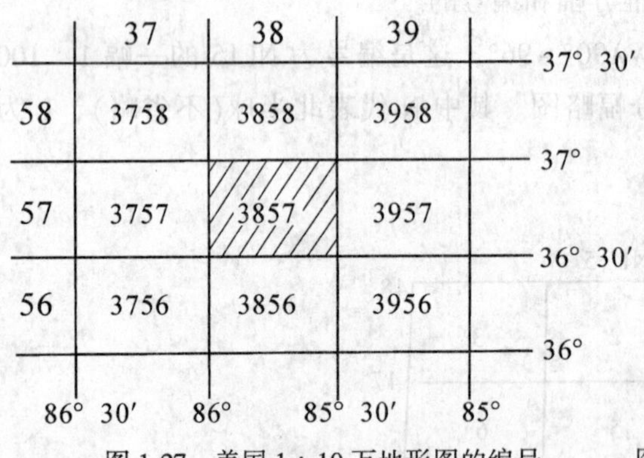

图 1-27　美国 1∶10 万地形图的编号

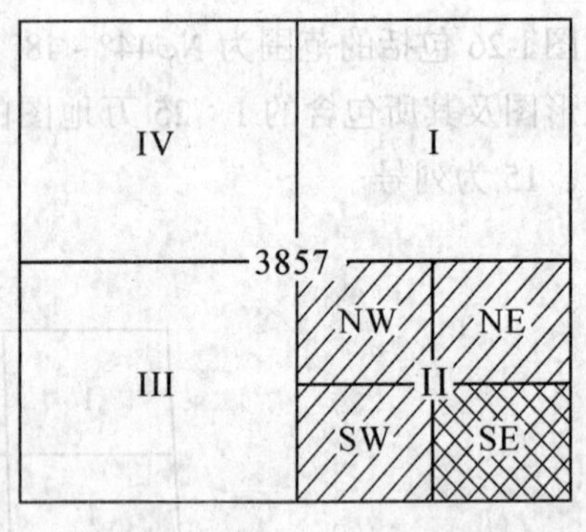

图 1-28　美国 1∶5 万、1∶2.5 万地形图的编号

2. 英国

英国地形图的分幅与编号分为国内和国外两个系统。

(1)英国国内地形图的分幅编号

英国国内的地形图均为矩形分幅，图的名称是以图上多少英寸折合实地 1 英里的换算比例确定的。例如，“1 英寸地图”表示图上 1 英寸折合实地 1 英里，其分类系统见

表 1-7。

表 1-7　　英国国内的地形图分类系统

比例尺	图上 1 英寸折合实地长度(英里)	实地 1 英里折合图上长度(英寸)	图上 1 厘米折合实地长度(公里)	实地 1 公里折合图上长度(厘米)	地图名称
1∶10 560	0. 166 7	6	0. 105 6	9. 47	6 英寸地图
1∶63 360	1	1	0. 633 6	1. 578	1 英寸地图
1∶126 720	2	0. 5	1. 267	0. 789	1/2 英寸地图
1∶253 440	4	0. 25	2. 534	0. 395	1/4 英寸地图
1∶633 600	10	0. 1	6. 336	0. 158	1/10 英寸地图

另外，英国国内还有 1∶2. 5 万比例尺的地形图。

它们的编号方法是依据英国的本土范围，从左到右，自上而下按自然序数编号。1 英寸地图从 1 至 190，1/2 英寸地图从 1 至 51，1/4 英寸地图从 1 至 17 进行编号。

小于 1 英寸的地图的编号用“Sheet(图幅)+顺序号”来表示，例如，Sheet 56 表示 1 英寸地图的第 56 号。但是由于各种比例尺地图的号码有颇多重复，当号码小于 51 时，就需要分别指明其地图名称，例如，1 英寸地图“Sheet 16”。

英国国内的 1∶2. 5 万地形图是按方格分幅的。首先，按英国的领土范围划分成 100×100 公里的大方格，从左下角开始标注百公里级的坐标数字。每个大格的编号由两个字母组成，第一个字母是区域代号，第二个字母是大格代号。

区域代号——以纵、横坐标各为 500 公里的分幅线作为坐标轴，把全国分成四个部分，分别以 N、S、O、T 来代表坐标系的西北、西南、东北、东南四个部分，即组成大格编号的第一个字母。

大格代号——在每个区域中，自左向右、从上到下用字母 A 至 Z 来标示。其中，由于 I 同罗马数字 I 不易区分，省去不用。这样共 25 个字母，分别代表 25 个方格，作为大格标号的第二个字母。东部的两部分虽然不满 25 个方格，仍按西部的相应位置标示第二个字母(图 1-29(a))。

在每个大方格内再分成 10×10 公里的方格，每个小方格即为一幅 1∶2. 5 万地形图的范围(图 1-29(b))。从每个大方格的左下角开始标注 10 公里级的纵、横坐标，这样，每幅 1∶2. 5 万地形图的编号为：

Sheet　大格标号　小格左下角的坐标号码

例如：图 1-29(b)中有晕线部分的编号为“Sheet SM 72”。其中，SM 是 100×100 公里的大格代号，表示该图幅位于西南区第 M 方格；72 指该图幅在 M 大格中，其左下角横坐标为 70、纵坐标为 20 的那个 10×10 公里的方格。

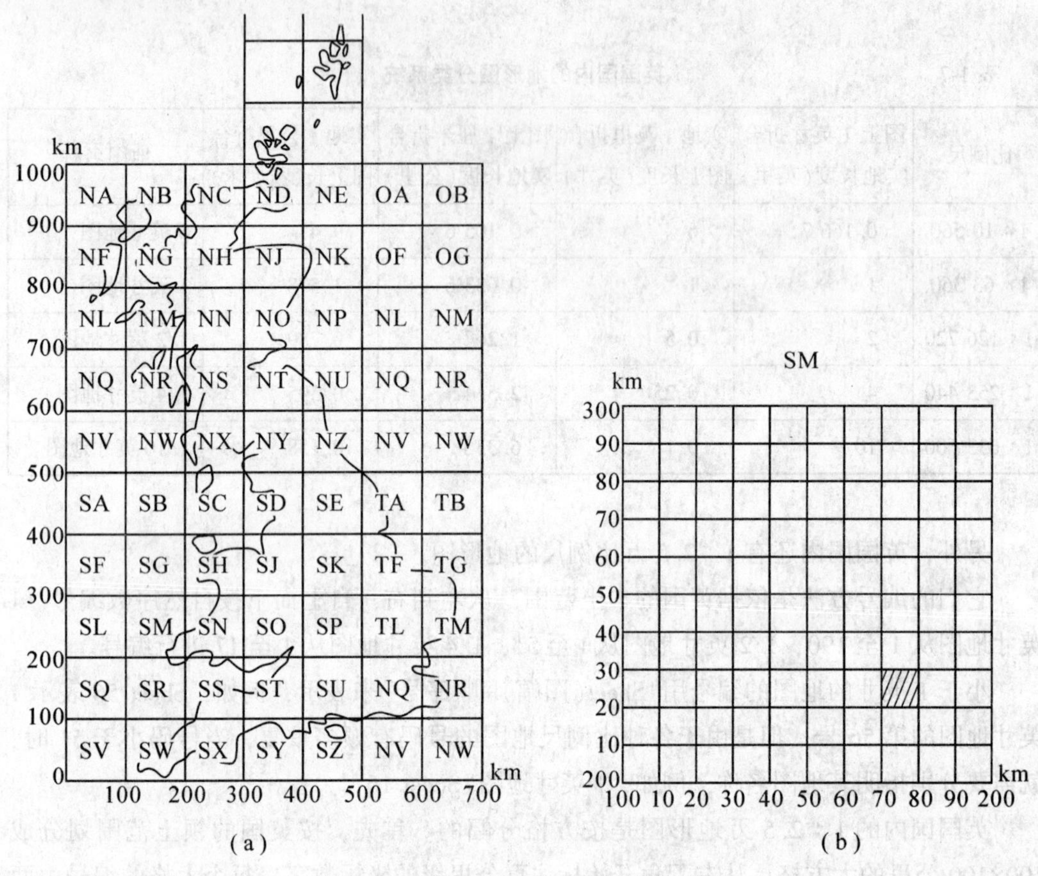

图 1-29　英国 1：2.5 万地图的分幅编号

1：10 560 比例尺地图是在 1：2.5 万比例尺地图的基础上分幅编号的。每幅 1：2.5 万地图分为 4 幅 1：10 560 地图，分别用 NE、NW、SE、SW 表示，图 1-30 中有网线的图幅编号为"Sheet SM 72 NE"。

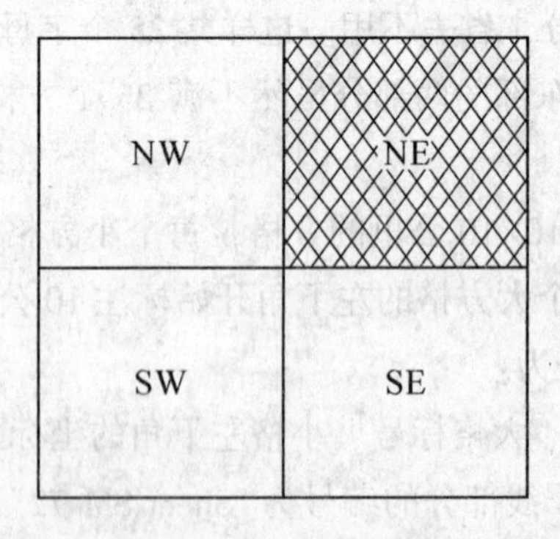

图 1-30　英国 1：10 560 地图的分幅编号

(2)英国制作的国外地区地形图的分幅编号

英国制作的国外地区的地形图一般是按经纬度分幅的，其分幅系统如图 1-31 所示。

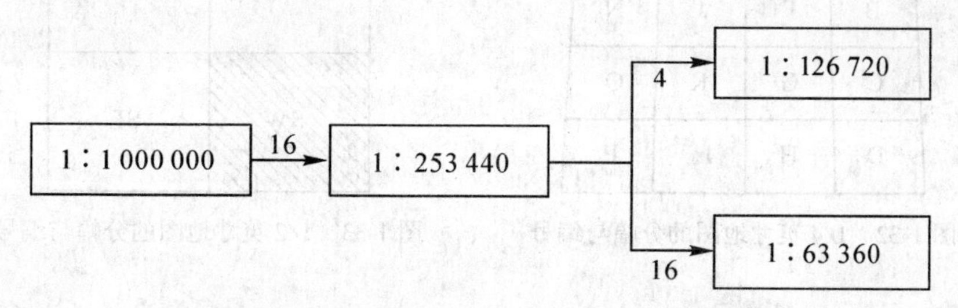

图 1-31　英国制作的国外地区的地形图分幅系统

各比例尺图幅数量关系见表 1-8。

表 1-8　　英国制作的国外地区的地形图各比例尺图幅数量关系

比例尺	1∶1 000 000	1∶253 440	1∶126 720	1∶63 360
地图名称	军用地图	1/4 英寸地图	1/2 英寸地图	1 英寸地图
经　差	4°	1°	30′	15′
纬　差	4°	1°	30′	15′
图幅数量关系	1	16	64	256
		1	4	16
			1	4

1∶100 万地图按照经差、纬差各 4°分幅，用自然序数编号。

每幅 1∶100 万地图分为 16 幅 1/4 英寸地图(1∶253 440)，每幅 1/4 英寸地图包括纬差、经差各 1°，用罗马字母 A～P 从上到下、自左向右编号。其编号为：

1∶100 万地图编号+1/4 英寸地图的序号

图 1-32 是 1/4 英寸地图的编号方法，图中有晕线的图幅编号为“79E”。

每幅 1/4 英寸地图分为 4 幅 1/2 英寸地图(1∶126 720)，每幅 1/2 英寸地图包括经差、纬差各 30′，分别以 NE、NW、SE、SW 标号(图 1-33)。1/2 英寸地图的编号是在 1/4 英寸地图编号的后面加上 1/2 英寸地图的标号组成，例如，图中有晕线的图幅编号为“79 E/SW”。

每幅 1/4 英寸地图分为 16 幅 1 英寸地图(1∶63 360)，每幅 1 英寸地图包括的经差、纬差各为 15′，用阿拉伯数字 1～16，从上到下、自左向右编号(图 1-34)，1 英寸地图编号是在 1/4 英寸地图的图号下面标以 1 英寸地图的标号。例如，图 1-34 中有晕线的图幅编号为“79 E/7”。

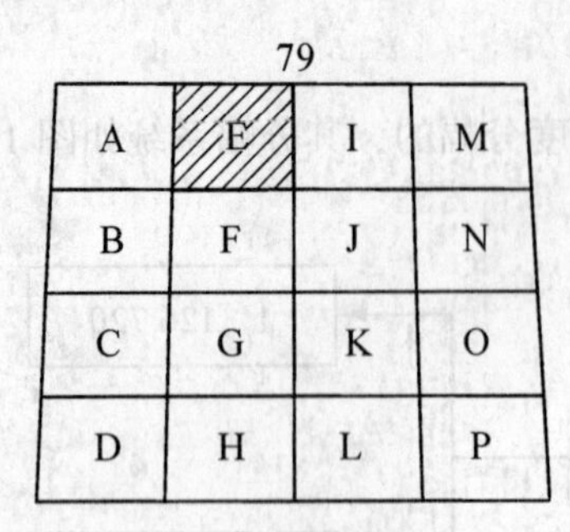

图 1-32　1/4 英寸地图的分幅与编号

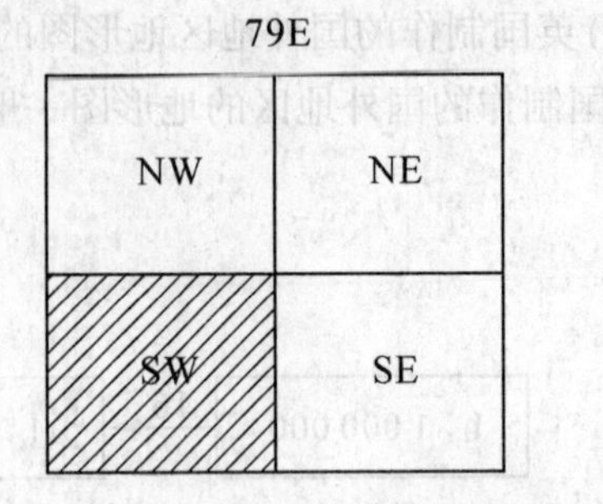

图 1-33　1/2 英寸地图的分幅与编号

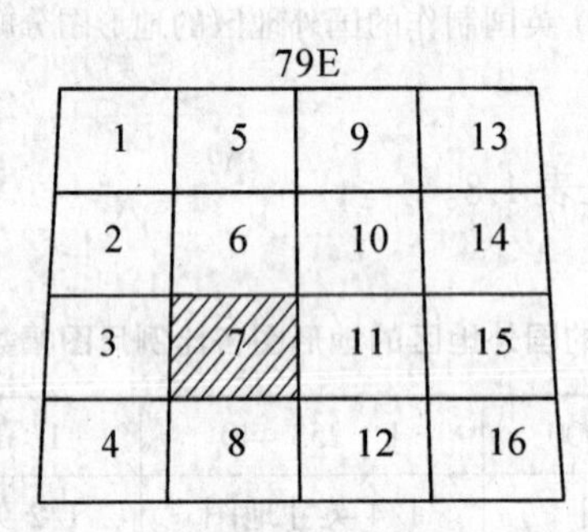

图 1-34　1 英寸地图的分幅与编号

3. 日本

日本地图有两种分幅方式，一种是比例尺小于 1∶1 万的地图按经纬线分幅；另一种是 1∶5 000 和 1∶2 500 的地形图，按直角坐标分幅，称为“国家基本地图”。

(1)经纬线分幅地图的分幅与编号

日本经纬线分幅地图的分幅与编号方法与我国大致相同，其分幅系统见表 1-9。

表 1-9　**日本地图经纬线分幅系统**

比例尺	1∶100 万	1∶20 万	1∶5 万	1∶2.5 万	1∶1 万
地图名称	国际地图	地势图	地形图	地形图	地形图
经 差	6°	1°	15′	7.5′	3′
纬 差	4°	40′	10′	5′	2′
图幅数量关系	1	36 1	16 1	4	25

这个系列的地图有两套编号方法，即原来有一套编号方法，现在改变为全部由 1∶100 万地图编号续加各自代号的编号方法。

原来使用的编号方法如下：

1∶100 万地图按国际标准分幅编号，例如，NI-54，它代表北半球第 I 行（Nφ32°～

36°)、第 54 列(Eλ138°~144°)。

图 1-35 是日本 1∶20 万、1∶5 万、1∶2.5 万和 1∶1 万地图的分幅编号举例。

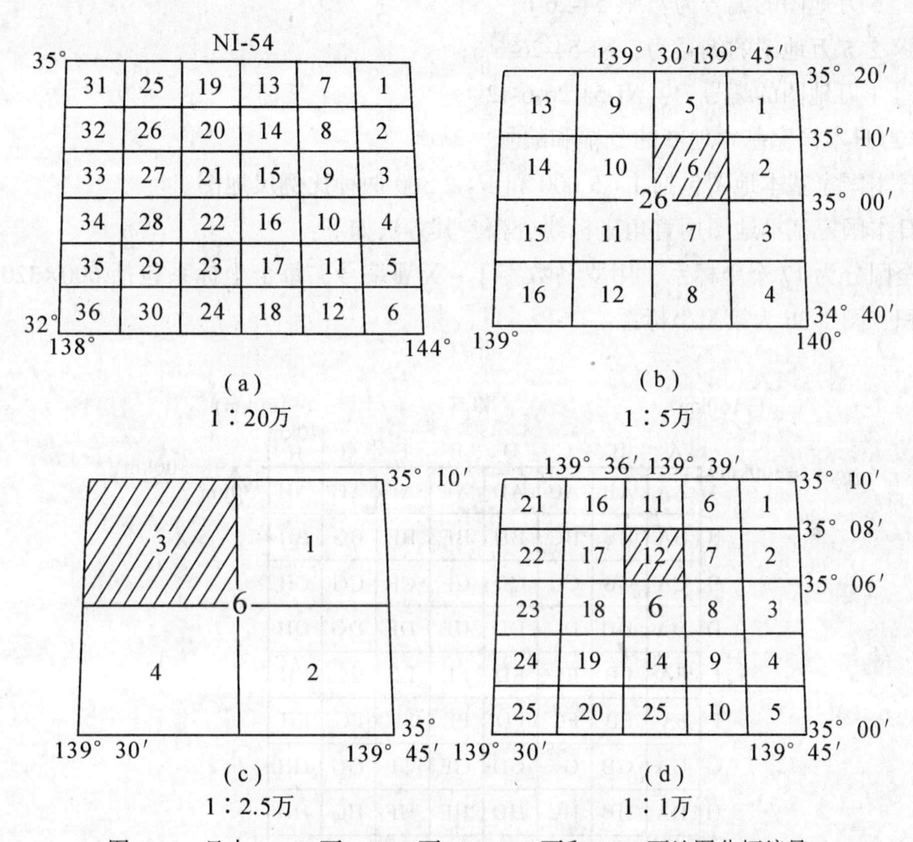

图 1-35　日本 1∶20 万、1∶5 万、1∶2.5 万和 1∶1 万地图分幅编号

图 1-35 中，1∶20 万有晕线的图幅编号为"东京 26 号横须贺"，其中"东京"是该图所在的 1∶100 万地图的图名，"26 号"表示 1∶20 万地图在 1∶100 万地图范围内的编号，其代号都是采用自右向左、从上至下的排列，以自然序数编号法编号。而"横须贺"则是 1∶20 万地图的图名。

1∶5 万有晕线的图幅编号为"五万分之一地形图横须贺 6 号三崎"，其中前一部分为比例尺，称为地图种类，"横须贺"为该图所在的 1∶20 万地图的图名，"6 号"指的是 1∶5 万地图在 1∶20 万地图范围内的位置，而"三崎"则是 1∶5 万地图的图名。

1∶2.5 万有晕线的图幅编号为"二万五千分之一地形图横须贺 6 号三崎之 3 三浦三崎"。

1∶1 万有晕线的图幅编号为"一万分之一地形图横须贺 6 号三崎之 12 城个岛"。

上述方法的特点是，1∶5 万、1∶2.5 万和 1∶1 万地形图的编号都是从 1∶20 万地图出发的，只有 1∶20 万地图的编号才同 1∶100 万地图的编号相联系。

现在的编号方法有些改变，使得各种比例尺地图都和 1∶100 万国际地图联系起来，在

1：100 万地图按国际标准分幅编号的基础上，逐次接加其余地图各自代号而成。上例中

1：20 万地图的编号为：NI-54-26；

1：5 万地图的编号为：NI-54-26-6；

1：2.5 万地图的编号为：NI-54-26-6-3；

1：1 万地图的编号为：NI-54-26-6-12。

(2)日本国家基本地图的分幅和编号

日本国家基本地图包括 1：5 000 和 1：2 500 两种比例尺地图。

日本国家基本地图用直角坐标线分幅，其方法如下：

全国分为 17 个坐标系，用罗马数字Ⅰ～ⅩⅦ编号，每个坐标系包括 600×320 公里的面积，图 1-36 为第Ⅺ坐标系。

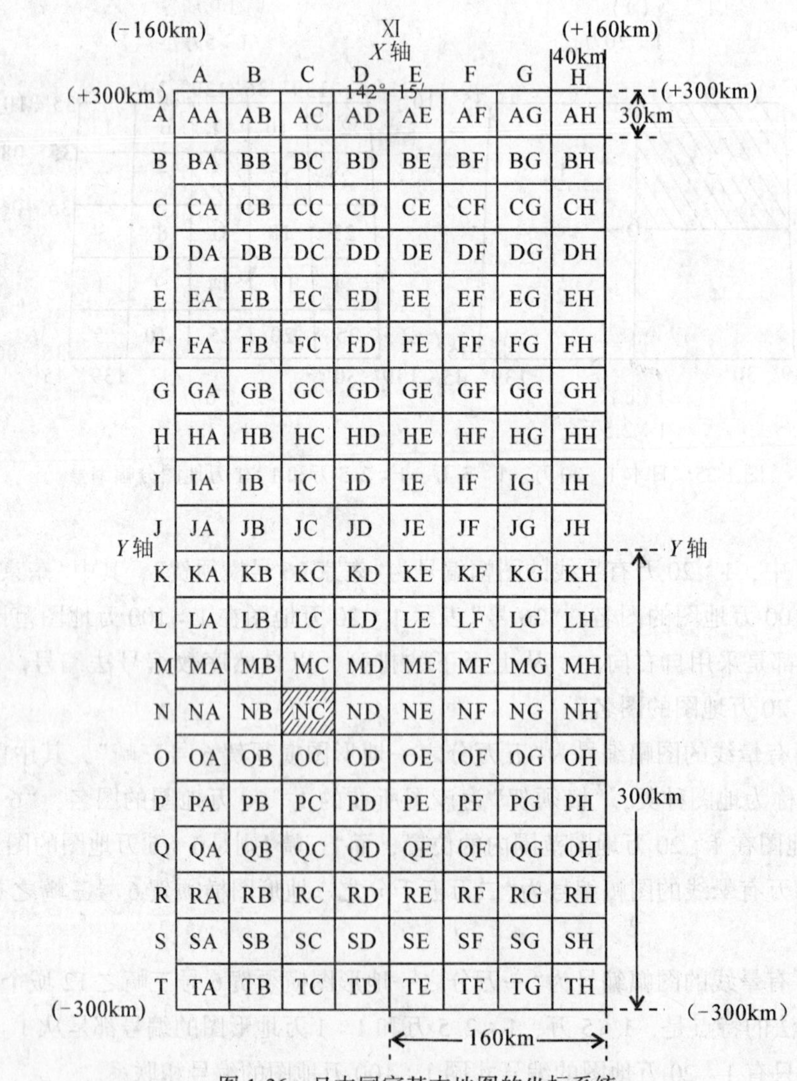

图 1-36　日本国家基本地图的坐标系统

通过原点作纵、横坐标轴。纵轴为 X 轴，横轴为 Y 轴。从坐标原点向左、右各 160 公里，上、下各 300 公里围成该坐标系的范围。

在一个坐标系中，自西向东分成八列，每列 40 公里，用罗马字母 A～H 编号；从上到下分为 20 行，每行 30 公里，用罗马字母 A～T 编号，然后按行(前)列(后)表示该方格的代号。

坐标系中每个格子各边 10 等分，形成 4×3 公里的格子，即为 1∶5 000 地图的图廓。图 1-37(a)是 1∶5 000 地图在一个坐标格中的分幅编号方法，从右上角开始，行列均以 0～9 编号，按行前列后的顺序组成该图的代号。图中有晕线的图幅编号为“Ⅺ-NC41”。

1∶2 500 地图是把 1∶5 000 地图又分成 4 幅，每幅边长为 2×1.5 公里，用阿拉伯数字 1～4 编号。图 1-37(b)中有晕线的图幅编号为“Ⅺ-NC41-4”。

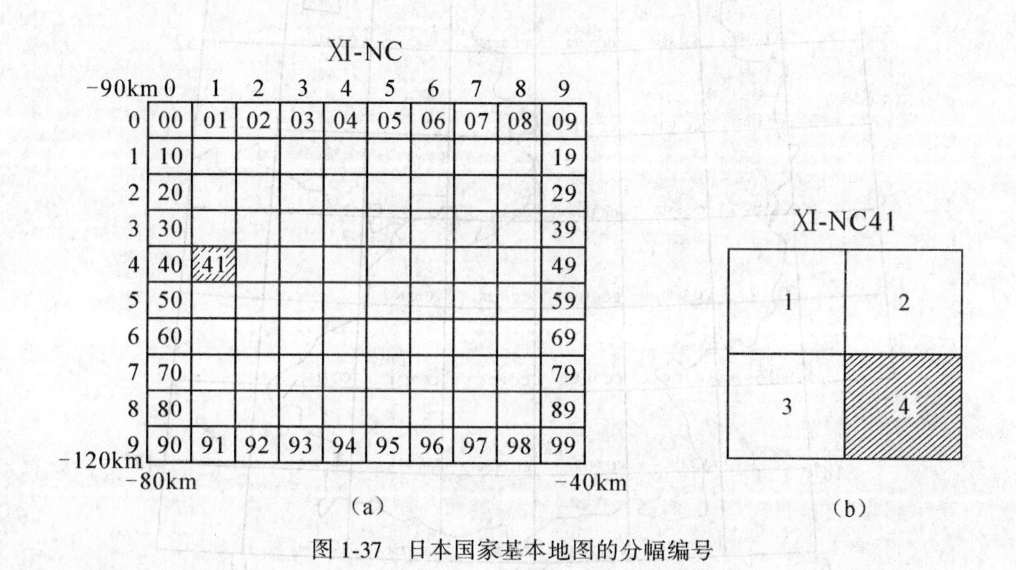

图 1-37　日本国家基本地图的分幅编号

4. 德国

德国 1∶2.5 万～1∶20 万比例尺地形图是按经纬线分幅、行列式方法编号，其分幅系统见表 1-10。

表 1-10　**德国地形图分幅系统**

比例尺	1∶20 万	1∶10 万	1∶5 万	1∶2.5 万
经 差	1°20′	40′	20′	10′
纬 差	48′	24′	12′	6′
图幅数量关系	1	4	16	64
		1	4	16
			1	4

全国包括 1∶20 万地图 48 幅(其中有 5 幅破图廓)，其经纬度范围为 Nφ47°12′~55°12′，Eλ6°~14°(图 1-38)。

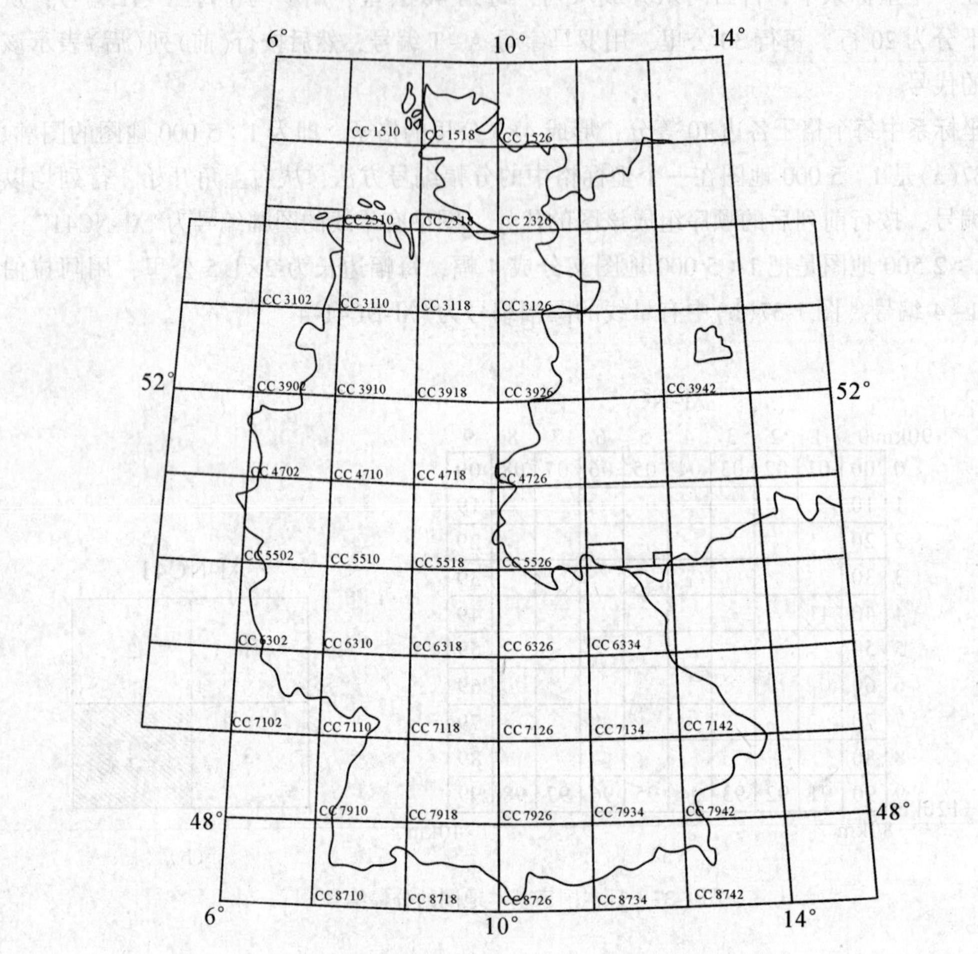

图 1-38　德国 1∶20 万地图分幅

其分幅编号的具体方法如下(图 1-39)：

(1)图幅的划分

行：从 Nφ55°12′往南，每 6′一行，用 08—87 编号。

列：从 Eλ6°往东，每 10′一列，用 02—49 编号。

每幅 1∶2.5 万地图包括 1 行 1 列，每幅 1∶5 万地图包括 2 行 2 列，每幅 1∶10 万地图包括 4 行 4 列，每幅 1∶20 万地图包括 8 行 8 列。

(2)编号方法

1∶2.5 万地图由行前列后构成。如图 1-39 中左下角一幅地图编号为“1510”。

1∶5 万、1∶10 万和 1∶20 万地图均以它所含最左下角一幅 1∶2.5 万图图号为基础，分别冠以不同字母构成。“L”代表 1∶5 万，“C”代表 1∶10 万，“CC”代表 1∶20

万。例如，图 1-39 中相应于 1510 的 1∶5 万地图图号为“L1510”，1∶10 万地图图号为“C1510”，1∶20 万地图的图号为“CC1510”。

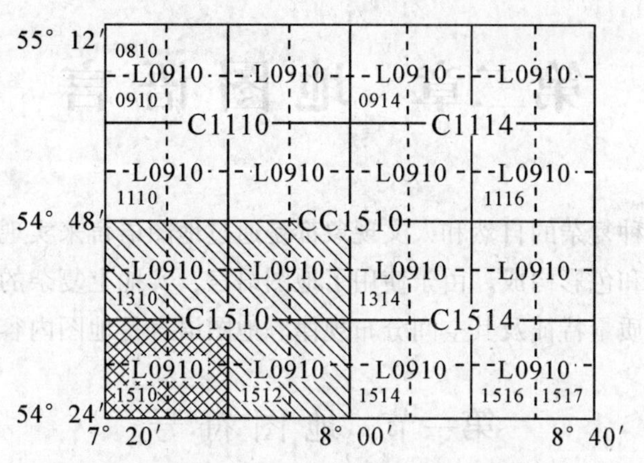

图 1-39　德国 1∶2.5 万~1∶20 万地图编号方法

这套编号方法简明、严谨，根据图号可以计算出各种比例尺地图的经纬度范围，也可以计算出相邻图幅的图号，是很有参考价值的一种编号方法。

5. 俄罗斯

俄罗斯地形图的分幅编号方法与我国相似，主要是各种比例尺的代号有所区别。例如，1∶50 万的图幅分别用大写俄文字母 А、Б、В、Г 表示，1∶20 万的图幅分别用罗马数字Ⅰ，Ⅱ，…，ⅩⅩⅩⅥ表示，1∶5 万的图幅分别用比 1∶50 万代号等级小的大写字母 А、Б、В、Г 表示，1∶2.5 万的图幅分别用小写俄文字母 а、б、в、г 表示，1∶1 万地图是在 1∶2.5 万地图的基础上分成四幅，分别用数字 1、2、3、4 表示。

在 1968 年以前，我国地形图的分幅编号也是采用这套系统。

第二章 地图语言

地图上表示各种复杂的自然和人文现象都是通过地图语言来实现的。地图语言主要由地图符号、注记和色彩构成。由于使用了地图语言，实地上复杂的地物均可用清晰的图形表示其数量、质量特征及其空间分布规律。地图语言是地图内容表达的基本元素。

第一节 地图符号

地图是一种以符号传达信息为主要方式的图形通信形式。使用专门的图形符号表现地理事物是地图的基本特征之一。地图是由符号构建的“大厦”，没有符号就没有地图，正像没有单词就无所谓的语言一样。符号是地图的图形语言，对符号的研究和设计是地图学的基本问题之一。

一、地图符号的概念

地图符号属于表象性符号。它以其视觉形象指代抽象的概念。它们明确直观、形象生动，很容易被人们理解。客观世界的事物错综复杂，人们根据需要对它们进行归纳(分类、分级)和抽象，用比较简单的符号形象表现它们，不仅解决了描述真实世界的困难，而且能反映出事物的本质和规律。因此，地图符号的形成实质上是一种科学抽象的过程，是对制图对象的第一次综合。

人们用符号表现客观世界，又把地图符号作为直接认识对象而从中获取信息、认识世界，表现出具有“写”和“读”的两重功能。现在，很多地图学文献中常常把地图符号称为“地图语言”，这表明对地图符号本质认识的深化。人们不仅仅看重地图符号个体的直接语义信息价值，而且也十分重视地图符号相互联系的语法价值。这对于探索地图符号的性质、规律和深化地图信息功能具有重要的意义。当我们说“地图语言”的时候，就是强调这样一种观点：地图不是各个孤立符号的简单罗列，而是各种符号按照某种规律组织起来的有机的信息综合体，是一个可以深刻表现客观世界的符号——形象模型。

当然，我们最终还是应该把地图语言还原为符号，因为符号的概念比语言更本质化。地图符号与语言符号虽有本质上的共性，但地图符号有自己的特点，无论在符号形式上，还是在语法规律上以及表现信息的特点上都与语言符号不同。

二、地图符号的分类

具有地理空间分布属性的事物都可以用地图的方式来表达，因而地图的种类众多，相对应的每一种地图的符号就是一个或大、或小的系统。随着制图技术的不断发展、地图形式的多样化，地图符号还在不断变革、补充和完善，地图符号的类别也更多。现代地图符号可以从不同的角度进行分类。

1. 按符号的几何特征分类

按地图符号的几何性质可将符号分为点状符号、线状符号和面状符号。

在这里，点、线、面的概念是符号自身性质的几何意义。点状符号是指符号具有点的性质，不论符号大小，实际上以点的概念定位，而符号的面积不具有实地的面积意义。线状符号是指它们在一个延伸方向上有定位意义，而不管其宽度。点和线的定位可以是精确的，也可以是概括的。面状符号具有实际的二维特征，它们以面定位，其面积形状与其所代表对象的实际面积形状一致。

符号的点、线、面特征与制图对象的分布状态并没有必然的联系。采用什么特征的符号表示既取决于地图的比例尺，也取决于地理要素的表达方法。如河流在大比例尺地图上可以表现为面，而在较小比例尺地图上只能是线；城市在大比例尺地图上表现为面，而在小比例尺地图上是点。

2. 按符号与地图比例尺的关系分类

按符号与地图比例尺的关系可将符号分为依比例符号、不依比例符号和半依比例符号三种。

(1)依比例符号

对于实地上面积较大的物体，依地图的比例尺缩小后，还能保持与实地形状相似的清晰图形，这一类符号就称为依比例符号。如较大比例尺地图上居民地的平面图形，海、湖、大河、森林和沼泽等轮廓图形等。

(2)不依比例符号

随着地图比例尺的缩小，实地上较小的物体就不可能依比例尺表现其平面图形，只能用夸张的方法表示它们的存在，但不能表示其实际大小。例如，地图上表示的三角点、宝塔、独立树等独立符号，都是不依比例的符号，或叫非比例符号。

(3)半依比例符号

实地上的线状和狭长物体，随着地图比例尺的缩小，其长度仍可以依比例尺表示，而宽度不能依比例绘出，这类符号称为半依比例符号。例如，道路、土堤、部分河流、狭长街区等。这些符号在图上只能量测其长度，不能量算其宽度。

制图对象是否能依比例表达，取决于对象本身的面积大小和地图比例尺大小。只有在一定比例尺的条件下，制图对象的宽度或面积仍可保持在图解清晰度允许的范围内时，才可能使用依比例符号。依比例符号主要是面状符号；不依比例符号则主要是点状符号；而半依比例符号是指线状符号。

同一类物体，在地图上表示时可能同时存在依比例尺、半依比例尺和不依比例尺三种情况，如用平面图形表示的街区、狭长街区和独立房屋符号的并存等。但是随着地图比例尺的缩小，这种关系常常发生变化，依比例符号逐渐转化为半依比例符号或不依比例的符号。即随着地图比例尺的缩小，不依比例尺表示的符号相对地增多，而依比例尺表示的符号则相对地减少。

3. 按符号表示的地理尺度分类

按符号表示的地理尺度可将符号分为定性符号、等级符号和定量符号三种。

从原则上讲，传统地图符号只能表现制图对象的四种特征：形状、性质、数量、位置。形状由符号的形象区分，位置由符号的定位性确定。如果符号主要反映对象的名义(定名量表)尺度，即性质上的区别，这就是“定性符号”。虽然依比例符号可以反映出对象的实际大小，但这种大小是由对象在图面上的形状自然确定的，所以普通地图符号除数字注记外绝大多数属于定性符号。以表现对象数量特征(包括间隔尺度和比率尺度)为主的符号称为“定量符号”。凡定量符号都必须在图上给定一个比率关系(并非地图比例尺)，借助这一比率关系可以目估或量测其数值。表现顺序尺度的符号仅表现大、中、小等概略顺序，因此属于“等级符号”。地图上有些等级符号通过图例说明与相应的数量建立了联系，实际已具有了定量的性质。

4. 按符号的形状特征分类

按符号的形状特征可将符号分为几何符号、艺术符号、线状符号、面状符号、图表符号、文字符号、色域符号等。这是依据不同图像形式对符号的分类，强调符号的形象特点。

几何符号，指用基本几何图形构成的较为简单的记号性符号；艺术符号是指与被表示对象相似，艺术性较强的符号，它可分为象形符号和透视符号两类；面状符号既可由各类结构图案组成，也可由颜色形成，但它们在视觉形式上不同，所以面积颜色可称为色域符号；图表符号主要是指反映对象数量概念的定量符号，它们大多由较简单的几何图形构成；文字本身是一种符号，地图上的文字虽仍然保留着其原有的性质，但它们毕竟又具备了地图的空间特性，因而无疑是地图符号的一种特殊形式。

三、视觉变量

表象性符号之所以能形成众多类型和形式，是各种基本图形元素变化与组合的结果，这种能引起视觉差别的图形和色彩变化因素称为“视觉变量”或“图形变量”。有了这些变量系统，地图符号就具有了描述各种事物性质、特征的功能。

最早研究视觉变量的是法国人贝尔廷(J. Bertin)。他所领导的巴黎大学图形实验室经多年的研究，总结出一套图形符号的变化规律，提出了包括颜色、形状、尺寸、方向、明度和密度的视觉变量。各国地图学家在此基础上也进行了多方面的研究，提出了地图符号的种种视觉变量。

1. 基本视觉变量

从纸质地图角度来看，视觉变量包括形状、尺寸、方向、明度、密度、结构、颜色和位置，如图 2-1 所示。

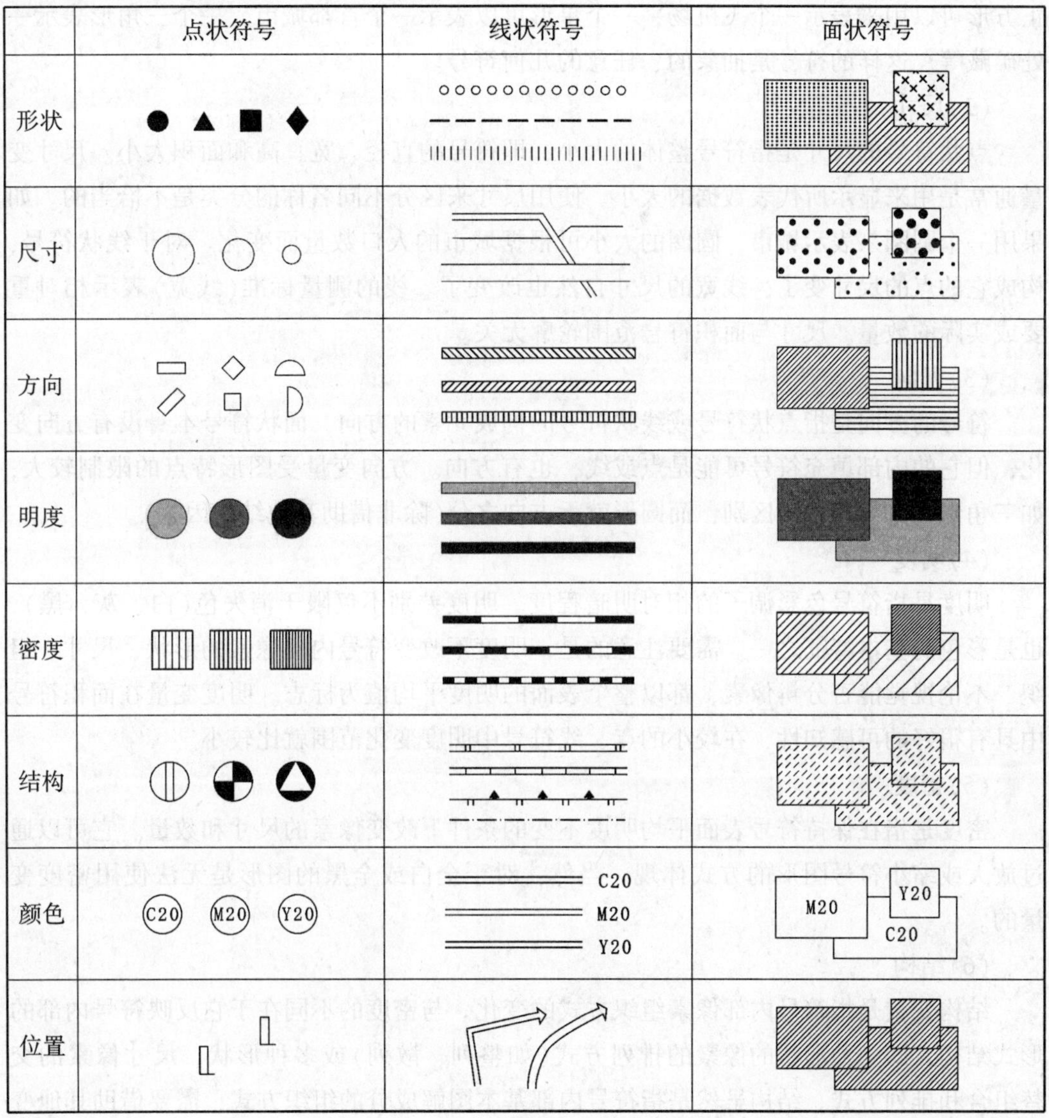

	点状符号	线状符号	面状符号
形状			
尺寸			
方向			
明度			
密度			
结构			
颜色	C20 M20 Y20	C20 M20 Y20	M20 Y20 C20
位置			

图 2-1　地图符号的视觉变量

(1)形状

形状是最主要的视觉变量之一。对于点状符号来说，形状就是符号的外形，可以是规则图形(如几何图形)，也可以是不规则图形(如艺术符号)；对于线状符号，形状是指构成线的那些点(即像元)的形状，而不是线的外部轮廓。面状符号的形状是指构成各种面状所用的图案小标志的组成，它们可以是一棵树、一个点或一条线。

形状可以是象形的，如用飞机图形指定飞机场，树木符号象征森林，凿子、铲子等符号表示矿藏等。这些形状也被称为象形符号或模拟符号。符号的图形还可以给人一种运动或动作的印象，这种符号被称为动态符号。例如，炸弹爆炸、火焰、箭头等。在其他的情况下，形状只用来表示对象的类型，但和制图物体的实际形状没有对应关系。如正方形可以用来表示一个飞机场，一个星形可以表示一个首都城市，一个三角形表示一处矿藏等。这样的符号是抽象的、任意的几何符号。

(2)尺寸

点状符号的尺寸是指符号整体的大小，即符号的直径、宽、高和面积大小。尺寸变量通常是用来显示所代表数据的大小。使用尺寸来区分不同名称的分类是不恰当的。如果用一个圆圈来表示城市，圆圈的大小可根据城市的人口数量而变化。对于线状符号，构成它的点的尺寸变了，线宽的尺寸自然也改变了。线的测量标准(线宽)表示相对重要或实际的数量。尺寸与面积符号范围轮廓无关。

(3)方向

符号的方向是指点状符号或线状符号的构成元素的方向，面状符号本身没有方向变化，但它的内部填充符号可能是点或线，也有方向。方向变量受图形特点的限制较大，如三角形、方形有方向区别，而圆形就无方向之分(除非借助其他结构因素)。

(4)明度

明度是指符号色彩调子的相对明暗程度。明度差别不仅限于消失色(白、灰、黑)，也是彩色的基本特征之一。需要注意的是，明度不改变符号内部像素的形状、尺寸、组织，不论视觉能否分辨像素，都以整个表面的明度平均值为标志。明度变量在面积符号中具有很好的可感知性，在较小的点、线符号中明度变化范围就比较小。

(5)密度

密度是指在保持符号表面平均明度不变的条件下改变像素的尺寸和数量。它可以通过放大或缩小符号图形的方式体现。当然，对于全白或全黑的图形是无法使用密度变量的。

(6)结构

结构变量是指符号内部像素组织方式的变化。与密度的不同在于它反映符号内部的形式结构，即一种形状的像素的排列方式(如整列、散列)或多种形状、尺寸像素的交替组合和排列方式。结构虽然是指符号内部基本图解成分的组织方式，需要借助其他变量来完成，但仅依靠其他变量无法给出这种差别，因而也应列入基本的视觉变量之中。

(7)颜色

颜色作为一种变量除同时具有明度属性外，还包括两种视觉变化，即色相和饱和度变化，它们可以分别变化以产生不同的感受效果。色相变化可以形成鲜明的差异，饱和度变化则相对比较含蓄平和。通常情况下，色相应该用来表示种类的不同，也就是不同的分类，而不是数量上的不同。同时，可以用饱和度和亮度的差异来进行等级或数量上差异的符号化，如用浅色调表示少量，深色调表示大量。

(8)位置

在大多数情况下，位置是由制图对象的地理排序和坐标所规定的，是一种被动因素，因而往往不被列入视觉变量。但实际上位置并非没有制图意义，在地图上仍然存在一些可以在一定范围内移动位置的成分。如某些定位于区域的符号、图表或注记的位置效果；某些制图成分的位置远近对整体感的影响等。所以从理论上讲，位置仍然是视觉变量之一。

以上视觉变量是对所有符号视觉差异的抽象，它依附于这些符号的基本图形属性，其中大多数变量并不具有直接构图的能力，因为它们只相当于构词的基本成分(词素)，但每一种视觉变量都可以产生一定的感受效果。构成地图符号间的差别不仅可以根据需要选择某一种变量，为了加强阅读的效果，往往同时使用两个或更多的视觉变量，即多种视觉变量的联合应用。

2. 视觉变量的扩展

上述视觉变量是传统的纸介质地图上构成图形(图像)符号的基本参量。现在电子地图已成为地图大家族中的新品种，与传统地图相比，电子地图在视觉表达形式上有了新的发展，这主要反映在对过程(动态)信息的描述方面。为描述对象的动态特征，电子地图上的动态符号还可采用发生时长、变化速率、变化次序和节奏等变量。这些变量需要借助符号的上述静态变量来描述，属于复合变量，如图 2-2 所示。

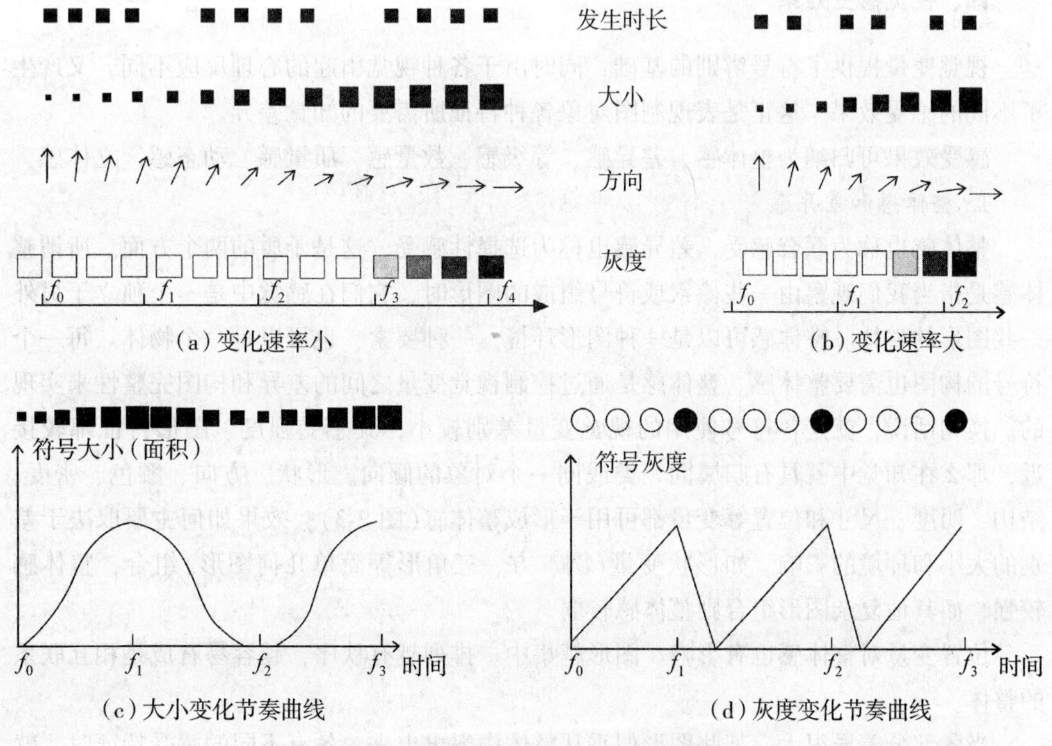

图 2-2 电子地图符号的动态视觉变量

(1)发生时长

发生时长是指符号形象在屏幕上从出现到消失所经历的时间。发生时长以划分为很小的时间单位计算，通常与多媒体技术中“帧”的概念相对应。在地图设计中，发生时长主要用于表现动态现象的延续过程。

(2)变化速率

变化速率也要借助于符号的其他参量来表现，描述符号状态改变的速度，可以反映同一图像在方向、明度、颜色等方面的变化速度，也可以反映图像在尺寸、形状或空间位置上的变化速度。由于变化着的现象对人的视觉有强烈的吸引力，因而成为电子地图的一种重要的图形变化手段。

(3)变化次序

时间是有序的，以类似于2维空间中的前后、邻接关系的方式建立时间段之间的先后、相邻拓扑关系。把符号状态变化过程中各帧状态按出现的时间顺序，离散化处理成各帧状态值，使之依次出现。它可用于任何有序量的可视化表达。

(4)节奏

节奏是对符号周期性变化规律的描述，它是由发生时长、变化速率等变量融合到一起而形成的复合变量，但它又表现出独立的视觉意义。符号的节奏变化可以用周期性函数表示。节奏变量主要用于描述周期性变化现象的重复性特征。

四、视觉感受效果

视觉变量提供了符号辨别的基础，同时由于各种视觉引起的心理反应不同，又产生了不同的感受效果，这正是表现制图对象各种特征所需要的知觉差异。

感受效果可归纳为整体感、差异感、等级感、数量感、质量感、动态感、立体感。

1. 整体感和差异感

整体感也称为联合感受，差异感也称为选择性感受，这是矛盾的两个方面。所谓整体感是指当我们观察由一些像素或符号组成的图形时，它们在感觉中是一个独立于另外一些图形的整体。整体感可以是一种图形环境、一种要素，也可以是一个物体。每一个符号的构图也需要整体感。整体感是通过控制视觉变量之间的差异和构图完整性来实现的。换句话说，就是各符号使用的视觉变量差别较小，其感受强度、图形特征都较接近，那么在知觉中就具有归属同一类或同一个对象的倾向。形状、方向、颜色、密度、结构、明度、尺寸和位置等变量都可用于形成整体感(图2-3)，效果如何主要取决于差别的大小和环境的影响。如形状变量(圆、方、三角形等简单几何图形)组合，整体感较强，而其他复杂图形组合则整体感较弱。

位置变量对整体感也有影响。图形越集中、排列越有秩序，越容易看成是相互联系的整体。

当各部分差异很大，某些图形似乎从整体中突出出来，各有不同的感受特征时，就表现出所谓的差异感。当某些要素需要突出表现时，就要加大它们与其他符号的视觉

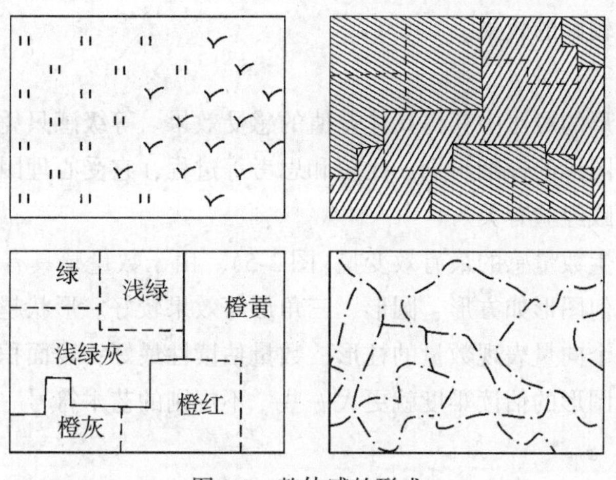

图 2-3　整体感的形成

差别。

整体感和差异感这一对矛盾的同时性关系对制图设计具有重大的意义。地图设计者必须根据地图主题、用途，处理好整体感和差异感的关系，在两者之间寻求适当的平衡，使地图取得最佳视觉效果。只注意统一而忽视差异，就难以表现分类和分级的层次感，缺乏对比，没有生气；反之，片面强调差异而无必要的统一，其结果会破坏地图内容的有机联系，不能反映规律性。差异感可以表现为各种形式，以下几种感知效果实际上都属于差异感。

2. 等级感

等级感是指观察对象可以凭直觉迅速而明确地被分为几个等级的感受效果。这是一种有序的感受，没有明确的数量概念，由于人们心理因素的参与和视觉变量的有序变化，就形成了这种等级感。如居民地符号的大小、注记字号、道路符号宽窄等所产生的大与小，重要与次要，一级、二级、三级等的差别(图 2-4)。

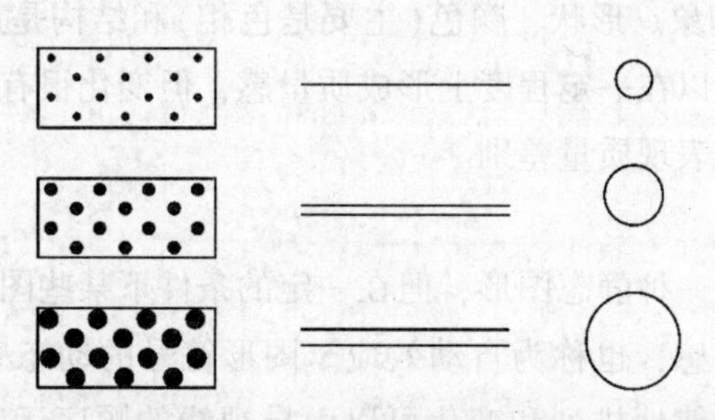

图 2-4　等级感的主要形式

在视觉变量中，尺寸和明度是形成等级感的主要因素。例如，用不同尺寸的分级符号、由白到黑的明度色阶表现等级效果是地图上最常用的方法之一。形状、方向没有表现等级的功能；颜色、结构和密度可以在一定条件下产生等级感，但它们一般都要在包含明度因素时才有较好的效果。

3. 数量感

数量感是从图形的对比中获得具体差值的感受效果。等级感只凭直觉就可产生，而数量感需要经过对图形的仔细辨别、比较和思考等过程，它受心理因素的影响较大，也与读者的知识和实践经验有关。

尺寸大小是产生数量感的最有效变量(图 2-5)。由于数量感具有基于图形的可量度性，所以简单的几何图形如方形、圆形、三角形等效果较好。形状越复杂，数量判别的准确性越差。以一个向量表现数量的柱形，数量估读性最好；以面积表现数量的方、圆等图形次之；体积图形的估读难度就更大一些。不规则的艺术符号一般不宜用来表现数量特征。

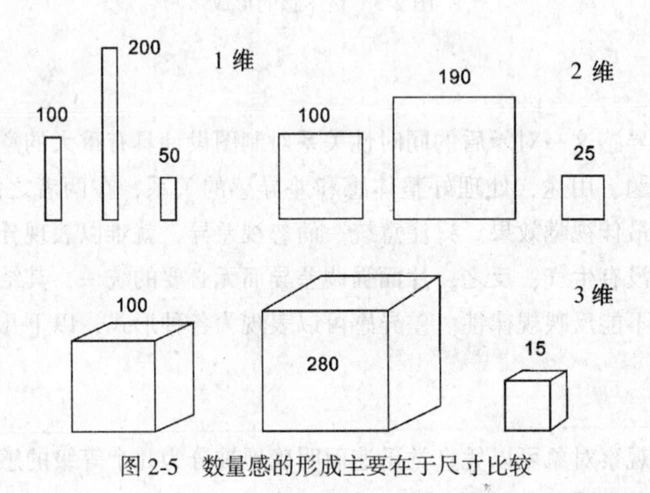

图 2-5　数量感的形成主要在于尺寸比较

4. 质量感

所谓质量感即质量差异感，就是观察对象被直觉区分为不同类别的感知效果，它使人产生“性质不同”的印象。形状、颜色(主要是色相)和结构是产生质量差异感的最好变量；密度和方向也可以在一定程度上形成质量感，但变化很有限，单独使用效果不很明显；尺寸、明度很难表现质量差别。

5. 动态感

传统的地图图形是一种静态图形，但在一定的条件下某些图形却可以给读者一种运动的视觉效果，即动态感，也称为自动效应。图形符号的动态感依赖于构图上的规律性。一些视觉变量有规律地排列和变化可以引导视线的顺序运动，从而产生运动感觉(图 2-6)。运动感有方向性，因而都与形状有关。在一定形状的图形中，利用尺寸、明度、方向、密度等变量的渐变都可以形成一定的运动感。箭头是表现动向的一种习惯性用法。

图 2-6　尺寸和明度渐变产生运动感

6. 立体感

立体感是指在平面上采用适当的构图手段使图形产生三维空间的视觉效果。视觉立体感的产生主要有两种途径：一种主要由双眼视差构成，称为“双眼线索”，如戴上红绿眼镜观看补色地图，在立体镜下观察立体像对等；另一种是根据空间透视规律组织图形，只要用一只眼睛观看就能感受，称为“单眼线索”或经验线索。由各种视觉变量有规律地变化组合，在平面地图上形成立体感属于后者。这种透视规律包括线性透视、结构级差、光影变化、遮挡以及色彩空间透视等(图 2-7)。

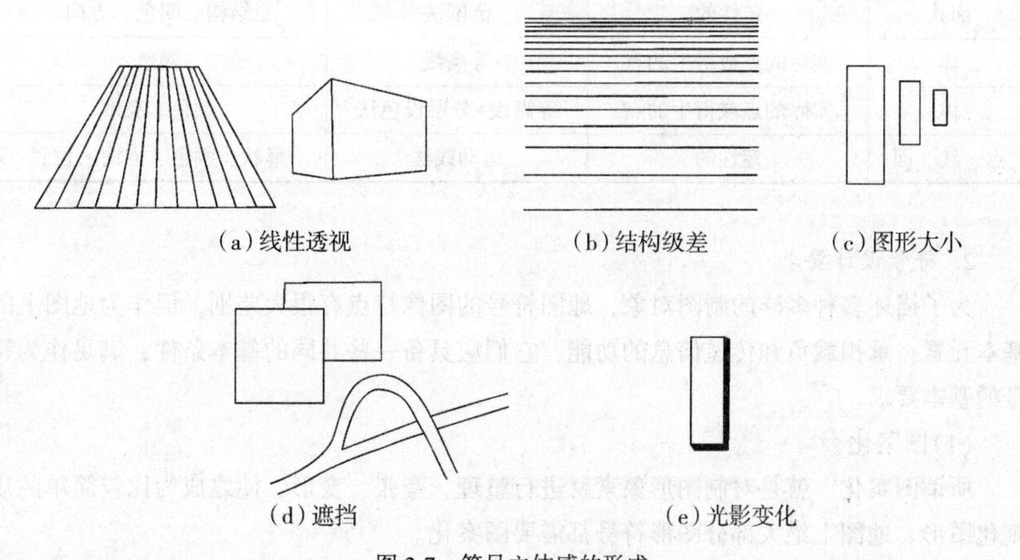

图 2-7　符号立体感的形成

尺寸的大小变化，密度和结构的变化，明度、饱和度以及位置等都可以作为形成立体感的因素，如地图上的地理坐标网的结构渐变、地貌素描写景、透视符号、块状透视图等都是具有立体效果的实例。以明度变化为主的光影方法和以色彩饱和度及冷暖变化的方法常用于表现地貌立体感，如单色或多色地貌晕渲、地貌分层设色等。

五、地图符号设计

地理要素的符号化是一个复杂的过程。在这一过程中，地图设计者必须解决两个符号化问题：地图内容表示方法的设计和符号的设计。符号设计的过程包括根据现象的特征、符号的视觉变量创建最佳的地理数据定性或定量的表达形式。

1. 表示方法的设计

选择定性的点状符号、等高线，还是线状符号，或者面状符号，这取决于现象的本质、数据的形态、合适的视觉变量，以及使用的工具。普通地图内容表示方法详见第四章，一般来说，利用定性的点状符号表示独立地物，线状符号表示道路，范围法表示植被的分布，等高线表示地貌形态，运动线法表示河流水的流向。这些因素在表 2-1 中进行了总结。

表 2-1　**要素特征与表示方法**

要素特征	数据特点	表示方法	视觉变量
点状	定性的	定点符号法	形状、颜色、位置
线状	定性的	线状符号法	形状、颜色、结构、位置
面状	定性的	范围法	结构、颜色、方向
体	实际的点或衍生的点	等高线	颜色
体	实际的点或衍生的点	等高线+分层设色法	颜色、亮度
点、线、面	定性的	运动线法	形状、颜色、方向、位置

2. 符号设计要求

为了描述多种多样的制图对象，地图符号的图像特点有很大差别，但作为地图上的基本元素，承担载负和传递信息的功能，它们应具备一些共同的基本条件，满足作为符号的基本要求。

(1)图案化

所谓图案化，就是对制图形象素材进行整理、夸张、变形，使之成为比较简单的规则化图形。地图上绝大部分图形符号都需要图案化。

制图对象有具象与非具象之分。对于前者，一般应从它们的具体形象出发构成图案化符号。其中，线状、面状符号大多取材于对象的平面(俯视)形象，如道路、水系等；点状符号既可用平面图形，也可用侧视图形，如塔、亭、独立树以及房屋、控制点、小桥等；对于那些在实地没有具体形象的对象则采用会意性图案，如境界、气温、作物播种日期、噪声、工业效益等。

符号的图案化主要体现在两个方面。一方面，要对形象素材进行高度概括，去其枝节成分，把最基本的特征表现出来，成为并非素描的简略图形；另一方面，图形应尽可能地规格化。地图符号作为一种科学语言的成分必须在构图上表现出规律性和规格化，才有可能正确表现对象的质量、数量特征以及它们相互间的关系特征。因而一般符号的构图都尽量由几何线条和几何图形组成，除为满足特殊需要而设计的柔美的艺术形象符号外，都应尽可能向几何图形趋近。有很多象形符号也由几何图形组合变形构成，这样的符号便于统一规格、区分等级和精确定位，也便于绘制和复制。

(2)象征性

符号与对象之间的"人为关系"可以通过图例说明强制实行，但为了使符号能被读者自然而然地接受，最好还是强调符号与对象之间的"自然联系"，利用人们看到符号产生联想等心理活动自然地引向对事物的理解。因而在设计图案化符号时，一般都应尽可能地保留甚至夸张事物的形象特征，包括外形的相似、结构特点的相似、颜色的相似等。对于非具象的事物要尽量选择与其有密切联系的形象作为基本素材。凡象征性好的符号都比较容易理解。

(3)清晰性

符号清晰是地图易读的基本条件之一。每个符号都应具有良好的视觉个性，影响符号清晰易读的因素主要在于简单性、对比度和紧凑性三个方面(图 2-8)。

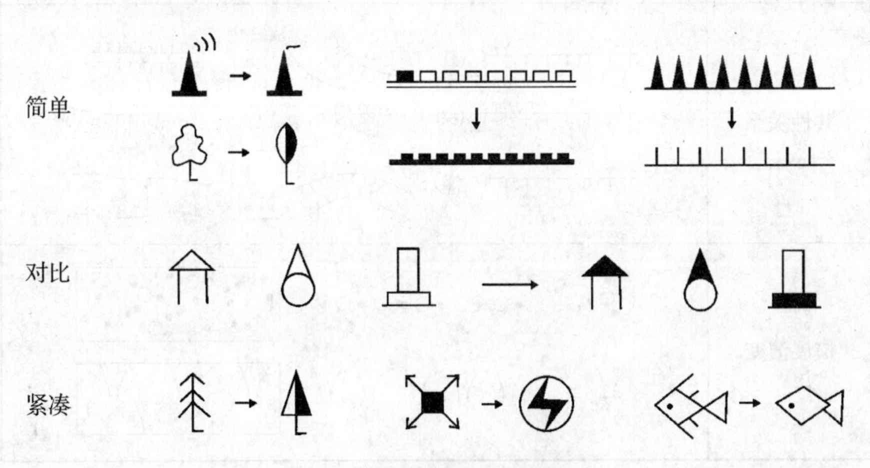

图 2-8　提高符号清晰性的方法

首先，符号要尽量简洁，复杂的符号需要较大的尺寸，会增加图面载负量，我们的制图原则是用尽量简单的图形表现尽量丰富的信息，即有较高的信息效率，符号设计也应遵循这一原则。其次，要有适当的对比度。细线条构成的符号对比弱，适于表现不需太突出的内容；具有较大对比度(包括内部对比和背景对比)的符号则适合表现需要突出的内容。符号之间的差别是正确辨别地图内容的条件，尽管不同层次的符号差别有大有小，但不应相互混淆、似是而非。另外，清晰性还与符号的紧凑性有关。紧凑性就是指构成符号的元素向其中心的聚焦程度和外围的完整性，这实际上是同一符号内部成分的整体感。结构松散的符号效果较差，而紧凑的符号则具有较强的感知效果。

(4)系统性

系统性是指符号群体内部的相互关系，主要是逻辑关系，这是符号能够相互配合使用的必要条件。在设计符号时要与其所指代对象的性质和地位相适应，从而在符号形式上表现出地图内容的分类、分级、主次、虚实等关系。也就是说，不能孤立地设计每一个符号，而要考虑它们与其他符号之间的关系。图 2-9 列举了处理符号逻辑关系的一些例子。

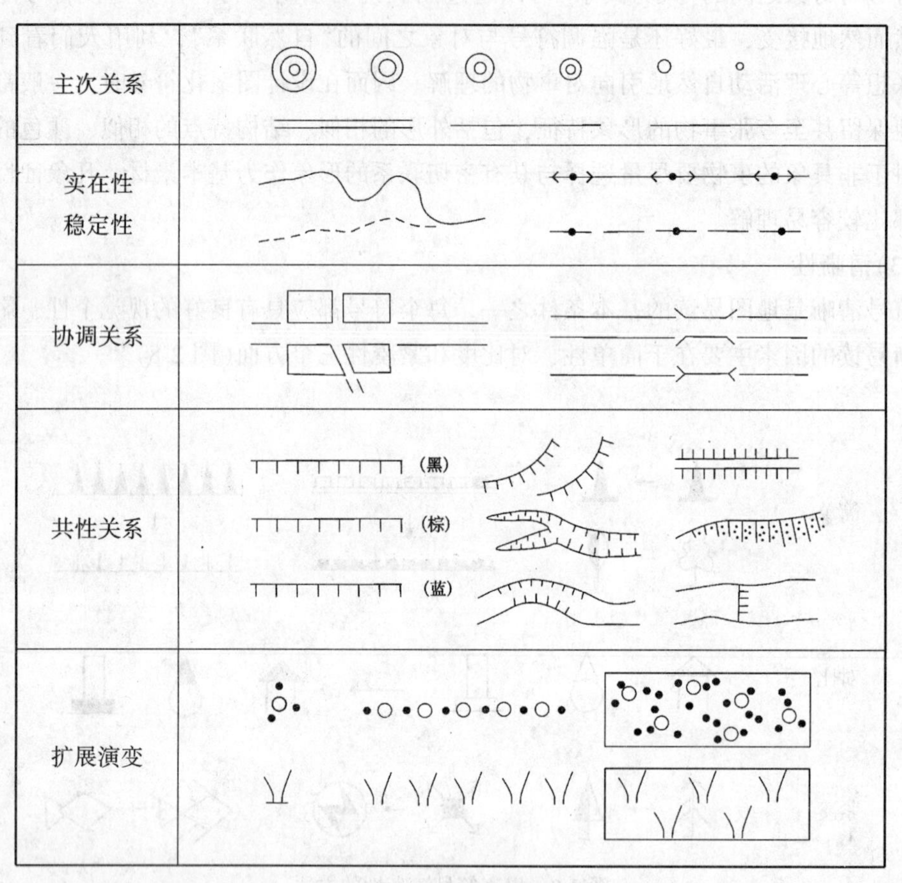

图 2-9　符号逻辑关系示例

(5)适应性

各种不同的地图类型和不同的读者对象对符号形式的要求有很大的不同，例如，旅游地图符号应尽可能地生动活泼、艺术性强；中小学教学用图符号也可以比较生动形象；科学技术性用图符号则应庄重、严肃，更多地使用抽象的几何符号。因此，某种地图上一组视觉效果好的符号未必适用于其他地图。

(6)生产可行性

设计符号要顾及在一定的制图生产条件下能够绘制和复制。这包括符号的尺寸和精细程度、符号用色是否可行以及经费成本。

3. 地图符号的系统设计

对于内容不太复杂的单幅地图来说，符号设计不太困难，但对内容复杂的地图或地图集符号来说，符号类型多、数量大，各有不同的要求，但又要表现出一定的统一性，从而构成系统，难度就大一些。

符号设计首先应从地图使用要求出发，对地图基本内容及其地图资料进行全面的分析研究，拟定分类分级原则；其次是确定各项内容在地图整体结构中的地位，并据以排定它们所应有的感受水平；再一次选择适当的视觉变量及变量组合方案。最后，进入具体设计阶段，要选择每个符号的形象素材，在这个素材的基础上，概括抽象形成具体的图案符号。初步设计往往不一定十分理想，因而常常需要经过局部的试验和分析评价，作为反馈信息重新对符号进行修改。在这个主要的设计过程中还要同时考虑上述各种有关的因素。图 2-10 是符号设计的步骤。掌握了符号设计的要求和步骤，剩下的就是设计的艺术构思和绘制技巧了。

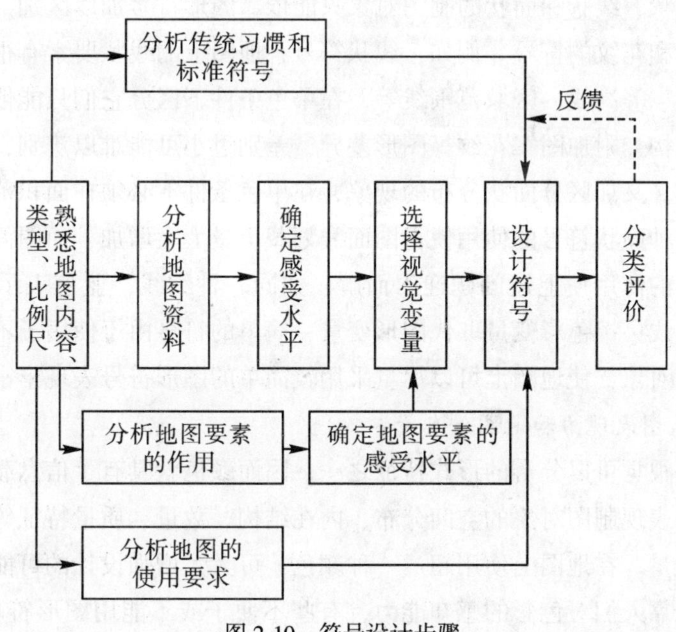

图 2-10　符号设计步骤

第二节　地 图 色 彩

地图是以视觉图像表现和传递空间信息的，图形和色彩是构成地图的基本要素。色彩作为一种能够强烈而迅速地诉诸感觉的因素，在地图中有着不可忽视的作用。色彩本身也是地图视觉变量中一个很活跃的变量。地图设计的好坏，无论在内容表达的科学性、清晰易读性，还是地图的艺术性方面，都与色彩的运用有关。

一、地图色彩的作用

在现代技术条件下，制作彩色地图没有任何困难，黑白地图已经极少见到(只有在专门需要时制作)，这说明地图需要色彩，人们需要彩色的地图，因为色彩对于地图有很重要的作用。

1. 颜色是最能吸引人们注意力的地图语言

颜色让人们对于地图的感知有着显著的影响。据统计，色彩对消费者的心理影响最初占心理影响总和的 90%，然后随时间逐渐减少，最终在 55%左右稳定下来。因此，色彩更具有先声夺人的特点，它比地图产品的形式、材质更能影响产品的外观美，更能吸引消费者、诱发购买欲望。

2. 色彩的运用简化了图形符号系统

地图内容十分丰富，地图表现的对象又很多样，地图的符号系统相当复杂，在黑白地图上，所有点状、线状和面状的制图对象只能依靠图形符号加以区别，不同对象必须具有不同的形状和花纹的符号。例如，线状符号，地图上的线状要素有很多，如各种道路、岸线、河流、等高线、区域范围线等，在单色条件下区分它们只能依靠线状符号的粗细、组合、结构、附加图案花纹等图形差异，差别过小可能难以辨别，差别大往往需要较复杂的图形。又如区分面状分布的现象，在单色条件下必须在面积范围内设置点状或线状图案，这种面状符号的使用使得图面线划载负量大大增加，而图面清晰度则受到很大影响。色彩的使用使上述问题迎刃而解，如同一种细线，蓝色表示岸线，黑色为路，棕色为等高线……色彩变量取代图形变量，简单的符号由于使用了不同的颜色而可以分别表现不同对象，使地图上可以尽量采用较简单的图形符号表现丰富的要素。

3. 提高了地图表现力和地图信息量

由于颜色是视觉可以分辨的形式特征之一，因而颜色就具有了信息载负的能力，人们可以利用色彩表现制图对象的空间分布、内在结构、数量、质量特征等，因而增大了地图传输的信息量。在地图上使用超过一种颜色，可大大增强设计的可能性。

一方面，依靠人们对色彩的感知能力，有些不便于或不能用图形符号描述的内容，可以通过色彩表现出来，并加深人们对该内容的认识与理解。例如，用浅蓝色表示水域，使读图者掌握水陆分布概念；又如用暖色表示气温高的地区，气温越高，颜色越趋暖色，反之以冷色表示低温区。

另一方面，由于色彩的使用简化了原有的图形符号，使在单色条件下原本无法同时表示的内容可以叠加表示在一起，而不相互干扰，这些相互关联的内容不仅各自体现其直接信息，而且增加了内容的深度，人们有可能从它们的关系中分析出更深层次的间接信息。

总之，色彩已成为被人们广泛接受的视觉语言，有很高的视觉识别作用，巧妙地使用色彩可使地图内容更为丰富。

4. 提高地图内容表现的科学性

制图对象是有规律的，色彩也有其内在的规律性，色彩的合理使用可以加强地图要素分类、分级系统的直观性。

例如，在普通地图上人们习惯于用蓝色表示水系要素；以棕色表示地貌要素；以绿色表示植被；以黑色表示人为环境要素等。这样的色彩分类，既能方便地单独提取某一种要素，又把区域景观综合体中各要素的关系反映得很清楚。

利用色彩三属性的有规律变化，还可以表现制图对象分类的多层次性。例如，在某些专题地图上，色彩的有规律变化可以很好地表现出一级分类、二级分类，甚至三级分类的概念，对读图者正确并深入地理解地图内容十分有用。

色彩明度和饱和度的渐变色阶是表现数量等级的最佳方法，可以让读图者十分生动地感受到数量(等级)由低到高的渐变规律。

5. 改善地图语言的视觉效果

色彩运用使地图语言的表达能力大为增强，这对提高地图信息传输效率非常有利。色彩是地图视觉变量中的活跃因素，色彩属性的演变可以产生多种视觉效果，如产生整体感、性质差异感、等级感、立体感、动态感等。这些效果的运用，使地图要素容易辨别，符号清晰易读，各种关系清楚明确。

6. 提高地图的审美价值

地图作为一种视觉形象作品，它是需要美的。色彩作为一般美感中最大众化的形式，可以赋予地图美的特质。尽管地图上使用色彩首先是为了更好地表现地图内容，但色彩的使用不可避免地给地图带来色彩艺术的成分，这也正是地图综合质量的一个重要方面。当色彩设计既能正确表现地图内容，又能给人一种清新和谐的审美感受时，它就是一幅成功的地图作品。其审美价值不仅表现在使人们从美学的意义上去欣赏地图作品，得到美的享受和熏陶，同时，它还能吸引读图者的注意力，延长视觉注意时间，进而促进对地图内容的认识和理解。所以，地图色彩的审美价值与地图的实用价值是统一的。

二、地图色彩设计的要求

1. 地图色彩设计与地图的性质、用途相一致

地图有多种类型，各种类型的地图无论在内容上还是使用方式上都有不同，其色彩当然也不一样。色彩的设计要适应地图的特殊读者群体，要适应用图方法。例如，地形图作为一种通用性、技术性地图，色彩设计既要方便阅读，又要便于在图上进行标绘作业，因而色彩要清爽、明快；交通旅游地图用色要活泼、华丽，给人以兴奋感；教学挂图应符号粗大，用色浓重，以便在通常的读图距离内能清晰地阅读地图；一般参考图应清淡雅致，以便容纳较多的内容；而儿童地图则应活泼、艳丽，针对儿童的心理特点，激发其兴趣。

2. 色彩与地图内容相适应

地图上内容往往相当复杂，各要素交织在一起。不同的内容要素应采用不同的色彩，这种色彩不仅要表现出对象的特征性，而且还应与各要素的图面地位相适应。在普通地图上，各要素既要能相互区分，又不要产生过于明显的主次差别。在专题地图上，内容有主次之分，用色就应反映它们之间的相互关系。主题内容用色饱和，对比强烈，轮廓清晰，使之突出，居于第一层面；次要内容用色较浅淡，对比平和，使之退居于第二层面；地理底图作为背景，应该用较弱的灰性色彩，使之沉着于下层平面。

又例如，在某些地图上，专题内容的点状或线状符号，要用尺寸和色彩强调其个体的特征，使之较为明显，而表示面状现象的点和线则主要强调的是它们的总体面貌，而不需突出其符号个体。另外，某些地图要素，尤其是普通地图要素，已经形成了各种用色惯例，在大多数情况下应遵循惯例进行设色，没有特殊理由而违反惯例，读者会产生疑问，从而影响地图的认知效果。

3. 充分利用色彩的感觉与象征性

既然地图色彩主要是用来表现制图内容，设计地图符号的颜色时必须考虑如何提高符号的认知效果。

有明确色彩特征的对象，一般可用与之相似的颜色，如蓝色表示水系，棕色表示地貌与土质。又如黑色符号表示煤炭，黄色符号表示硫黄等。

没有明确色彩特征的可借助于色彩的象征性，如暖流、火山采用红色，寒流、雪山采用蓝色；高温区、热带采用暖色，低温区、寒带采用冷色；表现环境的污染则可用比较灰暗的复色等。

4. 和谐美观、形成特色

地图的色彩设计，为了突出主题和区分不同要素，需要足够的对比，但同时又应使色彩达到恰当的调和。与此同时，地图虽然属于技术产品，但是地图色彩设计也不能千篇一律。一幅地图或一本地图集，制图者应力求形成色彩特色。例如，瑞士地形图的淡雅与精致，《荻克地图集》(德国)的浓郁、厚实，《海洋地图集》(前苏联)的鲜艳、清新，《中国自然地图集》的清淡、秀丽等，这些优秀的地图作品的色彩设计都各具特色。

三、地图设计中色彩的运用

1. 地图色彩的特点

如前所述，地图在本质上是一种科学和技术的产品，而不是艺术品。地图色彩当然也必须服从地图科学和技术的要求。因此，地图色彩与一般艺术创作中的色彩具有不同的性质和特点。

艺术用色有写生色彩与装饰色彩之分：写生色彩偏重于自然色彩的再现；装饰色彩不求色彩的逼真，而是以自然色彩的某些特征为基础，化繁为简，合理夸张，形成对比调和的组合效果和有特点的色彩形式美。

地图色彩不同于自然色彩的写真和逼真，而是以客观事物色彩的某些特征为基础，从地图图面效果的需要出发，设计象征性和标记性颜色。从这一点看，地图色彩有些类似于装饰色彩。不过装饰艺术的唯一目标是色彩的形式美，而地图的色彩必须服从内容的表现和阅读的清晰性要求，因此，地图色彩还有它自己的特点。

(1)地图色彩大多以均匀色层为主

地图的设色与地图的表示方法有关。除地貌晕渲和某些符号的装饰性渐变色外，地图上大多数点状、线状和面状颜色都以均匀一致的"平色"为主，尤其是面状色彩。现代地图上主要采用垂直投影的方式绘制地物的平面轮廓范围，每一范围内的要素被认为是一致的、均匀分布的。如某种土壤或植物的分布范围，人们不可能再区分每一个范围内的局部差异，而将其看作是内部等质(某种指标的一致性)的区域，这是地图综合——科学抽象的必然。因而，使用均匀色层是最合适的。同时，地图上色彩大多不是单一层次，由于各要素的组合重叠，采用均匀色层才能保持较清晰的图面环境，从而有利于多种要素符号的表现。

(2)色彩使用的系统性

地图内容的科学性决定了其色彩使用的系统性，地图上的色彩使用表现出明显的秩序，这是地图用色与艺术用色的最大区别。

如前所述，地图上色彩的系统性主要表现为两个方面，即质量系统性与数量系统性。色彩质量系统性是指利用颜色的对比性区别，描述制图对象性质的基本差异，而在每一大类的范围内又以较近似的颜色反映下一层次对象的差异。例如，在土壤分布图上，以蓝色表示水稻土、以紫灰色表示紫色土、以土黄色表示黄壤……以此反映一级分类(土类)的不同。在第二级(亚类)层次上，以较深的蓝色表示淹育型水稻土，以中蓝表示潴育型水稻土，以浅中蓝表示潜育型水稻土等；以深土黄表示黄壤，以浅土黄表示黄壤性土等。这种用色方法使地图上复杂的色彩关系有了规律。人们既能根据基本的色相属性分辨土类的范围，又可以凭借色彩的较小的饱和度和明度区别判断土壤的亚类属性。显然，这种用色方法清楚地反映了地图内容的分类系统性。

色彩的数量系统性主要是指运用色彩强弱与轻重感觉的不同，给人一种有序的等级感。色彩的明度渐变是视觉排序的基本因素，例如，在降水量地图上用一组由浅到深的蓝色色阶表示降水量的多少，浅色表示降水少，深色表示降水多。在专题地图上这种用色方法十分普遍。

(3)地图色彩的制约性

在绘画艺术中，只要能创造出美的作品，一切由画家的主观意愿决定。画面上的景物、色彩及其位置、大小都可根据构图需要进行安排调动，称之为"空间调度"，现代派画家甚至撇开图形而纯粹表现色彩意境和情调。地图则不同，地图上的色彩受地图内容的制约大得多，地图符号、色斑位置和大小，一般不能随意移动，自由度很小。一般来说，色彩的设计总是在已经确定了的地图图形布局的基础上进行。

同时，由于地图上点、线、面要素的复杂组合，色彩的选配也受到很大限制，例如，除小型符号外，大多数面积颜色要保持一定的透明性，以便不影响其他要素的表现。

(4)色彩意义的明确性

在绘画作品中，色彩只服从于美的目标，而不必一定有什么意义，有些以色块构成的现代绘画，只是构成一种模糊的意境而不反映任何具体事物。地图是科学作品，其价值在于承载和传递空间信息，地图上的色彩作为一种形式因素担负着符号的功能。在地图上除少数衬托底色仅仅是为了地图的美观外，绝大多数颜色都赋予了具体的意义。而且作为一种符号或符号视觉变量的一部分，其含义都应该十分明确，不允许模棱两可、似是而非。

2. 色彩的对比与调和

色彩应用主要是处理好选色和不同色的配合问题。而不同颜色的配合(即配色)关键在于处理好颜色之间的对比与调和关系。对比即差别，只有差别而没有调和，配色没有亲和力，显得生硬或杂乱；调和即统一，只有统一而缺乏对比时，图面软弱、沉闷无力、不清晰。对比与调和是矛盾中的两个方面，具有对立统一关系。由于配色情况极其多样，色块大小、分布状况、代表内容等千差万别，一个图上适合的配色方案，放到另一个图上就未必适合。因而配色，即处理色的对比与调和，很难有一个简单的模式和规则。

(1)色彩的对比

在色彩设计时，不是只看一种颜色，而是在与周围色彩的对比中认识颜色。也就是说，我们经常在对比中看颜色。

当两种以上的颜色放在一起时，能清楚地发现其差别，这种现象称为色彩的对比。色彩对比可分为同时对比和连续对比。同时观看相邻色彩与单独看一种色的感觉不一样，会感到色相、明度、饱和度都在变化。这种发生在同一时间、同一空间内的色彩变化，称为"同时对比"。先后连续观看不同的颜色，色彩感觉也会发生变化，这是先后连续对比的结果。不论哪种对比方式，其色彩感觉的变化规律是相似的。利用视觉对比变化进行配色是个很重要的问题。

1)明度对比

把同一种颜色放在明度不同的底色上，会发现该色的明度异样：感觉在浅底上的色块颜色深，而在深底上的色块颜色浅。这种由于对比作用产生明度异样的现象，称为"明度对比"，如图 2-11、图 2-12 所示。

图 2-11　明度对比：渐变背景上的灰色色块

图 2-12　明度对比：黑、白背景上的灰色色块

明度对比有两种：一种是同种色之间的明度对比，如无彩色黑、白、灰之间的对比和深红与浅红之间的对比；另一种是不同色相之间的明度对比，如深蓝与浅黄之间的对比。对于前一种对比，都能理解，也容易感觉到；对于后一种明度对比，常常因色相差异比较明显，认为是色相对比，而忽视了明度对比，这是在色彩设计时要注意的方面。

明度对比的结果是扩大了色之间的明度差异。如不同明度的颜色置于浅底色上，深者越深，浅者越浅。

明度对比是其他形式对比的基础，是决定设色对象明快感、清晰感、层次感的关键。有较高色彩素养的设计者，往往能十分娴熟地运用明度对比，设计出较高水平的地图作品。根据孟塞尔色立体，在垂直轴上把颜色分为 11 个等级，3 种调性。

明度差在 3 个等级以内的组合，称为短调，此为明度的弱对比，如 1 与 3，2 与 4，7 与 9 每两个色块的组合。明度差在 3 个等级以上的组合，称为长调，此为明度的强对比，如 1 与 5，4 与 9，6 与 10 每两个色块的组合(图 2-13)。

低明度色彩为主的组合，称为低调；中明度色彩为主的组合，称为中调；高明度色彩为主的组合，称为高调。

由于明度对比的程度不同，各种调子给人的视觉感受也不尽相同。

高调：轻快、柔软、明朗、纯洁。

中调：朴素、沉静、庄重、平凡。

低调：沉重、浑厚、强硬、刚毅、神秘。

高长调、中长调、低长调：光感强，体积感强，形象清晰、锐利、明确。

高短调、中短调、低短调：光感弱，体积感弱，形象含混、模糊，平面感强。

最长调：生硬、空洞、简单化。

应用色彩时，要根据设计对象的具体情况选择恰如其分的明度对比，才能取得理想的色彩效果。

2) 色相对比

同一色相的色块放置在不同色相的环境中，会因对比而产生视觉上的色相变异，这种对比关系称为色相对比变化。色相对比的变化规律如下：

①同种色的对比：

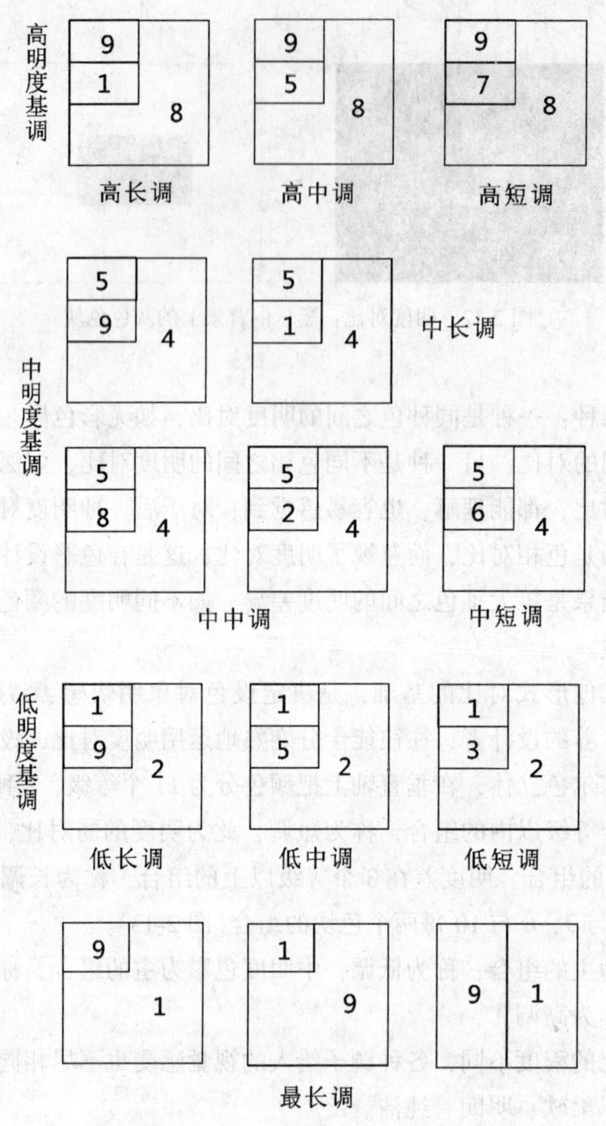

图 2-13　明度对比所构成的各种调子

将任一色相逐渐变化其明度或饱和度(加白或黑)构成若干个色阶的颜色系列，称为同种色，如淡蓝、蓝、中蓝、深蓝、暗蓝等为同种色。

同种色对比时，各色的明度将发生变化，暗者越暗，明者越明。如浅绿与深绿对比，浅绿显得更浅，更亮，深绿则显得更深暗。由于不存在色相差别，这种配合很容易调和统一。

②类似色的对比：

在色环上，凡是60°范围内的各色均为类似色，如红、红橙、橙等。类似色比同种色差别明显，但差别不大，因各色之间含有共同色素，故类似色又称同类色。

类似色对比时，各自倾向色环中外向邻接的色相，扩大了色相的间隔，色相差别增大。例如，品红与橙对比时，品红倾向于红紫，橙倾向于黄橙。

③对比色的对比：

在色环上，任意一色和与之相隔 90°以外，180°以内的各色之间的对比，属于对比色的对比，此种对比是色相的强对比。

对比色之间的差别要比类似色大，故对比色的色相感要比类似色鲜明、强烈、饱满、丰富，但又不像互补色那样强烈。对比色对比时，两色互相倾向于对方的补色。例如，黄与青对比时，黄倾向于橙色调(青的补色)，而青倾向于紫色调(黄的补色)。

在配色时，要适当改变各个对比色的明度和饱和度，构成众多的、审美价值较高的色相对比。

④互补色的对比：

在色环上，凡相隔 180°的两色之间的对比，称为互补色的对比。对比时，两色各增加其鲜明度，但色相不变。如品红与绿并列时，品红显得更红，绿显得更绿，如图 2-14 所示。互补色对比的特点是相互排斥、对比强烈、色彩跳跃、刺激性强。它是色相对比中最强的一种。

互补色配合得好，能使图面色彩醒目、生气勃勃、视觉冲击力极强；若运用不当，则会产生生硬、刺目、不雅致的弊病。

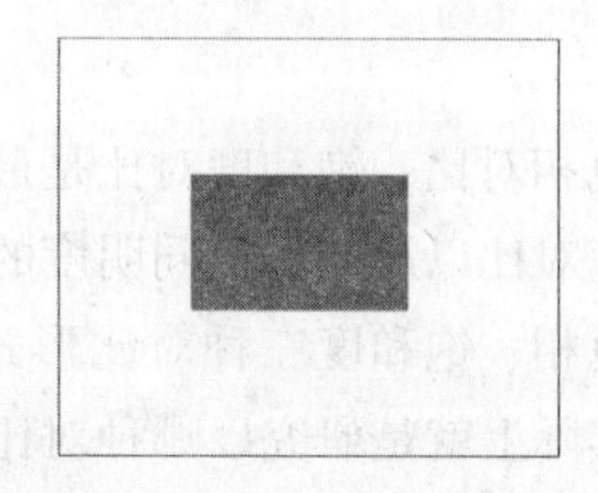

图 2-14　互补色对比示例

3) 饱和度的对比

任一饱和色与相同明度不等量的灰色相混合，可得到该色的饱和度系列。

任一饱和色与不同明度的灰色相混合，可得到该色不同明度的饱和系列，即以饱和度为主的颜色系列。

将不同饱和度的色彩相互搭配，根据饱和度之间的差别，可形成不同饱和度的对比关系，即饱和度的对比。例如，按孟塞尔色立体的标定，红的最高饱和度为 14，而蓝绿的最高饱和度为 8。为了说明问题，现将各色相的饱和度统分为 12 个等级(图 2-15)。

低饱和度					中饱和度				高饱和度			
0	1	2	3	4	5	6	7	8	9	10	11	12

图 2-15　饱和度轴

色彩间饱和度差别的大小决定了饱和度对比的强弱。由于饱和度对比的视觉作用低于明度对比的视觉作用，3~4 个等级的饱和度对比的清晰度才相当于一个明度等级对比的清晰度，所以如果将饱和度划分为 12 个等级，相差 8 个等级以上为饱和度的强对比，相差 5 个等级左右为饱和度的中等对比，相差 4 个等级以内为饱和度的弱对比。

由于饱和度对比程度的不同，各种调子给人的视觉感受也不尽相同：

高饱和度基调：积极、活泼、有生气、热闹、膨胀、冲动、刺激；

中饱和度基调：中庸、文雅、可靠；

低饱和度基调：平淡、无力、消极、陈旧、自然、简朴、超俗。

饱和度对比越强，鲜色一方的色相感越鲜明，因而使配色显得艳丽、生动、活泼。饱和度对比不足时，会使图面显得含混不清(图 2-16)。

图 2-16　饱和度对比示例

明度对比、色相对比、饱和度对比是最基本、最重要的色彩对比形式，在配色实践中，除消色的明度对比以及同一色同明度的饱和度对比属于单一对比外，其余色彩对比均包含有明度、色相、饱和度三种对比形式，不可能出现“单打一”的色彩对比。研究各种对比形式，实际上就是研究以哪种对比为主的问题。

4)冷暖对比

利用色彩感觉的冷暖差别而形成的对比称为冷暖对比。

根据色彩的心理作用，可以把色彩分为冷色和暖色两类。以冷色为主可构成冷色基调，以暖色为主可构成暖色基调。冷暖对比时，最暖的色是橙色，最冷的色是青色，橙与青正好为一对互补色，故冷暖对比实为色相对比的又一种表现形式。

另外，黑白也有冷暖差别，一般认为黑色偏暖，白色偏冷，而同一色相中也有冷感和暖感的差别。冷色与暖色混以白色，明度增高，冷感增强；反之，混以黑色，明度降低，暖感增强。如属于暖色的朱红色，加白色冲淡时，变成粉红色就有冷感；加黑变成暗红色时就有暖感。

5)面积对比

面积对比是色彩面积的大与小、多与少之间的对比，是一种比例对比。色彩的对比不仅与亮度、色相和饱和度紧密相关，而且与面积大小关系极大。例如，$1cm^2$ 的纯红色使人觉得鲜艳可爱，$1m^2$ 的纯红色使人感到兴奋、激动、无法安静，而当 $100m^2$ 的纯红色包围我们时，会感到刺激过强，使人疲倦和难以忍受。这说明随着面积的增减，对视觉的刺激与心理影响也随之增减。因此，在设计大面积色彩时，大多数应选择明度高、饱和度低、色差小、对比弱的配色，以求得明快、舒适、安详、持久、和谐的视觉效果。

在设计中等面积的色彩对比时，宜选择中等强度的对比，使人们既能持久感受，又能引起充分的视觉兴趣。

在设计小面积色彩对比时，灵活性相对大一些，不管对比是强是弱均能获得良好的视觉效果。一般小面积以用高饱和度、对比度强的色为宜。当图面是由各种面积色彩构成时，大面积宜选择高明度、低饱和度、弱对比的色彩，小面积宜选高饱和度、强对比的色彩。通过巧妙而合理的色彩搭配，使不太完美的面积对比变得完美协调。

(2)色彩的调和

色彩的调和是指有明显差异的、对比强烈的色彩经过调整之后，形成符合目的、和谐而统一的色彩关系。色彩对比是扩大色彩三属性诸要素的差异和对立，而色彩的调和则是缩小这些差异和对立，减少对立因素，增加统一性。

从美学观点而言，构成和谐色彩的基本法则是“变化统一”，即必须使各部分的色彩既要有节奏的变化，又要在变化中求得统一。

色彩调和的基本手法有以下几种：

1)同种色调和

同种色调和是指通过同一色相(加黑或白)深、中、浅的配合，运用明度、饱和度的变化来表现层次、虚实。同种色调系统分明、朴素、雅致、整体感很强，但容易显得单调无力。配色时应注意调整色阶间隔，以获得明朗、协调的图面效果。

2)类似色调和

类似色的调和是近似和邻近色彩的调和，这种调和比同种色调和更丰富且富有变化。根据图面设色需要适当调整各色之间的明度、饱和度、冷暖和面积大小，使之既有对比，又达到协调的效果。

3)增加共同色素调和

在互相对比的色彩中调入黑、白或者其他颜色，增加其同一色素，使其调和；或在互相对比的色彩中进行一定程度的相互掺和，使其产生共性，从而达到调和。

4)用中性色分割调和

使用黑、白极色，中性灰色或金、银色线划将对比色分割，缓和直接对立状态，增加统一因素，从而达到调和。

5)面积调和

在色彩设计中，面积调和的重要性不亚于色彩调和，任何配色都必须先研究色彩相互之间的面积比问题。色彩的面积决定了颜色应选择的明度、饱和度、色相。两色对比，当明度、饱和度、色相不可改变时，可适当改变对比色之间的面积，使之色感均衡，达到调和；若面积不可改变时，则改变颜色的明度、饱和度，使之色感均衡，从而达到调和。

6)渐变调和

将对比的色彩进行有秩序的组合，形成一种渐变的、等差的色彩序列，从而达到调和的效果。例如，红与绿两饱和色的对比是强烈的色相对比，极不调和，若两色均以柠檬黄混合，并将混合出的各色依次序排列，就得到红、朱红、橘红、橘黄、中黄、柠檬黄、绿黄、草绿、中绿、绿的色相序列，减弱了原来的对比效果，呈现出色相序列极强的调和感。

7) 弱化调和

色彩对比过于强烈时，适当降低几个色或其中一色的饱和度，提高其明度(使颜色变得浅一些)，往往可以达到调和的效果。

综上所述，配色的根本目的是求得不同色彩三属性之间的统一性与对比性的适当平衡，寻求统一中的变化美。

四、地图色彩设计的感受效果

1. 地图色彩风格

单一色彩的美学价值是有限的，但当两种以上的色彩组合在一起时，会因为配合的不同而产生华丽、朴素、强烈、柔和等不同的感受。能给读者带来不同感受的色彩就具备了不同的色彩风格。以 CCS 色彩体系为例，色彩明度、饱和度和色相的不同组合就构成了不同风格的色彩，如图 2-17 所示。

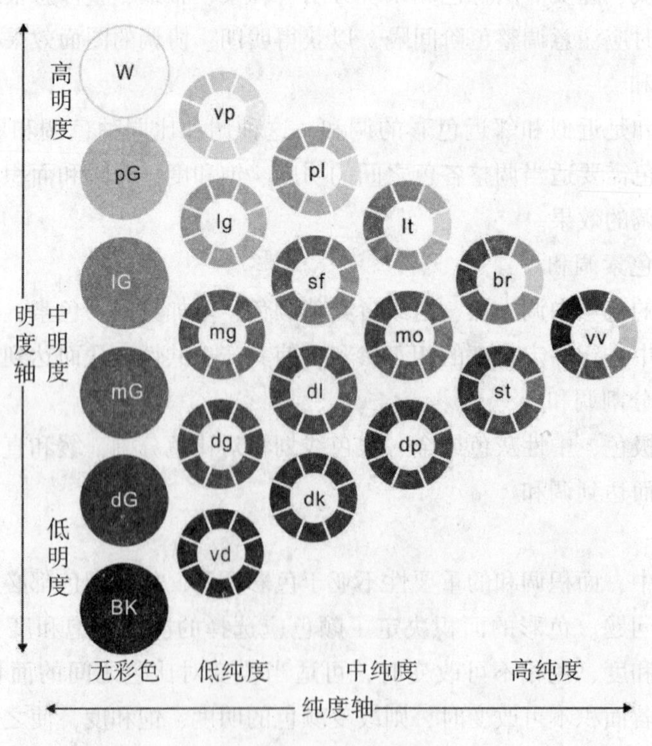

图 2-17　CCS 色调图

根据色彩的视觉感受，地图的色彩风格可以划分为清淡型、中庸清新型、中庸鲜亮型、对比强烈型、优雅型、古典型、个性化型等种类。

(1)清淡型

清淡型风格的色彩视觉感受清淡、素雅，具有低纯度、高明度色彩特征，在 CCS 色调图上主要分布于 vp 色调处。

(2)中庸清新型

中庸清新型风格的色彩视觉感受清新、明亮、愉快，具有中纯度、高明度色彩特征，在 CCS 色调图上主要分布于 pl 色调处。

(3)中庸鲜亮型

中庸鲜亮型风格的色彩视觉感受鲜明、亮丽，具有中纯度、中高明度色彩特征，在 CCS 色调图上主要分布于 lt 色调处。

(4)对比强烈型

对比强烈型风格的色彩视觉感受鲜明、亮丽，对比强烈，具有高纯度、中明度色彩特征，在 CCS 色调图上主要分布于 br、st、vv 等色调处。

(5)优雅型

优雅型风格的色彩视觉感受优雅、浪漫、柔美，具有中纯度、中高明度色彩特征，在 CCS 色调图上主要分布于 pl、lg、lt、sf、mo 等色调处。

(6)古典型

古典型风格的色彩视觉感受传统、古典、高贵、厚重，具有中纯度、中明度色彩特征，在 CCS 色调图上主要分布于 lg、mg、sf、dl、mo、dp 等色调处。

(7)个性化型

个性化型风格的色彩视觉感受范围并不局限在某一处，任何具有新颖、创意的色彩配色方案都可划归为个性化型风格。

上述色彩风格中，前四种色彩风格在地图作品中出现得较多，尤其是中庸清新型和中庸鲜亮型是地图作品色彩的常见风格。随着印刷技术水平以及人们欣赏水平的不断提高，优雅型风格的出现频率有逐渐增加的趋势。

2. *地图色彩的均衡感与层次感*

地图色彩的设计需要体现地理要素的特点。地图上表现的制图特征可以分为均质的和非均质的两大类。对于具有“均质”分布特征的制图对象，我们通常采用均匀一致的“平色”来表达。如行政区划图的政区，我们认为同一级别的行政区域是平等的，因而色彩的设计上也应该是均衡的，不应有主次、高低的差别。非均质的制图特征主要指制图对象地理空间分布上具有性质差异或数量差异的显示特征，我们又称之为层次感。层次感又可以区分为强调型和梯度型两种。强调型是指为了突出和强调某些指标的表达而采用对比的手法设计颜色，这是专题地图的常用手法。梯度型通常表达制图对象在地理空间上逐渐的数量变化，如等值线法、晕渲法、分级统计图法等。

3. 色彩的感染力

色彩作为一种视觉符号，一旦被组装到地图上时，就不是一种孤立的装饰物。不同的色彩组合会造成不同的心理感受，有的让人感到美，有的感到丑，有的给人以震撼，有的给人以平静，有的喜欢，有的厌恶。因此，在设计地图色彩时不能无章法地随意填充色彩，那样只是色彩的堆积，却不能起到深化地图主题的作用。一幅地图作品给观众什么样的感受，首先得确定整体的色彩风格，是清淡素雅的，还是充满生机活力的。整个色调是色彩关系的基调，是设计者给读者感受的重要因素。

例如，旅游地图中绿地的绿色与街区的橙色是常规搭配色。绿色与橙色是对比色，直接放在一起，对比强烈，特别是两种颜色的饱和度较高时。但如果大幅度提高两种基本色的饱和度，同时辅以白色街道、黑与中性灰色分隔线将对比色分割，则两种基本色的对比状态就会缓和下来，图面色彩呈现出鲜亮、平衡、舒适、愉快的视觉感受，从而增强阅读者的旅游兴致。

五、地图色彩的设计

地图色彩的设计看似不难，但是它却是制图者面临的一大挑战。颜色和字体设计一样，是一种经常容易受到读者批评的设计。读者往往对颜色的喜欢和讨厌非常明确。设计一幅彩色地图比设计黑白地图更为复杂，它必须考虑内容特点，用色习惯，颜色喜好，与地图其他颜色和其他元素的协调，如字体、划线和符号等。对于需要出版印刷的地图来说，颜色的设计是一个需要反复斟酌的问题。

1. 地图色彩配色六要素

进行地图色彩设计时，需要考虑色彩设计的六要素：色相、明度、饱和度、色数、面积和位置。

(1)色相

色相即每种颜色固有的相貌。色相表示颜色之间“质”的区别，是色彩最本质的属性。地图色彩设计时，通常利用色相的差别反映地理要素“质”的区别，如用不同的颜色表示要素的类型等。

(2)明度

明度又称为亮度，是指色彩的明暗程度。不同的颜色具有不同的视觉明度，如黄色较为明亮，而紫色较暗，红、蓝、绿等色介于其间。

(3)饱和度

饱和度又称为纯度，它是指色彩的纯净程度。当一个颜色的本身色素含量达到极限时，就显得十分鲜艳、纯净，此时颜色就是饱和的。

纯度与明度的差别在于：明度是指该色反射各种色光的总量；纯度则是指这种反射色光总量中某种色光所占比例的大小。

(4)色数

色数是指地图上色彩的数量。色彩的应用可以提高地图的表现力，增大地图传输的信息量，但一幅地图上色彩的数量并非越多越好。色彩的数量太多，会让人眼花缭乱，有杂乱无章的感觉。因此，色彩的数量要简洁化。

(5)面积

面状色彩的面积大小也是影响配色的因素之一。因为研究发现，当色相、亮度、饱和度都相同时，着色面积大的区域其视觉上的色彩感受更浓重一些。为了取得视觉上的均衡，较大面积的面状色彩可以浅淡一些，而小面积的面状色彩则可以浓重一些。

(6)位置

色彩的位置对配色也有一定的影响。如评价地图色彩的均衡感时，不同色彩所处的位置对色彩的均衡感就起到举足轻重的作用。

2. 地图色彩配色模式

色彩的配合是指各种颜色的搭配，包括白色和黑色。地图设色也是这样，以几种面状色彩、线状色彩、点状色彩及彩色注记相配合。不论色彩配合形式如何变化，其配色模式归纳为以下几类：

(1)同种色配色

利用同一色相的不同明度、饱和度的变化来搭配组合，容易取得十分协调的色彩效果。

(2)类似色配色

在色环中，邻近的几个色相相互组合的配色(如红、红橙、橙的组合)会有很强的统一感。为避免单调，应注意调整色相的明度差。

(3)对比色配色

对比色相的组合能产生生动活泼的感觉，但不易调和，可变化其明度和纯度，从而产生调和感。

(4)互补色配色

互补色组合在一起时，会呈现强烈的相互辉映的视觉效果，能使图面产生强烈的视觉冲击力。如需减弱对比强度，可适当减小一色面积或降低一色饱和度，从而产生调和感。

(5)冷色系和暖色系配色

冷色系的配色产生冷感和沉静安定感；暖色系的配色产生暖感和刺激性。

3. 地图色彩设计方法

色彩在地图上是附着于地图符号使用的，可以分为点状符号色彩、线状符号色彩和面状符号色彩。

(1)点状符号色彩

由于点状符号属于非比例符号，多由线划构成图形，如不加重表示，很容易被背景色淹没，达不到制图的目的。所以，一般情况下点状符号的主要部分选用饱和度较高的颜色，用色时多利用色相变化表示物体的质和类的差异。

为了使读者在读图时能够产生联想，应使用与制图对象的固有色彩近似的(或在含义上有某种联系的)色彩。为了印刷方便，点状符号颜色尽量在单色或间色中选择。

(2)线状符号色彩

地图上的线状符号大多是由点、线段等基本单元组合构成，符号一般狭窄、细长，只有通过色彩的加重表示，才能将线状符号凸显出来。因此，进行线状符号设计时，线划部分应选择饱和度大的颜色。不同等级的线状符号设色，宜采用不同色相、不同明度和饱和度的色彩来表示，如高速公路、国道、省道和县乡道等不同等级的道路需用不同的颜色来区分。

(3)面状符号色彩

面积色由于区域较大，能够迅速抓住读者的视觉，影响读者的审美情趣，因此，色彩是面状符号最重要的变量，它可以使用色相、明度、饱和度的变化。色彩的对比和调和设计也主要运用于面状符号。

面状符号用色可以分为以下四种类型：

1)质别底色

用不同颜色填充在面状符号的边界范围内，区分区域的不同类型和质量差别，这种设色方式称为质别底色。地质图、土壤图、土地利用图等使用的面积色都是质别底色。对于质别底色必须设置图例。

2)区域底色

用不同的颜色填充不同的区域范围，它的作用仅仅是区分出不同的区域范围，并不表示任何的数量或质量特征，视觉上不应造成某个区域特别明显和突出的感觉，但区域间又要保持适当的对比度。区域底色不必设置图例。

3)色级底色

按色彩渐变(通常是明度不同)构成色阶表示与现象间的数量等级对应的设色形式称为色级底色。分级统计地图都使用色级底色，分层设色地图使用的也是色级底色。色级底色选色时要遵从一定的深浅变化和冷暖变化的顺序和逻辑关系。一般来说，数量应与明度有相应关系，明度大表示数量少，明度小则表示数量大。当分级较多时，也可配合色相的变化。色级底色也必须有图例配合。

4)衬托底色

衬托底色既不表示数量、质量特征，又不表示区域间对比，它只是为了衬托和强调图面上的其他要素，使图面形成不同层次，有助于读者对主要内容的阅读。这时底色的作用是辅助性的，是一种装饰色彩，如在主区内或主区外套印一个浅淡的、没有任何数量和质量意义的底色。衬托底色应是不饱和的原色或米黄、肉色、淡红、浅灰等，不能喧宾夺主，与点、线符号应保持较大的反差。

4. 地图色彩设计的步骤

地图色彩的设计要求整体风格明确，搭配协调，地图主题突出，层次清晰，给读者以美的享受。要达到这种效果，需要遵循科学有效的方法和步骤。

进行色彩设计前，先要将色彩设计的硬件环境设定好。计算机制图环境下，地图色彩的输出效果与色彩的混合模式有密切关系。常用的色彩混合模式有 RGB 模式和 CMYK 模式两种。CMYK 模式是减色法混合原理，当制图目的为纸质打印或批量印刷时，设计时必须采用 CMYK 模式。而 RGB 模式是加色法混合原理，若制图目的仅为屏幕显示，设计时采用 RGB 模式效果更好。

(1)地图色彩风格的选择

为地图设计颜色前，先要考虑好地图的色彩风格。是要清淡素雅的风格，还是对比强烈的风格？色彩风格决定了地图色彩的主调，也即在一定范围内界定了地图色彩的亮度和饱和度的大小。特别是地图集和系列地图色彩的设计，色彩风格的选择和贯彻更是地图集和系列地图色彩统一协调的重要保证。

(2)确定色彩的搭配模式

根据地图内容的性质及内容之间的逻辑关系确定色彩的搭配模式。如行政区划图的行政区域是连续且布满整个制图区域的，适合采用质别底色设计模式；而分级统计图和分层设色图因数量指标的分级关系则适合采用色级底色的搭配模式。

(3)确定地图的主题色彩

地图色彩设计的重要环节就是确定适合于表达地图主题的色彩。在地图色彩设计中，首先要根据不同的设色对象、目的及功能要求，确定图幅的主题色彩，然后再进行其他色彩的设计。配色的主题对象是什么？它具有哪些特点？需要突出它的什么特点？配色前要先问几个为什么。一幅地图上的主题色彩可以是一种色相，也可以是两种以上的色相组成。如行政区划图的面积色彩一般为 4~7 色，且色彩的饱和度和亮度相当，这些颜色都可以看作为主题色彩。

地图主题色彩应是层次清晰，表达鲜明的色彩，在视觉感受方面应位于视觉的第一层面上，即是最吸引读者眼球的色彩。

(4)选择与主题色彩相配的其他色彩

主题色彩确定后，进一步选择与主题色彩相配的其他色彩。其他内容与主题内容相比处于次要地位，在色彩设计上不能喧宾夺主，在色相、明度和饱和度的设定上注意把握与主题色的反差。

(5)调整地图配色效果

地图色彩的美感是以色彩关系为基础表现出来的，因而调整色彩关系是产生色彩美感的前提。一般应注意以下几点，方能提高视觉美感，增强地图的表现力。

1)强调

当图面色彩整体呈现单调平庸的感觉时，可采用对比的手法，强调主题色，使色彩层次清晰，主次分明。一般整体色彩为冷色时，以暖色强调；反之整体色彩为暖色时，以冷色强调。整体色彩为无彩色时，以有彩色强调。整体色彩暗淡时，以鲜艳色彩强调。

2)分隔

为了调节两个色因为色相、明度、饱和度相似显得对比软弱或对比过于强烈，在两色之间以另一种颜色区分开来，称之为色彩的分隔。通常可采用黑、灰、金、银等颜色作为分隔色彩。

3)平衡

配色的平衡是指两种以上的色彩组合在一起，其上下左右在视觉上有平稳安定的感觉。色彩的平衡感，除了与色相、明度和饱和度有关系外，还与色彩的面积有关。一般情况下，色彩的明暗轻重及面积大小是影响配色的基本要素。其原则是：纯色和暖色比浊色和冷色面积要小一些，容易达到平衡；明度接近时，纯度高的色比浊色的面积小易于取得平衡。在面积比例和位置关系不可改动时，适当调整色相、明度和饱和度，可达到视觉平衡。

4)单纯化

色彩的单纯化即简洁化，指尽量减少配色的条件，以最少的色数和最单纯的配色关系来表示地图的主题内容。单纯的形、色也最具感召力，它能使效果更集中、更强烈、更醒目，也更易记忆。

5)呼应

无论是一幅地图、一本图集或系列地图产品，在色彩设计时，均应考虑色彩之间的呼应关系。这样不仅图面的总体色彩易于感受，而且地图作品的整体性也得以增强，能给人留下较为深刻的具有某种风格的总体印象。另外，一种感觉的色彩多次出现，还将会产生重复的节奏感和韵律感。

第三节　地图注记

地图注记是地图语言的组成部分。地图符号由图形语言构成，地图注记则由自然语言构成。

一、地图注记的类型及功能

地图注记对地图符号起补充作用，地图有了注记便具有了可阅读性和可翻译性，成为一种信息传输工具。

1. 地图注记的功能

地图注记有标识各对象、指示对象的属性、表明对象间的关系及转译的功能。

(1)标识各对象

地图用符号表示物体或现象，用注记注明对象的名称。名称和符号相配合，可以准确地标识对象的位置和类型，例如，“武当山”、“武汉市”等。

(2)指示对象的属性

文字或数字形式的说明注记标明地图上表示的对象的某种属性，如树种注记、梯田比高注记等。

(3)表明对象间的关系

经区划的区域名称往往表明影响区划的各重要因素间的关系，如“温暖型褐土及栗钙土草原”，表明气候、土壤、植被间的关系，“山地森林草原生态经济区”表明地貌、植被、经济等生态结构区划的划分。

(4)转译

地图符号通过文字说明才能担负起信息传输的功能。

2. 地图注记的分类

地图注记分为名称注记和说明注记两大类。

(1)名称注记

名称注记指地理事物的名称。按照中国地名委员会制定的《中国地名信息系统规范》中确定的分类方案，地名分为11类，即行政区域名称、城乡居民地名称、具有地名意义的机关和企事业单位名称、交通要素名称、纪念地和名胜古迹名称、历史地名、社会经济区域名称、山名、陆地水域名称、海域地名、自然地域名。名称注记是地图上不可缺少的内容，并且占据了地图上相当大的载负量。

(2)说明注记

说明注记又分文字和数字两种，用于补充说明制图对象的质量或数量属性。表2-2是大比例尺地形图上说明注记所标注的内容。

表2-2　**大比例尺地形图说明注记**

要素名称	文字说明注记	数字说明注记
独立地物	矿产性质、采挖地性质、场地性质、库房性质、井的性质、塔形建筑物性质	比高
管　线	管线性质、输送物质	管径、电压
道　路	铁路性质、公路路面性质	路面宽、铺面宽、里程碑、公里数及界碑、界桩编号、桥宽及载重等
水　系	泉水、湖水性质，河底、海滩性质，渡口、桥梁性质等	河底、沟宽、水深、沟深、流速，水井地面高，井口至水面深，沼泽水深及软泥层深，时令河、湖水有水月份，泉的日出水量等
地　貌	地貌性质(如黄土溶斗、冰陡崖)	高程、比高，冲沟深，山洞、溶洞的洞口直径及深度，山隘可越过月份等
植　被	树种、林地及园地性质等	平均树高、树粗、防火线宽度等

二、地图注记的设计

地图注记的设计包括字体、字大、字色、字隔、配置等诸方面。

1. 注记字体

我国使用的汉字字体繁多，地图上最常用的是宋体及其变形体(长宋、扁宋、斜宋)，黑体及其变形体(长黑体、扁黑体、耸肩黑体)，仿宋体，隶体，魏碑体及其他美术字体，如图 2-18 所示。

<table>
<tr><th colspan="2">字体</th><th>式样</th><th>用途</th></tr>
<tr><td rowspan="4">宋体</td><td>正宋</td><td>成都</td><td>居民地名称</td></tr>
<tr><td rowspan="3">变体字</td><td>湖海　长江</td><td>水系名称</td></tr>
<tr><td>山西　淮南</td><td rowspan="2">图名、区划名</td></tr>
<tr><td>江苏　杭州</td></tr>
<tr><td rowspan="4">黑体</td><td>粗中细</td><td>北京　开封　青州</td><td>居民地名称</td></tr>
<tr><td rowspan="3">变体字</td><td>太行山脉</td><td>山脉名称</td></tr>
<tr><td>珠穆朗玛峰</td><td>山峰名称</td></tr>
<tr><td>北京市</td><td>区域名称</td></tr>
<tr><td colspan="2">仿宋体</td><td>信阳县　周口镇</td><td>居民地名称</td></tr>
<tr><td colspan="2">隶体</td><td>中国　建元</td><td rowspan="2">图名、区域名</td></tr>
<tr><td colspan="2">魏碑体</td><td>浩陵旗</td></tr>
<tr><td colspan="2">美术体</td><td>台湾省图</td><td>名称</td></tr>
</table>

图 2-18　地图注记的字体

地图上用字体的不同来区分制图对象的类别，已形成习惯性的用法。

图名、区域名要求字体明显突出，故多用隶体、魏碑体或其他美术字体，有时也用粗黑体、宋体，或对各种字体加以艺术装饰或变形。

河流、湖泊、海域名称，通常使用左斜宋体。过去曾对通航河段使用过右斜宋体。

山脉用右耸肩体，一般用中黑体，也可以用宋体。山峰、山隘等用长中黑体。

居民地名称的字体设计较为复杂，通常根据被注记的居民地的重要性分别采用不同字体，例如，城市用黑体，乡、镇、行政村用宋体，其他村庄用细黑体或仿宋体。当同时表示居民地的行政意义和人口数时，通常总是用注记的字体配合字大来表示其行政意义。

地图注记的字体设计应遵照明显性、差异性和习惯性的原则。明显性表示重要性的差别，差异性表示类(质)的差别，习惯性则主要考虑读者阅读的方便。

2. 注记字大

注记字大是指注记的大小。地图上用字的大小来区分制图对象的重要性或数量关系。制图时首先要对制图对象进行分级，等级高的是较重要的，采用较大的字(配合较大黑度的字体)来表示。

地图的用途和使用方式对字大设计有显著影响。对于最小一级的注记，桌面参考图可用1.75~2.0mm，挂图则最少要用到2.25~2.5mm。地图上最小一级注记的字大对地图的载负量和易读性均有重要影响，这是设计的重点。最大一级注记在地图上数量较少，参考图上一般用到4.25~5.75mm，挂图和野外用图上都可以适当加大一些。

为了便于读者清楚区分不同大小的注记，注记的级差之间至少要保持0.5mm以上。

过去的制图规范、图式、教材、参考书标注字大小都用级(k)，字大=(k-1)×0.25，单位为mm。在计算机里，字大用磅(p)或号标记，每磅为1/27英寸，即0.353mm。用号表示时通常分为16级，从大到小依次为初号及1~8号。其中，初号及1~6号又分别分为两级，如初号、小初，六号、小六。一号字大为8.5mm，到小六(2.0mm)每级以0.5mm的级差递减，七号字为1.75mm，最小的八号字为1.5mm，初号字为6.5mm，小初为11.5mm。

3. 注记字色

字体的颜色起到增强分类概念和区分层次的作用。通常水系注记用蓝色，地貌的说明注记用棕色，而地名注记通常都用黑色，特别重要的(区域表面注记或最重要的居民地)用红色，大量处于底层(如专题地图的地理底图上)的居民地名称常使用钢灰色，以减小视觉冲击。

4. 注记字隔

注记字隔是指在一条注记中字与字之间的间隔。最小的字隔通常为0.2mm，而最大的字隔不应超过字大的5倍，否则读者将很难将其视为是同一条注记。

地图上点状物体的注记用最小间隔；线状物体的注记可以拉开字的间隔，当被注记的线状对象很长时，可以重复注记；面状物体的注记视其面积大小而定，面积较小(其范围内不能容纳其名称)时，注记用正常字隔，排在面状目标的周围适当位置；面积大时，则视具体情况可拉开间隔，注在面状物体内部。

5. 注记配置

注记配置是指注记的位置和排列方式。

注记摆放的位置以接近并明确指示被注记的对象为原则，通常在注记对象的右方不压盖重要物体(尤其是同色的目标)的位置配置注记，当右边没有合适位置时，也可放在上方、下方、左方。

注记的排列有以下四种方式，如图2-19所示：

①水平字列：这是一种字中心连线平行于南北图廓(在小比例尺地图上也常用平行

于纬线）的排列方式。地图上的点状物体名称注记大多使用这种排列方式。

②垂直字列：这是一种字中心连线垂直于南北图廓的排列方式。少数用水平字列不好配置的点状物体的名称及南北向的线状、面状物体的名称，可用这种排列方式。

③雁行字列：各字中心连线在一条直线上，字向直立或与中心连线呈一定的夹角，通常应拉开间隔。字中心连线的方位角在±45°之间，字序从上往下排，否则就要从左向右排。

④屈曲字列：各字中心连线是一条自然弯曲的曲线，该曲线同被注记的线状对象平行或垂直，字头朝向随物体走向而改变方向。

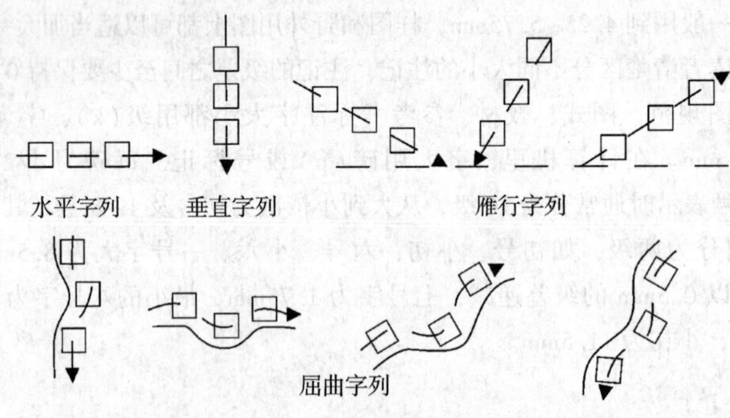

图 2-19　注记的排列方式

三、地名的译写

地名译写指的是把地名从一种文字翻译为另一种文字的工作。在制图时经常遇到的情况是要把国外的或国内少数民族文字书写的地名译写成用汉字或汉语拼音字母书写的形式。

随着经济的发展和国际交往的增加，制图业务范围逐步扩大，地名方面的疑难问题也日益增多。因此，制图工作者必须认真地研究地名译写的问题。

地名译写既是一项科学任务，又有鲜明的政治性。

地名常反映出地图作者的立场和观点。由于种种原因，国际上常对同一地名有多种不同的叫法，编图时采用哪一种是一个值得注意的问题。例如，世界最高峰“珠穆朗玛峰”，西方人都称为“埃弗勒斯峰”，但采用前一种符合中国政府的立场。因此，编图时如遇到这样的地名译写分歧，应认真查阅其背景资料，以便正确地选用和译写。

1. 地名译写不准的原因

在地名译写时，经常出现的情况是一名多译。由于译写不准而造成混乱，其原因在于：

(1)没有统一的译写原则

过去我国没有专门的地名机构，引进外国地名的渠道很多，例如，新闻、出版、外交、外贸、邮电、文化交流等部门，他们根据自己工作的需要，经常引用和译写外国地名，但由于没有严密、统一的原则，有的音译，有的意译，有的音意混译，还有的节译，并没有约定什么条件下用何种译法，自然会造成混乱。

(2)汉语中的同音字过多

据统计，汉字的读音只有 1 299 个，声调归并后只有 417 个，而汉字则数以十万计，所以同音字很多。这就造成同一外语音节使用不同的近音字或同音不同义的字翻译，产生一名多译现象。例如，非洲有个地名叫 Cabinda，我国的不同部门就曾将其译成“喀奔达”、“卡宾达”、“卡奔达”等不同写法，这就是同音字造成的。

这种情况在译写我国少数民族的地名时甚至更为严重。由于测绘人员对少数民族语的标准音不了解，当地居民讲的又不是标准音，译写更是五花八门。据统计，维吾尔语中的“小渠”在我国地形图中竟有 49 种译法，蒙古语中的“河”也有几十种译法。

(3)外国地名本身书写不统一

同一个地名在不同语种的外国地图上有各种不同写法。例如，瑞士的“日内瓦”，在外国地图上有 Geneve、Genf、Ginebra、Gineva 等多种写法，我国翻译地名时由于依据不同，也曾有过多种译法。

(4)用字不当

地名译写时，有的使用了含有贬义的字，编图时不能沿用，只好改用其他近音字，这也是造成不统一的原因之一。

2. *地名译写原则*

为了译名的统一，在实践中逐渐形成了一些约定的原则，这些原则是：

①“名从主人”。

译写地名应以该地名所在国的官方语言所确定的一种标准书写形式为依据，不能依据别国赋予或转写的名称，例如，翻译意大利地名 Roma，不能采用英语或法语的 Rome，而应以意大利的正式写法为准进行译写。

对于使用多种语言的国家中的地名，译写时应以地名所在地区的语言或所在国家法定的语言为准。有两种官方语言的国家，其地名有两种不同语言称谓时，应以当地流行的称谓为正名，次要语言为副名。有的国家自己不生产地图，则应以该国通用的某一文种的地图为准来译写地名。

有领土争议的地区，双方有各自不同的地名时，根据我国政府的立场进行选译。我国政府没有明确立场时，可以正、副名的形式同时译出。

②专名以音译为主，意译为辅。

一个地名可以含有专名、通名和附加形容词三部分。

专名是指地名中为某地专有的部分，如北京市的“北京”为专名。通名指某类物体共有的部分，如“市”、“河”、“湖”、“山”等。附加形容词指附加的用以说明数量、质量、性质、颜色、方向等含义的部分，如“一”、“二”、“新”、“旧”、“黄”、“红”、“大”、“小”、“上”、“下”等。

音译是按原文的音找出具有相似读音的汉字组成地名。它的优点是读音相近，当地人容易听得懂。但由于世界上各种语言文字在发音上的复杂性，用汉字翻译外国地名在音准的程度上只能达到相近似，而且音译往往造成译名过长，不能准确表达词义。

意译是根据原文的含义翻译成汉字。它的优点是文字简短，能反映出词的含义。但由于世界上语种很多，地名的含义也不易搞清楚，因此意译也会给译写造成很多麻烦。

专名以音译为主，如“北京市”的专名译为“Beijing”；美国的“Rocky Mountain”中的专名译为“落基”。

具有历史意义的，国际上著名的、惯用的，以数字、日期或人名命名的，明显反映地理方位和特征的地名，有时也对专名进行意译，如“Great Bear Lake”译为“大熊湖”；“One Hundred and Two River”，译为“一〇二河”；“Rift Valley Province”译为“裂谷省”等。

③通名以意译为主，音译为辅。

通名同地图上的符号有对应关系，有明确的含义，如“市”、“河”等，一般都用意译。

有时通名也用音译，如俄语中的“грая”，习惯上译为“格勒”，不译成“市”；蒙语中的“Gol”译为“郭勒”，不译成“河”。

用汉字译写少数民族语地名时，单纯音译往往使大部分读者不能领会其意，单纯意译又完全失去了原来的读音，当地人听不懂。所以，常用音意重译来补充，例如“雅鲁藏布江”中的“藏布”是音译，“江”是意译。

④地名中的附加形容词可以意译，也可以音译。

附加形容词有的放在专名之前，有的放在通名之前。前者用来形容专名，多用意译，如“New Zealand”，译为“新西兰”；后者形容通名，多用音译，如“Great Island”，不译为“大岛”，而译为“格雷特岛”。

⑤约定俗成地名的沿用。

有些地名的译写明显不准确，但它们在社会上流传已久，影响较大，甚至在政府文件、公报中使用过。对于这些地名，如果没有政治方面的错误，可以沿用。例如，印度尼西亚的“Bandong”译为“万隆”，“MockBa”译为“莫斯科”，由于它们已为社会广泛接受，且又没有政治上的不妥，就没有改正的必要，可继续使用。

四、地名的标准化

地名标准化包括地名国际标准化和地名国家标准化两部分。

地名国际书写标准化是一项旨在通过地名国家标准化确定不同书写系统间相互转写的国际协议，使地球上的每个地名或太阳系其他星球上地点名称的书写形式获得最大限度的单一性。

据统计，世界上有2000多种语言，如果加上方言、土语，种类更多。目前各国出版的，甚至同一语种不同版本的地图上，同一个地名的书写常不一致，更不用说不同语种了。

随着国际交往的增加，作为一种经常广泛使用的媒介，涉及的地名越来越多。由于缺乏标准化，给工作带来很多不便。因此，地名标准化的工作在国内外都受到了极大的重视。

1. 地名书写标准化的途径

为了解决地图上地名混乱的问题，我国各级政府的地名办公室、地名委员会和地名研究机构的专家做了大量工作，例如，制定外国地名汉字译写通则，编辑地名词典、地名手册、地名志甚至建立地名数据库。但这些工作常局限于某个区域或国内，没有得到世界公认。

地名书写标准化包括三个方面的内容：各国按自己的官方语言对国内地名确定一种标准的书写形式，使国内地名标准化；非罗马字母的国家提供一种本国地名的罗马字母拼写的标准形式，这称为单一罗马化；制定一部各国公认的转写法，以便将地名从一种语言文字译写成为另一种语言文字的形式。

我国是一个多民族的国家，各民族都有发展自己语言文字的自由，少数民族的地名都有本民族的书写形式，但为了使地名书写达到标准化，首先要确定一种供译写的标准形式。汉语地名也要解决一地多名、一名多写、重名等许多问题，也要确定一种标准写法。

世界各国使用的文字各种各样，有的是拼音文字，有的是表意文字(如汉字)，因此，很多国家的地名很难为不懂该国文字的人所认识，更谈不上正确的读音。为了共同使用地名，考虑到大多数国家都采用拼音文字，而且其中又以采用罗马字母的国家居多，联合国地名标准化会议决定采用罗马字母拼写作为国际标准。非罗马字母国家(像俄罗斯)也要提供一种罗马字母拼写地名的标准形式，称为单一罗马化。过去各国在译写外国地名时，都自行制定一套译写方法，各人各译，造成地名译写的不统一。为使地名译写达到标准化，就必须制订一套公认的、能为大家接受的译写方案。

2. 我国地名的国际译写标准化

1977年联合国第二届地名标准化会议根据我国政府(代表团)的提议，通过了关于《用汉语拼音拼写中国地名作为罗马字母拼写法的国际标准》的决议。因此，我国地名只要达到只有一种标准的汉语拼音写法，各国在译写我国地名时以此为准，它也就成了一种国际标准化的书写形式。

中国地名分为汉语地名和少数民族语地名两类。汉语地名按照《中国地名汉语拼音字母拼写规则》拼写；蒙、维、藏等少数民族语地名按照《少数民族语地名汉语拼音字母音译转写法》拼写，其他习惯用汉语书写的少数民族语的地名按汉字书写形式及读音作为汉语地名拼写。

(1)中国地名汉语拼音字母拼写规则

1)分写和连写

①由专名和通名构成的地名，原则上专名和通名分写。例如，太行/山(Tàiháng Shān)，通/县(Tōng Xiàn)。

②专名或通名中的修饰、限定成分，单音节的与其相关部分连写，双音节或多音节的与其相关部分分写。例如，西辽/河(Xīliáo Hé)，科尔沁/右翼/中旗(Kē'ěrqìn Yòuyì Zhōngqí)。

③自然村镇名称不区分专名和通名，各音节连写。例如，周口店(Zhōukǒudiàn)，江镇(Jiāngzhèn)。

④通名已专门化的，按专名处理。例如，黑龙江/省(Hēilóngjiāng Shěng)，景德镇/市(Jǐngdézhèn Shì)。

⑤以人名命名的地名，人名中的姓和名连写。例如，左权/县(Zuǒquán Xiàn)，张之洞/路(Zhāngzhīdòng Lù)。

⑥地名中的数字一般用拼音书写。例如，五指/山(Wǔzhǐ Shān)，第二/松花/江(Dì'èr Sōnghuā Jiāng)。

⑦地名中的代码和街巷名称中的序数词用阿拉伯数字书写。例如，1203/高地(1203 Gāodì)，三环路(3 Huánlù)。

2)语音的依据

①汉语地名按普通话语音拼写。地名中的多音字和方言字根据普通话审音委员会审定的读音拼写。例如，十里堡(Shílǐ Pù)(北京)，大黄堡(Dàhuáng Bǎo)(天津)，吴堡(Wúbǔ)(陕西)。

②地名拼写按普通话语音标调。特殊情况下可不标调。

3)大小写、隔音、儿化音的书写和移行

①地名中的第一个字母大写，分段书写的，每一段第一个字母大写，其余第一个字母小写。特殊情况可全部大写。例如，李庄(Lǐzhuāng)，珠江(Zhū Jiāng)，天宁寺西里一巷(Tiānníngsì Xīlǐ 1 Xiàng)。

②凡以a、o、e开头的非第一音节，在a、o、e前用隔音符号"'"隔开。例如，西安(Xī'ān)，建欧(Jiàn'ōu)，天峨(Tiān'é)。

③地名汉字书写中有"儿"字的儿化音用"r"表示，没有"儿"字的不予表示，例如，盆儿胡同(Pénr Hútong)。

④移行以音节为单位，上行末尾加短横线。例如，海南岛(Hǎi-nán Dǎo)。

4)起地名作用的建筑物、游览地、纪念地、企事业单位名称的书写

①能够区分专名、通名的，专名与通名分写。修饰、限定单音节通名的成分与其通名连写。例如，黄鹤/楼(Huánghè Lóu)，北京/工人/体育馆(Běijīng Gōngren Tǐyùguǎn)。

②不易区分专名、通名的一般连写。例如，501矿区(501 Kuàngqū)，前进4厂

(Qiánjìn 4 Chǎng)。

③含有行政区域名称的企事业单位名称，行政区域的专名和通名分写。例如，浙江/省/测绘局(Zhèjiāng Shěng Cèhuìjú)，北京/市/宣武/区/育才/学校(Běijīng Shì Xuānwǔ Qū Yùcái Xuéxiào)。

④起地名作用的建筑物、游览地、纪念地、企事业单位等名称的其他拼写要求，参照本规则相应条款。

5)附则

各业务部门根据本部门业务的特殊要求，地名的拼写形式在不违背本规则基本原则的基础上，可作适当的变通处理。

(2)少数民族语地名的音译转写法

过去翻译少数民族地名时，通常采用先按民族语的语音翻译成汉字，再给汉字注音的方法。由于音译时对少数民族语听、读不准，加上有些音无对应的汉字表达，译出的地名很难同原音一样。再加上民族语中又有自己的方言土语，就更难确定其标准译音了。

在多年翻译实践的基础上，我国的地名工作者为少数民族语地名的翻译制订了一种“音译转写法”。转写是在拼音文字之间、经过科学的音素分析对比，采用音形兼顾的原则，由一种字母形式转变为另一种字母形式。把少数民族语地名不经过汉字，直接译写为汉语拼音的形式，大大改善了少数民族语地名的翻译工作。

我国少数民族语的文字多是拼音的，而汉字是表意的，但其注音是标准的罗马字母系列，在翻译时既可音译，也可转写。用汉字表达时只能音译，用汉语拼音表达时音译转写地名只是文字形式的转变，翻译时通常是“重形轻音”，即按字母形式对译而不去考虑其读音差别。在特殊情况下，例如，文字和口语明显有脱节时，也可以“从音舍形”。

有些少数民族在改革和创造文字时，已经是在汉语拼音的基础上设计字母。这样，从形的角度来看，转写就变得很容易。

还有些少数民族语地名的书写形式和口语是脱节的，如果按形转写就会脱离实际，这时就应舍形从音。例如，蒙古语地名“乌兰诺尔”，按现行蒙文逐个字母转写应为“Ulagan Nagur”，这样与口语相差甚远；在转写时照顾到发音则译为“Ulaan Nur”或“Ulaan Nur”，这样同口语更接近。

使用音译转写法翻译少数民族地名比起用汉字注音至少有两个明显的优点，一是不会一名多译，二是原语读者可以辨意，异语读者会感到简洁易读。例如，维语地名中的“小渠”，在汉语注音时曾有过92种译法，转到汉字注音也有30多种，而用音译转写就只有一种写法“erik”。

我们用两个蒙语地名作比较，看看几种译写方式的结果，见表2-2。

表 2-3 几种译写方式

意 译	沙的冬营地	后头岭的东(左)尖(顶)
音译转写	Elest Oblju	Qulut Dabayin Jun Gojgor
汉字译音	额勒沙图沃布勒卓	楚鲁特达巴音珠恩高吉格尔
汉字注音	Eleshatu Wobule Zhuo	Chulutedabayinzhu'engaojige'r

从表 2-3 中可以看到，采用音译转写法，第一个地名用 10 个字母，分为两段；第二个名用 21 个字母，分为 4 段，易认、易读、易记。采用汉字译音后再注音，第一个地名用 18 个字母，第二个地名用 27 个字母加两个隔音符号，连成一长串，既不易读，又难记。

采用音译转写的地名，少数民族可以辨意，读起来容易，叫起来亲切，很受少数民族欢迎。

3. 我国的地名标准化

地名工作是一项政治性、政策性、科学性很强，涉及面很广的工作。它关系到国家的领土主权和国际交往，关系到民族团结和人民群众的日常生活。过去的地名混乱给国家的内政、外交、国防、经济建设和人民生活带来许多不便。为了克服地名混乱现象，根据 1979 年我国第一次全国地名工作会议的要求，由各级政府的地名办公室主持，在全国范围内开展了地名普查工作，并在此基础上进行了地名标准化，编制了地名图、地名志等。

地名普查是按照统一计划、步骤和要求，对我国疆域内的各种地名进行社会性的调查和研究，根据普查结果建立表、卡、文、图等地名资料。

普查一般以县为单位，利用 1：5 万地形图对地名逐个调查，对地名的标准名称、位置、地名来历、含义、历史沿革和地名与社会、经济、文化、自然地理等有关情况作一次全面彻底的调查。将历史上遗留下来的有损我国尊严和领土主权的地名，对妨碍民族团结的地名，对违背国家方针政策的地名，对有名无地、有地无名、重名、不规范、不标准的地名和少数民族语地名音译不准、用字不当的，经过调查分析，根据国务院关于《地名命名、更名的暂行规定》和中国地名委员会的相关要求，进行地名标准化处理。完成地名表、地名卡片的制作，必要时还要配上相应的文字说明。

(1)地名表

经过调查、审定的全部地名，按一定顺序排列成表、装订成册。表内包括汉字地名、汉语拼音和经纬度。对少数民族语地名要填写民族文字及其含义。

(2)地名卡片

填入卡片的内容有居民地的行政名称和自然名称，少数重要的自然村名和较重要的地理实体等，还应附有地名来历、演变等简要说明。

(3)文字资料

重要地名除了填写地名卡片以外，还要介绍地名概况，如乡以上的行政区域及中心，有名的水库，大型工程，重点保护文物和重要自然地理实体等的名称，都要有相应的文字说明资料。

在地名调查的基础上，编制地名图、地名录及地名词典。

1)地名图

用地图的形式直观地表示已标准化的地名。

2)地名录(志)

按一定体系和选取指标编辑的集中表示标准地名的工具书。其基本内容包括：地名的汉字名称、汉语拼音，民族语地名的民族语写法，地名类别，所属省、县，地名所在的地理位置。

3)地名词典

地名词典阐释汉语地名、民族语地名、地名罗马字母拼写以及地名由来、含义、起源、演变及沿革等地名学所涉及的全部信息和简要叙述地名所代表的地理实体的主要特征。它是按名立条供考查的工具书。

地名词典应完备、稳定和正确，地名规范、标准，释意简明扼要。

根据以上资料，在有条件的地方建立地名数据库。

第三章　地图的数学基础

地图的数学基础，是指使地图上各种地理要素与相应的地面景物之间保持一定对应关系的经纬网、坐标网、控制点、比例尺和图形的方向等数学要素。为了解地图上这些数学要素是怎么建立起来的，必须知道地球的形状。

第一节　地球的形状

地球表面是一个高低不平、极其复杂的自然表面。高耸于世界屋脊上的珠穆朗玛峰与太平洋海底深邃的马里亚纳海沟之间的高低之差竟有近 20km 之多。地球是一个极半径略短、赤道半径略长，北极略突出、南极略扁平，近于梨形的椭球体。这里所谓的近于"梨形"，其实是一种形象化的夸张，因为地球南北半球的极半径之差仅在几十米范围之内，这与地球固体地表的起伏，或地球极半径与赤道半径之差都在 20km 左右相比，是十分微小的。测绘工作就是在这样一个复杂的表面上进行的。

由于地球的自然表面凹凸不平，形态极为复杂，显然不能作为测量与制图的基准面。为了处理测量成果和测绘地形图，必须有一个统一的依据面来代替自然表面。因此，应该寻求一种与地球自然表面非常接近的规则曲面，来代替这种不规则的曲面。这种理想的规则曲面，是一个与静止海平面相重合的水准面，这个海平面应该是无波浪、无潮汐、无水流、无大气压变化，处于流体平衡状态的平面。假想以这个水准面作为基准面向大陆延伸，并穿过陆地、岛屿，最终形成了一个封闭曲面，这就是大地水准面，它包围的形体称为大地体。大地体是一种逼近于地球本身形状的形体，可以称大地体是对地球形体的一级逼近。大地水准面接近于地球的自然表面，测绘工作都是以它作为依据的。测量时仪器的"整平"就是使仪器的水平轴平行于过该点的大地水准面，所有的测量成果都是沿仪器的铅垂方向将地面点首先投影到大地水准面上。

当海平面静止时，自由水面必须与该面上各点的重力线方向相正交，由于地球内部质量的不均一，造成重力场的不规则分布，因而重力线方向并非恒指向地心，导致处处与重力线方向相正交的大地水准面也不是一个规则的曲面。它不能用数学模型定义和表达，测量成果也就不可能在大地水准面上进行计算。

为了测量成果的计算和制图工作的需要，选用一个同大地体相近似的、可以用数学方法表达的旋转椭球代替大地体。旋转椭球体是由长、短半径组成的椭圆沿其短轴旋转而成的。地球椭球体表面是个可以用数学模型定义和表达的曲面，地球椭球体表面可以称为对地球形体的二级逼近。

图 3-1 表明在局部地段上地球的自然表面、大地水准面和地球椭球面的位置关系，图中箭头所指的方向即重力方向。

地球椭球体有长轴和短轴之分。长轴即赤道半径，短轴即极半径。长轴与短轴之差除以长轴称为地球的扁率。地球椭球体的长轴、短轴测定是大地测量工作的一项重要内容。由于实际测量工作是在大地水准面上进行，而大地水准面相对于地球椭球表面又有一定的起伏，并且重力又随纬度变化而变化，因此必须对大地水准面的实际重力进行多地、多次的大地测量，再通过统计平均来消除偏差，即可求得表达大地水准面平均状态的地球椭球体的要素值。

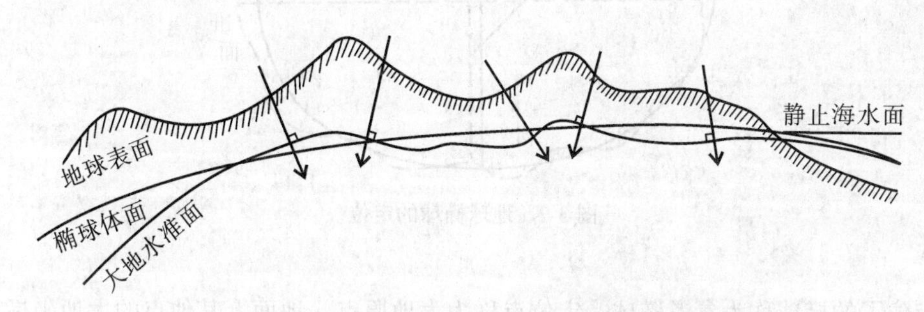

图 3-1　局部地段上自然表面、大地水准面和地球椭球面

经过长期的观测、分析和计算，各国学者算出的地球椭球长短半径的数值有一定的差异。我国不同时期采用了不同的椭球体参数，详见表 3-1。

表 3-1　　我国不同时期采用的椭球体参数

椭球体名称	年代	长轴(m)	扁率	采用时期	说　明
海福特	1910	6 378 388	1：297. 0	1952 年以前	1942 年国际第一个推荐值
克拉索夫斯基	1940	6 378 245	1：298. 3	1953 年以后	前苏联
1975 年大地坐标系	1975	6 378 140	1：298. 257	1980 年以后	1975 年国际第三个推荐值
2000 国家大地坐标系	2008	6 378 137	1：298. 257	2008 年以后	

第二节　地图的空间基准

为了在地球椭球面上确定点位，必须先将椭球与大地体间的相对位置确定下来。这个过程，称为地球椭球的定位。地球椭球定位是这样进行的：首先选择一个对一个国家比较适中的大地测量原点 P，过 P 点作大地水准面的垂线交水准面于 P，设想地球椭球

在 P' 点与大地体相切，这时，过 P' 点椭球面的法线与水准面的垂线重合(图 3-2)。用天文测量的方法求得 P 点的天文坐标，并测出 P 点对另一点的方位角，作为 P' 点的大地坐标和大地方位角，这样两个面的相对关系位置就被确立了。

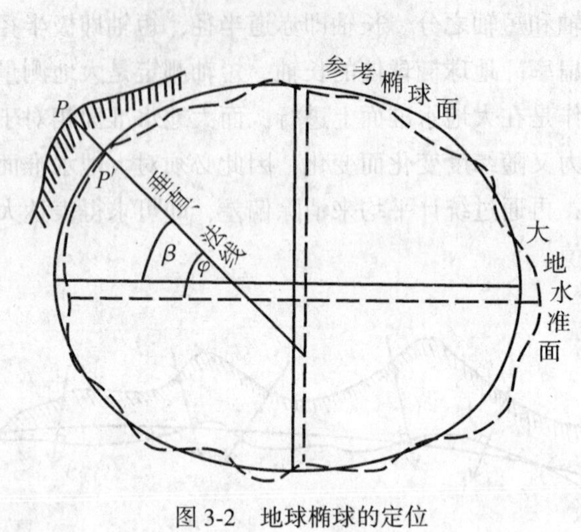

图 3-2 地球椭球的定位

定位了的椭球称为参考椭球。定位点称为大地原点，地面上其他点的大地坐标，都是根据原点用大地测量的方法测算的。

一、大地坐标基准

我国于 1954 年起选定北京的某点作为坐标原点，其他点的大地坐标均由北京原点作为起始点测算，这种平面坐标系统称为 1954 年北京坐标系。这一坐标系是按前苏联克拉索夫斯基椭球体参数建立的。经过较长时期测绘实践证明，该椭球体参数，自西向东有较大系统性倾斜，大地水准面差距最大达 768m，这对我国东部沿海地区的计算纠正造成了困难，并且其长轴比 1975 年国际大地测量协会推荐的地球椭球体参数大 105m。因此，我国从 1980 年起选用了 1975 年国际大地测量协会推荐的椭球体参数，并将大地坐标原点设在中国西安附近的泾阳县境内，由于大地原点在我国居中位置，因此可以减少坐标传递误差的积累，从此称为 1980 年坐标系。随着空间和信息技术的迅猛发展和广泛普及，从 2008 年 7 月 1 日起正式启用 2000 国家大地坐标系作为我国新一代的平面基准。

1. 地理坐标系

地球表面上任一点的坐标，实质上就是对原点而言的空间方向，通常通过纬度和经度两个角度来确定。地理坐标就是用经纬度表示地面点位的球面坐标。旋转椭球是一个椭圆绕其短轴旋转而成，如图 3-3 所示。

过旋转轴的平面与椭球面的截线叫经线。通过英国格林尼治天文台的经线为 0°经线。因此，M 点的经度为经线面与 0°经线面交角，用 λ 表示。规定由 0°经线起，向东为正，称“东经”，由 0°至+180°；向西为负，称“西经”，由 0°至-180°。

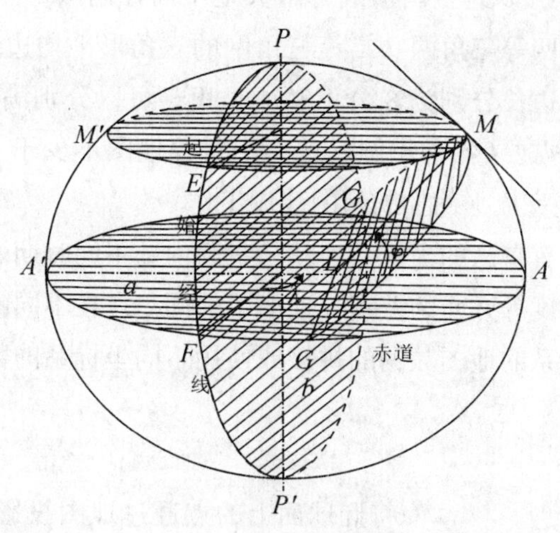

图 3-3 地理坐标系

垂直于地轴(PP')并通过地心的平面叫赤道平面，它与椭球面相交的交线称为赤道。过 M 点作平行于赤道面与椭球面的截线，叫纬线。过 M 点的法线与赤道面的交角，称为地理纬度，用 φ 表示。地理纬度从赤道起算向北为正，从 0°到北极为+90°，称为北纬；向南从 0°到南极为-90°，称为南纬。

这样，地面上任意一点 M 的位置，可记成 $M(\lambda, \varphi)$。

确定地面点的位置主要采用天文测量与大地测量的方法。天文测量是通过观测星体计算出地面点的经纬度坐标。大地测量是以大地原点为起始点，通过三角测量方法获得经纬度坐标。前者称为天文坐标，后者称为大地坐标。天文坐标一般没有大地坐标的精度高。这是因为：天文坐标以铅垂线为依据线，而铅垂线的变化又是不规则的。地面同一个点的法线和铅垂线的方向是不一致的(二者的夹角称为垂线偏差)，它们投影到各自的依据面上，就产生了点位上的不一致。如果垂线偏差为 2″~3″，地面点的投影差就可能达数十米。这对大、中比例尺地图来说误差就太大了，所以地图上一定要用大地坐标。因此，只有在缺少大地控制网的地区才使用独立的天文坐标，一般测图和编图均采用大地坐标。近年来，新发展的人造卫星大地测量方法，利用全球卫星导航系统(Global Navigation Satellite System，GNSS)和连续运行参考站网络(Continuously Operating Reference Stations，CORS)技术，不仅能测定地球形状、大地水准面与椭球面的差距，还可测定地面点的坐标，建立人造卫星大地测量控制网，其中，美国的全球定位系统(Global Positioning System，GPS)是目前 GNSS 中技术最好的。我国目前已利用 GPS 和 CORS 技术方法进行大地控制测量和测定坐标。

为了保证测量成果既在精度上符合统一要求，又能互相衔接，先必须在全国范围内选取若干有控制意义的点，并且精确测定其平面位置的平面控制网。平面控制网是通过建立全国性一、二、三、四等三角网并用精密仪器测算出各控制点(三角点)的大地坐标。其中一等三角网是由一等三角锁及各段的三角形构成，锁段长200公里，锁段内三角形边长为20~30公里，以此全国形成骨干大地平面控制网。然后以一等锁为控制基础，依次扩展二、三、四等三角网。二等三角网的三角形平均边长为13公里；三、四等三角网的三角形平均边长分别为8公里和4公里。可以分别满足从1∶10万至1∶1万比例尺测图控制点的需要(各种比例尺地形图每幅地图不少于3个控制点)。我国目前利用GPS和CORS能完成平面控制网的建设工作。

世界各国差不多都有自己的坐标系，就是我国内部不同时期的坐标系也不一样。由于原点的位置和定位精度等方面的差别，地面上的同一点在不同的坐标系中会有不同的经纬度坐标，不同坐标系的地图数据的拼接或使用不同坐标系的数据制作地图时都会有这方面的影响。

2. 平面直角坐标系

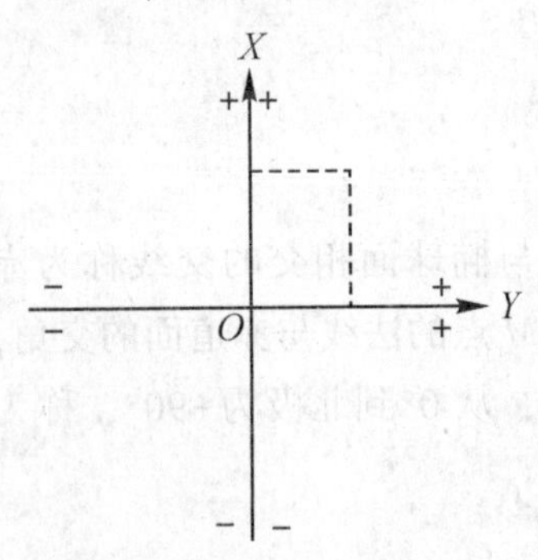

图3-4　平面直角坐标系

将椭球面上的点通过地图投影的方法投影到平面上时，通常使用平面直角坐标系。平面直角坐标系是按直角坐标原理确定一点的平面位置的，该坐标系是由原点O及过原点的两个垂直相交轴组成。点坐标为该点至两轴的垂直距离。测绘中所使用的直角坐标系与数学中不同，X轴和Y轴互换(图3-4)，以便角度从X轴按顺时针方向计量。

在实际测绘作业中，用平面直角坐标系来建立地图的数学基础，通过地图投影，将地面控制点和某些特殊点的地理坐标换算成平面直角坐标，进行展绘，制作地图。

二、高程基准

经纬度只能确定点的平面位置，点的高度还要由高程系来确定。高程是指高程基准面起算的地面点高度。高程基准面是根据验潮站所确定的多年平均海水面而确定的。

地面上所有点的高度都是以某点的大地水准面为基准计算的。大地水准面指的平均海水面。以海边某一验潮站多年来的观测结果为依据，计算出该点平均海水面的位置，作为高程起算的零点，并常以该点的位置来命名高程系。由于不同的时间和地点算出的海平面平均高程不一致，所以高程系的名称通常应包括时间和地点两个因素。

我国曾使用过多个高程系，新中国成立后为使我国的高程系统达到统一，决定以青岛验潮站1950—1956年测定的黄海平均海水面作为全国统一高程基准面。任何点与零点高程之差就称为它的海拔高程，这就是我国的“1956年黄海高程系”。

新中国成立前，我国测绘工作没有统一的高程起算点，各省测图大多以本省选定的点并以假定高程数作为原点计算。因此，省与省之间的地图在高程系统上普遍不能接合。以后各省依据1956年黄海高程系进行了联测，使用旧图时应根据联测结果对高程进行改算。

由于观测数据的积累，黄海平均海水面发生了变化，1985 年国家改用“1985 年国家高程基准”。“1985 年国家高程基准”比“1956 年黄海高程系”高 29mm。

两个高程基准的换算关系为：

$$H_{85}=H_{56}-0.029\text{m}$$

同样，为了保证高程测量成果既在精度上符合统一要求，又能互相衔接，必须在全国范围内选取若干有控制意义的点，并且精确测定其高程的高程控制网。我国布设了一、二、三、四等水准网，作为全国高程控制网，以此作为全国各地实施高程测量的控制基础。全国高程控制网水准路线的布设：一等水准路线是国家高程控制骨干，一般沿地质基础稳定、交通不太繁忙、路面坡度平缓的交通路线布设，并构成网状；二等水准路线是沿公路、铁路、河流布设，同样也构成网状，是高程控制的全面基础；三、四等水准路线是直接提供地形测量的高程控制点。我国目前利用大地水准面精化、GPS 和 CORS 技术能完成高程控制网建设的工作。

三、深度基准

海洋测量中常采用深度基准面。深度基准面是海洋测量中的深度起算面。高程基准与深度基准并不统一，这种不统一主要源于海道测量服务于航行安全这一实用目的。从海道测量担负着提供精确的海洋地形、地貌基础地理信息的角度看，建立与独立高程基准相统一和协调的海洋垂直基准无疑是必要的，这就需要建立深度基准与当地平均海面的关系模型，及当地平均海面相对于高程基准的关系模型，它涉及深度基准值空间模型和海面地形模型的建立与表示。

测量和绘制海图的目的主要为航海服务，因此，海图深度基准面确定的原则是：既要考虑到舰船航行安全，又要照顾到航道利用率。海图深度基准面基本可描述为：定义在当地稳定平均海平面之下，使得瞬时海平面可以但很少低于该面。在具体求定时，需考虑当地的潮差变化。深度基准面是相对于当地稳定(或长期)平均海平面定义的。

为了使得确定的深度基准面满足于上述两条原则，下面给出深度基准面保证率的定义：深度基准面保证率是在一定时间内，高于深度基准面的低潮次数与总次数之比的百分数。

我国航海图采用的深度基准面为理论最低潮面，其保证率为 95%。海洋部分的水深则是根据“深度基准面”自上而下计算的。深度基准面是根据长期验潮的数据所求得的理论上可能最低的潮面，也称“理论深度基准面”。地图上标明的水深，就是由深度基准面到海底的深度。

不同的国家和地区及不同的用途采用不同的深度基准面。

第三节 地图投影的基础知识

一、地图投影的基本概念

将地球椭球面上的点投影到平面上的方法称为地图投影。按照一定的数学法则，使地面点的地理坐标(λ, φ)与地图上相对应的点的平面直角坐标(x, y)建立函数关系为

$$\left.\begin{aligned} x&=f_1(\lambda,\ \varphi)\\ y&=f_2(\lambda,\ \varphi)\end{aligned}\right\} \tag{3-1}$$

当给定不同的具体条件时，就可得到不同种类的投影公式，根据公式将一系列的经纬线交点(λ, φ)计算成平面直角坐标(x, y)，并展绘于平面上，即可建立经纬线平面表象，构成地图的数学基础。

二、地图投影变形

由于地球椭球面是一个不可展的曲面，将它投影到平面上，必然会产生变形。这种变形表现在形状和大小两方面。从实质上讲，是由长度变形、方向变形(角度)引起的。

1. 长度变形

长度变形是长度比与1的差值，即

$$v_u=\mu-1$$

长度比为

$$\mu=\frac{\mathrm{d}s'}{\mathrm{d}s}$$

$\mathrm{d}s'$是投影后微分线段长，$\mathrm{d}s$是固有长度。

2. 方向(角度)变形

方向(角度)变形是指实际角度α和投影后角度α'差值，即

$$方向(角度)变形=\alpha-\alpha'$$

3. 面积变形

面积变形是面积比与1的差值，即

$$v_p=p-1$$

面积比

$$p=\frac{\mathrm{d}F'}{\mathrm{d}F}$$

$\mathrm{d}F'$是投影后地球表面上微分面积，$\mathrm{d}F$是其固有面积。

三、地图投影分类

地图投影的种类繁多，通常是根据投影性质和构成方法分类。

1. 地图投影按变形性质分类

按变形性质地图投影可分为等角投影、等面积投影和任意投影。

①等角投影：是指地面上的微分线段组成的角度投影保持不变的投影。因此适用于交通图、洋流图和风向图等。

②等面积投影：是指保持投影平面上的地物轮廓图形面积与实地相等的投影。因此适用于对面积精度要求较高的自然社会经济地图。

③任意投影：是指投影地图上既有长度变形，又有面积变形，但角度变形小于等面积投影，面积变形小于等角投影。在任意投影中，有一种常见投影，即等距离投影。该投影只在某些特定方向上没有变形，一般沿经线方向保持不变形。任意投影适用于一般参考图和中小学教学用图。

2. 地图投影按构成方法分类

按构成方法地图投影可分为几何投影和非几何投影。

(1)几何投影

以几何特征为依据，将地球椭球面上的经纬网投影到平面上、圆锥表面和圆柱表面等几何面上，从而构成方位投影、圆锥投影和圆柱投影。

1)方位投影

方位投影是以平面作为投影面，将平面与地球心相切或相割，将经纬线投影到平面上而成。同时，又有正方位、横方位和斜方位几种不同的投影(图 3-5)。在方位投影中，也有等角、等积和等距离几类投影。正方位投影的经线表现为辐射直线，纬线为同心圆(图 3-8(a))。

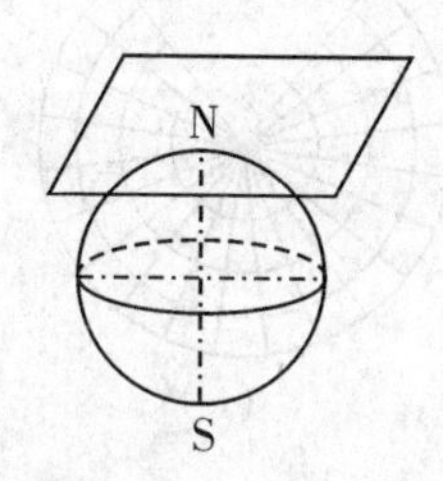

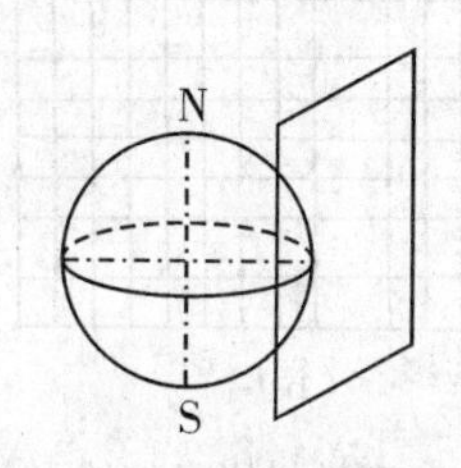

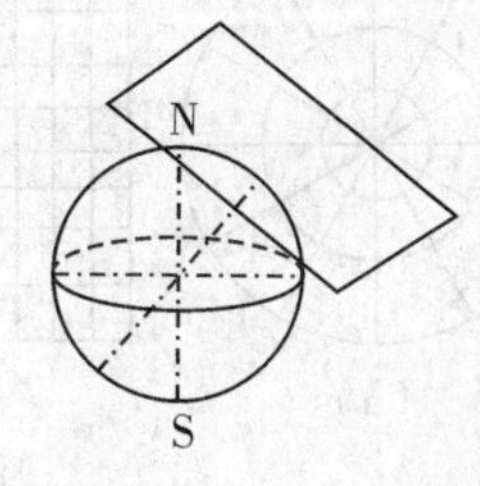

图 3-5　正、横、斜方位投影

2)圆锥投影

圆锥投影是以圆锥面作为投影面，将圆锥面与地球心相切或相割，将经纬线投影到圆锥面上，然后把圆锥面展开平面而成。同样，有正圆锥、横圆锥和斜圆锥几种不同的投影(图 3-6)。在圆锥投影中，也有等角、等面积和等距离几类投影。正圆锥投影的经线表现为相交于一点的直线，纬线为同心圆弧(图 3-8(c))。制图中广泛采用正圆锥投影。

3)圆柱投影

圆柱投影是以圆柱面作为投影面，将圆柱面与地球心相切或相割，将经纬线投影到圆柱面上，然后把圆柱面展开平面而成。同样，有正圆柱、横圆柱和斜圆柱几种不同的投影(图 3-7)。在圆柱投影中，也有等角、等面积和等距离几类投影。正圆柱投影的经线表现为等间隔的平行直线，纬线为垂直于经线平行直线(图 3-8(b))。

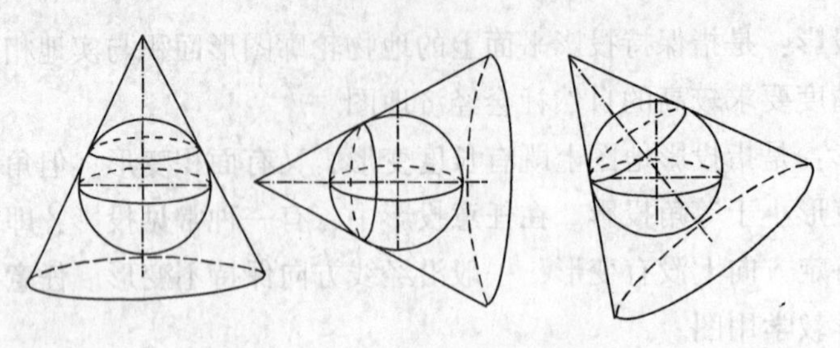

图 3-6　正、横、斜圆锥投影

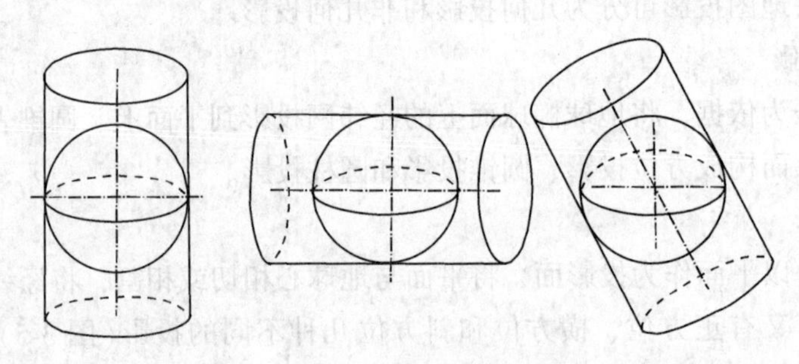

图 3-7　正、横、斜圆柱投影

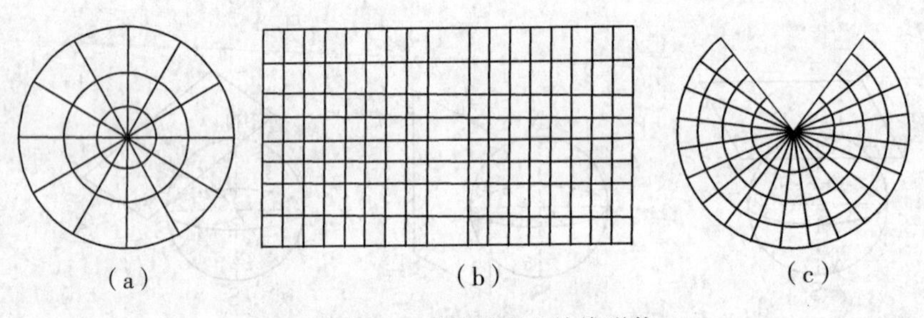

图 3-8　正轴投影经纬线形状

(2)非几何投影

根据制图的某些特定要求，选用合适的投影条件，用数学解析的方法，确定平面与球面上点与点间的函数关系。按经纬线形状，可分为伪方位投影、伪圆锥投影、伪圆柱投影和多圆锥投影。

第四节　高斯-克吕格投影及其应用

我国现行的大于等于 1∶50 万的各种比例尺地形图，都采用高斯-克吕格投影。

一、高斯-克吕格投影的基本概念

从地图投影性质来说，高斯-克吕格投影是等角投影。从几何概念来分析，高斯-克吕格投影是一种横切椭圆柱投影。假设一个椭圆柱横套在地球椭球体外，使其与某一条经线相切，用解析法将椭球面上的经纬线投影到椭圆柱面上，然后将椭圆柱展开成平面，即获得投影后的图形，其中的经纬线相互垂直。在平面直角坐标系中，是以相切的经线(中央经线)为 X 轴，以赤道为 Y 轴(图 3-9)。

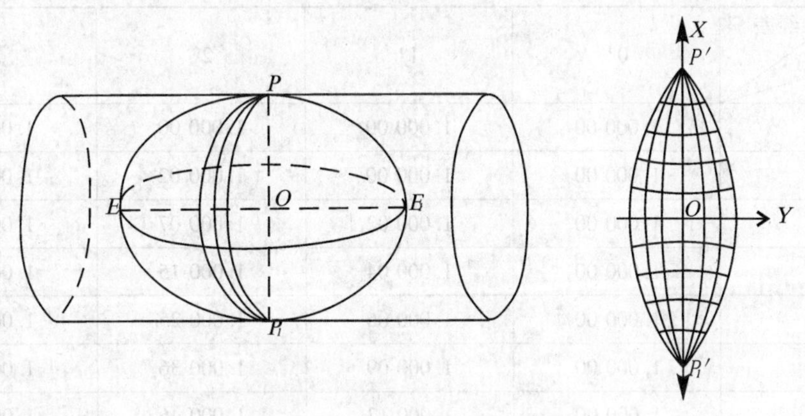

图 3-9　高斯-克吕格投影示意

高斯-克吕格投影的基本条件为：

①中央经线(椭圆柱和地球椭球体的切线)的投影为直线，而且是投影的对称轴；

②投影后没有角度变形；

③中央经线上没有长度变形。

根据上述条件，可建立地理坐标(λ, φ)与平面直角坐标(x, y)的函数关系。其数学关系为：

$$\left.\begin{aligned} x&=s+\frac{\lambda^2 N}{2}\sin\varphi\cos\varphi+\frac{\lambda^4 N}{24}\sin\varphi\cos^2\varphi(5-\tan^2\varphi+9\eta^2+4\eta^4)+\cdots \\ y&=\lambda N\cos\varphi+\frac{\lambda^3 N}{6}\cos^3\varphi(1-\tan^2\varphi+\eta^2)+\frac{\lambda^5 N}{120}\cos^5\varphi\times(5-18\tan^2\varphi+\tan^4\varphi)+\cdots \end{aligned}\right\} \tag{3-2}$$

式中：φ、λ 是椭球面上地理坐标，纬度自赤道起算，经度自中央经线起算；s 是赤道至纬度 φ 的经线弧长；N 是椭球面上卯酉圈曲率半径；$\eta=e'\cos\varphi$，其中 e' 为地球的第二偏心率。

二、高斯-克吕格投影的变形分析

高斯-克吕格投影没有角度变形，面积变形是通过长度变形来表达的。其长度比公式为：

$$\mu=1+\frac{1}{2}\cos^2\varphi(1+\eta^2)\lambda^2+\frac{1}{6}\cos^4\varphi(2-\tan^2\varphi)\lambda^4-\frac{1}{8}\cos^4\varphi\lambda^4 \tag{3-3}$$

其长度变形的规律(表 3-2)是：

①中央经线上没有长度变形；

②沿纬线方向，离中央经线越远变形越大；

③沿经线方向，纬度越低变形越大。

表 3-2　　高斯-克吕格投影长度变形分布

变形值 经差 / 纬度	0°	1°	2°	3°
90°	1.000 00	1.000 00	1.000 00	1.000 00
80°	1.000 00	1.000 00	1.000 02	1.000 04
70°	1.000 00	1.000 02	1.000 07	1.000 16
60°	1.000 00	1.000 04	1.000 15	1.000 34
50°	1.000 00	1.000 06	1.000 25	1.000 57
40°	1.000 00	1.000 09	1.000 36	1.000 81
30°	1.000 00	1.000 12	1.000 46	1.001 03
20°	1.000 00	1.000 13	1.000 54	1.001 21
10°	1.000 00	1.000 14	1.000 59	1.001 34
0°	1.000 00	1.000 15	1.000 61	1.001 38

从表 3-2 中可以看出，整个投影变形最大的部位在赤道和最外一条经线的交点上(纬度为 0°，经差为±3°时，长度变形为 1.38‰)。当投影带增大时，该项误差还会继续增加。这就是高斯-克吕格投影采取分带投影的原因。

另外，也可以看出，该投影在低纬度和中纬度地区，误差显得大了一些，比较适用于纬度较高的国家和地区。

目前，世界上大部分的低纬度和中纬度的国家的基本地形图都使用与高斯-克吕格投影近似的通用横轴墨卡托(Universal Transverse Mercatar Projection，UTM)投影。UTM 投影，几何上理解为横轴等角割圆柱投影，投影后两条割线上没有变形，中央经线上长度比将小于 1(0.999 6)。UTM 投影与高斯-克吕格投影之间没有实质性的差别，其投影条件与高斯-克吕格投影相比，除中央经线长度比为 0.999 6 以外，其他条件相同。所以，UTM 投影的坐标长度比均是高斯-克吕格投影坐标长度比的 0.999 6 倍，该投影改善了高斯-克吕格投影在低纬度和中纬度地区的变形。UTM 投影与高斯-克吕格投影具有相似关系。

三、高斯-克吕格投影的子午线收敛角

子午线收敛角是 X 轴正向与过已知点所引经线与切线间的夹角。由于高斯-克吕格投影的经线收敛于两极，在以该投影绘制的地形图上，除中央经线外各经线都与坐标纵线构成夹角，即子午线收敛角或称坐标纵线偏角(图 3-10)。

图中设 A'为地球椭球面上 A 点在平面上的投影，相交于 A'点的 $N\lambda$ 和 $F\varphi$ 分别为经线和纬线的投影。过 A'点作 X 轴平行线 $A'B$ 和 Y 轴平行线 $A'C$，则有

$$\angle BA'N=\angle DA'F=\gamma$$

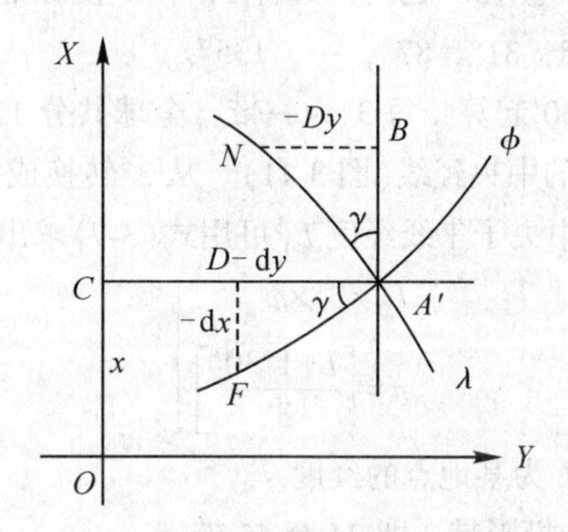

图 3-10　高斯-克吕格投影的子午线收敛角

但子午线收敛角在北半球和中央经线以东为逆时针方向计算，故

$$\tan\gamma=-\frac{\mathrm{d}y}{\mathrm{d}x} \tag{3-4}$$

由此可推导出高斯-克吕格投影子午线收敛角公式为：

$$\gamma=\lambda\sin\varphi+\frac{\lambda^3}{3}\sin\varphi\cos^2\varphi(1+3\eta^2)+\cdots \tag{3-5}$$

子午线收敛角随经差的增大而增大，随纬度的增高而增高，其值有正有负，即中央经线以东为正，称东偏；以西为负，称西偏。

四、高斯-克吕格投影分带的规定

高斯投影的最大变形在赤道上，并随经差的增大而增大，影响变形的主要因素是经差，故限制了投影的精度范围就能将变形大小控制在所需要的范围内，以保证地形图所需精度的要求，就要限制经差，即限制高斯-克吕格投影的东西宽度。因此，高斯-克吕格投影采用分带的方法，将全球分为若干条带进行投影，每个条带单独按高斯-克吕格投影进行计算。为了控制变形，我国的 1∶2.5 万~1∶50 万地形图均采用 6°分带投影；考虑到 1∶1 万和更大比例尺地形图对制图精度有更高的要求，均采用 3°分带投影，以保证地形图有必要的精度。

6°分带法：从格林尼治0°经线起，每6°为一个投影带，全球共分60个投影带。东半球的30个投影带，从0°起算往东划分，用1~30予以标记。西半球的30个投影带，从180°起算，回到0°，用31~60予以标记。凡是6°的整数倍的经线皆为分带子午线，如图3-11所示。每带的中央经线度 L_0 和代号 n 用式(3-6)求出。

$$\left.\begin{aligned} L_0 &= 6°\times n - 3° \\ n &= \left[\frac{L}{6°}\right] + 1 \end{aligned}\right\} \tag{3-6}$$

式中：[ ]表示商取整，L 为某地点的经度。

我国领土位于东经72°至136°之间，共含11个6°投影带，即13至23带。各带的中央经线的经度分别为75°，81°，87°，…，135°。

3°分带法：从东经1°30′起算，每3°为一带，全球共分120个投影带。这样分带使6°带的中央经线均为3°带的中央经线(图3-11)。从3°转换成6°带时，有半数带不需任何计算。带号 n 与相应的中央子午线经度 L_0 可用式(3-7)求出。

$$\left.\begin{aligned} L_0 &= 3°\times n \\ n &= \left[\frac{L+1°30'}{3°}\right] \end{aligned}\right\} \tag{3-7}$$

式中：[ ]表示商取整，L 为某地点的经度。

我国领土共含22个3°投影带，即24至45带。

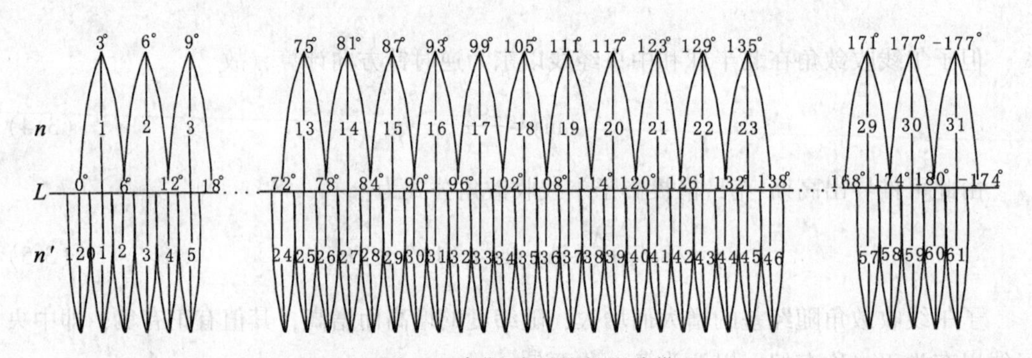

图3-11 高斯-克吕格投影分带

由于高斯-克吕格投影每一个投影带的坐标都是对本带坐标原点的相对值，所以各带的坐标完全相同。只需要计算各自的1/4各带各经纬线交点的坐标值，通过坐标值变负和冠以相应的带号，就可以得到全球每个投影带的经纬网坐标值。

五、坐标网

为了在地形图上迅速而准确地确定方向、距离、面积等，即为了制作地形图和方便使用地形图，在地形图上都绘有一种或两种坐标网，即经纬线网(地理坐标网)和方里网(直角坐标网)。

1. 经纬线网

由经线和纬线构成的坐标网，又称地理坐标网。

经纬线网在制作地形图时不仅起到控制作用，确定地球表面上各点和整个地形的实地位置，而且还是计算和分析投影变形所必需的，也是确定比例尺、量测距离、角度和面积所不可缺少的。

在我国的 1：5 000~1：10 万的地形图上，经纬线以图廓的形式直接表示出来，为了在用图时加密成网，在内外图廓间还绘有加密经纬网的加密分划短线(图 3-12)。1：25 万地形图上，除内图廓上绘有经纬网的分划外，图内还有加密用的十字线。1：50 万~1：100 万地形图，在图面是直接绘出经纬线网，在内图廓间也绘有加密经纬网的加密分划短线(图 3-12)。

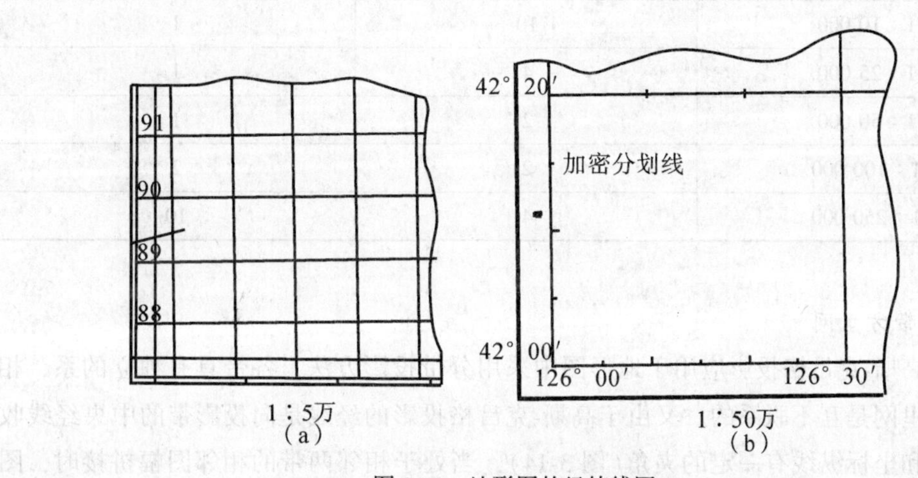

图 3-12　地形图的经纬线网

2. 方里网

方里网是由平行于投影坐标轴的两组平行线构成的方格网。因为平行线的间隔是整公里，所以称为方里网，也叫公里网。由于平行线同时又是直角坐标轴的坐标网线，故又称直角坐标网。

高斯-克吕格投影是以中央经线的投影为纵轴 x，赤道投影为横轴 y，其交点为原点而建立平面直角坐标系的。因此，x 坐标在赤道以北为正，以南为负。

y 坐标在中央经线以东为正，以西为负。我国位于北半球，故 x 坐标恒为正，但 y 坐标有正有负。为了使用坐标的方便，避免 y 坐标出现负值，规定将投影带的坐标纵轴西移 500 km(半个投影带的最大宽度小于 500km)(图 3-13)。

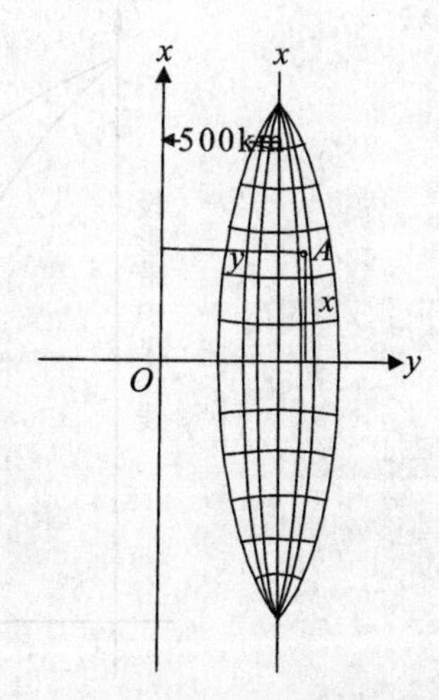

图 3-13　纵坐标轴向西平移

由于是按经差 6°进行分带投影，各带内具有相同纬度和经差的点，其投影的坐标值 x、y 完全相同，这样对于一组(x, y)值，能找到 60 个对应点。为区别某点所属的投影带，规定在已加 500km 的 y 值前面再冠以投影带号，构成通用坐标。

为了便于在图上指示目标、量测距离和方位，我国规定在 1∶5 000、1∶50 000、1∶10 000、1∶25 000、1∶50 000、1∶100 000 和 1∶250 000 比例尺地形图上，按一定的整公里数绘出方里网(表 3-3)。

表 3-3　**各种比例尺地形图的方里网间隔**

地形图比例尺	方里网图上间隔/cm	相应实地距离/km
1∶5 000	10	0.5
1∶10 000	10	1
1∶25 000	4	1
1∶50 000	2	1
1∶100 000	2	2
1∶250 000	4	10

3. 邻带方里网

由于高斯-克吕格投影应用于地形图中采用分带投影方法，各带具有独立的系，相邻图幅方里网是互不联系的。又由于高斯-克吕格投影的经线是向投影带的中央经线收敛的，它和坐标纵线有一定的夹角(图 3-14)，当处于相邻两带的相邻图幅拼接时，图面上绘出的直角坐标网就不能统一，形成一个折角，这就给拼接使用地图带来很大困

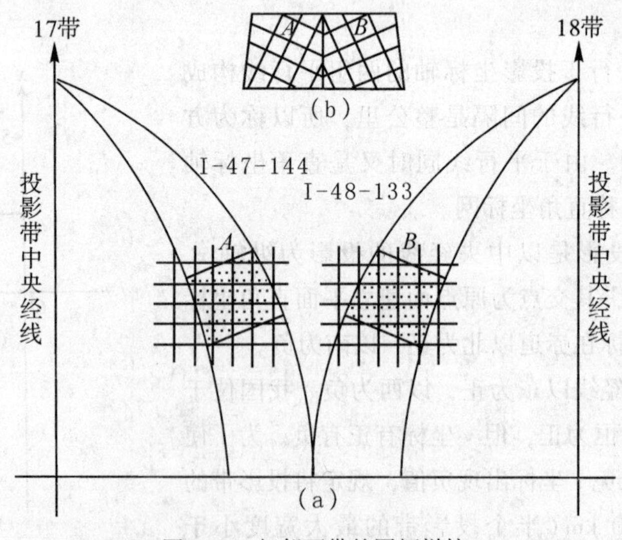

图 3-14　相邻两带的图幅拼接

难，例如，欲量算位于不同图幅上 *A*、*B* 两点的距离和方向，在坐标网不一致时，其量测精度和速度都会受到影响。

为了解决相邻带图幅拼接使用的困难，规定在一定的范围内把邻带的坐标延伸到本带的图幅上，这就使某些图幅上有两个方里网，一个是本带的，一个是邻带的。为了区别，图面上都以本带方里网为主，邻带方里网系统只在图廓线以外绘出一小段，需要使用时才连绘出来。

根据《地形图图式》规定，每个投影带西边最外一幅 1∶10 万地形图的范围(即经差 30′)内所包含的 1∶10 万、1∶5 万、1∶2.5 万地形图均需加绘西部邻带的方里网；每个投影带东边最外的一幅 1∶5 万地形图(经差 15′)和一幅 1∶2.5 万地形图(经差 7.5′)的图面上也需加绘东部邻带的方里网(图 3-15)。这样，每两个投影带的相接部分(共 45′或 37.5′的范围内)都应该有一行 1∶10 万，三行 1∶5 万，五行 1∶2.5 万地形图的图面上需绘出邻带方里网。

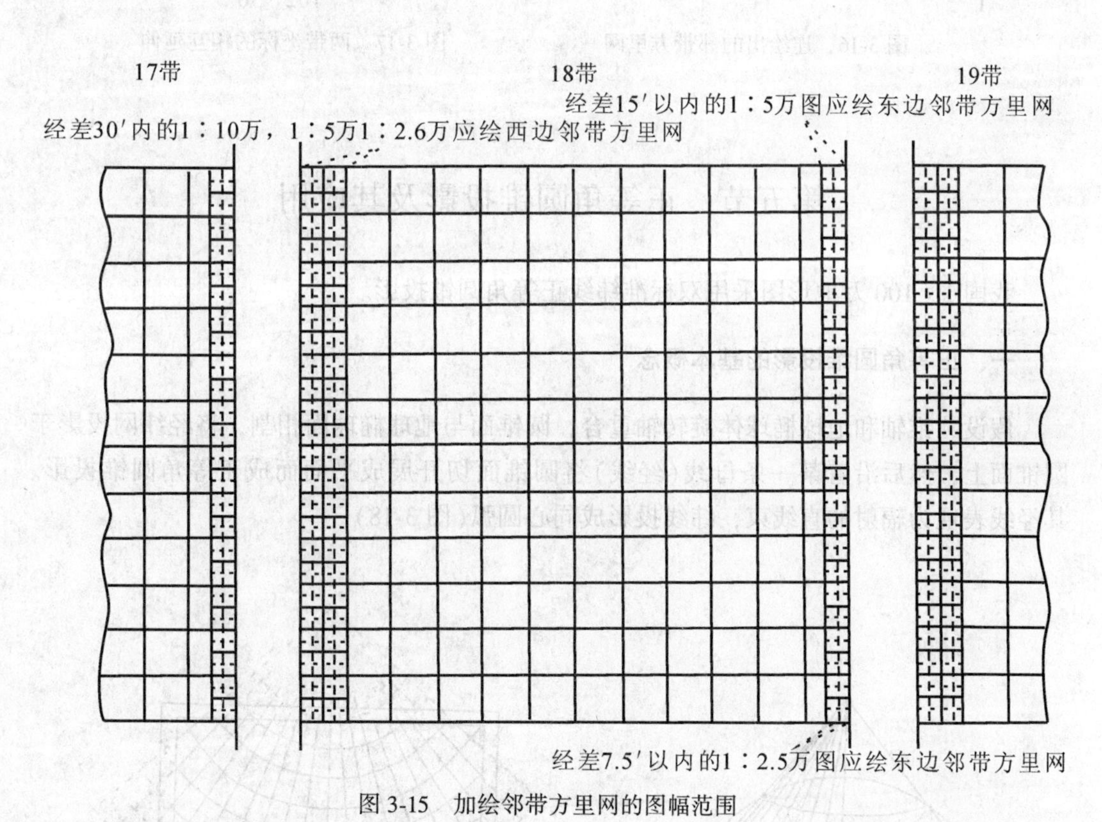

图 3-15　加绘邻带方里网的图幅范围

邻带图幅拼接使用时，可将邻带方里网连绘出来，就相当于把邻带的坐标系统延伸到本带来，使相邻两幅图具有统一的直角坐标系统(图 3-16)。

绘有邻带方里网的区域范围是沿经线带状分布的，称为投影的重叠带。重叠带的实质就是将投影带的范围扩大，即西带向东带延伸 30′投影，东带向西带延伸 15′(7.5′)投影。这样，每个投影带计算的范围不是 6°，而是 6°45′。这时，东带中最西边的 30′

范围内的图幅，既有东带的坐标，又有西带的坐标(图 3-17)。在制作地形图的坐标网时，这一个范围内的图幅，除了按东带坐标制作图廓和方里网之外，还需要按西带坐标制作出邻带方里网。同样，东带向西带的延伸也是如此。

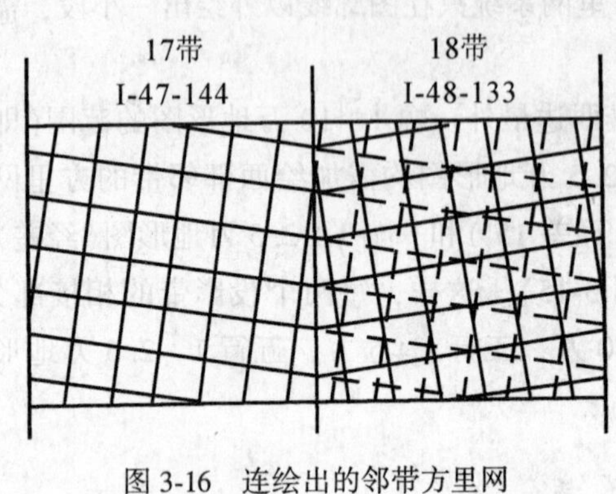

图 3-16 连绘出的邻带方里网

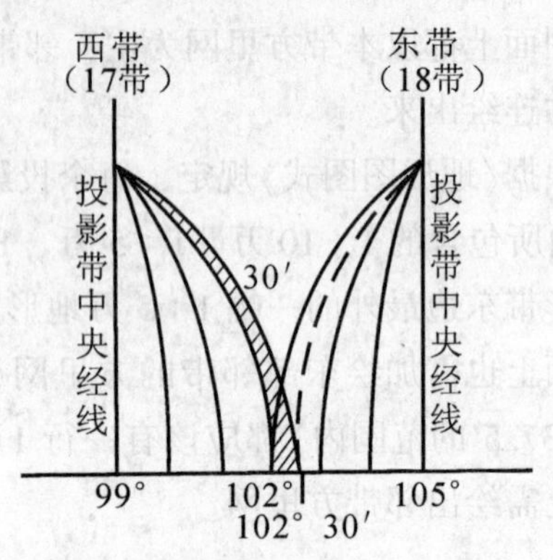

图 3-17 两带坐标的相互延伸

第五节 正等角圆锥投影及其应用

我国 1∶100 万地形图采用双标准纬线正等角圆锥投影。

一、正等角圆锥投影的基本概念

假设圆锥轴和地球椭球体旋转轴重合，圆锥面与地球椭球面相割，将经纬网投影于圆锥面上，然后沿着某一条母线(经线)将圆锥面切开展成平面而成正等角圆锥投影。其经线表现为辐射的直线束，纬线投影成同心圆弧(图 3-18)。

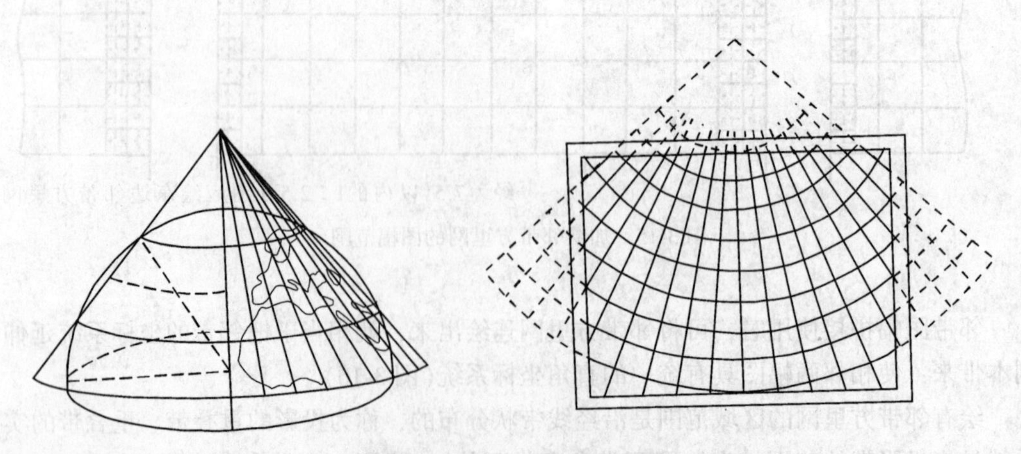
图 3-18 双标准纬线正等角圆锥投影及其经纬线图形

圆锥面与椭球面相割的两条纬线圈，称为标准纬线(φ_1，φ_2)。采用双标准纬线的相割比采用单标准纬线的相切，其投影变小而均匀。

我国采用等角圆锥投影作为1∶100万地形图的数学基础，其分幅与国际百万分之一地图分幅完全相同。从赤道起算，纬差每4°一幅作为一个投影带(高纬度地区除外)，等角圆锥投影常数由边纬与中纬长度变形绝对值相等的条件求得。该投影为等角割圆锥投影，投影变形很小，在每个投影带内，长度变形最大值为±0.3‰，面积变形最大值为±0.6‰。每个投影带的两条标准纬线近似位于边纬线内35′处，即

$$\left.\begin{aligned}\varphi_1 &= \varphi_s + 35' \\ \varphi_2 &= \varphi_n - 35'\end{aligned}\right\} \tag{3-8}$$

式中：φ_s，φ_n 为图幅南、北边的纬度值。

处于同一投影带中的各图幅的坐标成果完全相同，因此，每投影带只需计算其中一幅图(纬差4°，经差6°)的投影成果即可。

二、正等角圆锥投影的变形分析

投影变形的分布规律是：

①角度没有变形，即投影前后对应的微分面积保持图形相似，故亦可称为正形投影；

②等变形线和纬线一致，同一条纬线上的变形处处相等；

③两条标准纬线上没有任何变形；

④在同一经线上，两标准纬线外侧为正变形(长度比大于1)，而两标准纬线之间为负变形(长度比小于1)，因此，变形比较均匀，绝对值也较小；

⑤同一条纬线上等经差的线段长度相等，两条纬线间的经线线段长度处处相等。

图3-19是用微分圆表示的双标准纬线正等角圆锥投影的变形分布情况。

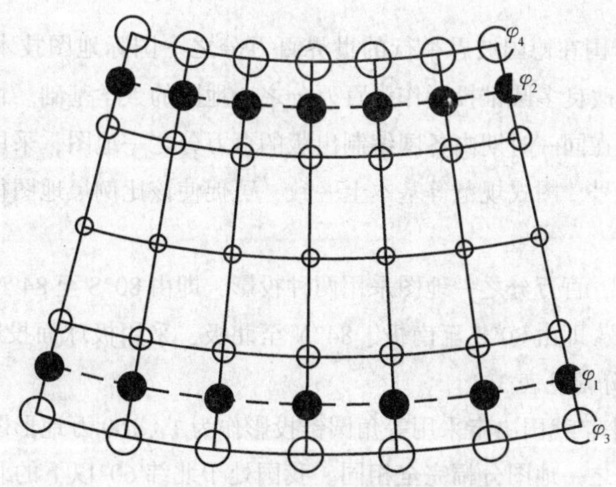

图3-19 投影变形的分布规律

由于 1∶100 万地图采用的等角圆锥投影是对每幅图单独进行投影，因此同纬度的相邻图幅在同一个投影带内，所以，东西相邻图幅拼接无裂隙。但上下相邻图幅拼接时会有裂隙，裂隙大小随纬度的增加而减小。其裂隙角(α)和裂隙距(Δ)可由下式计算：

$$\left.\begin{aligned}\alpha&=\lambda\sin2°\cos\varphi\\ \Delta&=L\sin\alpha\end{aligned}\right\}\tag{3-9}$$

式中：λ 为图幅经差；L 为图廓边长。

当上、下两幅拼接时(如 J 区和 K 区两图幅)，接点在中间(图 3-20)，$\varphi=40°$，$\lambda=3°$，$L=256$mm，按公式(3-9)算出：$\alpha=4.82'$，$\Delta=0.36$mm。这个值会随着纬度的降低而增加，最大可达 0.6mm 左右。

当四幅图拼接时，例如，J 区和 K 区各两幅拼接(图 3-21)，$\varphi=40°$，$\lambda=6°$，$L=512$mm，按公式(3-9)算出：$\alpha=9.625'$，$\Delta=1.43$mm。

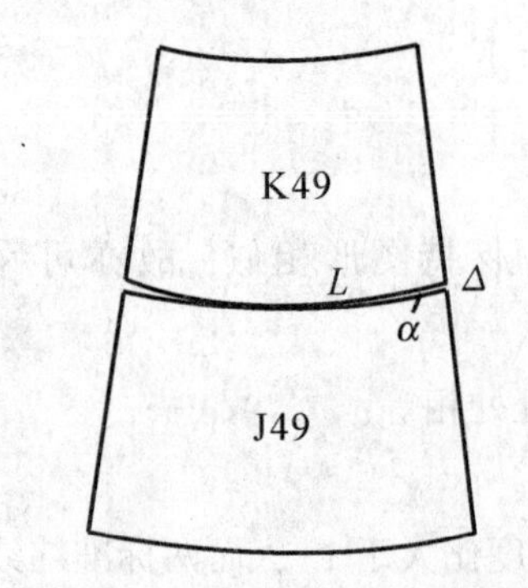

图 3-20　上、下两幅图拼接的裂隙

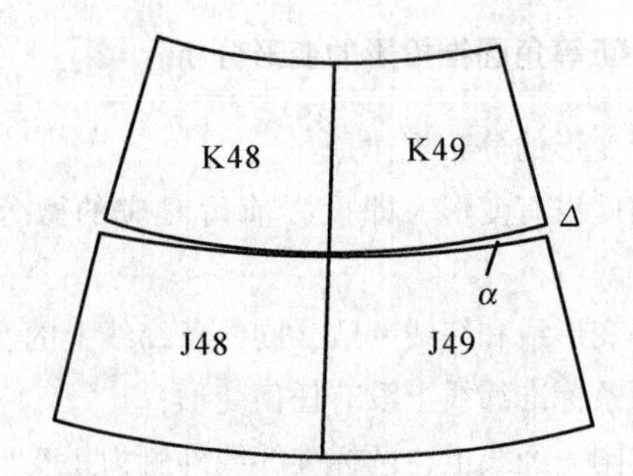

图 3-21　四幅图拼接的裂隙

三、投影的应用

1962 年，联合国在德国波恩举行的世界百万分之一国际地图技术会议上，建议用等角圆锥投影替代改良多圆锥投影作为百万分之一地图的数学基础。百万分之一地图具有一定的国际性，在同一时期内各国编制出版的百万分之一地图，采用相同的规格，即地图投影、分幅编号、图式规范等基本上一致，可促使该比例尺地图得到较广泛的国际应用和交往。

对于全球而言，百万分之一地图采用两种投影，即由 80°S 至 84°N 之间采用等角圆锥投影。极区附近，即由 80°S 至南极、84°N 至北极，采用极球面投影(正等角方位投影的一种)。地图分幅见表 3-4。

自 1978 年以来，我国决定采用等角圆锥投影作为 1∶100 万地形图的数学基础，其分幅与国际百万分之一地图分幅完全相同。我国处于北纬 60°以下的北半球内，因此国内的地形图都采用双标准纬线正等角圆锥投影。

表 3-4　　　　　　　　　　　　　　**百万分之一地图分幅**

纬度范围	纬差	经差
0°~60°	4°	6°
6°~76°	4°	12°
76°~84°	4°	24°
84°~88°	4°	36°
88°以上	一幅	

在地形图方面，还有诸如德国、比利时、西班牙、智利、印度以及北非和中东等国家和地区的地形图现在正用或曾用过等角圆锥投影作为地形图的数学基础。

在航空图方面，各国 1∶100 万、1∶200 万、1∶400 万的航空图都采用该投影作为数学基础。我国也用该投影来编制 1∶100 万和 1∶200 万航空图。在区域图方面，圆锥投影适合作沿纬线延伸地区的区域图。等角圆锥投影广泛用作编制省(区)图的数学基础。例如,《中华人民共和国普通地图集》、《自然地图集》中的省(区)图都是采用等角圆锥投影。

第六节　地图的定向

确定地图上图形的方向叫地图定向。人们总是把地图的正上方看成北方。但是，当进一步地阅读分析地图时，问题就不那么简单了。地形图上表示的并非只有一个“北”方，通常有“真北”、“坐标北” 和“磁北”之分。

通过某点沿经线向上的方向，简称经线方向或真北，它是地图定向的基础。计算地面点投影后的平面直角坐标的纵坐标轴所指的方向称为坐标北，大多数地图投影的坐标北和真北方向是不完全一致的。例如，高斯-克吕格投影的真北和坐标北除了在中央经线上一致之外，其他点上都是不一致的。另外，由于磁极和地极的不一致，又出现了一个磁北，即磁子午线指的北方。上述三个“北”方向合起来称为三北方向。

一、地形图定向

我国地形图都是以北方定向，地图的正上方就是北方。为了地图使用的需要，规定在大于 1∶10 万的各种比例尺地形图上绘出三北方向和三个偏角的图形(图 3-22)。它们不仅便于确定图形在图纸上的方位，同时还用于罗盘确定地图的方位。

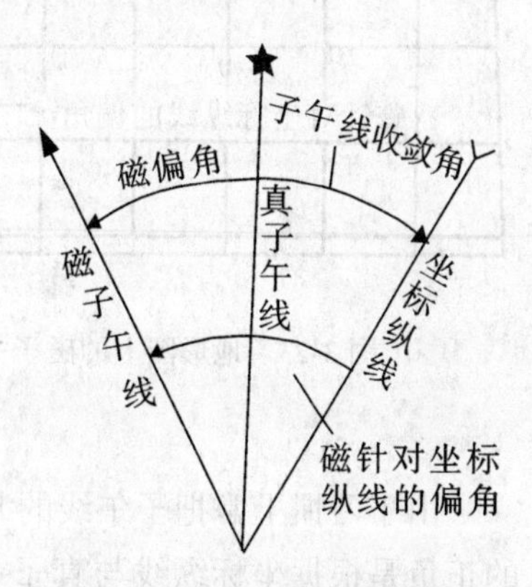

图 3-22　三北方向及偏角

1. 三北方向

(1)真北方向

过地面上任意一点，指向北极的方向叫真北方向。对一幅地图而言，通常把图幅的中央经线的北方向作为该图幅的真北方向。

(2)坐标北方向

图上方里网的纵方向线称坐标纵线，它们平行于投影带的中央经线(投影带的平面直角坐标系的纵坐标轴)，纵坐标值递增的方向称为坐标北方向。大多数地图上的坐标北方向与真北方向不完全一致。

(3)磁北方向

实地上磁北针所指的方向叫磁北方向。磁偏角相等的各点连线就是磁子午线，它们收敛于地球的磁极。实地上每个点的磁北方向也是不一致的(同一条磁子午线上的点除外)，地图上表示的磁北方向是本图幅范围内实地上若干点测量结果的平均值。地形图上用南北图廓上的“磁南”(P)和“磁北”(P')点的连线表示该图的磁子午线。其上方即该图幅的磁北方向(图 3-23)。

2. 三个偏角

(1)子午线收敛角

在高斯-克吕格投影中，除中央经线投影成直线以外，其他所有的经线都投影成向极点收敛的弧线。因此，除中央经线之外，其他所有经线的投影同坐标纵线都有一个夹角(即过某点的经线弧的切线与坐标纵线的夹角)，这个夹角即子午线收敛角(图 3-24)。

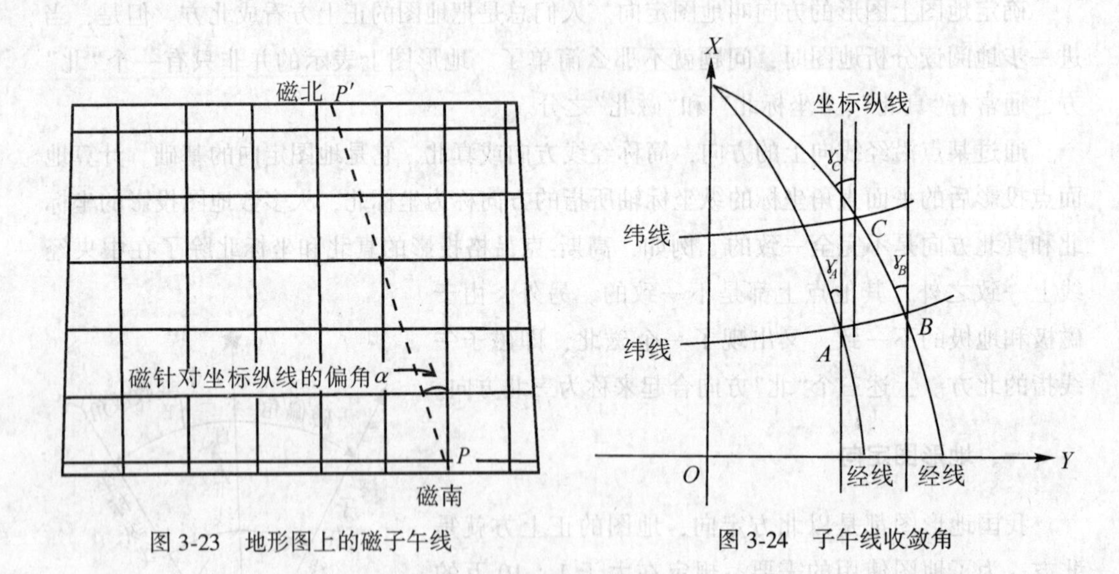

图 3-23　地形图上的磁子午线　　　　图 3-24　子午线收敛角

由于习惯上常把子午线的北方当成真北，所以子午线收敛角又称坐标纵线偏角。它的正负是根据坐标纵线与真子午线的相对位置来区分的。若坐标纵线在真子午线的东边，即图幅位于投影带的中央经线以东，称为东偏，角值为正；若坐标纵线在真子午线的西边，即图幅位于投影带的中央经线以西，称为西偏，角值为负。

子午线收敛角在同一条经线上随纬度的增高而增大；在同一条纬线上随着对投影带中央经线的经差增大而增大。在中央经线和赤道上都没有子午线收敛角。采用6°分带投影时子午线收敛角的最大值为±3°。表3-5列举了投影带东半边子午线收敛角的分布；投影带的西部角值对应相等，符号相反。

表3-5 **高斯-克吕格投影带东半边子午线收敛角的分布**

经差 纬度	0°	1°	2°	3°
90°	0	1°00′00″	2°00′00″	3°00′00″
80°	0	1°00′00″	1°58′02″	2°57′03″
70°	0	0°56′04″	1°52′08″	2°49′01″
60°	0	0°52′00″	1°43′09″	2°35′09″
50°	0	0°46′00″	1°39′09″	2°17′09″
40°	0	0°38′05″	1°17′01″	1°55′07″
30°	0	0°30′00″	1°00′00″	1°30′00″
20°	0	0°20′05″	0°41′00″	1°01′06″
10°	0	0°10′04″	0°20′08″	0°31′02″
0°	0	0°00′00″	0°00′00″	0°00′00″

(2)磁偏角

地球上有北极和南极，同时还有磁北极和磁南极。地极和磁极是不一致的，而且磁极的位置是有规律地不断移动的。

过某点的磁子午线与真子午线之间的夹角称为磁偏角。它的正负以其同真子午线的相对位置来区分，磁子午线在真子午线以东，称为东偏，角值为正；在真子午线以西，称为西偏，角值为负。

在我国范围内，正常情况下磁偏角都是西偏，只有某些发生磁力异常的区域才会表现为东偏。

磁偏角的值是会发生变化的，地形图上标出的磁偏角的数值是测图时的情况。但是，由于磁偏角的变动比较小，而且变动很有规律，一般用图时即可使用图上标定的磁偏角值，需精密量算时，则应根据年变率和标定值推算用图时的磁偏角值。

(3)磁针对坐标纵线的偏角

过某点的磁子午线与坐标纵线之间的夹角称为磁针对坐标纵线的偏角。磁子午线在坐标纵线以东为东偏，角值为正；以西为西偏，角值为负。

3. 三北方向组成的偏角图

真子午线、坐标纵线和磁子午线的三个北方各不相同，三者之间的关系可以构成以下几种形式(图 3-25)。图中 C_1 表示子午线收敛角，C_2 表示磁偏角，C_3 表示磁针对坐标纵线的偏角。

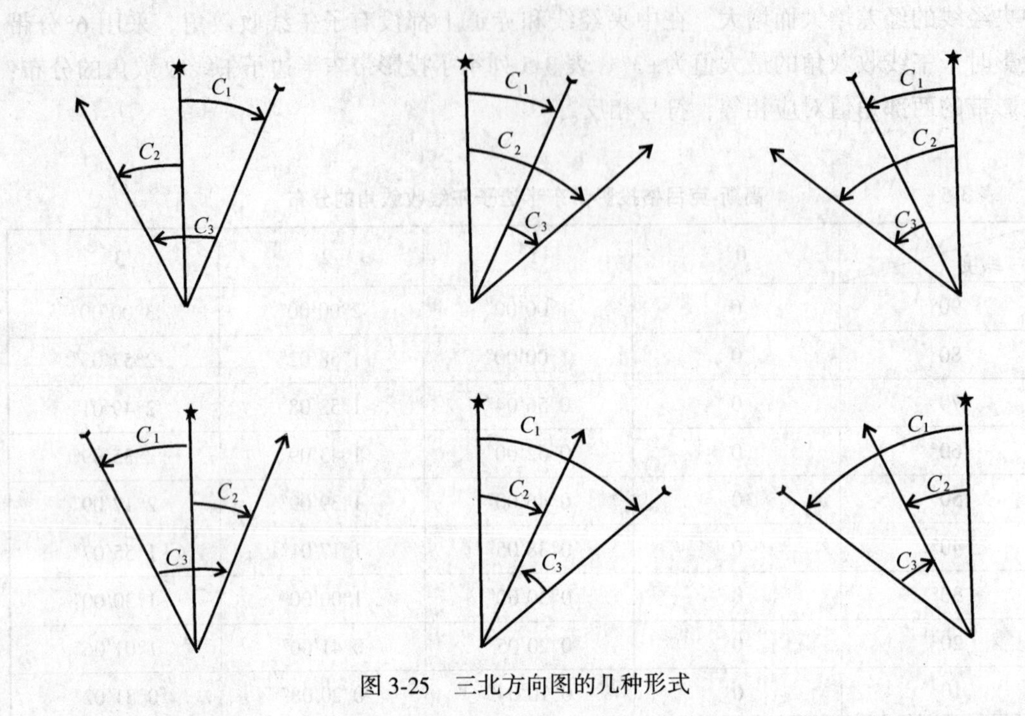

图 3-25　三北方向图的几种形式

有时也会出现磁子午线同真子午线或坐标纵线重合的情况，这时三北方向图可能变成图 3-26 中的情况。

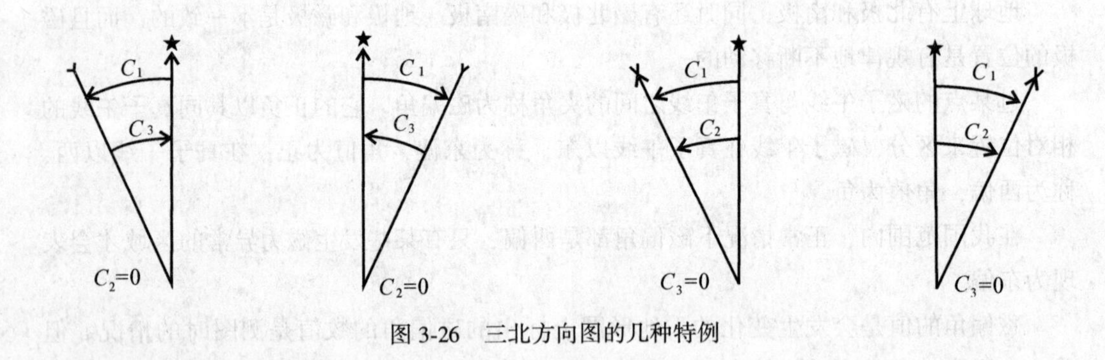

图 3-26　三北方向图的几种特例

三个偏角的关系可以用下式表示：

$$C_3 = C_2 - C_1 \tag{3-10}$$

图幅的子午线收敛角可以从《高斯-克吕格投影坐标表》中查取。磁偏角是测图时实地测定的，在图幅的相应位置标示出来，根据式(3-10)即可求出磁针对坐标纵线的偏角。

根据本图幅在投影带中的位置及磁子午线对真子午线、坐标纵线的关系选定偏角关系图附在南图廓外。图形只表示三北方向的位置关系，其张角不是按角度的真值绘出的，角度的实际值用注记标明(图 3-27)。

4. 偏角的密位制表示法

三个偏角除了用度、分、秒制标注外，为了军事上的目的，还要加注密位制的数字。密位也是表示角度大小的一种度量单位，将圆周分为 6 000 份，称为 6 000 密位制，它们的每一个单位称为一密位。

6 000 密位制与度分秒制的换算关系如下列各式：

$$1° = \frac{6\ 000}{360} = 16.67(\text{密位}) \tag{3-11}$$

$$1' = \frac{6\ 000}{21\ 600} = 0.28(\text{密位}) \tag{3-12}$$

$$1\ \text{密位} = \frac{21\ 600}{6\ 000} = 3.6' \tag{3-13}$$

上述换算关系可以从专门的制图用表中查取。

地形图的三北方向图中密位数字的标注方法如图 3-27 所示，上面的数字为度分秒制，括号内的数字为相应的密位数。为了读数方便，标注密位数时将密位数字分成两组，即个位和十位为一组，百位和千位为一组，两组之间用短线隔开。角度注记的精度：度分秒制精确到“分”，密位制精确到 1 个“密位”。

5. 磁子午线的制作

在实地使用地形图时，通常要借助磁针根据磁偏角或磁子午线方向来确定地图的方位。为此，规定比例尺大于 1∶10 万的地形图上都要绘出磁子午线。

绘制磁子午线是在图幅右侧选定一条适中的纵方里线，它与南图廓的交点定为磁南点(P)，在北图廓线上根据磁针对坐标纵线的偏角找出磁北点(P')，用图时两点的连线即为该图的磁子午线(图 3-28)。

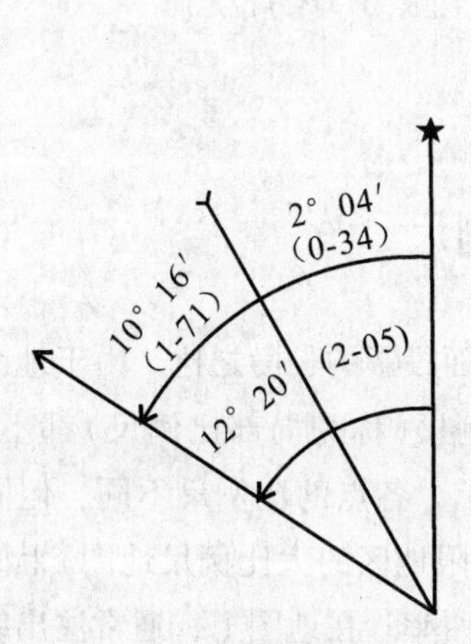

图 3-27　三个偏角的角度注记

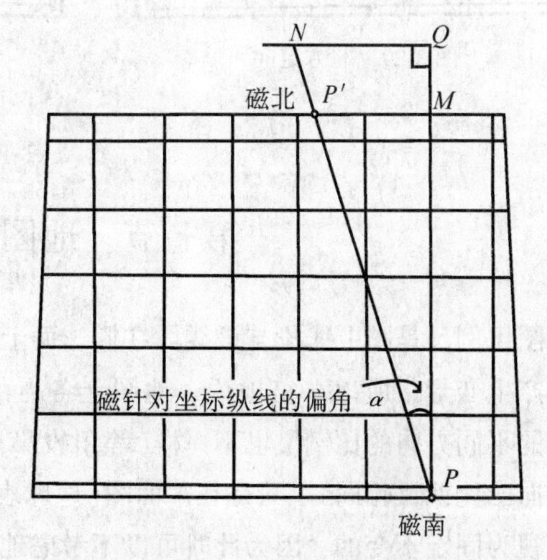

图 3-28　磁子午线的绘制

图中 MP 是选定的一条纵方里线，它与南图廓的交点 P 即定为磁南点；延长 PM 线至 Q 并使其为一整数(例如，$PQ=40cm$)，过 Q 点作 PQ 的垂线，这时应根据磁针对坐标纵线偏角的正或负决定磁子午线在坐标纵线的哪一边，本例为西偏，所以向西作垂线；然后据磁针对坐标纵线的偏角值按下式算出 QN 的长度：

$$QN=PQ\times\tan\alpha \tag{3-14}$$

式中，α 为磁针对坐标纵线的偏角。

求得 N 点以后，连接 NP，它与北图廓的交点 P' 即为该图幅的磁北点，PP' 即为该图幅的磁子午线。

二、一般普通地图定向

在一般情况下，小比例尺普通地图也尽可能地采用北方定向(图 3-29)，即使图幅的中央经线同南北图廓垂直。但是，有时可以根据具体情况变更北方在图上的方位。例如，制图区域的形状比较特殊(如我国的甘肃省)，用北方向不利于有效利用标准纸张，也可以采用斜方位定向(图 3-30)。个别情况下，为了更有利于表示地图的内容，也可以采用南方定向，例如，用鸟瞰图的方法表达坡向面北的制图区域。

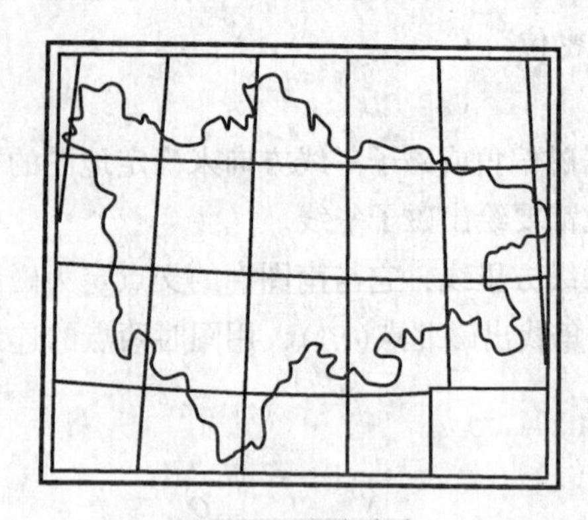

图 3-29　北方定向

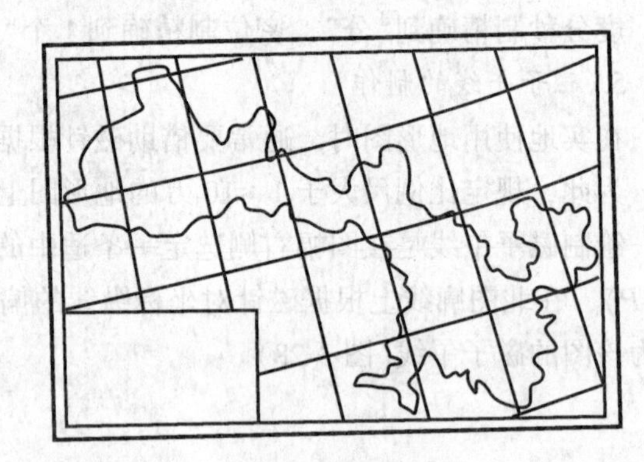

图 3-30　斜方位定向

第七节　地图比例尺

地图比例尺是图上线段与该线段在椭球面上的平面投影的长度之比。由于地图投影必然会产生变形，所以严格地说，地图上各点的比例尺(称为局部比例尺)都不相同，同一点的不同方向的比例尺也不一样(等角投影地图上，各点的比例尺不同，但同一点不同方向的比例尺相同)。只是在平面图(地球表面有限地区的大比例尺地图)上的比例尺可以视为固定不变的，因为此时可以不考虑地球的曲率。在地图上，通常注出统一的比例尺数值，这就是主比例尺或一般比例尺，实际上是投影到平面上的地球椭球模型的比例尺。它是运用地图投影方法绘制经纬线网时，首先把地球椭球体按规定比例尺缩小，如绘制 1∶100 万地图，首先将地球缩小 100 万倍，而后将其投影到平面上，那么 1∶100 万就是地图的主比例尺。由于投影后有变形，所以，主比例尺仅能保留在投影后没有变形的点或线上，而其他地方不是比主比例尺大，就是比主比例尺小。所以，大于或小于主比例尺的叫局部比例尺。

在地图投影中，切点、切线和割线上是没有任何变形的，这些地方的比例尺皆是主比例尺。切线或割线长度与球面上相应直线距离水平投影长度的比值即为地面实际缩小的倍数。因此，通常以切点、切线和割线缩小的倍数表示地面缩小的程度；在各种地图上通常所标注的都是此种比例尺，故又称普通比例尺。主比例尺主要用于分析或确定地面实际缩小的程度。

对于实际上投影变形很小的地形图及长度变形很小的小比例尺地图来说，注明地图的主比例尺就够了。而对于包括大区域及主比例尺与局部比例尺差别较大的地图，最好能指出保持主比例尺的一些经纬线网格点或线。这一般是在地图图廓外的辅助要素中给出。

当制图区域较小、景物缩小的比率也比较小时，由于采用了各方面变形都较小的地图投影，因此图面上各处长度缩小的比例都可以看成是相等的。在该情况下，地图比例尺的含义是指地图上某线段的长度与实地的水平长度之比，即

$$\frac{1}{M}=\frac{l}{L} \tag{3-15}$$

式中，M 为比例尺分母，l 为图上线段长度，L 为实地的水平长度。

一、地图比例尺形式

地图比例尺通常有数字式、文字式和图解式等形式。

1. 数字式

数字式即用阿拉伯数字表示。可以用比的形式如：1∶50 000，1∶5 万，也可以用分数式如：1/50 000、1/100 000 等。

2. 文字式

文字式即用文字注释的方法表示。例如：十万分之一，图上 1cm 相当于实地 1km。表达比例尺长度单位，在地图上通常以 cm 计，在实地以 m 和 km 计，涉及航海方面的地图，实地距离常常以 *n* mile(海里)计。

3. 图解式

图解式即用图形加注记的形式表示，最常用的是直线比例尺(图 3-31)，尤其是在电子地图和网络地图上。小比例尺地图上，由于投影变形比较复杂，往往根据不同经纬度的不同变形，绘制复式比例尺，又称经纬线比例尺，用于不同地区的长度量算。图 3-32 是变形随纬度不同而变化的纬线比例尺。绘制地图必须用地图投影来建立数学基础，但每种投影都存在着变形，在大比例尺地图上，投影变形非常微小，故可用同一个

比例尺——主比例尺表示或进行量测；但在广大地区的更小比例尺地图上，不同的部位则有明显的变形，因而不能用同一比例尺表示和量测。为了消除投影变形对图上量测的影响，根据投影变形和地图主比例尺绘制成复式比例尺，以备量测使用。

复式比例尺由主比例尺的尺线与若干条局部比例尺的尺线构成，分经线比例尺和纬线比例尺两种。以经线长度比计算基本尺段相应实地长度所做出的复式比例尺，称经线比例尺，用于量测沿经线或近似经线方向某线段的长度；以纬线长度比计算基本尺段相应实地长度所做出的复式比例尺，称纬线比例尺，用于量测沿纬线或近似纬线方向某线段的长度。当量标准线上某线段长度，则用主比例尺尺线；量其他部位某线段长度，则应据此线段所在的经度或纬度来确定使用哪一条局部比例尺尺线。

地图上通常采用几种形式配合表示比例尺的概念，常见的是数字式和图解式的配合使用(图 3-31)。

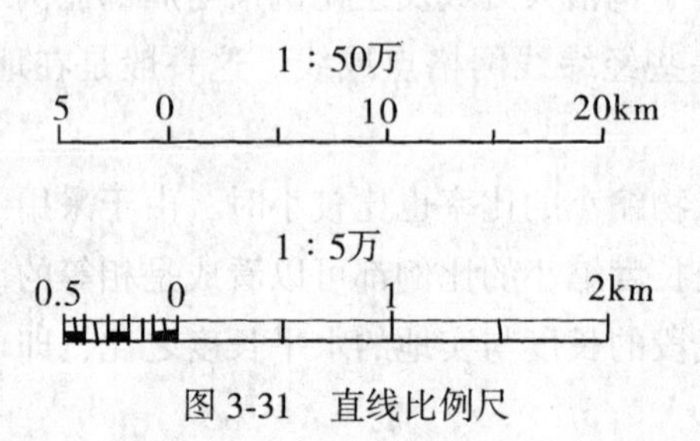

图 3-31　直线比例尺

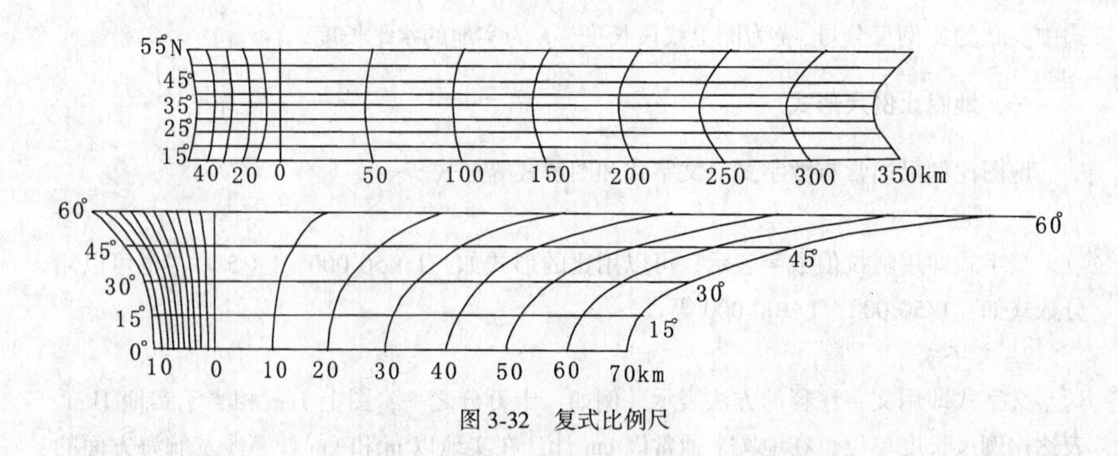

图 3-32　复式比例尺

数字地图、电子地图和网络地图出现后，传统的比例尺概念发生变化。在以纸质为信息载体的地图上，地图内容的选取、概括程度、数据精度等都与比例尺密切相关，而在计算机生成的屏幕地图上，比例尺主要表明地图数据的精度。屏幕上比例尺的变化，并不影响上述内容涉及的地图本身比例尺的特征。

地图比例尺除上述表现形式外，还有一种特殊的表示，即变比例尺。当制图的主区分散且间隔的距离较远时，为了突出主区和节省图面，可将主区以外部分的距离按适当的比例相应压缩，面主区仍按原规定的比例表示。例如，城市交通旅游图中主城区以外比例尺可以稍微小些；旅游景区比较分散的旅游图，或街区有飞地的城市交通图等都可以使用变比例尺。

二、地图比例尺系统

每个国家的地图比例尺系统是不同的。我国采用的是十进制的米制长度单位，规定八种比例尺为国家基本地图的比例尺系列(表 3-6)。

表 3-6　国家基本地图的比例尺系列

数字比例尺	文字比例尺(地图名称)	图上 1cm 相当于实地的 1km 数	实地 1km 相当图上 1cm 数
1∶5 000	五千分之一	0.05	20
1∶10 000	一万分之一	0.1	10
1∶25 000	二万五千分之一	0.25	4
1∶50 000	五万分之一	0.5	2
1∶100 000	十万分之一	1	1
1∶250 000	二十五万分之一	2.5	0.4
1∶500 000	五十万分之一	5	0.2
1∶1 000 000	百万分之一	10	0.1

许多国家过去不采用十进位的米制，而采用英制，比例尺系统也不尽相同，按米制换算起来比较麻烦，表 3-7 列举了几个国家地图的比例尺系统。近年来，这些国家趋向于采用米制，也编制了一些米制比例尺系统的地形图，如 1∶2.5 万、1∶5 万、1∶10 万、1∶25 万和 1∶50 万比例尺的地图等。

表 3-7　几个国家地图的比例尺系统

英国		美国	法国	加拿大
比例尺	图上 1 英寸相当实地			
1∶10 560	1/6 英里	1∶24 000	1∶20 000	1∶63 360
1∶31 680	1/2 英里	1∶31 680	1∶50 000	1∶126 720
1∶63 360	1 英里	1∶62 500	1∶80 000	1∶190 080
1∶126 720	2 英里	1∶125 000	1∶200 000	1∶253 440
1∶253 440	4 英里	1∶250 000	1∶320 000	1∶360 160
1∶633 600	10 英里	1∶500 000	1∶500 000	1∶506 880
1∶1 000 000	15.7 英里	1∶1 000 000	1∶1 000 000	1∶1 000 000

小比例尺普通地图没有固定的比例尺系统。根据地图的用途、制图区域的大小和形状、纸张和印刷机的规格等条件，在设计地图时确定其比例尺。但在长期的制图实践中，小比例尺地图也逐渐形成约定的比例尺系列。例如，1∶100 万、1∶150 万、1∶200 万、1∶250 万、1∶300 万、1∶400 万、1∶500 万、1∶600 万、1∶750 万、1∶1 000 万等。

第四章　普通地图要素的表示

这里的普通地图要素主要指水系、地貌、土质植被、居民地、交通网、境界等地理要素和图廓外要素。

第一节　海洋要素的表示

近几十年来，由于科学技术的发展，加速了海洋资源的开发和利用，海洋方面的内容越来越受到人们的重视，许多沿海国家意识到海洋经济的重要性，纷纷站出来保卫自己的领海权，扩大领海范围或划定专属经济区。海洋经济，又称蓝色经济，现代蓝色经济包括为开发海洋资源和依赖海洋空间而进行的生产活动，以及直接或间接为开发海洋资源及空间的相关服务性产业活动，这样一些产业活动而形成的经济集合均被视为现代蓝色经济范畴。20世纪90年代以来，我国蓝色经济以两位数的年增长率快速增长，主要表现为：活动范围多方向扩展，经济总量迅速增加，增长速度快于全国国民经济增长及一直处于领跑地位的沿海发达地区经济的增长，海洋产业发展速度快于行业整体产业的发展。这样的趋势和特点是带有普遍性的，同期，世界蓝色经济发展步入了世界经济发展的快车道：在众多沿海国家和地区，蓝色经济成为区域经济发展的新的增长点。因此，对地图上详细表示有关海洋方面内容的要求日益提高。所以，把海洋要素作为普通地图上的一项单独要素来讨论。

普通地图上表示的海洋要素，主要包括海岸和海底地形，有时还要表示海流及流速、潮流及流速、海底地质、冰界及有关海上航行方面的标志等。对于地图，需要表示的重点是海岸线及海底地形。

一、海岸

由于海水不停地升降，海水和陆地相互作用的具有一定宽度的海边狭长地带称为海岸。海岸是由沿岸地带、潮浸地带和沿海地带三部分组成(图4-1)。

①沿岸地带：亦称后滨，它是高潮线以上狭窄的陆上地带，是高潮波浪作用过的陆地部分，可根据海岸阶坡(包括海蚀崖、海蚀穴)或海岸堆积区等标志来识别。由于地势的陡缓和潮汐的情况，这个地带的宽度可能相差很大。

②潮浸地带：是高潮线与低潮线之间的地带。高潮时淹没在水下，低潮时出露水面，地形图上称为干出滩。沿岸地带和潮浸地带的分界线即为海岸线，它是多年大潮的

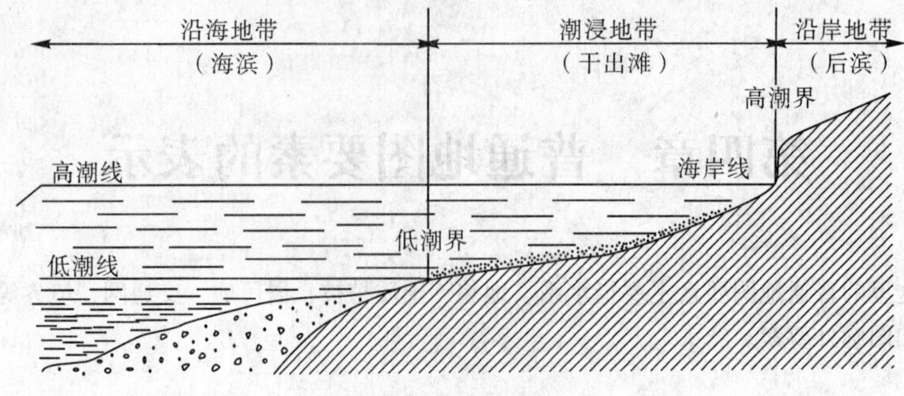

图 4-1　海岸结构

高潮位所形成的海陆分界线。

③沿海地带：又称前滨。它是低潮线以下直至波浪作用的下限的一个狭长的海底地带。

在海岸的发育过程中，三个地带是相互联系而不可分割的整体。

1. 海岸的分类

根据不同的分类标志，海岸有不同的分类方法。这些分类标志主要有：形态结构、地壳运动和外力作用等。

从形态结构来看，可分为高海岸和低海岸两大类，这种分类主要是从制图上形态表象的角度出发的。高海岸指的是后滨具有明显高起并有海岸阶坡存在的海岸，它们一般是石质的基岩海岸，往往为海水侵蚀形成海蚀崖。高海岸又可区分为有滩和无滩两种：有滩岸是指海岸阶坡与岸线之间具有或宽或窄的海滩(图 4-2(a))，无滩岸的海岸阶坡直插水中(图 4-2(b))。

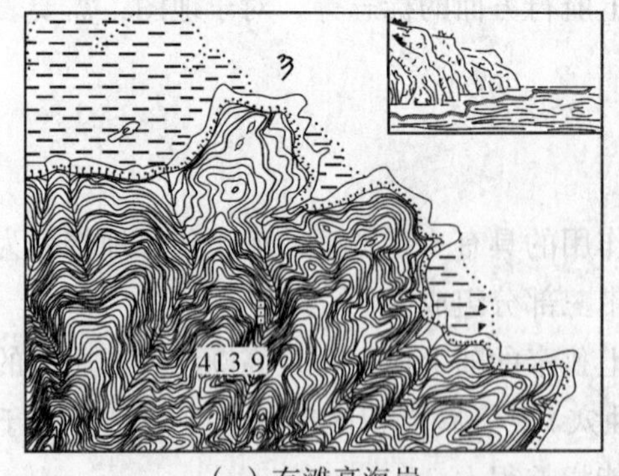

(a) 有滩高海岸

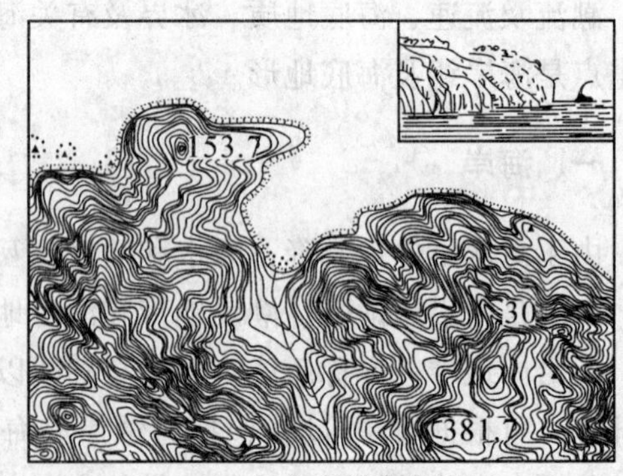

(b) 无滩高海岸

图 4-2　高海岸

低海岸是指具有相当平缓岸坡的海岸，倾斜角一般都很小，没有明显的海岸阶坡存在。这种海岸通常有沿岸堆积物(泥沙、砾石)。碎屑物质在海浪的作用下运动，形成平行于海岸的堆积，其中水下沙堤及离岸沙堤是常见的堆积形态。当离岸沙堤出露水面并封闭内侧水域时，则形成潟湖。图4-3是低海岸中较为典型的潟湖海岸。

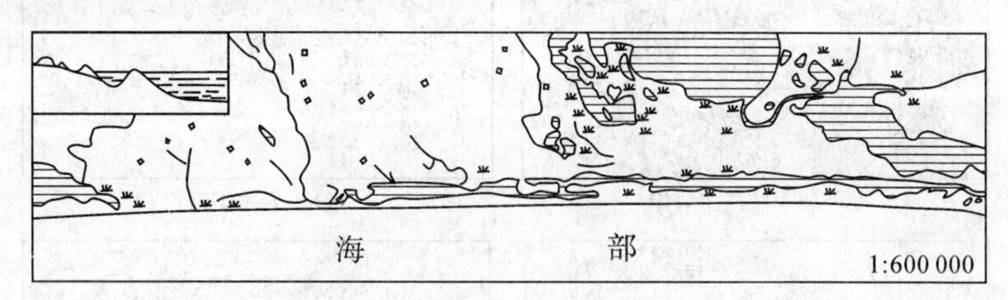

图4-3 潟湖海岸

当海浪前进方向与海岸平行或斜交时，海岸物质大致平行海岸移动，堆积成各种形状的沙嘴，还有连岛沙洲等(图4-4)。

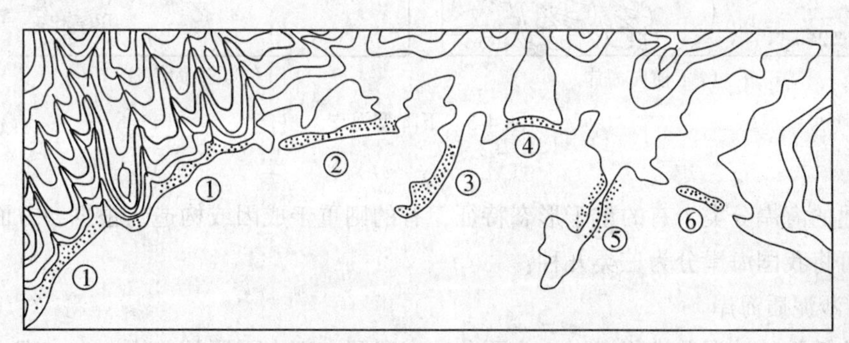

①沙滩 ②沙嘴 ③沙钩 ④沙堤 ⑤连岛沙洲 ⑥闩沙

图4-4 各种形态的海岸堆积

根据海水的升降，海岸可分为下降型和上升型两类。

下降型海岸是由地壳下降或海水上升所形成，这种海岸多港湾、岛屿。例如，峡湾型海岸、岩礁型海岸是由于海水淹没了过去冰川作用的地形形成的，横向海岸(又称里亚斯型海岸)和纵向海岸(又称达尔马提亚型海岸)是海水淹没了垂直或平行于海岸方向的山脉形成的(图4-5)。

上升型海岸是由地壳上升或海面下降所形成的。原先的海底堆积物或海蚀地形出露海面，有的还形成阶梯状。

海岸根据外力作用可分为侵蚀海岸和堆积海岸两类。

从以上分类可以看出，几种分类法既有区别，又有联系。高海岸、上升海岸和侵蚀海岸相互有联系；低海岸、下降海岸和堆积海岸是联系在一起的。

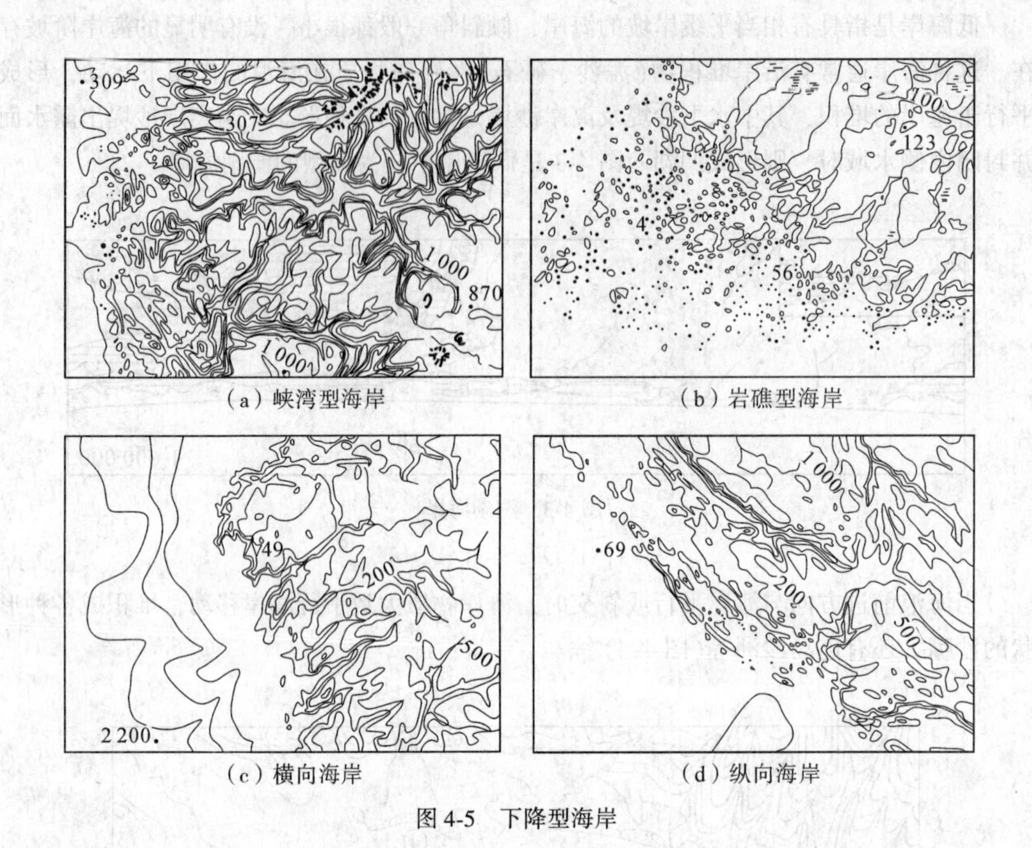

（a）峡湾型海岸
（b）岩礁型海岸
（c）横向海岸
（d）纵向海岸

图 4-5　下降型海岸

上述的海岸分类，有的重于形态特征，有的则重于成因或构造。根据各方面的综合标志，可将我国海岸分为三类九种：

(1)沙泥质海岸

后滨低平的沙泥质堆积海岸，主要分布在我国东部大平原的前缘，在东南沿海和南海沿岸也有小段分布。它包括三种海岸：三角洲海岸，淤泥质平原海岸，沙砾质平原海岸。

三角洲海岸：主要分布在黄河、长江和珠江三个大河的河口；河北的滦河、台湾的浊水溪、广东的韩江等河口也发育着中小型的三角洲。三角洲海岸的主要特点是陆地不断向海中伸展，除河口外极少有弯曲，有宽阔的潮浸地带和沙嘴等堆积物。但由于供沙条件、动力条件等差别，三角洲的形态也各有差异。

黄河三角洲是由黄河带来的大量泥沙和河口摆动所形成的扇形三角洲，它是十分典型的三角洲海岸(图 4-6)。

长江三角洲南临杭州湾，北至小洋口，由河口沙嘴、潟湖平原和河口沙岛三部分所组成。长江水量充沛，泥沙不像黄河那么多，主要沉积在河口及口外海滨的消能地带，形成河中岛(图 4-7)和水下三角洲。

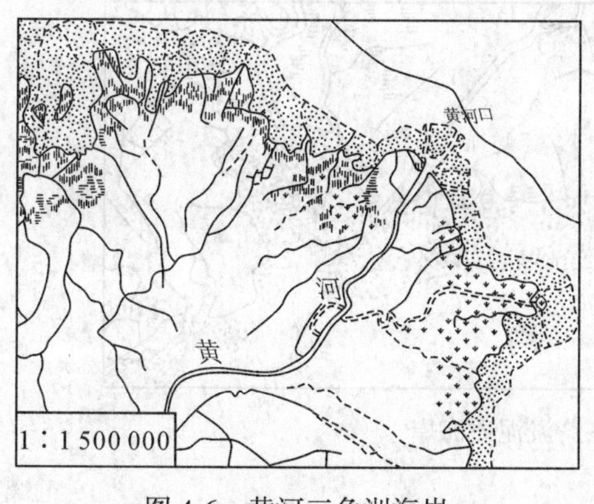

图 4-6　黄河三角洲海岸

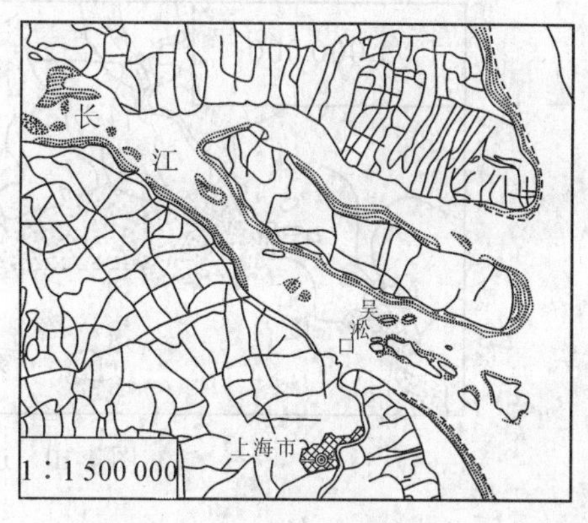

图 4-7　长江三角洲海岸

珠江三角洲是由西江、北江的两个大三角洲和东江小三角洲所组成。这里原是一个浅海湾，分布着大量的岩岛，珠江带来的泥沙物质在岛的周围沉积，使海湾不断缩小，形成今日的状态。平原上地势微有起伏，坦荡的平原和陆岛连接，有些低地成为积水地。三角洲上大小河流近百条，河道成网，形成特殊的景观(图 4-8)。

淤泥质平原海岸：主要分布在渤海的三个海湾——辽东湾、渤海湾和莱州湾，以及开阔平坦的苏北海岸。河流注入海洋的泥沙是塑造这种海岸的物质基础。这种海岸的主要特点是岸线平直、岸坡平缓、有宽阔的潮浸地带等。图 4-9 是苏北淤泥质海岸的地形，图 4-10 是辽东湾淤泥质海岸的地形。

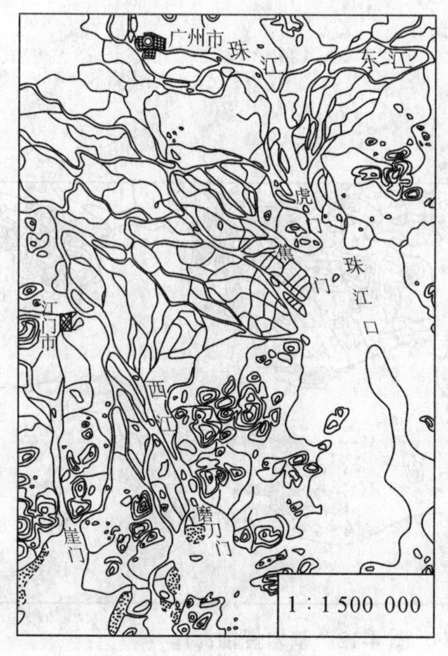

图 4-8　珠江三角洲

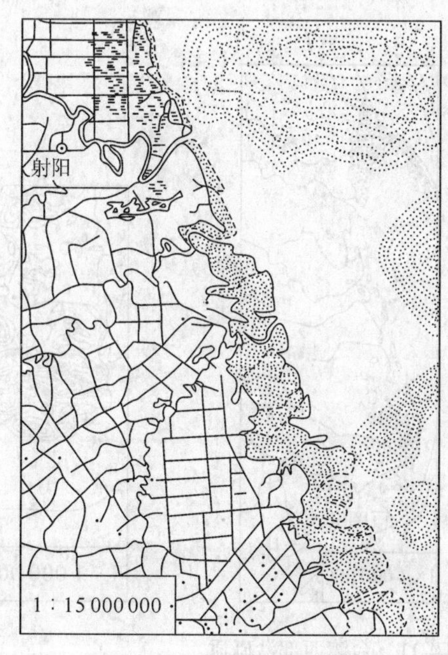

图 4-9　苏北淤泥质海岸

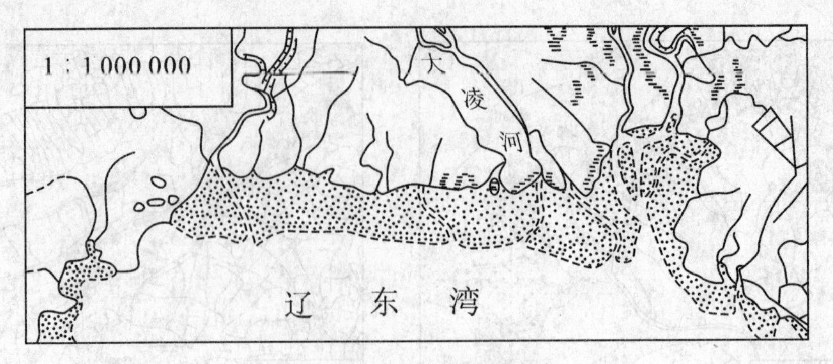

图 4-10　辽东湾淤泥质海岸

沙砾质平原海岸：以台湾西海岸较为典型，河北省山海关至滦河三角洲之间也属此类。这种海岸的特点是岸线平直，后滨低平，岸滩宽阔，前滨有大量堆积物。图 4-11 是台湾西部沙砾质平原海岸的示例。

(2)基岩海岸

海岸由岩石组成，共同的特点是岸线曲折，有众多的岛屿和深入的海湾。浙、闽、粤、桂的绝大部分海岸，山东半岛、辽东半岛的部分岸段以及台湾东海岸等都属于基岩海岸。由于具体岸段的岩石组成、地形结构和动力条件的差异，又可分为基岩侵蚀海岸、基岩沙砾质堆积海岸、港湾式淤泥质海岸和断层海岸等。

基岩侵蚀海岸：是受海浪侵蚀而成，常形成海石滩(图 4-12)。主要分布在台湾东部，山东、辽东半岛，福建、广东、广西也有分布。

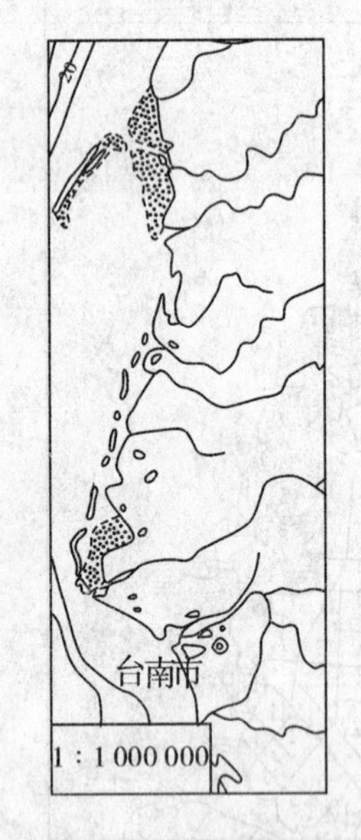

图 4-11　台湾西部沙砾质平原海岸

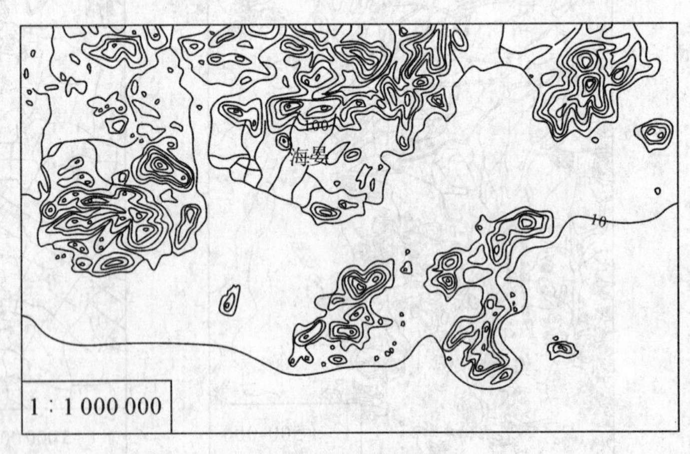

图 4-12　基岩侵蚀海岸

基岩沙砾质堆积海岸：是海浪侵蚀而来的物质沿岸漂运堆积而成。这种海岸的共同特点是有各种沙嘴、连岛沙堤和宽阔的海积带等。

地处热带的我国南方海岸，高温湿润，风化作用强烈，为海岸堆积提供了有利条件。这种海岸在广东、福建较为典型。图 4-13 是福建沿海的基岩堆积海岸的示例。在海中岛屿周围常有较多的海积形态。有的是几个岛屿被连为一个大岛(如平潭岛)，有的成陆连岛，有的沙嘴封闭海湾形成别具一格的堆积形态。

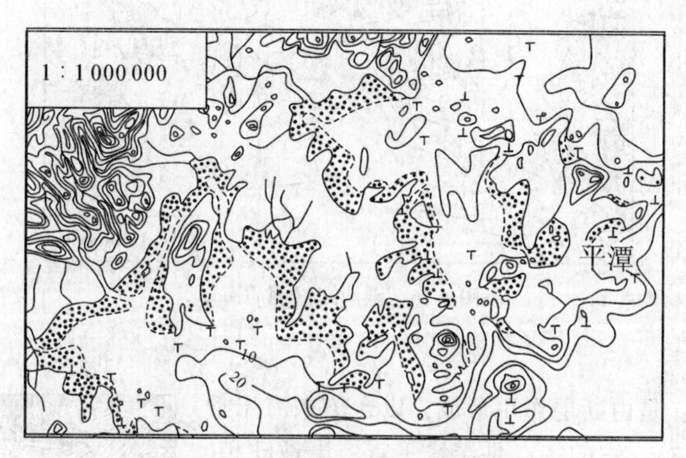

图 4-13　福建沿海的基岩堆积海岸

广西海岸的堆积形态另具特点，海湾的现代堆积物很薄，多为细沙和中沙，海滩坡度很缓，潮滩常达 8~10km，但沙堤等堆积形态很少发育(图 4-14)。

辽东半岛和山东半岛虽有海积地貌形态发育，但不像南方那样典型。仅在供沙丰富的岸段才有发育较好的堆积形态。最著名的是烟台北面的芝罘岛连岛沙堤(图 4-15 上箭头所指处)。

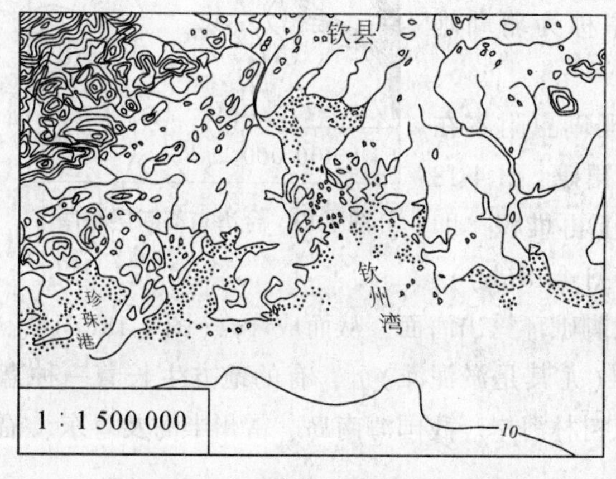

图 4-14　广西北部湾基岩堆积海岸

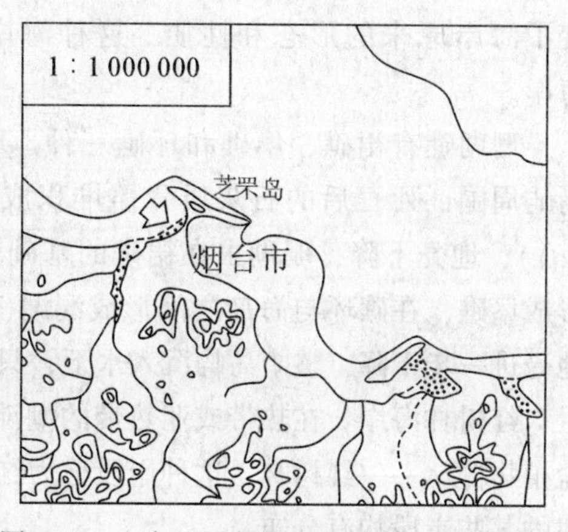

图 4-15　山东芝罘岛连岛附近的基岩堆积海岸

港湾式淤泥质海岸：由河流输送的泥沙、海底冲刷供给的部分淤泥在海湾内淤积而成。这种海岸主要分布在辽东半岛的南部和浙江、福建沿海。图 4-16 是港湾式淤泥质海岸的示例。

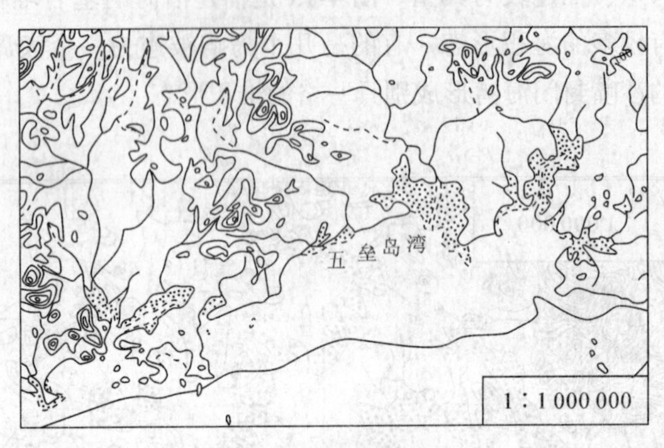

图 4-16 港湾式淤泥质海岸

断层海岸：是由断层作用形成，以台湾东海岸最为典型(图 4-17)。它的特点是岸线平直、岸坡陡峭，有的地方在岸线 1 海里之外深度即可达 600m，30 海里以外即达 4 500m。

(3)生物海岸

生物海岸是由于某种生物的作用所形成的特殊的海岸形态。这种海岸主要包括珊瑚礁海岸和红树林海岸。

珊瑚礁海岸：在温暖的海洋中生长着大量的造礁珊瑚，它们在岛屿或大陆边缘堆积成珊瑚礁，从而改变了海岸原来的形态和性质，这种海岸称为珊瑚礁海岸。

图 4-17 台湾东部断层海岸

珊瑚礁有裙礁、堡礁和环礁三种。珊瑚虫附着在岛屿周围，死亡后的石灰质骨骼堆积成裙礁(图 4-18(a))，地壳下降，珊瑚虫在裙礁的基础上再堆积，即形成堡礁，在礁环与海岛之间形成潟湖(图 4-18(b))；地壳进一步下降，整个岛屿沉入水下，只剩礁环露出海面，从而成环礁(图 4-18(c))。

红树林海岸：在热带或亚热带的潮滩(尤其是淤泥滩)上，有的地方生长着一种喜盐植物群丛——红树林，这种岸段称为红树林海岸。我国海南岛、雷州半岛及粤东、福建的某些岸段均有分布。

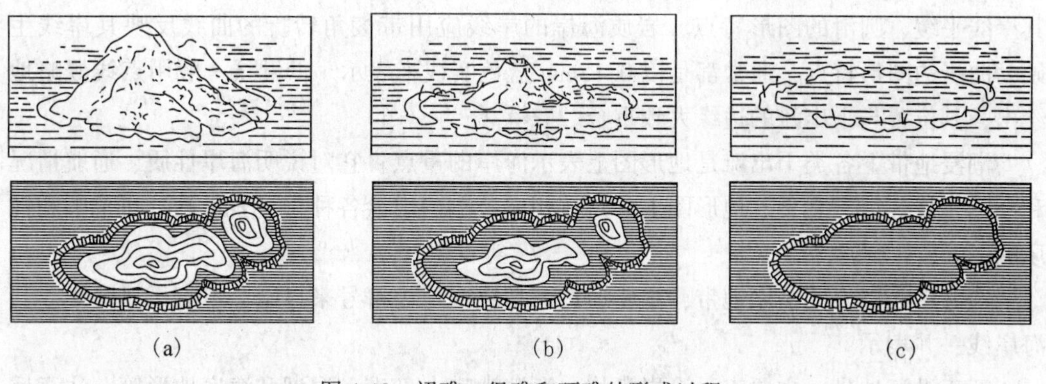

图 4-18　裙礁、堡礁和环礁的形成过程

红树滩的宽度通常在 1~5km 之间，滩上红树密集，树冠相接，盘根错节，一些潮沟蜿蜒于红树之间，通行比较困难。但它对于生态环境保护，护岸保滩，促淤助涨，降低泥沙流量，维持航道水深以及攻防作战等都有重要的影响。地图上要注意显示其分布范围。

2. 海岸的表示

在地形图上显示海岸的主要内容及方法如下(图 4-19)：

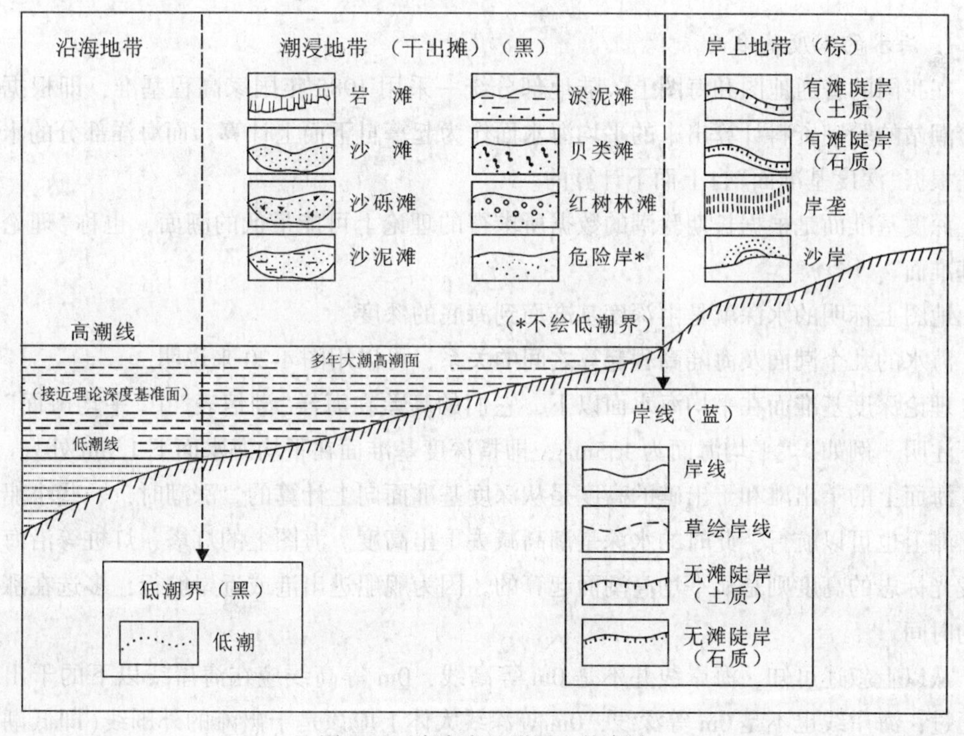

图 4-19　海岸在地形图上的表示

表示海岸线要反映海岸的基本类型及特征，泥沙质海岸的岸线应以柔和的弯曲反映其岸线平缓、圆滑的图形特点，岩质海岸的岸线应用带棱角转折的曲线反映其岸线生硬、曲折的图形特点，通常都是以 0. 15mm 蓝色实线来表示。低潮线一般用点线概略地绘出，其位置与干出滩的边缘大致重合。

潮浸地带上各类干出滩是地形图上表示海岸的重点。它对说明海岸性质、通航情况和登陆条件等很有意义。地形图上都是在相应范围内填绘各种符号表示其分布范围和性质的。

在海岸线以上的沿岸地带，主要通过等高线或地貌符号来显示，只有无滩陡岸才和海岸线一并表示。

至于沿海地带，主要表示沿岸岛屿、海滨沙嘴、岛礁、潟湖和海底地形等，注意反映泥沙质海岸的沙嘴、沙堤、沙坝的方向。

图 4-19 是海岸在地形图上的表示法，大致说明上述内容和所使用的符号等。

小比例尺地图上海岸的表示也大同小异。主要不同在于：为了明显区分陆地与海洋，常常将海岸线加粗到 0. 2~0. 25mm，但有时为了强调岸线的细部特征，又允许用变线划的方法适当改变岸线符号的粗度，以便真实地描绘出沙嘴、小岛、潟湖等的形状，对于潮浸地带上的干出滩表示得较为概略，例如，只区分表示岩岸、沙岸、泥岸等几类，范围也更概略。

二、海底地貌

1. 海水的深度基准面

在我国的普通地图和海图上，陆地部分统一采用 1985 年国家高程基准，即根据青岛验潮站的验潮资料计算出来的平均海水面作为起算自下而上计算，而海洋部分的水深则是根据“深度基准面”自上而下计算的。

深度基准面是根据长期验潮的数据所求得的理论上可能最低的潮面，也称“理论深度基准面”。

地图上标明的水深就是由深度基准面到海底的深度。

海水的几个潮面及海陆高程起算之间的关系，可以用图 4-20 来说明。

理论深度基准面在平均海水面以下，它们的高差在海洋“潮信表”中“平均海面”一项下注明。例如，“平均海面为 1. 5m”，即指深度基准面在平均海水面下 1. 5m 处。

海面上的干出滩和干出礁的高度是从深度基准面向上计算的。涨潮时，一些小船在干出滩上也可以航行，此时的水深是潮高减去干出高度。海图上的灯塔、灯桩等沿海陆上发光标志的高度则是从平均高潮面起算的。因为舰船进出港或近岸航行，多选在涨高潮的时间。

从以上叙述可知，海岸线并不是 0m 等高线，0m 等高线应在海岸线以下的干出滩上通过；海岸线也不是 0m 等深线，0m 等深线大体上应该是干出滩的外围线(即低潮界符号)，它在地图上是比海岸线更不易准确测定的一条线。实际上，只有在无滩陡岸地

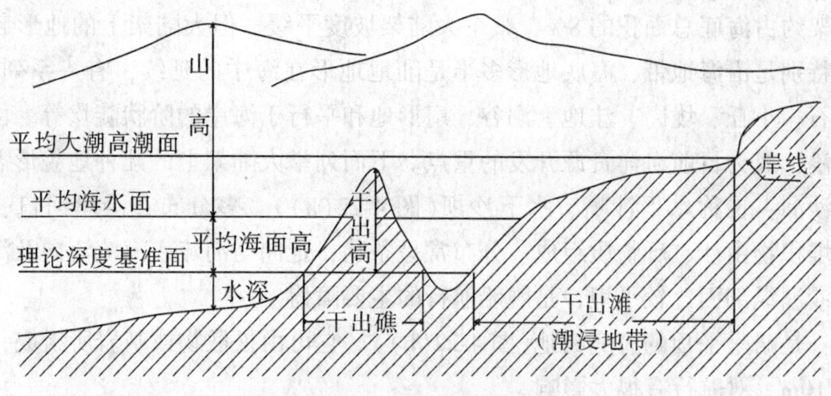

图 4-20　潮面及海、陆高程起算示意图

带，海岸线与 0m 等高线、0m 等深线才重合在一起。一般情况下，由于 0m 等高线同海岸线比较接近，地图上不把它单独绘出来，而用海岸线来代替。只有当海岸很平缓，有较宽的潮浸地带，且地图比例尺比较大时，才要绘出 0m 等高线，至于 0m 等深线，则一般都用低潮界来代替。

2. *海底地貌的分类*

在内外营力的长期作用下，海底地貌十分复杂多样。海底的平均深度为 3 800m，最深达 11km，比陆地的最高高程还要多两千多米。

根据地貌的基本轮廓，海底可以分成三个大区：大陆架、大陆坡和大洋底。图 4-21 是陆海地势示意图，图上用柱状图表统计了各级陆地(高度)和海洋(深度)所占面积的百分比。

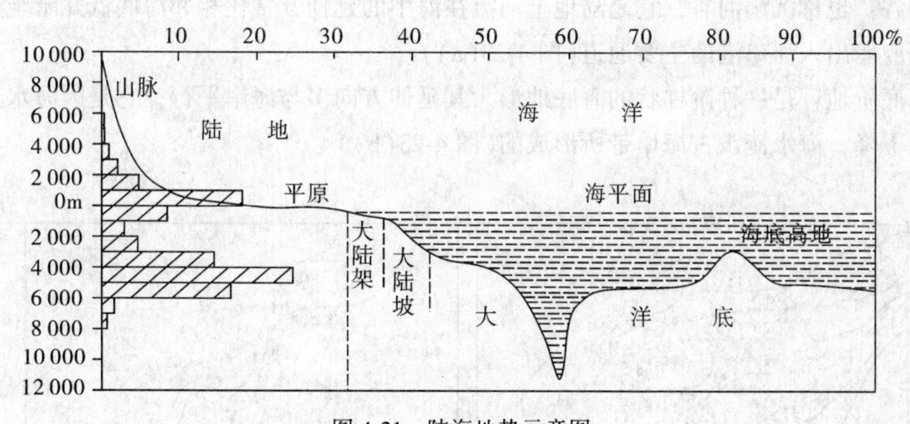

图 4-21　陆海地势示意图

(1)大陆架

大陆架又称大陆棚、大陆台、大陆浅滩。它是自陆地边缘的低潮线向海洋延伸到坡度发生明显变化的地方的浅海区。一般深度在 0~200m，宽度不一，从几千米到几百千

米。大陆架约占海底总面积的8%，整个大陆架坡度平缓，但大陆架上的地形起伏却非常复杂，特别是沿海地带，海底地形多半是陆地地形在海中的延续，有一系列的沙洲、浅滩、礁石、小丘、垅岗、洼地、溺谷、扇形地和平行于海岸的阶状陡坎等。由于这一部分海水浅，成为目前海洋资源开发的重点。下面列举大陆架上的几种地貌形态。

水下沙洲：也称水下沙嘴、水下沙坝(图4-22(a))。多分布在沿岸河口、峡谷附近，这些堆积物由沙、砾物质组成。分布常呈条状，走向与河流、海流流向及海峡的方向一致。沙洲纵剖面比较平坦，是舰船航行的主要障碍。

浅滩：是略呈平顶的海底高地(图4-22(b))。它可由松散物或基岩所组成，有的离水面不足10m，对航行有很大影响。

礁石：是由基岩、珊瑚等硬底质组成，周围坡度陡峭(常达45°以上)。有明礁、暗礁、干出礁等区别，也是航行的主要障碍(图4-22(c))。

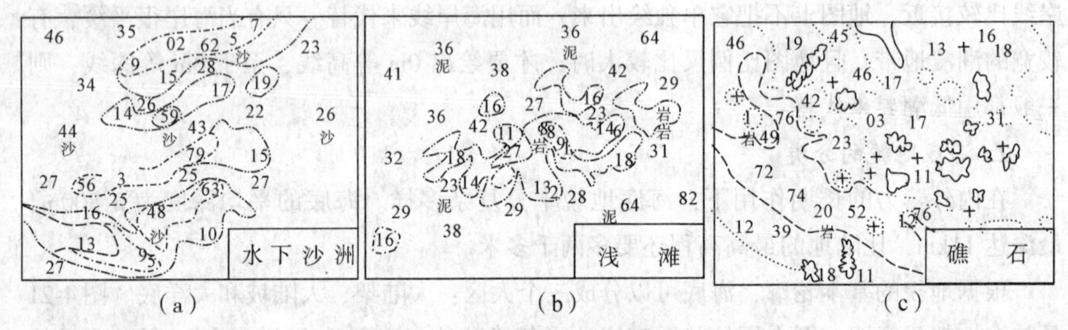

图4-22 水下沙洲、浅滩、礁石的表示

溺谷：也称沉溺河谷，它是陆地上河流在海中的延伸，常比相邻海底低几米至几十米，是舰船出入河口港的主要通道(图4-23(a))。

海底阶地：是一种阶梯状的海底地形。其延伸方向多与海岸平行，它是因海水上升或陆地下降，海水淹没古海岸带所形成的(图4-23(b))。

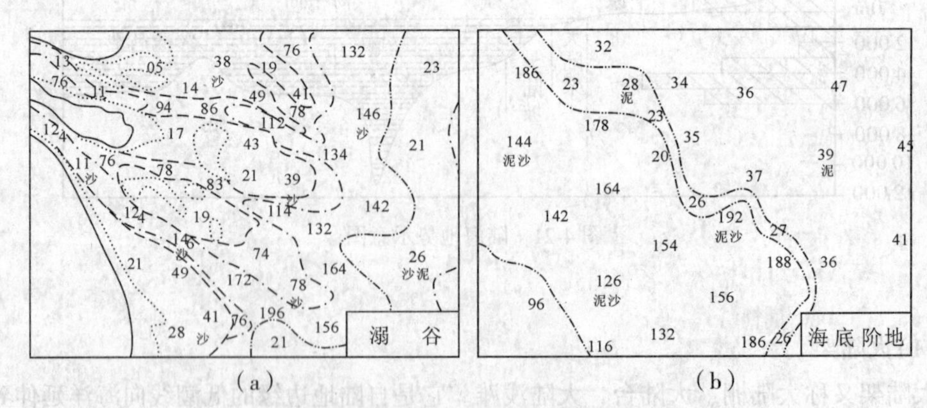

图4-23 溺谷和海底阶地的表示

(2)大陆坡

大陆坡又称大陆斜坡。它是大陆架向大洋底的过渡地带，平均宽度约70km，一般深度在200~2 500m，占海底总面积的12%。大陆斜坡坡度较大(平均坡度3°~5°，最大坡度达20°以上)，并被海底峡谷切割得较破碎。

大陆坡上引人注目的地貌形态是海底峡谷，类似于陡坡上的冲沟，但规模要大得多，谷源一般在大陆架边缘，甚至与入海河谷相接，谷底达大洋底(图4-24)。

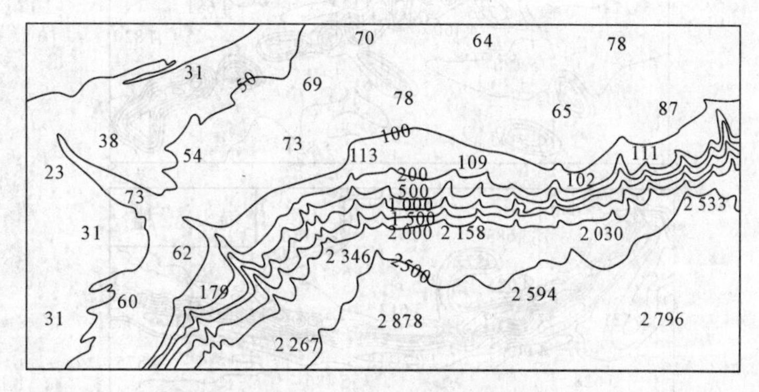

图4-24 大陆坡上的海底峡谷

(3)大洋底

大洋底又称大洋盆地，即大陆坡以下的海底部分。这是海洋的主体，占海底总面积的80%。大洋底一般深度为2 500~6 000m。一般来说，地形起伏较小，但也有巨大的海底山脉、海沟等，海底山脉和海沟将大洋底分割成许多盆地。

大洋底的地貌与大陆架上的地貌相比，规模要大得多，这些地貌多属内力作用的产物，其中包括海原、海底山脉、海沟、海盆、海岭、海山等。

海原：即海底高原，顶部宽阔，有一定的起伏，面积很大(可达几千平方千米)。海原的相对高差由几百米到几千米，其斜坡缓缓地倾伏于四周的低地(图4-25)。

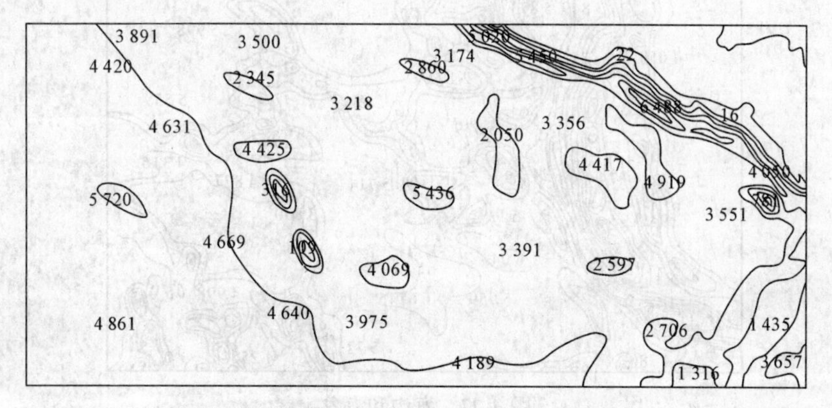

图4-25 海原(1∶3 500，等深距为1 000m)

还有一种形态类似、但规模小得多的，称为海棚。

海底山脉：是海底的窄条高地，长的达数千千米，相对高度达数千米，有的峰顶出露海面成岛屿。如果细分，还可分出海肩、海脊、海槛等(图4-26)。

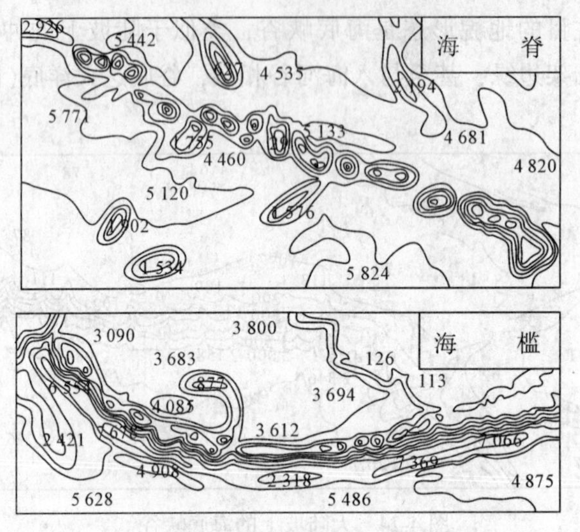

图4-26　海底山脉

规模小得多的海底山脉常称海岭。

海山：是指海底火山喷发而成的孤立高地，多呈圆锥状，相对高可达数百米甚至数千米，坡度较陡。其中尖顶的称为海底峰，截顶的称为海底平顶山或桌状山。

海沟：深海海底窄而长的沟状凹地，宽仅100~200km，而长达数千千米，是大洋中最深的部分，多位于大陆的近海处，深度一般都超过6 000m(最深的马里亚纳海沟深达11 022m)，横剖面呈“V”形(图4-27)。

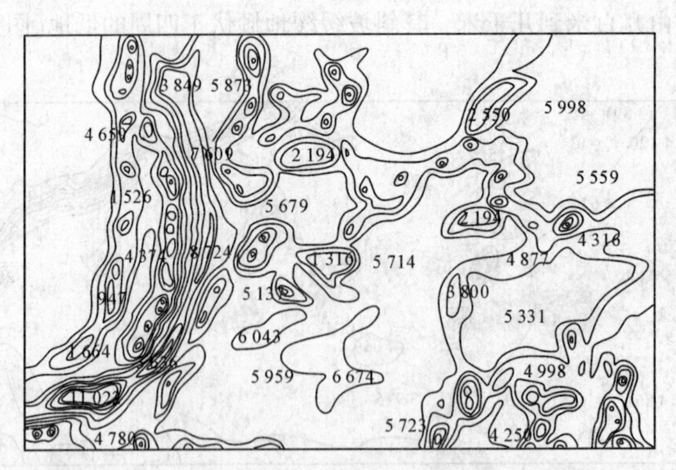

图4-27　海沟和海盆

海盆：即海底盆地，是规模很大的深海海底凹地，深度一般不到 6 000m，多呈椭圆形，盆底较平坦，盆地四周界以海底山脉或海沟等(图 4-27)。

3. 海底地貌的表示

海底地貌可以用水深注记、等深线、分层设色和晕渲等方法来表示。

(1)水深注记

水深注记是水深点深度注记的简称，水深是从深度基准面起算的，许多资料上还称水深。它类似于陆地的高程点。

海图上的水深注记有一定的规则，普通地图上也多引用。例如，水深点不标点位，而是用注记整数位的几何中心来代替；可靠的、新测的水深点用斜体字注出，不可靠的、旧资料的水深点用正体字注出；不足整米的小数位用较小的字注于整数后面偏下的位置，中间不用小数点。图 4-28 是海图上用水深注记表示海底地貌的示例，普通地图上也可参照这些原则用水深注记表示海底地貌。

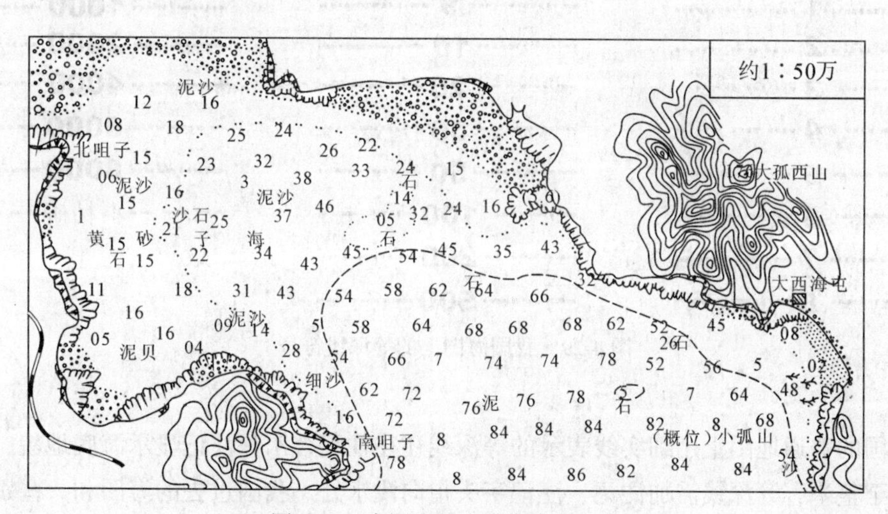

图 4-28　水深注记表示海底的起伏

海图上水深注记的精度随海洋深度不同有不同的要求，表 4-1 是海图上深度注记的精度要求，可作为普通地图上表示水深注记的参考。

表 4-1　　　　海图上深度注记的精度要求

水深(m)	注记精度(m)	注记样式	数据处理精度要求
0~5	0.1	3_6	保留分米，不化整
5~20	0.2	16_8	向深度减少方向化为偶数分米
20~25	0.5	21_5	0.9~0.3 化为整米，0.4~0.8 化为 0.5m
>25	1.0	36	分米数只舍不进

过去的地图上，水深注记通常作为表示海底地形的一种独立方法出现，但是，它所表示的地形难以阅读，即使有相当专业素养的人要据此判断海底地形的起伏也十分困难。所以，等深线被采用之后，水深注记往往只是作为一种辅助的方法使用。

(2)等深线

等深线是从深度基准面起算的等深度点的连线。17 世纪末，法国人首先用于城市地图的河床的表示。

等深线的形式有两种：一种是类似于境界的点线符号，有称“花线”的，另一种是通常所见的细实线符号。

用点线符号表示等深线是世界上大部分国家及我国的海图所采用的形式。它是根据不同的深度而用不同的点线组合而成，图 4-29 即是我国海图上所用的等深线符号式样，其优点是直观，缺点是难以绘制。

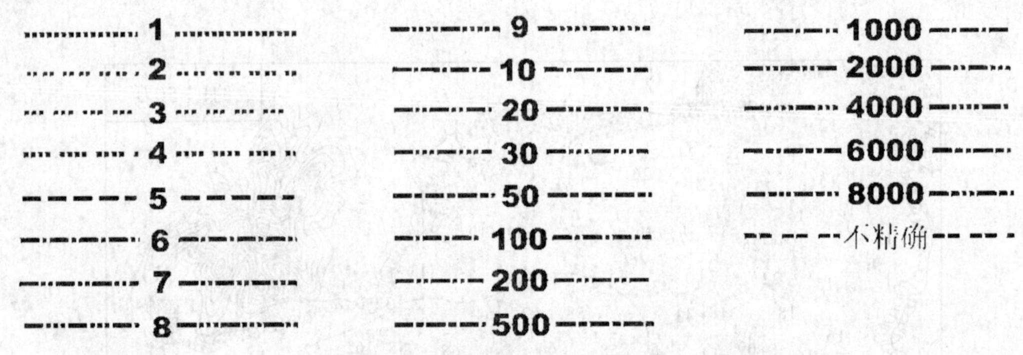

图 4-29　我国海图上的等深线符号

我国的普通地图上用细实线表示的等深线还往往配合水深注记显示海底地貌，水深注记注至整米，等深线需加注记，注记字头指向浅水处。我国过去的海图和一些别的国家的海图上采用此法。其优点是易绘并有利于详细表示海底地貌，不足之处是要配合以等深线注记才能阅读。

也有一些国家的地图上同时采用两种类型的符号来描绘等深线，即用点线符号表示深度较浅海域的等深线，用实线符号表示较深海域的等深线。

(3)分层设色

分层设色是与等深线表示法相配合可以较好地表示海底地貌的一种方法。分层设色是在等深线的基础上每相邻两根等深线(或几根等深线)之间加绘颜色来表示地貌的起伏。通常，都是用蓝色的不同深浅来区分各层的。有的地图上等深线不另印颜色，而依靠相邻两种不同颜色的自然分界来显示。

(4)晕渲

海底地貌除配合分层设色采用晕渲法以外，有时(特别是较小比例尺地图)还单独使用晕渲法来表示。

海底地貌的分层设色和晕渲表示法，同陆地地貌的表示没有本质的差别，这一点将在陆地地貌表示中作进一步介绍。

第二节　陆地水系的表示

陆地水系是指一定流域范围内，由地表大大小小的水体，如河流的干流、若干级支流及流域内的湖泊、水库、池塘、井泉等构成的脉络相适的系统，简称水系。

水系对自然环境及人类的社会经济活动有很大影响。

水系在国民经济中起着巨大的作用。它为人们提供生活的水源。水又是农业灌溉和工业生产不可缺少的条件，而且还是一种动力资源，水运则是交通运输的重要组成部分。在军事上，水系物体的障碍作用尤为突出，水系物体通常可作为防守的屏障，进攻的障碍，也是空中和地面判定方位的重要目标。

水系对反映区域地理特征具有标志性作用，水系对地貌的发育、土壤的形成、植被的分布和气候的变化等都有不同程度的影响，对居民地、道路的分布，工农业生产的配置等也有极大的影响。因此，水系在地图上的显示具有很重要的意义。

在编图时，水系是重要的地性线之一，常被看作是地形的“骨架”，对其他要素有一定的制约作用。

水系包括以下四类物体：河流、运河及沟渠；湖泊、水库及池塘；井、泉及蓄水池；水系的附属物等。

一、河流、运河及沟渠

1. 河流、运河及沟渠的分类

河流的分类方法很多，从制图的角度来说，较多的采用水流的动力状况和河流的发育阶段两个标志。

河流按水流的动力状况分为：山地型河流、过渡型河流和平原型河流。

河流按其发育阶段分为：幼年河、壮年河和老年河。

实际上这两种分类是相互联系和相互补充的。

山地型河流：多为幼年河。这种河流水流急，落差大，河流纵剖面尚未形成光滑的曲线，多急流、险滩。河流以下切作用为主，河流的走向、弯曲与河谷一致，河道平直，少弯曲，特别是少小弯曲(图 4-30)。

过渡型河流：多为壮年河。这种河流的水流较多地保持山地河流的特征，但河流的旁蚀作用有了很大的加强，河谷已比较宽阔，河床仅占河谷的一部分，河流在谷地中摆动，河谷中出现了许多沉积物，河流弯曲与谷地弯曲不太一致，不过河流的弯曲仍多属简单弯曲，只有少数地段开始发育汊流(图 4-31)。

图 4-30　山地型河流

图 4-31　过渡型河流

平原型河流：相当于壮年河和老年河。这种河流形成于平坦地区，河流纵坡面坡度极小，流水侵蚀作用减弱，堆积作用旺盛，在平坦的谷底有宽阔的河漫滩，河曲、汊流、辫流、牛轭湖等形态大量出现，河漫滩往往被沼化(图 4-32)。

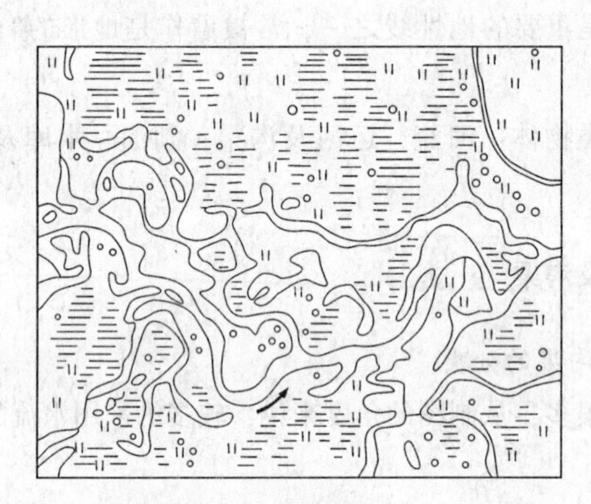
图 4-32　平原型河流

一条大河往往上游具有山地型河流的特征，中间为过渡型河段，至下游成为平原型河流。但有的河流发源于高原，因而上游平缓多弯曲，呈现壮年或老年河的特征，中游流经山地却成为山地型河流。了解河流的这些特征，对于在地图上正确表达它们是很有意义的。

运河与沟渠皆为人工开挖的水道，前者可以通航，后者只用于农田水利。它们只有规模大小(长度和宽度)之别。

2. 河流、运河及沟渠的表示

河流、运河及沟渠在地图上都是用线状符号来表示的。

(1)河流在地图上的表示

地图上通常要求表示河流的大小(长度及宽度)、类型、形状和水流状况。

河流的岸线是指常水位(一年中大部分时间的平稳水位)所形成的岸线(制图上称水涯线)。当河流较宽或地图比例尺较大时，用水涯线符号(蓝色的细实线)正确地描绘河流的两条岸线，水域用浅蓝色表示，称为双线河。河流的岸线是指常水位(一年中大部分时间的平稳水位)所形成的岸线，如果雨季的高水位与常水位线相差很大，在大比例尺地图上还要求同时表示高水位岸线，用棕色虚线来表示。

时令河又称间歇河，是季节性有水或断续有水的河流，即雨季有水，旱季无水的河流，地图上用蓝色虚线表示。消失河段是河流流经沼泽、沙地或沙砾地时河床不明显或地表流水消失的河段。一般多见于山前洪积、冲积扇和沼泽地区，地图上用蓝色点线表示。雨后有水的河道叫干河床，属于一种地貌形态，用棕色虚线符号表示。

由于地图比例尺的关系，地图上大多数河流只能用单线来表示，这时，可以理解为河流的两条岸线合拢在一起，形成一个新的符号——单线河，从符号的宽度来说是不依比例的，而符号的长度仍然是依比例的。用单线表示河流时，符号由细自然地过渡到粗，可以反映出河流的流向，同时还能反映河流的长度和形状，区分出干、支流，但其宽度无法直接反映出来。因此，地形图上必要时用加注说明注记的方法指明河宽。

根据一般印刷(打印)的可能性，地形图上单线河从上游到下游通常都绘成由细(0.08或0.1mm)到粗(0.4或0.5mm)的符号，而不管实地上这条河流的下游是否一定比上游要宽。单双线符号相应于实地的宽度可见表4-2。

表4-2　**河流宽度分级表示**

比例尺 / 实地宽 / 图上宽	1∶5 000	1∶10 000	1∶25 000	1∶50 000	1∶100 000
0.1~0.5mm单线	2.5m以下	5m以下			
0.1~0.4mm单线			10m以下	20m以下	40m以下
双　线	2.5m以上	5m以上	10m以上	20m以上	40m以上

用说明注记和符号表示河宽、水深、流速、流向和河底性质等水文信息。用分数式表示河宽、水深，分子表示河宽，分母表示水深，并同时注出河底性质；流向用箭头符号表示，一般符号长5~8mm，在箭头上加注流速注记(图4-33)。

0.4mm的河宽，对于中小比例尺地形图来说，相应于实地河宽的数字已相当大了，例如对于1∶50万地图，0.4mm相当于实地200m，这时，若仍然规定200m以上的河流才绘成双线，就可能使大多数河流只能用单线来表示，这样就降低了河流应有的明显性。在这种情况下，可以补充规定：实地宽100m以上的河流扩大绘成双线，即实地河宽100~200m的河段都绘成0.4mm的“不依比例尺表示的双线河”(又称记号性双线

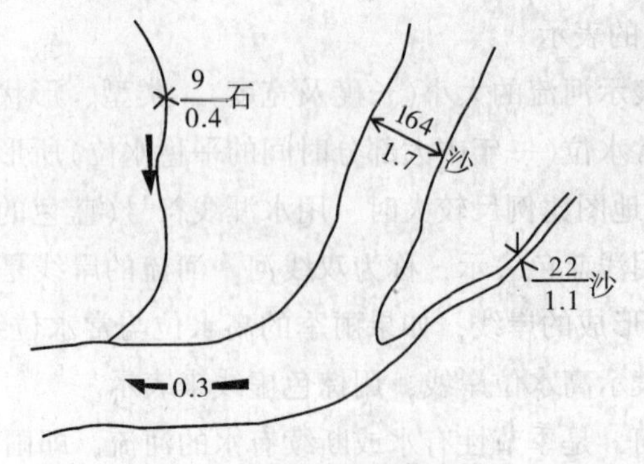

图 4-33　河流的水文信息表示

河)。其形式是双线河，但并不表示真实宽度和形状，符号意义和单线河相同(图 4-34)，这时需要在图上加注河宽。

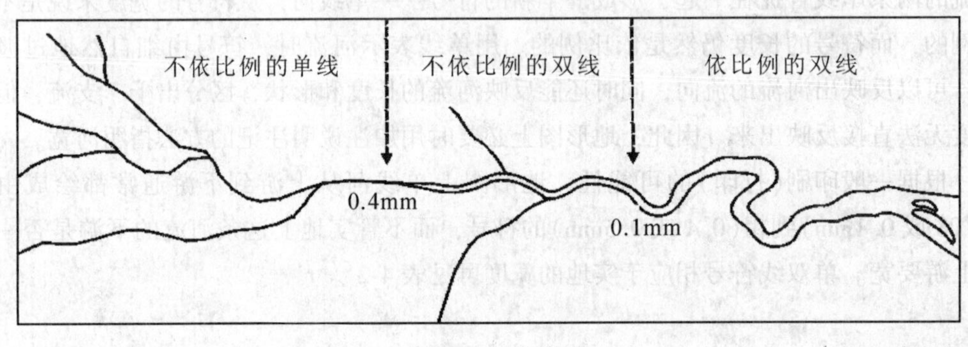

图 4-34　河流符号

在一些小比例尺地图上，为了在不过多地夸大河流宽度的情况下，使河流符号显得生动突出，并能真实地反映河床的收缩和扩大、河中汊道和河心岛，双线河符号一般多采用涂实深蓝色(与不依比例尺单线颜色相同)表示，称为真形单线符号(图 4-35)。

图 4-35　真形单线河段符号

在小比例尺地图上，河流有两种表示方法：一是不依比例尺单线符号配合不依比例尺双线和依比例尺的双线；二是不依比例尺的单线配合真形单线符号。

在不依比例尺单线配合不依比例尺双线和依比例尺双线符号系统中，不依比例尺单线符号，其宽度从河源向下游逐渐加粗，具体宽度根据地图的不同用途而异。表 4-3 是单线河粗度的参考数字。

表 4-3　**单线河粗度**

地图类型	科学参考图	普通挂图
符号粗 mm	0.1~0.4(0.5)	0.15~0.6

不依比例尺的双线河符号在形式上是双线，但宽度不依实地宽度变化，而是根据地图表示的需要逐步过渡到依比例的双线符号。

小比例尺地图和地形图相比，河流表示的主要差别就在于不依比例尺表示的双线河段，它是从单线到依比例尺双线的过渡性质的符号。在地形图上这种过渡性符号表示的河段往往很短(小于 1cm)；在小比例尺地图上，过渡性符号通常很长，是从单线变成双线的地方开始，到一个能清楚表达河床特征的宽度为止。

在不依比例尺的单线配合真形单线的表示方法中，不依比例尺的单线直接过渡到真形单线。

单线真形符号也有依比例尺和不依比例尺之分。图上河流完全依实地缩小表示的即为依比例真形符号，多用在科学参考地图或地图集中；图上河流符号虽与实地相似但宽度是按比例有所放大的，称不依比例的单线真形符号，它是挂图(尤其是中、小学教学挂图)上常常采用的表示法。

单线真形符号不是示意性的、渐变的，而是根据实地河床的收缩和扩大来表示的，汊流中间的陆地或河心岛用空白表示。这种方法可以比较自然地处理过渡性河段，并使图形生动而真实感强。

(2)运河及沟渠在地图上的表示

运河及沟渠是人工修筑的，供调水、航运、灌溉、引水和排水用，比较整齐、平直，转变处的转折明显。按比例尺表示的运河、沟渠，用蓝色平行双线表示，水域用浅蓝色。不按比例尺表示的，用等粗实线表示；运河在小比例尺地图上有时还用特有的线状符号表示。表 4-4 列举了地形图上运河及沟渠的分级表示法。

运河和沟渠随地图比例尺缩小，表示得更概略。在小比例尺地图上，最多只能用单线符号来表示。运河和沟渠不管是双线还是单线，都是用硬线条或直线来表示。南水北调工程用运河符号表示。

表 4-4　　**运河及沟渠宽度分级表示**

图上宽 \ 实地宽 \ 比例尺	1∶5 000	1∶10 000	1∶25 000	1∶50 000	1∶100 000
0. 15mm 单线			5m 以下	10m 以下	20m 以下
0. 2mm 单线	1m 以下	3m 以下			
0. 3mm 单线			5～10m	10～20m	20～40m
0. 5mm 单线	1～3m	3～5m			
双　线	3m 以上	5m 以上	10m 以上	20m 以上	40m 以上

二、湖泊、水库及池塘

1. 湖泊、水库及池塘的分类

湖泊的分类标志有很多，通常有：湖泊与河流的联系，湖水的存储情况，湖泊的成因，湖水的性质等。

根据湖泊与河流的联系，可将湖泊区分为死水湖、活水湖、进水湖和排水湖(图 4-36)。

死水湖：指即无河流注入也无河流流出的湖泊。此种湖属内陆闭塞湖，我国青海湖、西藏高原的许多湖泊属此类型。

活水湖：指有经常性的水流流入和流出的湖泊，我国东部地区的湖泊多属此类。

进水湖：指有河流注入而无河流流出的湖泊。此类湖泊多见于荒漠干旱地区，如我国新疆的博斯腾湖等。

排水湖：即为水流源头的湖泊。它的水源补给主要依靠泉水，所以又有泉水湖之称。如中朝边界上的白头山天池等。

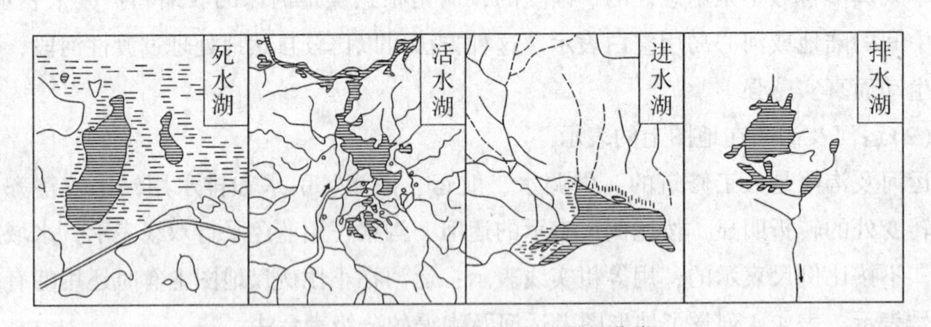

图 4-36　湖泊据其与河流的联系分类

按湖水的存储情况，可分为常年湖与时令湖。

常年湖：指常年有水、湖水面常年基本固定的湖泊，我国大多数湖泊属此类。

时令湖：是指季节性有水的湖泊，此类湖泊仅在干旱地区可见。

按湖泊的成因，可分为构造湖、火山湖、河成湖、海成湖等。

构造湖：是由地壳构造运动引起地壳断裂下陷而形成的湖泊。这类湖泊多呈长条形，其伸展方向常与构造线一致。例如，死海、青海湖等都是在构造盆地内形成，其平面形状和盆地很相似(图 4-37)。

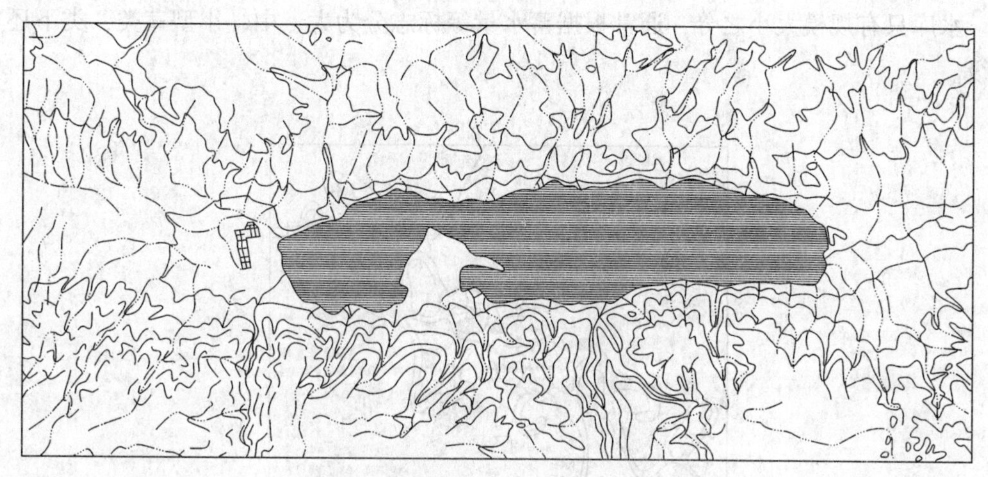

图 4-37　构造湖(死海，约 1∶60 万)

火山湖：由火山作用形成的湖泊称为火山湖，包括火口湖和熔岩堰塞湖两类。

火口湖是火山喷发停止后，火山口内积水而成。它多呈圆形，湖岸较陡，湖深可达数百米，如白头山天池深达 317.7m(图 4-38(a))。

熔岩堰塞湖是火山喷发物堵塞河道所形成的。它们保持着河谷的形状特征，犹如筑坝所成的水库，如牡丹江中游的镜泊湖和黑龙江省德都县的五大连池(图 4-38(b))。

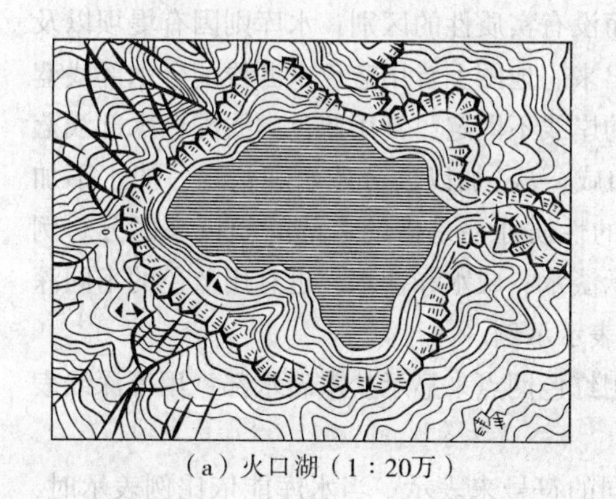

（a）火口湖（1∶20万）

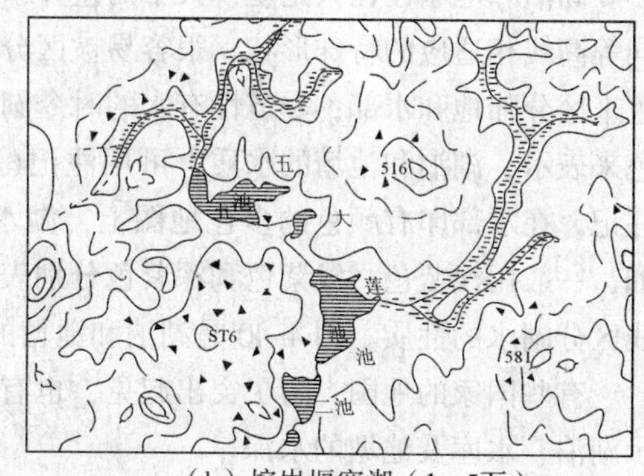

（b）熔岩堰塞湖（1∶5万）

图 4-38　火山湖

河成湖：是由于河流改道，河床与河流失去联系而成的(图 4-39)。其形状保持原有河道特征，多呈弓形，所以又称弓形湖或牛轭湖。如湖北省监利县的尺八口，即是典型的牛轭湖。

海成湖：即潟湖(图 4-3)。

按湖水性质，可分为淡水湖、咸水湖及苦水湖。池塘如果要分类，可区分为自然的和人工的(如桑基鱼塘、蔗基鱼塘等)两类。

水库只有规模大小之分，通常根据蓄水量等标志分为大、中、小型三类，类下还可分级。

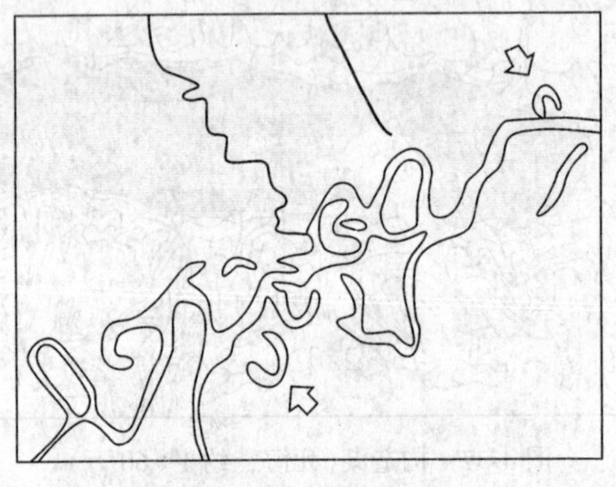

图 4-39　河成湖

2. 湖泊、水库及池塘的表示

湖泊、水库及池塘都属于面状分布的水系物体，不仅能反映环境的水资源及湿润状况，同时还能反映区域的景观特征及环境演变的进程和发展方向。水库是为饮水、灌溉、防洪、发电、航运等需要建造的人工湖泊。由于它是在山谷、河谷的适当位置，按一定高程筑坝截流而成的，因此在地图上表示时，一定要与地形的等高线形状相适应。

湖泊和池塘往往只是规模大小的差异，而没有实质性的区别；水库则因有堤坝以及同等高线相适应的特殊形状，很容易被区分出来。地图上皆用蓝色水涯线配合水部浅蓝色来区分陆地和水部；季节性有水的时令湖的岸线不固定，常用蓝色虚线配合水部浅蓝色来表示，湖泊和池塘的水质，可用注记(如咸、盐)加以区分咸水和盐水，淡水不加注记。在水部印有颜色的多色地图上，湖水的性质往往是借助水部的颜色来区分。例如，一般用浅蓝色、浅紫色和深紫色分别表示淡水、咸水和盐水，也有用蓝色的不同深浅区分湖水的性质。图 4-40 是湖泊和池塘的表示示例。

有些国家的地图，为了突出起见，也有用红色网点来显示盐水湖水部；用等深线表示湖泊、水库及池塘的水深。

在地图上，通常是根据水库大小设计不同的符号来表示。当水库能依比例表示时，用水涯线配合水坝符号显示；当不能依比例表示时，改用记号性水库符号表示(图 4-41)。

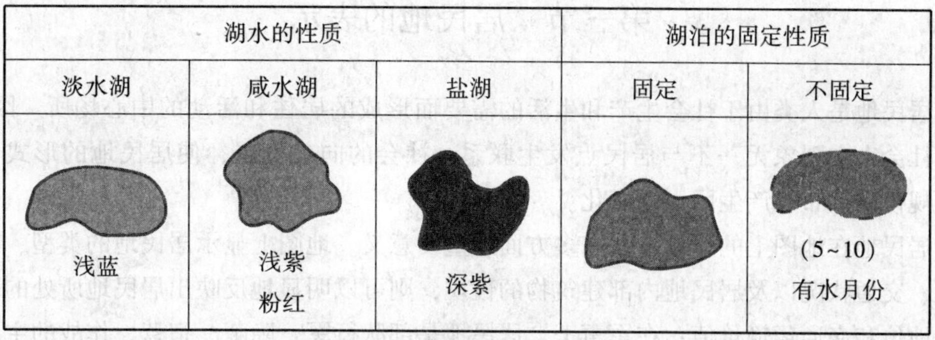

湖水的性质			湖泊的固定性质	
淡水湖	咸水湖	盐湖	固定	不固定
浅蓝	浅紫 粉红	深紫		(5~10) 有水月份

图 4-40　湖泊和池塘的表示

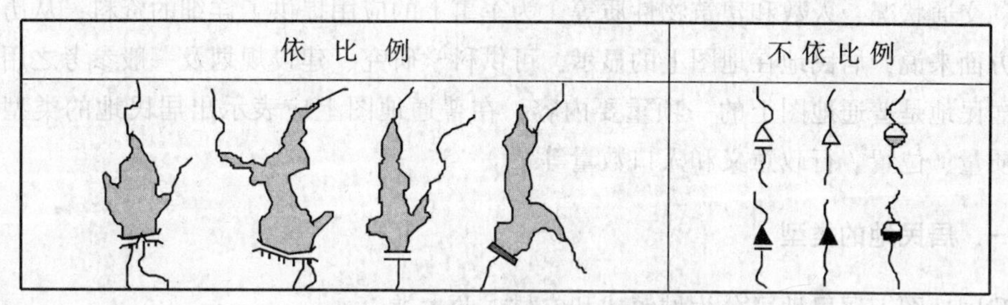

图 4-41　地图上常见的水库符号

三、井、泉及蓄水池

这些水系物体形态都很小，在地图上只能用蓝色记号性符号表示分布的位置，有的还加有关性质方面的说明注记等，如泉加注记：矿、温、间、毒、喷等说明泉水的性质。井、泉及蓄水池虽小，但它却有不容忽视的存在价值。在干旱区域、特殊区域(如风景旅游区)尤为重要。

四、水系的附属物

水系的附属物包括两类：一类是自然形成的，如瀑布、跌水等；另一类是附属建筑物，如渡口、徒涉场、跳墩、水闸、船闸、滚水坝、拦水坝、加固岸、码头、停泊场、防波堤、制水坝等。

这些物体在地形图上，有的能用半依比例尺的符号来表示，有的则完全是不依比例尺的符号。

自然形成的附属物，图上一般都用蓝色符号；人工建筑的水系附属物，如与水涯线联系密切的(停泊场等)一般用蓝色符号；其他用黑色符号。

在小比例尺地图上，水系的附属物则多数不表示。

第三节 居民地的表示

居民地是人类由于社会生产和生活的需要而形成的居住和活动的中心场所。因此，一切社会人文现象无一不与居民点发生联系。社会的向前发展，使居民地的形式、结构、规模和分布等产生巨大的变化。

居民地在地图上的显示，具有多方面的重要意义。地图上显示居民地的类型、行政意义、交通状况以及居民地内部建筑物的性质，则可以明显地反映出居民地所处的政治经济地位和交通运输价值；在军事上，居民地是部队行军、隐蔽、宿营、作战的主要依据之一，还可作为空中判定方位、射击、投弹的良好目标，地图上显示居民地的类型、形状、交通状况、人数和建筑物性质等，为军事上的应用提供了详细的资料；从历史文化等方面来说，居民地在地图上的显示，可供科学研究、建设规划及一般参考之用。

居民地是普通地图上的一项重要内容，在普通地图上应表示出居民地的类型、形状、质量、位置、行政意义和人口数量等。

一、居民地的类型

我国地图上居民地可分为城镇式和农村式两大类。

城镇式居民地：包括城市、集镇、工矿小区、经济开发区、学校和别墅式居住区等。

农村式居民地：包括村庄、农场、林场、窑洞、牧区定居点及帐篷等居住地。

区别城镇和农村的主要根据是：居民的职业成分、居民数、居住密度、经济和文化意义等。

居民地的类型在地图上多用名称注记的字体来区分。例如，城镇式居民地用中、粗等线体(黑体)，农村式居民地用宋体或细等线体。

二、居民地的形状

居民地的形状是由内部结构和外部形状表现出来的。

居民地的内部结构，主要依靠街道网图形、街区形状、水域、种植地、绿化地、空旷地等配合来显示的。随着地图比例尺的缩小，图形大小、详细程度以及表示方法等都会发生变化。

街道在很大程度上影响居民地的内部结构。

总的来看，我国地形图上居民地中的街道网表示得十分详细。主要的表示方法是街道空白与道路间断相接(图 4-42)。

各个国家的地形图上，居民地的表示差异较大，但共同的特点是 1：10 万以上比例尺地形图上，街道表示得很详细，一般 1：20 万比例尺以下，街道的表示就较概略了，往往只区分少数几条通道。从地图的比例尺和用途来看，这样处理不是没有道理的，因为对那种比例尺地图没有必要再详细表示街道了。

街道的表示法是多种多样(图 4-42)的，归纳起来大致有下列几种情况：

①街道与道路间断相接。此法多用来表示街区绘成晕线和涂实的情况，这时街道空白或主要通道的路面色连贯通过居民地。

②主要街道用公路符号连续不断地绘出，次要街道绘成单线。

③主、次街道皆用单线表示，其中包括有的与公路相通的街道直接用公路路面色表示。

④街道与其相连的道路连贯绘出，街道使用相应道路路面色，明显清晰，对于表达道路的连续性和居民地的通行状况十分有利，街道和道路连贯绘出及街道使用单线描绘，能加快制图的速度并保证制图质量。

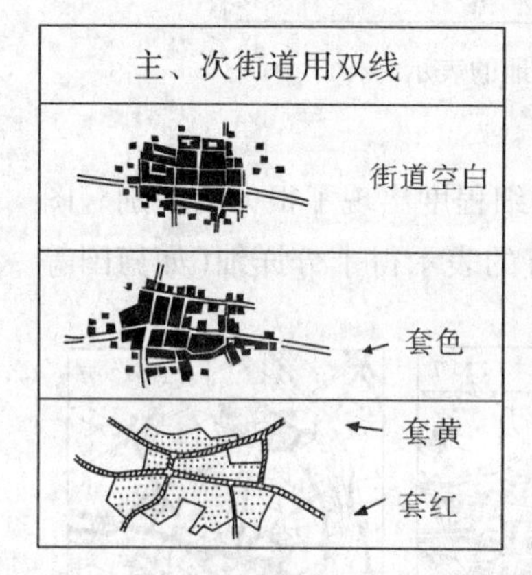

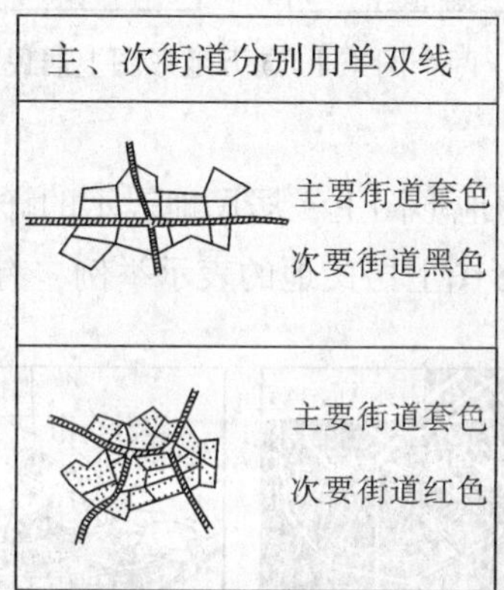

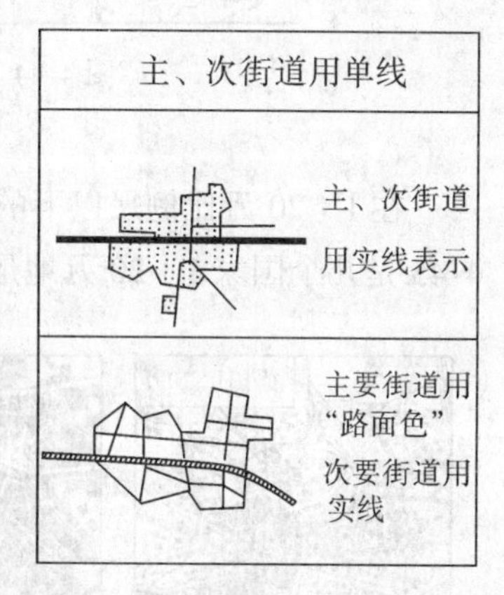

图 4-42　地形图上街道的表示法

图 4-43 是我国 1∶5 万~1∶50 万比例尺地形图上表示居民地的示例。可以看出，表示的内容是很详细的。

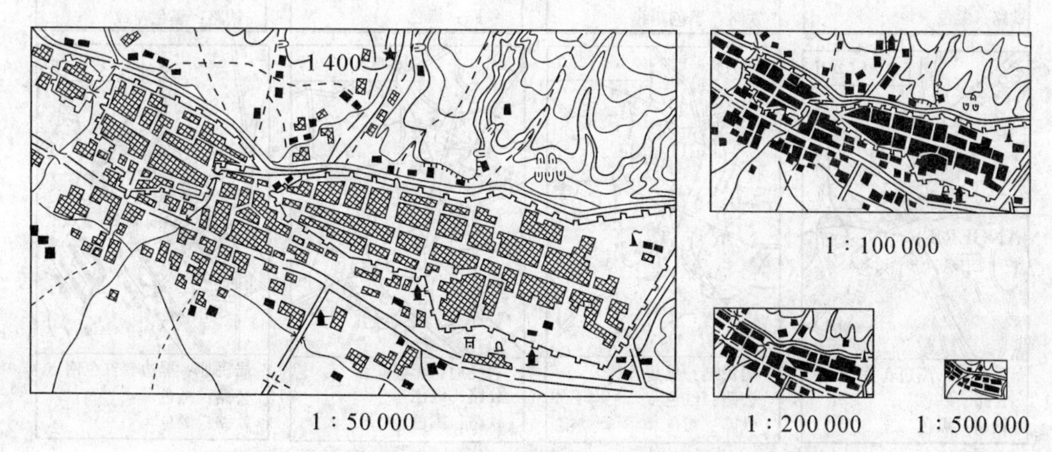

图 4-43　我国 1∶5 万~1∶50 万地形图上居民地的表示示例

国外大比例尺地形图对居民地表示的详细程度、使用的颜色等并没有很大的差异，图 4-44 是瑞士和丹麦两个国家 1∶5 万地形图上居民地的表示的举例，和我国 1∶5 万地形图的表示法基本相同。

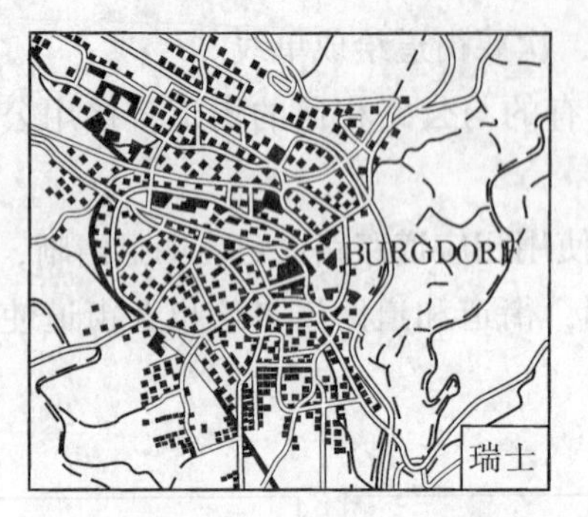

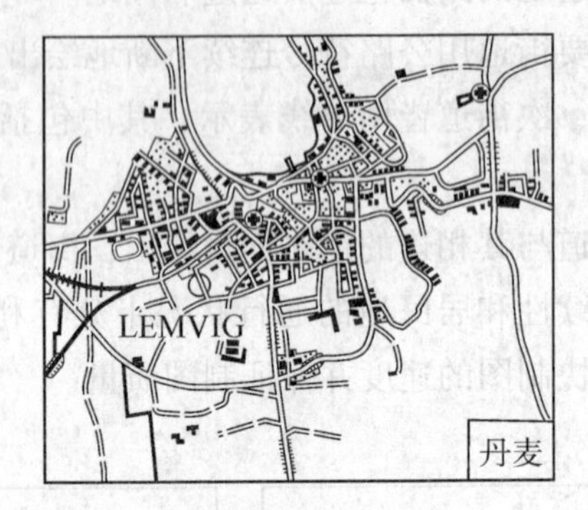

图 4-44　两个国家 1∶5 万地形图上居民地的表示

在 1∶20 万比例尺以下的地形图上，居民地表示的详细程度出现了很大的差别。图 4-45 是几个国家 1∶20 万地形图上居民地的表示举例，有的表示得十分详细(如德国等

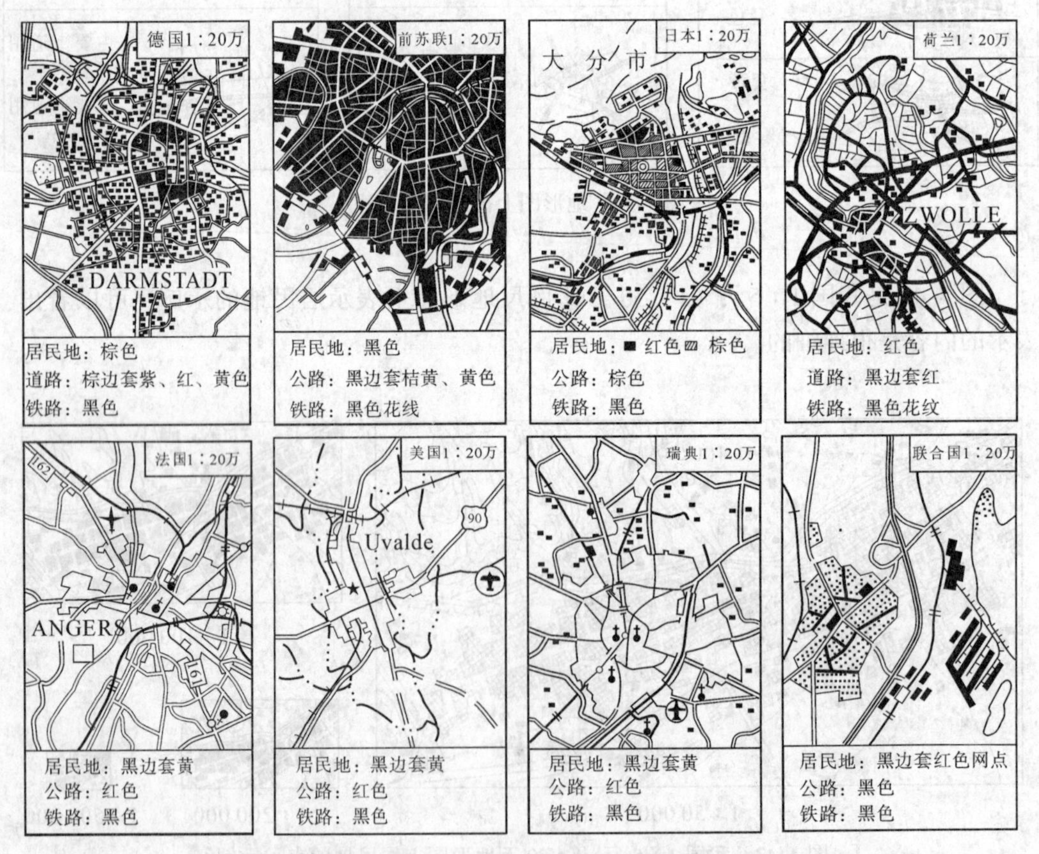

图 4-45　几个国家 1∶20 万地形图上居民地的表示

国家)，有的却表示得十分概略(如美国等国家)。前者，居民地内部形状和外部形状都表示得很细致，后者只是概略地显示了居民地的外形。

总体来说，我国地形图上居民地表示不够详细，偏概略。

居民地的外部形状，也取决于街道网、街区和其他各种建筑物的分布范围。随着地图比例尺的缩小，有些较大的居民地(特别是城市式居民地)往往还可用很概括的外围轮廓来表示其形状。而许多中小居民地就只能用圈形符号来表示了(图 4-46)。

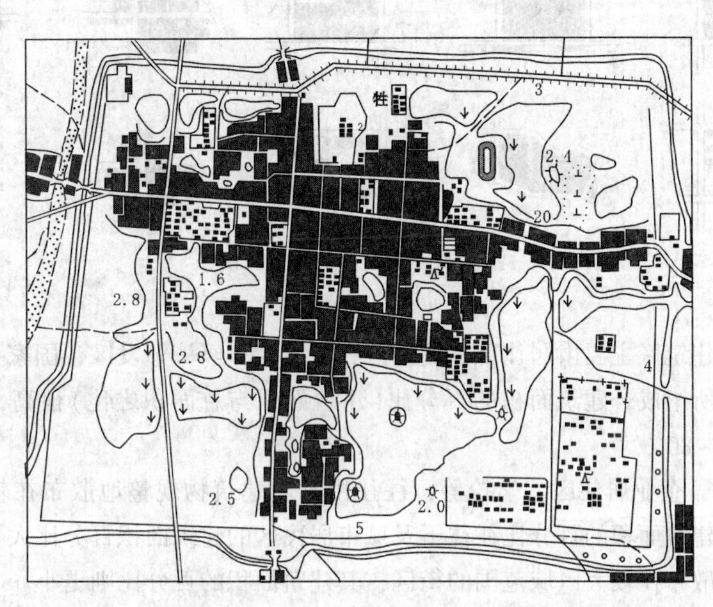

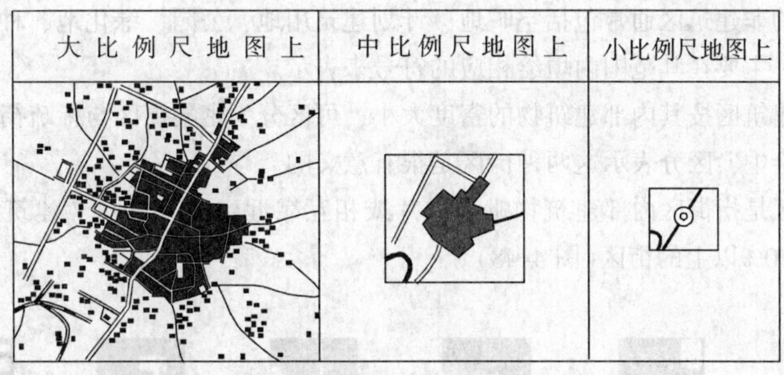

图 4-46　居民地内部结构和外部形状的表示

三、居民地建筑物的质量

街区的质量特征是居民地(主要指城镇居民地)质量特征的重要标志之一。

街区，即指由街道或河流、铁路、围墙等所限的区域范围。街区主要由建筑区和非建筑区所组成。

在城镇式居民地和具有较大街区的农村居民地内部，街区四周往往为街道(或河流、铁路、围墙等)所限；在居民地的外围部分的街区，则可能三面或两面为街道所限；较小的街区或农村居民地，还有为一条街道或道路所限的(图 4-47)。农村式居民地中甚至还有一些没有街道相连的依比例尺表示在地图上的图形，它们只能广义地称为街区，确切地说应当称为居住区。

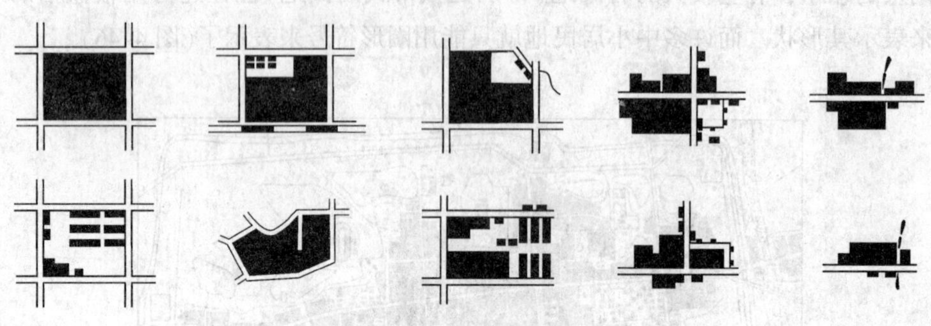

图 4-47　街区和街道的关系

街区中的建筑区主要由居住区，商业区，工业区，经济开发区，国家、社会和文化机关的建筑物所组成。建筑面积的百分比(建筑面积与总面积之比)很高，最稠密的地段可能达 70%~80%。

大型工(矿)企业居住区、学校等，往往由独立建筑物规整地散布在较大的区域范围内所形成，建筑面积的百分比往往不及城市居民区的建筑面积百分比大。至于由独立房屋不规则地散布在较大区域范围的街区，其建筑面积的百分比则更小。

街区中的非建筑区通常包括空旷地、计划建筑用地、公园、绿化地、种植地、水域以及湿地等。主要在其范围内填绘相应的符号来表示。

街区中建筑区按其内部建筑物的密度大小，可区分为密集街区与稀疏街区两类。在地形图的编绘中，区分表示这两种街区是很有意义的。

密集街区是指街区内部建筑物毗连成片或相互靠近(10m 以内)，建筑物面积约占街区面积的 70%以上的街区(图 4-48)。

图 4-48　密集街区

稀疏街区是指建筑物比较稀疏的街区。根据街区内部建筑物的分散与集中等特征，又有以下几种不同类别。

一种是街区内部建筑物彼此独立，在一定范围内散布，如经济开发区、工厂、学校、别墅式的居住区和正在规划建筑的街区等(图 4-49)。

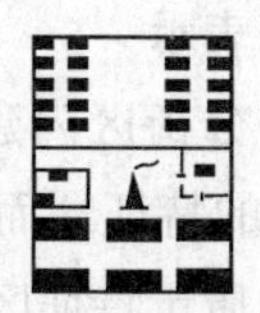

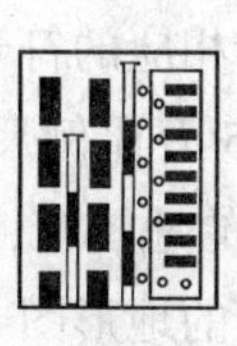
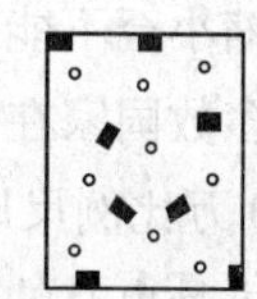

图 4-49　具有独立建筑物的稀疏街区

另一种是街区内部建筑物毗连成片或密集的建筑物之间距离小于 10m，建筑物可以合并成一个大的范围，然而，建筑地段的面积不足整个街区面积的 70%(图 4-50)。这种街区实际上是属于有较大空旷地带的街区。

第三种情况是前两类的混合型(图 4-51)。

图 4-50　建筑面积较小的稀疏街区

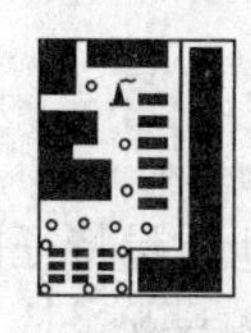

图 4-51　混合型的稀疏街区

街区中的建筑区有以下几种表示法：绘晕线、涂实、套网点、套色等(图 4-52)。

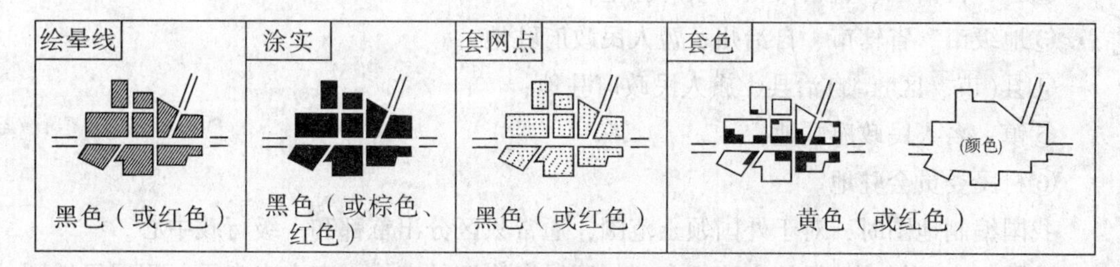

图 4-52　地形图上街区中建筑区的表示法

我国地形图上曾用绘黑色晕线表示居民地街区中的建筑区，现在改为套色(普染面色 C5K20)表示。在大比例尺地形图上，可以详细区分各种建筑物的质量特征。例如，可以区分表示出 10 层楼以上高层房屋区(b. C10K30)、突出房屋(a. C10K30)、街区(主要指建筑物 C5K20)、普通房屋(过去称为“独立房屋”)、棚房、破坏房屋等。随着比例尺变小，表示建筑物质量特征的可能性随之减少。在中小比例尺地图上，居民地用套色(M40Y40)或套网线等方法表示居民地的轮廓图形或用圈形符号表示居民地，当然更无法区分居民地建筑物的质量特征。

街区中的非建筑区，都是填绘相应的符号来表示，例如，各种种植地、绿化地等符号，表示地面覆盖性质，空旷地则留空。随着地图比例尺的缩小，许多非建筑区在图上面积缩小至不能填绘相应的符号时，往往转成以空旷地来表示。

多数国家在1∶5万比例尺以上的地形图上才详细区分街区内建筑物的质量特征，1∶10万比例尺以下的地图上，不再区分街区内部建筑物的特征，而以涂实或套色来表示。可是也有的国家的地形图上，对于街区中的建筑物的质量特征区分得十分详细，例如，日本1∶5万地形图上区分出高层建筑物、建筑物密集地、高层建筑的街区等，在1∶20万的地图上，还用颜色(红色)街区中区分出商业地带来(图4-45)。

四、居民地的位置

在大比例尺地形图上，居民地的位置是以平面图形表示。在中小比例尺地形图上，除大型城镇居民地有可能用简单的水平轮廓图形表示外，其余大多数居民点均概括地用图形符号表示具体位置，此时，图形符号的中心即是居民地的位置。

五、居民地的行政等级

行政等级也是说明居民地质量特征的一个重要方面，它在一定程度上反映了居民地的政治、经济、文化等方面的意义。

我国居民地行政等级是国家规定的“法定”标志。表示居民地驻有某一级行政机构。

我国居民地的行政等级分为：

①首都所在地；

②省、自治区、直辖市人民政府驻地；

③地级市、省辖市、自治州、盟人民政府驻地；

④县(市、区)、自治县、旗人民政府驻地；

⑤镇、乡人民政府驻地；

⑥村民委员会驻地。

我国编制地图时，对于外国领土范围，通常只区分出首都和一级行政中心。

地图上表示行政等级的方法很多。如用地名注记的字体、字大来表示，用居民地圈形符号的图形和尺寸的变化来区分，用地名注记下方加绘“辅助线”的方法来表示等。

用注记的字体区分行政等级是一种较好的方法，一般用地名注记的字体、字大来表示。例如，从高级到低级，采用粗等线(粗黑体)、中等线(黑体)、宋体(仿宋体)、细等线(细圆体)，利用注记的大小及黑度变化来加以区分，使等级更加分明。这时，字大的上限可根据地图的用途、地图容量和视觉效果确定；下限根据视觉阅读感受可能性来确定，一般不要小于1.75mm。

圈形符号的形状和尺寸的变化也常用来表示居民地的行政等级，这种方法特别适用于不需要表示人口数的地图上。当居民地的行政等级和人口数需要同时表示时，往往把第一重要的用注记来区分，第二重要的用圈形符号来表示。当地图比例尺较大，有些居民地还可用平面轮廓图形来表示时，仍可用圈形符号表示其相应的行政等级。居民地轮廓图形很大时，可将圈形符号绘于行政机关所在位置，居民地轮廓范围较小时，可把圈形符号描绘在轮廓图形的中心位置或轮廓图形主要部分的中心位置上。

当两个行政中心位于同一居民地(如湖北孝感是地级市、县级驻地)的时候，一般是用不同字体注出两个等级的名称。若三个行政中心位于一个居民地(如过去湖北的襄阳，地区、地级市、县三级同在一个地方)，这时除了采用注记字体(及字大)区分外，还要采用加辅助线的方法，即在图上除了注出“襄阳市”和“襄阳”两个注记外，还需在“襄阳市”下面加辅助线表示它同时还是地区行署的所在地。辅助线有两种形式：一种是利用粗、细，实、虚的变化区分行政等级，另一种方法是在地名下加绘同级境界符号。图 4-53 是我国地图上表示行政等级的几种常用方法举例。

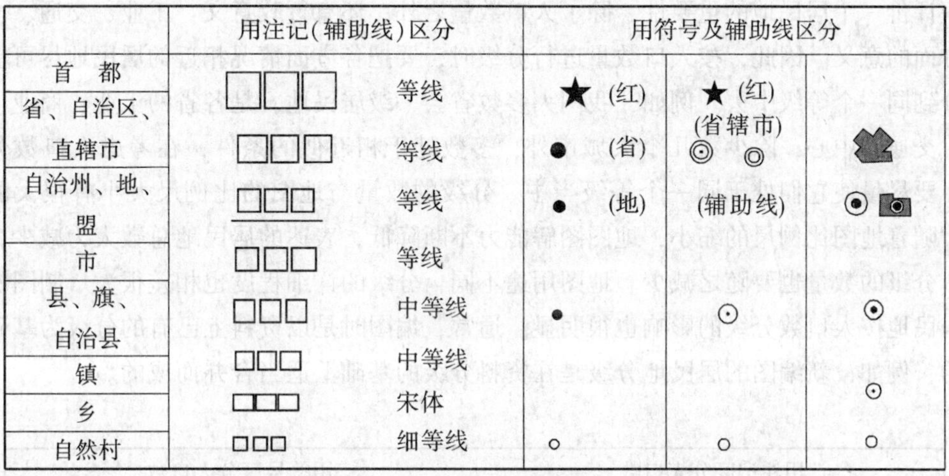

	用注记(辅助线)区分	用符号及辅助线区分		
首　都	等线	(红)	(红)	
省、自治区、直辖市	等线	(省)	(省辖市)	
自治州、地、盟	等线	(地)	(辅助线)	
市	等线			
县、旗、自治县	中等线			
镇	中等线			
乡	宋体			
自然村	细等线			

图 4-53　表示行政等级的几种常用方法

六、居民地的人口数量

地图上表示居民地的人口数量(绝对值或间隔分级指标)，能够反映居民地的规模大小及经济发展状况。在小比例尺地图上居民地的人口数量通常是通过圈形符号形状和尺寸的变化表示，在大比例尺地图上居民地的人口数量一般用字体和字大表示。图 4-54 是表示居民地人口数的几种常用方法举例。

为了制图的需要，将实际上是“连续分布”的居民地人口数，人为地划分成若干个等级。如果分级不合理，常常使居民地大小的概念产生很大的歪曲，人口数相近的居民地很可能被划分在不同的等级之中，人口数相差很多的两个居民地有时却被划分在同一级当中。为了尽可能减小这种歪曲，就要认真研究居民地按人口数量分级的基本原则，其目的是使各方面条件相近的居民地能分配到同一个等级之中。居民地按人口分级时的基本原则是：

①分级的数字要连续，分点要完整。

分级的数字是连续的，使其包括制图区域中的所有居民地，而不出现空档。分级不能太少，太少了不能较准确地表达居民地的“数量特征”；分级也不能太多，太多了图面难以区分表达。级数一般以 5~6 级为宜，最多不要超过 8 级。分级时的分点要尽可能完整，以便于阅读和记忆。大多数分点，通常都是选用 5 和 10 的倍整数。

②分级应能反映实地居民地人口数量的分布规律。

实地上居民地人口分布的一般规律是：随居民地人口数的增加，居民地数量迅速下降。为了适应这一特点，人口数量少的居民地分级间隔要小，级数也较多；人口数量大的，分级间隔要大，级数也相应要少。按人口数分级时各级间的分点，应避开实地上居民地按人口分布比较集中的位置。

③分级应顾及居民地类型、地图比例尺、地图用途和制图资料等因素的影响。

评价一个居民地的重要性，除了人口数量之外，还有行政意义：工业、交通、文化等方面的意义。因此，按人口数量进行分级时，要把各方面情况相近的居民地尽可能地划分到同一个等级中去。例如，我国大多数省会一级居民地，是各省的工业、商业、文化、交通的中心，除少数几个大城市外，多数处于相近似的条件，在考虑人口数分级时，要尽量使它们处于同一个等级当中。分级的数量与地图的比例尺大小有很大的关系。随着地图比例尺的缩小，地图图解能力不断降低，表达的居民地总数大为减少，因此，分级的数量也要随之减少。地图用途不同，分级的详细程度也相差很大。制图资料对居民地按人口数分级的影响也很明显。通常，编图时是以资料上已有的分级为基础进行的，例如，新编图的居民地分级是在资料分级的基础上适当合并而成的。

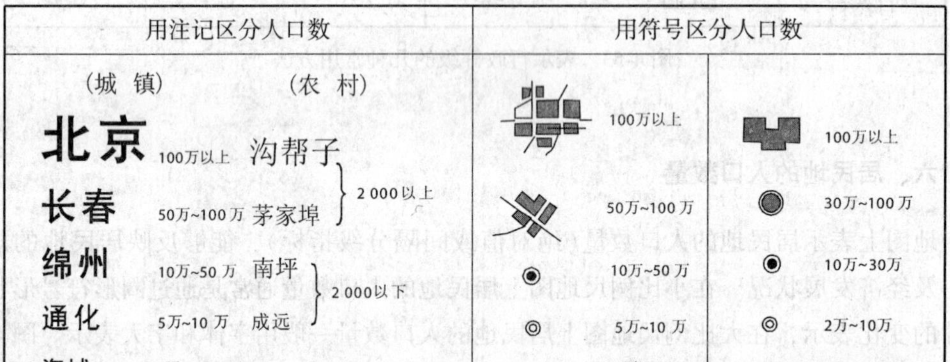

用注记区分人口数				用符号区分人口数	
（城 镇）		（农 村）			
北京	100万以上	沟帮子	2 000以上	100万以上	100万以上
长春	50万~100万	茅家埠		50万~100万	30万~100万
绵州	10万~50万	南坪	2 000以下	10万~50万	10万~30万
通化	5万~10万	成远		5万~10万	2万~10万
海城	1万~5万			1万~5万	5 000~2万
永陵	1万以下			1万以下	5 000以下

图 4-54 居民地人口数的几种常用表示法

第四节 交通网的表示

交通，是往来通达的各种运输事业的总称。过去，运输(包括物资和人的运输)的主要形式是道路，所以常把交通限于道路的范畴，多称为道路网。随着社会的飞速发展和科学技术的进步，道路已远不能解决合理的生产配置和地区综合开发等一系列的问题。水上、空中交通以及管线运输的迅速发展，使地图上道路网的概念也逐渐被一个更确切的术语——交通网(或交通运输网)所代替。

交通网是国民经济建设的脉络，连接居民地的纽带，在国民经济建设中具有十分重大的意义。它把国家的原料、生产和消费联系起来，把工业、商业和农业，城市与农村紧密地联系起来，把人类的各种活动联系起来，成为社会经济、文化生活中不可缺少的重要因素。交通网在军事上的意义也十分重要。部队的集结、展开，大兵团的调动，诸兵种的联合作战，后勤运输，快速部队的行进，战役性的突击等，都对交通网的运输能力提出了具体的要求。

因此，在地图上要求正确地显示交通网的类型和等级，位置和形状，通行程度和运输能力以及与其他要素的关系等。

地图上表示的交通网，包括陆地交通、水路交通、空中交通和管线运输等几类。

一、陆地交通

陆地交通即通常所称的道路。它是交通网中的主要内容，对我国现阶段来说更是如此。陆地交通包括铁路、公路及其他道路。

1. 铁路

在大中比例尺地形图上，铁路常常按线路数量、轨距、机车牵引方式、建筑状况等标志细分：

根据线路数量可分为单线和复线铁路；

根据轨距可分为普通铁路(轨距1.435m)和窄轨铁路；

根据机车牵引方式可分为电气化铁路和普通牵引(蒸汽机车、柴油机车)铁路等；

根据建筑状况可分为已成的、建筑中的和废弃的铁路等。

在中小比例尺地图上，过去较多采用干线铁路和次要铁路的分法，但由于对“干线”的理解不一，难以掌握，所以现在多采用主要铁路和次要铁路的分法。主要和次要是以技术装备和运输意义为标志来区分的，例如，俄罗斯曾经使用过“500万吨/公里的货运量，在旅客数量最大的八月份客运人数超过25万人/公里”作为区分铁路主次的标志。在中小比例尺地图上，有时也还表示铁路的轨数、机车牵引方式和建筑状况等。

铁路(及其路基)，大体上只有在1∶1万及更大比例尺地图上才能按实际宽度表示，大多数情况下铁路符号都是“半依比例尺”符号。

我国大中比例尺地形图上，铁路用传统的黑白相间的花线符号来表示。其他的一些技术指标，如单、双轨用加辅助线来区分，标准轨和窄轨以符号的尺寸(宽度)来区分，已建成和未建成的用不同符号来区分等。在城市的地图中，还需要表示地铁、轻轨和磁悬浮铁轨。在大比例尺地形图上还需要详细表示火车站及附属设施，如主要火车站的站台位置、会让站、机车转盘、信号灯(柱)、车挡、铁路岔线等。在小比例尺地图上，铁路用黑色实线表示。随着我国高速铁路的快速发展，今后高速铁路应作为特殊铁路单独列出表示。图 4-55 是我国地图上使用的铁路符号示例。

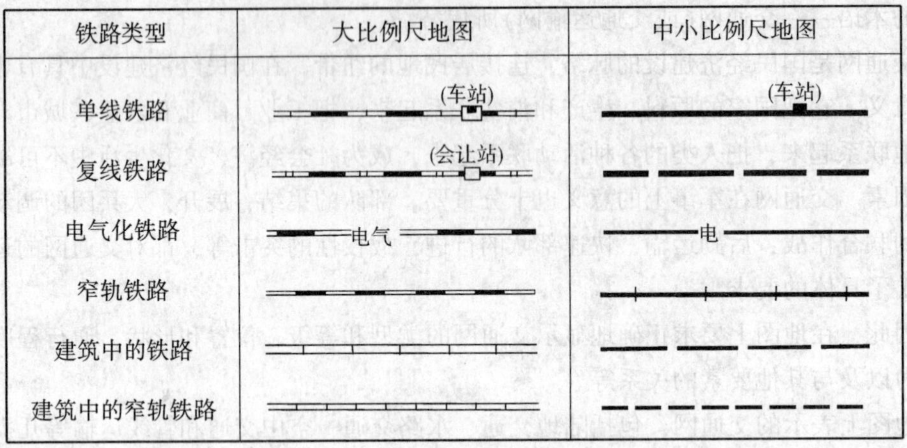

铁路类型	大比例尺地图	中小比例尺地图
单线铁路	(车站)	(车站)
复线铁路	(会让站)	
电气化铁路	电气	电
窄轨铁路		
建筑中的铁路		
建筑中的窄轨铁路		

图 4-55　我国地图上的铁路符号

国外地形图上铁路的表示有以下一些特点：

①有些国家(如日本、瑞典等)的地形图上，仍有使用传统的花线符号；不少国家地图上铁路用黑色实线。有的国家(如日本)的地形图上的地下铁路还采用深绿色符号来表示。图 4-56 是国外地形图上铁路符号的举例。

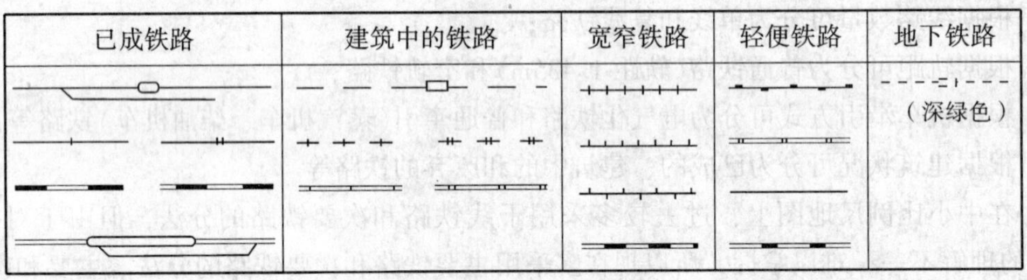

已成铁路	建筑中的铁路	宽窄铁路	轻便铁路	地下铁路
				(深绿色)

图 4-56　国外地形图上铁路符号

②铁路符号都比较窄，不如公路符号明显突出。在经济发达国家，如美国，铁路主要是货运，私家车居多，公路交通系统较发达。

③火车站和站线的表示差异较大。较大比例尺地图上有的站线表示得很详细，有的却只表示站线的范围。对车站，都是使用不同符号区分主要站和支线站、会让站、无候车室的车站等。还有的地形图上根本不表示火车站。

2. 公路

公路用双线符号，配合符号宽窄、线划的粗细、色彩的变化表示，用说明注记表示公路等级、路面性质和宽度等。我国地形图上，公路等级按行政等级区分符号，并加注公路技术等级代码和行政等级代码及编号(图4-57)；高速公路作为特殊公路单独列出表示，公路按行政等级分为：国道，省道，专用公路，县道、乡道及其他道路四个等级。在城市中，还表示快速路和高架路。在我国大比例尺地形图上，还详细表示了立交桥、车行桥、加油(气)站、停车场、收费站、涵洞、路堤、路堑、隧道等多种道路的道路附属设施。它们表明了道路实地状况，说明易于造成不便通行的地点。

在小比例尺地图上，公路等级相应减少，符号也随之简化，除高速公路用双线符号外，一般多以实线描绘，用线的粗细、颜色区分不同等级的公路。

公路类型	面色	说明	符号
高速公路	M50Y80		
高速公路(在建)	M50Y80		
国道	Y80	②技术等级代码	⑥ (G331)
国道(在建)	Y80	G331 国道代码及编号	
省道	M30Y35	⑨技术等级代码	⑨ (S331)
省道(在建)	M30Y35	S331 省道代码及编号	
专用公路	C50Y50	⑨技术等级代码	⑨ (Z331)
专用公路(在建)	C50Y50	Z331 专用公路代码及编号	
县道、乡道		⑨技术等级代码	⑨ (X331)
县道、乡道(在建)		X331 省道代码及编号	
快速路			
高架路			
高架路(不依比例尺)			

图4-57　我国新1∶2.5万、1∶5万、1∶10万地形图上公路的表示

国外地形图上公路的表示方法与我国基本相同，但也有许多不同的特点：

(1)公路明显突出

在一些发达国家，公路交通十分发达。公路密、等级高是最明显的特点。在1∶10万~1∶20万(级)地形图上，公路密如蛛网。区分的等级也较多，除了用颜色区分，还配合符号的尺寸(宽度)等来区分，所以，公路符号粗大、突出，往往成为地形图第一层平面的内容。公路明显突出的表示还与公路在交通运输方面的重要意义分不开。具有旅游性质的地形图上述特点尤为明显。

(2)公路分类详细

公路的等级多，图上区分详细，是许多国家地图上公路表示的特点。一般是将公路首先分类，然后再分级。

分类的标志多因国家而异。归纳起来有以下的一些分法：分为复式车行路与单行路，或分为超级公路、一般公路和其他公路，或分为干线公路、主要公路和次要公路；也有按道路的所属分为国家(或联邦的)公路和州际公路等。这些分类标志有的是同义的，有的又是相互交织的。

分级往往是在分类的基础上进行的。分级的标志也是多种多样，例如，按路面宽(法国、日本)，按车道数(美国)，按载重量(德国)等。此外，还有几种标志相互结合的分级法。

地图上公路分类分级的表示法：

①以符号的图形和尺寸来区分(图 4-58)。例如，德国的 1∶5 万地形图上，用符号的图形和尺寸来区分等级，瑞士 1∶5 万彩色地形图上，主要用符号的图形来区别；日本的 1∶5 万彩色地形图上，主要用符号的尺寸大小来区分。

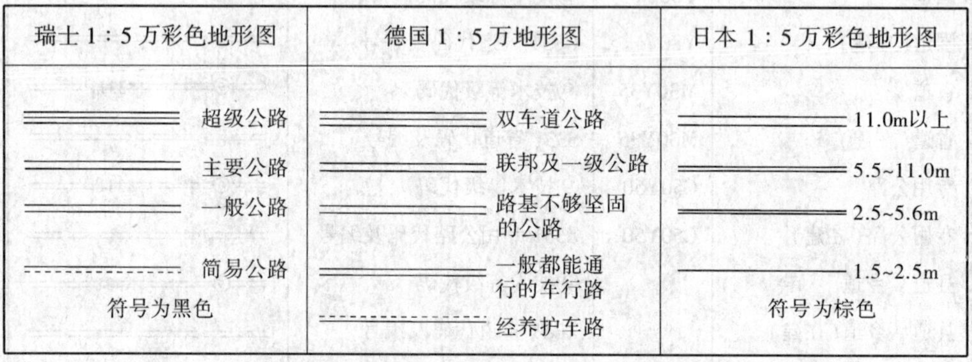

瑞士 1∶5 万彩色地形图	德国 1∶5 万地形图	日本 1∶5 万彩色地形图
超级公路	双车道公路	11.0m以上
主要公路	联邦及一级公路	5.5~11.0m
一般公路	路基不够坚固的公路	2.5~5.6m
简易公路	一般都能通行的车行路	1.5~2.5m
符号为黑色	经养护车路	符号为棕色

图 4-58　用符号图形和尺寸区分道路的等级

②以符号的图形、尺寸和颜色来区分，是多数地形图上道路的表示法。

图形：道路由高级到低级，符号图形逐渐简单。例如，三线—双线—单线。

尺寸：道路由高级到低级，符号尺寸逐渐变窄，在 1∶5 万和 1∶10 万地形图上，超级公路(或快车道)符号有的宽达 2. 0mm，低级公路符号可以细至 0. 4mm(双线或单线)。

颜色：道路由高级到低级，颜色鲜明程度逐渐降低。路面套色多见的有红、黄、白(留空)三种，也有用红、棕、黄或红、棕、白的。表示更详细的有用四种颜色的，例如紫、红、黄、白。还有的国家(如德国)的地形图上，路面印以荧光色，更加鲜艳美观。当然，也有一些国家的地形图上，路面套以相同颜色(如红色)的平色或网点来区分公路等级。

③加附注区分公路等级。除了使用符号的三个特征区别道路的类型和等级外，有的地形图上还附以简单的附注，强调等级的区分。例如，英国 1∶10 万地形图上，主要公路加注 A，次要公路加注 B(这些注记常与道路编号连在一起，图 4-59)。

(3)详细表示公路的其他特征(图 4-59)

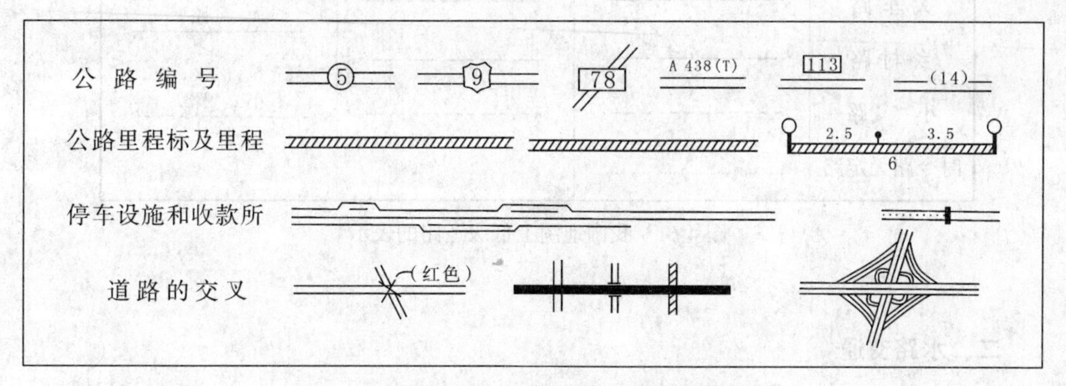

图 4-59　国外地形图上公路其他特征的表示

①公路编号：许多国家的地形图上，在道路符号上或符号外注出该路的编号，以适应广大用图者的要求和便于公路的管理；

②公路的里程标；

③公路的里程数：为用图方便，加注里程的地形图也屡见不鲜。例如，法国的地形图上，多用两种红色标记标出道路区间的里程数；

④停车设施；

⑤收费站；

⑥道路的立体交叉和平面交叉表示得很详细、清晰。例如，英国 1∶126 720 地形图上，用红色"×"表示铁路与公路是平面交叉，以引起人们的重视。

(4)桥梁的表示

单线河上的桥梁一般都省绘。双线河上的公路符号一般连续不断地通过，然后只在公路符号上加绘短线或另绘符号(图 4-60)。其优点是利于作业、提高地图制作速度与质量。

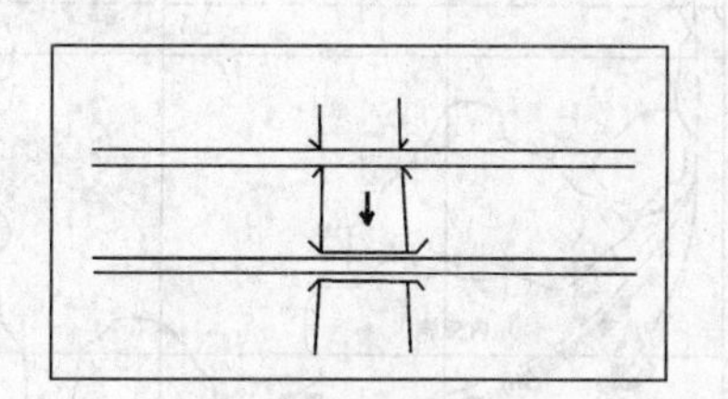

图 4-60　国外地形图上桥梁的表示

在小比例尺地图上，公路等级和需要表示的技术指标相应减少，分类概略，符号也随之简化，一般多以实线描绘。色彩的使用有传统的习惯，以红色表示的居多数，也有用棕色的。若区分公路的主次，则运用不同的线粗等。

3. 其他道路

其他道路包括公路以下的低级道路。其他道路用实线、虚线、点线并配合线划的粗细表示。在小比例尺地图上，公路以下的其他道路，通常表示得更为概略，只分为大路和小路(图 4-61)。

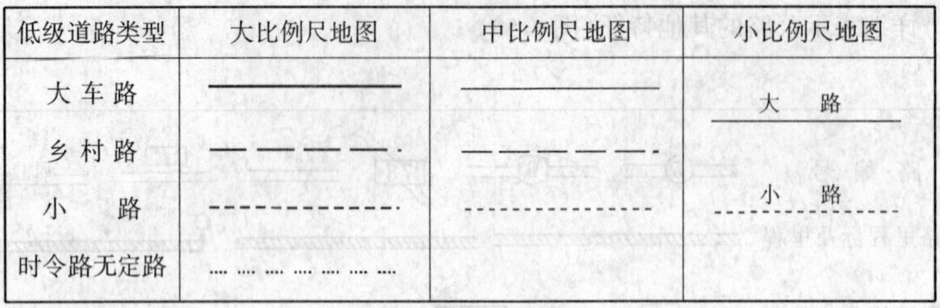

低级道路类型	大比例尺地图	中比例尺地图	小比例尺地图
大车路	————————	————————	大　路 ————————
乡村路	—— —— —— ——	—— —— —— ——	
小　路	----------------	----------------	小　路 ----------------
时令路无定路	....		

图 4-61　我国地图上低级道路的表示

二、水路交通

水路交通主要区分为内河航线和海洋航线两种。有的地形图上也表示大湖中的航路。地图上常用短线(有的带箭头)表示河流通航的起始点，有的地图上还用数字注记注出通航船只的吨位。在小比例尺地图上，有时还标明定期和不定期通航河段以及适合通航但尚未开发的河段等，以区分河流航线的性质。

一般在小于 1∶50 万比例尺的地图上才表示海洋航线。海洋航线常由港口和航线两种标志组成。港口只用符号表示其所在地，有时还根据货物的吞吐量区分其等级。航线多用蓝色虚线表示，分为近海航线和远洋航线(图 4-62)。近海航线沿大陆边缘用弧线

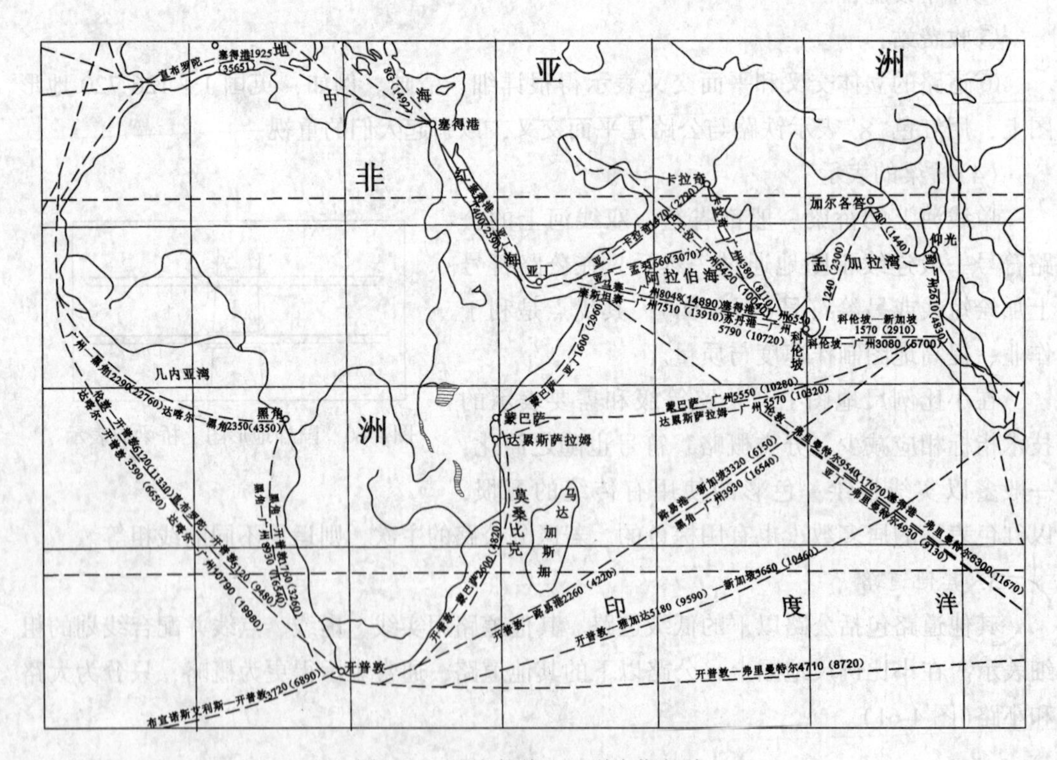

图 4-62　近海航线和远洋定期航线

绘出，远洋航线常按两港口间的大圆航线方向绘出，但注意绕过岛礁等危险区。相邻图幅的同一航线方向要一致，要注出航线起讫点的名称和距离，并尽可能在各航线的终点上注出一个航程所需的时间等。当几条航线相距很近时，可合并绘出，但需加注不同起讫点的名称。

三、空中交通

在普通地图上，空中交通(网)是由图上表示的航空站体现出来的，一般不表示航空线。

我国目前规定在大比例尺地形图上用符号表示民用和军用飞机场(航空站)，民用机场用真实名称注记，军用机场不注真名，而用附近较大的城镇名称作为机场名称。通往飞机场的道路、显示机场范围的铁丝网、围墙等需表示，而机场跑道、塔台、机库和指示灯等反映机场性质的设施都不表示。在中小比例尺地形图上仅表示民用机场。

国外许多地图，甚至在 1∶10 万地形图上都表示出城市的飞机场(有的还详细表示机场的跑道)，并用不同的符号区分机场与降落场，军用的与民用的，有坚固跑道的和其他跑道的，全年通航的和一年中部分时间通航的，水上基地和水上停泊处等(图 4-63)。有的还表示出机场的导航标志，如导航台的位置、呼号和频率等。

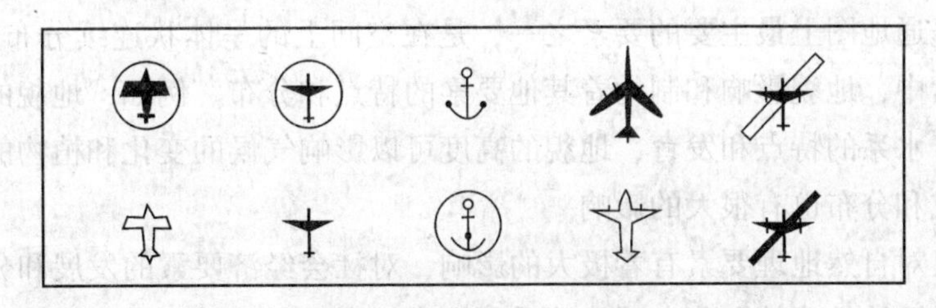

图 4-63　国外地形图上表示的航空标志举例

四、管线运输

作为输送物质用的管线，主要包括运输管道、高压输电线和供通信的陆地电缆、光缆。它们是交通运输的另一种方式，而且可以说是一种比较高级的运输形式。随着我国经济建设的快速发展，这种运输形式必定会以更快的速度发展，因此，管线运输在地图上的表示应该引起重视。

管道运输是现代工业发展的显著标志之一。它是一种安全、快速、节约的运输方式。这种运输方式在许多发达国家都有极其重要的地位，有的国家竟占全国货运量的一半以上。我国近年来也有很大的发展，如我国正在迅速发展的石油、天然气管道运输线即是。

管道运输有地面上、地下、甚至水下的。一般用线状符号加简明的说明注记来表示。我国地形图上目前主要表示地面上的运输管道，地下的运输管道只表示出入口。

现代地图上的管道不但要区分运送的货物(石油、天然气、水或其他)，还应该表示管道的线数、管道直径、泵位和气体加压站等。

高压输电线是作为专门的电力运输标志表示在地图上的。现代地图上要求区分高压输电线的强度(等级)，能源的类型，即热(火)电站、水电站、核电站、潮汐电站、地热电站、太阳能电站等。

目前，我国地形图上只用线状符号加简明注记表示出高压输电线的线数和电压等。在小比例尺地图上，一般都不表示了。

通信线也可以看作是交通网的一个组成部分。它在地图上的显示，对于人烟稀少及通信网不发达的地区是有价值的，一般只表示地面上的，地面下的不表示。

我国大比例尺地形图上，通信线是用线状符号来表示的，并同时表示出有方位意义的通信线杆。因为沿铁路线一定会有电话线，所以无须再表示。

有的国家表示得详细，除表示电话线外，还在地形图上标出邮电企业、电话局、无线电台等标志；有的国家的地形图上就根本不表示通信线。

在小于1∶25万的地形图上，只表示地面上管道和铺设于海底光电通信的电缆线。

第五节　地貌的表示

地貌是普通地图上最主要的要素之一，是在空间上的呈体状连续分布的自然要素。在地图各要素中，地貌影响和制约着其他要素的特点和分布。例如，地貌的结构在很大程度上决定着水系的特点和发育，地貌的高度可以影响气候的变化和植物的分布，地貌对土壤的形成和分布也有很大的影响。

地貌不仅对自然地理要素有着极大的影响，对社会经济要素的发展和分布也有着明显的影响。居民地的建筑和分布明显地受到地表形态的制约，通常平坦地区的居民地大而稠密，山区的居民地则小而分散；平坦地区居民地多均匀密布，山区居民地则多沿谷地及分水岭分布。平坦地区高等级道路多而平直，山区高等级道路少而多弯曲。

地貌在地图上的正确表示，对于国民经济建设来说，有着十分重要的意义。例如：铁路、公路、水库、运河等的勘测设计和施工需要提前考察地质地貌；地质部门根据图上所显示的地貌来填绘地质构造、岩层性质，用于寻找和开挖矿藏，水利部门利用图上表示的地貌制定水利规划和进行水利施工，等等。凡此种种，无一不与地貌发生密切的联系。

地貌在图上的表示，对军事也有极重要的意义。它是研究敌我双方战略部署和战斗行动的重要条件之一，部队运动、阵地选择、工事构筑、火器配置、隐蔽伪装、前沿观察等都受到了地形的影响。就是在信息化战争的条件下，地貌对军事行动也同样具有重要的意义。

地图上显示地貌的重要性，促使人们不断地去寻求和改进地貌在地图上的表示方法。从最早的写景符号概略地表示山地分布，到现在仍被公认为精确而便于量算的等高线法表示地貌，其间经历了几个世纪的探索和实践。

在二维平面上，只能用相应的线状和面状符号加以表示。到了数字地图时代，有了虚拟现实技术，使地貌表示真正实现了真三维并具有可交互性。

地图上地貌的表示方法主要有：写景法、晕滃法、晕渲法、等高线法、分层设色法和地景仿真法。

一、写景法

以(绘画)写景的形式概括地表示地貌起伏和分布位置的地貌表示法，称为写景法，又称透视法。写景法的特点是近大远小，近清晰、远模糊，适合于描绘任意区域。它是一种古老而质朴的地貌表示法。

在18世纪以前，写景法为中外各国所广泛采用，虽然形式不同、风格各异，但都属于示意性的表示法，而且成为当时地图上表示地貌的唯一方法。

马王堆三号汉墓出土的我国两千多年前的地图上，就有了这种写景法的最初的简单形式，以后逐步变为立体写景画法，许多地图都大同小异地运用这种形式表现地貌(图4-64)。

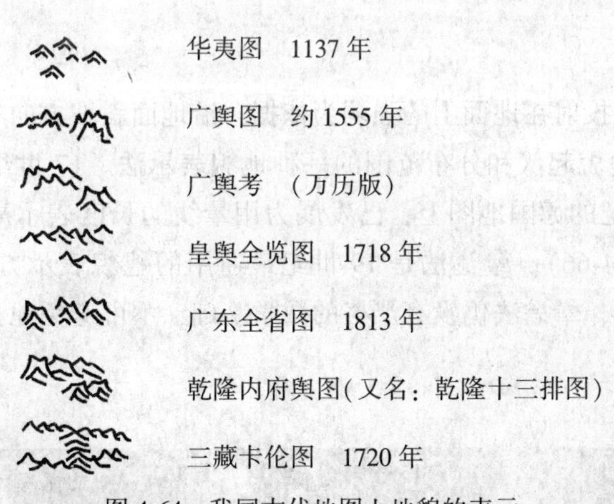

图4-64　我国古代地图上地貌的表示

15~18世纪，西欧的许多地图上，所采用的地貌显示法则是比较完善的透视写景法。用此法描绘的地貌，具有近大远小的透视效果(图4-65)。

古老的、示意性的地貌表示法，远不能适应现代用图的需要，所以等高线法问世之后，写景法就很少使用了。但是随着科学技术的进步，建立在等高线图形基础上的现代地貌写景法又有了很大的改进和发展。它已经脱离了过去的山景写意，而具备了一定的科学基础，有的甚至还有严格的透视法则。表示的地貌形态、位置、大小、高程、甚至坡度等都比较准确了。但是，此法表示的地貌仍无法进行精确的量度，只不过是示意的准确度提高而已。

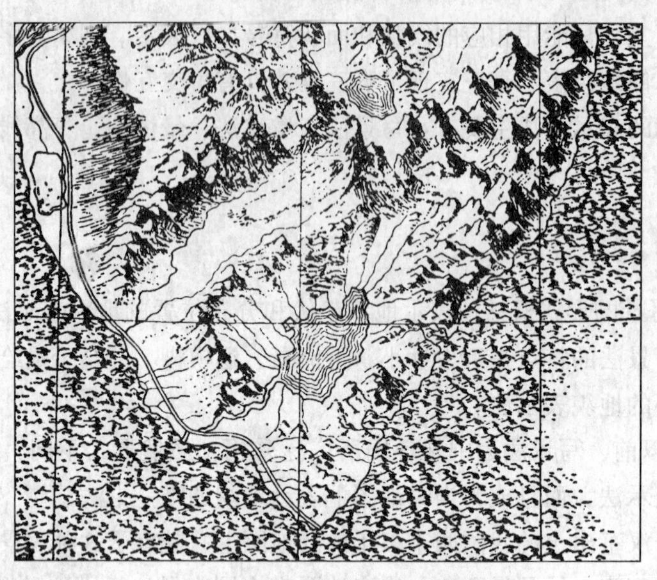

图 4-65　西欧地图上的地貌写景法

二、晕滃法

晕滃法是以光线投射在地面上的强弱为依据，沿地面斜坡方向布置粗细、长短不同的晕线(点)以反映地貌起伏和分布范围的一种地貌表示法。17 世纪已在欧洲的地图上开始使用，在 18 世纪的德国地图上，已发展为用晕线的长度表示高地的高度、粗细代表斜坡的倾斜度(图 4-66)。晕滃法是 19 世纪最通用的地貌表示方法，一直沿用到 20 世纪中叶。尽管如此，晕滃法仍没有严格的数学基础，不可避免地会渗入绘图者的主观见解。

图 4-66　晕滃法显示的地貌

根据光源与地面的位置关系可以把晕滃法分成直照和斜照两种。

直照晕滃是假定光源存地面的正上方，地面受光量的大小随地面坡度而变化，坡度越大，受光量越少。用不同粗细的线划组成的暗影来表示地面受光量的多少，可以在图面上显示出地面坡度的相对大小，且具有一定的立体感。所以，直照晕滃有时也叫坡度晕滃。

与直照晕滃法不同的斜照晕滃法，是假定光线由地平线上一定高度的固定光源射出，光线与地平面斜交，根据斜照条件按阳坡和阴坡的实际情况，用晕线的粗细和疏密表达出光辉暗影分布的地貌显示法。因为主要由背光部分暗影的大小、浓淡等来衬托地貌，所以又称暗影晕滃。

19 世纪国外的地形图几乎都是用坡度晕滃法来描绘地貌的，而暗影晕滃法则多用于小比例尺地图和地图集中。

图 4-67 是用直照和斜照晕滃法表示的地貌，其中左图为直照晕滃，右图为斜照晕滃。

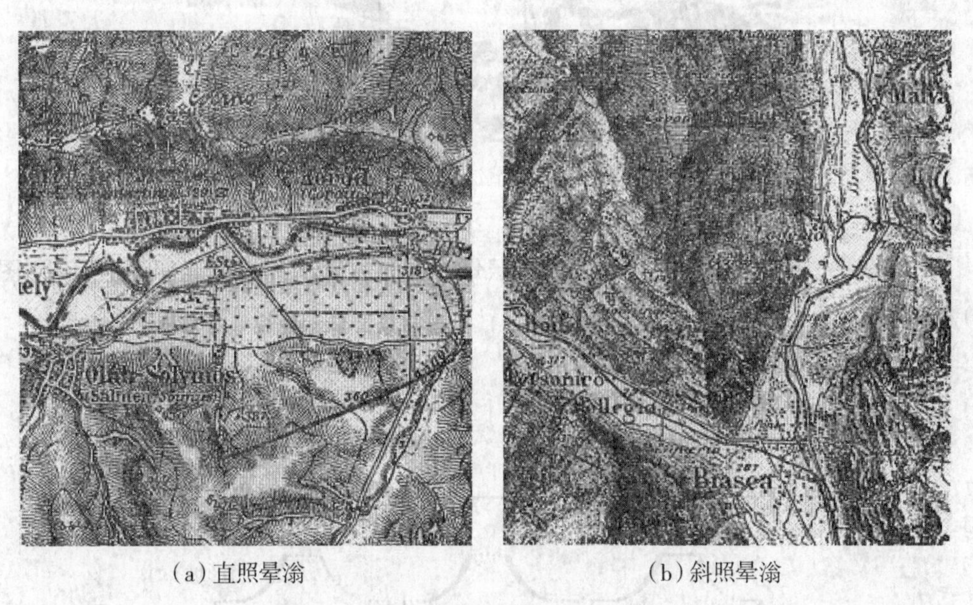

（a）直照晕滃　　（b）斜照晕滃

图 4-67　用直照和斜照晕滃法表示的地貌

地貌晕滃法比写景法更能反映出山地的范围，用直照晕滃法还能反映斜坡的坡度，但是绘制工作量相当大，要求技术水平高，同时制图人员主观因素的影响大，而且密集的晕线不仅难以描绘，还掩盖了地图的其他内容。尽管 19 世纪中叶多色印刷已出现，地貌晕滃常采用棕色、棕红色和淡灰色印刷，密集的晕线仍然影响图面的清晰。

三、晕渲法

晕渲法是根据假定光源对地面照射所产生的明暗程度，用浓淡不同的墨色或彩色沿斜坡渲绘其阴影，造成明暗对比，以显示地貌的分布、起伏和形态特征。图 4-68 即是用晕渲法所显示的地貌示例，给人很强的立体感。

晕渲法和晕滃法的原理完全相同，只不过是将晕线的粗细疏密改成墨色(或其他颜色)的浓淡而已。将极其精细的晕线描绘改成大片墨色(或其他颜色)的渲染，大大缩短了地图的制作周期、降低了成本，所以它很快代替了晕滃法，在 18 世纪下半叶就广泛地普及。

图 4-68　晕渲法表示的地貌

晕渲据其光源位置不同，可以分为直照晕渲、斜照晕渲和综合光照晕渲三种(图 4-69)。

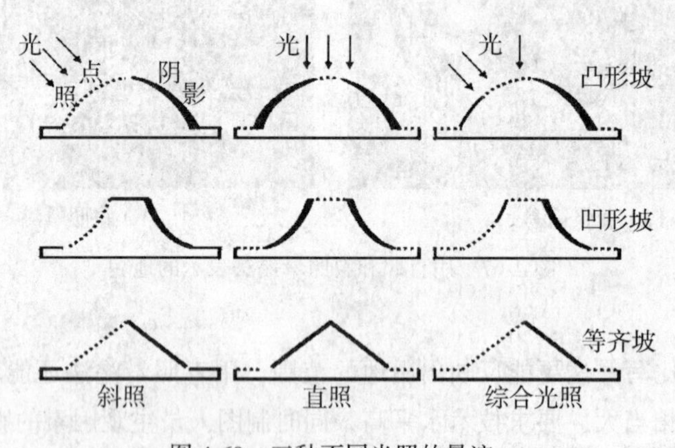

图 4-69　三种不同光照的晕渲

①直照晕渲：又称坡度晕渲。光线垂直照射地面，地表的明暗随坡度不同而改变。用墨色的浓淡显示地形的陡缓。

②斜照晕渲：光线斜照地面，产生明暗对比的变化。地图上用这种明暗对比来表现

地貌形态，立体效果较好，易为读者所接受。一般假设右上角45°光线斜照地面。

③综合光照晕渲：是采用斜照和直照晕渲相结合的方法来显示地貌。因为斜照晕渲的立体效果较好，所以通常以斜照晕渲为主要方法，对于某些局部(如受光部分中的深切河谷、陡坡、独立山体、微型地貌等)，斜照晕渲不易表达，则采用直照晕渲来补充。有时也用直照晕渲为主、斜照晕渲为辅的综合光照晕渲。

根据着色方法和数量的不同，可将晕渲分为单色晕渲、双色晕渲和自然色晕渲等。

①单色晕渲：是用一种颜色(色相)的浓淡变化反映光影明暗的一种晕渲法。它是应用最广泛的一种，多用棕灰、棕、青灰、绿灰、紫灰等。

②双色晕渲：主要指为加强地貌立体效果而采用明色(如黄色)渲染迎光面、用暗色(如青灰色)渲染背光面的晕渲。有时平原地区增加一种淡色(如灰色)为底来衬托山地的方法也属双色晕渲之列。

③自然色晕渲：是指色谱规律与晕渲法光照规律相结合，用各种色相及它们的不同亮度表现地貌起伏的晕渲法。例如，开发的平原以绿色色调为主，高原、荒地以棕黄色调为主，山区则有黄、棕、青、灰等色的变化，再加上明暗的区别，构成色彩丰富的画面。

自然色晕渲的图形同高空卫星摄影的地面彩色照片相似，但由于使用了概括的手段，所以地貌图形的结构更加突出，表达效果更好。

晕渲法的应用比较广泛，归纳起来有以下两个方面：

第一，作为一种独立的地貌表示法，用于小比例尺地图和专题地图上。

当要求显示全图区总体概况时，晕渲法表示地貌能收到很好的效果。所以，在地势图、典型地貌区域图、教学挂图、区域形势图、普通地理挂图等大型图幅上采用晕渲法表示地貌的占多数，特别是斜照晕渲的效果更好。有时甚至连行政区划图上都采用晕渲法概要地表示山地、平原的分布，提供一个地形底景。

只要求区域自然景色直观生动，而不要从图上获得很多关于地貌定性和定量指标的地图，也往往把晕渲法作为表示地貌的基本方法。

第二，作为一种辅助方法配合其他地貌表示法，适用于多种类型的地图上。

这时，使用晕渲法的主要目的是为了加强地貌的立体效果，晕渲色一般比较浅淡。

在地形图上，晕渲配合等高线，反映区域整体特征，加强立体效果。有一些国家的地形图把地貌晕渲列入“标准版”的规定内容，如瑞士、德国的地形图上已相当普遍。

也有一些国家根据地区的情况，只在部分图幅上加绘地貌晕渲，而大多数图幅上不用。

大区域的分幅参考图在等高线或分层设色表示地貌的基础上，加绘地貌晕渲，可以起到加强立体感的作用。

随着计算机技术、图形图像技术和空间可视化技术的发展，目前主要采用基于DEM数据自动进行地貌晕渲的方法。其基本原理是将地面立体模型的连续表面分解成许多小平面单元(如正方格网最大不超过0.25mm边长)，当光线从某一方向投射过来时，测出每个小平面单元的光照强度，计算阴影浓淡变化的黑度值，并把它垂直投影到平面上。由于是用小平面单元构成一种镶嵌式的图形，所以选定的平面单元越小，自动晕渲图像就越连续自然。

在我国，以往由于地形图数量大，增加晕渲版会延长地图作业和印制时间，提高成本。所以，国家地形图还没有规定加地貌晕渲。现在随着数字地图制图技术发展，可以四色印刷地形图，不需要增加晕渲版，基于 DEM 地貌晕渲制作也不费时，我国地形图应该可以考虑浅淡色的晕渲配合等高线表示地貌。

四、等高线法

等高线法几乎与晕滃法同时出现，它们都是以测量技术为基础而产生的。17 世纪末，等高线开始出现于城市平面图上的河床中，即现在所称的等深线。18 世纪末和 19 世纪初等高线才开始应用于地形测图上，等高线首先应用于法国的地图上。

作为独立的，而且具有科学和实用价值的地貌等高线表示法，直到 19 世纪后半叶由于迅速而精密的高程测量仪器的发展和等高线在工程、军事等方面实用价值的不断提高，在表示地貌中的地位才得以确立，并在地形图上迅速推广应用，直到如今仍被公认为是一种比较理想的地貌表示法。

等高线是地面上高程相等点的连线在水平面上的投影。等高线法的实质是用一组有一定间隔的等高线的组合来反映地面的起伏形态和切割程度。等高线之间的间隔在地图制图中称为等高距。等高距就是相邻两条等高线高程截面之间的垂直距离，即相邻两条等高线之间的高程差，可以是固定等高距(等距)，也可以是不固定等高距(变距)。由于小比例尺地图制图区域范围大，如果采用固定等高距，难以反映出各种地貌起伏变化情况，所以小比例尺地图上的等高线通常不固定等高距，随着高程的增加等高距逐渐增大；而大比例尺地图上的等高线通常采用固定等高距。

等高线的基本特点是：

①位于同一条等高线上的各点高程相等；

②等高线是封闭连续的曲线；

③等高线图形与实地保持几何相似关系；

④在等高距相同的情况下，坡度愈陡，等高线愈密；坡度愈缓，等高线愈稀。

用等高线表示地貌，是用一组有一定间隔(高差)的等高线的组合来反映地面的起伏形态。从构成等高线的原理来看，这是一种很科学的方法。它可以反映地面高程、山体、谷地、坡形、坡度、山脉走向等地貌基本形态及其变化，为工程上的规划施工、地学方面的分析研究、经济方面的自然环境调查、军事上战场地形保障等提供了可靠的地形基础。

地形图上的等高线分为首曲线、计曲线、间曲线和助曲线四种(图 4-70)。

首曲线又叫基本等高线，是按基本等高距由零点起算而测绘的等高线，通常用 0.1mm 的细线来描绘。

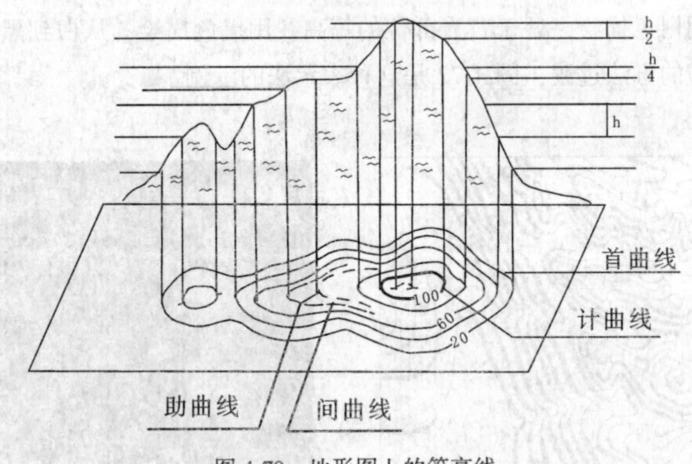

图 4-70 地形图上的等高线

计曲线又称加粗等高线，是为了计算高程的方便加粗描绘的等高线，通常是每隔四条基本等高线描绘一条计曲线，它在地形图上以 0. 2mm 的加粗线条描绘。

间曲线又称半距等高线，是相邻两条基本等高线之间补充测绘的等高线，用以表示基本等高线不能反映而又重要的局部形态，地形图上以 0. 1mm 粗的长虚线描绘。

助曲线又称辅助等高线，是在任意的高度上测绘的等高线，为的是表示那些别的等高线都不能表示的重要的微小形态，因为它是任意高度的，故也叫任意等高线，但实际上助曲线多绘在基本等高距 1/4 的位置上。地形图上助曲线是用 0. 1mm 粗的短虚线描绘的。

我们也常把间曲线和助曲线统称为补充等高线。

小比例尺地图上也分基本等高线和补充等高线，但它们的符号相同，只有在地貌高度表上才能辨认出来。

地图上的等高线附以示坡线表示其坡向。一个封闭的等高线图形，示坡线在外的是山顶，示坡线在内的则表示凹地。表示山顶的等高线与总倾斜的上方等高线同高，而凹地等高线则与下方等高线同高。

等高线的实质是对起伏连续的地表作“分级”表示，这就使地图产生阶梯感，而影响着连续地表在图上的显示效果。为了增强等高线表示法的立体效果，人们做了大量的探讨和研究，归纳起来有两种方法。一是采用其他辅助方法与之配合，以弥补等高线表示法立体效果较差的缺陷，例如，使用高程注记、地貌符号、晕渲等是最常用的辅助方法；另一种是在等高线本身上下工夫，如采用粗细等高线和明暗等高线的手段来增强其立体效果。

所谓粗细等高线，即指将处于背光部分的等高线加粗，形成暗影，从而增强等高线立体效果的一种措施。图 4-71 是粗细等高线的一个示例。

另一种是 19 世纪末提出的明暗等高线法。它是使每一条等高线根据其受光位置的不同而绘成黑色或白色，从明显的对比中获得地貌立体效果。具体的做法是将处于受光部位的等高线用白色描绘，处于背光部位的等高线用黑色描绘，从白到黑中间可以采用线条变细、变虚的方法过渡，图 4-72 是这种表示法的示例。

图 4-71　粗细等高线

图 4-72　明暗等高线

等高线表示地貌有两个明显的不足，一是缺乏视觉上的立体效果，二是两等高线间的微地形无法表示。为了增强等高线表示法的立体效果，一般是采用其他辅助方法与之配合，以弥补等高线表示法立体效果较差的缺陷，例如，使用晕渲、高程注记、地貌符号是最常用的辅助方法。地图上有一些特殊地貌现象或两等高线间的微地形，如陡崖、冰川、沙地、火山、石灰岩等，必须借助地貌符号和注记来配合和补充表示。

五、分层设色法

地貌分层设色法是以等高线为基础，根据地面高度划分的高程层(带)，逐层设置不同的颜色，表示地貌起伏变化。其相应图例称为色层表，用以判明各个色层的高度范围。

分层设色法可以补充等高线的某些缺陷。它使高程带表示得十分明显，增强了高程分布的直观性，如果设色时能够利用色彩有规律变化的立体特性，会增强地貌表示的立体效果。

分层设色的立体效果，主要靠有规律的组配色层来实现。例如，依据色彩的视觉规律，采用“越高越亮”的原则设色；依据光照规律，用“越高越暗”的原则设色等。通常，“越高越暗”的设色原则运用得比较广泛，因为随高程(及坡度)的增大，所用的颜色也越暗，使图上地貌产生起伏的视觉，同时，这种做法与“越高越亮”的设色原则相反，有利于平原、丘陵地区及其他要素的表示(图 4-73)。

分层设色地图大致有两种形式：

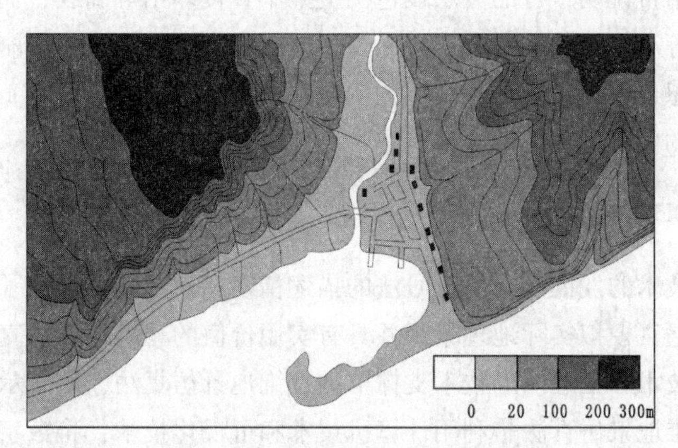

图 4-73 “越高越暗”分层设色法

(1)全图分层设色

在全图区内，从深海到高山，区分不同的色层表示地貌，而不使图面上存有“空白”。大多数分层设色图是采用这一形式的。这样，图面完整，地貌起伏清楚。具有代表性的是地势图，区域性的地势图也常采用，不过因为地势图的重点不在地貌，所以分层设色的色调以浅淡为好，以免影响其他要素的表示。

(2)局部分层设色

图上局部使用分层设色法表示地貌的情况也屡见不鲜。常见的有以下几种：

①陆地部分使用分层设色，海洋部分不用。航空图上经常采用此法，这是从航空的实际需要出发的，因为海底的起伏变化对于目视领航没有什么实际意义。

②海洋用分层设色，而陆地不用。这是为表示海洋底部起伏的地图所常常采用的方法。

③在陆地或海洋的高(深)度表中，局部地套印若干色层。近年来，很多地图采用这样的分层设色法，其优点是色层可以比较少，套印在关键性的高程部位上，读图效果较好，只是地貌的整体性差些。我国出版的一种彩色海图，用两级淡蓝色(平色和网线)表示沿海干出滩外缘至10m、10m至20m的两个深度层，不但突出了海岸轮廓，也增加了近海水深分层的清晰性，有利于航海。

④以区域(政区、自然区)为界，区内分层设色，区外用平色，其目的是突出地图的主区。区外不是编图目的所在，不用分层设色。但是，在边界处变换表示地貌的方法，会给人以不连续的感觉。此法常见于专题地图集中和单幅小区域挂图上。

⑤编图资料可靠地区用分层设色，缺乏资料或精度不可靠的地区不用分层设色。这是有些国家的航空图上常常采用的方法，以期明显区分地图上地貌的精度差别，引起领航员的警惕。

总之，局部使用分层设色的方法都有明确的目的性，全图视觉上的完整统一置于次要地位，而把某项内容或在某一地区用分层设色来加强。

最后，还要附带说明，有的分层设色图上并不直接印出等高线，而只是靠两相邻色层相交自然形成等高线，其方法的实质不变。此法省去了等高线的印刷、减少了地图的容量，图面连续感也较好，只是等高线的明显性稍差。

分层设色法的关键是合理地选择高程带和色层表。

六、地景仿真法

随着计算机技术的发展，写景符号法的描述精度和表现效果得到了极大的改进，现已发展成为可以逼真模拟实际地理景观并具有实用价值的三维地景仿真法。

在虚拟现实技术和三维图形技术支撑下的三维地景仿真法，所表示的地貌具有生理立体视觉感。三维地景仿真法是利用计算机技术和可视化技术，将数字化的地貌信息用计算机图形方式再现，加上双眼立体观察设备(头盔、数据手套、三维鼠标、数据衣等)，使地貌具有真三维立体感。三维地景仿真法有如下特点：

(1)基于数字信息的表示方法

地貌信息以数字信息的方式记录在计算机的存储介质中，如磁盘、光盘等，是快速量算和自动分析的基础，可直接参与各种数学模型和分析模型的计算。

(2)真三维空间特征表示

建立在三维模型基础上的真三维空间表示，在显示效果上更加符合人眼观察地貌的规律，借助于一定的设备，更能让人产生“身临其境”的感觉，从而实现大多数读图者在读图时想“进入地图”的愿望，从而使人们对地貌信息的接受更加自然。

(3)实时动态性

数字地貌虚拟表示则可放大、缩小、漫游、旋转，甚至“飞翔”。借助虚拟现实的技术和设备，更能产生逼真感，满足实时显示的要求。

(4)可交互性

一般的数字地貌表示的交互是有限的，数字地貌虚拟表示在虚拟环境中可借助专门的设备(头盔、数据手套、操纵杆等)进行交互式操作，获取新的信息。

(5)多比例尺(多分辨率)

三维数字地貌表示可以根据需求任意变化比例尺(图4-74)，并可在数学模型和分析模型的基础上，对地貌进行精确的量算和分析。

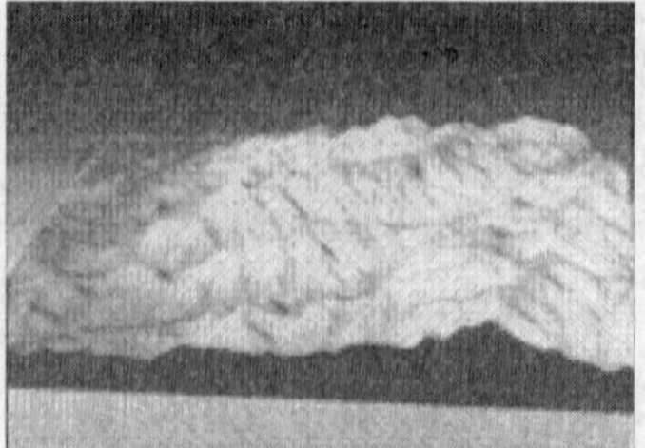

图4-74　不同分辨率的三维地貌

地景仿真具有可进入、可交互的特点，与这种环境(也是一种地图)打交道，用户能够产生身临其境的感觉，大大提高环境认知的效果。虚拟现实用于地形环境仿真并最终形成地景表示方法，是人类对环境认知的深化与科技进步的必然结果。图4-75是根据数字高程模型数据，用遥感影像作为纹理建立的三维地貌图；图4-76是根据数字高程模型，用航空影像作为纹理生成的三维地貌图，从而大大扩展了地图的空间表现力。

图4-75 遥感影像作为纹理生成的三维地貌

图4-76 航空影像作为纹理生成的三维地貌

七、地貌符号与地貌注记

地貌符号与地貌注记作为等高线显示地貌的辅助方法被广泛地应用于普通地图上。

1. 地貌符号

地表是一个连续而完整的表面。等高线法是一种不连续的分级法，用等高线表示地貌时，尽管有时还可以加绘补充等高线使分级的间距减小，仍有许多小地貌无法表示，需用地貌符号予以补充表示。这些微小地貌形态可归纳为独立微地貌、激变地貌和区域微地貌等。

图4-77是普通地图上常用的地貌符号示例。

独立微地貌是指微小且独立分布的地貌形态，如坑穴、土堆、溶斗、独立峰、隘口、火山口、山洞等。由于它们形态微小且独立分布，图上大部分是采用不依比例尺符号来表示，符号中心要与实地上位置一致，有的还要注出比高或其他的说明性注记。有些形态(如溶斗)还要显示其分布范围与分布特征。

激变地貌是指较小范围内产生急剧变化的地貌形态。如冲沟、陡崖、冰陡崖、陡石山、崩崖、滑坡等。它们大多能依比例尺表示其分布范围、长度和上下边缘线的位置，当其不能依比例尺表示时，要力求表示上边缘线的正确位置，还要求显示表面的性质(石质或土质)、陡缓程度和高度等。

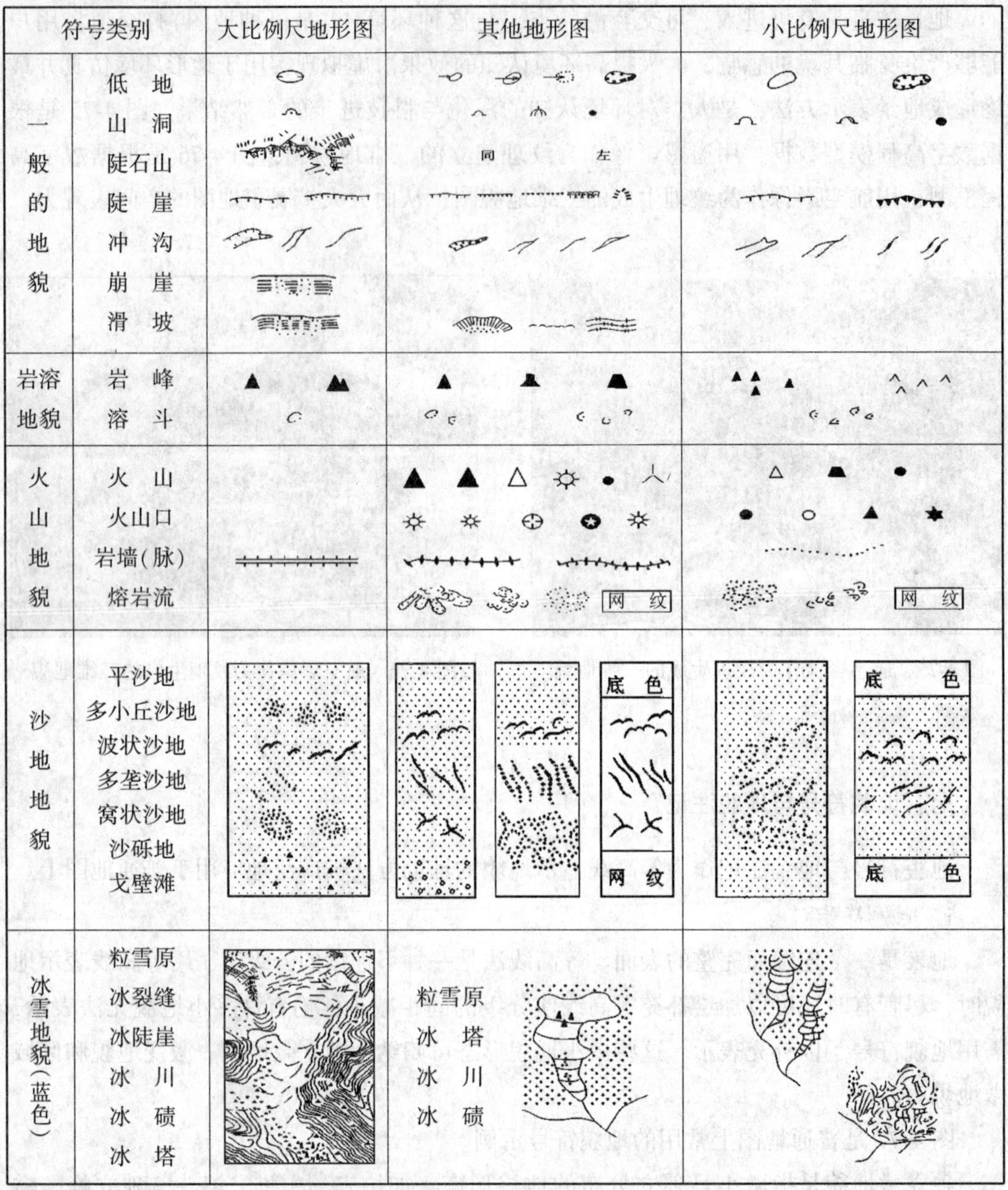

符号类别		大比例尺地形图	其他地形图	小比例尺地形图
一般的地貌	低地			
	山洞			
	陡石山		同 左	
	陡崖			
	冲沟			
	崩崖			
	滑坡			
岩溶地貌	岩峰			
	溶斗			
火山地貌	火山			
	火山口			
	岩墙(脉)			
	熔岩流		网纹	网纹
沙地地貌	平沙地		底色	底色
	多小丘沙地			
	波状沙地			
	多垄沙地			
	窝状沙地			
	沙砾地			
	戈壁滩		网纹	底色
冰雪地貌(蓝色)	粒雪原		粒雪原	
	冰裂缝		冰塔	
	冰陡崖		冰川	
	冰川		冰碛	
	冰碛			
	冰塔			

图 4-77 普通地图上常用地貌符号示例

区域微地貌是指实地上高差较小但成片分布的地貌形态，如小草丘、残丘等，或仅表明地面性质和状况的地貌形态，例如，沙地、石块地、龟裂地等。前者高度虽小，但总是起伏不平的。后者往往起伏甚微，只是表明土质的类型一样，故许多地方又将其划入“土质”之内。这两种现象都呈区域分布，符号不是按实地位置配置的，而是在其分布范围内示意性地配置相应符号，资料若许可时还可用符号的分散与集中反映实地上的相对密度。

随着用图要求的提高，地面实测资料更详细、精确，很多重要的地形碎部有可能在地图上确定其位置和性质，这就给各部门使用地图提供了极大的方便。这些碎部又大多数是不能用等高线表达出来的，所以中外地图上都有加强地貌符号的趋势。

加强地貌符号的重点是增加数量和定位、定性。由于需要用符号表达的地貌要素的数量增加，有限度地增加地貌符号的数量是必需的。我国早期的地形图对于冰雪地形表示很简略，待到冰川考察进一步深入之后，发现许多冰川微地形（冰裂隙、冰陡崖、冰碛、冰塔、冰塔丛等）极其生动多样，形成特殊的地理景观，在后来的地形图上增加了冰雪微地形的表示。

同时，国内外的小比例尺地图上地貌符号的使用也日益增多，在一定程度上弥补了等高线法由于等高距的增大而无法详细表示的不足。

过去地貌符号较多地注意描绘的艺术效果，而对于所表达内容的范围和位置却只是示意性的，现在，不但要加强符号的艺术性，而且更强调其准确定位（如不能以等高线表示的山头定位、隘口定位、沙垄定位等）和定性（如沙地中沙丘的形状、类型等）。

2. 地貌注记

地貌注记分为高程注记、说明注记和地貌名称注记。

高程注记包括高程点注记和等高线高程注记。高程点注记可以作为等高线的一种辅助手段，用来表示等高线不能显示的山头、凹地等，以加强等高线的量读性能。可以设想，没有高程注记，等高线图形也就失去其大部分意义。地形图上高程点注记选注密度视地区情况而定。高程点注记多选在山顶点、最低点、鞍部点、倾斜变换点等部位。等高线高程注记则是为了迅速判明等高线高程而加注的，其数量以迅速判明等高线的高程为准。等高线注记应以斜坡的上方为正方向，选择在平直斜坡，以便于阅读的方位注出，因此尽可能不要注在向北的斜坡上，以免字体倒置。国外许多地图上无此规定，任意注出。

说明注记是为了说明符号所代表物体的比高、宽度、性质等，与符号配合使用。

地貌名称注记包括山峰、山脉注记等。图幅内一切重要的山顶和独立山峰的名称都应尽量选注在地图上。并根据其意义和绝对、相对高度选择不同的字大。山峰注记用无间隔水平字列注出，山峰名称多和高程注记配合注出。山脉名称是指绵延数百里或数十里的大、中、小山脉和支脉的地理名称。地图上山脉名称沿山脊中心线采用有间隔的屈曲字列注出，两相邻字间不应超过字大的4~8倍。过长的山脉应重复注出其名称。

第六节　土质、植被的表示

土质是泛指地表覆盖层的表面性质（它不同于地理学中的土壤），植被则是地表植物覆盖的简称。它们是两个迥然不同的概念，但因其同是地表的覆盖层，在地图上的表示方法和综合特点上又有很多相似的地方，所以，在地图制图中通常把它们放在一起介绍。

土质、植被是自然景观中的基本要素之一。地图上表示土质、植被有着很大的实际意义。

地图上表示土质、植被的分布状况以及它们的质量和数量指标，可以为制定开发自然资源的规划以及为经营管理、了解地面的通行和通视程度，确定各种工程施工的难易和地基的坚固程度等提供详细的资料；在军事上，为部队的通行、通视、定位、掩蔽、宿营、战斗等提供丰富的参考资料；此外，地图上表示土质、植被，还为农业、林业科学研究提供土壤、地貌、水系和气候等相互制约关系的资料，为地区自然条件的综合研究和利用以及改造自然条件的规划提供资料。

1. 土质的主要类型

根据地表覆盖层表面特性，结合植被的情况和通行程度等，土质可以区分为以下几类。

(1)沼泽、湿地

沼泽、湿地是地面过于潮湿，其上覆盖着一层湿泥层，并生长着喜水植物的地段。由于沼泽的水可能覆盖着地表，也可能只含于泥土中，可能是“死水”，也可能是“活水”，所以现行的地形图图式(2006 年版)把沼泽、湿地从土质中单独区分出来，另成一类，放到水系要素类。

根据沼泽中生长植物的情况，可将沼泽区分为森林沼泽、草苔沼泽、苔藓沼泽和夹杂有微地貌的混合沼泽等几类。

根据沼泽覆盖层的性质，在地形图上可区分为盐碱沼泽和泥炭沼泽。

根据沼泽通行程度，在地形图上可区分为能通行的沼泽和不能通行的沼泽两类。过去地形图上还区分一类通行困难的沼泽。

能通行的沼泽：沼泽中分布有致密的泥炭层，其深度为 0.3~0.5m，大部分地段生长着草本及其他植物，负荷能力大，易于通行，积水面积(水潭)不超过沼泽总面积的 20%。

不能通行的沼泽：沼泽中水量充足，积水面积较大，杂草丛生，软泥层厚，负荷能力很小，不能支持人体的重量。

(2)沙地

沙地属于土质还是属于地貌，至今尚有争议。从地表覆盖层的性质上看，沙地属于土质类较为合理；但从沙地的起伏及形态在现代地形图上显示意义的增强，又可将它列入地貌之中。在我国地形图上，都是把各种沙地列入“地貌”之中。

(3)沙砾地、戈壁滩

沙和砾石混合分布的地表称沙砾地；地表面几乎全为砾石覆盖的称戈壁滩。

(4)石块地

岩石受风化作用而形成的碎石块分布的地段。

(5)盐碱地

指地面盐碱聚积，呈灰白色，草木极少的地段。

(6)小草丘地

指在沼泽地、草原和荒漠地区，长有草类或灌木的小丘成群分布的地段。

(7)残丘地

是由风蚀或其他原因形成的成群的石质和土质小丘地段。

(8)龟裂地

指荒漠地区或淤泥质海岸的后滨，地表土质为黏土或淤泥的低洼地段，雨后一片泥泞，干燥季节则干裂成坚硬的龟壳形块状的地段。

2. 植被的主要类型

植被可分为天然的和人工的两大类。

(1)天然植被

主要包括成林、幼林、疏林、灌木林、竹林、草本植物等。

成林：林木进入成熟期、郁闭度(树冠覆盖地面的程度)在0.3以上、林龄在20年以上的，已构成稳定的林分(林木的内部结构特征)能影响周围环境的生物群落的树林，称为成林。成林按品种可以分为针叶林(松、杉、柏等)、阔叶林(桦、枫、栎等)和混合林等。

幼林：林木处于生长发育阶段、通常林龄在20年以下的，尚未达到成熟的林分。在地形图中，苗圃也放在幼林类中。加注“幼”、“苗”来区分。

疏林：是树木比较稀疏的林地。树木的郁闭度在0.1~0.3。

灌木林：是指成片生长的灌木丛，它是一种长得不高、无明显主干、树杈丛生的木本植物。灌木林按通行程度可分为密集的与稀疏的两种；按性质还可区分为有刺与无刺两种；还可按其他特性分类。在地形图中，攀援崖边的藤类也按灌木林表示。

竹林：是竹子生长比较茂密的地段。天然长不高的成片小竹丛，按灌木林表示。

草本植物：在制图中通常区分高草(芦苇、席草、芒草和芨芨草等高杆草本植物)地、草地等。

(2)人工植被

地图上通常区分为经济林和经济作物地。

经济林：指以生产果品、食用油料、饮料、调料、工业原料和药材为主要目的的树木，如果园、茶园、桑园和橡胶园等。

经济作物地：指由人工栽培的、种植比较固定的多年生长植物，如甘蔗、香蕉、菠萝、麻类、啤酒花、香茅草、药材等经济作物。

稻田、旱地和水生作物地也常归并到植被类中。

3. 土质和植被的表示法

土质、植被是一种面状分布的物体。在地图上通常用地类界、说明符号、底色、说明注记或相互配合来表示(图4-78)。

地类界：指不同类别的地面覆盖物体的界限。在地形图上，对一些经济、军事等方面意义较大，实地轮廓又比较明确的物体(如森林、竹林、灌木林等)采用点线绘出其分布范围，即地类界符号。地类界颜色与所表示的地物颜色一致。

地类界与地面上有实物的线状地物(如河流、道路等)为界时，以该地物的线状符号为地类界，不再另绘地类界符号。当与地面无形的线状符号(如境界、架空管线、地下管道、电力线、通信线等)重合时，线状符号不能代替地类界，这时应将地类界移位0.2mm绘出。与等高线重合时，可压等高线。

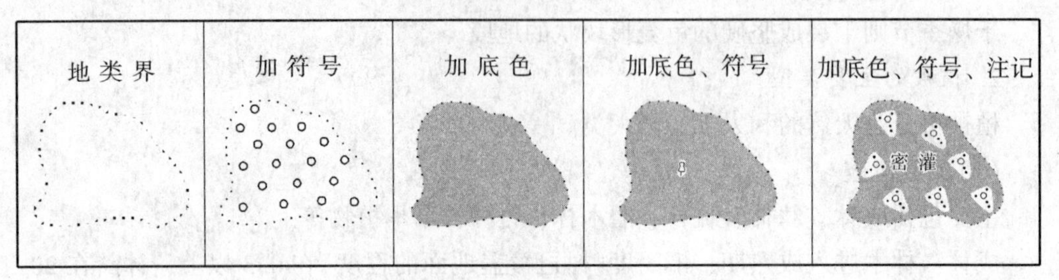

图4-78　土质和植被的表示

底色：植被中较重要的森林、矮林、幼林、苗圃、竹林、密灌林和经济作物等，都用绿色(网点、网线或平色)。国外一些地形图上，沙地等符号也有用网点印出的。

说明符号：多用侧视象形符号说明植被的种类和性质，可以表示小面积、狭长和大面积分布。大面积分布的植被说明符号有整列式和散列式两类，土质中(除依比例的外)多采用散列式的符号。

说明注记：在大面积土质、植被分布范围中，往往还加注一些质量和数量方面的指标，例如树种，树的平均高度、平均粗度，竹林和密灌林的平均高度的说明注记。在地理名称比较稀少的地区，有时还加注大面积植被、土质的区域名称注记。

表4-5是在大比例尺地形图上表示植被物体的举例。

各国地形图上，植被的表示法大体相同。即使有点差别，也多是地域不同所致。国外地形图上植被的表示有以下几个特点：

①地类界有许多不同的表示法。例如，不少国家用细实线(如绿色、黑色等)描绘植被的范围，既好绘，又明显；也有一些国家的地形图上不绘地类界，以其底色(包括绿平色、绿网线和绿网点)为界，此法虽然简单，但往往清晰性不够，特别是网线和网点所构成的色块，清晰性更差；还有一些国家(如法国)的地形图上对公园界线特别重视，用宽且鲜艳的绿色色带(晕边)来显示，成为第一层平面的内容。

②绿色符号系统。很多国家地形图上的植被符号，全部采用绿色符号系统。通常使用绿色的符号和说明注记、配合绿色网线(或网点、绿平色)，再加上绿色范围线，类别清晰，又便于同一色版印刷。有些国家(如德国)的林区面积，印以荧光绿色，更加明显。

③色块与符号相配合。国外许多地形图上表示植被分布范围时，除用网线或网点使之形成区域底色外，往往还配合散列式的说明性符号，说明植被的种类，明显性加强，

也显得生动。当然，图面载负量和制图工作量有所增加。

表 4-5　　　　　　　　大比例尺地形图上植被的表示

		森　林	竹　林	密集灌木林	疏林、草地	高草地
大面积的	地类界	$>10mm^2$ 点绘地类界	$>10mm^2$ 点绘地类界	点绘地类界		
	底色	$>10mm^2$ 加绿色	$>10mm^2$ 加绿色	加绿色		
	符号	配置树种符号	$>10mm^2$ 散列配置符号	散列配置符号	同左	$>10mm^2$ 散列配置符号
	注记	①$>4cm^2$ 注出树名、平均树高粗度 ②大面积的，每隔 $100cm^2$ 重复注记一次	①$>1cm^2$ 加注“竹”及平均高 ②夹杂在其他植被中$>4cm^2$ 加注	$>4cm^2$ 分别加注“密灌”“有刺密灌”及平均高度		$>2cm^2$ 加注名称
小面积的	符号	$<10mm^2$ 的森林(幼林、苗圃)	$<10mm^2$	$<10mm^2$		$<10mm^2$ 且有方位意义的
狭长的	符号	宽度$<1.5mm$(长度$>2cm$的狭长林加注平均树高)	宽度$<1.5mm$	宽度$<1.5mm$		不表示

有的国家地形图上对植被表示得很概略，区分种类较少，往往只用底色表示其分布范围，对于数量方面的特征(如树高、平均粗度等)一般均未详细表示；少数国家的地形图却表示得较详细，如法国 1∶5 万地形图上，用绿色符号串十分详细地表示了实地行树的分布，因而图上密如蛛网，对图面清晰性有一定影响。

土质因其本身的意义降低和实地界线不很明确，通常在地形图上用说明符号和注记来表示，而且多用散列式符号概略布置在所分布的区域中。例如，龟裂地、残丘地、小草丘地、盐碱地等即是。图 4-79 是国外地形图上土质符号的举例。

随着地图比例尺的缩小，地图上表示的土质、植被种类迅速减少。例如，在小比例尺地图上一般只能表示出成林(用绿色)、沙漠(用棕色沙点)等大的类别。其表示方法没有发生实质性的变化，只不过更简化而已。

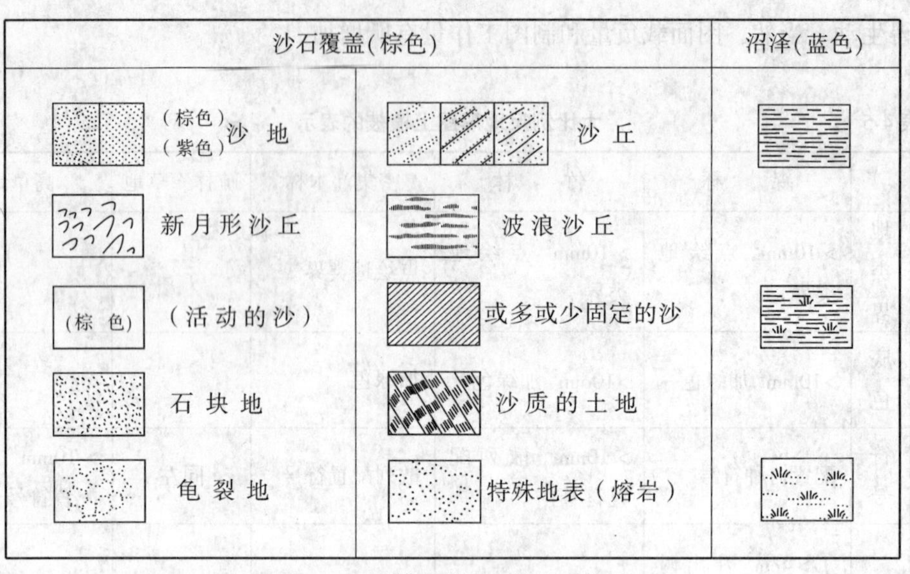

图 4-79　国外地形图上的土质符号

第七节　境界的表示

境界是一种区域范围与另一种区域范围的分界线，它也是普通地图上的重要要素之一。

一、境界的分类

普通地图上，境界可以分两大类：政区境界与其他境界。

政区是政治行政区划的简称。它包括政治区划和行政区划两种。

政治区划主要是指国家领土的划分，其界线即为国界。有些国家之间由于存在着争议地段，图上则有国界(指已确定的国界)与未定国界之分。特殊地区界也是一种政治区划界线，例如，巴勒斯坦地区界、克什米尔地区的印巴军事停火线、朝鲜半岛的南北军事分界线。

行政区划是指国内行政区域的划分，其界线统称为行政区划界。由于国家的社会制度和行政组织不尽相同，各国都有自己的行政等级与名称。例如，我国有省级行政区界、特别行政区界(香港、澳门)、地级行政区界、县级行政区界、乡级行政区界。

其他境界包括开发区界、保税区界、自然文化保护区界、火线界、禁区界、旅游和园林界等一些专门的境界。

二、境界的表示

地图上所有境界都是用不同结构、不同粗细及不同颜色的点线符号来表示的(图4-80)。

国　界	行政区界	其他界

图 4-80　表示境界的符号示例

境界线大多数采用对称性的线状符号来表示，只有一些独立区域界(如保护区界、河流流域界等)才使用不对称的方向性符号。因为一般政治行政区之间彼此是同等级的，不宜使用单向符号。

地图上的政治区划界线(主要指国界)、行政区划界线，都要配合行政中心和注记才能反映政治和行政区划。在大比例尺地图上，因为每幅图包括的区域小，图上主要是穿幅境界，看不出政治、行政区划的整体范围；小比例尺地图上，包括的区域范围广大，境界和行政中心、注记(或表面注记)配合，政治、行政区划概念就明显突出。

为了增强区域范围的明显性，在中小比例尺地图上，往往将重要的境界符号配合色带(晕边)来表示。色带的颜色以紫色或紫红色的居多。色带的宽度一般要根据地图的内容、用途、幅面、区域大小等来确定。在陆地范围内，不管境界符号是否跳绘，色带均按实际中心线连续绘出。在海部范围，色带则配合境界符号绘出。

色带有绘于区域外部、区域内部和跨境界(骑境界)符号三种形式(图 4-81)。以单独的政治、行政区域为主题的单幅(或拼幅)地图，其色带多绘于主区界线的外部，以求主区范围突出、内部清楚。也有将色带绘于主区内部的，但效果很差，一方面有使主

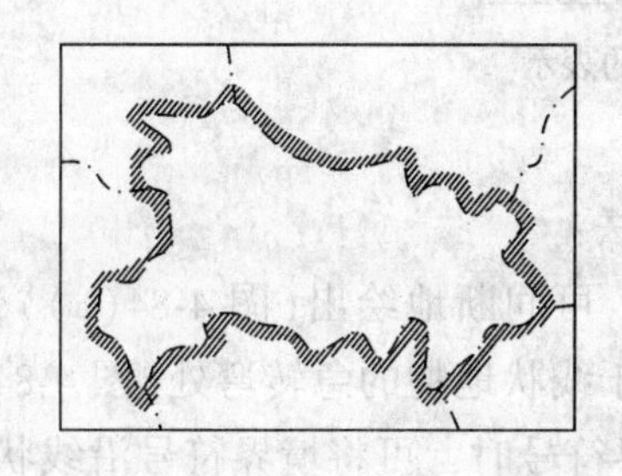 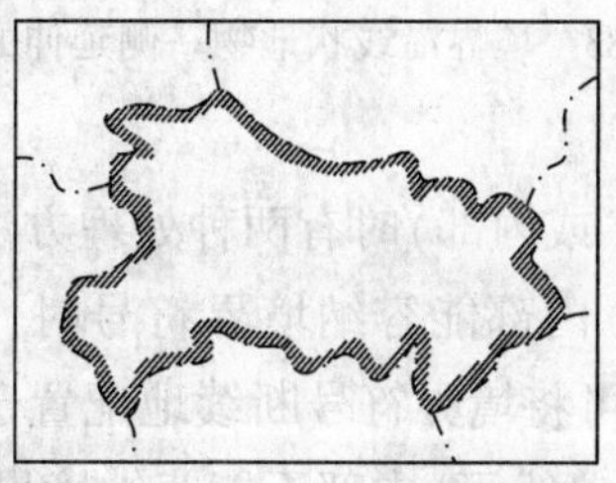 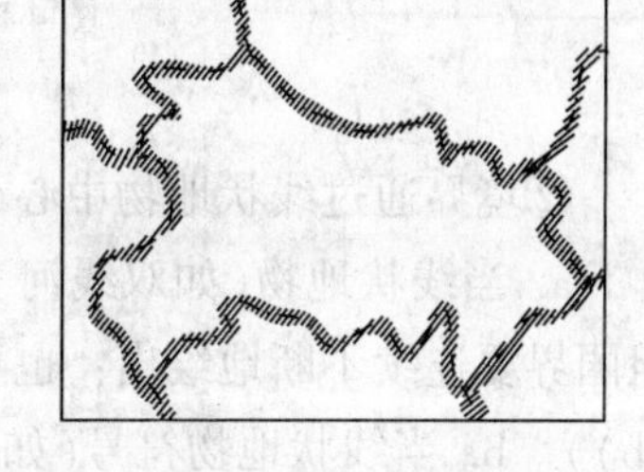

图 4-81　色带的配置方法

区变小的感觉，另一方面影响主区边界地带内容的显示。表示同等级区域的色带则用跨界符号。绘丁区域外和跨界的两种画法也常常配合使用，例如，国家地图中国界色带绘于区外，省界色带(宽度小些)用跨界符号。

在地图上应十分重视境界表示的正确，以免引起各种领属的纠纷。尤其是国界线的制作，更应慎重、精确，要按有关规定并经过有关部门的审批，才能出版发行。境界线转折，应用点子或实线段来表示；境界交会时的画法应有明确的点位(图 4-82)。

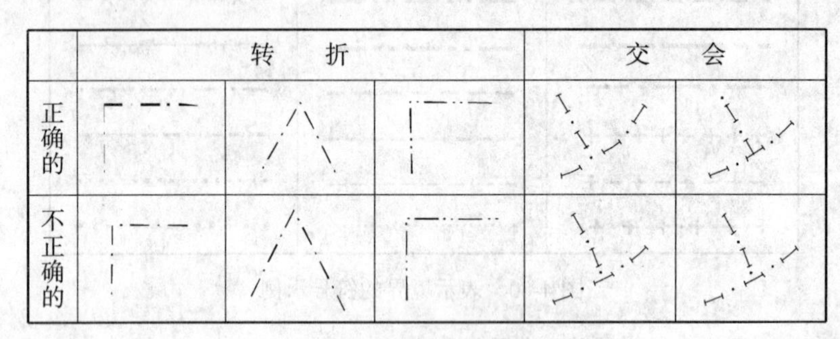

图 4-82　境界线的转折与交会表示

三、境界与其他要素关系的处理

在陆地，境界符号应连续不断地全部绘出。

境界沿某物体通过时，与其他要素的关系按下述原则处理：

①境界位于线状地物(河流、运河及道路等)一侧时，应将境界符号不间断地描绘于线状地物的一旁(图 4-83)。

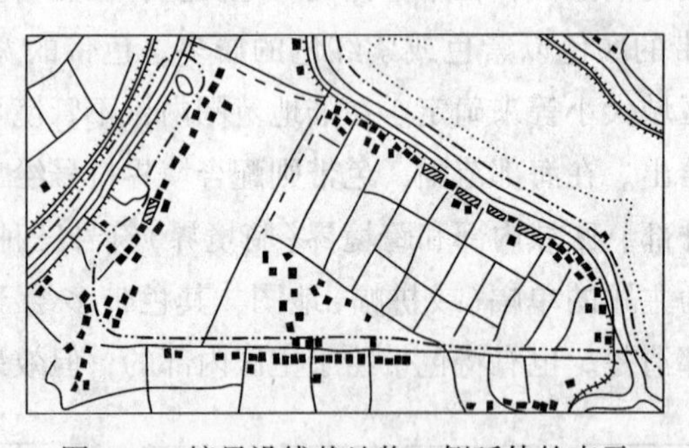

图 4-83　境界沿线状地物一侧延伸的表示

②境界通过线状地物中心(或内部)时有两种处理方法：

a. 当线状地物(如双线河)内部能容纳境界符号时，可间断地绘出(图 4-84(a))，但国界要连续不断地绘出；也可将境界符号断续地配置于线状地物的急转弯处(图 4-84(b))。b. 当线状地物符号(如单线河)内部不能容纳境界符号时，可将境界符号沿线状地物符号的两侧跳绘(图 4-84(c)和(d))。

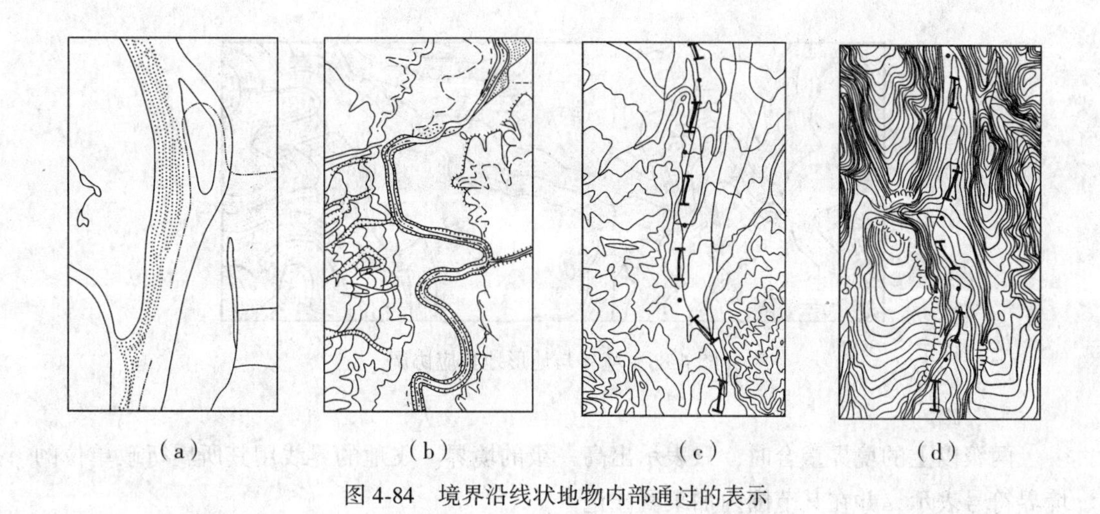

图 4-84　境界沿线状地物内部通过的表示

以上三种情况一般认为是境界在实地是从线状物体的内部通过(如沿河流的主航道或中心线)，各方的主权划分是清楚的。在特殊的情况下，界河上的水域为两国共管公用，不能以河中的某条线来划分主权范围，这时境界线交替绘在河流的两侧，在河流的支流部位也要画出明确的界线(用细实线绘出)，河中岛屿则用说明注记标明其归属(图 4-85)。

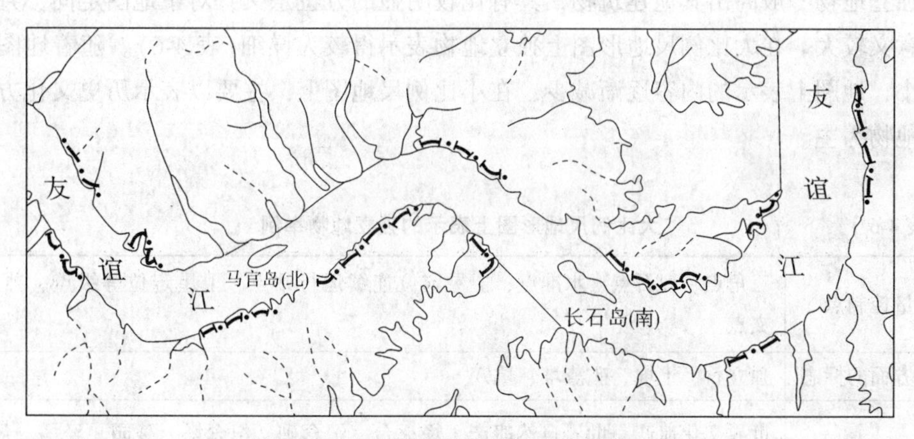

图 4-85　在水域共管的界河上境界的表示

③境界与经纬线相重合，一般规定只绘境界符号，但也有的国家两者都绘。

④境界沿分水岭(山脊)或其他地形线通过时，要注意境界线与地形地势(地貌等高线图形)的协调(图 4-86)。境界符号(特别是国界符号)所压盖的小山头应夸大显示。

境界与行政中心、名称注记有如下关系：凡表示界线的区域，通常都应绘出行政中心所在地；但是，表示了行政中心的，却不一定要表示相应的境界，因为有时并不一定需要精确表示行政中心所辖属的区域范围。

图 4-86 境界与地形地势应协调

两级以上的境界重合时，只表示出高一级的境界。飞地的界线用其所属行政单位的境界符号表示，并在其范围内加隶属注记。

第八节 独立地物的表示

在实地形体较小，无法按比例表示的地物，称为独立地物。地图上表示的独立地物主要包括测量控制点、地形、历史文化、工业、农业等方面的标志。在我国现行地形图图式中，将独立地物分为测量控制点、居民地附属设施和地形方面的标志(地貌)。

独立地物一般高出其他建筑物，具有比较明显的方位意义，对于地图定向、判定方位等意义较大。在大比例尺地形图上独立地物表示得较为详细(表 4-6)。随着地图比例尺缩小，地图上表示的内容逐渐减少，在小比例尺地图上，主要以表示历史文化方面的独立地物为主。

表 4-6 大比例尺地形图上表示的独立地物举例

测量控制点	三角点、埋石点、水准点、卫星定位连续运行站点、卫星定位等级点、独立天文点
地形方面的标志	独立石、土堆、矿渣堆、坑穴
历史文化标志	世界文化遗产、世界自然遗产、烽火台、纪念碑、纪念塔、陵园、经塔、敖包、牌坊、钟楼、古关寨、庙宇、清真寺、教堂、气象台、地震台、天文台、水文站、文物碑石、亭、塑像、雕像、环保监测站、卫星地面站、科学试验站、高尔夫球场、游乐场、公园、植物园、动物园、露天体育场、游泳池
工业标志	电视发射塔、移动通信塔、烟囱、石油井、天然气井、油库、放空火炬、发电厂、水厂、海上平台、变电所、矿井、露天矿、采掘场、窑、水塔
农业标志	扬水站、水车、风车、水闸、饲养场、打谷场、药浴池、粮仓(库)
其他标志	塔形建筑物、旧地堡、旧碉堡、公墓、坟地、殡葬场所、垃圾场

独立地物由于实地形体较小，无法以真形表示，所以大多是用侧视的象形符号来表示(图 4-87)。

在地图上，独立地物必须精确地表示其实地位置。独立地物定位的一般原则为：

①单个几何图形的符号或中部为几何图形的符号，其几何中心为定位点。

②下部为几何图形的符号，以下部图形的几何中心点为定位点。

③宽底图形符号，以底边中心为定位点。

④底部为直角形的符号，以直角形顶点为定位点。

⑤底部为开口的符号，以其下方两端点连线的中心为定位点。如果这个符号的中心位置上标有一点，则此点为定位点。

单个几何图形	水准点 ⊗	三角点	水力发电站
下部为几何图形	油库	变电所	无线电杆
宽底图形	宝塔	碑	孤峰
底部为直角形	路标	独立树	加油站
底部为开口	窑	亭	山洞

图 4-87　独立地物符号

独立地物符号与其他符号抢位时，一般保持独立地物符号位置准确，其他物体符号移位配置。街区中的独立地物符号一般可以中断街道线，街区留空绘出。

第九节　图廓外要素

图廓外要素，泛指地图上图廓以外的各种附图、图表、标记和文字说明等。据其图上位置可分为内外图廓间的和外图廓以外的两部分内容。

一、内外图廓间的要素

地图通常都有内图廓和外图廓。内外图廓间一般包括两个方面的内容：地图本身的内容及该图与周围联系方面的内容。

1. 地图本身的内容

即指地图内图廓以内的内容只是在内外图廓间标记出来。属这方面内容的有：①图廓线和图内经纬线的注记，详细划分经纬度的分度带，它们说明地图的地理位置；②本带(和邻带)直角坐标网(方里网)的注记，说明该图离开投影带中央经线和赤道的距离。它们都是地图数学基础的一部分。

2. 地图与周围联系方面的内容

属于这方面内容的有：行政区划名称(图名及各级行政区名)，说明境界线两侧的国名或行政单位名称；道路通达地(大居民地名称注记)及里程注记，指明图中主要道路与周围大居民地的联系，邻图图号注记，表明该图四邻图幅的图号。

图 4-88 是我国地形图(1∶10 万)上内外图廓间各要素的表示举例。

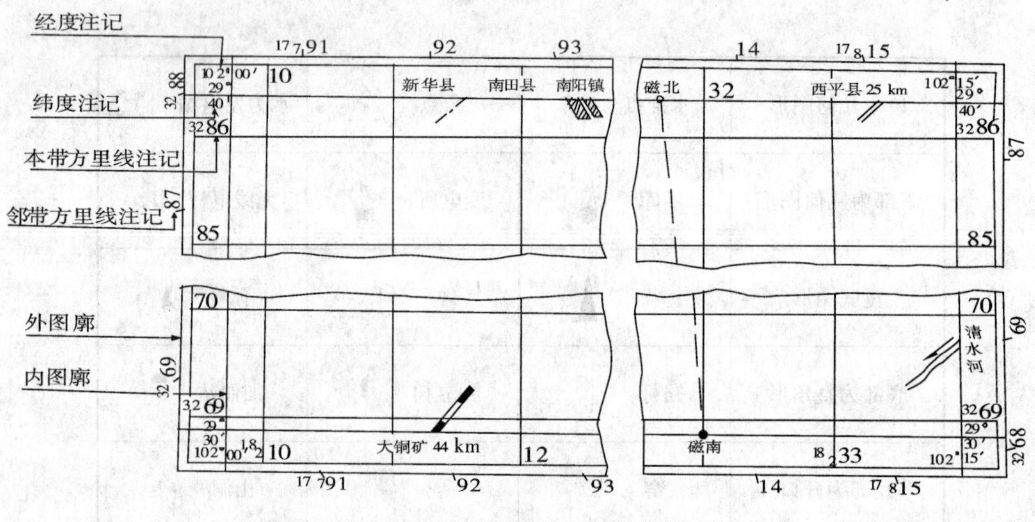

图 4-88　内外图廓间的要素内容

国外地形图上，内外图廓间有时还表示其他的一些内容。例如，有的在一张图上表示两种分度带(360°和 400°制)；有的在内外图廓间标出与图廓线相交的等高线高程(显然太繁琐，但如果有选择地标出计曲线和不易判别高程的等高线的高程似乎很有好处)等。

二、外图廓以外的要素

地图外图廓以外的要素，大致可以区分为两类：读图工具和说明资料。有的地图没有外图廓，这些内容配置在内图廓外的空边上。

1. 读图工具方面的内容

作为读图工具方面的内容，通常包括有：图例、比例尺、坡度尺、三北方向、政区略图与邻接图表等。

图例：地图是用符号来表达的，把图上使用的符号在适当的位置排列起来并标示出它们的含义，这就是地图的图例，它是读图的重要工具。

我国现行地形图在东图廓外印出常用图例符号。大多数国家的地形图上也都在图边(主要是南边、东边)上作为图例印出常用符号。

比例尺：几乎所有的地图上，都绘有该图相应的比例尺。通常，多以图解比例尺和数字比例尺两种方式出现。我国现行地形图上用图解比例尺、数字比例尺和文字比例尺三种方式结合表示比例尺。

不少国家的地形图上，为了适应于多种长度单位的量度，往往绘有两种、三种，甚至四种长度单位的图解比例尺(图 4-89)。

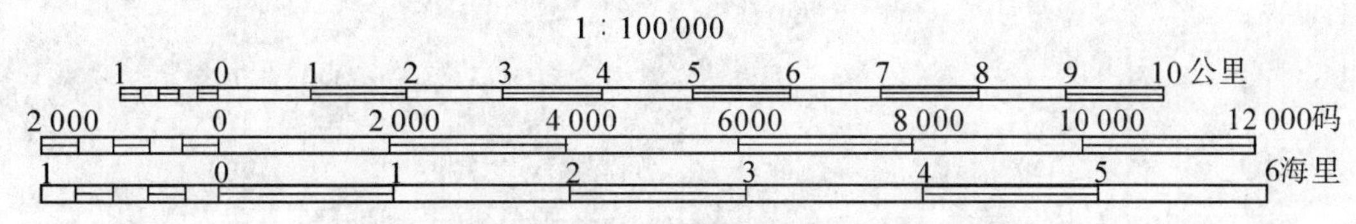

图 4-89　国外地形图上几种长度单位的比例尺举例

坡度尺：用来在地形图上量算地面坡度大小的尺子。

三北方向图：为了判定地形图经线构成的真北方向、投影坐标纵线构成的坐标北方向和指北针所指的磁北方向。

政区略图与邻接图表：政区略图是用略图的形式表示行政归属，接图表为方便用图，凡分幅地图，都附有相应的图幅接合表，说明该图周围图幅的名称和编号。

国外有的地图上，图幅接合表常常表示更大的区域范围，并往往包含有行政界线在内(图 4-90(a))。也有的地形图上省去了图幅结合表，将相邻图号分散注于图廓的相应位置上。图 4-90(b)是法国 1∶5 万地形图的邻图图号表示形式。

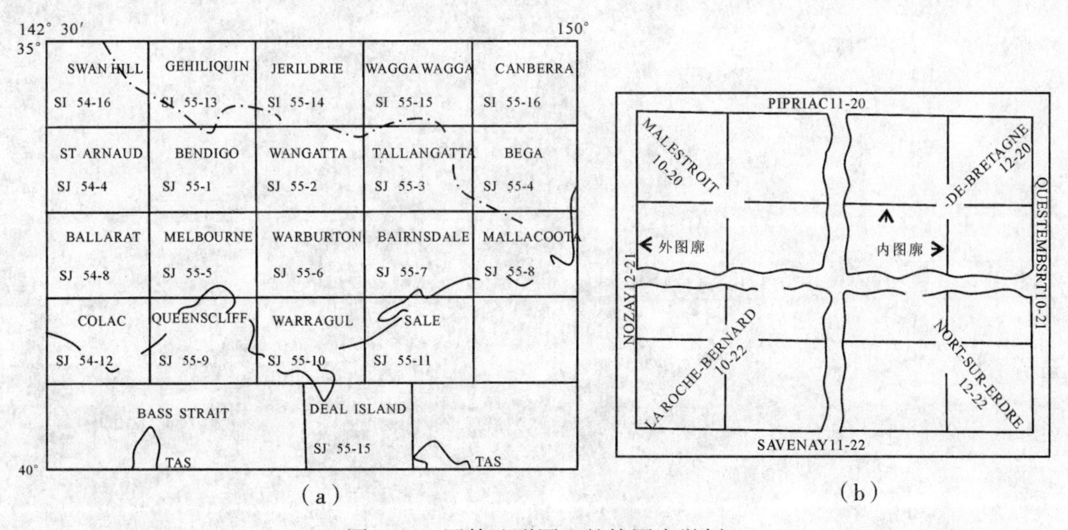

图 4-90　国外地形图上的接图表举例

2. 图廓外的说明性内容

各国地图上都有一些说明性的内容，虽然各不相同，但总括起来大致包括以下几个方面：制图单位、出版单位、航摄时间、调绘时间、成图时间、地图的投影、平面坐标系和高程坐标系、制图依据的图式和规范、资料说明及资料略图等。这些都是了解和评定地图质量不可缺少的重要信息。

第五章　普通地图制图综合的基本理论

第一节　制图综合的基本概念

地图的基本任务是以缩小的图形来表示客观世界。任何地图都不可能将地面上全部制图物体毫无遗漏地表示出来，只能根据地图的用途、比例尺和制图区域的特点，以概括、抽象的形式反映出制图对象的带有规律性的类型特征和典型特点，而将那些对该图来说是次要的、非本质的内容舍掉，这个过程叫制图综合。它是通过选取和概括的手段来实现的。

地图作为实际地物的模型，其本身就是经过对客观现实的抽象、概括和模型化产生的，而且从较大比例尺地图到较小比例尺地图与从实际地物到地图一样，也必须进行地图制图综合。也就是说，只要制作地图，就必须进行制图综合。

如果简单缩小地球表面的现象，地理现象的特性和分布规律不会出现，却会产生那些我们并不需要的结果，地物的间距、宽度、长度都以同等比例缩小了，相邻的离散物体挤在一起，复杂的地物轮廓显得很混乱、拥挤。为了使读者能够清晰地阅读地图上的图形，这些图形又能反映出地理现象的特性和分布，这就需要制图综合。

事实上，任何制图区域都是由自然和人文要素(现象)构成的复杂综合体，而地图只能或相对平衡地表示构成地理环境综合体的水系、地貌、土质植被、居民地、道路、境界等主要要素(普通地图)或者表示构成地理环境综合的个别要素(专题地图)；地面的物体和现象多种多样，千差万别，而地图上表示的物体和现象是经过抽象归纳、分类分级并符号化了的；地面物体的数量是很多的，而地图上表示的只是其中的一部分，是经过选择的；地面物体的形状是详细复杂的，而表示到地图上则是经过化简的。

“选取”是指选择那些对制图目的有用的信息，把它们保留在地图上，不需要的信息则被舍掉；从大量的制图物体中选出较大的或较重要的物体表示在地图上，而舍去次要的物体，所以又称为取舍。例如，选出较大的或重要的，而舍去较小的或次要的河流、居民地、道路等。有时根据需要也可以把某一类或某一级的物体全部舍掉，如全部的土质都不表示；舍掉的也可能是某种级别信息，如道路中的小路，居民地的村庄，沟渠中的支渠等。

“概括”指的是对制图物体的形状、数量和质量特征方面的化简，也就是说，对于那些选取了的信息，在比例尺缩小的条件下，能够以需要的形式传输给读者。通过去掉轮廓形状的碎部代之以总的形体特征，缩减分类和分级的数量，以减少制图物体间的差别。例如，去掉居民地外部轮廓的细小转折，去掉等高线或其他轮廓图形上的小弯曲，把区分为各类树种的森林合并为含义更为广泛的森林等都称为概括。

选取和概括在含义上是有区别的。选取是整体性的去掉某类或某级信息，即它们在新编图上应当表示或舍弃。概括则是去掉或夸大制图对象的某些碎部及进行类别、级别的合并，其目的在于更突出地反映物体的基本特征。一般是在完成了选择后对选取了的信息进行概括处理。

但是，概括和选取有时又是相互联系的。例如，概括等高线图形时去掉谷地，对该谷地来说是取或舍的问题，而对总的形态来说又是概括的问题。概括通常是通过选取来实现的，所以在研究制图综合时总是把选取作为基础。

从对制图物体的大小、重要程度、表达方法和读图效果出发，我们把制图综合分为比例综合、目的综合和感受综合三种。

比例综合：由于地图比例尺缩小而引起图形缩小，一部分图形会小到不能清晰表达的程度，从而产生选取和概括的必要，这种综合称为比例综合。

目的综合：物体的重要性并不完全取决于图形的大小，因此制图物体的选取和概括也不能完全由比例综合而定，还要根据编图者对制图物体重要性的认识来确定是否选取，这种随制图者的认识而转移的综合称为目的综合。

我国过去编制地图时比较强调目的综合，即由制图者对客观事物的认识来确定制图综合的标准。这样，有时人的主观意志就不适当地代替了科学规律，造成制图综合中的任意性和缺乏客观标准。

地图制图学发展的趋势必然是制图综合过程的规格化和标准化。特别是数字地图制图方法的发展，更要求用定量分析的方法来认识和描述客观世界，这就要求在制图综合中大量地引用数学方法。比例综合比较容易用数学方法来描述，所以多数制图学者都较注重比例综合的研究。目的综合则有利于发挥具有丰富知识和熟练技巧的编绘员的作用。完全否认制图者的认识水平在综合中的作用也是错误的，即在任何情况下都不能单靠比例综合，必须有目的综合加以配合。但就我国的具体情况而言，今后在制定综合原则时适当地强调比例综合，限制过多地使用目的综合，对于全数字地图制图理论与技术发展将是有积极意义的。

在数字地图条件下，对于单纯的地图数据的综合，制图综合就是要用有效的算法、最大的数据压缩量、最小的存储空间来降低内容的复杂性，保持数据的空间精度、属性精度、逻辑一致性和规则适用的连贯性。

感受综合：讨论制图综合不能只从作者的角度，还应从读者的实际感受出发，研究读者观察地图时的感受过程。在读者感知现象本质的过程中，由于视觉和记忆的因素，还会产生无意识的综合，称为感受综合。

感受综合由两部分组成，即记忆综合和消除综合。

人类的记忆力是有限的，不可能记住所看到的全部细节，比较可靠地铭记着的往往是富有表达力的(目标大的，颜色鲜明的，形状特殊的等)或具有特殊标志的内容，而其他的细节则逐渐模糊和遗忘，这种由记忆而自然育成的结果，我们称为记忆综合。

从高空观察地面时，一部分小的轮廓会逐渐变得模糊起来。在一定的距离上观察地图时，也会发生类似的情况，这时看到的都是一些比较大的、鲜明突出的目标，而小的、颜色淡的符号则模糊至消失了。这种对部分图形的自然消除称为消除综合。

由于制图者的认识水平和制图综合的必要性所限，地图上能够表达出来的信息只是实地上、甚至只能是引用的制图资料数据上实有信息的一部分，但是就是目前这样的地图也还远远没有发挥它的全部作用，地图上表达的信息还有相当大的部分不能为读者理解和接受。现在各国都在加紧研究地图的使用，地图感受理论越来越引起制图学家的注意。因此，地图感受综合的研究对地图的设计编辑工作(在确定各要素的选取指标和表示方法方面)有着实际的意义。

制图综合并不是对图形的简单、机械地缩绘，而是一个创造性的过程，这主要表现在：

①地图上的图形并不是都能按比例尺机械缩小的。有的物体形体很小，按比例缩小无法表示，但根据其本身的意义及用图者的需要，有时必须夸张地表示出来，例如，地图上的测量控制点、方位物等。这与简单的机械缩绘是截然不同的。

②制图综合是一个科学抽象的过程。实地上的事物是很复杂的，仅从表面上不容易看出它们的规律性。但是经过制图工作者对它们的分类、分级以及选取和化简，即科学的抽象，就可以把地理事物的规律性用制图语言——地图符号比较直观地反映在图面上。

随着比例尺的缩小，地图上不断用总的概念来代替个别的概念，例如，用沼泽这个总的概念来代替能通行的沼泽和不能通行的沼泽。这也是一种抽象过程。

通过科学抽象，使地理事物的规律性更加突出，读者更容易抓住地图上的主要目标，这里就体现了地图制图中的创造活动。

③解决图面上缩小表象事物所产生的各种矛盾。例如，地图内容的详细性与地图的易读性总是相互矛盾的，为了解决这一矛盾，就必须缩小一部分地图符号，或改变地图的表示方法，或适当地应用色彩效果，或通过综合减少地图的内容等。另外，我们所要求的详细性，是在比例尺允许的条件下，尽可能多地表示一些内容；而所要求的清晰性，则是在满足用途要求的前提下，做到层次分明、清晰易读，科学地利用地图综合，可以使地图具有相当丰富的内容又有必要的清晰易读性。随地图比例尺的缩小，图上非比例符号逐渐增多，各种图形之间争位矛盾加剧，这就产生了地图的几何精确性与地理适应性的矛盾。但是，也不能单一地照顾地理适应性而破坏几何精确性。例如，有时为了照顾道路的平直路段的规则形状而稍微移动小河，小比例尺地图上用圈形符号表示居民地时，也可以不顾道路符号的放宽，道路旁的居民地保持原位。

总之，编绘地图时，要通过各种方法来处理地图上出现的各种矛盾。这个过程是一种创造性的劳动。

此外，还有许多例子说明制图综合是一种创造性的活动。例如，编制地图中使用不同的方法组合多种资料、数据，改变地图投影，变更平面或高程坐标系统，改变地图的表示方法，根据实际情况确定制图物体的选取指标等，这些都是制图工作者的创造性劳动。

制图综合的目的是突出制图对象的类型特征，抽象出其基本规律，更好地运用地图图形向读者传递信息，并可以延长地图的时效性，避免地图很快地失去作用。制图综合是一个十分复杂的智能化过程。

制图综合是地图制图的一种科学方法，制图综合过程是一项创造性的劳动。制图综合的科学性，在于制图综合具有科学的认识论和方法论特点，它要求制图人员对制图对象的认识和在地图上再现它们的方法都必须是正确的。只有这样，地图才能起到揭示区域地理环境各要素的地理分布及其相互联系与制约的规律性的作用。制图综合过程的创造性，在于编制任何一幅地图都并非各种制图资料数据的堆积，也不是机械取舍，它需要制图人员的智慧、经验和判断能力，运用有关科学知识进行抽象思维活动。制图作品的优劣，在很大程度上取决于创造性的制图综合质量的好坏。

综合上述，制图综合是在地图用途、比例尺和制图区域地理特点等条件下，采用科学的概括、选取和关系协调等方法，在地图上正确、明显、深刻地反映出制图区域地理事物的类型特征、分布规律和典型特点。

随着地理信息系统环境下制图综合应用领域的拓展，制图综合不再仅仅局限于为适应比例尺缩小后的图形表达的概念，而且还包括基于地图数据库的数据集成、数据表达、数据分析和数据库派生的数据综合(如属性数据和几何数据的抽象概括和表达)，更侧重 GIS 环境下空间数据的多尺度表达和显示问题。

第二节　影响制图综合的基本因素

制图综合的程度受到各方面因素的影响，其中最主要的有：地图用途、地图比例尺和制图区域的地理特点、图解限制、数据质量和地图表示方法等因素。

一、地图用途

地图的用途直接决定着地图内容和表示方法的选择，对制图综合的方向和程度有决定性的影响，是地图编绘过程中运用制图综合方法首先要考虑的因素，它作用于制图综合的全过程。

一定内容和形式的地图总是服务于一定的用图目的。编制任何一幅地图，从确定地图的主题、重点内容及其表示方法到编图时选取、概括地图内容及处理相互关系的倾向(着重强调的方面)和程度(详略)，都受到地图用途的影响与制约。

地图的主题是指地图内容的主体和核心，它是制图者根据用图要求经过对区域地理特点的分析、研究和提炼而得出的。实际上任何一幅地图所能表示的内容都是有限的，它不可能同时满足社会各方面的要求，而只能满足某一个或某几个方面的要求。所以，一般来说，任何地图都有与其用途相适应的主题，地图内容的选取、概括和关系处理，都是从其用途要求出发的。

图 5-1 是地图出版社出版的 1∶400 万教学挂图《中国地形》中的一部分，图 5-2 则是中国科学院地理研究所编的 1∶400 万《中国地势图》上的相应部分，它们的比例尺和地区条件都相同，但由于用途和使用对象不同，地图内容表示的详细程度就有着很大的差别。教学地图的符号、注记都要求比较粗大、清晰易读，反映山脉的大致走势，所以

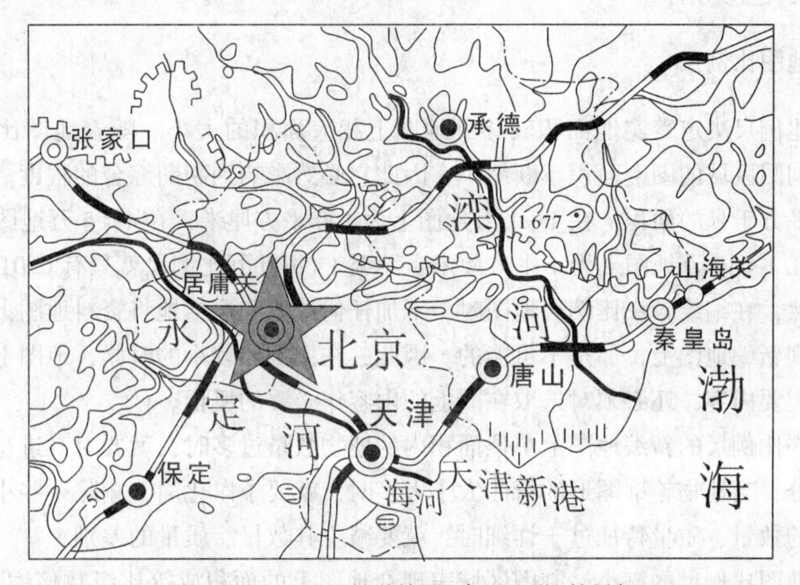

图 5-1　1∶400 万教学挂图《中国地形》的局部

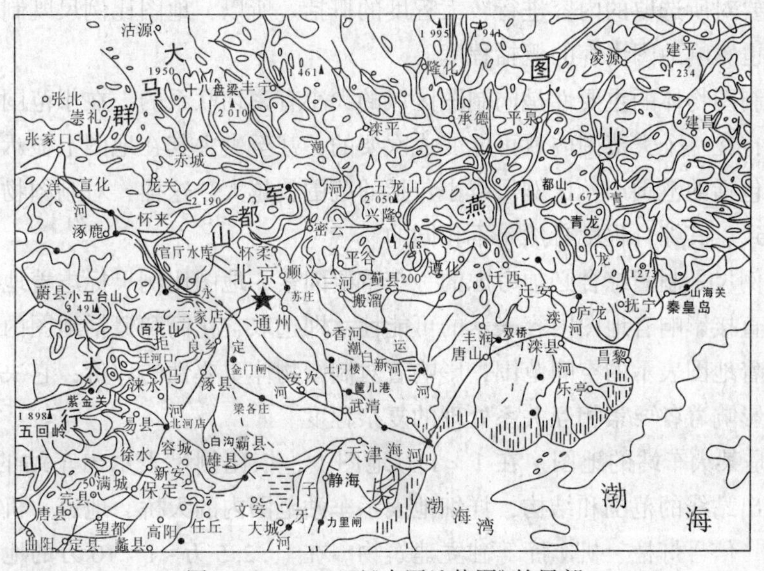

图 5-2　1∶400 万《中国地势图》的局部

内容就表示得比较概略。参考性挂图的符号和注记都小一些，用不同的等高线形态和结构表达同成因相关的类型特征，地图内容也就表示得详细一些。

不知道地图的用途要求，制图综合是肯定做不好的。地图制图人员要舍得在研究地图用途要求上花气力下工夫。地图用途要求对制图综合的作用，在制图综合作业中是很容易被忽视的，不少人认为制图综合是根据制图综合细则进行的，可以不必研究地图的用途要求，他们更关心的是制图的技术和艺术。其实，这是片面的。所以，地图制图人员要由只关心制图技术和艺术转向更多的关心地图用户即地图的用途要求，这是自觉进行制图综合作业的前提。

二、地图比例尺

地图比例尺决定着实地面积转移到地图上相应面积的大小。随着地图比例尺的缩小。同一制图区域的图上面积不断缩小，因此它必然影响到制图综合的程度。例如，实地上的 1 平方千米的面积，在 1∶1 万地图上为 100 平方厘米，在 1∶5 万地图上为 4 平方厘米，在 1∶10 万地图上为 1 平方厘米，缩至 1∶100 万比例尺就只有 0. 01 平方厘米了……显然，在编绘较小比例尺地图时，不加任何选取和概括地将资料地图上的全部内容都表示到新编地图上，那是不可能的。因此，在比例尺较小的时候，地图上只能表示实地上的主要内容，还必须对选取在图上的内容作必要的概括。

在缩小比例尺的新编地图上单位面积内的地物数量过多时，就要对其进行取舍，只选取一部分；当地物轮廓图形的弯曲太小太多时，就要予以化简，删除一些小弯曲；当制图物体的数量、质量特征过于详细时，就要减少其数量、质量的差别。

随着地图比例尺的缩小，制图区域表现在地图上的面积成等比级数倍缩小。因此，它对制图综合程度的影响是显而易见的。地图比例尺越小，能表示在地图上的内容就越少，而且还要对所选取的内容进行较大程度的概括。所以，地图比例尺既制约着地图内容的选取，也影响地图内容的概括程度。

此外，制图物体的重要性是同制图区域的大小有密切联系的。在小范围内显得十分重要的物体，在一个大范围内就可能变成次要的，甚至失去其在地图上显示的意义。大比例尺地图包括的范围小，比例尺越小包括的范围就越大，这样，对制图物体重要性的评价就不一致，其综合程度必然是不相同的。

地图比例尺是制图综合必须考虑的一个重要因素。地图比例尺标志着地图对地面的缩小程度，直接影响着地图内容表示的可能性，即选取、化简和概括地图内容的详细程度；它决定着地图表示的空间范围，影响着对制图物体重要性的评价；它决定着地图的几何精度，影响着各要素相互关系处理的复杂程度。

图 5-3 是某火车站的地图。在 1∶1 万地图上，依比例尺表示出车站的主体建筑，正确地表示出站线的范围和结构，详细地表示车站范围内的天桥、地道、机车转盘、水塔、燃料库、信号灯柱、机车库等独立建筑物。在 1∶2. 5 万~1∶10 万的地图上，按规定应在主要站台的位置上绘出车站符号，对于车站符号不能压盖的车站建筑物，改用一

般房屋符号表示，有关的各独立物体分别按不同情况处理，例如，同站线有关的天桥、地道、机车转盘等，当站线不能表示时就被删除，信号灯柱作为方位物被表达，其他建筑物则作为普通建筑物根据地图的容量进行选取。

大比例尺地图上地图内容表达得较详细，制图综合的重点是对物体内部结构的研究和概括。小比例尺地图上，实地上即使是形体相当大的目标也只能用点状或线状符号表示，这时就无法去细分其内部结构，转而把注意力放在物体的外部形态的概括和同其他物体的联系上。例如，某城市居民地在大比例尺地图上用平面图形表示，制图综合时需要考虑建筑物的类型、街区内建筑物的密度及各部分的密度对比，主次街道的结构和密度；到了小比例地图上，逐步改用概略的外部轮廓甚至圈形符号，制图综合时注意力不放在其内部，而是强调其外部的总体轮廓或它同周围其他要素的联系。

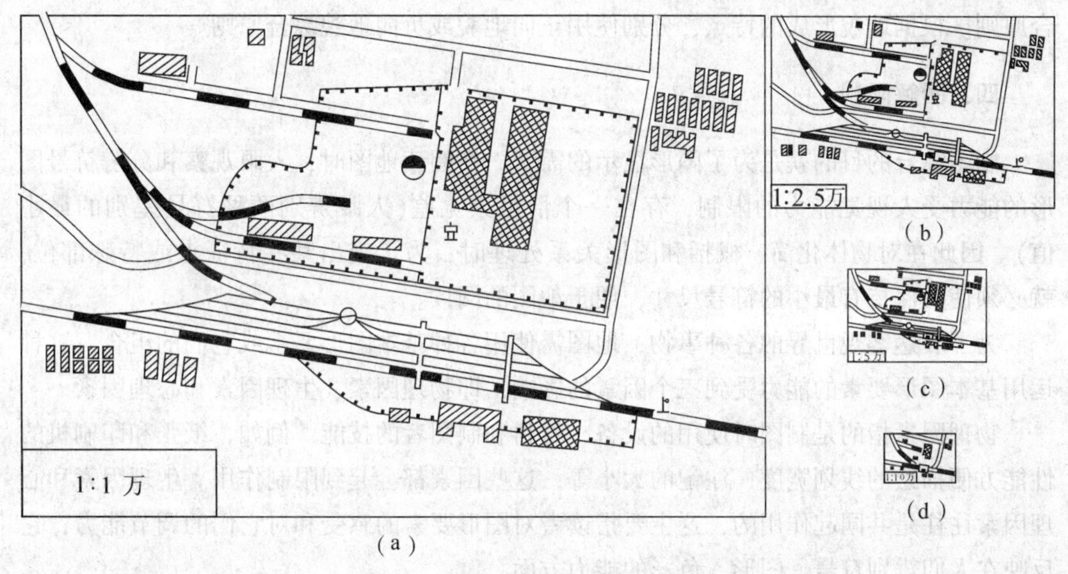

图 5-3　不同比例尺地图上车站的表示

比例尺越小，地图的几何精确性同地图内容的地理适应性要求之间的矛盾越尖锐。地图的几何精确性，要求保证地图上所表示的每个物体位置准确，即保持其实际的平面轮廓和尺寸，并且使地物符号之间的距离满足地图比例尺的要求。地图内容的地理适应性，要求表达制图区域的主要的、典型的特征，保持制图物体空间关系的正确。为了实现这一要求，在制图综合过程中，一些按地图比例尺不能表示或难以表示但又具有重要意义的微小地物和碎部，必须在地图上表示出来。这样，就要采用不依比例尺的符号或夸大表示有重要特征的碎部，结果致使图上表示的各个物体的图形之间相互靠近甚至相互压盖，使相互关系变得模糊不清，甚至无法正确表示。因此，在制图综合过程中，要正确处理各要素相互关系，而且地图比例尺越小，处理各要素相互关系的问题越复杂，难度也越大。

三、制图区域地理特点

制图区域的地理特点对制图综合的影响也主要表现在对制图物体重要性的评价上，是决定制图综合的客观依据。它不仅影响到制图物体本身的选取，还会影响图形概括基本原则的变化等。

同样的制图物体在不同的制图区域具有不同的价值，这种例子在地图上是不胜枚举的。例如，小居民地在人烟稠密地区和荒漠地区的不同评价，水井在水网区和沙漠中的不同评价，数米或数十米的高程变化在平原和山区中的重要性的不同评价等，就决定了在地图上对它们选取和表示的尺度。

地区地理特点有时还会引起制图综合原则的变化，例如，流水地貌、喀斯特地貌、砂岩地貌、风成地貌和冰川地貌地区的等高线形状概括会使用不同的手法甚至不同的综合原则。根据地貌形成的特点，分别使用正向地貌或负向地貌综合原则。

四、图解限制

制图综合的目的就是为了图形显示的需要。在阅读地图时，人眼观察和分辨符号图形的能力受人视觉能力的限制，存在一个恰可察觉差(人眼辨别两种符号差别的最小值)。因此在对物体化简、概括和图形关系处理时，为了突出某些特征点或特殊部位，就必须使其保持有最小的符号尺寸，便于地图的阅读。

为了表达客观世界的各种事物，地图需使用各种基本图形要素或它们的组合。这种运用基本图形要素的能力受到三个因素的影响，即物理因素、生理因素和心理因素。

物理因素指的是制图时使用的设备、材料和制图者的技能。例如，纸张和印刷机的性能方便描绘的线划宽度、注记的大小等，这些因素都会起到限制作用。生理因素和心理因素往往是共同起作用的，这主要指读者对图形要素的感受和对它们的调节能力，它反映在人们辨别符号、图形、色彩的能力方面。

三种因素共同作用的结果，决定了地图上常常采用的图形尺寸、规格、色彩的亮度差以及地图的适宜容量，这对制图者准确地掌握制图综合的数量和程度是极其重要的。

五、数据质量

数据质量指的是制图资料(数据)对制图综合的影响。制图资料(数据)的完备性、准确性和精确性，直接影响到地图内容的分类分级准确程度。高质量的资料数据本身具有较高的详细程度和较多的细部，给制图综合提供了可靠的基础和综合余地。如果资料数据本身的质量不高，仅仅运用制图技巧使其看起来像是一幅高质量的地图，会对读者产生误导。认真分析比例尺信息和资料数据真实程度的信息，以便正确地掌握地图综合程度。

六、地图表示方法

受到地图载负量的影响，地图在可视时，不同的表示方法直接影响制图综合时地图内容表示的详细程度。例如，多色图上各要素可以相互交错而不影响地图的易读性，单色地图上就要受到限制。因此，对于同一幅地图，多色表示时可以表示得详细些，单色表示时就要概略些才能保证一定的易读性。再如，地貌用等高线表示时碎部可以表示得较多，等高线间隔可以比较小，因而地貌形态表示得比较详细；而用分层设色表示时，碎部就不应该太多，等高线间隔也不能太小，否则就会破坏分层设色的立体效果，因而地貌的整体形态也就概略些。只用晕渲表示地貌时，等高线这个要素就不必表示了。

上述几个方面是相互联系的。地图用途要求是制图的根本宗旨，也是运用制图综合原则和方法的根本宗旨，在制图综合的整个过程中起着主导作用，忽视这一点，是不可能正确运用制图综合原则和方法的。地图比例尺作为制图综合的重要影响因素，在整个制图综合过程中是一个最活跃的因素，明显地制约着地图内容的详细程度，即影响着制图综合的详细程度，这是最容易为人们所理解的。制图区域地理特点作为制图综合的基本影响因素之一，意味着制图综合原则和方法的运用都必须和具体地区的地理特点结合起来。简言之，地图用途决定着制图综合的方向和倾向，地图比例尺决定着制图综合的程度，区域地理特点决定着制图综合的客观依据。

地图用途、比例尺和区域地理特点三个方面是互相联系的。地图用途决定地图比例尺，即地图比例尺的选择必须适合地图用途要求；反过来，地图比例尺一经确定，其用途也就受到一定限制。地图用途要求和地图比例尺应以具体地区作为对象，对制图物体重要性的评价与判断，除受制图区域地理特点影响外，还明显受到地图用途和比例尺的影响。所以，在实施制图综合时，不能孤立地考查某一个条件，而应当顾及地图用途、比例尺和制图区域地理特点等各种因素的综合影响。

第三节　制图综合的基本方法

一、制图物体的选取

制图物体选取的目的是通过“取”或“舍”在地图上保存主要物体，去掉次要物体。

取和舍是相互矛盾的两个方面，但又是相辅相成的。没有舍就体现不出取，没有取也就无所谓舍，因而选取和取舍是同义语。但是，表现在新编图上的结果是取，所以取是矛盾的主导方面，即强调按照一定的原则和目的，选取那些更具有代表性的物体，而舍的一面在新编图上就不存在了，故称为选取比较好。

选取可以是对地图某项内容而言，如选择对地图的主题来说是重要的内容，而舍掉某类或某级与地图主题无关的内容。也可以体现为对单个制图物体的选取，例如，在大量的河流中选取一部分较大的河流，在大量的居民地中选取一部分较大或较重要的居民地等。

为了做到正确的选取，必须要研究选取的顺序和选取的方法。

1. 制图物体选取的顺序

选取是制图综合中最重要的一个方面，选取的正确与否，对地图的综合质量有着极大的影响，而选取顺序则是实施正确选取的重要保障。没有正确的顺序，就会使选取陷入盲目和混乱的状态。

选取作业一般按以下的顺序进行：

(1)从主要到次要

地图上表示的事物总有主次之分，在实施选取时要遵照从主要到次要的顺序。以大比例尺地图上居民地的综合为例，必须按方位物、主要街道、次要街道、街区等顺序来处理选取问题。只有这样才能正确处理好地图内容的主次及各要素之间的联系和制约关系。

(2)从等级高的到等级低的，从大的到小的

对于每一种要素，要遵循从等级高到等级低、从大到小的顺序进行选取。例如，居民地要先选大的、等级高的，再选小的、等级低的；道路网则应当按铁路、高速公路、国道、省道、县道、乡道、机耕路、乡村路、小路的顺序进行选取。这样做可以保证主次分明，关系恰当。

当然，一般来说等级高的也就是比较重要的，所以上述两点有类似的含义。我们之所以要把它们分开，是因为研究主次是把地理景观综合体作为对象，而形体大小和等级高低通常是以同一种要素为对象来讨论的。各类要素有主次之分，但无等级高低之分；而同一种要素若不区分形体大小和等级高低，就难以区分主次。

(3)从整体到局部

进行制图物体的选取时，要从全局着眼、局部入手，然后又从局部回到整体，使物体的整体和局部都能得到正确表示。例如，编绘河系时，要首先看到河系的结构和类型，而具体选取时则从一条条河流做起，最后使各部分选取小河的数量适当，河系的类型又得到正确的反映。此外，例如居民地和道路网的综合也有必要按照从整体到局部的顺序进行。

总之，编图时应该首先选取等级高的、最大型的、最重要的、对其他要素有约制作用的物体，然后依次选取其他等级的物体。这样才能够保证地图上既具有相当丰富的内容，表示出制图物体的主次关系，又使地图具有适当的载负量，保障必要的清晰易读性。否则，如果先选取次要的物体，而又没有从整体考虑，再加上重要物体之后就会使地图载负量过大，或使重要特征淹没在次要碎部之中。

2. 选取的方法

在同类物体中选取那些主要的、等级高的对象，舍去次要的、等级较低的那部分对象。但主要和次要，等级高和等级低都是相对的，这样一些定性描述的词在实施时必然

带有很大的主观性。为了使一幅或数幅地图上同样内容的表达程度得到统一，使地图具有适当的载负量，必须拟订出选取的统一标准。选取是有比较严密的数量的规定性的。选取数量的规定性，是在地图用途和制图区域一定的条件下，由地图比例尺限定的地图负载量决定的。为了实现选取数量的规定性，就要引入数量分析的方法，即利用数学方法研究制图物体的选取规律，模拟出数学解析式，并据此计算选取指标。确定选取指标的目的，在于保证地图具有与其比例尺相适应的清晰性，满足用途要求的详细性，并反映制图物体的分布特点和密度对比。选取标准通常用两种方法来保证实现，即资格法和定额法。

(1)资格法

资格法是按照一定的数量或质量指标作为选取的标准(资格)而进行选取的方法。例如，把6mm长度作为河流的选取标准，长度大于6mm(够这个资格)的河流均应选取，6mm以下的河流则一般舍弃。

制图物体的质量指标和数量指标都可以作为确定选取资格的标志。制图物体的质量指标通常包括：控制点的等级，居民地的等级(按行政意义区分)，河流的通航或不通航，道路的等级，森林的种类，境界等级等。数量指标通常包括：河流的长度，陡岸的长度，湖泊(岛屿)的面积，植被的面积，水库的库容量，居民地的人口数，梯田的比高，地貌要素的高程、高差和谷间距，轮廓面积的尺寸等。它们都可以作为确定选取的资格。

资格法标准明确，简单易行，所以在编图生产中得到了广泛的应用。它的缺点在于：①它只有一个标志作为衡量选取的条件，有时不能全面衡量出物体的重要程度。例如，一个只有数十人的居民地在人口稠密的地区是无关紧要的，而在荒漠地区就可能成为一个非常重要的目标。类似的情况在别的要素中也相当普遍。②“资格”体现不出选取后地图上的容量，很难控制各地区之间图面载负量的差别。

为了弥补资格法的不足，常常在不同的地理区域确定不同的选取资格，或对选取标准规定一个活动的范围(临界标准)。例如，甲地区河流的选取标准为8mm，乙地区为12mm，为了照顾地区的局部特点，还可以把甲地区规定为6~10mm，乙地区规定为10~14mm，即用不同的资格或临界标准的活动范围来调整不同环境中物体重要性的差别。但它的第二个缺点单靠其本身是很难克服的，因此需要用定额法作为补充或配合使用。

(2)定额法

定额法是规定出单位面积内应选取的制图物体的数量。例如，地图上100平方厘米内选取116个居民地，记为116个/100cm^2。这种方法可以保证地图具有相当丰富的内容，而又不致使地图上内容过多而失去易读性。

制图物体的选取定额受到物体的意义、区域面积、分布特点、符号和注记大小等条件的影响，在规定各要素的选取定额时，必须全面考虑这些因素。同时还要以物体本身的特征为基础，如地图上单位面积内表示居民地的数量要以该区域内居民地的密度分布为基础。

定额法也有明显的缺点。实际使用地图时常常是以质量指标画线的，而定额不能保证同需要的质量指标相吻合。例如，编制省一级的行政区划图时，要求乡镇级以上的居民地均应表示在地图上，但是由于各地区乡镇的范围有大有小，数量有多有少，规定的定额很难同乡镇的实际数量相适应，按定额选取，可能会出现有的地方乡镇选完以后还要选上大量的村级小居民地，而另外的地区乡镇级的居民地都无法全部选取。这就会造成各地区质量标准的不统一。

为了弥补这个缺点，实践中使用定额法时常常也有两个临界指标，即规定一个高指标和一个低指标，例如，$100cm^2$内选取 70~90 个居民地，在这个活动范围内调整，用以调整不同区域内选取物体的质量标准以及与相邻区域在选取后保持分布密度的逐渐过渡，并常常还要以资格法作为补充。

为了使确定的选取资格或定额具有足够的准确性，已采用各种数学方法建立地图要素选取的数学模型，主要有回归分析模型、方根规律模型、图解计算法、等比数列法和分形分维方法等。

如上所述，单纯用资格法或定额法都很难达到满意的结果。近几十年来，有的学者在研究制图物体的选取时，把资格和定额同时作为条件，按定额法选取，解决选取多少制图物体的问题；按资格法选取，解决选取哪些制图物体的问题。将二者结合起来，提出一种不但能确定选取的数量，而且能同时定出具有某种质量标志的目标是否应该选取的方法。

地理事物之间是紧密联系而又相互制约的。有时一种物体的选取，常常要取决于另一种起主导作用的物体的选取，它既不能用资格法也不能用定额法来衡量。例如，居民地舍掉以后，连接它的支叉道路也应舍掉，这时就不再考虑其资格和定额了。

二、制图物体的形状概括

制图物体的形状可以看成是实地物体的平面结构缩小在地图上的图形。它包括内部结构和外部轮廓两个方面。形状概括，就是化简制图物体的平面图形，即化简其内部结构和外部轮廓。化简的结果是导致制图物体平面图形的简化。制图物体的平面图形就其表现形式而言，无外乎线状和面状两类。前者如河流、道路、岸线等后者如居民地、湖泊、岛屿等。随着地图比例尺的缩小，它们的平面图形都要按照一定的规律被简化。化简也是有明确的目的性的。它是要通过对制图物体平面图形的化简，表达其外部轮廓和内部结构的基本特征和典型特点。为此，必须有科学的化简方法。形状概括就是通过删除、夸大、合并、分割等方法来实现图形的化简。随着地图比例尺的缩小，概括程度越来越大。

1. 删除

制图物体中的碎部图形，在比例尺缩小后无法清晰表示时应予以删除。例如，河流、等高线上的小弯曲，居民地、湖泊、森林轮廓上的小弯曲等(图 5-4)。

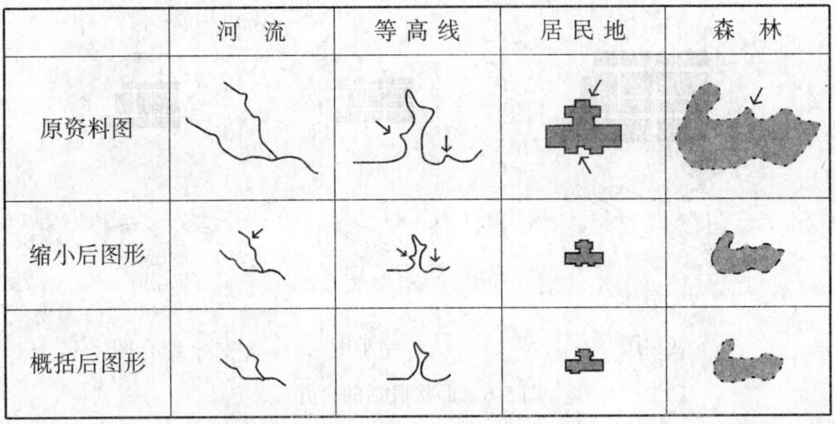

	河 流	等高线	居民地	森 林
原资料图				
缩小后图形				
概括后图形				

图 5-4　图形碎部的删除

2. 夸大

形状概括时不能只是机械地去掉小弯曲，有时为了显示和强调制图物体形状的某些特征，需要夸大一些本来按资格应删除的碎部。例如，一条多微弯曲的河流，如果机械地按指标进行概括，微小弯曲则可能要全部被舍掉，河流将变成平直的线段，失去了原来的弯曲特征。这时，为了反映该河流多弯曲的特征，就需要在删除大量细小弯曲的同时，适当地夸大其中某些有特征小弯曲。图 5-5 是居民地、公路、海岸、等高线物体上的一些特殊弯曲，它们虽然小于删除的标准，但应该夸大显示出来。

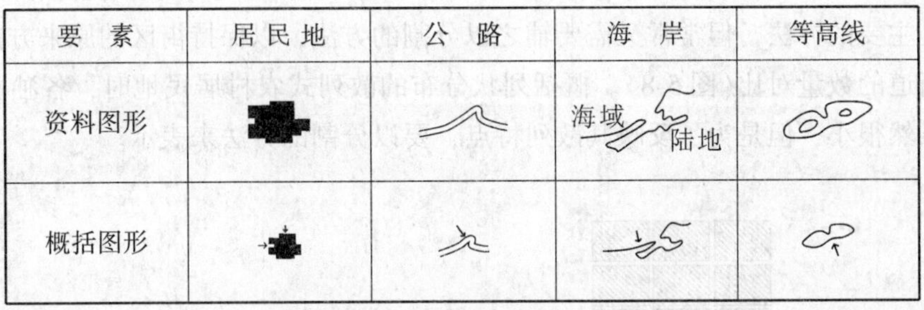

要 素	居民地	公 路	海 岸	等高线
资料图形			海域 陆地	
概括图形				

图 5-5　形状概括的夸大

3. 合并

随着地图比例尺的缩小，制图物体的图形及其间隔随之缩小到不能够详细区分时，可以采用合并同类物体细部的方法来反映制图物体的主要特征。例如，概括城镇式居民地平面图形时，舍去次要街巷，合并街区；两块森林在图上的间隔很小时，联合成一个大的轮廓范围等(图 5-6)。

应该注意，删除和合并有时是共存的。例如，删除等高线谷地就等于合并两边的山脊(图 5-7(a))，删除河流上位于大弯曲中的小弯曲，相当于把小弯曲合并到大弯曲中去(图 5-7(b))。

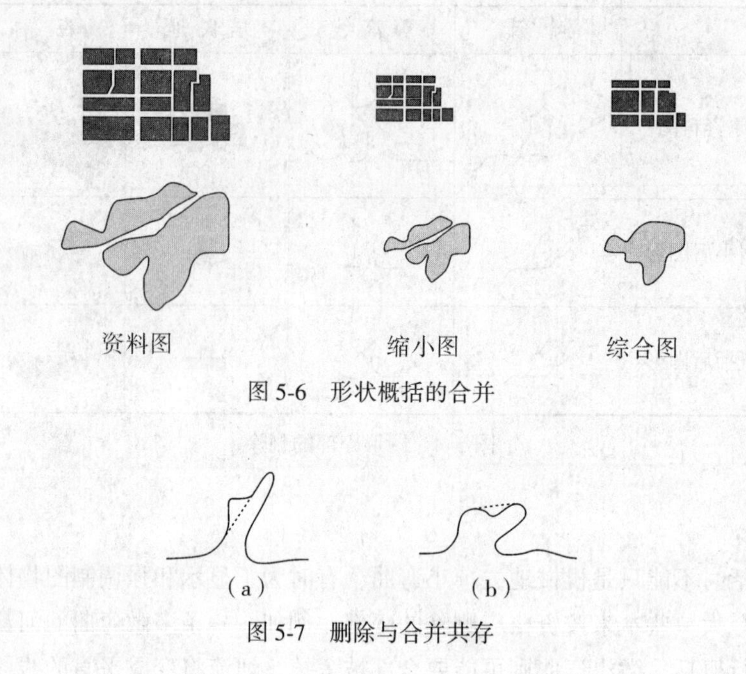

图 5-6　形状概括的合并

图 5-7　删除与合并共存

4. 分割

单用合并的办法，有时会歪曲制图物体的特征，例如，把列状分布的散列式居民地建筑物合并成长条的形状，排列整齐的街区图形由于删除街道、合并街区造成对街区的方向、排列方式或大小对比方面的歪曲。所以，在概括城镇式居民地的平面图形时，合并街区是主要的方法，但常常又需要辅之以分割的方法，以保持街区的原来方向及不同方向上街道的数量对比(图 5-8)。概括列状分布的散列式农村居民地时，各独立房屋之间间隔虽然很小，但是为了反映其散列特点，要以分割的方法来表示。

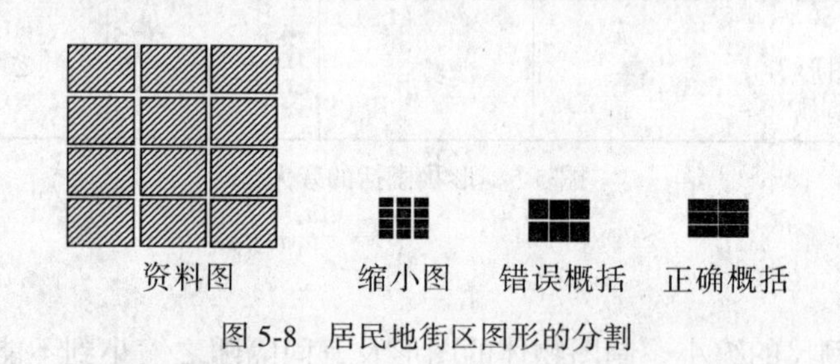

图 5-8　居民地街区图形的分割

三、制图物体数量和质量特征的概括

制图物体既包含数量标志，也包含质量标志。物体的质量可以通过性质上的差别来表达，也可以通过数量来表达。因此，制图物体的数量和质量标志之间是有密切联系的。但是，数量的变化又不一定会引起质量的改变，只有达到了一定的限度，量变才会引起质变。因而，制图物体的数量和质量特征要作为两个问题来说明的。

1. 制图物体数量特征的概括

制图物体的数量特征指的是物体的长度、面积、高度、深度、坡度、密度等具有数量标志的特征。

制图物体的选取和形状概括都可能引起数量标志的变化。例如，舍去小的河流或概括掉河流上小的弯曲引起河流总长的变化，并从而引起河网密度的变化；等高线形状概括引起地貌坡度的变化；概括轮廓形状引起其面积变化等。

数量特征概括的结果，一般表现为长度、面积、高度、深度、坡度、密度等数量标志的改变并且常常是变得比较概略。

2. 制图物体质量特征的概括

制图物体的质量特征指的是存在于物体内部的、决定物体性质的特征。

用符号表示事物的方法，不可能对实地具有某种差别的物体都分别命以不同的符号，而只能用同一符号来表达实地上质量比较接近的一类物体，这就要求对表示在地图上的物体进行分类和分级。

分类比分级的概念要广一些。对于性质上有重要差别的物体用分类的概念，例如，河流和居民地属于不同的类。同一类物体由于其质量或数量标志的某种差别，又可以区分出不同的等级，其分级数据可以是定名量表的(如居民地按行政意义分级)，也可以是顺序量表的(如居民地按大、中、小分级)或是间隔量表的(如居民地按人口数分级)。道路按性质分为铁路、公路和其他道路几类，然后再按其他标志各自区分出不同的等级，如公路按行政等级分为国道、省道、县道、乡道及其他道路。

在不同用途和比例尺的地图上，分级的数量和具体界限可能不同，但区分出来的每一个等级都代表一定的质量概念。随着地图比例尺的缩小，图面上能够表达出来的制图物体的数量越来越少，这就要相应地减少它们的类别和等级。制图综合中通常用合并或删除的办法来达到减少分类、分级的目的。

由于地图比例尺的缩小或地图用途的改变，在地图上整个地删除掉某类标志的情况是常见的。例如，不表示河流的通航标志，也就减少了河流之间的质量差别。

制图物体(现象)数量特征的概括，即减少制图物体在数量特征方面的差别，这就是按数量分级的问题，而且随着地图比例尺的缩小，制图物体按数量分级的数目越来越少，即级差越来越大，制图物体的数量特征表示得越来越概略。例如，按人口数分级的居民地分级表示法，体现了用“级”的概念代替制图物体的具体的数量特征。

质量特征的概括，常常表现为制图物体间质量差别的减少，以概括的分类代替详细的分类，以综合的质量概念代替各个物体的具体的质量概念，以总体概念代替局部概念。

随着地图比例尺的缩小，图面上能够表达出来的制图物体的数量越来越少，这也需要相应地减少它们的类别和等级。制图物体的质量概括就是用合并或删除的办法来达到减少分类、分级的目的。由于地图比例尺缩小或地图用途的改变，在地图上整个地删除某类标志的情况是常有的。

实施质量、数量特征概括的基本方法有等级合并、概念转换和图形转换等。

等级合并是通过合并制图物体的质量、数量等级，从而实现质量、数量特征合并。例如，把能通行的和不能通行的两类沼泽归并为一类，统称为沼泽。但当物体以某种数量特征为标志分级时，等级合并的结果既反映为数量特征的变化又反映为质量特征的变化，如把人口数为1万~2万和2万~5万两级居民地合并为1万~5万一级，其中的数量标志发生了变化，但作为一种等级又代表不同的质量概念，所以它既可以作为数量特征概括的例子，又可以说是质量特征的概括。

概念转换指由一种目标的本来的质量概念转换为另一种目标的质量概念。例如，大片森林中的小面积空地，比例尺缩小后，转换为森林；居民地中小面积空地，转换为建筑区。

对于同类地物来说，地物质量的差别是通过与地物质量相应的图形分级来体现的。图形等级转换是通过轮廓图形和符号图形的转换来实现地物质量、数量特征概括。例如，居民地轮廓图形和符号图形的转换，随着比例尺的缩小，从表示每个建筑物的轮廓图形，到表示居民地的轮廓图形，再到表示建筑物的符号图形，最后到表示整个居民地的圈形符号图形。从而实现由表示单个建筑物的质量和数量特征转换为表示整个居民地的质量和数量特征。再例如，双线河流和单线河流图形的转换，随着比例尺的缩小，宽度小于0.4mm的依比例尺表示的双线图形(两条岸线)转换成不依比例尺表示的单线符号，出现了轮廓图形转换成线状符号图形。

四、地图各要素空间关系的处理

地图的几何精确性是指地图上要素的点位坐标的准确程度，随着地图比例尺的缩小，由于制图综合方法的运用等原因，地图的几何精确性相对降低。地理适应性是指地图上用图形符号所反映的地面要素(现象)空间分布及其相互关系与实地的相似程度，即地图模型与实地之间的相似程度。在大比例尺地图上，地图要素位置的高精度，准确地保持了地理适应性；随着比例尺的缩小，图形符号之间的间隔越来越小，甚至互相压盖，要素间的相互关系不清楚，这时就必须采用制图综合，特别是其中的移位方法，来保持要素间相互关系的正确性，即地理适应性。在小比例尺地图上，强调的是地理适应性，保持主要地物的几何精确性而移动次要地物的位置，才能保持地理适应性。

由于地图比例尺的缩小，以符号表示的各个物体之间相互压盖，模糊了相互间的关系(甚至无法正确表达)，使人难以判读，这就需采用图解的“移位”方法加以正确处理。为了照顾物体之间实际分布的相互关系(距离的远近，图形间相交或协调等)，就必然导致一部分物体在图上的“移位”，即移动某个(或某些)符号的位置，以保证相互关系的正确性，这就是顾及物体间的地理适应性而部分地牺牲地图几何精确性的做法。例如，在缩小比例尺编图时由于道路符号的非比例扩大，导致道路旁建筑物的移位。移位，是编图时处理各要素相互关系的基本方法，其目的是要保证地图内容各要素总体结构特征的适应性，即与实地的相似性。

移位的基本要求是：

①一般原则是保证重要物体位置准确，移动次要物体。

海、湖、大河流等大的水系物体与岸边地物发生矛盾时，海、湖等不位移。海、湖、河岸线与岸边道路发生矛盾时，保持岸线位置不动，平移道路，或保持岸线、道路走向不变，断开岸线。海、湖、河岸线与岸边人工堤发生矛盾，堤为主时，堤坝基线不动，堤坝基线代替岸线；岸线为主时，岸线不动，向内陆方向平移堤坝，堤坝与岸线保持间隔0.2mm。

城市中河流、铁路与居民地街区发生矛盾时，河流、铁路位置不动，移动或缩小居民地街区；或河流不动，移动铁路和街区。高级道路(铁路、高速公路和高等级公路等)与居民地发生矛盾时，保持相离、相切、相通的关系，移动小居民地。

②特殊情况下，要考虑地区特点、各要素制约关系、图形特征、移位难易等条件。

峡谷中各要素关系处理，保持谷底河流位置正确，依次移动铁路、公路。位于等高线稀疏开阔地区的单线河与高级道路，应保持高级道路位置不动，而移动单线河。

沿海、湖狭长陆地延伸的高级道路与岸线的关系，应移动岸线，保持高级道路的完整并准确地绘出。狭长海湾与道路、居民地毗邻时，应保持道路位置和走向及居民地位置不变，而平移河流，扩大海湾的弯曲。

海、湖、河岸线与独立地物的关系，应保持独立地物的点位准确，中断或移动岸线。

③相同要素不同等级地物间图解关系的处理。

同一平面上相交时，等级相同的高级道路，应断开高级道路叉口内交叉边线；等级不同的高级道路，应保持高一级道路符号的完整连续，其他等级道路在交叉点处衔接；低级道路均以实线相交，并保持交点位置准确。

同一平面上平行时，高级道路及桥梁采用共边线的方法，或保持高一级道路不动，移动低一级的道路；相同等级的道路则视情况，移动一条，或者两条同时向两侧移动。

不同平面上相交时，位于上面的道路，不论等级高低，一律压盖下面的道路；对于立体交叉的道路可作适当化简。

不同平面上平行时，保持高一级道路不动，移动低一级的道路，或共边处理。

第四节　制图综合的基本规律

前面我们讨论了影响制图综合的各种因素和制图综合方法，应当可以明白制图综合包含大量的智力因素，制图者的认识水平会对制图综合结果产生极大的影响。制图者的知识水平在制图综合中仍然起着决定性的作用。同时，地图经过漫长的演变和发展，对于它的规格和标准已经形成了一些约定的规则。

一、图形最小尺寸

制图综合的结果，最终也要用图形表达出来，综合的尺度肯定要受到图形最小尺寸的影响。所以，在研究制图综合时一定要研究图形可能达到的最小尺寸。

地图上的图形分为线划、几何图形、轮廓图形和弯曲等几类，称为基本图形。

1. 线划

人的视力一般可以辨认 0.02~0.03mm 粗的独立线，但从打印和印刷的技术能力以及实际效果来看，目前最理想的情况是 0.08~0.1mm。因此，在制图生产中，通常规定单线划的粗度为 0.08~0.1mm。两条实线之间的间隔，根据视力、打印和印刷等条件综合考虑，通常定为 0.15~0.2mm。

2. 几何图形

几何图形的最小尺寸也首先取决于视力能否分辨清楚，而且还与图形的结构及复杂性有关，例如，实心和空心图形的情况各不相同。实心矩形的边长为 0.3~0.4mm 时可以保持轮廓图形的清晰性；复杂轮廓的突出部分，能清楚分辨其形状的最小尺寸为 0.3mm(图 5-9)。

空心图形中空心部分的形状也应该能够正确辨别。小圆能够被清晰打印和印刷的最小尺寸是 0.3~0.4mm。如果一个空心矩形的内部只保持这个空间，由于视错觉，可能被误认为一个圆或椭圆，只有超过这个尺寸，如其空白达到 0.4~0.5mm 时，才可以清晰地看出其真实形状(图 5-10)。

视力对相邻实心图形之间间隔的辨别力与对两条粗线间的间隔要求基本相同，最小间隔为 0.2mm(图 5-11)。

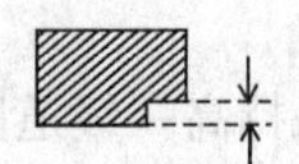

图 5-9 轮廓图形突出部分的最小尺寸(放大五倍)

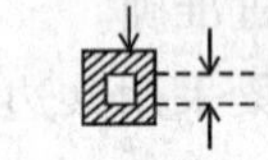

图 5-10 空心矩形的最小尺寸(放大三倍)

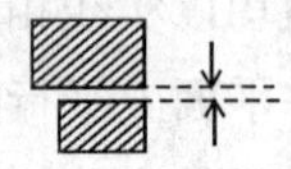

图 5-11 图形间隔的最小尺寸(放大五倍)

3. 轮廓符号

地图上表示的轮廓符号的最小尺寸受到组成轮廓符号的形式和颜色、物体所处的地理环境和地图使用方式等一系列因素的影响。

实地上轮廓固定性较好的、较重要的物体，如湖泊、岛屿等的轮廓，地图上多用实线表示。相反，实地上轮廓界限不很明显或相对不重要的物体，如时令湖、森林、沼泽等，通常用虚线或点线表示其轮廓。显然，实线轮廓符号比虚线或点线的轮廓符号较为明显，因此可以用较小的尺寸。例如，实线轮廓的面积可以小到 0.5~0.8mm^2(半径为 0.4~0.5mm 的浑圆)，而点线表示的小轮廓符号(假定点距为 0.8mm)，面积最小为 2.5~3.2mm^2才能清楚表达其形状。

轮廓底色对其尺寸也有一定的影响。例如，涂以浅蓝底色的小湖泊，为了辨明其颜色，常常不得不把最小面积扩大到1mm²。

物体所处的地理环境对符号的明显性有重要影响。例如，以浅淡色为背景底色的海洋中的岛屿符号就比处在等高线表示的山地中的小湖泊明显得多，因此，海洋中的小岛，尤其是成群分布的小岛，甚至可以用小到0.5mm²的点来表示。

使用地图的方式显然对轮廓地物的最小尺寸有影响，例如，挂图和野外用图上表示的地物轮廓肯定要比参考性地图上的轮廓要粗大些。

4. 弯曲图形的最小尺寸

弯曲图形指的是图上线状物体的弯曲。制图生产实践经验证明，弯曲内径要达到0.4mm，宽度达到0.6~0.7mm时，才能辨认清楚。

上述尺寸是指视力、打印和印刷技术能力所能达到的图上表达的最小尺寸，它们是确定概括和选取尺度的参考数据。如果地图带有底色或图形所处的背景很复杂，都会影响读图者的视觉感受能力，应适当放大图形最小尺寸。

随着数字地图制图技术的发展，制印技术的提高，图形的最小尺寸还可以适当减小。这为进一步提高地图内容的精细和详细程度创造了有利的条件。但是由于应急地图都是利用打印机输出，图形的最小尺寸不宜减小得太多。

二、地图载负量

衡量地图上内容的多少，目前使用最普遍的标志是地图载负量。

1. 地图载负量的概念

地图载负量也称为地图的容量。一般理解为地图图廓内符号和注记的数量。显然，载负量制约着地图内容的多少，当地图符号和注记大小确定以后，载负量越大，地图的内容也就越多。地图载负量有面积载负量和数值载负量两种表达形式。

面积载负量：指地图上所有符号和注记的面积与图幅总面积之比。规定用单位面积里符号和注记所占的面积来表达面积载负量的值，例如26，是指在1cm²面积内符号和注记所占的面积为26mm²。

数值载负量：面积载负量是衡量地图容量的基础，但在作业中一般把它转化为便于应用的另一种数字形式，即单位面积里的个数。对于居民地，数值载负量常常指1cm²或1dm²范围内居民地的个数，如163个/dm²；对于水系、道路等线状物体，数值载负量指的是1 cm²面积内的长度(cm)，如2.8 cm/cm²，称为密度系数，表示为$K=2.8$；对于地区的林化程度、沼化程度等则用不带单位的百分比来表示，例如0.56，即56%。

在讨论载负量时，必须分析和了解地图上最多能够表达多大的容量，每一个具体地区应该选择多大的容量，即确定地图的极限载负量和适宜载负量。

极限载负量指的是可能表达的最大容量。超过极限载负量后读图就会产生困难。它的数值同制图、印刷水平及表示方法有很大的关系。例如，单色图、各种线划相互混杂，读图效果较差，所以不可能表达更多的内容；如果是多色图，各要素的图形即使互相交织也很容易分辨，这时，地图的内容就可以表示得多一些。显然，随着数字地图制图、印刷技术的发展，地图上表达的内容会逐渐增多，但是由于人的视觉感受能力的限制，极限载负量的数值可以有限度地提高一些。

虽然极限载负量通常是以面积载负量为基础的，但由于各种比例尺地图(尤其是系列比例尺地形图)的符号，如基本线划的粗细、符号和注记的大小等都趋于稳定，地形图图式在短期内不会有很大的变化，所以用面积表达的极限载负量也可以近似地转化为以数值载负量的形式来表达。例如，每平方分米内居民地的数量不超过 160 个，道路的密度系数不超过 2. 6 cm/cm^2 等。

由于地图的用途、表示法和地区条件等存在差别，因此不能在所有的地图上都取极限载负量。为了反映它们之间的差别，就要根据具体的用途、比例尺和地区特点确定各图幅的适宜载负量。例如，长江下游平原是我国居民地密度最大的地区之一，该区地图上居民地可取该比例尺的极限载负量，其他实地上人口分布较稀疏的地区就不能采用同样的载负量标准，应当适当地降低其数值，确定各密度区的级别，从而定出图上适宜的载负量标准。因此，要根据地图用途、比例尺和地理要素分布特点等确定该制图区域的适宜载负量。

2. 地图上面积载负量的量算

地图的载负量主要是由居民地、水系、道路和境界等要素的符号和注记的面积组成。不同的要素的面积载负量的计算方法不一样。如居民地要分别计算符号和名称注记的面积，由于各级居民地符号和注记的大小不同，面积应分别按不同等级计算(在一个等级内平面图形的面积抽样取平均数)。道路以长度和线划粗细来计算面积。水系则只计单线河、渠以及附属建筑物的符号，水域面积只计水涯线、水系名称注记等的面积。境界线依总长和线粗来计算面积。地貌和有底色的植被面积作为地图上的背景看待，通常不计入地图的总载负量。若是单色地图，就应当全部计入。

在地形图上，一幅地图的总载负量中，居民地所占的比例最大，其次是道路和水系，境界所占的比例一般都很小。随着居民地密度的增大，它在总载负量中所占的比例会越来越大，有时可达到 70%~80%，因此研究地图载负量时，重点应该是研究居民地的载负量。

既然在不同的地区，地图载负量是不同的，那么它们之间的差别就应该能够用视觉读图的办法区分开来，这样才有意义。这就产生了一个如何分级的问题。

人的视觉辨别图上内容多少的能力是有限的。当载负量的数值很接近时，人眼在图面上就不易区分。编图时，为了详细地表达制图区域，希望把级分得多一些(级差小一些)，但若到了视觉不能辨别的程度时也就失去了分级的意义。所以，研究载负量分级，应当是研究视觉能够分辨的最小差别。

心理物理学的很多实验测定出各种能被人的视力辨别清楚的载负量数值是一个等比数列，即

$$Q_{i+1}=\frac{Q_i}{\rho} \tag{5-1}$$

式中：Q_i 是第 i 级密度区的面积载负量，对于密度最高的地区，可取极限载负量；Q_{i+1} 是第 $i+1$ 级密度区的适宜载负量；ρ 是视觉辨认系数。

根据俄罗斯制图学者研究的结果，认为视力辨认系数应该为1.5左右。

我国制图学者的研究结果证明，当基数不大时，1.5的辨认系数是必要的，随着载负量基数的增大，按这个公比算出的数列中两相邻数值之差就显得过大了，即不需要这样大的差别就可以被视力分辨出来。如果把辨认系数缩小，分级还可以多一些，有利于把地图内容反映得详细些，使制图物体的分布更接近于实地的情况。根据表5-1查出应取的辨认系数值，依次算出其他各级的适宜载负量。

表5-1　辨认系数的取值

上一级载负量	>20	15~20	10~15	<10
辨认系数 ρ	1.2	1.3	1.4	1.5

3. 地图极限载负量的确定

迅速而准确地确定新编图上的极限载负量是当前地图制图学理论研究的重要课题之一，目前还没有确切的计算方法，多数是根据试验和统计相结合的方法来确定的，因此也还是很不严密。

地图上极限载负量的数值主要取决于地图比例尺，当然，与地图用途、表示方法和地理区域特点也有关系，数字地图技术和地图制印技术的进步对图上可能表达的极限载负量也会有一定的影响。

根据我国制图工作者的试验和统计分析，获得了不少的极限载负量，表5-2是根据许多试验数据整理出来的结果。

表5-2　各种比例尺地形图上极限载负量

比例尺＼要素	居民地	道路	水系	合计
1：20万	20	1.2	4	25.2
1：50万	22	1.8	6	29.8
1：100万	25	2.2	9	36.2

图5-12反映了极限载负量与地图比例尺之间的关系。

从表5-2和图5-12可以看出：

①随着地图比例尺的缩小，极限载负量逐渐增加。

②在总的载负量中，居民地的载负量占的比重最大，通常都占70%~80%，有的超

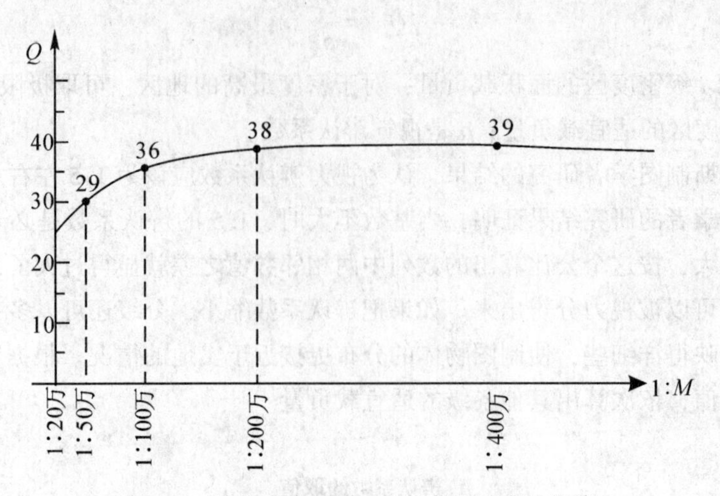

图 5-12　极限载负量随地图比例尺的变化规律

过 80%，道路大体在 5%~8%。

③载负量的增加有一定的限度。当比例尺小于 1∶100 万时，极限载负量的增加已缓慢下来，在 1∶200 万~1∶400 万时趋于常数。

④极限面积载负量趋于常数后，通过改进符号设计，采用数字地图制图技术和地图数字印刷技术，还可以有限度地提高载负量。

三、制图物体选取基本规律

在进行制图综合时，我们可以通过许多方法来确定选取指标，并对制图物体实施选取。由于制图者的认识水平和所采用的数学模型的局限性，其选取结果可能是有差异的。那么，如何判断选取结果是否正确就成为一个必须要研究的问题，这就是选取基本规律问题，即正确的选取结果应符合如下基本规律：

①制图物体的密度越大，其选取标准定得越低，选取的百分比越低，舍弃目标的数量越大，但选取目标的绝对数量也就越大。

②选取遵守从主要到次要、从大到小的顺序，在任何情况下舍去的都应是较小的、次要的目标，而把较大的、重要的目标保留在地图上，使地图能保持地区的基本面貌。

③物体密度系数损失的绝对值和相对量都应从高密度区向低密度区逐渐减少(图 5-13)。

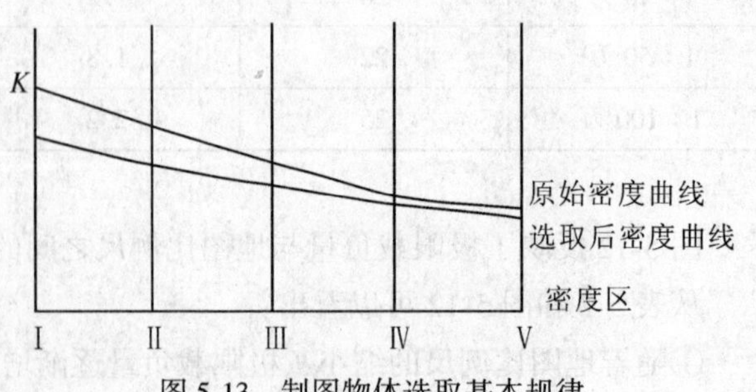

图 5-13　制图物体选取基本规律

④在保持各密度区之间具有最小的辨认系数的前提下保持各地区

间的密度对比关系。

四、制图物体形状概括的基本规律

制图综合中概括的基本规律实际上主要是研究形状概括的规律。形状概括基本规律表现为：

①舍去小于规定尺寸的弯曲，夸大特征弯曲，保持图形的基本特征。

根据地图的用途等制约因素，地图设计文件给出保留在地图上的弯曲的最小尺度。一般来说，制图综合时应概括掉小于规定尺寸的弯曲，但由于其位置或其他因素的影响，某些小弯曲是不能去掉的，这就要把它夸大到最小弯曲规定的尺寸，不允许对大于规定尺寸的弯曲任意夸大。化简和夸大的结果应能反映该图形的基本(轮廓)特征。

②保持各线段上的曲折系数和单位长度上的弯曲个数的对比。

曲折系数和单位长度上的弯曲个数是标志曲线弯曲特征的重要指标，概括结果应能反映不同线段上弯曲特征的对比关系。

③保持弯曲图形的类型特征。

每种不同类型的曲线都有自己特定的弯曲形状，例如，河流根据其发育阶段有不同类型的弯曲，不同类型的海岸线其弯曲形状不同，各种不同地貌类型的地貌等高线图形更有不同的弯曲类型。形状概括应能突出反映各自的类型特征。

④保持制图对象的结构对比。

把制图对象作为群体来研究，不管是面状、线状，还是点状物体的分布都有个结构问题，这其中包括结构类型和结构密度两个方面，综合后要保持不同地段间物体的结构对比关系。

⑤保持面状物体的面积平衡。

对面状轮廓的化简会造成局部的面积损失或面积扩大，总体上应保持损失的和扩大的面积基本平衡，以保持面状物体的面积基本不变。

五、制图综合对地图精度的影响

地图上的图形是有误差的，根据大量的量测结果，地图上有明确点位的地物点中误差在±0.5mm 左右。这些误差来自以下几个方面：资料图(数据)的误差；转绘地图内容的误差；制图综合产生的误差；地图复制造成的误差。

其中，制图资料(数据)的误差视所使用资料的具体情况而定，若是国家基本地形图或用正规编绘的地图，其一般点位的误差可控制在±0.5mm 以内。转绘地图内容产生的误差视使用的制图技术和方法而定，在数字地图制图中这两项误差反映到地图数字化和投影变换中，数字地图可以准确地再现，很少产生误差；采用地图电子出版技术，也会减少地图复制造成的误差，复制地图主要由印刷材料、套印及纸张变形等带来误差。这里主要研究由制图综合产生的误差，这项误差在数字环境下也是不可避免的。

制图综合引起的误差包括移位误差和由形状概括产生的误差。

1. 移位误差

在制图综合过程中，有些情况促使制图员有意识地对图形进行移位，从而影响地图的精度。有两种情况需要进行移位处理：一是为保持要素间的地理适应性，二是为强调某种特征。

(1)保持要素间的地理适应性的移位

随着地图比例尺的缩小，河流、道路符号的宽度和独立符号的范围等逐渐变得不能依比例尺表示，即超过了实际占地范围。为了保持要素间的相互适应关系，其中相对次要的要素就要移位。这时，移位的大小同符号的尺寸有关。例如，位于公路旁边的居民地，当道路和居民地的符号都超过实地范围时，居民地就要向路旁移位。假定编图比例尺为 1：100 万，公路宽度为 0.4mm，居民地符号直径为 1.2mm，公路旁的小居民地的移位就可能达到 1.0mm。

类似的情况在其他要素的综合中，例如，居民地同境界线、河流间的关系处理；沿海岸、河流延伸的道路，当符号发生争位矛盾时，也都要产生这样的移位。

随着地图比例尺的逐渐缩小，符号占位不断扩大，就要不断地用移位方法处理产生的争位矛盾。

(2)为了强调某种特征而产生的移位

为了强调某种特征，有时要有意识地进行移位。例如，为了强调斜坡的特征要移动等高线，为了强调居民地内部的结构特征而移动街道，为了强调与等高线的适应关系而移动沼泽的范围线，为了强调海湾、海角、沙嘴的特征而移动海岸线的位置等。

位移误差的大小与地图比例尺及符号的尺寸有直接关系。比例尺缩小倍率大，位移误差大；反之，则位移误差小。在编图比例尺缩小二分之一的情况下，假若两种比例尺地图的符号尺寸是一致的，那么为保持要素间的地理适应性而进行的最大位移是符号中心间距的一倍。用公式表示如下：

$$d=a\left(\frac{M_F}{M_A}-1\right) \tag{5-2}$$

式中：d 为最大位移(mm)；

a 为资料地图上符号中心间距(mm)；

M_F 为新编图比例尺分母；

M_A 为资料图比例尺分母。

由于移位方法主要用于解决保持要素间的地理适应性和强调某些特征，而这些问题又随着地图比例尺的缩小而变得越来越突出，所以，地图比例尺越小，位移误差越大。

2. 形状概括产生的误差

制图物体的形状概括，意味着不断改变图形的结构，这种改变涉及长度、方向和轮廓图形这三个指标。

(1)长度的改变

由于概括线状符号上的弯曲，使线状物体的长度缩短，河流、道路、岸线等都会受到由概括引起长度缩短的影响。例如，某地区河流的量测结果表明，相对于1：10万地形图来说，由于图形概括，在1：25万地图上损失长度的2%，而1：50万地图上则损失长度的12.1%。

(2)方向的改变

要求保持概括前后的图形相似，是形状概括的主要要求。但是，在图形化简的部位，由于简化了图形，常常会引起方向的改变。例如，河流、海岸、道路、境界、森林范围线的次要弯曲被化简，必然导致化简部位上局部方向的改变。不过，这种局部的方向变化一般并不会影响整体图形的基本结构，仍能保持化简前后图形基本相似。

(3)轮廓图形的改变

地图比例尺的缩小和制图综合的实施，会促使图上带有弯曲的复杂图形，朝着尽可能简单的轮廓转变，直到最后变成非常简略的图形，有时甚至只能用非比例尺的点状符号来表示。例如，小湖和小岛屿，由于地图比例尺的缩小而不能用轮廓图形表示时，则可用点状符号表示。

长度、方向和轮廓图形的改变，都必然会影响地图的精度。

形状化简所产生的误差的大小，实际上就是化简地物碎部的程度。一般地说，轮廓图形的主要特征点未经化简，应满足地图的最佳精度要求，而经过化简的部分其误差就比较大。例如，河流、道路等线状地物的主要转折点，应满足一般地物点的精度要求，而微小碎部的弯曲则由于进行了化简而大大偏离了实地位置。一般情况下，编图时线状符号的弯曲小于规定的分界尺度(最小尺寸)时，即可删除。在这里，次要弯曲特征点在图上已经消失，而且移动了很大距离。

地图上的等高线，经过综合产生了高程误差和平面位置误差。制图综合对等高线精度的影响，与地图比例尺分母有密切关系，且符合比例尺分母的开方根规律。

等高线高程精度的表达式如下：

$$m_h = \pm\left(\frac{Z}{3} + \frac{0.2M}{1000}\tan\alpha\right) \tag{5-3}$$

式中：Z 为等高距(m)；

M 为地图比例尺分母；

α 为地面倾斜角。

根据误差传播定律，新编绘图上等高线的高程中误差由编图资料和制图综合两方面决定，即

$$m_3 = \sqrt{m_1^2 + m_2^2} \tag{5-4}$$

则有

$$m_2 = \sqrt{m_3^2 - m_1^2} \tag{5-5}$$

根据开方根规律，有

$$m_3 = m_1\sqrt{\frac{M_3}{M_1}} \tag{5-6}$$

式中：m_3 为新编绘图上等高线的高程中误差；

m_1 为资料图上等高线的高程中误差；

m_2 为新编图上制图综合引起的等高线的高程中误差；

M_3 为编绘图比例尺分母；

M_1 为资料图比例尺分母。

根据上式可求得在比例尺缩小二分之一的情况下，制图综合引起的等高线的高程中误差接近于新编图等高距的四分之一。

通过地图比例尺和地面倾斜角，可以把高程中误差换算为平面位置误差。

第六章　自然要素的制图综合

普通地图上表示的自然要素主要包括海洋、陆地水系、地貌、土质和植被等。本章分别介绍这些要素的制图综合原则和方法。

第一节　海洋要素的制图综合

一、海岸的制图综合

海岸的制图综合主要包括海岸线的图形概括、海岸性质的概括和沿海岛屿的综合等内容。

1. 海岸线的图形概括

由于海岸在经济及军事等方面意义重大，地图上要以最详细的程度表示海岸线。当地图比例尺缩小时，仍需对其图形进行综合。图 6-1 是几种比例尺地图上海岸图形概括

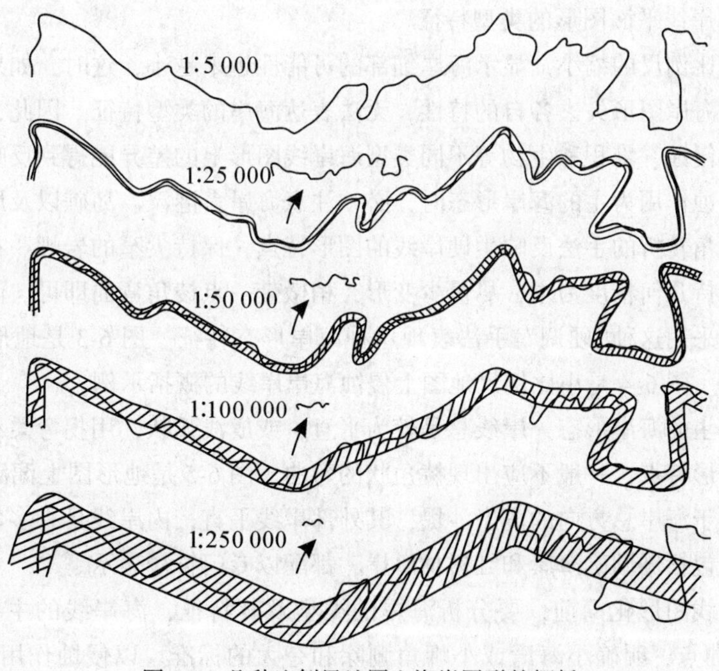

图 6-1　几种比例尺地图上海岸图形的概括

的示意图，其中用晕线绘出的皆为放大图，与原资料上的图形相比较，可以看出，随着地图比例尺的缩小，图上小于 0.5mm×0.6mm 弯曲逐渐被舍去，海岸轮廓图形越来越简化。

(1)海岸线图形概括的方法和步骤

在进行海岸线图形概括前，必须掌握海岸的类型及其特征。只有这样，才能有的放矢地进行图形化简。

概括海岸线图形时，首先找出岸线弯曲的主要转折点，确定它们的准确位置，即可构成海岸图形的骨架(图 6-2(b))，然后加密弯曲的转折点(图 6-2(c))；最后，采取化简为主、夸张为辅的方法，顺曲线弯曲方向连线，即完成了图形概括的全过程(图 6-2(d))。

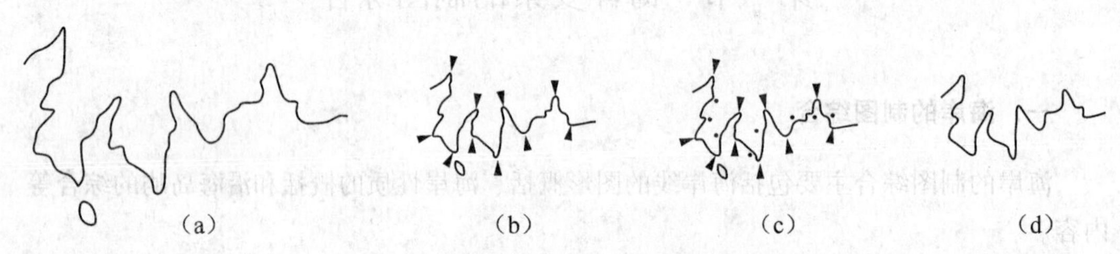

图 6-2　海岸线图形概括的方法和步骤

实际综合时，是以目测的方法将上述各步骤一次完成的。

(2)海岸线图形概括的基本原则

1)保持海岸线平面图形的类型特征

随着地图比例尺的缩小，显示海岸细部的可能性越来越小，这时，如果只使用比例综合，就会使海岸图形失去各自的特性，无法表达海岸的类型特征。因此，还必须采用目的综合，使侵蚀、堆积和生物等不同类型海岸线图形上的差异能得到反映。

概括以侵蚀作用为主的海岸形态时，必须注意海岸多港汊、岛礁以及岸线多弯曲等特征，用带棱角转折的手法反映生硬岸线的图形特点，保持尖窄的岩岬。在大比例尺地形图上应该保持几何精度为主，尽量少变形，稍微带一点棱角弯曲即可。但在小比例尺地图上可以多采用这种"硬调"手法表现这种海岸形态特征。图 6-3 是地形图上侵蚀海岸的概括示例。图 6-4 是小比例尺地图上侵蚀海岸岸线的概括示例。

以堆积为主的海岸形态，岸线总是较为平直，或成浅弧状，用拐弯柔和的手法反映平缓圆滑的图形特点，一般不应出现棱角状的弯曲。图 6-5 是地形图上潟湖型海岸的概括示例。平行于海岸总方向的离岸沙堤，其外部岸线平直，内岸线具有多弯曲的特点。

生物海岸包括珊瑚礁海岸和红树林海岸，都配以专门符号表示。

进行海岸线图形化简前，要分析海岸的类型及其特征，海岸线的主要转折点(岬角)和次要弯曲点，明确小海湾或小岬角删除和夸大的标准。以侵蚀作用为主的岸段，采用带棱角的线条；以堆积作用为主的岸段，采用拐弯比较柔和圆滑的线条。

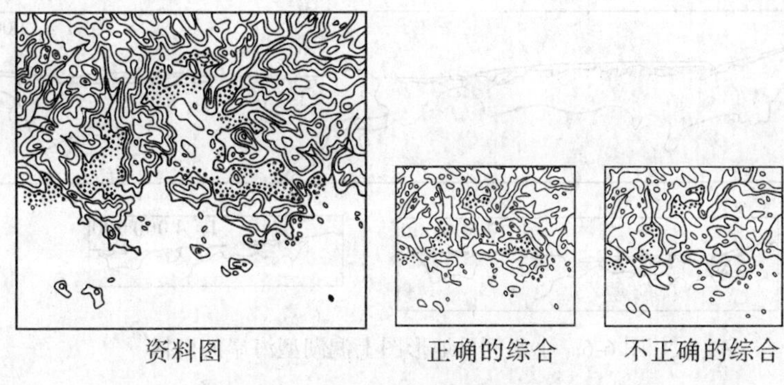

图 6-3　地形图上侵蚀海岸的概括

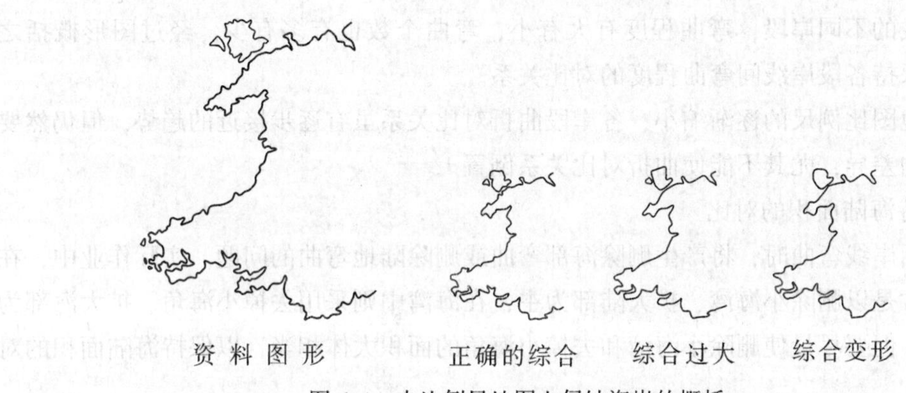

图 6-4　小比例尺地图上侵蚀海岸的概括

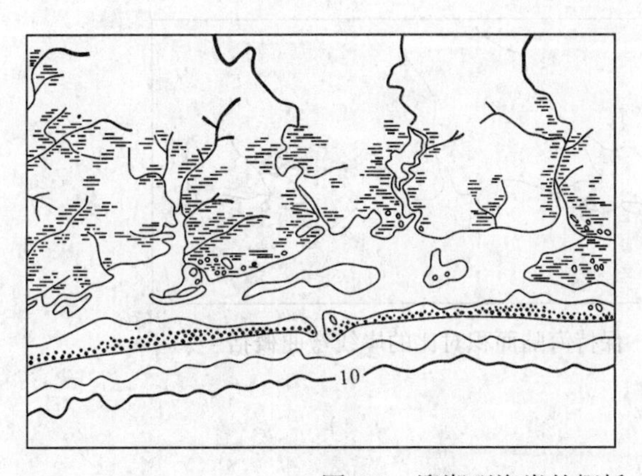

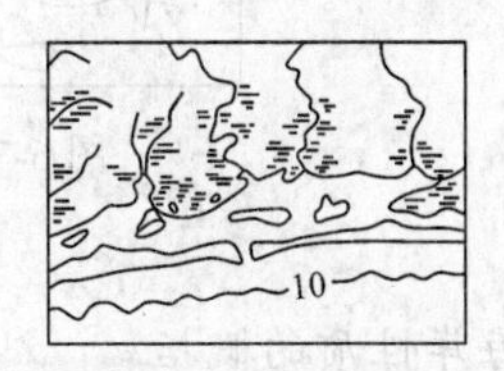

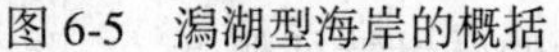

图 6-5　潟湖型海岸的概括

在小比例尺地图上也要尽可能地表示出这类海岸的特点。如图 6-6 所示，在 1 : 100 万地形图上，上述特点仍能清晰表达；在 1 : 250 万地形图上，有些弯曲就需要夸大表示；到了 1 : 400 万地图上，内岸线的弯曲基本上变成了示意性的，而且有的沙堤要改用单线表示。

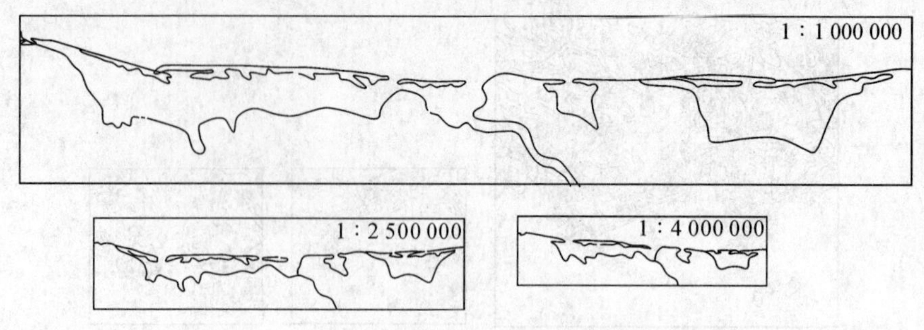

图 6-6　小比例尺地形图上潟湖型海岸的概括

2) 保持各段岸线间的曲折对比

海岸线的不同岸段，弯曲程度有大有小，弯曲个数也有多有少，经过图形概括之后，仍要保持各段岸线间弯曲程度的对比关系。

随着地图比例尺的逐渐缩小，各岸段曲折对比关系虽有逐步接近的趋势，但仍然要强调其间的差异，尤其不能使曲折对比关系倒置。

3) 保持海陆面积的对比

在概括岸线弯曲时，将产生删除海部弯曲或删除陆地弯曲的问题。实际作业中，在海角上常常是以删除小海湾、扩大陆部为主，在海湾中则采用去掉小海角、扩大海部为主的方法。但要尽量使删除小海湾和去掉小海角的面积大体相当，以保持海陆面积的对比(图 6-7)。

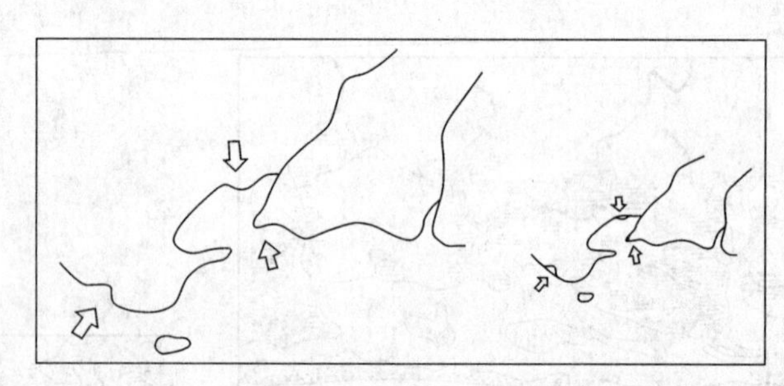

图 6-7　保持海陆面积对比的岸线弯曲概括

2. 海岸性质的概括

海岸性质的概括，即指岸段的质量特征概括。

(1) 类别的概括

随着地图比例尺的缩小，海岸表示的详细性逐渐降低。例如，在 1∶2.5 万~1∶25 万地图上，干出滩分为 9 类(沙滩，沙砾滩、砾石滩，沙泥滩，淤泥滩，岩石滩，珊瑚滩，红树林滩，贝类养殖滩和狭窄干出滩等)；在 1∶100 万地图上，干出滩分为 7 类(沙滩，沙砾滩、砾石滩，沙泥滩，淤泥滩，岩石滩，珊瑚滩，红树林滩)；小比例尺地图上，分类更为概略，在中华人民共和国自然地图集中海岸只区分为沙岸、泥岸、沙泥岸等。

(2)合并类似岸段

当海岸的性质有明显的倾向性时，夹杂在其间的一小段具有类似性质的岸段，可以改用一致的符号表示。例如，将岩石陡岸中的一小段不属于陡岸的石质岸段改用岩石陡岸来表示，将沙泥滩为主的一小段沙砾滩改为沙泥滩符号表示。但是，这种概括一定是指性质比较接近的两种岸段，而且被合并掉的一段在图上很短。

(3)除去短小岸段

当某种性质的岸段在图上比较短，其长度小于选取标准时，可除去该岸段性质的符号，以普通岸线来表示。例如，一段红树林海滩或人工岸，当其在图上长度很小时(具体指标根据地图的用途而定)，可删去其符号，只以普通的岸线表示。

二、海岸线弯曲分布特征数学模型

保持海岸各岸段弯曲程度的对比，是海岸线图形概括时应遵循的原则之一。可是，编图作业是依靠制图者的视觉来进行判断的，这一原则很难正确执行，更不能实现自动制图综合。海岸线概括的基本出发点是取舍弯曲，在进行海岸线的综合时，通常以弯曲的大小作为依据。研究海岸线弯曲分布规律，建立海岸线弯曲大小分布规律的数学模型，可为地图海岸线自动综合提供基础。

1. 海岸线的基本弯曲

把海岸线两弯曲之间不同方向的结合点(曲线的拐点)称为基本转折点，两拐点之间的部分称为基本弯曲(图 6-8)。

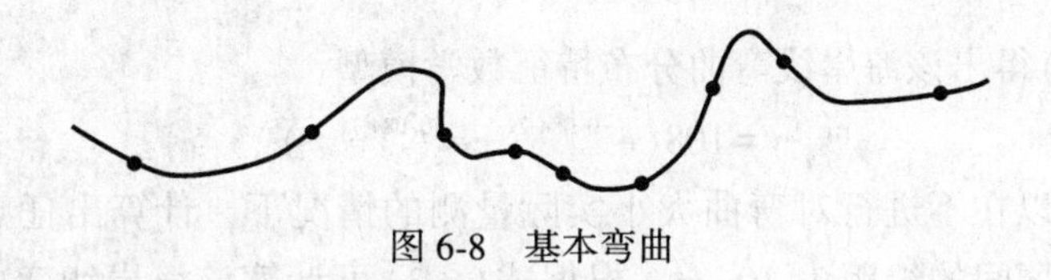

图 6-8　基本弯曲

基本弯曲的曲线长度用 l_{1i} 表示，其平均长度为

$$\bar{l}_1 = \frac{1}{n}\sum_{i=1}^{n} l_{1i}$$

基本弯曲弦长用 l_{2i} 表示，其平均长度为

$$\bar{l}_2 = \frac{1}{n}\sum_{i=1}^{n} l_{2i}$$

2. 海岸线的弯曲系数

把基本弯曲的曲线平均长度与弯曲弦长的平均长度之比，称为海岸线的弯曲系数，即

$$K=\frac{\bar{l}_1}{\bar{l}_2} \tag{6-1}$$

同一类型的海岸线，弯曲系数 K 基本相同；随着海岸线类型不同，弯曲系数 K 稍微有些区别。显然，较平直的海岸，其海岸线的弯曲系数较小，破碎的海岸线的弯曲系数要大一些。

3. *海岸线弯曲分布特征数学模型*

根据自然规律，海岸线的大弯曲一般都比较少，弯曲越小，数量应越多。因此，海岸线弯曲按大小分布的规律，可用数理统计中的递减指数分布函数拟合。根据递减指数分布函数定义得出海岸线弯曲分布特征数学模型为

$$y=n\left(\mathrm{e}^{-\frac{1}{\bar{l}_1}x_i}-\mathrm{e}^{-\frac{1}{\bar{l}_1}x_{i+1}}\right) \tag{6-2}$$

式中，y 为海岸线基本弯曲按大小分布的频数，n 为基本弯曲的总个数，x_i 为基本弯曲按大小分组的区间临界值。

例如，某海岸线基本弯曲的弦长的总长 $l_2=1\ 106\text{mm}$，弯曲系数 $K=1.15$，基本弯曲的总个数 $n=108$。

先求基本弯曲弦长的平均长度

$$\bar{l}_2=\frac{1}{n}\sum_{i=1}^{n}l_{2i}=\frac{1}{n}L_2=\frac{1\ 106}{108}=10.24\ (\text{mm})$$

再根据式(6-1)得

$$\bar{l}_1=K\bar{l}_2=1.15\times10.24=11.8\ (\text{mm})$$

从而有

$$\frac{1}{\bar{l}_1}=\frac{1}{11.8}=0.084\ 7$$

根据式(6-2)得出该海岸线弯曲分布特征数学模型

$$y=108(\mathrm{e}^{-0.084\ 7x_i}-\mathrm{e}^{-0.084\ 7x_{i+1}}) \tag{6-3}$$

这个模型可以在不进行对弯曲大小实际量测的情况下，计算出任意区间的弯曲个数。假如分组的区间的组距为10mm，根据式(6-3)可计算该海岸线弯曲的分布值，为了检验式(6-3)模型的正确性，实际量测了这段海岸线(表6-1)。

表6-1　**海岸线弯曲分布特征数学模型的精度分析**

组号	分组(mm)	模型计算值	实际量测值	误差
1	0~10	62	64	-2
2	10~20	27	31	-4
3	20~30	11	6	5
4	30~40	5	5	0
5	40~50	2	1	1
6	50~60	1	1	0

从表6-1中可以看出：模型基本上能模拟出海岸线弯曲分布规律。在实际的地图制图综合中，如果小于10mm的弯曲应舍去，就知道要舍弃62个小弯曲。如果要删除小于5mm的弯曲，根据式(6-3)可计算出舍弃的弯曲具体数量，再根据弯曲大小，可以自动删除小于5mm的弯曲，从而实现海岸线弯曲的自动综合。

三、基于分形分维的海岸线弯曲选取数学模型

海岸线的综合通常以弯曲的大小作为选取的标准。由于随着观测尺度和比例尺的变化，弯曲的数量也在不断变化。如果知道地图在某一比例尺下应该选取多少弯曲及相应地应当舍去多少弯曲，这无疑是解决地图制图综合的关键问题。

1. 海岸线的分维数确定

(1)海岸线分维数的确定方法

经研究分析，我们认为步距法比较适合海岸线分维数的确定。现将该方法介绍如下：

①用不同的尺度(步距) r_i 去量测制图曲线 L，得到相应的曲线长度 $L(r_i)$ $(i=1, 2, \cdots, n)$；

②在log-log双对数坐标系中，利用线性回归模型拟合点对 $(\log r_i, \log L(r_i))$，得到

$$\log L=A+B\log r$$

③海岸线的分维数：

$$D=1-B \tag{6-4}$$

④用线性回归系数：

$$R=\frac{\sum_{i=1}^{n}(\log(r_i)\log L(r_i))-\frac{1}{n}\sum_{i=1}^{n}\log(r_i)\left(\sum_{i=1}^{n}\log L(r_i)\right)}{\left(\left(\sum_{i=1}^{n}\log(r_i)^2-\frac{1}{n}\left(\sum_{i=1}^{n}\log(r_i)\right)^2\right)\left(\sum_{i=1}^{n}\log L(r_i)^2-\frac{1}{n}\left(\sum_{i=1}^{n}\log L(r_i)\right)^2\right)\right)^{\frac{1}{2}}} \tag{6-5}$$

确定自相似程度。

(2)系列比例尺地图上海岸线的维数量测与分析

为了寻求同一种地理要素在不同比例尺下的变化规律，我们对苏北泥质海岸(Ⅰ)、福建沿海基岩海岸(Ⅱ)、黄河三角洲海岸(Ⅲ)的三段海岸线的维数进行了量测。分别选用1km、2 km、3 km、4 km、5 km五个步距来进行量测。量测数据及计算分析结果分别见表6-2。从量测数据及计算结果可以看出：

①用同一步距量测不同比例尺下的同一段海岸线，比例尺越小，所得到的维数越小，说明综合过程的海岸线是由复杂到简单的变化。

②不同的比例尺下，自相似性 R 也会随比例尺变小而变小。

表 6-2　　　　　　　　**海岸线维数量测数据及计算结果分析**

海岸线类型	比例尺	各步长测得数目(*N*)					维数(*D*)	自相似性(*R*)程度
		1km	2km	3km	4km	5km		
Ⅰ	1∶50 000	33	14	8	6	5	1.197 498	0.987 089
	1∶100 000	33	14	8	6	5	1.197 498	0.981 450
	1∶200 000	33	14	8	6	5	1.197 498	0.971 085
	1∶500 000	32	14	8	6	5	1.179 259	0.93 6781
	1∶1 000 000	32	14	8	6	5	1.179 259	0.936 781
Ⅱ	1∶100 000	70	30	20	12	8	1.314 221	0.979 794
	1∶200 000	69	30	20	12	8	1.305 693	0.969 075
	1∶500 000	65	30	19	11	8	1.297 873	0.932 898
	1∶1 000 000	62	29	18	11	8	1.269 042	0.839 275
Ⅲ	1∶100 000	64	28	16	11	8	1.292 405	0.980 180
	1∶200 000	62	27	16	11	8	1.267 637	0.969 992
	1∶1 000 000	62	25	15	11	8	1.260 681	0.934 419

2. 基于分形分维的海岸线弯曲选取数学模型

维数作为反映地理要素的复杂程度及空间的填充能力的参数，可以定量地描述复杂的地理现象。我们找到了该地图制图区域海岸线维数在系列比例尺中的变化规律，就可利用这些规律来指导地图制图的综合。

海岸线弯曲个数随着弯曲的长度增加呈递减变化，因而有

$$n_A = N\mathrm{e}^{-\alpha X_A} \tag{6-6}$$

式中，N 为资料图上的海岸线弯曲总个数，X_A 为选取的指标，α 为弯曲系数，n_A 为新编图上的应选取弯曲个数。

α 作为衡量海岸线弯曲的参数，从另外一个角度看，它具有与 D 一样衡量海岸线复杂程度的性质。海岸线越复杂，弯曲的程度就越大，海岸线维数 D 值也就越大，由此可见，海岸线的弯曲系数 α 与维数具有同一性。

一般来说，

$$0<\alpha<1$$

注意到，

$$1<D<2$$

于是有，

$$D=\alpha+1$$

或

$$\alpha=D-1$$

因此，

$$n_A = N\mathrm{e}^{-(D-1)X_A} \tag{6-7}$$

用式(6-7)确定各比例尺不同海岸线应保留的弯曲数，可以保持海岸线分形分布特征。计算分析的结果见表6-3。

表6-3　**基于分形分维的海岸线弯曲选取数学模型的精度分析**

海岸线类型	比例尺	维数 D	弯曲选取的指标 X(mm)	实际选取弯曲的个数	模型确定的弯曲个数	绝对误差
Ⅰ	1∶50 000	1.197 498		39		
	1∶100 000	1.197 498	12	33	31	−2
	1∶200 000	1.197 498	12	24	24	0
	1∶500 000	1.179 259	12	19	20	+1
	1∶1 000 000	1.179 259	12	15	16	+1
Ⅱ	1∶100 000	1.314 221		39		
	1∶200 000	1.305 693	12	28	27	−1
	1∶500 000	1.297 873	12	20	19	−1
	1∶1 000 000	1.269 042	12	13	14	+1
Ⅲ	1∶100 000	1.292 405		62		
	1∶200 000	1.267 637	12	47	45	−2
	1∶500 000	1.260 691	12	31	33	+2

从表6-3可以看出，用模型计算出的弯曲个数与实际选取的个数差别很小；都在地图制图综合允许的误差范围内。分形分维制图综合模型是可以用来确定海岸线弯曲的选取个数，同时综合结果更能反映海岸线分形分布特征。

四、岛屿的制图综合

1. 岛屿的形状概括

岛屿用岸线表示时，岛屿形状的化简采用删除和夸大相结合的方法，分别以带棱角或圆滑的线条表示岸线类型特征。

当岛屿在图上难以用岸线依比例尺表示时，可采用夸大的方法或改用点状符号表示。岛屿只能选取，不能合并。不管哪种方法，都要保持其图形与原来相似。

2. 岛屿的选取

(1)岛屿选取的一般原则

1)根据选取标准进行选取

普通地图上，通常规定岛屿直径大于0.3mm或面积为0.5mm²(1∶50万地形图上

0.35mm²)的用真形表示。小于此标准而又不宜舍弃的岛屿(如孤立的、著名的、远离大陆的、位于国界两侧的、位于领海基线附近的小岛)改用点子或夸大表示。

2)根据重要性进行选取

岛屿的重要性除根据大小判定外，还同其所处的位置有关。有的岛屿很小，但有重要意义，则要夸大表示。例如，位于航道附近的小岛，标志国家领土主权范围的岛屿(如我国的钓鱼岛、赤尾屿和曾母暗沙等)，在比例尺很小的地图上都要表示出来。

3)根据其与大陆的联系进行选取

有些岛屿是海水淹没陆地(海面上升或陆地下降)后露出水面的高地，选取时一定要注意它们联系的性质。例如，处于山体延伸方向上的小岛有助于说明海岸的类型特征。

4)根据分布范围和密度进行选取

对于影响岛屿的分布范围和密度对比的小岛要注意选取。图6-9是正确显示岛屿分布范围及密度对比的综合示例。

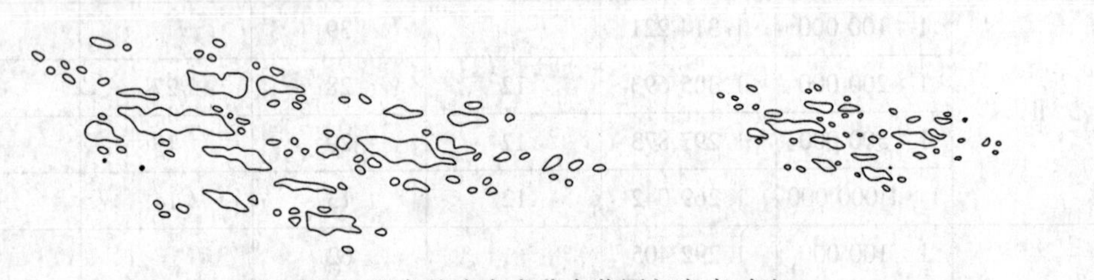

图6-9 选取岛屿应考虑分布范围与密度对比

(2)群岛中岛屿的选取

选取原则：与单个岛屿选取原则相同。注意要把群岛当成一个整体来看待，在进行群岛中岛屿的选取应考虑群岛的分布范围、岛屿的排列规律、内部各地段的分布密度等因素。

选取方法：首先选取图上面积在选取标准以上的岛屿，构成群岛的“骨架”；然后选取外围能反映岛屿分布范围的岛屿；最后选取一些有助于表达各地段密度对比及排列结构的岛屿(图6-10)，并注意保持海上通道的明显性。为了对比明显，图6-10中凡选取了的岛屿均用粗线表示。

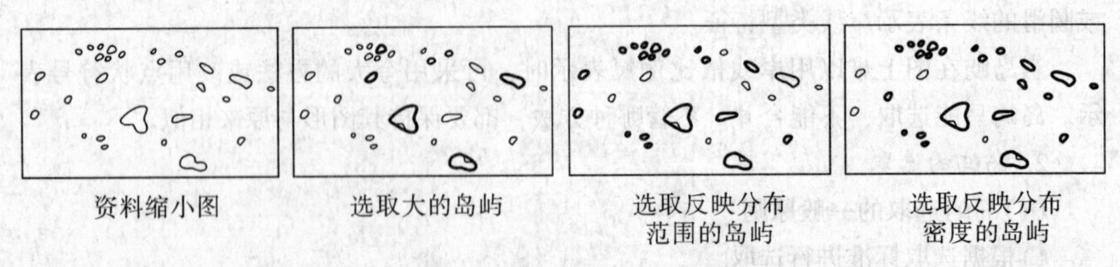

图6-10 群岛中岛屿的选取

此外，明、暗礁和浅滩都是航行上的重要障碍，也应注意选取表示。通常，独立存在的都应该尽量选取，当其成群分布时，着重选取表示它们的分布范围和密度。

五、海底地貌的制图综合

在海底地貌的制图综合中，主要讨论水深注记的选取和等深线的综合。

1. 水深注记的选取

制图综合时，对于资料图上密集的水深注记必须依其主次进行选取。选取的原则为：①必须选取浅滩上最浅的水深(图 6-11)；②必须选取航道线上最浅的水深；③尽量选取能反映航道特征和通行能力的水深(图 6-12)；④尽量选取海底坡度变化处的水深。做到既利于航行，又利于反映海底地貌特征。

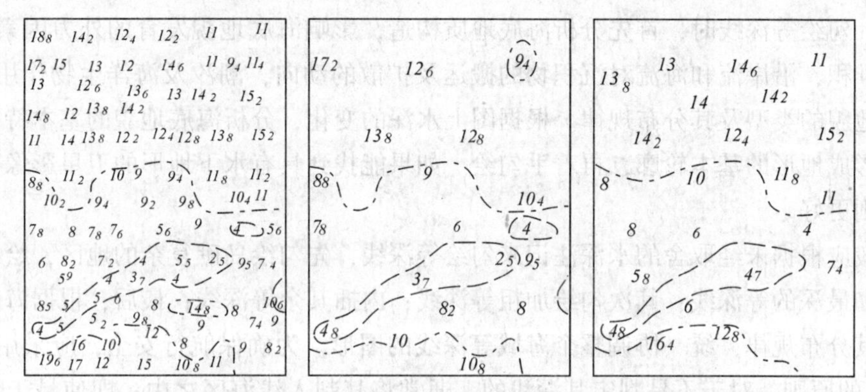

图 6-11　优先选取浅滩上最浅的水深

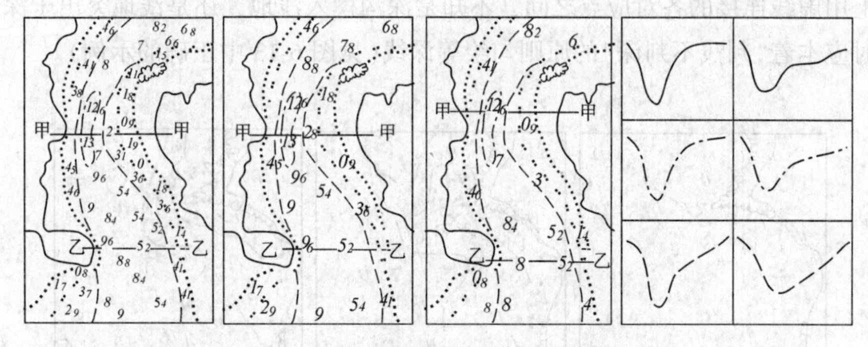

图 6-12　选取能反映航道宽度的水深

根据制图资料和显示海底地貌的需要，确定水深注记选取密度。在海底地貌起伏较大、岛礁和浅滩较多的海区，水深注记应多选取一些；海底起伏小、比较平坦的海区，水深注记可少选取一些；一般海区，水深注记自近岸向外海呈现逐渐由密到稀的变化。

水深注记的选取顺序：先选取图幅内最浅和最深的水深注记；然后选取浅滩及各种航行危险物上的浅水深注记，其中包括选取孤立浅滩、礁石顶点的水深，浅滩纵剖面上相对最浅的水深，浅滩两端的水深和鞍部的水深，选取航道纵剖面上的最浅水深；再选取显示海底地貌变化较大、深水航道和凹地的水深注记，其中包括航道分支或汇合处的水深，能全面反映航道深度和连贯性的水深，反映航道宽度的水深等；最后选取其他水深，为使水深注记达到一定的密度，并按海底地貌分布规律统一协调，增补水深注记。

图上不能全部用等深线表示或等深线需略绘的海底地貌，如海丘、海山、海潭和深槽等，应在其位置上引注水深注记。

通常在浅海地带水深注记选取指标为50~100个/dm^2，近海区域的选取指标为10~30个/dm^2。水深注记最密时的间隔为0.8cm。地形复杂、浅滩或礁石很多的地区，可密至0.6 cm的距离注一个水深注记。

2. 等深线的勾绘

地图上的等深线是根据相当数量的水深点，在分析海底地形变化趋势的基础上插绘出来的。勾绘等深线时，首先分析海底地质构造，影响海底地貌发育的外力因素(入海河流的堆积，沿岸流和海流对沉积物的搬运及扩散的动向，潮汐及海洋生物作用)，形成海底地貌的类型及其分布规律。根据图上水深的变化，分析海底地貌的基本特征，在头脑里形成地形的基本轮廓，再着手勾绘。如果能找到具有水下地形的卫星影像数据作为参考则更好。

一般应根据未经取舍的水深注记来勾绘等深线，先勾绘岛礁复杂的地区，绘最浅的等深线和最深的等深线；其次勾绘加粗等深线；内插其余等深线；最后，根据海底地貌类型及其分布规律，统一协调整个海域等深线的图形。为确保航行安全，应采用"判浅不判深"的原则。对于不易判定其深浅的，通常将其判入浅海区之中；即使易于勾绘的等深线，也常常将其向深海区一方稍稍移动，有意识地扩大浅海区。图6-13中的资料图，其上用虚线连接的各对应点之间，不知是深沟楔入浅地，还是浅地突出于深水区之中，这时应本着"判浅不判深"的原则勾绘等深线(见图6-13中正确的示例)。

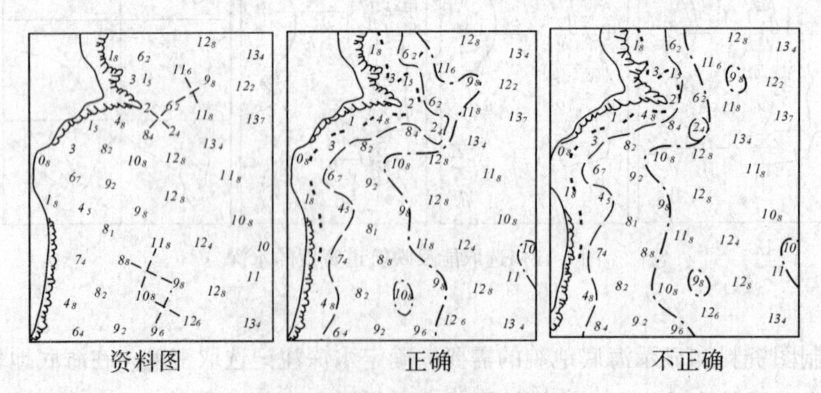

图6-13 勾绘等深线"判浅不判深"

3. 等深线的综合

等深线的综合和陆地等高线的综合基本上是一致的，这方面内容将在地貌的制图综合中详细讨论，这里仅作一般的说明。

(1)等深线的取舍

等深线的取舍主要包括：由于深度表等深距的扩大而舍弃等深线；地图比例尺缩小后，有的等深线图形已经很小或相互紧挨在一起，影响海底地貌表示的清晰性，为此而采取的取舍措施。

1)等深线的选取

地图是根据其用途、比例尺和海底地貌的特征等来选取等深线的，但通常对于20、50、100、200、500m等几条等深线几乎在各种比例尺地图上都是要选用的。对海洋航行安全很重要的20m的等深线，表达大陆架界线的200 m的等深线往往是必须选取的。

表示海底地貌一般采用变距等深线，浅海区用较小的等深距，深海区采用较大的等深距。通常把水深50m的等深线视为内、外大陆架的范围线，50m以内地貌形态最为复杂。往往把200m等深线作为划分大陆架与大陆坡的界线。大陆架是海底地貌的表示重点，采用较小的等深距。

我国系列地形图采用选取等深线和变距等深线相结合的办法来表示海底地貌，见表6-4。在1∶25万~1∶100万地形图上，深度为500~3 000m，等深距为500m，深度超过3 000m，等深距为1 000m。

表6-4　　**我国地形图等深线的选取**

比例尺	选取的等深线(m)
1∶2.5万~1∶10万	2、5、10、20、30、50、100、200
1∶25万	5、10、20、30、50、100、200、500
1∶50万、1∶100万	10、20、50、100、200、500

在设计普通地图上的等深距时，要考虑到海底地貌与陆地地貌便于比较。对于海部的平地和陆部的平地要使用同样详细的高(深)度间隔，对大陆坡和山地也用相应的高(深)度间隔。但是，对于海洋底部深度的广阔空间完全不清楚的地貌，没有必要采用详细的等深距。

将所选择的等深线组合起来，就成了海底地貌深度表。设计深度表，要注意表达海底地貌的等深距同表达陆地地貌的等高距的联系，一般在浅海地区等深距可稍小于陆地上相对范围的等高距，从浅海到深海其等深距应逐渐增大。此外，还要注意海底地貌的类型和坡度变化规律，尽可能按不同的类型选择几组等深距，组成深度带。

2)个别等深线封闭图形的取舍

深水中的浅地等深线应选取，而浅水中的深水等深线一般可舍去。位于深水区的小的浅部，特别是深度小于20m时，一般应选取。

如图6-14所示，较周围海区浅的封闭等深线，要尽量选取。

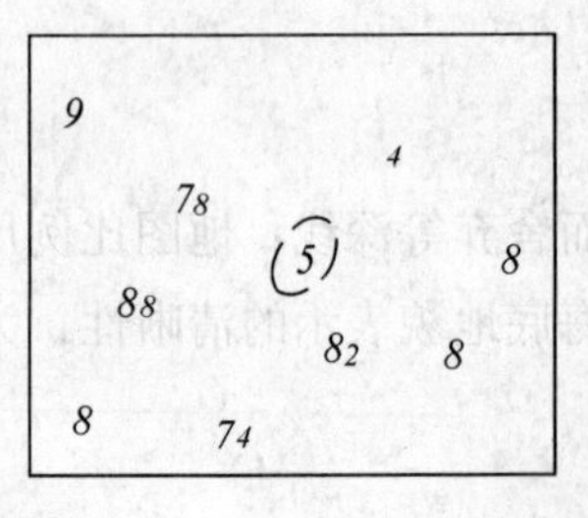
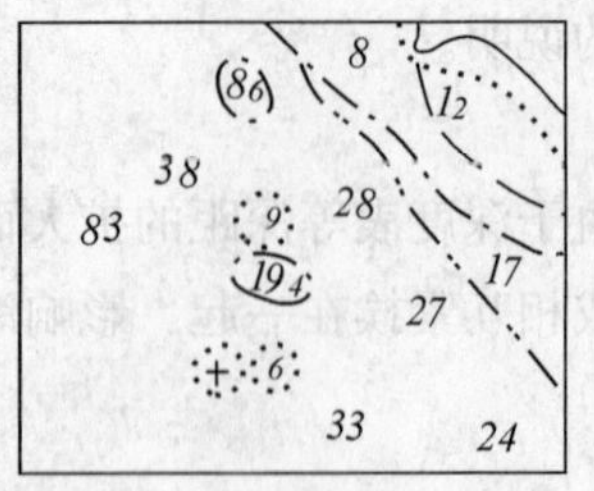
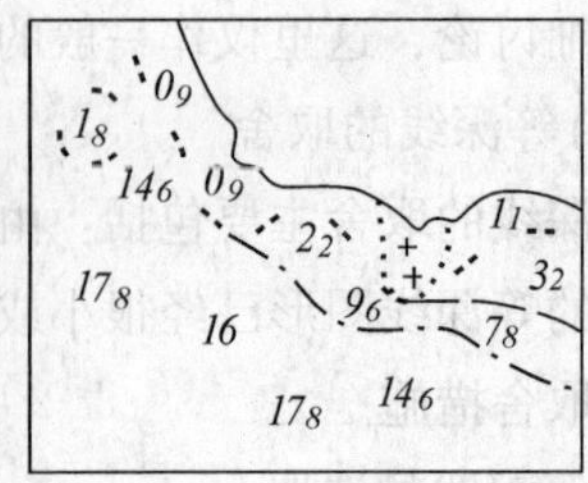

图 6-14　尽量选取深水中浅地的等深线

在浅水区有孤立的深水等深线(图 6-15(a))，或水深较周围相差无几(图 6-15(b))，或该地区地形比较复杂、图上内容较多(图 6-15(c))时，一般可将表示深水的等深线舍去。

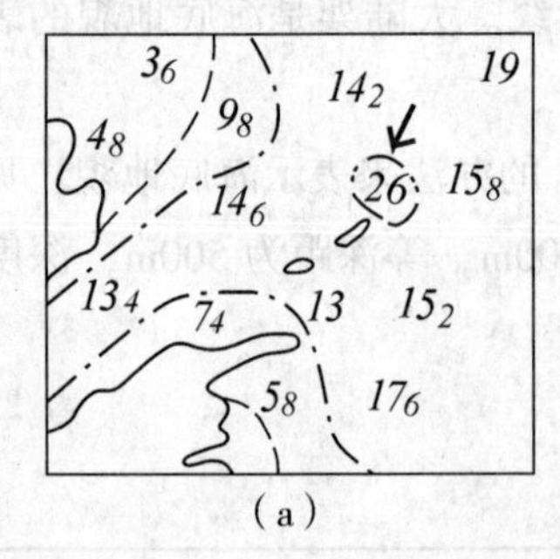
(a)
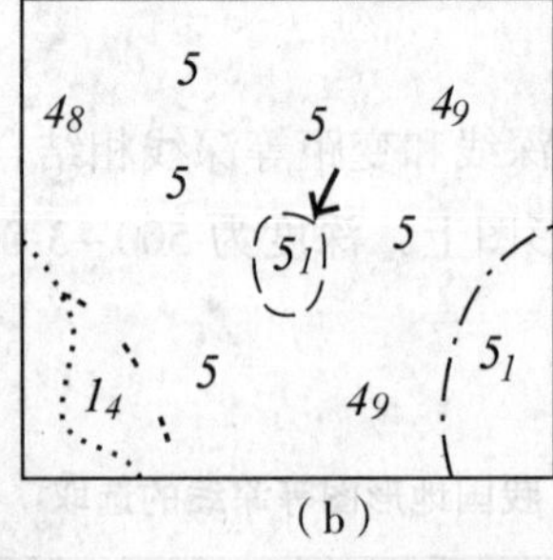
(b)
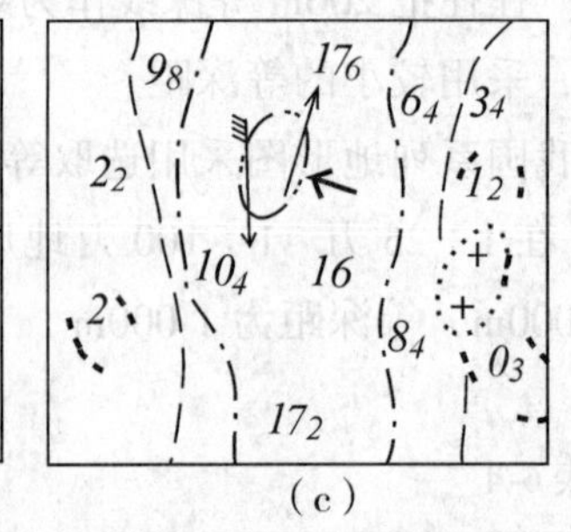
(c)

图 6-15　舍去浅水中深水区等深线

局部小范围的等深线，常随水深注记的舍去而舍去。这时，往往将相邻的浅水等深线绘到被舍去的等深线位置上(图 6-16)。

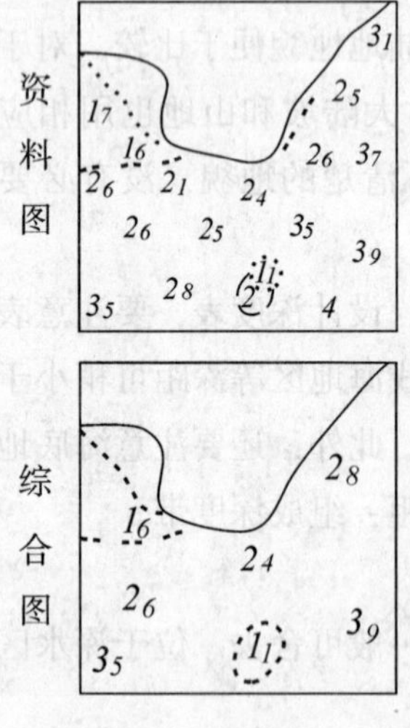

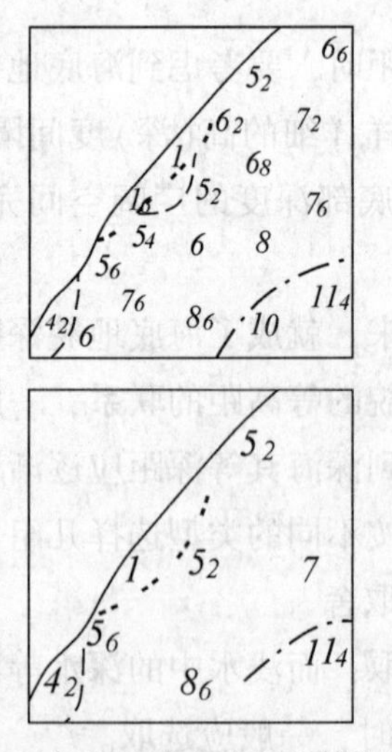
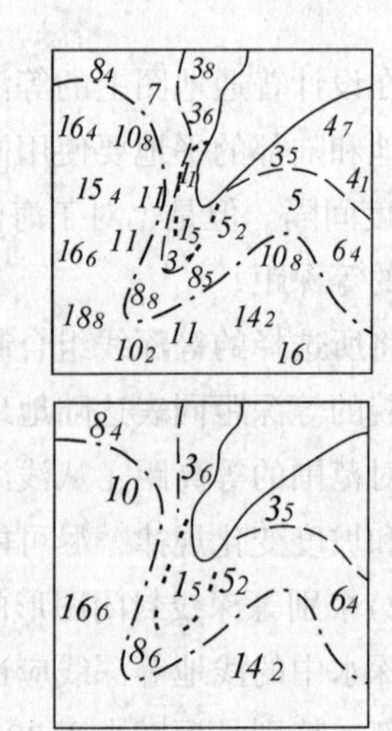

图 6-16　舍去局部小范围的等深线

海底陡深处等深线过于密集时，浅水等深线一般连贯绘出，而将深水等深线断开(图6-17)。

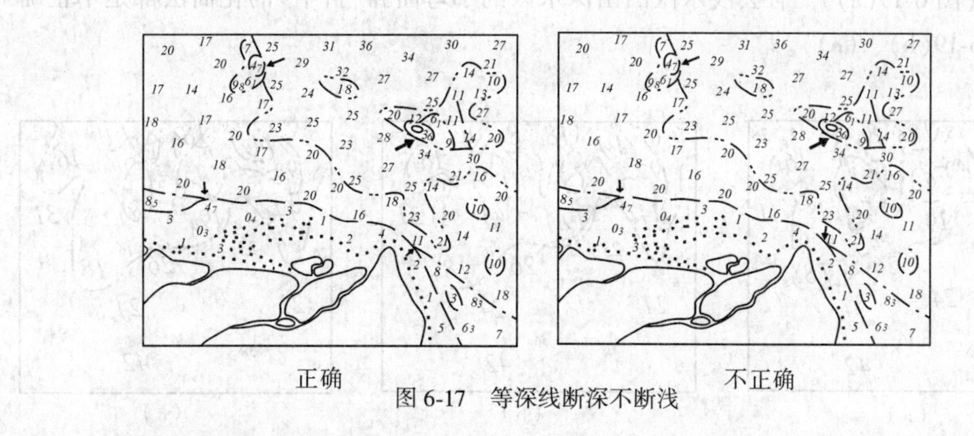

图6-17　等深线断深不断浅

(2)等深线的图形概括

图形化简的原则是扩大浅水区，将深水区等深线局部小弯曲并入浅水区。水下类似的山头和邻近封闭的等深线，可顺走向合并。洼地不能合并，可以取舍。概括等深线应能清晰地反映海底地貌形态特征。

1)合并等深线

当两条反映浅水区的等深线紧邻时，可以合并成一条(图6-18(a))，而且在纵向上可作较大的合并(图6-18(b))；两条表示深水区的等深线，一般不得合并，以反映两深水区之间突起的“门槛”(图6-18(c))。

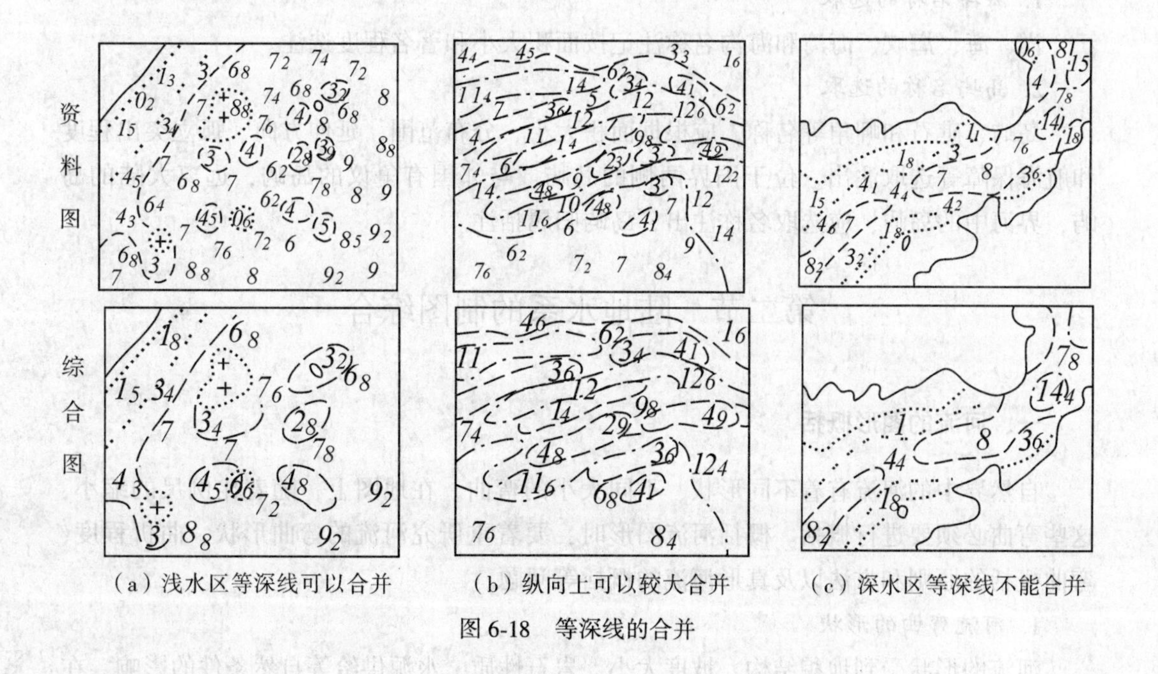

(a) 浅水区等深线可以合并　(b) 纵向上可以较大合并　(c) 深水区等深线不能合并

图6-18　等深线的合并

2）扩浅舍深

随着地图比例尺不断缩小，应舍去深水区凹入浅水区的等深线上的小弯曲，扩大浅水范围(图 6-19(a))。舍去浅水区凸出深水区的小弯曲和“折中”的化简法都是不正确的(图 6-19(b)、(c))。

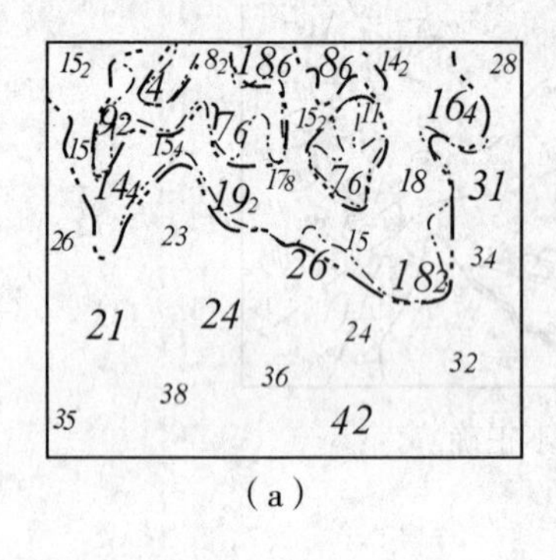

(a)

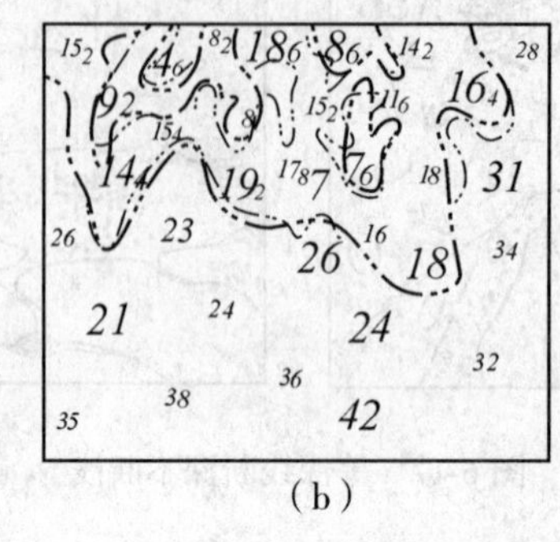

(b)

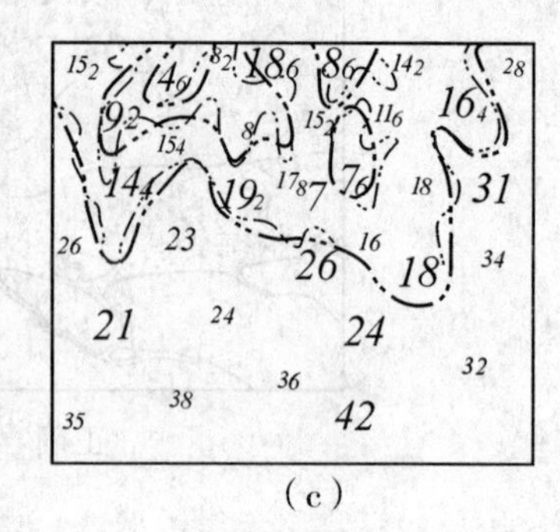

(c)

图 6-19　等深线化简扩浅舍深

3）等深线间的协调

海底地貌是内营力和外营力共同作用的结果，地貌的变化有一定的渐变性和连续性，表现在等深线图形上具有一定的协调性。图形概括时应保持相邻等深线套合自然、过渡协调。

六、海洋要素注记的选取

1. 海洋名称的选取

洋、海、海峡、海湾和海沟名称注记按面积大小和著名程度选注。

2. 岛屿名称的选取

岛屿、礁石和岬角等名称，应根据面积大小、分布范围、延伸方向、孤立突出程度和航海保障等选取注出。位于国界两侧的岛屿，与邻国有争议的岛屿，远离大陆的岛屿，界河中的岛屿，应选取名称注出，岛屿归属括注。

第二节　陆地水系的制图综合

一、河流的图形概括

自然界中的河流有着不同形状、不同大小的弯曲。在地图上，随着比例尺的缩小，这些弯曲必须要进行概括。概括河流图形时，要着重研究河流的弯曲形状、曲折程度、弯曲概括的原则和方法以及真形河流的概括等问题。

1. 河流弯曲的形状

河流的形状受到地貌结构、坡度大小、岩石性质、水源供给等自然条件的影响，在不同的河段上往往具有特定的弯曲形状。河流的弯曲可分为简单弯曲和复杂弯曲。

(1)河流的简单弯曲

河流的简单弯曲可包括微弯曲、钝角形弯曲、近于半圆形的弯曲、套形弯曲和菌形弯曲等(图 6-20)。

微弯曲是一种浅弧状的弯曲。山地河流多具此种弯曲(图 6-20(a))。

钝角形弯曲是指河流弯曲成钝角形，转折较明显，河流弯曲与谷地弯曲一致的河流常有此种特征的弯曲(图 6-20(b))。

近于半圆形的弯曲是指河流弯曲成半圆形的弧状。过渡型河段和平原河流多具有此种弯曲特征(图 6-20(c))。

套形弯曲是一种河曲开始明显起来的弯曲。从过渡型河段到平原河流，在没有大量发育汊流、辫流的情况下，常常出现这样的河流弯曲(图 6-20(d))。

菌形弯曲是河流侧蚀作用加剧，曲流继续发育，形成菌形的曲流(图 6-20(e))。

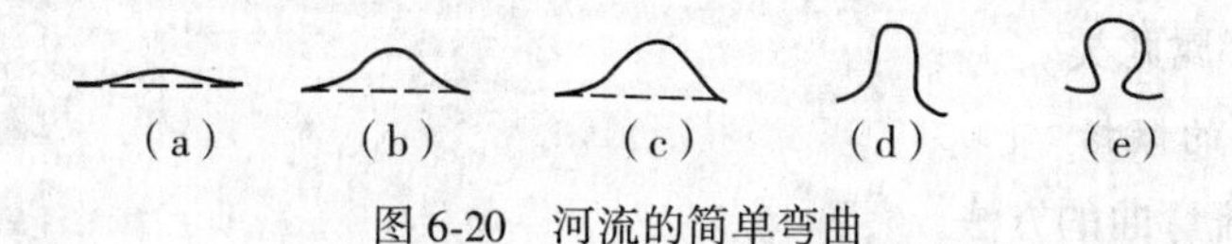

图 6-20　河流的简单弯曲

(2)河流的复杂弯曲

套形和菌形弯曲，一般属河流的一级曲流，进一步发育成二级、三级……弯曲，就形成了河流的复杂弯曲。根据复杂弯曲的形状可以分为复合套形、复合菌形、组合弯曲等(图 6-21)。这些河流弯曲基本上都发育在平原河流上。

在制图综合中，一般要通过保持河流弯曲的基本形状来显示河流发育各阶段的不同特征。

2. 河流的曲折程度

不同的弯曲形状具有不同的弯曲度。为了准确地掌握各河段的概括程度，都以河流曲折系数(说明河流弯曲程度的标志)作为比较的标准。河流曲折系数 K 是河流曲线长度和直线长度之比(图 6-22)。

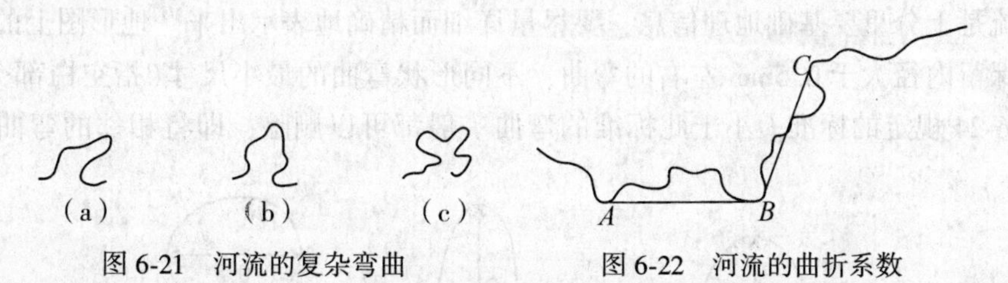

图 6-21　河流的复杂弯曲　　　图 6-22　河流的曲折系数

$$K=\frac{\overset{\frown}{AB}}{AB} \tag{6-8}$$

很显然，河流的弯曲越复杂，曲折系数也就越大。如果我们能控制图形概括前后各河段曲折系数的对比，就能正确地反映出实地河流弯曲的相应关系。

实际制图综合中，并不需要曲折系数的绝对值作为图形概括的依据，而是将各河流按弯曲的基本类型分为若干个河段，图形概括时是通过保持弯曲的基本形状来反映河流曲折系数的对比，从而表达出河流图形的基本特征及长度对比等。

通常将河流按曲折系数划分为以下几类：

近于直线的河段：只具有微弯曲的河流，其曲折系数接近于1。多数的山地河和大河的个别河段属此类。

弯曲不大的河段：多具有钝角形弯曲的河段，其曲折系数为1.2~1.4。多数是曲折的山地河、过渡型河流的上段和大河的某些河段。

弯曲河段：多具有半圆形的中等弯曲的河段，其曲折系数为1.5左右。往往分布在过渡型河段和平原河流上。

弯曲极大的河段：大多数具有套形、菌形、复杂弯曲的河段，其曲折系数大大超过1.5。平原河流多属此类。

3. 河流弯曲的概括

(1)概括河流弯曲的方法

1)保持河流弯曲的特征转折点

概括河流图形时，先要找出河流的主要转折点，这些点起着图形的骨架作用，图形概括时应保留这些点。主要特征点的弯曲可以合并、夸大，但不能删除(图6-23)。

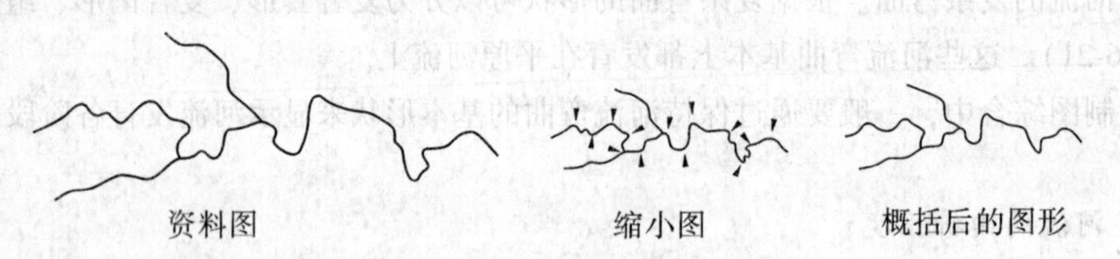

图6-23　保持河流弯曲的特征转折点

2)依据最小弯曲尺寸进行概括

河流是十分重要基础地理信息，要尽量详细而精确地表示出来。地形图上的单线河一般应保留内径大于0.5mm左右的弯曲，不同形状弯曲的最小尺寸(指空白部分)不得小于图6-24规定的标准。小于此标准的弯曲一般都可以删除，即将相邻的弯曲作适当

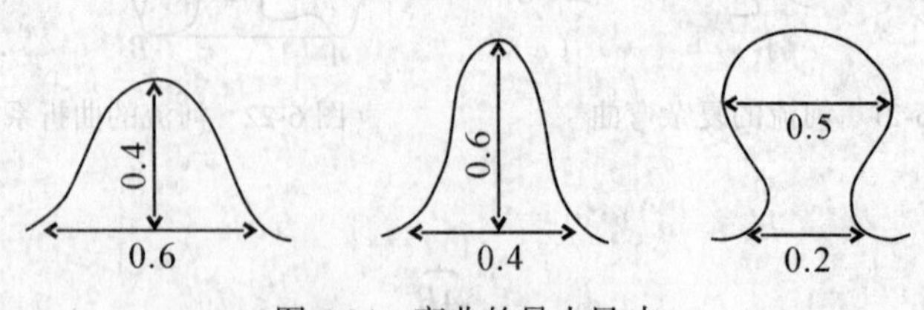

图6-24　弯曲的最小尺寸

合并(图 6-25)。

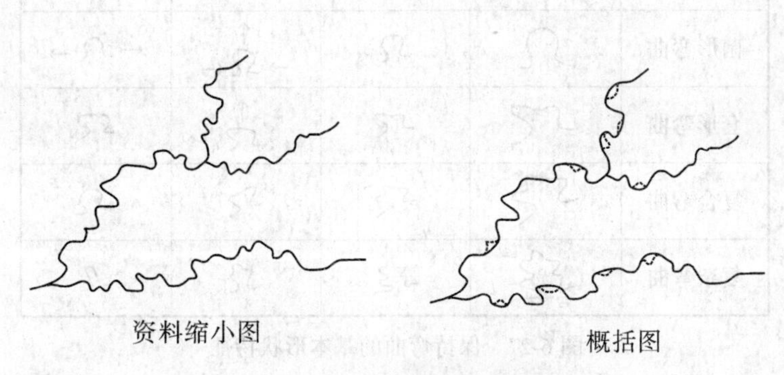

图 6-25　河流小弯曲的化简

制图综合时，河流一般不允许移动，弯曲的删除和夸大都有一定条件和限度，否则就起不到地形“骨架”的制约作用。

高原沼泽地区，一些流量不大的河流，由于河床两侧土壤湿度过大，限制了其旁向摆动的幅度，形成大量犹如锯齿状的小弯曲。缩小比例尺时，大多数小弯曲都可能小于弯曲选取指标的最小尺寸，这时就不能机械地按标准删除，要采取合并弯曲和夸大弯曲相结合的方法来化简，以保持河流小弯曲多的典型特征(图 6-26)。

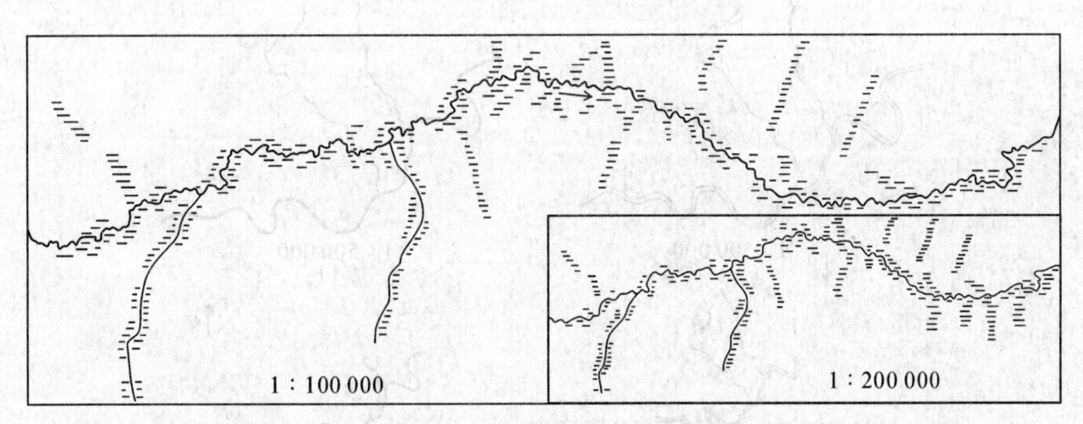

图 6-26　具有锯齿状弯曲河流的化简

(2)概括河流弯曲的基本原则

1)保持弯曲的基本形状特征

河流形成受地质构造等控制，使图形弯曲有显著特征，概括这些典型特征的弯曲时，一般应根据弯曲的主要突出点为骨架进行化简，以保持弯曲的基本形状特征(图 6-27)。

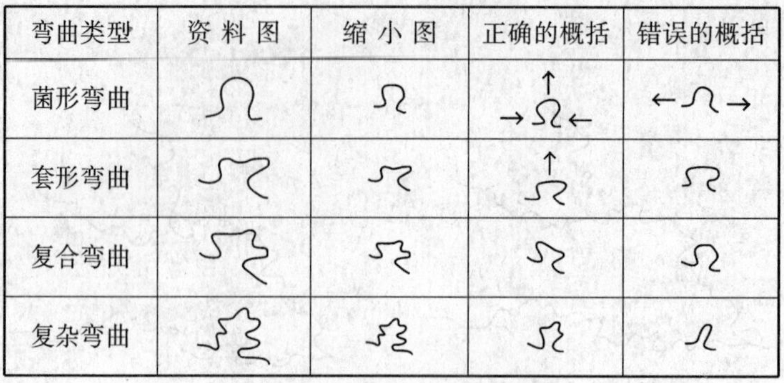

弯曲类型	资 料 图	缩 小 图	正确的概括	错误的概括
菌形弯曲				
套形弯曲				
复合弯曲				
复杂弯曲				

图 6-27　保持弯曲的基本形状特征

2)保持不同河段弯曲程度的对比关系

弯曲程度反映区域地质地貌条件的差异及河流发育的不同阶段。化简河流图形时，首先根据河流主要转折点区分具有不同弯曲程度的河段，然后按照依曲折系数划分的河段进行化简，以保持不同河段弯曲程度的对比关系。图 6-28(a)为资料图，(b)图为缩小图，(c)图为概括图，(d)图为概括图的放大图。从(d)图上可以看出，两支流上保持了不同河段的弯曲程度的对比关系。

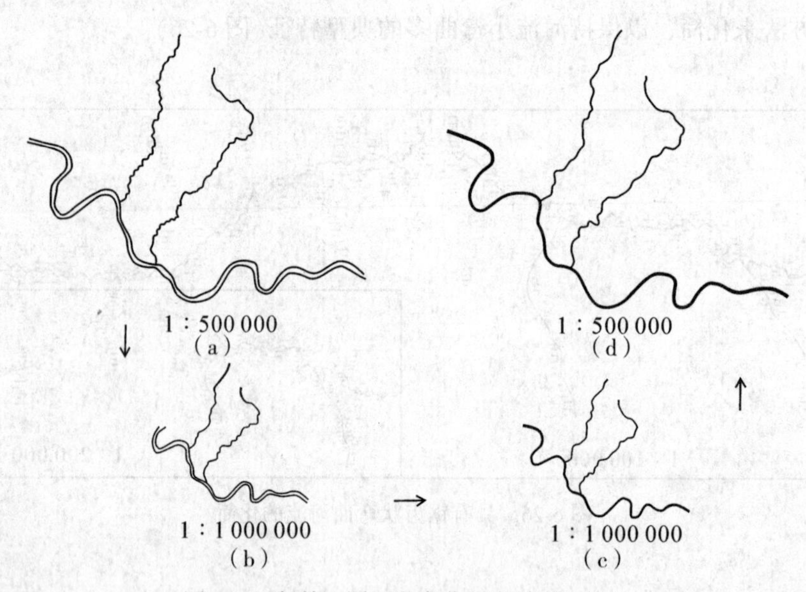

图 6-28　保持不同河段弯曲程度的对比关系

3)保证河流的长度接近实地长

随着地图比例尺的缩小，许多小河被舍弃，河流的弯曲不断地化简，河流总长度则随之相应缩短。河流长度通过图形概括后必然缩短，但地理信息使用者则希望地图上的河流尽可能接近实地长。为此，概括图形时应尽量按河流弯曲的外缘部位进行，扩大弯曲，使图形概括造成的河长损失尽量得到补偿(图 6-29)。

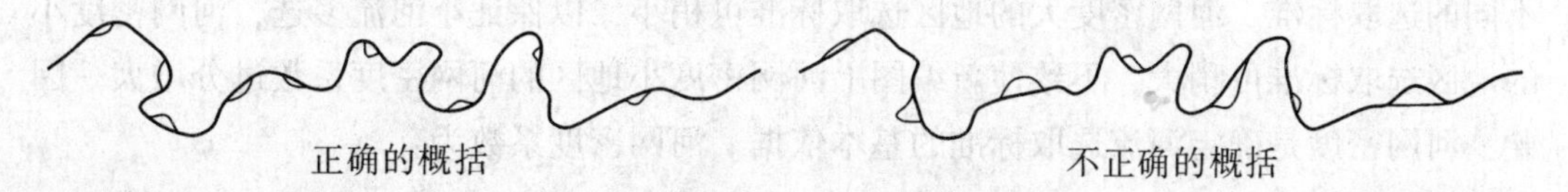

图 6-29　沿夸大弯曲部位概括河流

4. *真形河流的图形概括*

对于能依比例尺表示其真实宽度的大河，除了按海、湖岸线概括其水涯线外，还应注意以下几点：

①应表示主流和汊流的相对宽度以及河床放宽和收缩的情况。当主流明显性不够时，可以适当地夸大，使其从汊流中区分出来；当汊流按比例尺缩小后不能用双线表示时，可改用单线符号(图 6-30)。

②河心岛独立存在时，一般不能合并，只能取舍；河心岛如果相互接近，总的外部轮廓一致，当其面积较小(或间距窄)难以单独表示时，可以适当地合并(图 6-31)。

图 6-30　主流和汊流的概括　　　图 6-31　河心岛的综合

河流中的岛屿常常具有特定的图形特征。例如，岛屿朝上游一端的岸线圆浑，朝下游一端的岸线较尖锐而拖长。它们间接地表明了水流的方向，图形概括时应注意这一特征的表达。在小比例尺地图上，为了强调这一特征，图形概括时可作较大的夸张。

③清楚地表示辫状河流中主、汊流所构成的网状结构及汊流的密度对比关系(图 6-32)。

图 6-32　反映主、汊流的网状结构及汊流的密度对比

二、确定河流选取标准的数学模型

河网密度大的地区，小河多，因此舍去也多；河网密度小的地区，小河少，因此舍去也少。为保持各区域河网密度系数的对比，特别是不被倒置，应在不同的密度区规定

不同的选取标准。河网密度大的地区选取标准可稍小，以保证小河流多选，河网密度小的地区选取标准可稍大，不致使新编图上河网密度小地区的河网密度系数过分增大。因此，河网密度是确定河流选取标准的基本依据。河网密度系数为：

$$K=\frac{L}{p} \tag{6-9}$$

式中，L 是河流的总长度，p 是河流的流域面积。

根据自然界的规律，河网越密，该区域小河流就越多，即河网密度系数 K 和单位面积内的河流条数 n_0 有相关关系，且

$$n_0=\frac{n}{p} \tag{6-10}$$

式中，n 是河流条数。

依据河网密度系数 K 和单位面积内的河流条数 n_0 的相关关系，可建立河网密度系数 K 的数学模型。

用实际量测的方法在某区域范围内的 1∶5 万地形图上量测 40 个小河系（表 6-5），n 是河流的条数，p 是流域面积，L 是河流的长度。

表 6-5　　　　**图上量测 40 个小河系的相关数据**

编号	1	2	3	4	5	6	7	8	9	10
n	8	3	4	3	6	18	6	10	14	12
p/cm^2	360	100	100	60	110	300	100	160	222	177
L/cm	70.4	26.1	30.0	15.9	29.4	124.2	33.6	52.0	63.0	76.8
编号	11	12	13	14	15	16	17	18	19	20
n	16	9	29	6	5	4	3	9	4	7
p/cm^2	210	90	270	47	35	28	19	41	16	28
L/cm	88.0	41.4	103.1	23.4	15.5	15.2	9.3	27.0	14.8	20.3
编号	21	22	23	24	25	26	27	28	29	30
n	11	15	28	40	9	10	15	29	24	21
p/cm^2	30	38	57	70	11	11	14	25	19	16
L/cm	33.0	45.0	67.2	96.0	16.2	19.0	17.0	40.6	36.0	33.6
编号	31	32	33	34	35	36	37	38	39	40
n	14	12	13	7	12	71	35	17	17	27
p/cm^2	9	7	8	4	6	33	15	7	7	10
L/cm	15.4	9.6	15.6	6.3	12.0	85.2	31.5	13.6	13.6	21.6

根据表 6-5，可得 K 和 n_0（表 6-6）。

表 6-6　　　　　　　　**图上量测 40 个小河系相关数据的处理**

编　号	$K(cm/cm^2)$	n_0(条/cm^2)	编　号	$K(cm/cm^2)$	n_0(条/cm^2)
1	0.195 6	0.022 2	21	1.100 0	0.366 7
2	0.261 0	0.030 0	22	1.184 2	0.394 7
3	0.300 0	0.040 0	23	1.178 9	0.491 2
4	0.265 0	0.050 0	24	1.371 4	0.571 4
5	0.267 3	0.054 5	25	1.472 7	0.818 2
6	0.414 0	0.060 0	26	1.727 3	0.909 1
7	0.336 0	0.060 0	27	1.214 3	1.071 4
8	0.325 0	0.062 5	28	1.624 0	1.160 0
9	0.283 8	0.063 1	29	1.894 7	1.263 2
10	0.433 9	0.067 8	30	2.100 0	1.312 5
11	0.419 0	0.076 2	31	1.711 1	1.555 6
12	0.460 0	0.100 0	32	1.371 4	1.714 3
13	0.381 9	0.107 4	33	1.950 0	1.625 0
14	0.497 9	0.127 7	34	1.575 0	1.750 0
15	0.442 9	0.142 9	35	2.000 0	2.000 0
16	0.542 9	0.142 9	36	2.581 8	2.151 5
17	0.489 5	0.157 9	37	2.100 0	2.333 3
18	0.658 5	0.219 5	38	1.942 9	2.428 6
19	0.925 0	0.250 0	39	1.942 9	2.428 6
20	0.725 0	0.250 0	40	2.160 0	2.700 0

根据表 6-6，以河网密度系数 K 为纵坐标，单位面积内的河流条数 n_0 为横坐标，点绘出 40 组数据相应点的位置(图 6-33)。依据点的分布规律，可用幂函数建立河网密度的数学模型。

$$K = a n_0^{\ b} \tag{6-11}$$

式中，a、b 是待定参数。

根据一元非线性回归数学方法可得

$$a = 1.47, \qquad b = 0.52, \qquad \text{相关指数 } R = 0.972$$

取 $\alpha = 0.01$，查相关强度系数表，得

$$R_\alpha = 0.5614$$

显然，

$$R > R_\alpha$$

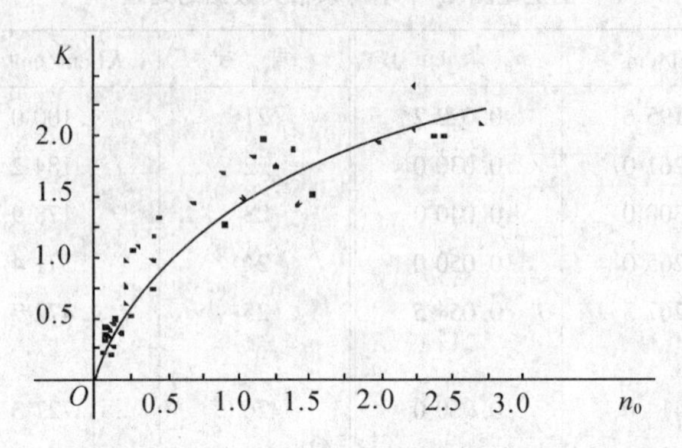

图 6-33　河网密度系数 K 和单位面积内的河流条数 n_0 的相关关系

相关显著，回归方程有意义。

因此，得确定河网密度系数模型为

$$K=1.47n_0^{0.52}=1.47\left(\frac{n}{p}\right)^{0.52} \tag{6-12}$$

根据式(6-12)模型，只要知道该河系的流域面积 p 和河流条数 n，即可得到河网密度 K。

我国多年来的编图实践，使得各不同密度的地区河流选取形成一套惯用的标准(表 6-7)。

表 6-7　　**不同密度区的河流选取标准**

河流密度系数 K(km/km^2)	<0.1	0.1~0.3	0.3~0.5	0.5~0.7	0.7~1.0	1.0~2.0	>2.0
河流选取标准 l_A(cm)	全选	1.4	1.2	1.0	0.8	0.6	0.5

例如，四个不同河网密度的地区，其河流条数 n 和流域面积 p 的量测结果见表 6-8。表 6-8 中的河网密度系数 K 是根据式(6-12)计算得来的。

表 6-8　　**四个河网密度区的河网密度系数**

地　区	1	2	3	4
n	567	178	29	11
p(km^2)	480	595	310	824
K(km/km^2)	1.60	0.78	0.43	0.16

根据表 6-7，可以得到各区的河流选取标准(表 6-9)。

表 6-9　　**四个河网密度区的河网选取标准**

地　区	1	2	3	4
河流选取标准 l_A(cm)	0.6	0.8	1.2	1.4

四个河网密度地区只有分别采用表 6-9 中的选取标准对各区的河流进行选取，才能保持各密度区河网密度系数的对比。河流的选取规律是随着地图比例尺的缩小，河流舍弃越来越多，实地河网密度不断减小，而图上河网密度却不断增大。如果采用同一选取标准，河网密度大的地区河流舍去得多，河网密度小的地区舍去得太少，可能会产生河网密度小的地区图上河网密度增大过快，出现密度倒置现象，即河网密度小的地区反而变成河网密度大的，这是绝对不容许的。

三、河流的选取

实施河流选取时，仅有选取标准是不够的，还必须正确地使用临界选取标准，遵守一定的选取程序和注意某些不受河流选取标准限制的特殊情况等。

1. 临界选取标准的使用

规定河流选取的临界标准(表 6-10)，可以充分发挥编绘人员的主观能动性，制图员可以根据地图区域的具体情况采取临界标准的上限或下限来处理河流的取舍。

表 6-10　　**河流选取标准和临界标准**

河流密度系数 K(km/km^2)	<0.1	0.1~0.3	0.3~0.5	0.5~0.7	0.7~1.0	1.0~2.0	>2.0
河流选取标准 l_A(cm)	全选	1.4	1.2	1.0	0.8	0.6	0.5
临界标准(cm)	全选	1.3~1.5	1.0~1.4	0.8~1.2	0.7~1.0	0.5~0.7	0.5

对于小河数量多的地区或河系，通常是采取低标准，使图上选入足够数量的小河；对小河数量少的地区或河系，则通常采取高标准，以保持图上小河数量少的特点。

同时，临界选取标准还往往作为一种补充手段用来协调不同密度区的过渡，即邻区河网密度大时，本区宜用偏低的选取标准，使河流多选一些；邻区河网密度小时，本区宜用偏高的标准，使河流选得少一些。这样，可以避免相邻两个不同密度区的河网密度形成人为的阶梯，使其过渡自然。

2. 选取河流的顺序

河流舍去的数量较大时，河流的选取往往难以掌握。所以，要按照如下顺序(图 6-34)进行：

①选取干流及小河系的主要河源。

②以小河系为单位逐个选取。对每个小河系，也是从较高一级的支流选起，逐渐转向低一级支流。

③加密、平衡。

根据河流选取标准逐渐加密，这时要注意反映河系类型及河网密度的对比，灵活运用河流选取临界标准。

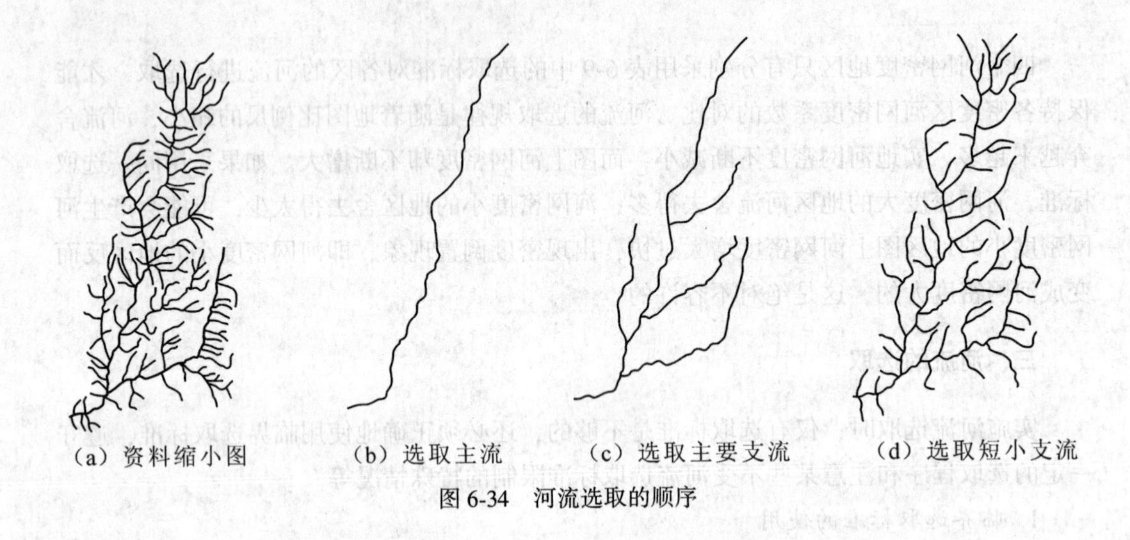

图 6-34　河流选取的顺序

3. 不按河流选取标准选取的特例

一些河流虽然小于选取标准，由于河流本身的主要意义，也应选取。

①表明湖泊性质的唯一的小河(如说明进水湖或排水湖的小河)，连通湖泊的小河，区分冰斗湖与冰蚀湖的河流等，联系井、泉、喀斯特伏流河段，一般应选取。

②表示河源的小河(如长江的沱沱河、黄河的卡日曲)，大河上唯一的或少有的几条小河，直接入海或入大湖的小河，干旱地区仅有的常年小河，连接城镇的小河，联系重要灌溉系统的小河，构成河系类型特征的小河。

③界河，特别是河流为国界的小河。

也有一些河流，虽然大于河流标准，但应该舍弃。在河网密集地区，图上河流(渠道)间隔小于 3mm，有时舍弃稍微大于选取标准的河流(渠道)。

四、河系的图形综合

河系的图形综合主要表现在：保持河系的类型特征，河流的主次和交汇关系以及河源、河口的特征等。河系的类型主要取决于流域的地表形态、岩性、地质构造、气候等多种因素。根据河系所构成的平面图形，可区分为树枝状河系、格状河系、羽毛状河系、平行状河系、扇状河系及辐射状河网等。

1. 树枝状河系的综合

树枝状河系多见于岩性比较一致的山地和丘陵。这类河系在我国分布很广，如四川盆地、黄土高原、黑龙江等地区较为典型。

主要特征：支流多而不规则，支流从不同方向呈锐角汇入主流，构成形状如树枝的图形。

综合要点：为反映河系呈树枝状的图形特征，应优先选取显示主支流锐角相交的特点的小支流(图 6-35)。

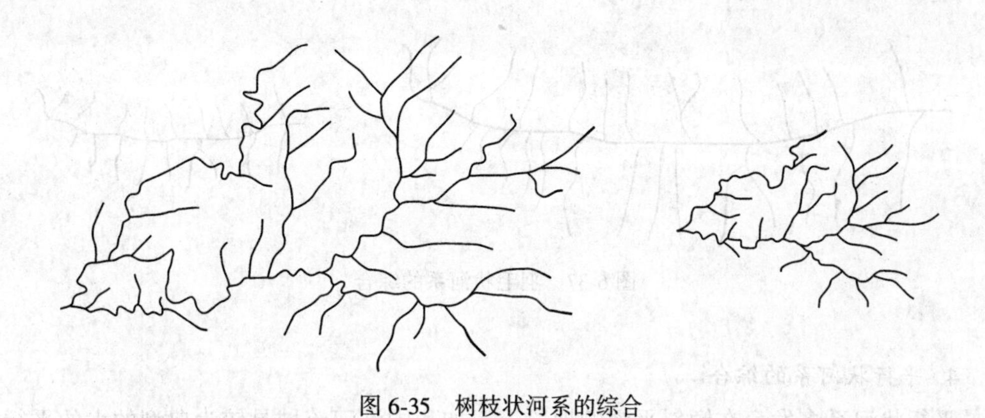

图 6-35　树枝状河系的综合

2. 格状河系的综合

格状河系多形成于以褶皱构造为基础的山区，如我国川东平行岭谷、天山山地和闽浙丘陵等地区。

主要特征：河流多近于直角转弯，主支流近于直角相交，构成格网状的平面图形。

综合要点：优先选取反映构成格状特征的支流，选取近似直角拐弯及与主流近于直角相交的小河，这些小河一部分可能小于选取标准(图 6-36)。

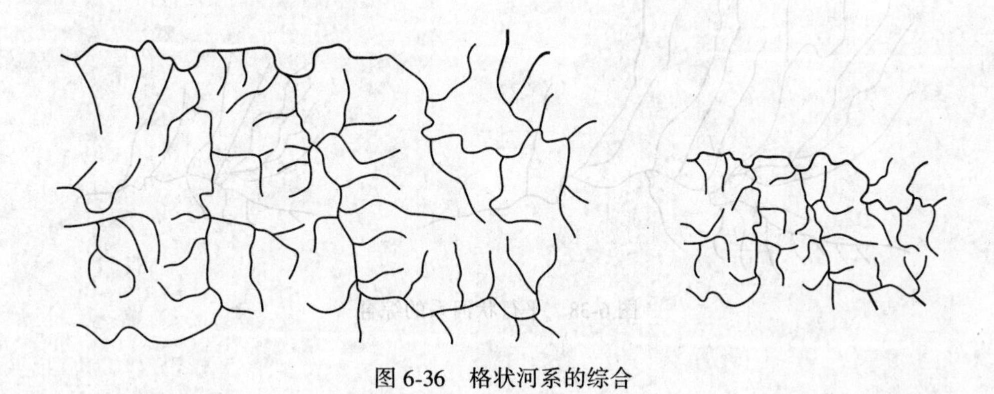

图 6-36　格状河系的综合

3. 羽毛状河系的综合

在山岭成平行延伸且坡度较陡的山区，常发育羽毛状的河系，如我国横断山区、秦岭北坡等地分布较多。

主要特征：主流位于深谷低地之中，平直、粗壮，流向与山岭平行；支流分布于两侧山坡，短小且近于平行；主、支流近于直角相交，两侧支流也大致对称，形如羽毛。

综合要点：保持支流近于平行，主、支流近于直角相交的特点。注意两侧支流的排列与间隔的大小。为了保持羽毛状的特点，有时需按临界选取标准中的低标准选取一些短小支流，保持不同地段上支流的数量对比(图 6-37)。

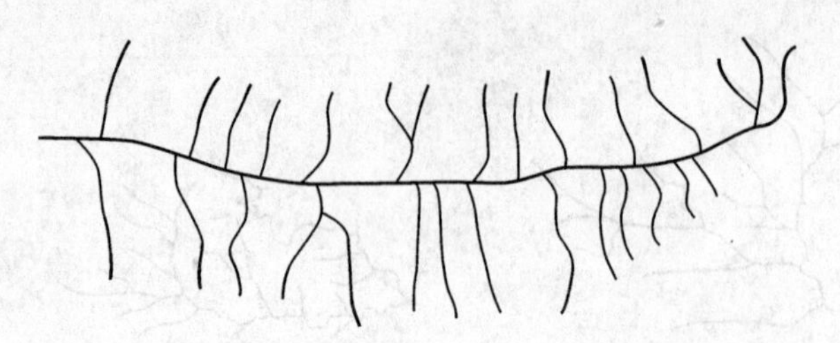
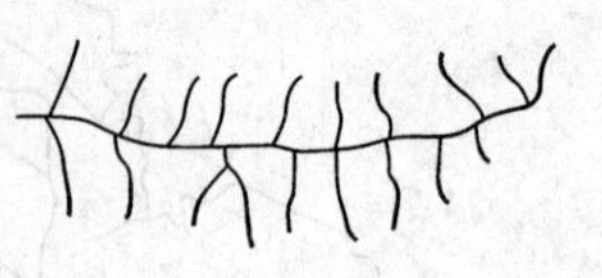

图 6-37　羽毛状河系的综合

4. 平行状河系的综合

平行状河系多发育在倾斜平缓的地段上，如我国淮河流域是较为典型的大的平行状河系。

主要特征：在同一个平缓倾斜面上，河流顺倾斜面大致平行排列。

综合要点：优先选取近似同一方向且相互平行的支流，当两平行支流间隔小于3mm，可适当舍去部分长度大于选取标准并有碍于反映平行状河系特征的支流(图 6-38)。

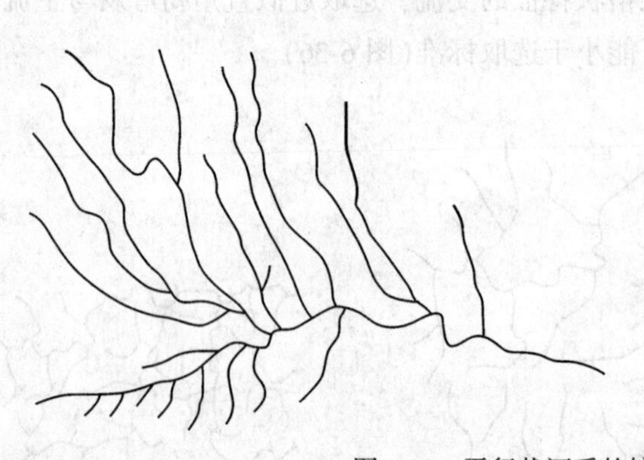
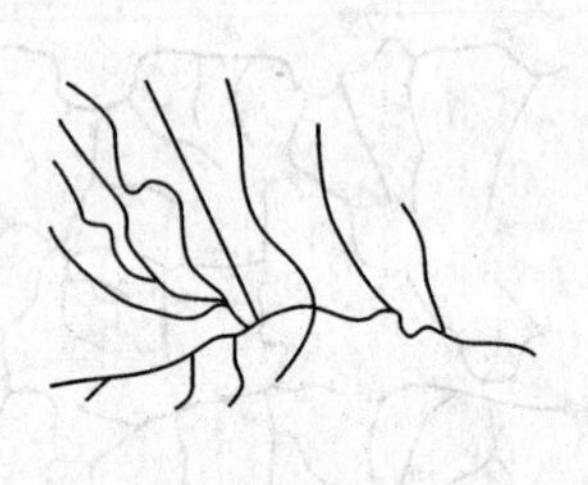

图 6-38　平行状河系的综合

5. 网状河系的综合

网状河系形成于雨量较多、河网密度较大、地势平坦的冲积平原地区，宽阔的河漫滩及河口三角洲地带，如我国黄河河套地区、长江中下游平原、东北三江平原、珠江三角洲等地。

主要特征：河网稠密，主支流相互交错，汊流众多，且多与湖泊沼泽相连。

综合要点：先选取主河道，然后选取控制河网范围的外围支流，再选取反映河流交错特征及河网密度对比关系的支流(图 6-39)。

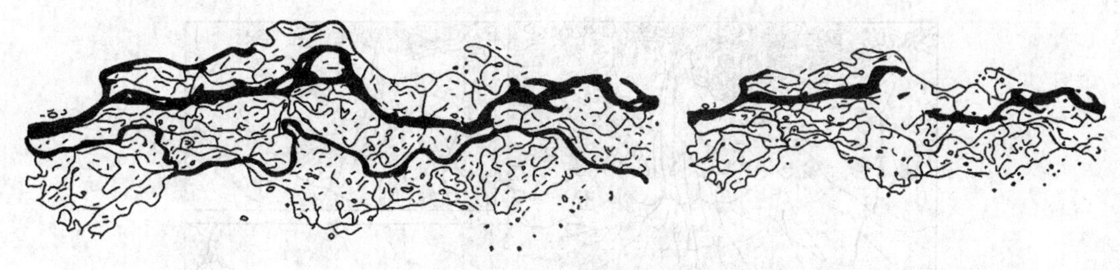

图 6-39　网状河系的综合

也有一些网状河系，由于河床平坦，地表疏松及水量不充足，没有明显的主流，综合时重点在于河网结构、密度对比等方面(图 6-40)。

图 6-40　无主流的网状河系的综合

6. 扇状河系的综合

扇状河系多发育在山麓地带的冲积平原上和沿海三角洲地带，例如，我国昆仑山、祁连山，太行山等山麓地带，沿海三角洲及成都平原等地也有分布。

主要特征：河流从一处向外呈扇形散流(图 6-41)，或河流向一处汇集成扇状(图 6-42)。

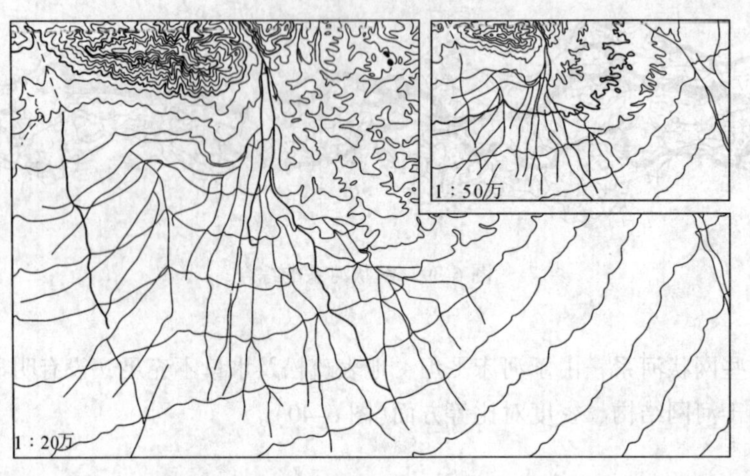

图 6-41　发散型扇状河系的综合

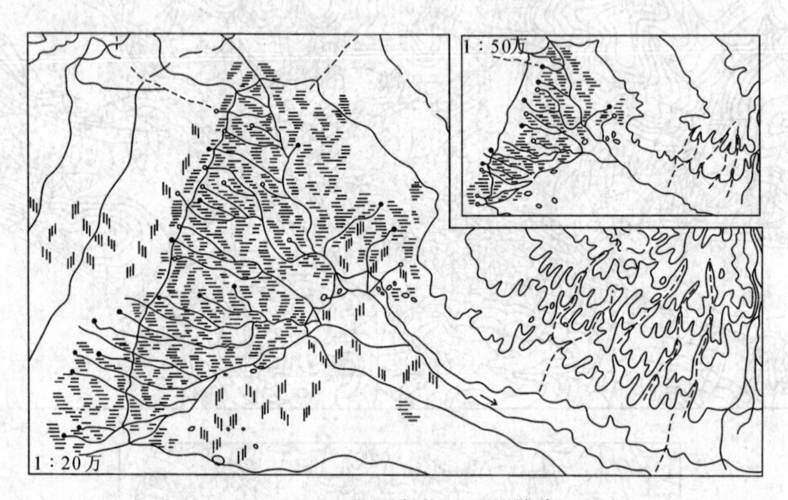

图 6-42　聚集型扇状河系的综合

综合要点：先取主流和外围反映扇状特征的河流，后取内部的河流，当内部河流之间间隔小于 3mm，可舍去部分长度大于选取标准并有碍于反映扇形河系特征的支流。

7. 辐射状河网

辐射状河网一般由多个水系(的河源)构成，这种河网所构成的辐射状图形，又有离心式和向心式两种。

离心式辐射状河网多发育在火山锥周围，我国的长白山、雷州半岛、台北大屯火山等地区均有分布。

主要特征：多条河流由同一高地向四周散流。

综合要点：选取反映离心式辐射状特征的河流，保持不同地段上的疏密对比关系(图 6-43)。

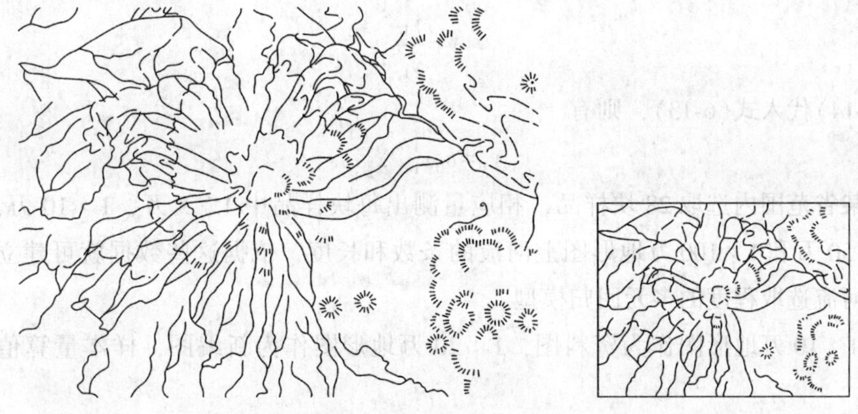

图 6-43　离心式辐射状河网的综合

向心式辐射状河网多发育在盆地中。

主要特征：河流由四周的高处向盆地底部汇集，盆地低处多有积水的湖泊。

综合要点：选取反映向心式辐射状特征的河流，保持不同地段上的疏密对比(图 6-44)。

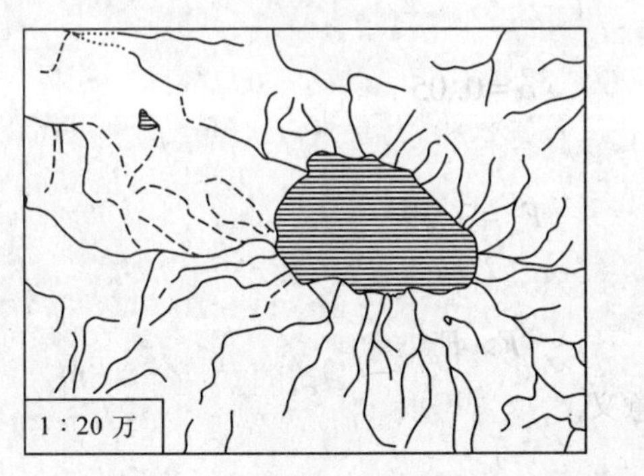

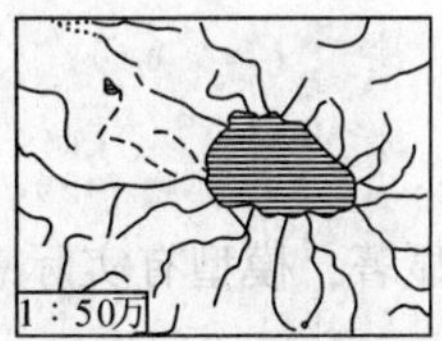

图 6-44　向心式辐射状河网的综合

五、确定河流选取指标的数学模型

单位面积内应选取的河流条数可用回归模型、方根模型和分形模型来确定。

1. 多元回归模型

河流的选取不但与单位面积河流的长度(河网密度)有关，还应与单位面积河流的条数有关。因此，确定河流选取程度的数学模型为：

$$y=b_0x_1^{b_1}x_2^{b_2} \tag{6-13}$$

式中，y 为河流选取程度(百分比)，x_1 为资料图上单位面积河流条数，x_2 为资料图上单位面积河流长度(河网密度)，b_0、b_1、b_2为待定参数。

设 y_1 为单位面积内河流选取条数，则有

$$y=\frac{y_1}{x_1} \tag{6-14}$$

将式(6-14)代入式(6-13)，则有

$$y_1=b_0x_1^{1+b_1}x_2^{b_2} \tag{6-15}$$

在某省范围内选取 28 块样品，相应量测出每块样品中 1∶5 万，1∶10 万，1∶20 万，1∶50 万和 1∶100 万地形图上河流的条数和长度，依据这些数据就可建立相应比例尺的河流选取程度的多元回归模型。

以 1∶10 万地形图作为资料图，1∶20 万地形图作为新编图，样本量算值列于表 6-11 中。

根据多元非线性回归数学方法，可求得

$$b_0=55.55$$

$$b_1=-0.6812$$

$$b_2=0.3717$$

统计量

$$F=31.313$$

取置信水平

$$\alpha=0.05$$

查 F 分布表，得

$$F_\alpha=3.39$$

显然，

$$F>F_\alpha$$

回归方程相关显著，模型有实际意义。

表 6-11　**1∶10 万编 1∶20 万地形图上样本量算值**

样本编号		1	2	3	4	5	6	7	8	9	10	11	12	13	14
样本量算值	y	0.89	0.54	0.30	0.77	0.70	0.65	0.68	0.76	0.95	0.57	0.23	0.53	0.25	0.13
	x_1	53	68	329	78	191	72	111	41	20	21	258	74	262	333
	x_2	1 553	2 313	5 502	2 191	5 235	2 576	2 890	1 528	1 174	781	5 698	2 447	7 504	5 042
样本编号		15	16	17	18	19	20	21	22	23	24	25	26	27	28
样本量算值	y	0.32	0.55	0.38	0.33	0.65	0.69	0.91	0.22	0.40	0.51	0.52	0.60	0.65	0.47
	x_1	202	164	109	153	78	67	11	126	87	95	104	89	23	66
	x_2	3 126	4 437	4 037	3 876	2 706	2 317	789	3 259	1 716	2 792	2 961	2 572	511	1 500

因此，得确定 1∶20 万地形图河流选取程度数学模型为：

$$y=55.55x_1^{-0.6812}x_2^{0.3731} \tag{6-16}$$

有了式(6-16)河流选取程度模型，只要知道1∶10万资料图上单位面积河流条数和单位面积河流长度(河网密度)，就可以确定新编1∶20万地形图河流的选取程度(或选取数量)。

同理，可建立其他比例尺地图的河流选取数学模型。

1∶5万编1∶10万：

$$y=36x_1^{-0.4}x_2^{0.3} \tag{6-17}$$

1∶20万编1∶50万：

$$y=18x_1^{-0.7}x_2^{0.42} \tag{6-18}$$

1∶50万编1∶100万：

$$y=10.6x_1^{-0.9}x_2^{0.76} \tag{6-19}$$

2. 方根模型

河流一般是用线状符号表示，而单线河是用逐渐变化的线状符号表示，很难确定其长度比，另外，河流重要性的等级不易划分。因此，可将方根通用模型变为：

$$n_F=n_A\sqrt{\left(\frac{M_A}{M_F}\right)^x} \tag{6-20}$$

式中，选取级 x 包含了符号尺度系数 C_Z 和河流重要性系数 C_B 的综合影响。

由于 n_F 和 n_A 可以用分析试验等办法来确定，从而求出 x，建立河流选取指标模型。其具体步骤是：

(1)评价已成图或制作编绘样图，量取 n_F 和 n_A

选出若干块同新编图比例尺相同的高质量已成图，如果选不出合适的已成图，可设计编绘若干块样图。在已成图(或样图)和相应的资料图范围内，量取河流的条数 n_F 和 n_A。

(2)解求选取级 x

将式(6-20)两边平方，并取对数，得

$$2\ln n_F=2\ln n_A+x\ln\left(\frac{M_A}{M_F}\right)$$

整理得

$$x=\frac{2\ln\left(\dfrac{n_F}{n_A}\right)}{\ln\left(\dfrac{M_A}{M_F}\right)} \tag{6-21}$$

例如，为了建立1∶10万~1∶100万地形图上河流的选取数学模型，在某省不同的河网密度区选了四块样品进行研究，四块样品的河网密度系数 K 分别为>1.0，0.7~1.0，0.5~0.7，0.3~0.5。图6-45是其中的一块样品，位于该省的西部，河网密度系数 K>1.0。

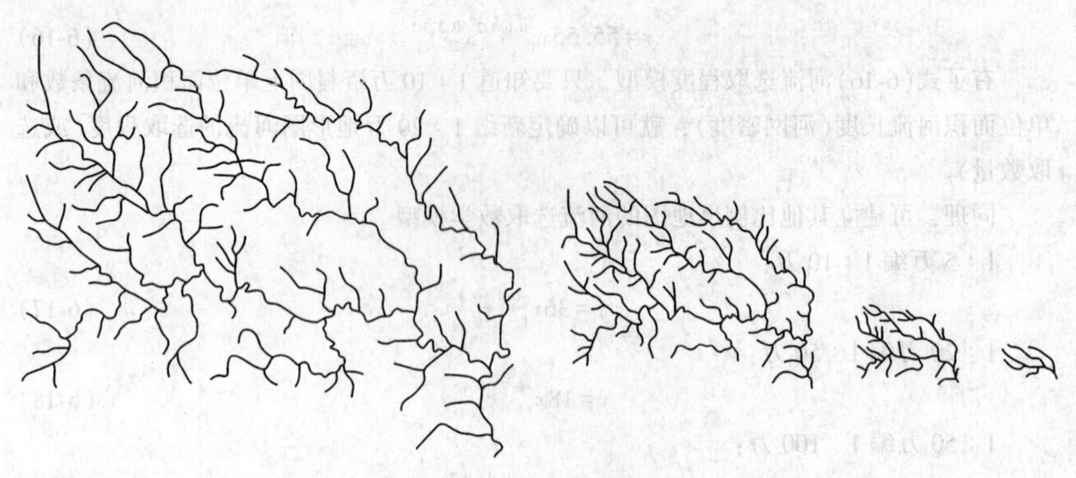

图 6-45　河流选取样图

量测样图和相应的资料图上的河流条数 n_F 和 n_A，见表 6-12。

表 6-12　　**1∶5 万~1∶100 万地形图上量测的河流条数 n_F 和 n_A**

地区	比例尺 / 指标	1∶5 万~1∶10 万	1∶10 万~1∶20 万	1∶20 万~1∶50 万	1∶50 万~1∶100 万
Ⅰ	n_A	140	101	72	27
	n_F	101	72	27	5
Ⅱ	n_A	96	69	49	18
	n_F	69	49	18	3
Ⅲ	n_A	101	73	52	20
	n_F	73	52	20	4
Ⅳ	n_A	70	50	36	14
	n_F	50	36	14	2

根据式(6-21)可求出相应的选取级 x 值，见表 6-13。

表 6-13　　**求得的选取级 x 值**

地区	1∶5 万~1∶10 万	1∶10 万~1∶20 万	1∶20 万~1∶50 万	1∶50 万~1∶100 万
Ⅰ	0.94	0.98	2.14	4.87
Ⅱ	0.95	0.99	2.19	5.17
Ⅲ	0.94	0.98	2.09	4.64
Ⅳ	0.97	0.95	2.06	5.62
平均值	0.95	0.98	2.12	5.08

表6-13中平均值就是相应比例尺地图河流的选取级，从而得到各种比例尺地图河流选取模型。

1：5万编1：10万的河流选取模型为：

$$n_F=n_A\sqrt{\left(\frac{M_A}{M_F}\right)^x}=n_A\sqrt{\left(\frac{5}{10}\right)^{0.95}}=0.72n_A \tag{6-22}$$

同理可得，1：10万编1：20万：

$$n_F=0.71n_A \tag{6-23}$$

1：20万编1：50万：

$$n_F=0.38n_A \tag{6-24}$$

1：50万编1：100万：

$$n_F=0.17n_A \tag{6-25}$$

3. 分形模型

(1)系列比例尺地图上河流的维数量测与分析

为了寻求河流在不同比例尺下的变化规律，我们对我国东南部地区树枝状河流类型的三个河系的维数进行了量测。选用1km、2km、3km、4 km、5 km五个步距来进行量测。量测数据及根据式(6-4)、式(6-5)计算分析结果见表6-14。

表6-14 河流维数量测数据及计算分析结果

组号	比例尺	各步长测得数目(N)					维数(D)	自相似性程度
		1km	2km	3km	4km	5km		
Ⅰ	1：50 000	61	23	11	8	6	1.465 114	0.983 362
	1：100 000	60	23	11	8	6	1.455 317	0.976 721
	1：200 000	50	22	11	7	5	1.449 001	0.964 399
	1：500 000	35	17	9	7	5	1.212 939	0.935 356
	1：1 000 000	27	12	7	5	4	1.203 444	0.840 258
Ⅱ	1：50 000	56	22	11	6	5	1.557 087	0.981 706
	1：100 000	55	21	11	6	5	1.538 795	0.974 703
	1：200 000	54	20	10	6	5	1.528 261	0.961 908
	1：500 000	24	11	7	5	3	1.235 492	0.932 851
	1：1 000 000	17	8	5	4	2	1.231 242	0.832 704
Ⅲ	1：50 000	56	21	11	6	4	1.639 525	0.980 232
	1：100 000	55	21	11	6	4	1.628 846	0.972 580
	1：200 000	50	20	11	6	4	1.564 372	0.960 583
	1：500 000	19	8	5	3	3	1.209 897	0.933 272
	1：1 000 000	18	8	5	3	3	1.177 851	0.839 877

从表 6-14 中的量测数据及计算结果可以看出：

①用同一步距量测不同比例尺下的同一条河流，比例尺越小，所得到的维数越小，说明综合过程是由复杂到简单的变化。

②不同的比例尺下，自相似性 R 也会随比例尺变小而变小。

③河流的维数 D 在 1：200 000~1：500 000 时，出现显著的变化，这正好说明我国 1：500 000 地形图综合过大的事实。

(2)确定河流选取指标模型

找到了该地图制图区域河流维数在系列比例尺中的变化规律，就可利用这些规律来指导地图制图的综合。

河流选取条数可以用下式来确定：

$$n_A = N\mathrm{e}^{-\alpha L_A} \tag{6-26}$$

式中，n_A 为河流的选取条数，N 为资料图上的河流条数，α 为参数，随河流的复杂程度变化而变化，L_A 为河流的选取标准。

α 作为衡量河流的复杂程度，它具有与河流的维数 D 一样的性质。河流越复杂，α 越大，同样河流的维数值 D 也就越大。

一般来说，

$$0<\alpha<1$$

注意到，

$$1<D<2$$

于是有，

$$\alpha=D-1$$

因此有，

$$n_A = N\mathrm{e}^{(1-D)L_A} \tag{6-27}$$

用式(6-27)确定各比例尺河流选取条数，可以保持河流分形分布特征。

河流的选取标准依据河流的维数而定。一般来说，维数越高，选取的标准越低。但具体计算时，必须根据比例尺，将选取的标准变换为实际的尺寸，单位是 km。从表 6-15 中可以看到用分维制图综合数学模型确定的河流选取条数的理论值与图上量测的实际数值很接近。因此，我们认为用分形分维来指导河流的综合是可行的，也是科学的、合理的，综合的结果更能反映河流分形分布特征。

表 6-15　　**确定河流选取的分形模型的精度分析**

组号	比例尺	维数 D	选取标准	实际选取的条数	模型确定的条数	绝对误差
Ⅰ	1：50 000	1. 465 114	0. 35	31		
	1：100 000	1. 455 317	0. 7	24	23	+1
	1：200 000	1. 449 001	1. 4	12	12	0
	1：500 000	1. 212 939	3. 5	5	6	−1
	1：1 000 000	1. 203 444	7	1	1	0

续表

组号	比例尺	维数 D	选取标准	实际选取的条数	模型确定的条数	绝对误差
Ⅱ	1∶50 000	1. 557 087	0. 3	40		
	1∶100 000	1. 538 795	0. 6	30	29	+1
	1∶200 000	1. 528 261	1. 2	15	15	0
	1∶500 000	1. 235 492	3	6	7	-1
	1∶1 000 000	1. 231 242	6	2	2	0
Ⅲ	1∶50 000	1. 639 525	0. 25	24		
	1∶100 000	1. 628 846	0. 5	19	18	+1
	1∶200 000	1. 564 372	1. 0	11	10	+1
	1∶500 000	1. 209 897	2. 5	5	6	-1
	1∶1 000 000	1. 177 851	5	1	2	-1

六、湖泊的制图综合

湖泊的制图综合主要体现在岸线图形概括及湖泊选取两方面。

1. 湖泊的岸线概括

概括湖泊岸线与概括海岸线的方法基本相同，先确定湖岸的主要转折点，然后次要转折点，最后采用化简与夸张相结合的方法简化湖岸线。但是，概括湖岸线图形有一些特点。

(1)以删去小湖汊弯曲为主

湖岸线多随谷地的深入而弯曲，谷地愈多，岸线弯曲愈多，谷地愈深入，岸线弯曲愈长。实地上谷地与谷间的正向陆地相比，一般谷地部分总是较小的，因此，概括岸线弯曲时以删去小湖汊弯曲为主，夸大湖汊弯曲很少。等高线综合一般是舍去谷地，这样，使湖岸的概括和陆地等高线概括相适应。图 6-46(a)是正确的概括，以删去湖汊为

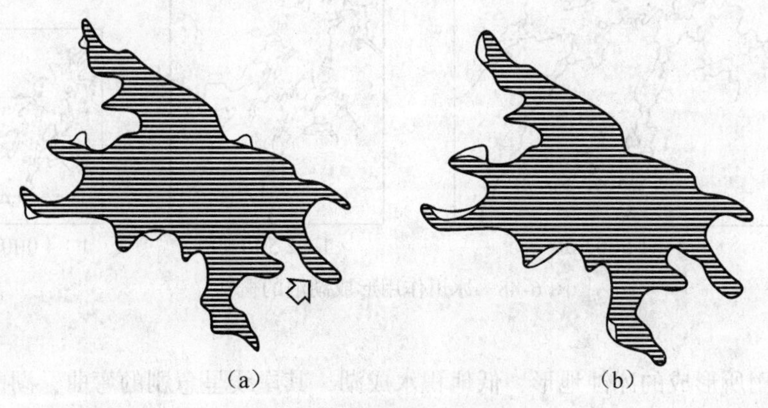

图 6-46　湖泊岸线的概括

主，个别情况下也可以扩大湖汊(箭头所示处)。图6-46(b)是错误的概括，因为过多地采用夸大湖汊会扩大湖泊的面积，使湖泊变形，还常常会造成湖岸线与等高线不协调。

(2)显示湖泊的独特形状

化简湖泊的图形时，要求显示湖泊的独特形状，用以反映湖泊的成因以及同周围地理环境的联系。

湖泊的形状主要有圆形、三角形、长条形、弧形、桨叶形、多支汊形等(图6-47)。

在地图上，特别是小比例尺地图上，由于湖泊面积较小，概括的重点即转到强调它们的形状特征。

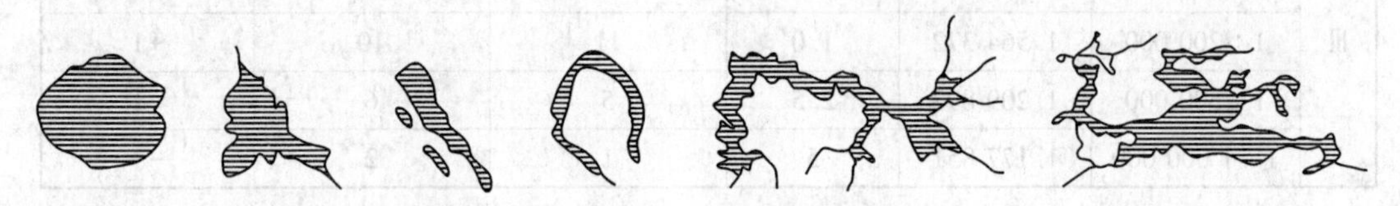

图6-47　湖泊的形状

湖泊的形状往往反映湖泊的成因以及同周围地理环境的密切联系。例如，早期大陆冰川作用过的地区，往往湖泊有着强烈割切的复杂岸线，湖泊本身及其桨叶状支汊的伸展方向，都与冰川活动方向一致。概括这种湖泊的图形时，要把有助于显示湖泊总方向的碎部保留下来，而删去那些有碍于显示总方向的碎部弯曲(图6-48)。

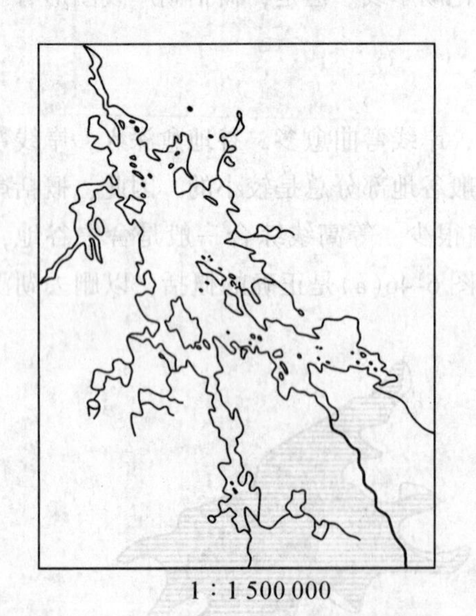

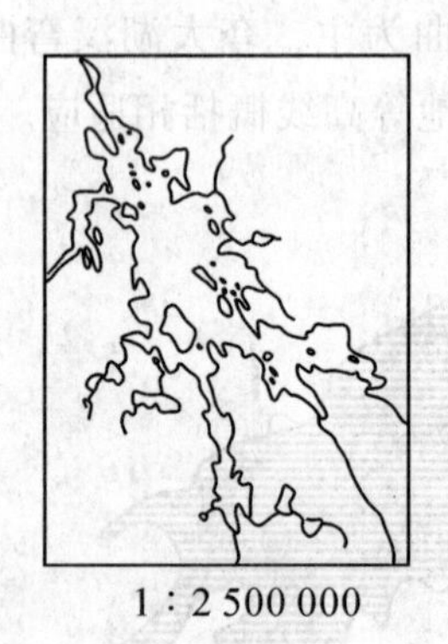

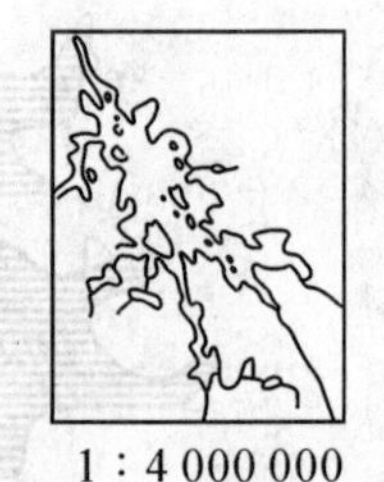

1∶1 500 000　　1∶2 500 000　　1∶4 000 000

图6-48　冰川作用形成湖泊的概括

冰川作用所形成的冰蚀地形，低地积水成湖，其岸线呈急剧的弯曲，湖中有大量的“岛屿”，形成特殊的地理景观。概括这种湖泊时应强调湖汊及湖岛的伸展方向(图

6-49）。

牛轭湖是废弃的河道弯曲。随着比例尺缩小，不能用双线表示时，可以采用单线表示。

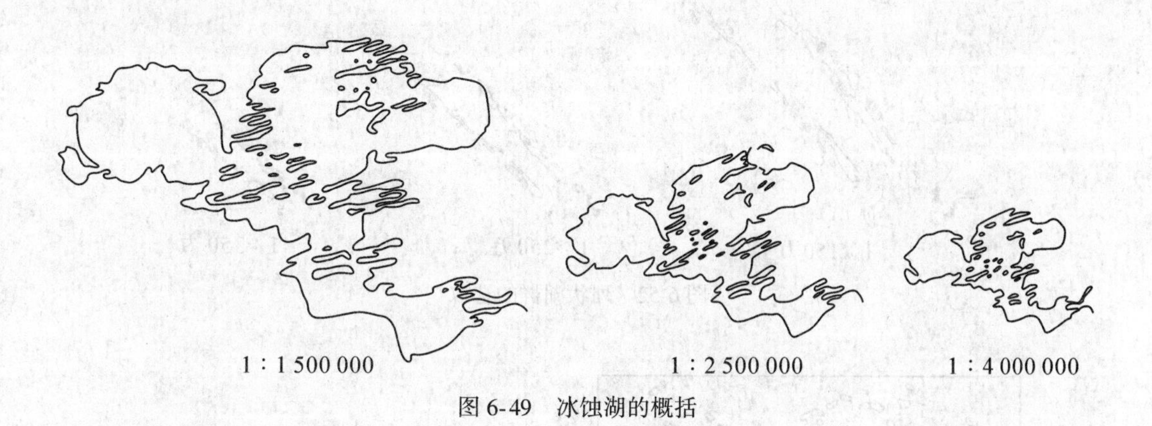

图 6-49　冰蚀湖的概括

干旱地区在风蚀洼地中形成的湖泊，多呈浑圆形或沿风向伸长。它们多数没有泄水道，并多为时令湖和无定湖，制图综合时应反映它们固有的形状特征(图 6-50)。

平坦的沼泽地区积水成湖时，湖泊常成群分布，形状多呈简单的圆形或沿流水方向的长条形(图 6-51)，概括湖泊时应注意这些特点。

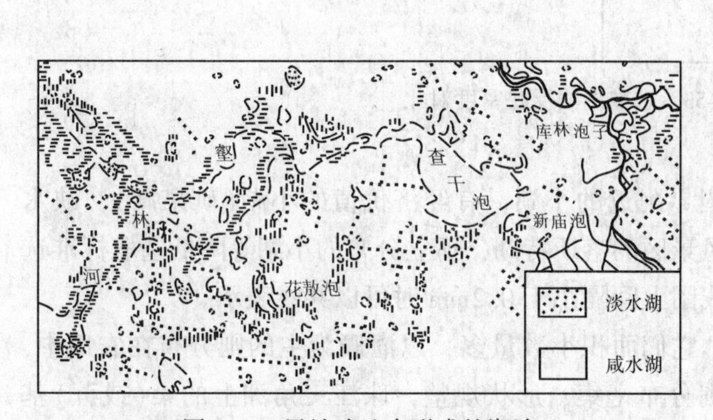

图 6-50　风蚀洼地中形成的湖泊

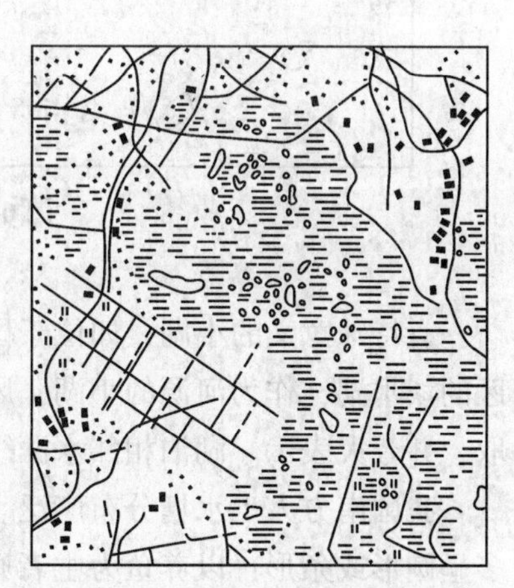

图 6-51　沼泽中的湖泊

2. 湖泊的选取

湖泊，一般只能进行取舍，不能合并。地图上，湖泊的选取标准一般定为 $1mm^2$，在 1∶50 万地图上湖泊的选取标准定为 $0.5mm^2$，更小比例尺地图上必要时选取标准还可以再小，特别是小湖群集的地方不能依比例表示的小湖，必要时还可夸大或用点状符号表示。选取湖泊时，除依照选取标准外，还应保持湖泊的分布特征，例如，成团块状、链状、列状等。图 6-52 是列状小湖群的综合示例。选取湖泊时，还要反映湖群的分布密度对比(图 6-53)。

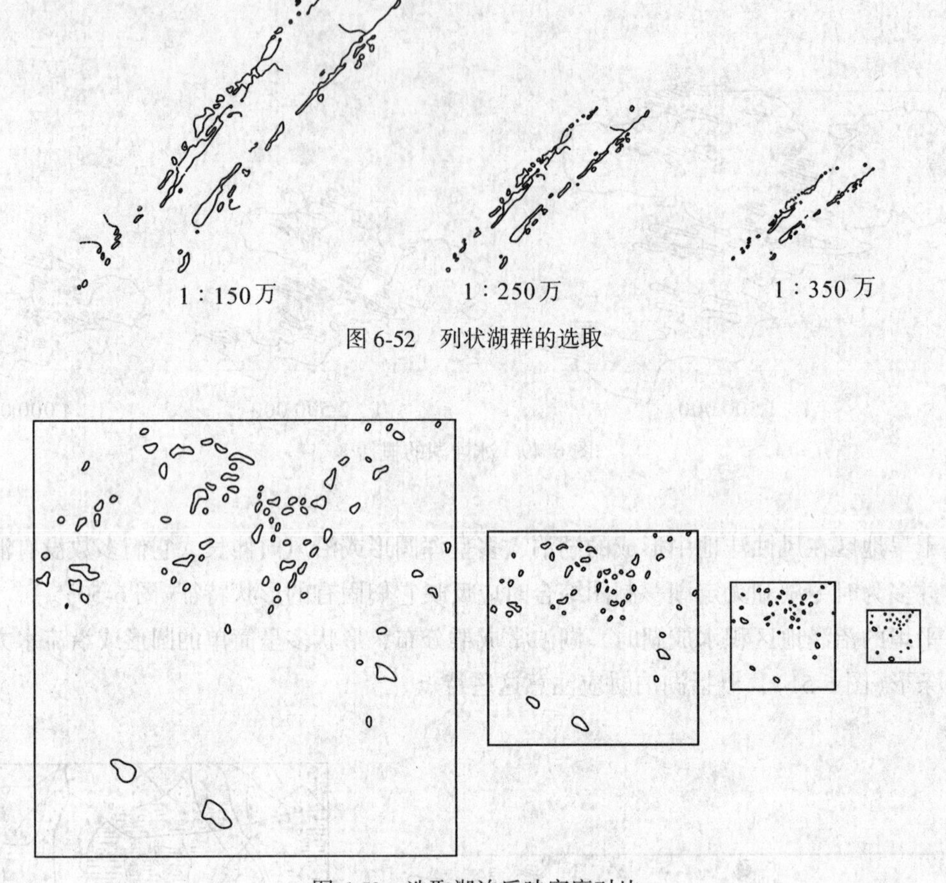

图 6-52　列状湖群的选取

图 6-53　选取湖泊反映密度对比

有特殊意义的小湖，如位于国界附近的小湖，有经济价值的小湖(矿泉湖)，缺水区的淡水湖，作为河源的小湖，风景区的喀斯特湖，孤立分布的小湖等降低选取标准选取，并夸大表示。湖泊相邻水涯线图上间隔小于 0.2mm 时可以共线表示。

我国南方人工水塘分布广泛。它们面积小数量多，以灌溉为主的则分布在农田中，多呈圆形或条形；以养鱼为主者则分布密集、形状规整，珠江三角洲上的桑(或蔗)基鱼塘即是典型的例子。综合这种水塘时以选取为主，注意桑(或蔗)基鱼塘的分布范围、密度对比和排列方向，同时要以化简与夸张相结合的方法概括其形状，反映整体特征(图 6-54)。

还有一种更规整的鱼塘，随着地图比例尺的缩小，塘间通道可改用蓝色单线来表示，相当于表示通道的两水涯线合并在一起；比例尺再缩小，则应选取分隔鱼塘的通道线(图 6-55)。

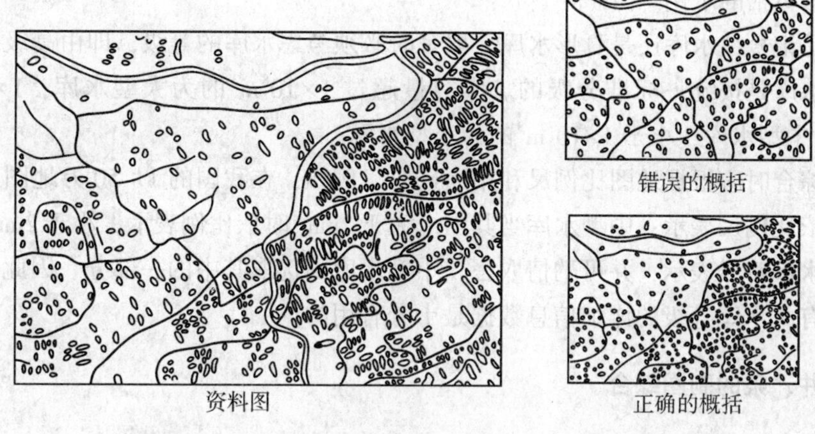

图 6-54　桑基鱼塘的综合

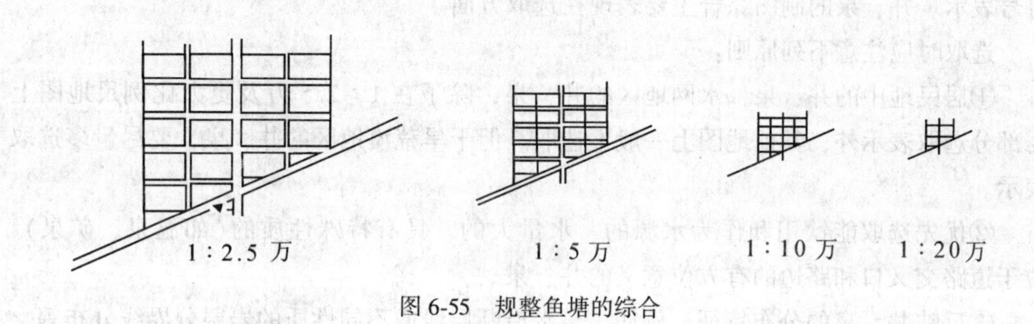

图 6-55　规整鱼塘的综合

七、水库的制图综合

地图上表示的水库有真形和记号性两种。真形水库有形状概括的问题，有时也有综合的问题；记号性的水库则只能取舍。

概括水库图形时，很重要的一点是要使水库岸线与等高线协调。由于水系物体先于地貌编绘，所以，概括水库岸线时必须预先顾及以后等高线的概括。图 6-56 是地形图

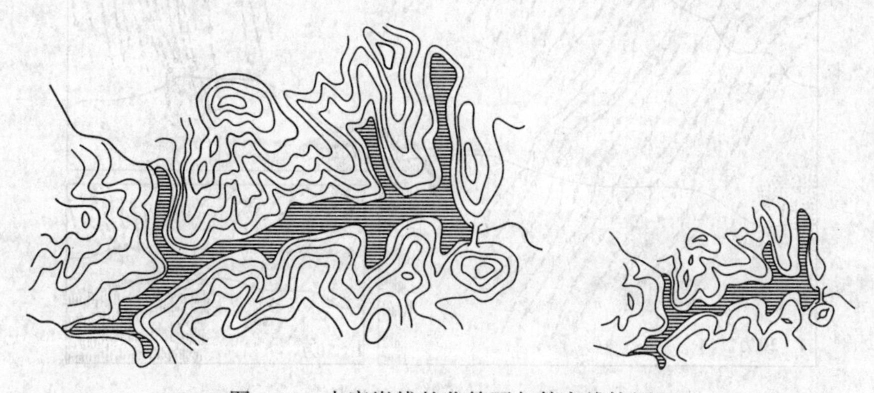

图 6-56　水库岸线的化简要与等高线协调

上水库图形概括的示例。

不论是记号性水库还是真形水库，取舍时必须考虑水库的等级，即由高级向低级进行选取。水库是按统一标准分级的。库容量超过 $1\times10^8m^3$ 的为大型水库；$1\times10^7\sim1\times10^8m^3$ 的为中型水库，小于 $1\times10^7m^3$ 的为小型水库。

制图综合时应根据地图比例尺和用途选取。例如，在我国的 1∶50 万地图上大型水库全选，依比例尺表示；中型水库当其图上大于 $2mm^2$ 时依比例表示，小于 $2mm^2$ 的用不依比例的水库符号表示，并可酌情取舍，小型水库则选取其中的一部分。因此，制图综合时获取有关水库等级的详细信息数据是十分有用的。

八、井、泉的制图综合

井、泉也是一种水源。由于井、泉在实地上占地面积很小，所以皆用非比例的独立符号表示。井、泉的制图综合主要表现在选取方面。

选取时应注意下列原则：

①居民地中的井、泉，水网地区的井、泉，除了在 1∶2.5 万及更大比例尺地图上需部分选取表示外，其他地图上一般不选取。但干旱荒漠地区的井、泉，要尽量多选取表示。

②优先选取能饮用和作为水源的、水量大的、具有特殊性质的(如温泉、矿泉)、位于道路交叉口和路边的有方位意义的井、泉。

③反映井、泉的分布特征。例如，泉水沿断层线或不同性质的岩层分界线分布等。

④反映井、泉的密度对比关系。

在干旱地区的暗渠上，每隔一段距离有一竖井与地面相通，称为坎儿井。我国新疆等地有坎儿井分布。地图上选取坎儿井时，应注意地下渠系与地上井口的相互关系，井口的分布密度以及渠系的密度和分布范围(图 6-57)。

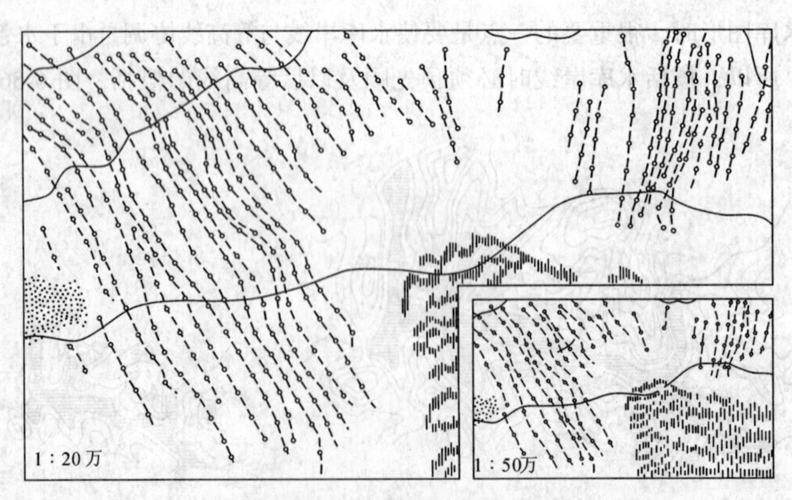

图 6-57　坎儿井的选取

九、渠网的制图综合

在地势比较平坦的地区，用于农田排灌的渠道，多由干渠、支渠构成稠密的渠网。干渠从水源(河流、湖泊和水库等)把水引到所灌溉的大片地区，或从低洼处把水排到江河湖海中去，支渠是配水系统，直接插入排灌的范围和田地。

渠网的综合主要表现在选取方面。先要分析渠网构成的体系，根据其密度划分为几个区域。选取时，应着重渠网的整体结构，先取较长的、有骨架作用的干渠，再选重要的或连贯性较好的支渠，最后选取次要的支渠。选取渠道时，要注意渠间距(一般规定不小于3mm)和保持不同区域渠网形状特征和密度对比关系(图6-58)。

缩小资料图

综合图

图6-58　人工渠网的选取

因为人工渠道本来就平直，所以渠道的形状概括一般不大，即使需要概括，一般也是去弯取直。从整个渠网图形的角度来考虑，则主要是渠道间的结构问题。要求选取渠道以后体系明确，密度对比正确。

十、水系名称注记的选取

1. 河(渠)名称的选取

随着地图比例尺缩小，河流名称舍弃的情况随之增多。河流名称注记选取的基本原则：

①图上长度超过5cm的河流，应尽量选取名称注出；

②有特殊意义的，如国家的界河(在境界内注出)、主要河流的河源等，应尽量选取名称注出；

③一条河流有多个名称时，优先选注下游名称，其次是河源名称，然后选取中游名称；选注比较出名河段的名称；选注主航道名称；选注较长河段的名称；选注与附近的居民地、谷地、山峰等具有同样名称的河名等。

2. 湖泊和水库名称的选取

①若图面容许，尽量多选注，尤其是湖内能容纳时要尽量选注，人烟稀少地区应多

选注；

②具有重要意义的以及位于国界10mm以内的湖泊、水库名称，尽量选取注出；

③同一湖泊有多个名称时，先选注主要的、著名的及位于湖泊中央的湖名(图6-59)；

④湖泊、水库密集地区，可据其图上面积大小选注。

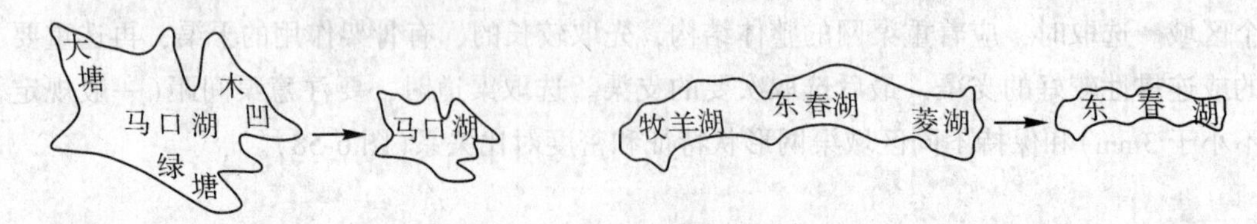

图6-59　湖泊名称的选取

3. 井和泉名称的选取

在干旱荒漠地区，有专有名称的井和泉尽量选取注出名称、性质(如泉水性质，间歇和非间歇泉等)、水量等。

第三节　地貌的制图综合

等高线是普通地图，特别是地形图上表示地貌最常用的方法，它不仅能表达地貌景观的基本形态和典型特点，而且还科学地解决了2维平面空间表示3维立体空间的难题，大大提高了地图的可量测性，为用图者提供更加丰富的地理信息。地貌的制图综合主要就是研究地貌的等高线图形综合原则和方法。

一、地貌基本形态的等高线图形

地貌都是由谷地、斜坡、山顶和山脊、鞍部等最基本的形态所组成。掌握这些形态的等高线图形特点，对于地貌制图综合有重要意义。

1. 谷地

谷地是地表面向一个方向倾斜延伸的狭长凹地。它是负向地貌中的主要形态。

由于岩性及内外营力作用的性质和强度的不同，谷地形态差异很大。这种差异可以由等高线图形表示出来。

谷地横断面的开放程度，表现在同名等高线间水平距离的大小上。同名等高线紧靠谷底线并向上源延伸，距离愈远，表示谷地愈深狭。谷地按其横断面形状的特点，可分为“V”形谷(尖底谷)、“U”形谷(宽底谷)和槽形谷(平底谷)。

(1)“V”形谷

“V”形谷是以下蚀作用为主的流水侵蚀谷地，谷底几乎全部被河床占据。这种谷地的谷底狭窄，谷坡较陡。

在地形图上，过谷底处的等高线呈较尖锐的“V”字形转折，向上游方向延伸较长，同名等高线间的水平距离较小，谷坡上的等高线密集且间隔较均匀(图 6-60)。

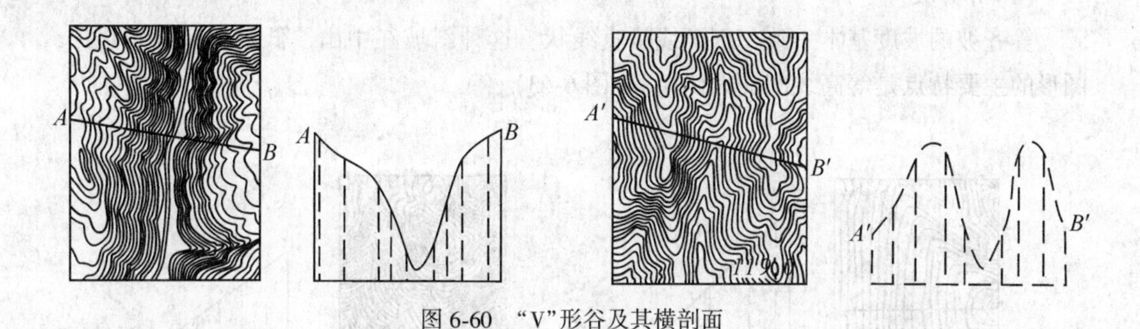

图 6-60　“V”形谷及其横剖面

(2)“U”形谷

在河流的中下游，流水由下蚀作用转为以旁蚀作用为主，谷地变宽，底部为“U”字形，但谷坡仍然较陡。在地形图上，过谷底的等高线呈“U”字形，最低一条同名等高线间的距离较大，谷坡上等高线较密，谷底部分等高线则较稀(图 6-61(a))。冰川谷是由冰川的刨蚀作用形成的谷地，它具有典型的“U”字形的形态(图 6-61(b))。

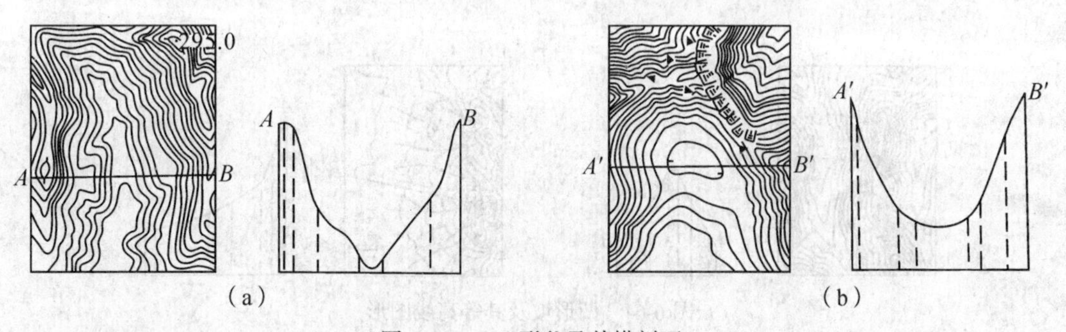

图 6-61　“U”形谷及其横剖面

(3)槽形谷

在大河下游，由于河流的纵坡降小，河流的旁蚀作用强，谷底宽阔平坦，从谷底到谷坡有明显转折。地形图上过谷底的等高线甚少，而且常常是平直通过的。最低一条同名等高线间的距离很大，还常与河流的弯曲不一致(图 6-62)。

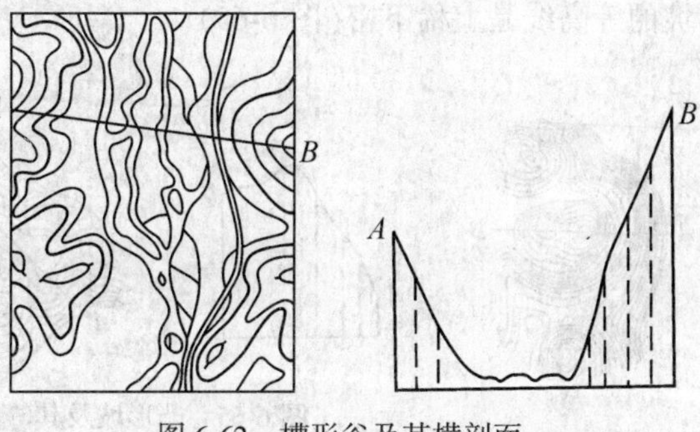

图 6-62　槽形谷及其横剖面

2. 斜坡

根据横剖面形状，斜坡大致可分为等齐坡、凹形坡、凸形坡、阶形坡和斜陡坡等。

(1)等齐坡

等齐坡的坡度基本一致，剖面线呈直线状。这种斜坡在中山、低山地区分布很广，图形的主要特点是等高线间隔大体相等(图 6-63)。

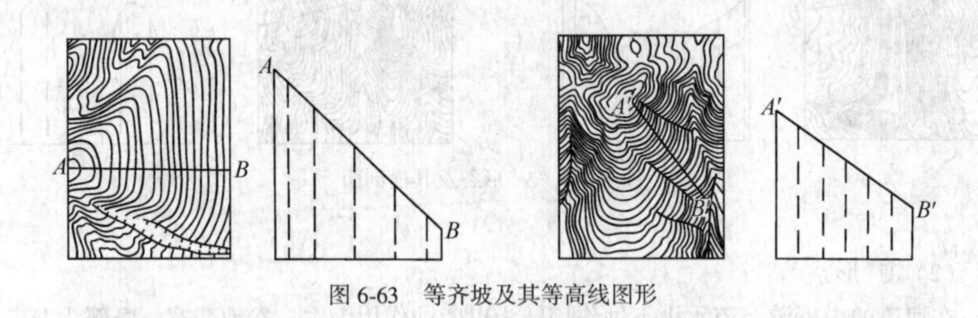

图 6-63　等齐坡及其等高线图形

(2)凹形坡

凹形坡的特点是上陡下缓，一般多见于极高山和高山地区。图形的主要特点是等高线上密下稀(图 6-64)。

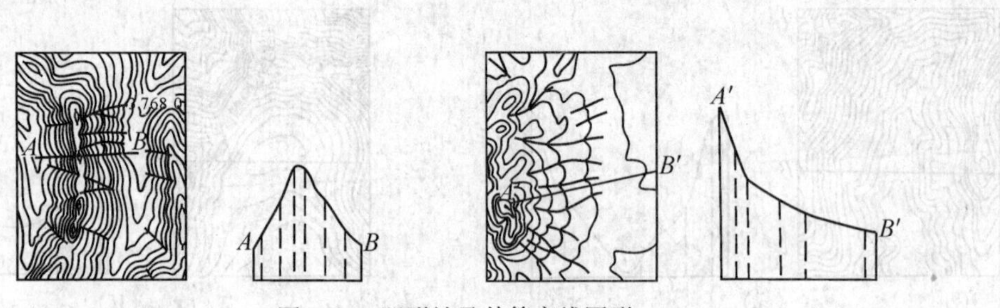

图 6-64　凹形坡及其等高线图形

(3)凸形坡

凸形坡的特点是上缓下陡。花岗岩丘陵和石灰岩丘陵多具有这种坡形。地图上表示凸形坡的等高线是上稀下密(图 6-65)。

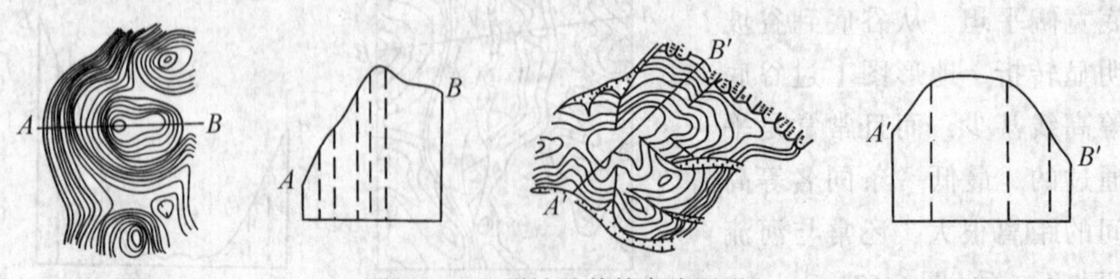

图 6-65　凸形坡及其等高线图形

(4)阶形坡

阶形坡的特点是陡、缓坡交替出现，成阶梯状。表现在地图上是等高线疏密相间(图6-66)。

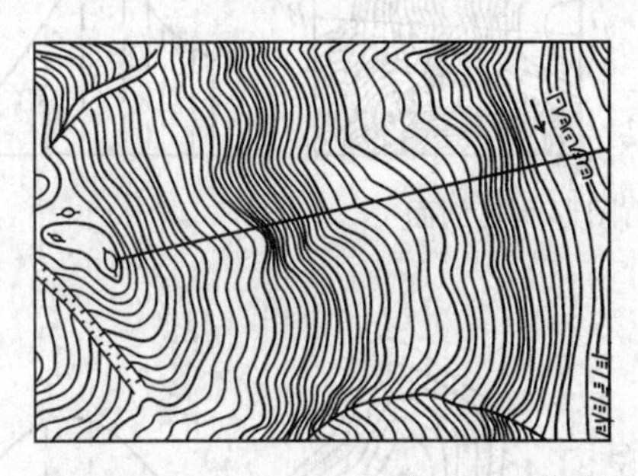
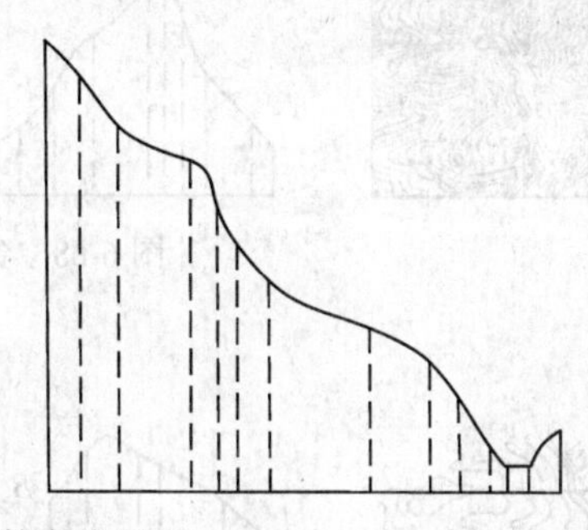

图 6-66　阶形坡及其等高线图形

(5)斜陡坡

这种斜坡同一般斜坡的主要区别在于斜坡突然变陡，而且陡坡地段的上下边缘线是倾斜的。图 6-67 是地图上常见的几种斜陡坡的图形。

图 6-67　斜陡坡的等高线图形

3. 山顶

一般地说，同一山体各反向斜坡的交会处即为山顶和山脊。根据山顶的断面形状，以区分为尖顶、圆顶和平顶等。

(1)尖顶

极高山和高山的顶部，由于相对斜坡上侵蚀强烈，使山顶变成角锥状，山脊变为刃脊，斜坡常为凹形。地图上，表示山顶部分的同名等高线之间的水平距离很小，等高线过脊部呈比较明显的角状转折，而且等高线的间距从山顶往斜坡下方逐渐增大(图6-68)。

(2)圆顶

在丘陵、低山和中山地区，由于流水侵蚀、风化剥蚀等方面的强烈作用，往往使山顶变成浑圆形，斜坡呈凸形。地图上，顶部等高线较稀疏、圆滑，随高度降低等高线变得比较密集(图 6-69)。

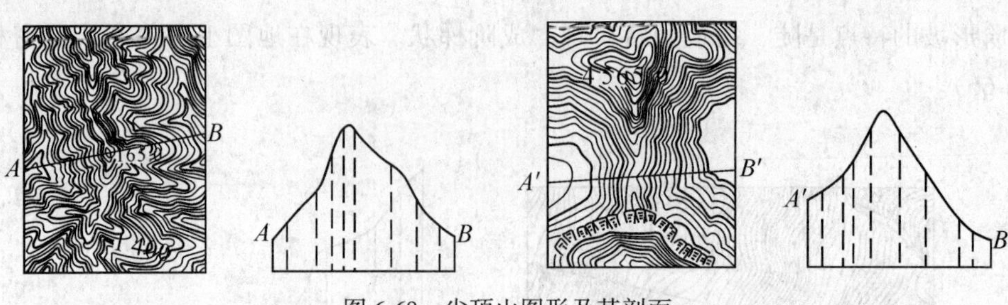

图 6-68　尖顶山图形及其剖面

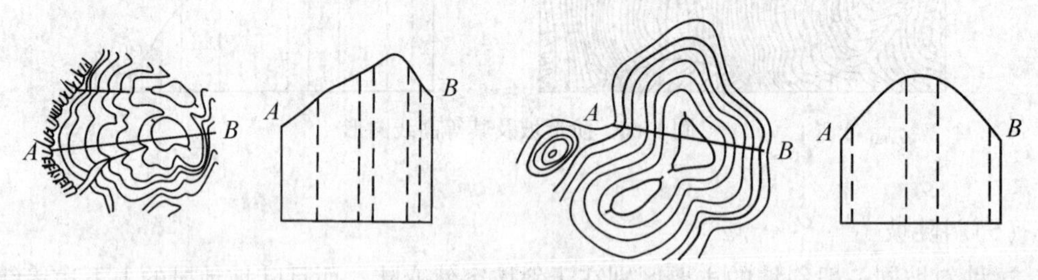

图 6-69　圆顶山图形及其剖面

(3)平顶

有些地区的山顶平坦，山坡却很陡峭，如黄土峁、桌状山等。地图上，顶部等高线稀疏，而边坡上等高线十分密集，从顶面到斜坡呈明显的转折(图 6-70)。

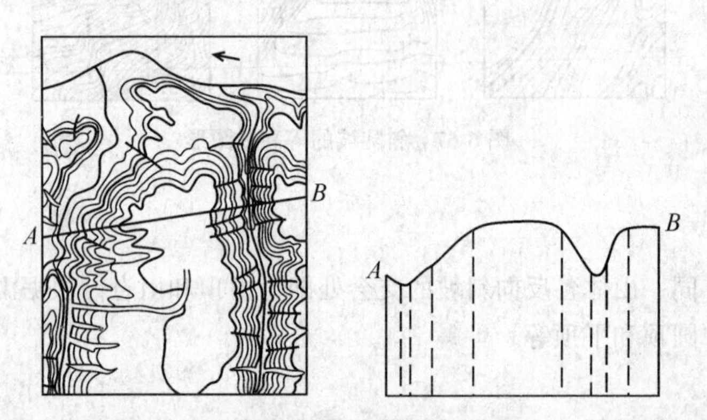

图 6-70　平顶山图形及其剖面

(4)鞍部

反向斜坡上谷地向源侵蚀，形成山脊上的低凹部分，形若马鞍，称为鞍部。据鞍部的形态特征，可分为对称的和不对称的两类。

1)对称鞍部

对称鞍部是一种常见的鞍部形态。它是由一对反向谷地对应切割分水岭而成。据其切割程度不同又有微弱切割和强烈切割之分(图 6-71)。

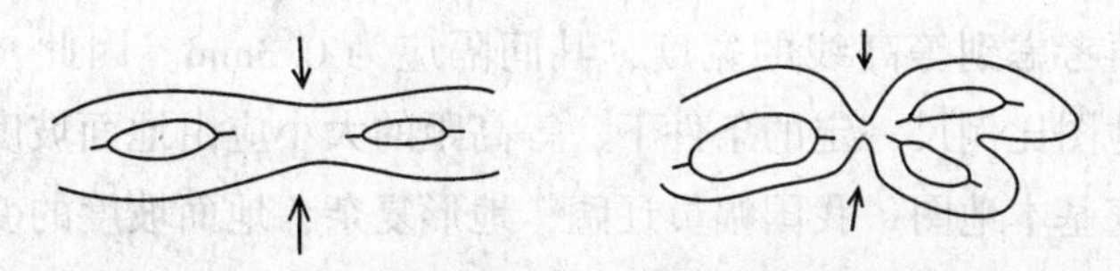

图 6-71　对称鞍部的等高线图形

2）不对称的鞍部

由于岩层的倾斜、岩石的性质、外营力的强弱等不同而形成不对称的鞍部。不对称的鞍部一般有以下几种形式：

①组成鞍部的反向谷地，一面深切，另一面切割微弱（图 6-72（a））；

②两反向谷地谷源错位（图 6-72（b））；

③鞍部的两侧谷地数量不等（图 6-72（c）、（d）。

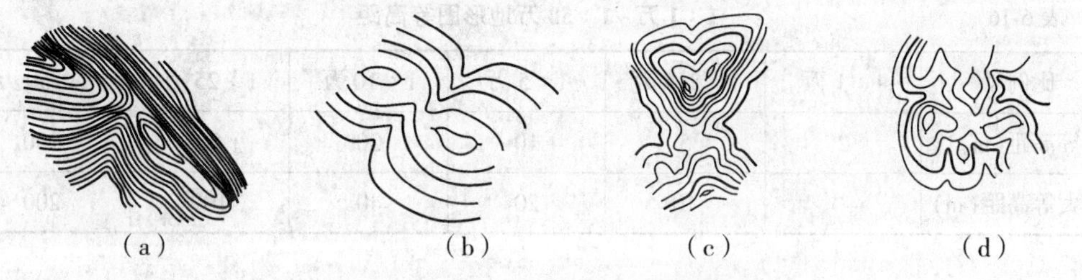

图 6-72　不对称的鞍部的等高线图形

地貌基本形态的等高线图形特点，在大中比例尺地形图上体现得较为明显。在小比例尺地图上由于等高距很大，且常采用变动的等高距来表示地貌，所以只能反映地貌的基本形态和总的轮廓，图上表达的地貌细部特征，如谷形、坡形、阶地等，一般都失去了同实地的单一对应关系。

二、地形图上等高距的确定

等高距的大小在很大程度上决定着地貌表示的详细程度。一般地说，等高距小，地貌可以表示得较详细；等高距大，地貌只能表示得较概略。因此，制图综合时正确地选择等高距是十分重要的。

等高距的确定，主要取决于地图的用途、比例尺、地貌类型以及地图上等高线之间的最小间隔等。

假定地面坡度为 α，则等高距 h（m）可以用式（6-28）确定：

$$h=\frac{dM}{1\ 000}\tan\alpha \qquad (6\text{-}28)$$

式中，d（mm）是图上等高线间隔，M 是地图比例尺分母。

为了详细地表示地貌，力图使地图上等高线间隔 d 值尽量小。根据视力读图、打印和印刷等因素，再考虑到等高线的宽度，其间隔应为 0.3mm。因此，式(6-28)中的 d 是一个定值，在地图比例尺一定的条件下，等高距的大小应由地面坡度来确定。

地形图是国家基本地图。我国幅员辽阔，地形复杂，地面坡度的变化也非常大。通常，平原、丘陵、低山地区的地面坡度都比较小，中山、高山和极高山地区地面坡度则显著增大。如果以高山地区的地面坡度为准计算等高距，平原、丘陵地区的地图上就可能显得等高线过稀，因而不能充分发挥等高线表示地貌的功能；相反，如果以平缓地区的地面倾斜角为准，计算的等高距就可能过小，会造成山区等高线密度太大，地图数据输出产生困难，也无法读图。

为保证地形图的统一，不可能对每个地区或图幅采用不同的等高距，但又需对不同的地面条件加以区别。在确定等高距时是以两个有代表性的坡度(约 33°30′ 和 53°)为依据，定出两个不同的等高距，它们之间保持倍数关系(表 6-16)。

表 6-16　**1∶1 万~1∶50 万地形图等高距**

比例尺	1∶1 万	1∶2.5 万	1∶5 万	1∶10 万	1∶25 万	1∶50 万
等高距(m)	2	5	10	20	50	100
扩大等高距(m)		10	20	40	100	200

通常在平原、丘陵、低山地区(地面坡度小于 6°，高差小于 300 m)采用较小的等高距，高山和极高山地区(地面坡度大于 6°，高差大于 300 m)采用较大的等高距，中山和高原地区则根据具体情况来选定。

但是，对于地形图来说，不允许一幅图采用两种等高距，而且为了用图方便，同一地区的同种比例尺地图上也要求尽可能采用相同的等高距。

由于 1∶100 万地图包括的区域范围大，包含的地貌类型多，使用单一的等高距不利于反映地面的特征，所以它采用变距的高度表(表 6-17)。

表 6-17　**1∶100 万地形图等高距**

高程(m)	<200	200~3 000	>3 000
等高距(m)	只取 0 和 50	200	250

为了反映局部的地貌特征，在不同的图幅上可以选用 −50m、−100m、−150m、20m、500m、1 500m……等高线作为补充等高线。

在不同的比例尺地图上，选用等高线的原则和表示方法是有区别的。上面讲的在变距高度表的 1∶100 万地图上，补充等高线的符号同基本等高线一致，且在一幅地图上一旦采用，必须整幅图都需将此等高线绘出来。在大中比例尺地形图上情况就不同了，补充等高线和辅助等高线同基本等高线不但符号不同，而且只需在基本等高线不能反映其基本特征的局部地段选用，它们通常只用在不对称的山脊、斜坡、鞍部、阶地、微起伏的地区或微型地貌形态地区特征的区域。

三、等高线图形概括的基本原则

等高线图形的概括在于科学地处理等高线图形。这是由以下两个方面的原因所决定的：一是随着地图比例尺的缩小，等高线图形也在缩小，这样使许多等高线的碎部弯曲打印、印刷和阅读产生困难，因此要处理等高线图形。等高线在图上的最小尺寸取决于图形的形状(图 6-73)，例如：表示山顶和洼地的浑圆形等高线，直径最小的为 0.4~0.5mm 才可以辨认；等高线弯曲当其底为 0.6mm、高为 0.4~0.5mm 时才能分辨；等高线之间的距离最小为 0.2mm。这些数据为等高线图形概括提供了基本尺度。二是制图综合时，随着地图比例尺的缩小，等高距增大，部分等高线被除去，致使相邻等高线产生不协调(图 6-74)。为此，必须对地貌等高线图形进行处理。

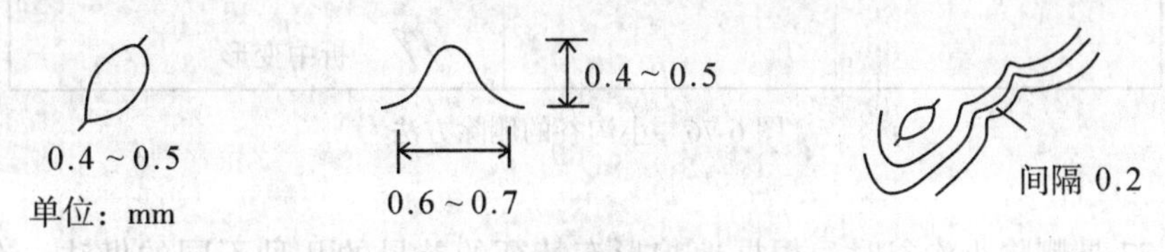

图 6-73　等高线图形的最小尺寸

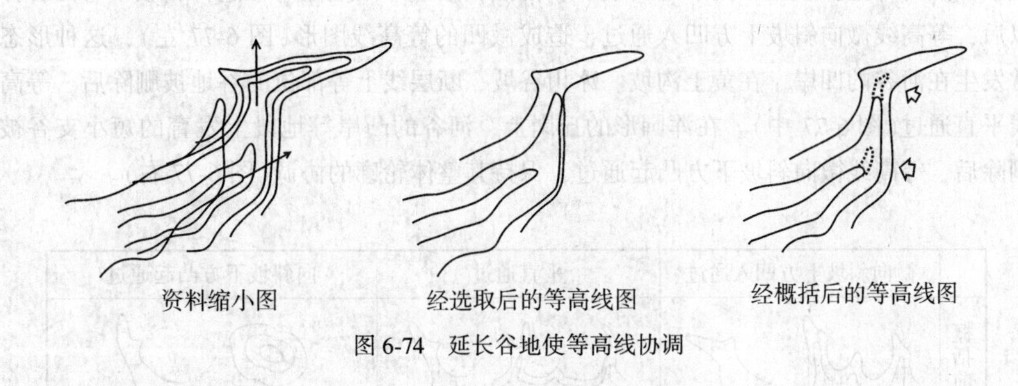

图 6-74　延长谷地使等高线协调

进行等高线图形概括，必须遵守以下几项基本原则。

1. *以正向形态为主的地貌，扩大正向形态，减少负向形态*

所谓正向为主的地貌，是指谷间突起部分较之沟谷部分宽大的地区。陆地地貌中大多数可以归入正向地貌为主的地貌形态。

正向为主的地貌在等高线的形状化简时，要删除谷地、合并山脊，使山脊形态逐渐完整。删除谷地时，等高线沿着山脊的外缘越过谷地，使谷地“合并”到山脊之中(图 6-75)。

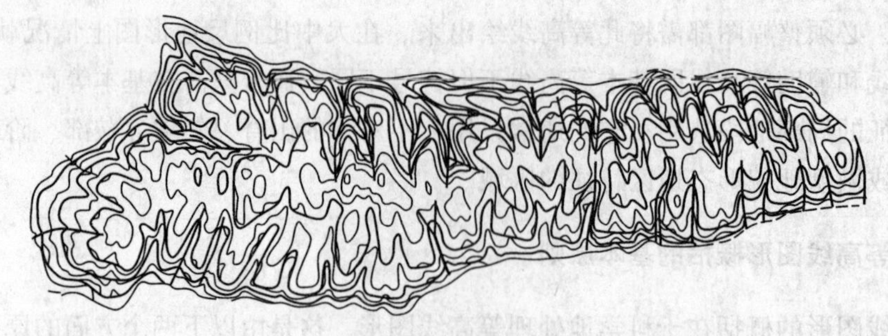

图 6-75　以正向形态为主的地貌等高线的化简

图 6-76 是在删除小谷地的等高线弯曲时，极容易产生的错误举例。

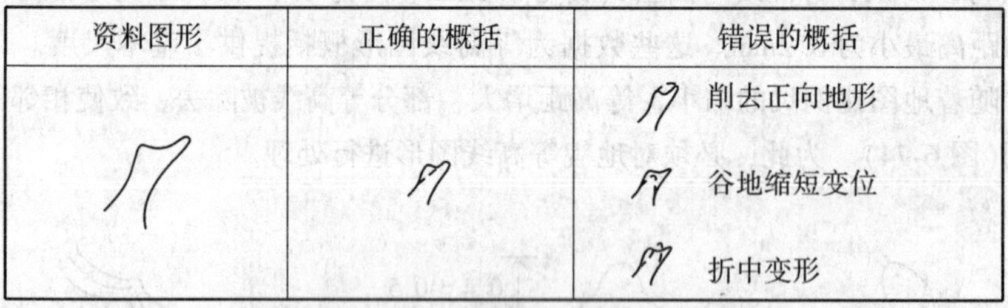

资料图形	正确的概括	错误的概括
		削去正向地形 谷地缩短变位 折中变形

图 6-76　小沟谷的删除方法

图 6-77 是删除小沟谷时，根据地貌形态特征的差异的几种不同的做法。在流水侵蚀较强烈的山地斜坡上，流水对斜坡片状侵蚀，形成冲凹地段。在这种斜坡上弯曲舍掉以后，等高线微向斜坡上方凹入通过，造成微凹的等高线图形(图 6-77 左)，这种形态常发生在河谷的凹岸。在黄土沟坡、冰川谷坡、断层线上等部位的谷地被删除后，等高线平直通过(图 6-77 中)。在浑圆形的丘岗上、河谷的凸岸等地段上发育的短小支谷被删除后，等高线微向斜坡下方凸起通过，保持其整体轮廓的协调(图 6-77 右)。

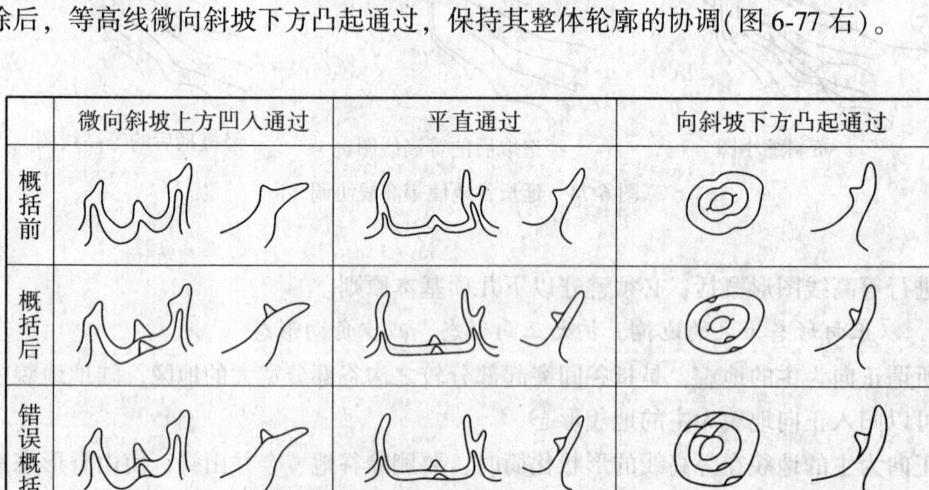

	微向斜坡上方凹入通过	平直通过	向斜坡下方凸起通过
概括前			
概括后			
错误概括			

图 6-77　删除谷地等高线弯曲的三种做法

总之，删除谷地等高线时，应顾及该地段等高线的总趋势，概括时自然地顺着等高线的伸展方向和曲率通过谷地。否则，概括后的等高线图形就会显得生硬死板，以至歪曲地貌的真实形态。

2. 以负向形态为主的地貌，扩大负向形态，减少正向形态

负向形态为主的地貌是指那些以宽谷、凹地占主导地位的地区，如喀斯特地区、砂岩被严重侵蚀的地区、冰川作用形成的冰川谷和冰斗、岩熔台地、黄土塬墚、沙山等，它们都具有宽阔的谷地和狭窄的山脊。概括等高线图形时，采取删除小山脊、合并相邻谷地，达到扩大谷地、凹地，突出负向形态的目的。删除小山脊时，等高线沿着谷地的源头把山脊切掉(图 6-78)。

图 6-78　以负向形态为主的地貌等高线的化简

有时候，正向和负向地貌交织在一起，难以截然区分，这就要求我们具体分析，分别对待，灵活地运用等高线概括的不同原则和方法，以达到正确显示地貌形态特征的目的。

3. 等高线的协调

地表是连续的整体，在概括地貌等高线图形时必须同时对一组等高线进行概括。删除一条谷地或合并两个小山脊，应从整个斜坡面来考虑，不宜上面删除了弯曲，下面又

保留了弯曲，应将表示谷地的一组等高线图形全部删除，使同一斜坡上等高线保持相互协调的特征(图 6-79)。

概括成组的等高线，就要注意到同一斜坡范围内等高线的协调一致和反向斜坡等高线不协调的特点。

(1)同一斜坡的等高线图形应协调一致

在自然界当中，除断层、崖崩、阶地等情况外，地貌的变化可以看作是高程点的连续渐变，反映在等高线图形上，就是显示地面的成组等高线很有规律地由一条等高线自然地过渡到另一相邻的等高线。也就是说，在同一倾斜面范围内，等高线是协调一致的。

因此，在进行等高线图形概括时，如果是删除细小沟谷，则应将表达沟谷的一组等高线弯曲全部除去，使同一斜坡范围内等高线保持相互协调的特征(图 6-79)。

当然，实地上也存在一些比较复杂或激变的地貌形态，如断崖、崖崩、阶地、岩溶地区的斜坡等，其等高线图形不十分协调是显而易见的。在宽谷浅丘的丘陵地区，常常因为切割破碎、等高线间隔较远，等高线之间也出现不协调的现象。干燥剥蚀地区，谷地和山脊都很破碎，棱角凸露，形态多变，图形多棱角，等高线之间协调性差。因此，在概括这些地区的等高线图形时，不能刻意去追求等高线的协调，不应人为地去追求曲线间的套合，使原来较破碎多棱角的地貌特点遭到歪曲。

应该说明，地面的细微起伏不一定是连续渐变的。随着全数字测图技术的发展，使地貌等高线更逼真地反映地面细微起伏已成为可能。因此，在大比例尺地形图上用等高线精确表现的细部很多的情况下，可能不是十分紧密套合的。

(2)相反斜坡的等高线不能协调

地貌基本形态中，无论是山脊、谷地，或斜坡、鞍部，其等高线在一个方向上总是协调一致的，与其对应的反方向的等高线之间，则必然是不协调的。图 6-80 上箭头表示斜坡的突起方向，两反向斜坡的等高线必定不能协调。

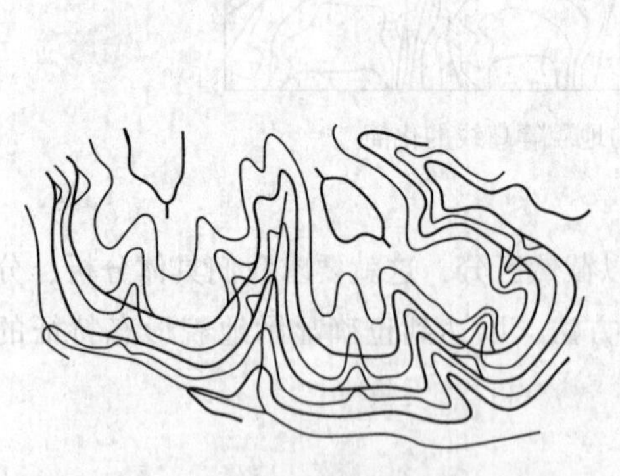

图 6-79　同一斜坡的等高线相互协调

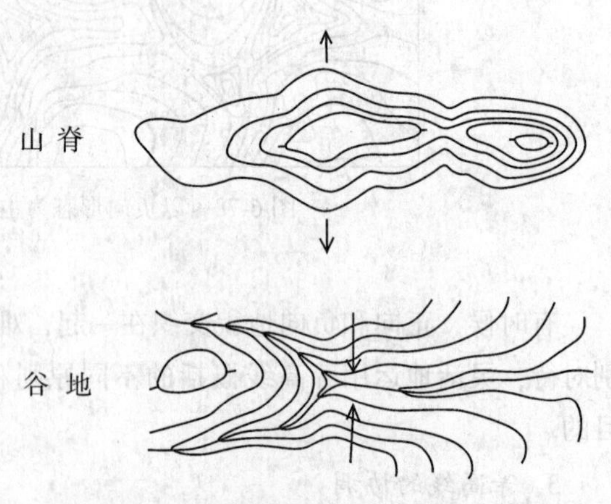

图 6-80　反向斜坡的同名等高线不应协调

一般流水侵蚀作用所成的斜坡，其等高线的基本部分都是朝向斜坡的下方凸出，这也是等高线图形的一个重要特点。显然，相对斜坡的等高线凸出的二弧是相对的，而不应协调一致。然而，在综合等高线图形的时候(尤其是对狭窄山脊进行概括时)，往往由于图形概括不当，失去了等高线的这一特征，把显示山脊两相对斜坡的等高线绘成了平行状，使人看不出山脊的所在，而把反向的两斜坡误认为是在同一斜坡上(图6-81上用框线标示处)。

图6-81　相反斜坡等高线错概括成协调

这一错误，不仅使等高线向斜坡下方凸出的特征消失，而且使谷地也产生了很大的变形，即将多条沟谷所形成的汇水地形错误地绘成大的"U"形谷，山脊形态也被歪曲了。

4. 应强调显示地貌基本形态特征

缩小比例尺制图综合时，常常因为等高距的扩大，舍去了部分等高线，地貌形态变得不够明显或等高线之间的有机联系遭到破坏，致使等高线产生不协调的现象。这时，除以删除等高线弯曲的方法对等高线图形进行处理外，还需用移位、夸大和合并的方法加以处理，使地貌的基本形态特征更加明显突出。

(1)移位

等高线的移位，是为了强调地貌形态特征所采取的局部移动等高线位置的措施，它使地貌形态特征更加明显协调。①强调谷地等高线协调，过谷底等高线向上延伸(图6-82)；

图6-82　强调谷地明显

②强调主谷和支谷关系，主谷的等高线向上源移位(图 6-83)；③强调局部的陡坡、阶地，如强调谷地纵剖面成阶梯状的等高线(相对)移位(图 6-84)；④强调山脊走向明显(图 6-85(a))、主支脊分明(图 6-85(b))的等高线移位；⑤强调鞍部明显，谷地等高线向上移位(图 6-86)；⑥强调坡形特征的等高线移位(图 6-87)；⑦协调等高线同其他要素的关系，如等高线与河流的间隔必须大于 0.2mm，特别是等高线同国界线的关系所采用的移位。

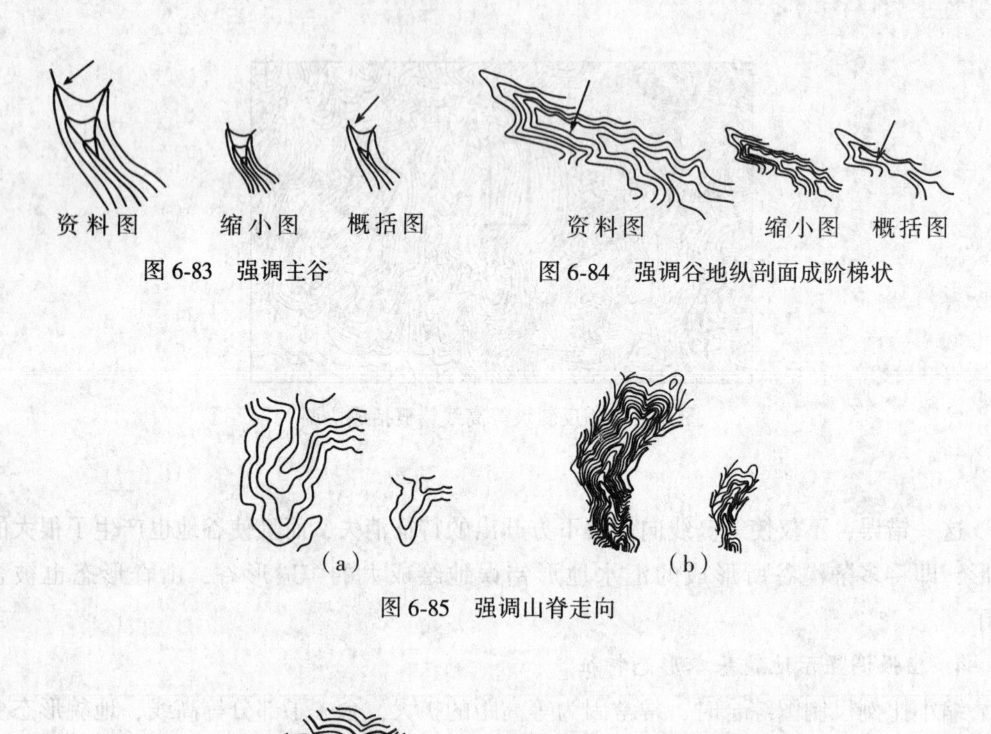

图 6-83 强调主谷

图 6-84 强调谷地纵剖面成阶梯状

图 6-85 强调山脊走向

图 6-86 强调鞍部

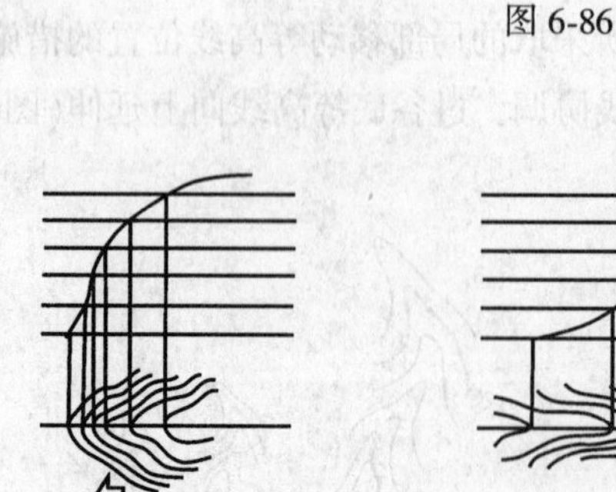

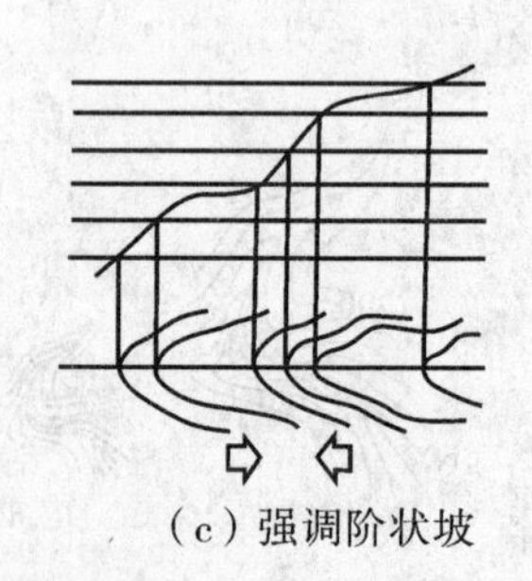

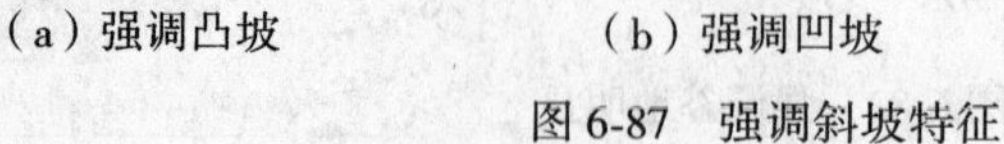

图 6-87 强调斜坡特征

应该指出，等高线的移位是有限度的，它随地图比例尺和地面坡度的变化有所不同。

比例尺越大，允许移位值越小；比例尺越小，允许移位值相对地说可以稍大。这是因为，比较尺越大，越能在保持等高线位置精确的同时，保持地貌形状的真实性。随着地图比例尺缩小，等高距扩大，位置的准确性和地貌形态特征的真实性越来越难以同时满足，这时等高线逐渐向显示地貌形态规律的方向转化。

移位还同地貌形态本身有关。在地形图编绘规范中，允许移动等高线的限度，通常都是随地面坡度改变的。表 6-18 列举了 1∶2.5 万~1∶10 万地形图编绘规范有关等高线允许移位的最大限度。

表 6-18　**1∶2.5 万~1∶10 万地形图上等高线移位的最大限度**

地 面 坡 度	等高线允许移位的限度(m)		
	1∶2.5 万	1∶5 万	1∶10 万
<2°	<1.5 m	<3.0 m	<6.0 m
2°~6°	<2.5 m	<5.0 m	<10.0 m
6°~25°	<4.0 m	<8.0 m	<16.0 m
>25°	<7.0 m	<14.0 m	28.0m

这种规定是指明图形概括时为强调某些特征必须局部移动等高线的最大限度，并不是说制图综合时可以随意将等高线移位。必须再三强调，除非不得已，综合时是不能移动等高线位置的，即便是要移动，也要把移动的量控制在最小的范围之内。

(2)夸大

在地貌概括中，常常遇到某些等高线的图形很小，但从其所处的环境来看又不容许舍掉它，综合图形时往往是将它们作适当夸大。为保持地貌图形达到规定的最小尺寸，如(标志山体最高的)山顶的最小直径为 0.5mm，山脊的最小宽度、最窄的鞍部都不应小于 0.3mm，谷地最窄不应小于 0.3mm。这样既保持了固有的地形特征，又使图形清晰易读。这种夸大，实际上是等高线移位在特殊情况下的运用，夸大以后的图形要基本上保持与原来图形的相似性。图 6-88 是几种等高线图形夸大的放大示意图，说明夸大的方法和部位。

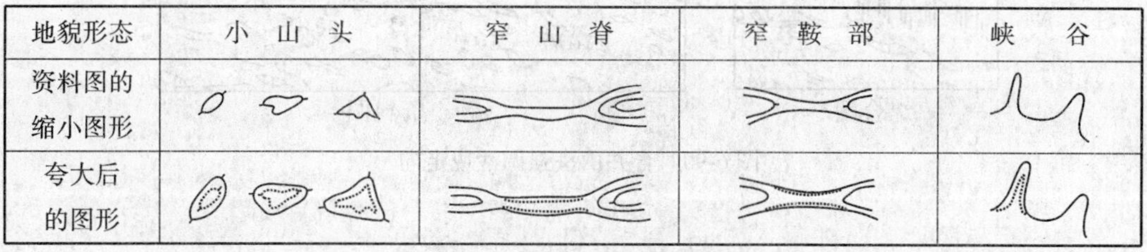

地貌形态	小 山 头	窄 山 脊	窄 鞍 部	峡 谷
资料图的缩小图形				
夸大后的图形				

图 6-88　地貌等高线图形的夸大

小山头夸大显示时，还要使其形状与山体的形状(圆形、长形等)一致，并与山脊的走向一致，使山脊的走向更加明显。

(3)合并

在地貌的综合中，对于小山头和凹地群，当其图形很小时(小于最小尺寸)，一般不允许合并。对连续分布于山脊上的小山头，当其图形很小，相距甚近，而且有明显的连续性时，为强调山脊的走向，可以作适当的合并(图 6-89)。

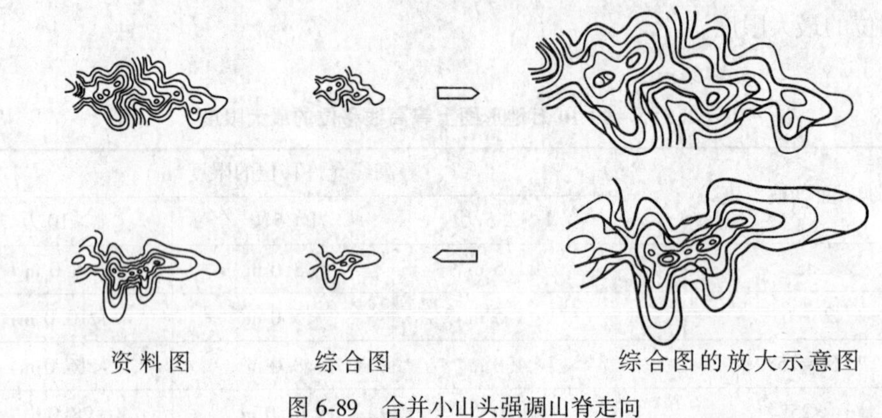

图 6-89　合并小山头强调山脊走向

小山头的合并受一定条件的限制。在大于 1：10 万比例尺的地形图上，由于山头的位置和形状都比较重要，一般不采用合并的办法；在 1：25 万及更小比例尺地图上，地貌朝显示总体特征的方向转化，可以较多地运用这种方法。但也只有山头沿山脊连续分布，等高线间隔小于 0. 3mm 时才可以作适当合并。

沙地地貌的制图综合中，由于沙地形态的固定性较差，概括程度可以稍许增大。图 6-90 是沙垅的综合图，对顺风向延伸的沙垅除删去少量的山头等高线外，还将连续分布的方向一致的条形山顶进行适当合并，以求突出沙垅的走向。

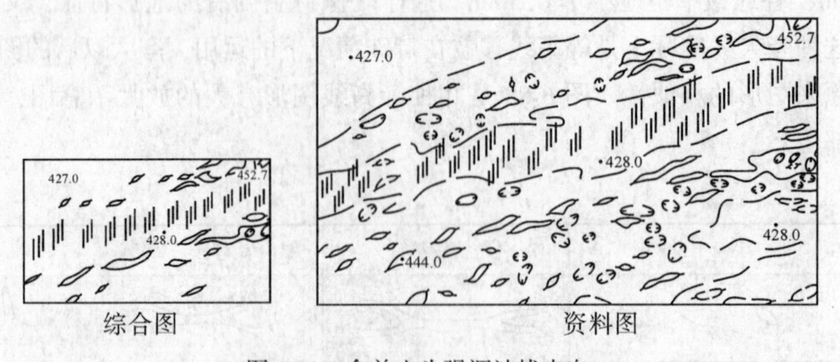

图 6-90　合并山头强调沙垅走向

上面主要是针对地形图而言，在小比例尺普通地图上，移位、夸大和合并则较为广泛，使等高线图形概括具有一种地貌塑型的意义。

5. 反映地貌类型特征

不同的地貌类型具有不同的形态特征，反映在等高线图形上也有较明显的区别。这种区别，是在地貌综合时利用"笔调"，即综合地貌时为强调图形的特点而运用的运笔风格来反映。这种风格表现为等高线生硬有力、呈折线或角状弯曲的"硬笔调"，表现为等高线圆滑柔和的"软笔调"以及介于二者之间的"中间笔调"。各种不同的笔调用于反映不同类型的地貌形态特征。

(1)冰川地貌中岩石裸露地段和冰川覆盖部分等高线的概括

在冰川地貌中，由于冰冻风化作用使没有冰雪覆盖的地段上崎岖不平、险峻陡峭，对这种地段的地貌综合用"硬笔调"，等高线图形平直、转折明显(图6-91(a)、(b))。在冰雪覆盖部分，地形起伏被冰雪填铺，地貌综合用"软笔调"，等高线图形就显得很圆滑(图6-91(c)、(d))，地形图上这部分等高线用蓝色，这里改用虚线。

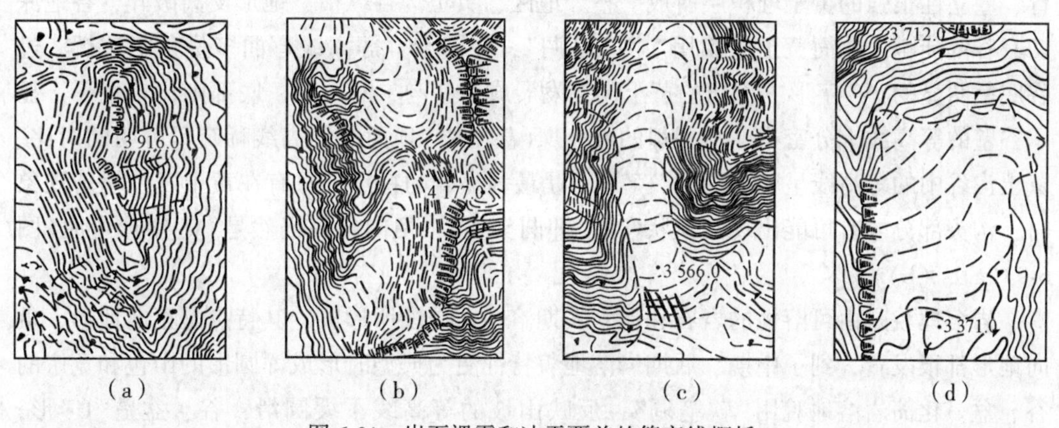

图6-91　岩石裸露和冰雪覆盖的等高线概括

(2)高山地貌与一般的流水地貌等高线图形的概括

高山地貌中，除冰雪覆盖层以外，地表主要受冰冻风化作用的剥蚀，此外还有古代冰川作用遗留下来的地貌形态。它们的特征归结起来为山顶尖锐、山脊狭窄和斜坡凹形。最典型的形态是刃脊与角峰。化简这种冰川侵蚀作用的地貌时用"硬笔调"，应以角状转折、边线呈凹弧状的多角形表示角峰，以尖锐转折的狭长等高线表示刃脊，以狭长鞍部连接各山头，等高线图形较平直，转折明显呈角状(图6-92(a)、(b))。由于流水等外力的长期作用，高山逐步地变成中山、低山和丘陵。这一过程不仅使地貌的高度逐步降低，而且使地貌变得浑圆起来，中山、低山的深切谷地，陡峻的斜坡，到演变为丘陵地貌时变成了宽谷浅丘、斜坡平缓。化简中山地貌用"中间笔调"，化简丘陵地貌用"软笔调"，在等高线图形上，由较尖锐的"V"字形弯曲变成弧状的"U"形弯曲，呈圆滑柔和(图6-92(c)、(d))。

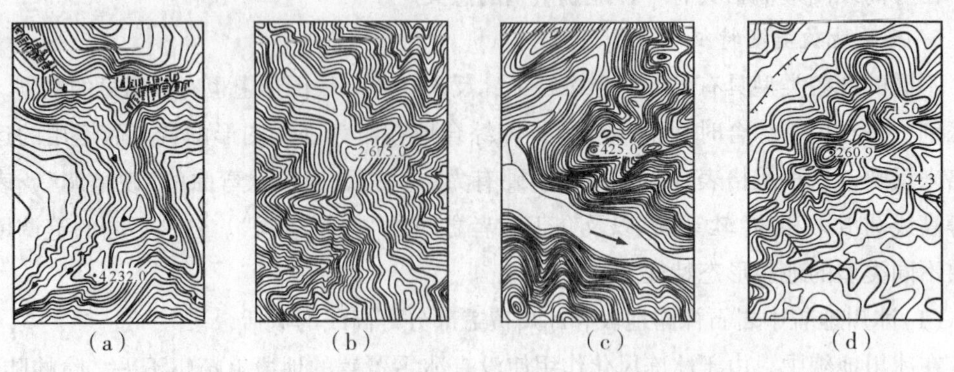

（a）（b）（c）（d）

图 6-92　高山与一般的流水地貌等高线图形的概括

(3)黄土地貌与岩溶地貌的等高线图形的概括

黄土地貌中沟谷地形特别发育。这些沟谷是由于流水侵蚀疏松多孔、垂直节理发育、壁立性很强的黄土堆积层所成。整个地区，黄土沟谷纵横，地形支离破碎，谷地深切，谷壁陡峭。化简黄土地貌用“中间笔调”，在图上，等高线弯曲多呈角状转折，过谷底呈明显的“V”字形，深切的黄土沟谷发展成为巷沟、河沟时，底部则比较宽平，显示谷壁的等高线十分密集，与平坦的塬、墚(甚至峁)顶面的等高线稀疏呈鲜明的对比。黄土沟谷中的等高线呈明显的“V”字形，是最为显著的特点。只有在黄土发生塌落现象时，沟头部分才有可能出现圆弧状弯曲(即圆头谷)，但向谷底仍然是“V”字形弯曲(图 6-93(a)、(b))。

岩溶地貌是由可溶性的岩石和流水长期溶蚀、侵蚀所形成。其特点是正向地形、负向地形都很发育，到了中期、后期岩溶地貌特征更为典型时形成浑圆形的山包和宽广的谷、盆。化简岩溶地貌用“软笔调”，反映山坡的等高线平缓圆滑，谷、盆呈“U”形，等高线也很圆滑，没有折角，底部等高线稀疏，谷坡等高线密集协调，综合时等高线不得向底部移位(图 6-93(c)、(d))。

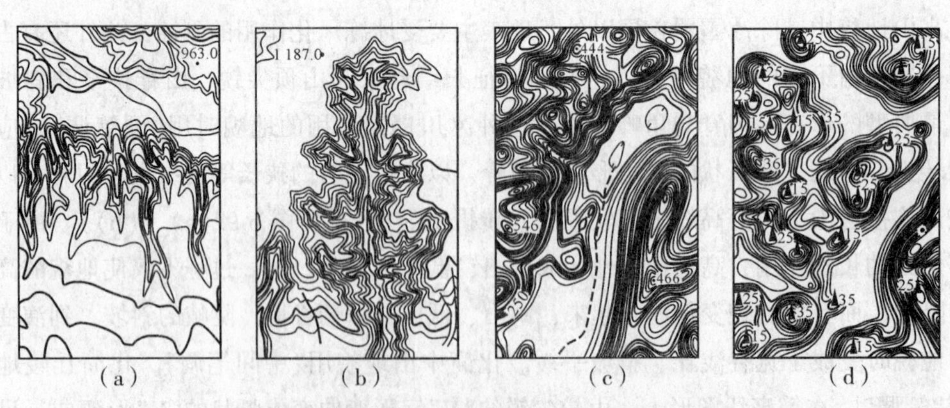

（a）（b）（c）（d）

图 6-93　黄土地貌与岩溶地貌的等高线图形的概括

(4)干燥区地貌与风积地貌等高线图形的概括

干燥区地貌的发育与形成，主要是干燥剥蚀和风力作用的结果。

干燥剥蚀山地，主要是强烈的物理风化、暂时性流水作用，碎屑物质被强大的风力带走，岩沟密布，尖棱突露，形成石质残山，呈现锯齿状特征。概括干燥区地貌用“硬笔调”，等高线图形破碎、尖硬、呈折线状，过谷地和山脊处多呈棱角状弯曲(图 6-94(a)、(b))。

风积地貌是指沙漠地貌。按沙丘的个体形态可以有很多种类，如新月形沙丘、沙垅、新月形沙丘链、金字塔形沙丘、波状沙地、沙窝地、蜂窝状沙地、多小丘沙地等。化简风积地貌用“软笔调”，因堆积作用强烈，不论其沙地类别，等高线图形的共同特征是呈平滑的圆弧形弯曲(图 6-94(c)、(d))。

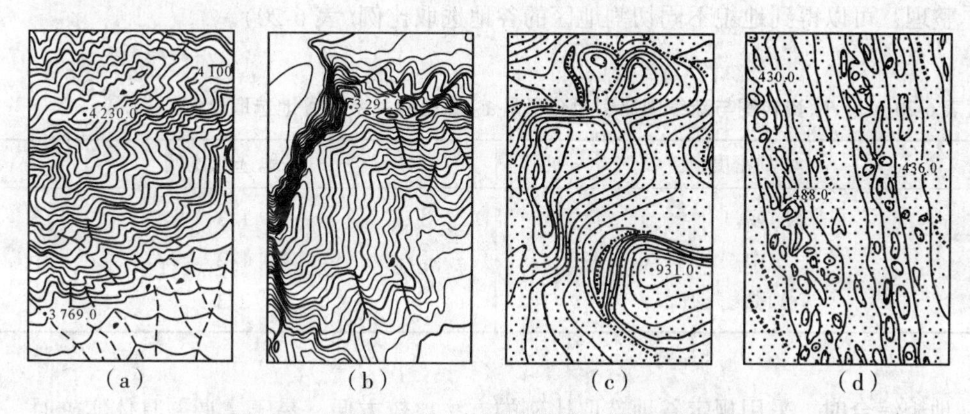

图 6-94　干燥区地貌与风积地貌等高线图形的概括

四、谷地的选取

谷地的选取由数量和质量两个方面确立：数量指标指选取谷地的数量，用于反映地貌的切割密度；质量指标指谷地在表达地貌中的作用和重要性，用于控制谷地选取的对象。

1. 谷地选取的数量指标

(1)谷间距

谷间距指相邻两条谷地的谷底线之间的距离，以毫米为单位。地形图编绘规范对谷间距的规定为 2~5mm，它适用于不同切割密度的区域，2mm 是保证地貌清晰性的最小谷间距，5mm 是保证地貌详细性最大谷间距。

不同切割密度是根据在资料图上 1cm 长的斜坡上包含的谷地条数来衡量的。表6-19是在比例尺缩小二分之一的条件下新编图上应选取的谷地条数和谷间距指标。

表 6-19　　谷地选取条数与谷间距

切割密度	资料图上 1cm 长的斜坡上的谷地条数	新编图上 1cm 长的斜坡上选取的谷地条数	谷间距
密	≥5	5	2
中	3~4	3~4	3~4
稀	≤2	2	5

(2)谷地选取比例

谷地选取比例是建立在不同比例尺地图之间谷地数量对比基础上的一种方法。考虑到不同比例尺地图的不同要求和不同切割程度的影响，按选入的谷地总数分别进行统计、整理，可以得到地貌不同切割地区的谷地选取比例(表 6-20)。

表 6-20　　资料图与新编图比例尺分母是 1∶2 比例关系的谷地选取比例

切割密度	谷地选取比例
密	1/3
中	1/2
稀	2/3

地貌综合时，采用规定谷地选取比例的方法比较方便，易于掌握。具体实施时，要按地貌切割程度分区，然后按上表的比例选取谷地。

考虑到读图的需要，不管资料图上谷地有多少条，新编图上 1cm 范围内选取的数量一般都不应超过 5 条。

(3)用方根模型确定谷地选取数量

根据基本选取规律，为了保持地图的详细性和不同地区的密度对比，对各种不同的切割密度区采用不同的比例。可用式(6-29)的方根模型确定谷地选取数量。

$$n_F = n_A \sqrt{\left(\frac{M_A}{M_F}\right)^x} \tag{6-29}$$

式中：n_F 为新编图上选取谷地的条数；n_A 为资料图上的谷地条数；M_A 为资料图的比例尺分子；M_F 为新编图的比例尺分母；x 为选取级，它由不同的切割密度条件确定，x 分别取 0、1、2、3，相应于地貌切割地区的极稀区、稀疏区、中密度区和稠密区。

2. 选取谷地的基本原则

根据谷地在表达地貌中的作用和重要性，确定哪些谷地应该选取。

(1)根据谷地的大小选取

谷地大小可以由等高线弯曲的两个尺度来进行判断，即弯曲的宽度和长(深)度。

表示谷地等高线的数量也是判断谷地大小的一个重要标志。在坡度相近的情况下，由多条等高线所形成的谷地一般较一、两条等高线所形成的谷地要长(深)，因而也就重要。

谷地也有树枝状、辐射状、平行状等类型，其中树枝状的最为普遍。选取谷地时，总是从删去最低级的谷地开始。图 6-95(a)为资料缩小图，是一个汇水谷地的等高线图形；(b)图显示由各级谷地构成的树枝状谷地网；(c)图是等高线图形概括后谷地网，说明概括是从删除三级谷地开始的；(d)图是概括后的等高线图形。

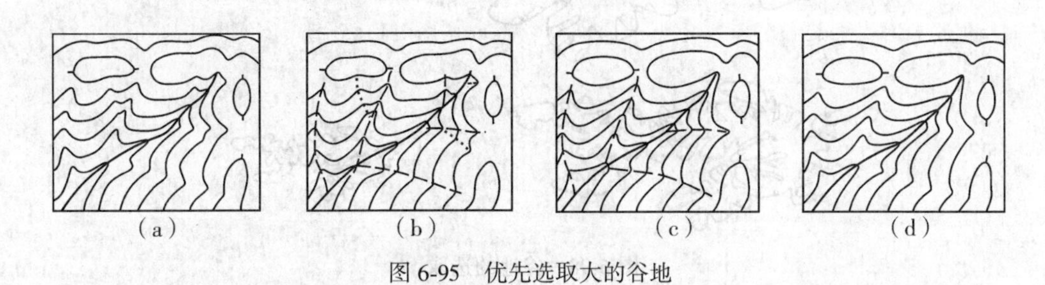

图 6-95　优先选取大的谷地

(2)根据谷地的位置选取

选取谷地要考虑谷地的位置所在。首先选取组成明显鞍部的等高线弯曲，有时这种弯曲比邻近的弯曲还要小，也要舍大而取鞍部位置的小弯曲(图 6-96)。优先选取分隔两相邻斜坡的谷地(图 6-97)。谷地的位置和大小往往是联系在一起的，组成鞍部或分隔相邻斜坡的谷地一般都比较大。

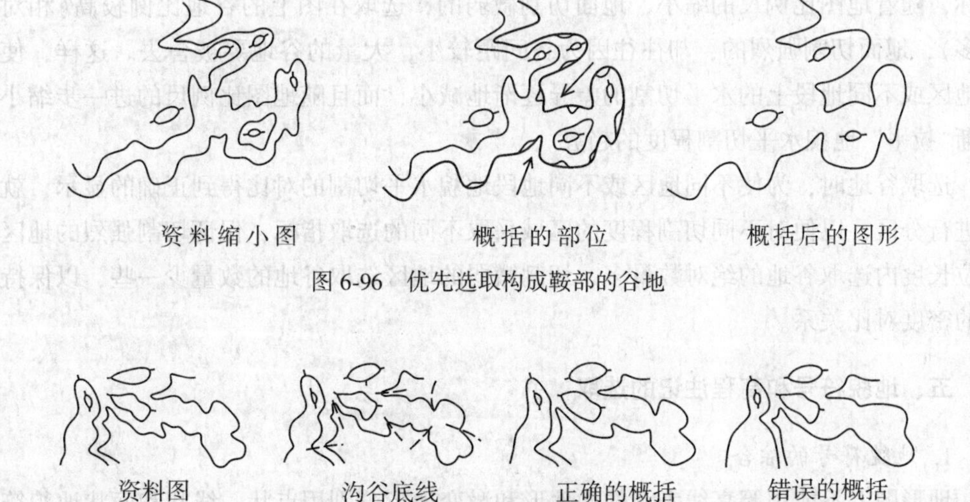

图 6-96　优先选取构成鞍部的谷地

图 6-97　选取斜坡转折处的谷地

另外，作为主要河流河源的谷地，有河流的谷地，构成汇水地形的谷地，反映山脊形状和走向的谷地等重要谷地都应该优先选取(图 6-98)。

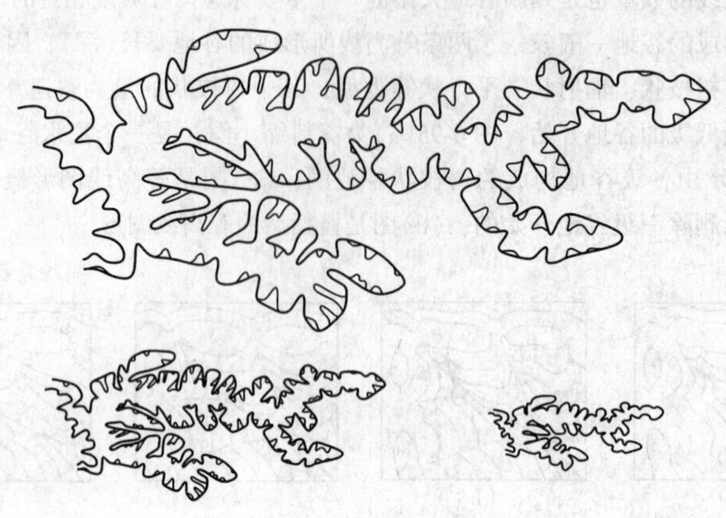

图 6-98　谷地的选取

(3)根据图上谷间距的大小选取谷地

谷间距是指两谷地之间从谷底线算起的间隔，不平行的谷地以其平均间隔为准。谷间距越大选取的可能性就越大。一般情况下图上两谷地之间的距离不能小于 2mm，在进行谷地选取时必须考虑这一尺寸的因素。

(4)保持谷地密度对比关系

不同地区或不同地段的地貌水平切割程度存在一定的差异。假定使用同样的谷间距指标，随着地图比例尺的缩小，地面切割微弱的，选取在图上的谷地比例较高(相对数量多)，地面切割强烈的，却往往因为谷间距较小，大量的谷地要被舍去。这样，使不同地区或不同地段上的水平切割的差异逐渐地减小，而且随地图比例尺的进一步缩小有逐渐“拉平”地貌水平切割程度的趋势。

选取谷地时，为使不同地区或不同地段地貌水平切割的对比得到正确的显示，就必须进行分区，以便对不同切割程度的区域采取不同的选取指标，保证切割强烈的地区在单位长度内选取谷地的绝对数量多，切割微弱的地区选取谷地的数量少一些，以保持谷地的密度对比关系。

五、地貌符号和高程注记的选取

1. 地貌符号的综合

地形图上不能用等高线表示的微地形和激变地形分别用点状、线状和面状地貌符号表示。

(1)点状地貌符号的选取

点状地貌符号又称独立微地形符号，属于定位的地貌符号，但是并不能反映它们的真实大小，如溶斗、土堆、岩峰、坑穴、隘口、火山口、山洞等。根据其目标性、障碍作用、指示作用进行选取，并反映其分别密度。

(2)线状地貌符号的选取

用线作为基准的符号，用来表示条形的激变地形，如冲沟、干河床、崩崖、陡石山、岸垄、岩墙、冰裂隙等，它们也是定位符号。这些激变地形符号虽然不能用等高线表示，但可表示其分布范围、长度、宽度、高度等。制图综合时根据其大小和间隔进行选取。

(3)面状地貌符号的选取

面状地貌符号常没有确定的位置，属于说明符号，只能反映区域的性质和分布范围，也可以有示意性的密度差别，如砂砾地、戈壁滩、石块地、盐碱地、小草丘地、龟裂地、多小丘沙地、冰碛等。制图综合时根据其大小进行选取。

在小比例尺地图上，有些定位符号，如溶斗、石林和沙丘地等也会转化为说明符号来表示区域性质。

2. 高程注记的选取

高程注记分为高程点的高程注记、等高线的高程注记和地貌符号的比高注记，它们是反映地貌的必需信息。

对高程点的高程注记进行选取时，首先应选取区域的最高点和最低点，如著名的山峰，主要山顶、鞍部、隘口、盆地、洼地的高程；测量控制点、水位点、图幅内最高点的高程；各种重要地物点的高程，道路、桥梁、机场的高程；水库、港口、湖泊、河流交汇处的高程；迅速阅读等高线图形所必需的高程等。地形简单而完整的地区少选些，地形复杂而破碎的地区多选些。地物和方位物较少的地区，等高线不能充分表示地貌形态的平原、丘陵地区应多选一些。高程注记需要取整时，通常不采用四舍五入的算法，而是只舍不进，即任何时候都不得提高地面的高度。

等高线上的高程注记是为迅速判明等高线的高程而设置的。优先选取在山麓地带斜坡的底部、较大谷地的谷坡上、高原边缘、阶地和台地的等高线高程注记。高程注记字头朝上坡方向，所以一般应尽量避免选取北坡上等高线高程注记。删去谷地、山脊等高线急拐弯处的等高线高程注记。尽量选取较平缓的斜坡地段的等高线高程注记。

地貌符号的比高注记是符号的组成部分，根据比高值的大小和重要性进行选取。

六、地貌等高线图形概括的实施方法

为了进行等高线的图形概括，先要做好分析地貌形态特征和勾绘地貌结构线两项准备工作，然后再进行等高线的图形化简。

1. 分析地貌形态特征

为了正确地综合地貌，必须深入地掌握地貌形态的特征。图形概括之前，需对地貌类型、结构、切割程度以及形态特征有一个完整的概念，做到心中有数，有的放矢。

分析地貌形态特征，主要是根据地图设计编辑文件中关于地貌的论述，结合地图资料来进行，必要时还可以参考有关的地理文献。分析地貌特征时，以研究地貌形态特征为主。分析地形地貌的高度、比高、山脊走向、山顶特征、斜坡类型、切割状况等，谷地和山顶基本形态特征，必要时还要分析地貌成因，为的是正确反映其地貌类型形态特征。

2. 勾绘地貌结构线

地貌形态是由山顶、鞍部、斜坡、谷地等基本要素构成。这些基本要素可以分解成点、线、面几种最基本的要素。其中面与面的交线在很大程度上成为地貌的骨架线，称为地貌结构线，又可称为地性线，主要包括山脊线、谷底线、倾斜变换线和山棱线等。

在进行等高线图形概括前，首先要勾绘出各种需要的地貌结构线，其中谷底线最重要(图 6-98)。凡欲选取的谷地都要勾绘出谷底线的正确位置。其目的在于保证新编图上谷地位置正确，使等高线易于套合，谷地明显；同时，勾绘的谷底线还控制谷地的取舍程度。

地貌综合时，山脊线一般不需要勾绘，特别是当所显示的山脊线的等高线套合紧密、山脊比较清晰和等高线呈较大的弧状弯曲时，一般可省绘山脊线。只有在山脊线不明显时或者山脊线处等高线呈明显转折时(如刃脊)，为保证山脊线的位置准确，才需要事先勾绘出山脊线。

关于其他的地貌结构线，如山棱线、倾斜变换线等，则根据实际需要勾绘。例如，当图上斜陡坡线十分明显时，勾出其位置是有实际意义的。

3. 等高线图形化简

等高线的选取顺序与图形概括的顺利进行及正确显示地貌形态都有密切的关系。根据等高线的种类，一般先选取计曲线，再选取控制山脊与谷底位置的等高线，然后选取一般首曲线，最后根据实际需要选取补充等高线。

根据等高线的位置，一般先选取特殊位置的等高线，再选取其他的等高线。例如，一般先选取谷地里最低一条等高线、倾斜变换线处的等高线、山顶的等高线以及分散丘陵的基底等高线等。

根据选取等高线的先后，一般对于凸形坡要从上向下选取；对于凹形坡要从下向上选取。归纳起来，即是从等高线稀疏向等高线密集方向进行选取。如果是狭窄的谷底，等高线与河流发生争位性矛盾时，则要先从矛盾最突出的部位选取。

下面结合一个地貌综合的实例说明等高线图形概括的过程和方法。

例：资料图为 1 : 5 万地形图，缩编为 1 : 10 万地形图，再编为 1 : 25 万地形图。

1)地貌形态特征的分析

如图 6-99(a)所示，该山体东南高，西北低，东南部陡，西北部缓；东南部山体较完整，西北部山体较破碎。山顶长条形，较浑圆。山脊的顶部较宽，呈分叉状延伸，主山脊由北向东南伸展至主峰后折向西南和向西方向。鞍部不很明显，基本对称，两侧多为切割微弱的宽谷，说明该地区切割尚未深达分水地带。东南坡陡且呈凹形；西北坡缓且可分出三级阶地，一级阶坡较陡直，阶面为山顶。二级阶坡为直线状，阶面较小；三级阶地坡形平缓，坡面宽平。谷地多为“V”字形，西南部和西北部两条深切谷地为山体的主谷，纵剖面呈不明显的阶状。

2)勾绘地貌结构线

在缩小资料图上勾绘谷底线、山脊线等必要的地貌结构线(图 6-99(a))。

3)化简等高线图形

用删除小谷地的方法，对未勾绘谷底线的小谷地进行化简。图 6-99(b)是经过概括以后的 1∶10 万比例尺的图形，从图中可以看到，等高线的概括程度不是很大，一般不要作等高线的移位即可表示地貌的基本特征。图 6-99(c)是由 1∶10 万编绘成 1∶25 万的编绘图；图 6-99(d)则是 1∶25 万比例尺地图的放大图，用以同图 6-99(b)作比较，从图上可以看出等高线概括的情况，以及为了强调谷地与山脊等高线做了适当的移位(箭头指示等高线移位的部位和方向)。

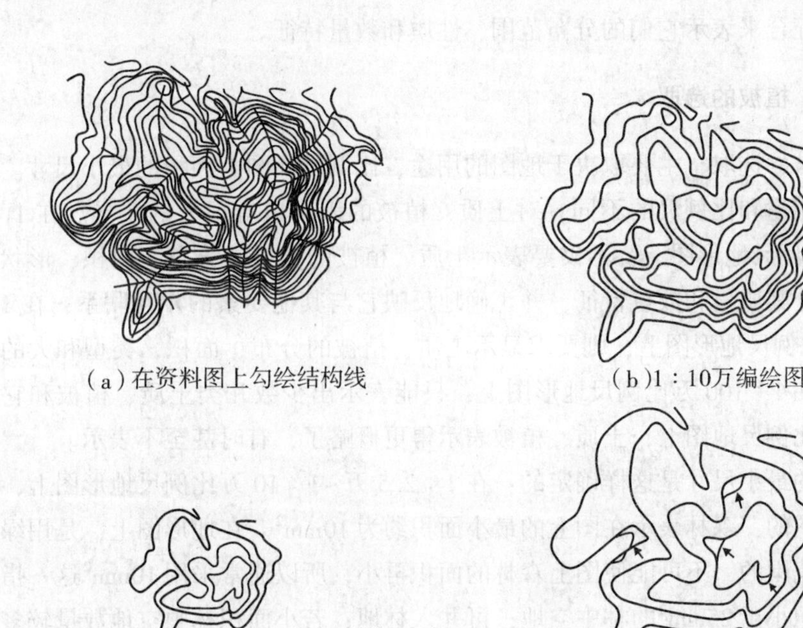

图 6-99　等高线图形化简

七、地理名称注记的选取

地图上需选注一定数量的地理名称注记。地理名称注记分为山峰、山脉、山岭、山隘和名称，根据山系规模可分为若干个等级。依据等级大小选取较大的地理名称注记注出。

选取的山脉、山岭名称均应沿山脊线用曲屈字列注出，字的间隔不应超过字大的 5 倍。山体很长时可以分段重复注记。

山峰名称视具体情况选取，优先选取主峰、著名山峰、具有制高点意义的山峰等。

通常山峰名称被选取，该山峰的高程注记也应同时选取。选取的山峰名称通常采用水平字列，排列在高程点或山峰符号的右侧或左侧，与山峰高程注记配合表示。重要山隘、独立山头等名称应选取注出。

第四节　土质、植被的制图综合

土质是泛指地表覆盖层的表面性质，植被则是地表植物覆盖的简称。它们因其同是地表的覆盖层，在地图综合特点上又有很多相似的地方，所以，通常把它们放在一起讨论。

土质、植被是一种面状分布的物体。在地图上通常用地类界、说明符号、底色、说明注记或相互配合来表示它们的分布范围、性质和数量特征。

一、土质、植被的选取

土质、植被的选取，主要取决于地图的用途、比例尺和图上面积的最小尺寸。

根据地图用途和比例尺的不同，对土质、植被的表示也有很大的差异。在1∶2.5万~1∶10万比例尺地形图上，不仅要表示土质、植被的类型、分布、面积、形状，而且还要详细区分其质量和数量特征，并正确地反映它与其他要素的相互联系；在1∶25万、1∶50万比例尺地形图上，则要求显示土质、植被的分布，面积，类型和大的轮廓形状特征等；在1∶100万比例尺地形图上，只能表示出少数几类土质、植被和它们的分布；到了小比例尺地图上，土质、植被表示得更概略了，有时甚至不表示。

图上面积的最小尺寸是这样确定的：在1∶2.5万~1∶10万比例尺地形图上，森林是用符号来表示的，森林表示在图上的最小面积约为$10mm^2$。在地形图上，是用绿色来显示森林分布范围的，不可能使图上森林的面积再小，所以通常采用$10mm^2$这一指标来取舍森林。面积小于$25mm^2$的林中空地，可并入林地；若小面积林中空地数量较多，可部分并入林地，部分适当夸大为空地。如是大片森林中独有的一块小于$25mm^2$的空地，应夸大表示。对其他类别的土质、植被选取指标还可以放大，因为在土质、植被当中，就其本身的价值来说森林算是最重要的。例如，森林的最小面积和林间空地的最小面积应为$10mm^2$，草地的最小面积可以定为$50mm^2$或更大。

只有一个原则性的选取指标是不够的，因为各种同性质的土质、植被，在不同的分布地段，不可能千篇一律地引用同一选取指标。为此，就要求取舍土质、植被时还要考虑其他的一些原则。这些原则是：保持土质、植被在制图区域中所占的面积百分比，保持土质、植被的分布特征以及反映与其他要素的相互关系。

在不同比例尺地图上量测统计分析的结果表明，随着地图比例尺的缩小，有的要素在图上的面积被夸大了，而有的要素在图上所占的面积却缩小了。例如，沼泽、草地的面积随着地图比例尺而缩小了，而森林面积随地图比例尺的缩小而夸大了。那是因为随着比例尺的缩小，许多林间空地因无法显示而不断地并入森林范围所引起的。所以，若想保持图上森林所占面积的百分比大致不变，就要注意林中空地的选取，甚至夸大表示。

选取时，保持土质、植被的分布特征也很重要。例如，森林沼泽多分布于低地、河谷和斜坡上；藓苔沼泽则多分布于平坦的分水岭地带；森林按高度的垂直分带性特别明显。

土质、植被的取舍与其他要素的关系也很密切，例如，删去了谷地，谷地中的沼泽也要舍去。

二、土质、植被的轮廓形状化简

化简土质、植被轮廓形状，可采用与化简湖泊岸线基本相同的方法。不同的是土质、植被的轮廓界线在实地上不像湖泊那样明显、固定，往往多种类型彼此相互交错、穿插、渗透，有的有明显的过渡带，其精度受到很大的限制，所以其概括程度可以相对大一些，允许作较大的化简。碎部图形小于 1.5×1.5mm 时，可予以删除。为了保持各段轮廓弯曲程度的对比，根据地形特征在小弯曲多的地段可适当多保留一些。

在丘陵地区，有数量众多的小面积(小于 10mm^2)森林。综合时，应视区域分布特点采用适宜的综合方法。小面积森林相互邻近的，可以合并；呈窄条带状分布的，可适当夸大表示；反映分布特征的，可改为小面积森林符号；过于分散的，可以取舍。总之，要正确反映林地的分布特征和相对面积对比，过多地合并或改为小面积森林符号均欠妥(图 6-100)。在图 6-100(b)中，有些小面积森林被舍去或转换成不依比例尺的小面积森林符号表示。图 6-100(c)图是错误概括，一是合并过大、合并不当；二是使用小面积森林符号太多，以致零乱、失真。

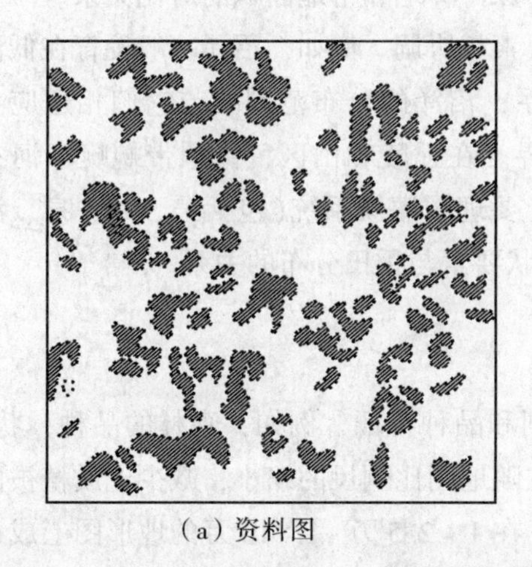

(a) 资料图

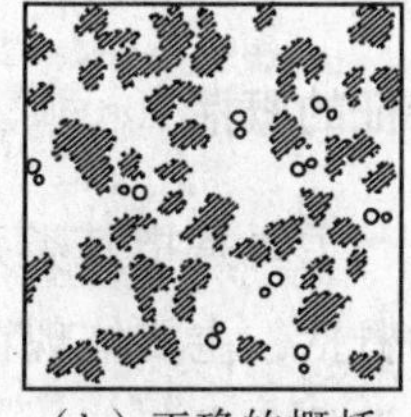

(b) 正确的概括

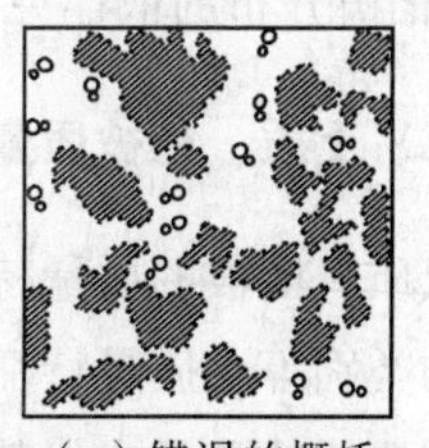

(c) 错误的概括

图 6-100　森林轮廓形状化简

森林防火线是经过规划设计的，多呈规则的矩形，也有随地形而弯曲的。概括时，应保持防火线的结构、数量对比以及与资料图上基本相似(图 6-101)。在中小比例尺地形图上，综合防火线时，相邻两道防火线可保持 3mm 左右，保持防火线网格与资料图上基本相似，保持网格方向、防火线密度对比的正确。这样做，对空中判定方位来说有较大的实际意义。

对于防护林带，图上长 5mm、宽 1.5mm 以上的用狭长林带符号表示。林带并列的地区，图上相互间隔小于 2mm 时，在反映分布规律的条件下，综合时，可减少林带的条数。对园地的轮廓形状概括时，应适当保留一些碎部，必要时可予以夸大表示。草地的轮廓形状概括可以概略些。

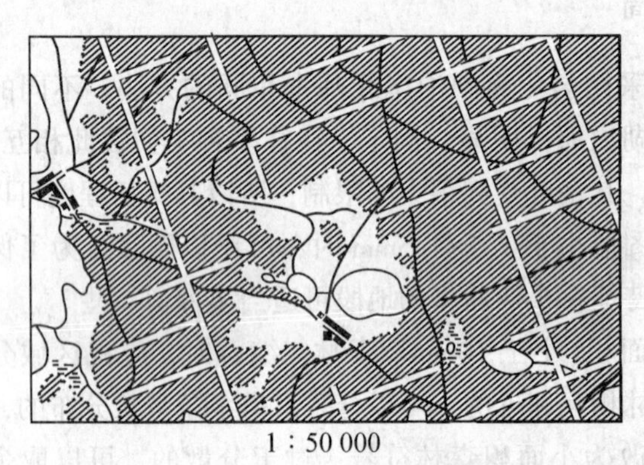

图 6-101　森林防火线的概括

一般地，轮廓形状概括是以删除小弯曲，扩大土质、植被的区域范围为主，对林间空地往往是以夸张为主，即尽可能地删去林地的微小凸出部分，适当地夸大林中空地的面积，增强其明显性，以利于空中判定方位，保持林地和空地面积的对比关系。

土质、植被的形状概括，还要求与其他要素相协调。例如，沼泽一般发育在低洼的地方，与等高线、河流、湖岸等有一定的联系，沼泽的分布范围要与它们相适应。又如，稻田在平原地区常以河、渠、路、堤为界。在丘陵和山区，像飘带蜿蜒于河谷两侧，或层层梯田分布于斜坡与谷底，综合时，要理顺灌溉系统(包括渠、井、泉、灌溉网)与稻田分布的依存关系，同时了解其他线状要素与稻田分布的关系。

三、土质、植被质量特征的概括

土质、植被的质量特征，主要是指其类别和品种特征，例如，森林的品种、状态，沙地的类别等。质量特征的概括，主要体现在随地图比例尺的缩小，减少土质植被的分类，用概括的分类来代替详细的分类。例如，在 1∶2.5 万~1∶10 万的地形图上成林分为针叶林、阔叶林、针阔混交林，并用不同的符号来区分，在 1∶25 万~1∶100 万地形图上则概括成一类(成林)了。

土质、植被的品种合并也是质量概括的一种表现。当不同类型的植被交错分布时，可以将小面积的某类型的植被并入邻近面积较大的另一类型的植被中。例如，在一个区域内多种植物混杂，虽无地类界明显区分，但有大体上的区域范围，这时可将一些细小、零星分布的植物除去，突出显示区域内 1~2 种主要植物，相当于减少植物的品种方面差别。

混杂生长的植被通过选择其说明符号和注记进行质量特征概括。混杂生长的多种植被，根据内部注记与符号的数字及多少，决定图上哪种植被为主，减少次要植被的注记和符号，取舍植被注记时，应选注有代表性的一至两种注记。

树高、树粗说明注记的取舍，在数字集中的情况下，取频数大的注记为代表；在数字分散的情况下，选接近算术平均值的数字作为代表性说明注记。

第七章 社会经济要素的制图综合

普通地图上表示的社会经济要素主要包括居民地、交通运输网、境界和独立地物。本章着重论述这些要素的地图制图综合原则和方法。

第一节 居民地的制图综合

一、居民地的密度

要想在地图上表示全部的居民地，通常只有在大于1∶2.5万比例尺的地形图上才有可能。在1∶5万的地形图上，只有居民地较稠密的地区才开始有舍弃的问题，而且多限于分散式的小居民地。在1∶10万地形图上，甚至中等密度区的居民地也不能全部表达了，而且舍弃的不限于分散式居民地，有时还要舍去某些与大的街区毗连在一起的具有相当街区范围的较小居民地。在1∶25万和1∶50万的地形图上，居民地的舍弃开始明显多起来，各类地区(甚至稀少地区)都有一定数量的居民地被舍弃。在1∶100万地形图上，能表达出来的居民地往往是极少数，大多数或绝大多数居民地被舍弃，从而使居民地的取舍成为居民地制图综合的主导方面。

居民地的取舍是以各地区居民地的密度为依据进行的。居民地密集区舍弃的比例较大，较稀疏的地区舍弃的比例较小，最稀疏的地区甚至可以表示出全部居民地。为此，必须研究居民地的密度，从而更好地确定居民地的选取指标。

1. 确定居民地密度的方法

研究工作一般是在1∶5万或1∶10万比例尺地形图上进行的。居民地稀疏地区用1∶10万地形图即可，居民地密集区宜用1∶5万地形图。

(1)目估分区

目估分区的目的是为了合理地分配样品，提高量算精度。目估分区时，首先要确定最密区和最稀区的概略密度。将制图区划分为若干个居民地的密度等级。通常都是将居民地密度分为最密、较密、中等、较稀和最稀五个等级，必要时还可再分出密集和稀疏两类，共七级，如不要求过于详细的区分，也可只分为三或四级。分级的界限没有固定的尺度，例如，分为七级时，可按0~15~35~60~90~140~200(个/100km^2)，分为五级或三级时，可根据七级方案合并而成，或按另外的指标分级。在资料图上绘出目估分区的界线。

(2)抽样量算各级密度区的居民地密度

居民地密度统计比较简单，为保证量算精度，不妨多取一些样品量算。样品的范围不能太小，一般以 $1dm^2$单位。

通常按照典型不重复抽样的方法把所需的样品分配到所研究的区域。差异小的分配的样品少些，差异大的分配的样品可多一些。每个密度区内布置若干个样品，一定要有典型的代表意义，一般根据均匀分布的原则布置，适当照顾区域的边缘。范围大的样品分配多些，范围小的样品可少些。

统计样品的居民地数量，得到居民地密度。如果发现个别样品的居民地密度与所在的密度区不相符，应调整相应的密度区。经过调整得到的居民地密度分区可以作为确定居民地选取指标的依据。

2. *居民地密度与自然条件有关*

在自然条件中，与人类衣食住行的方便程度有关系的是地貌类型、气候、降水和距离江河湖海的等，这些对居民地分布密度都有显著的影响。

我国高山和高原地区，居民地密度最小。从低纬度的喜马拉雅山脉、横断山脉和台湾的玉山山脉到纬度较高的祁连山脉、阿尔泰山山脉以及蒙古高原等广大地区的居民地密度绝大部分在 2 个以下；拉萨河谷地带、河西走廊、黄河上游以及新疆的一些绿洲，居民地密度才达到 15 个；超过 15 个的很少。

中山和部分低山地区，居民地的密度与地理纬度、距海远近关系很大。北纬 35°以南的中山和低山地区，居民地密度多在 36 至 110 个之间，最少也在 15 个以上；北纬 35°~43°的华北山地，密度在 16 至 60 个之间；北纬 43°以北东北地区的大小兴安岭、张广才岭和长白山虽属中、低山区，但由于纬度高、气候较寒冷，加上森林密布，居民地密度同高山地区类似，大多在 2 个以下，少部分为 2~15 个，超过 15 个的地方很少。

平原、丘陵和部分低山地区，是我国居民地密度最复杂的地区，各级密度均有分布。以华北平原为例，在北纬 35°以北，以大中型居民地为主，其密度多在 16~110 个之间；北纬 35°以南，以中小型居民地为主，密度大部在 110 个以上。

从全国的主要平原来看，居民地也是以大中型为主。密度由南向北逐渐减少。渭河平原为 61~110 个，汾河平原、华北平原北部(除北京附近)、辽河下游平原为 36~60 个，到大同盆地、松嫩平原和三江平原只有 16~35 个，三江平原不少地区甚至不足 15 个。北纬 35°以南的平原，居民地以中小型为主，是我国居民地稠密地区。华北平原南部、长江中下游平原、成都平原和沿海的一些平原，大多数都在 110 个以上，密度最高的成都平原有的地方甚至达到 1000 个以上。

丘陵和部分低山也和平原的情况相类似。在北纬 34°~36°以北很少超过 60 个，以南多数地区都超过 60 个，川东、川中低山丘陵、豫西低山与丘陵、豫鄂边界的红盆丘陵、淮阳低山与丘陵、鄂西黔北低山与丘陵、湘西湘中丘陵、湘赣边区低山与丘陵、赣东低山与丘陵、金衢丘陵、闽粤沿海丘陵、粤桂低山与丘陵等地区的居民地，密度多在 110 个以上。

二、确定居民地选取指标的方法

确定居民地选取指标的方法主要有资格法、定额法等。

资格法是一种定性的方法。它是根据地图的用途、比例尺以及居民地本身的重要性意义等因素，确定选取居民地的最低资格。这种资格可能是以居民地的行政意义为标志，也可能是以人口为标志。在选取资格以上的就应当选取，否则，可以考虑删去。例如，把选取资格定为乡镇级，则乡镇级以上的都应当选取，而乡镇级以下的可以舍去(也可酌情选取)。这种方法的优点在于选取标准明确，作业人员很容易掌握。其缺点是过于机械，不能因地制宜，如果选取资格定得很低，满足了人烟稀少地区详细表示居民地的要求，但对人口密集区可能因为选取资格太低而出现图上居民地表示过密，从而严重地破坏了地图的清晰性，甚至无法表示。反之，如果选取资格定得很高，则会导致人烟稀少地区很多而重要的居民地得不到表示，不能满足地图用途要求。作为补救的办法，常常是对不同的地区规定不同的选取资格，以反映不同地区居民地的分布密度。

定额法是一种定量的方法。例如，规定地图上每 dm^2 选取居民地的个数。为适应不同居民地密度的区域差异，也可规定不同的选取指标。不同的密度按不同的百分比进行选取，居民地稠密地区选取的百分比要低一些，居民地稀疏地区选取的百分比要高一些，这样，不但保持了居民地的密度对比关系，而且使居民地稀疏地区能保留较多的居民地。

实际使用时，常常把两种方法结合起来，相互补充。

选取资格主要是根据地图用途、地图比例尺和地理环境来确定。选取定额要根据居民地密度、居民地大小、地图用途、地图比例尺、地图符号和注记面积来确定，主要有回归分析方法、图解计算法和方根规律模型。

三、确定选取指标的一元回归数学模型

根据地图制图综合原理，资料图上居民地密度越大，新编地图上居民地选取程度(选取百分比)越低。居民地选取程度与居民地密度之间存在着相关关系，依据这种相关关系可建立二者之间的回归模型。

为了研究某制图区域居民地选取规律，在该区域范围的四幅 1∶20 万地形图上量测了 20 块样品，量测数据见表 7-1。表中，x 为 1∶10 万地形图上居民地密度，n 是 1∶20 万地形图上的居民地选取个数，y 为居民地选取程度。

表 7-1　　**1∶10 万编 1∶20 万居民地选取程度和居民地密度量测数据**

编号	1	2	3	4	5	6	7	8	9	10
x	20	29	41	41	48	48	53	54	56	57
n	20	27	28	33	28	29	31	26	29	26
y	1.0	0.93	0.68	0.81	0.58	0.60	0.59	0.48	0.52	0.46

续表

编号	11	12	13	14	15	16	17	18	19	20
x	60	63	67	71	75	80	83	88	100	101
n	25	38	24	39	30	37	40	33	41	37
y	0.42	0.60	0.36	0.55	0.40	0.46	0.48	0.38	0.41	0.37

根据表 7-1 的数据绘成散点图(图 7-1)，这种相关关系可用幂函数来表示

$$y=ax^{b} \tag{7-1}$$

式中，a，b 是待定参数。

根据非线性回归数学方法可得

$$a=7.48, \quad b=-0.65, \quad R=0.9158$$

取 $\alpha=0.01$，查相关强度系数表得

$$R_{\alpha}=0.5614$$

显然，

$$R>R_{\alpha}$$

相关显著，回归方程有意义。

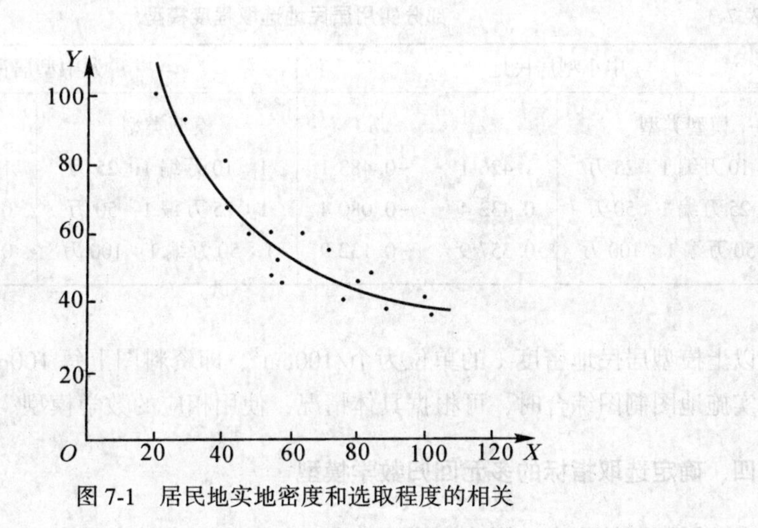

图 7-1　居民地实地密度和选取程度的相关

因此，得确定 1∶20 万地形图居民地选取程度数学模型为：

$$y=7.47x^{-0.65} \tag{7-2}$$

有了居民地选取程度模型，只要知道资料图居民地密度，就可计算出新编 1∶20 万地图居民地的选取程度(或选取数量)。

按同样的方法，对全国范围内的已成 1∶10 万地形图作了大量的实际观测，建立了确定居民地选取程度模型：

$$y=2.6277x^{-0.2640} \tag{7-3}$$

式中，y 是居民地选取程度，x 是居民地实地密度(个/100km^2)。

同理，对全国范围内已成的各种比例尺地形图作了大量的实际观测，建立了下列居民地选取程度模型(表 7-2)。

表 7-2　**部分居民地选取程度模型**

中小型居民地			大中型居民地		
比例尺	a	b	比例尺	a	b
1∶25 万	2. 332 8	−0. 618 1	1∶25 万	2. 396 5	−0. 615 0
1∶50 万	0. 941 9	−0. 648 7	1∶50 万	0. 946 1	−0. 637 3
1∶100 万	0. 339 7	−0. 668 8	1∶100 万	0. 354 6	−0. 665 9

表 7-2 中考虑到人口密度对居民地选取指标的影响，为了提高模型的精度，在小于等于 1∶25 万地形图中分大中型和中小型两种居民地类型来建立模型。

在实际地图制图数据处理中，常常是以与之比例尺相差不远的地形图作为资料图。考虑到实际需要，通过统计数据分析处理，可得到相应的数学模型(表 7-3)。

表 7-3　**部分实用居民地选取程度模型**

中小型居民地			大中型居民地		
模型类型	a	b	模型类型	a	b
1∶10 万编 1∶25 万	1. 426 1	−0. 483 1	1∶10 万编 1∶25 万	1. 465 8	−0. 480 8
1∶25 万编 1∶50 万	0. 432 4	−0. 080 4	1∶25 万编 1∶50 万	0. 415 6	−0. 058 2
1∶50 万编 1∶100 万	0. 357 9	−0. 132 9	1∶50 万编 1∶100 万	0. 373 3	−0. 079 1

以上模型居民地密度 x 的单位为个/100cm^2，即资料图上每 100cm^{2}居民地个数。这样在实施地图制图综合时，可根据具体情况，使用相应的数学模型。

四、确定选取指标的多元回归数学模型

在地图制图综合中，影响居民地选取指标的因素很多，诸如居民地(实地或资料图上)密度、人口密度、地形、水系、交通等，分析上述一些因素可知，地形、水系及其他因素对居民地选取指标的影响，或多或少地都可以在居民地密度和人口密度这两个标志上得到反映。因此，确定居民地选取指标的多元回归模型采用居民地密度、人口密度和居民地选取程度(或选取数量)三个变量之间的相关，进行多元回归分析，建立选取模型。

1. 建立确定居民地选取指标的多元回归模型的基本原理

据上分析，确定居民地选取指标的多元回归模型为：

$$y = b_0 x_1^{b_1} x_2^{b_2} \tag{7-4}$$

式中，y 为居民地选取程度，x_1 为居民地密度（实地密度单位是：个/100km²，资料图上密度单位是：个/100cm²），x_2 为人口密度（人/km²），b_0、b_1、b_2为待定参数。

设 y_1为单位面积内居民地选取个数，则有

$$y = \frac{y_1}{x_1} \tag{7-5}$$

把式(7-5)代入式(7-4)中，则有

$$y_1 = b_0 x_1^{1+b_1} x_2^{b_2} \tag{7-6}$$

下面对参数 b_0、b_1、b_2 的性质进行讨论。

(1)参数 b_0

在式(7-4)中，当 b_1、b_2、x_1、x_2 为常数时，选取程度 y 随 b_0 增大而增加，b_0 是决定着选取的总程度（水平）。当 $b_0=0$ 时，$y=0$，居民地全部舍去。因此

$$b_0 \geqslant 0$$

(2)参数 b_1

在式(7-4)中，当 b_0、b_2、x_2 为常数时，b_1 一定，由不同的 x_1 能得到不同的 y。b_1 是决定不同居民地密度的居民地选取程度。

显然，b_1 不能为正值。如果 $b_1>0$，选取程度 y 将随着 x_1 增加而增大，也就是说居民地密度越大，选取程度越大，这是违背地图制图综合原理的。

当然，b_1 也不能小于-1。若 $b_1<-1$，从式(7-6)可以看出，居民地密度越大的区域，居民地选取数量反而少，这也是违背地图制图综合原理的。

所以

$$-1 \leqslant b_1 \leqslant 0$$

(3)参数 b_2

在式(7-4)中，如果 b_0、b_1、x_1 不变，b_2 一定，x_2 越大，y 相应增大。x_2 是决定不同人口密度的居民地选取程度。

如果 $b_2<0$，人口密度越大的区域，居民地选取程度反而小，这是违背地图制图综合原理的。

所以

$$b_2 \geqslant 0$$

2. 各种比例尺地形图上选取指标数学模型

为了提高模型的精度，研究的范围限制在我国东南部中小型居民地分布的区域，统计分析对象是该地区 1∶5 万、1∶10 万、1∶20 万、1∶100 万、1∶150 万和 1∶250 万地图。因为 1∶25 万地形图当时还未制作出来，而 1∶50 万地形图质量太差，所以这两种地形图没有被列入统计分析。为了研究方便，将这些比例尺地图划分为基本比例尺地形图和小比例尺普通地形图两段。对于基本比例尺地形图，单个样品的范围是 Δλ15′，Δφ10′，即 1∶5 万地形图一幅。对于小比例尺普通地理图，单个样品的范围为 Δ1°×

$\Delta 1°$。前者共布置样品805块，后者为68块。以1∶5万地形图上得到的数值作为居民地的实地密度(严格讲，分散式居民地区域，在1∶5万地形图上也舍去了一些居民地)。

人口密度统计是按行政区域进行的，为了得到样品范围的人口密度，采用以各不同行政区域的面积为权的加权平均值的方法获得。

对各种比例尺的量测数据进行整理，利用非线性多元回归分析数学方法对实地居民地密度 x_1(个/100km^2)，人口密度 x_2(人/km^2)和相应比例尺的居民地选取程度 y 进行处理，可得出各种比例尺居民地选取模型：

1∶10万地形图：$y=2.9336x_1^{-0.3792}x_2^{0.0468}$

1∶20万地形图：$y=2.7870x_1^{-0.6865}x_2^{0.0697}$

1∶100万地形图：$y=0.3588x_1^{-0.8962}x_2^{0.1719}$

1∶150万地图：$y=0.2363x_1^{-0.9657}x_2^{0.1843}$

1∶200万地图：$y=0.0753x_1^{-1.0038}x_2^{0.2187}$

1∶250万地图：$y=0.0478x_1^{-1.0275}x_2^{0.2216}$

经相关检验，这些回归方程都在0.01的水平上相关显著。

在实际地图制图数据处理中，确定居民地选取指标并不都以实地居民地密度为依据，制图资料也并不都是1∶5万地形图。例如，编制1∶20万地形图时，常使用的基本资料是1∶10万地形图。此时，x_1 为1∶10万地形图上的居民地密度，y 为1∶10万到1∶20万的居民地选取程度，利用非线性多元回归分析数学方法得1∶10万编1∶20万的居民地选取模型为：

$$y=2.1543x_1^{-0.5985}x_2^{0.0790}$$

同理可得

1∶20万编1∶100万：$y=1.0625x_1^{-0.8510}x_2^{0.2062}$

1∶10万编1∶100万：$y=0.3372x_1^{-0.8959}x_2^{0.2006}$

1∶100万编1∶150万：$y=10.1602x_1^{-0.7601}x_2^{0.1473}$

1∶100万编1∶200万：$y=14.1337x_1^{-1.1684}x_2^{0.2572}$

1∶100万编1∶250万：$y=3.4760x_1^{-0.9209}x_2^{0.1840}$

经相关检验，这些回归方程都在0.01的水平上相关显著。

当然，这些模型只适用于中小型居民地分布的地区，对于其他类型，需要另行计算参数。

3. 选取试验

为了检验这些模型确定的选取指标是否符合实际，需要进行选取试验。试验的方法是用模型计算的居民地选取数量与质量非常好的已成地形图上的数量进行比较分析。

用1∶10万地形图进行选取试验，在研究的区域布置54块样品，统计每块样品内居民地的个数。然后，根据

$$y=2.9336x_1^{-0.3792}x_2^{0.0468}$$

得 1：10 万居民地选取数量模型

$$y_1=2.9336x_1^{0.6208}x_2^{0.0468} \tag{7-7}$$

用式(7-7)计算每块样品的选取数量，并进行比较分析(表 7-4)。

表 7-4　　**1：10 万地形图居民地选取试验**

编号	1	2	3	4	5	6	7	8	9	10	11	12	13	14	15	16	17	18
观测值	56	43	28	44	43	46	27	25	61	76	66	72	65	67	90	86	49	60
计算值	50	44	33	52	47	49	29	32	55	77	71	70	71	68	86	88	55	60
误差	6	−1	−5	−8	−4	−3	−2	−7	6	−1	−5	2	−6	−1	4	−2	−6	0
编号	19	20	21	22	23	24	25	26	27	28	29	30	31	32	33	34	35	36
观测值	45	52	41	40	38	51	62	68	55	45	45	32	91	74	49	39	86	82
计算值	46	50	36	37	35	44	62	68	59	46	44	34	88	82	55	51	91	74
误差	−1	2	5	3	3	7	0	0	−4	−1	1	−2	3	−8	−6	−12	−5	8
编号	37	38	39	40	41	42	43	44	45	46	47	48	49	50	51	52	53	54
观测值	119	35	62	40	39	51	82	59	40	57	49	61	42	78	89	58	53	37
计算值	113	44	62	45	46	56	77	65	47	57	50	62	43	79	83	57	54	41
误差	6	−9	0	−5	−7	−5	5	−6	−7	0	−1	−1	−1	−1	6	1	−1	−4

从表 7-4 可以看出，实际选取数量与模型计算的选取数量比较接近。

4. *通用居民地选取模型*

由于 1：50 万地形图没有高质量的已成图来模拟选取规律，1：25 万地形图当时还没有制作出来；因此，缺这两种比例尺选取模型。但这些比例尺选取模型可利用通用居民地选取模型获得。

从以实地居民地密度建立的系列比例尺的居民地选取程度模型中，可以看出 b_0、b_1、b_2随比例尺变化而变化，它们同地图比例尺分母 M 有相关关系。虽然这种相关的确切关系不知道，但可以用一个多项式来逼近它，即

$$b=a_0+a_1M+a_2M^2+a_3M^3$$

这是由于多项式可以在一个比较小的邻域内任意逼近任何函数。为了得到最佳模型，又选用其他 9 个函数进行回归分析，把回归分析的结果与多项式进行比较，最后得到 b_0、b_1、b_2最佳数学模型为：

$$\left.\begin{aligned} b_0&=3.5976-0.0552M+0.0003M^2-0.00001M^3 \\ b_1&=-1.0144+6.4187/M \\ b_2&=0.02442+0.00247M-0.000012M^2+0.00000002M^3 \end{aligned}\right\} \tag{7-8}$$

式(7-8)称为通用居民地选取模型，利用它可求得任意比例尺的居民地选取模型。如果要求出1∶25万地形图的居民地选取模型，据式(7-8)有

$$b_0=3.5976-0.0552\times25+0.0003\times25^2-0.00001\times25^3=2.39$$

$$b_1=-1.0144+6.4187/25=-0.76$$

$$b_2=0.02442+0.00247\times25-0.000012\times25^2+0.00000002\times25^3=0.079$$

从而得到1∶25万地形图上居民地选取模型为：

$$y=2.39x_1^{-0.76}x_2^{0.079}$$

同理，可获得1∶50万等其他任意比例尺居民地选取模型。

5. *居民地选取依据的确定*

在地图制图数据处理中，对于居民地选取指标的确定，有些人认为以居民地密度作为依据，有些人认为以人口密度作为依据。但大多数制图学者认为大比例尺编图中以居民地密度为依据，小比例尺编图中以人口密度为依据较为合理。这样就提出了以何种比例尺分界的问题，也就是说比例尺小到什么程度才能依据人口密度确定居民地选取指标。

从以实地居民地密度建立的系列比例尺的居民地选取程度模型中，可以看出$1+b_1$、b_2随比例尺变化而变化(表7-5)，而且$1+b_1$随比例尺变小而变小，b_2随比例尺变小而变大。

表7-5 **$1+b_1$、b_2随比例尺变化的规律**

比例尺	1∶10万	1∶20万	1∶100万	1∶150万	1∶200万	1∶250万
$1+b_1$	0.6208	0.3135	0.1038	0.0343	−0.0038	−0.0275
b_2	0.0468	0.0697	0.1797	0.1843	0.2187	0.2216

在大比例尺居民地选取模型中，$1+b_1>b_2$表示居民地密度对居民地选取指标的影响程度超过人口密度；在小比例尺居民地选取模型中，$1+b_1<b_2$表示人口密度对居民地选取指标的影响程度超过居民地密度；显然，$1+b_1$表示居民地密度对居民地选取指标的影响程度，b_2表示人口密度对居民地选取指标的影响程度。因此有$1+b_1=b_2$时，居民地密度对居民地选取指标的影响等于人口密度对居民地选取指标的影响，此时的比例尺就是分界比例尺。

观察表7-5，可以断定分界比例尺在1∶20万到1∶100万之间。根据通用模型(7-8)可计算出$1+b_1$、b_2的值。由于b_1在1∶100万到1∶250万之间有

$$b_1=-0.0354-0.1844\ln M \tag{7-9}$$

更精确模型来计算。因此，b_1需要计算两个值，再通过比例尺加权平均获得，即

$$b_{11}=-1.0144+6.4187/M$$

$$b_{12}=-0.0354-0.1844\ln M$$

$$b_1=\frac{\frac{1}{M-20}b_{11}+\frac{1}{100-M}b_{12}}{100-20}(M-20)(100-M)=\frac{100-M}{80}b_{11}+\frac{M-20}{80}b_{12}$$

经计算得出 1：60 万到 1：70 万之间的 $1+b_1$、b_2的值(表 7-6)。

表 7-6　　**1：60 万到 1：70 万之间的 $1+b_1$、b_2值**

比例尺	$1+b_1$	b_2
1：60 万	0. 151 1	0. 134 2
1：65 万	0. 146 5	0. 140 3
1：70 万	0. 142 2	0. 146 1
1：75 万	0. 119 8	0. 151 4

从表 7-6 中可看出分界比例尺在 1：65 万到 1：70 万之间。考虑到地图中比例尺的使用习惯，可认为 1：70 万是分界比例尺。这就是说地图比例尺大于 1：70 万时，居民地密度在居民地确定选取指标时起主要作用，地图比例尺小于 1：70 万时，人口密度在居民地确定选取指标时起主要作用。

在确定地图上选取指标时，一般还应利用多元回归模型，即由两种密度来确定。1：70 万分界比例尺指明的仅是在大于 1：70 万地图上居民地密度对确定选取指标的影响大于人口密度，在小于 1：70 万地图上人口密度对确定选取指标的影响大于居民地密度；而不是说在大于 1：70 万地图上人口密度对确定选取指标没有影响，在小于 1：70 万地图上居民地密度对确定选取指标没有影响。

五、图解计算法确定选取指标

图解计算法就是利用物体的数量、地图符号的大小和地图载负量来计算出地图物体的选取数量。由于地图上的载负量主要由居民地的图形和注记构成，图解计算法主要用于确定居民地选取指标。

1. 地图载负量

地图载负量是地图图廓内地图物体的符号和注记所占的面积同图幅的总面积之比，单位是 mm^2/cm^2。同样，居民地的载负量是居民地的符号和注记所占的面积同总面积之比。

(1)地图极限载负量

地图极限载负量是指这种比例尺地图上表达地图物体最多时符号和注记所占的面积。超过这一容量就影响地图的清晰阅读。

居民地的极限载负量是通过统计量测而获得。通过研究表明，1：10 万地形图的居民地极限载负量为 24(mm^2/cm^2)，1：100 万为 28~30，1：400 万为 30~35 等。

只有在居民地最稠密地区才用极限载负量，其他密度区的载负量可根据地图视觉感受原理计算得到。

(2)地图适宜载负量

地图适宜载负量是指根据地图物体密度关系确定符号和注记所占的面积。有了居民地极限载负量，根据地图视觉感受原理，可按式(7-10)计算其余各级居民地密度区的适宜载负量。

$$Q_{i+1}=\frac{Q_i}{\rho_i} \tag{7-10}$$

式中，Q_i 为第 i 级载负量，ρ_i 为相应的辨认系数。辨认系数 ρ_i 可根据表 7-7 确定。

表 7-7 **ρ_i 值的确定**

载负量	$Q_i>20$	$20\geqslant Q_i>15$	$15\geqslant Q_i\geqslant 10$	$Q_i<10$
ρ_i	1.2	1.3	1.4	1.5

2. 确定居民地选取指标的数学模型

居民地选取指标的数学模型为：

$$N=\frac{1}{K^2}\sum_{i=1}^{m}P_i+\frac{\Delta Q}{r_{m+1}} \tag{7-11}$$

式中，N 为图上每 cm^2 选取居民地个数；$\frac{1}{K^2}$是比例尺转换系数，$K=10^6\frac{1}{M}$，M 是地图比例尺分母，由于 10^6 cm = 10km，所以$\frac{1}{K^2}$是表示图上 1 cm^2实地上 100 km^2的倍数；P_i 为 i 级居民地频数；r_{m+1}是 $m+1$ 级居民地的符号和注记的平均面积；ΔQ 是选取 m 级以上的居民地以后，还剩余的居民地面积载负量，计算公式为：

$$\Delta Q=Q-\frac{1}{K^2}\sum_{i=1}^{m}P_ir_i \tag{7-12}$$

式中，Q 是居民地的载负量；r_i 是 i 级居民地的符号和注记的平均面积。

模型(7-11)是由两部分组成：第一部分是全取线上的 m 级居民地数量，第二部分是 $m+1$ 级居民地应选取的数量。

3. 计算居民地选取指标举例

例如，要编某地区 1∶200 万普通地理图，用图解计算法确定居民地选取指标。

(1)量测各密度区居民地频数 P_i

根据该地区 1∶10 万地形图观察，可将制图区域分为 4 个密度区。量测时，省会以上的居民地不统计，这是因为它们数量极少；市、县两级居民地，用实有数目除以所在密度区的总面积得到频数(个/100 km^2)。然后，用典型抽样量测法量得各区的其他等级居民地频数(表 7-8)。布置样品时，根据各密度区的面积大小和区内密度差异大小分配样品数量；面积大，样品数量多一些；密度差异大，样品数量也应多一些。实际量测30个样品，1至4区样品数量分别是6、7、9、8。

表7-8 各区的居民地密度

区号	市	县	乡(镇)	村	总计
1	0.03	0.11	3.67	263.67	267.48
2	0.01	0.09	2.86	182.57	185.53
3		0.08	1.33	79.33	80.74
4		0.03	0.75	47.13	47.91

(2)确定各密度区的居民地载负量

经统计分析研究认为1∶200万普通地图上居民地极限载负量为25(mm^2/cm^2)。本制图区域1区的密度是267.48(个/100 km^2)，可以采用极限载负量

$$Q_1=25$$

有了1区载负量Q_1，根据式(7-10)和表7-7可得出其他密度区居民地适宜载负量。

$$Q_2=\frac{Q_1}{\rho_1}=\frac{25}{1.2}=20.8$$

$$Q_3=\frac{Q_2}{\rho_2}=\frac{20.8}{1.2}=17.3$$

$$Q_4=\frac{Q_3}{\rho_3}=\frac{17.3}{1.3}=13.3$$

(3)新编图上符号和注记的面积

经地图设计和统计分析，得新编1∶200万普通地图上居民地的符号、注记尺寸和注记平均字数(表7-9)。

表7-9 1∶200万地图上居民地的符号、注记尺寸和注记平均字数

居民地等级	符号尺寸(mm)	注记尺寸(mm)	注记平均字数
市	2.0	4.0×4.0	3.0
县	1.5	3.0×2.0	2.0
乡(镇)	1.2	2.5×2.5	2.1
村	1.0	1.75×1.75	2.4

(4)确定居民地选取指标

根据式(7-11)和式(7-12)，可以得到1密度区的居民地选取指标。计算过程的有关数值见表7-10。

表 7-10 **确定 1 区居民地选取指标**

项目	居民地等级				总计
	市	县	乡(镇)	村庄	
居民地频数 P_i	0.03	0.11	3.67	263.67	267.48
符号和注记的平均面积 r_i(mm²)	51.14	19.77	14.26	8.14	0.0
比例尺转换系数 $1/K^2$	4.0	4.0	4.0	4.0	0.0
面积载负量分配 $Q(\Delta Q)$(mm²)	6.14	8.67	10.19	0.0	25.0
居民地选取数量 N_i(个/cm²)	0.12	0.44	0.71	0.0	1.27

计算说明：

表 7-10 中第一行数值由表 7-8 中查得。

表 7-10 中第二行数值由表 7-9 中数据计算得到：

$$r_1 = r_{市} = 3.14\times1.0^2+4.0^2\times3 = 51.14\text{mm}^2$$

$$r_2 = r_{县} = 3.14\times0.75^2+3.0^2\times2 = 19.77\text{mm}^2$$

$$r_3 = r_{乡} = 3.14\times0.6^2+2.5^2\times2.1 = 14.26\text{mm}^2$$

$$r_4 = r_{村} = 3.14\times0.5^2+1.75^2\times2.4 = 8.14\text{mm}^2$$

表 7-10 中第三行数值，比例尺转换系数的计算过程如下：

因为

$$M = 2\ 000\ 000$$

所以

$$\frac{1}{K^2} = \frac{1}{\left(\dfrac{10^6}{2\times10^6}\right)^2} = 4.0$$

即图上 1cm^2 等于实地 400km^2。

表 7-10 中第四行数值是载负量分配情况。该区总载负量

$$Q_1 = 25$$

市级居民地全选取需要的载负量为：

$$Q_{市} = \frac{1}{K^2}P_{市}r_{市} = 4.0\times0.03\times51.14 = 6.14(\text{mm}^2/\text{cm}^2)$$

县级居民地全选取需要载负量为：

$$Q_{县} = \frac{1}{K^2}P_{县}r_{县} = 4.0\times0.11\times19.77 = 8.67(\text{mm}^2/\text{cm}^2)$$

全部选取县一级居民地后，剩余的载负量为：

$$\Delta Q = Q_1 - Q_{市} - Q_{县} = 25-6.14-8.67 = 10.19(\text{mm}^2/\text{cm}^2)$$

这个数值同 $r_{乡}$ 比较可知，已不够每 cm² 选一个乡级居民地，更不要说全部选取。

表 7-10 中第五行数值是居民地选取指标。市级、县级全部选取，数量为：

$$N_{市}=\frac{1}{K^2}P_{市}=4.0\times0.03=0.12(个/cm^2)$$

$$N_{县}=\frac{1}{K^2}P_{县}=4.0\times0.11=0.44(个/cm^2)$$

图上表示一个乡(镇)居民地需要面积 14.26mm²，因此

$$N_{乡}=\frac{\Delta Q}{r_3}=\frac{10.19}{14.26}=0.71(个/cm^2)$$

这说明在图上 1 cm² 只能选取 0.71 个乡(镇)居民地。这样，1 区居民地选取指标为：

$$N=N_{市}+N_{县}+N_{乡}=\frac{1}{K^2}\sum_{i=1}^{2}P_i+\frac{\Delta Q}{r_3}=(0.12+0.44)+0.71=1.27(个/cm^2)$$

式中，$P_1=P_{市}$，$P_2=P_{县}$。

考虑实际地图制图综合的需要，还要把选取指标换成 127(个/ dm²)。

用同样的方法，可以求出 2、3、4 区的居民地选取指标(表 7-11、表 7-12、表 7-13)。

表 7-11 **确定 2 区居民地选取指标**

项　目	居民地等级				总计
	市	县	乡(镇)	村庄	
居民地频数 P_i	0.01	0.09	2.86	182.57	185.53
符号和注记的平均面积 r_i(mm²)	51.14	19.77	14.26	8.14	0.0
比例尺转换系数 $1/K^2$	4.0	4.0	4.0	4.0	0.0
面积载负量分配 $Q(\Delta Q)$(mm²)	2.05	7.12	11.63	0.0	20.8
居民地选取数量 N_i(个/cm²)	0.04	0.36	0.82	0.0	1.22

表 7-12 **确定 3 区居民地选取指标**

项　目	居民地等级				总计
	市	县	乡(镇)	村庄	
居民地频数 P_i	0.00	0.08	1.33	79.33	80.74
符号和注记的平均面积 r_i(mm²)	51.14	19.77	14.26	8.14	0.0
比例尺转换系数 $1/K^2$	4.0	4.0	4.0	4.0	4.0
面积载负量分配 $Q(\Delta Q)$(mm²)	0.00	6.33	10.97	0.0	17.3
居民地选取数量 N_i(个/cm²)	0.00	0.32	0.77	0.0	1.09

表 7-13　　　　　　　　**确定 4 区居民地选取指标**

项　目	居民地等级				总计
	市	县	乡(镇)	村庄	
居民地频数 P_i	0.00	0.03	0.75	47.13	47.91
符号和注记的平均面积 $r_i(\mathrm{mm}^2)$	51.14	19.77	14.26	8.14	0.0
比例尺转换系数 $1/K^2$	4.0	4.0	4.0	4.0	4.0
面积载负量分配 $Q(\Delta Q)(\mathrm{mm}^2)$	0.00	2.37	10.93	0.0	13.3
居民地选取数量 N_i(个/cm²)	0.00	0.12	0.77	0.0	0.89

这样，新编 1∶200 万普通地图各密度区居民地选取指标为：1 区：127 个/dm²；2 区：122 个/dm²；3 区：109 个/dm²；4 区：89 个/dm²。

六、确定选取指标的方根模型

由于实地居民地的数量相差较大，地图上选取居民地不可能按一个固定的选取系数进行。当居民地密度很稀疏时，必须全部选取，即

$$\text{选取系数 } K=1，\text{选取级 } x=0$$

当居民地密度非常密集时，此时资料图的密度和新编图的密度应保持相等，即

$$x=4$$

$$K=\sqrt{\left(\frac{M_A}{M_F}\right)^4}$$

因此，居民地选取系数应在

$$1\sim\sqrt{\left(\frac{M_A}{M_F}\right)^4}$$

之间。

按照地图制图综合的一般规律，综合后的地图既要保持各区域的密度差别，又要使密度稀疏区尽可能多表示一些；即分级时，前面(稀疏区)的级差大一些，后面(密集区)的级差小一些。对选取系数 K 取对数分级就可以满足上述要求。

例：用 1∶50 万地图作为资料编制 1∶100 万地图，居民地密度分为 6 级，求各密度区的选取模型。

解：

$$K=\sqrt{\left(\frac{50}{100}\right)^4}=0.25$$

得选取系数 K 取值范围在 1~0.25 之间，对 K 取对数($\log_{10}K$)有

$$0\sim-0.6$$

分为 6 级，即

$$0 \sim -0.12 \sim -0.24 \sim -0.36 \sim -0.48 \sim -0.6$$

求反对数，得

$$1 \sim 0.76 \sim 0.58 \sim 0.44 \sim 0.33 \sim 0.25$$

所以，各级密度区的选取系数 K 为：

1～0.76，0.76～0.58，0.58～0.44，0.44～0.33，0.33～0.25，≤0.25

根据选取系数，就可以求出各级密度区居民地的选取数量。

七、居民地的选取方法

居民地的选取指标只能解决“选取多少”的问题，不能解决从大量的居民地当中取哪些的问题。居民地的具体选取应按照选取指标从主要到次要、从大到小的顺序选取居民地。

一般地形图上，规定了城市、县城、集镇在图上都必须表示，实际上这些内容完全可以表示出来。因此，居民地的舍弃仅在集镇以下的大量农村居民地当中进行。

在小比例尺地图上，仍然是在低级居民地当中进行舍弃。不过，随着地图比例尺缩小，低级居民地的概念也在不断地变化，不仅乡镇、县级居民地可能成为低级居民地，有的地图上省级居民地也可能成为低级居民地。

1. 选取居民地的一般原则

(1)按居民地的重要性进行选取

居民地的重要性是根据其数量和质量标志来衡量的。这些标志通常是行政等级、人口数、政治、军事、经济、历史、文化意义和交通状况等。

从居民地的行政等级和人口数来区分其主次，是很容易理解的。这不仅是地形图上，而且也是小比例尺地图上居民地选取的主要原则。

从政治意义来说，诸如韶山、古田、杨家岭、西柏坡等居民地，虽然不大，但有特殊的政治、历史意义，必须优先同级居民地选取，甚至在我国的某些较小比例尺地图上也要表示。

从军事意义来说，位于道路交叉点、道路与河流的交叉点、河流特征拐弯点、河流汇合处以及渡口、桥边、隘口、水源、制高点、国境线附近、林间空地等处的居民地，因具有明显的方位意义或攻防意义，应优先选取。

从经济、交通意义来说，沿主要道路分布的、位于交通起讫点、重要矿产资源地、矿产开采地和有电厂、电站、水厂、工厂、排灌站其他重要设施的居民地，必须优先选取。

选取居民地时，还要考虑居民地的其他质量标志，例如，历史、文化意义，名胜古迹等。

(2)反映居民地的分布特征

居民地的分布与自然地理条件及交通状况有着紧密的联系。一般地势平坦、水系发达、自然条件较好的地区，居民地的分布就密集。高山地区、荒漠地区、农业耕作条件较差的地区，居民地则稀少。在平原地区，居民地多沿交通干线、河流两岸分布。在山区，居民地则多沿谷地分布。在黄土地区，居民地多分布于塬、墚面上。在沙漠地区，居民地多分布在水源(井、泉)的附近。

(3)反映居民地分布密度的对比

选取居民地时，一定要反映出居民地分布的规律性，并同时表达不同地区居民地密度对比关系。经过选取后的地图，居民地密集与稀疏的对比仍应明显，居民地不能人为地变为均匀分布，歪曲不同地区居民地的密度对比关系。通常，先选取资格以上的大居民地，选取政治、经济、军事、交通、文化、历史等方面有特殊意义的居民地，然后再按选取指标，从重要到次要补足全部居民地。这样，不仅使重要的居民地保证入选，而且能正确反映居民地分布密度的对比关系。随着比例尺的缩小，密度差别逐渐变小，但不能出现倒置现象。

2. 选取居民地的方法

选取居民地的具体做法是从大到小、从主要到次要地分几步进行。例如，从首都、省会、市、县、乡镇，再到其他次要居民地。这种方法对大、中、小比例尺地图来说，又各有其特点。

在大、中比例尺地图上，居民地的“取”是主要的，“舍”是第二位的，方法比较简单。通常乡镇以上的居民地可以全部选取，这可以算作第一次选取；然后，根据取舍的程度大小，考虑到居民地分布特征和密度对比，一次或两次补足。

在小比例尺地图上，由于居民地的“舍”逐渐地占了主导地位，选取的只是全部居民地中的少数或极少数，问题就比较复杂。在选取居民地前，要做大量的分析比较工作，将有可能选上的居民地按多种质量或数量标志进行排队(获得居民地排队表)，进行分析比较，然后依选取指标确定居民地取舍。由列表选出居民地，再经检验、调整，才能完成居民地的选取。

八、城镇式居民地的形状概括

居民地的形状概括，主要是采用化简和夸张，合并和分割等方法对缩小到图面上的居民地形状进行处理。即在建筑物密集地带舍去一些次要街道，合并成街区，删去或夸大轮廓图形的细小弯曲，使居民地图形更为简略。但经过处理后的居民地图形，应保持与实地或资料图的基本相似。为此，必须正确地反映居民地内部的通行情况，街道网平面图形的特征，居民地的建筑面积与非建筑面积的对比，以及居民地的外部轮廓形状等。

1. 正确地反映居民地内部的通行情况

居民地内部的通行情况，主要由街道、快速路、高架路、立交桥、地铁、轻轨及铁路、水上交通所决定。

在地形图上，根据其实际宽度和通行情况分为快速路、高架路、地铁、主要街道和次要街道。

(1)快速路的选取

快速路是设有中央隔离带的城市道路，具有四条以上的车道，全部或部分采用立体交叉与控制出入、供车辆以较快速度行驶的道路。一般情况下快速路全部选取，由于地图比例尺的缩小，在道路密集区也会舍去一些枝杈部分。在中、小比例尺图上，选取为主干道表示。

(2)高架路的选取

高架路是城市中架设在街道或建筑物上空的供汽车行驶的空中道路。综合时，选取较长的表示，长度小于选取标准的舍去。在中、小比例尺图上不表示。

(3)地铁、轻轨的选取

地铁是城市中铺设在地下隧道中高速、大运量的用电力机车牵引的铁道。轻轨是城市中修建的高速、中运量的、封闭运行的快速轨道交通客运系统。一般情况下地铁、轻轨全部选取，在道路密集区也会舍去一些枝杈。在中、小比例尺图上不表示。

(4)主要街道的选取

主要街道可以根据资料图上街道符号的宽度以及街道与外界的交通联系进行判断。

制图综合时，往往由于地图比例尺的缩小，主要街道也有时过于密集而不能全部表示，这时应选取下列主要街道：

①选取连贯性强，对城镇平面图形结构有较大影响的；

②选取与高速公路、公路，特别是街道两端与公路相接的；

③选取与火车站、飞机场、码头、广场、公园、工厂、机关等相联系的。

如果能找到更大比例尺的地形图或有关的专题地图(如城市交通旅游图、街道图、市区图等)作为综合时的参考，则能更好地判定和选择主要街道。保持主要街道中心线及拐弯处的形状和位置准确，只有与铁路、河流等位置发生矛盾时，才允许移位主要街道。

(5)次要街道的选取

主要街道确定之后，可转向次要街道的选取。

从反映居民地的通行情况的角度来讲，一般应将落选的主要街道作为次要街道来表示，然后参照选取主要街道的条件选取次要街道。这样才能反映城镇居民地内部的通行能力与通行状况。

2. 正确地反映街区平面图形的特征

街道是城市的骨架，街道相互结合构成不同的平面特征，按平面图形的结构特征，城镇式居民地可分为矩形的、辐射状的、不规则和混合型的等几类：①矩形的是由垂直相交的两组街道所组成，构成矩形或方形街区，我国的北京市、西安市等都是典型的矩形结构；②辐射状的是由收敛于一点的街道和环状(或多边形)的另一组街道交织而成，街区呈梯形；③不规则的往往由曲折多变的街道和无规则的街区所组成；④混合型的是上述几种类型的居民地混杂而成的，较大的城市往往多属此类型。

从上述分类情况可以看出，街区图形与街道网图形有着密切的关系，城镇居民地平面图形概括的关键主要在于街道的选取。取舍街道、合并街区时应遵守的基本原则是：

(1)反映居民地平面图形的类型特征

选取街道时，对于构成矩形街区的街道网，应注意选取相互垂直的两组街道，影响街区成矩形的街道一般可考虑舍去；对于辐射状的街道网，则首先应注意选取收敛于一点的和呈圆形或多边形的两组街道；对于不规则的街道网，则不能随意“拉直”街道；对于混合型的街道网，则应根据组合的街道网图形按保持各自特征的原则进行街道的选取。图 7-2 是这几种城镇居民地平面图形概括的示例。

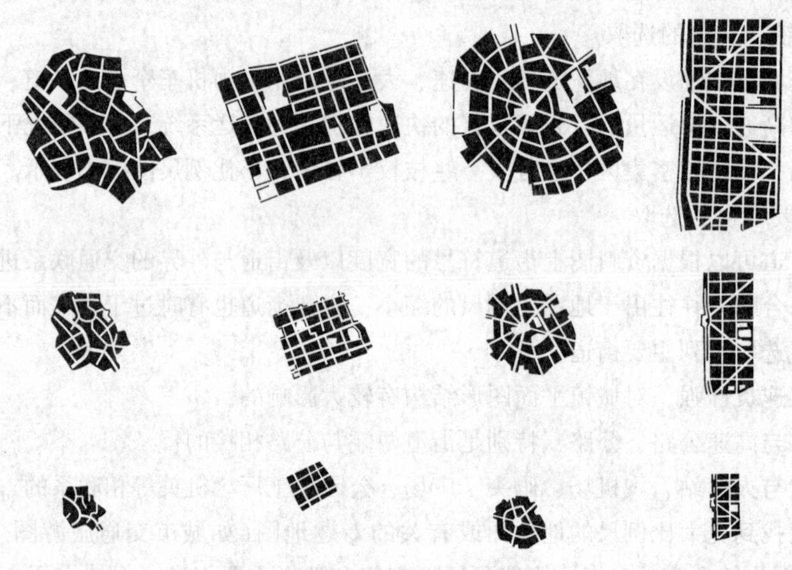

图 7-2　保持街区的平面图形特征

(2)反映不同方向的两组街道的数量对比及街区的方向

概括较大的、规整的居民地时，要特别注意不同方向的两组街道的数量对比和街区的方向。概括矩形状街区时，当沿两方向计算街区均为偶数时，常以舍去街道合并街区的方法进行概括(7-3(a))，若一方向为偶数、另一方向为奇数，用合并与分割相结合的方法进行概括(图 7-3(b))。合并与分割相结合以及分割的方法，在较大比例尺地形图综合中比较少用，在小比例尺地图的综合中使用较多。

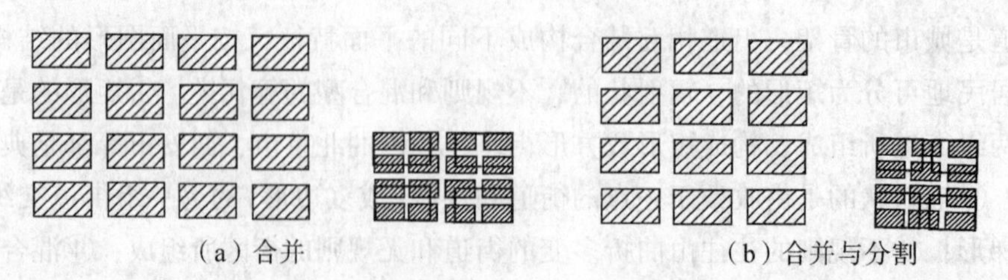

(a) 合并　　(b) 合并与分割

图 7-3　反映街道的数量对比及街区的方向

(3)反映不同地段上街道密度及街区大小的对比

在街道密集的地段，街道选取的比例较小，但街道选取和舍弃的绝对量都比较大；相反在街道稀疏的地段，街道选取的比例较大，但其选取数量和舍弃数量都比密集地段小。这样就能符合选取的基本规律，既保持街道的密度对比，又能保持街区的大小对比(图 7-4)。

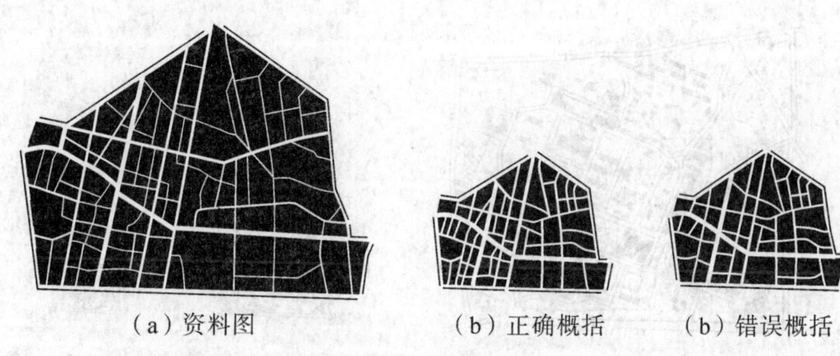

(a)资料图　　(b)正确概括　　(b)错误概括

图 7-4　保持不同地段街道密度和街区大小的对比

为保证街道与街区的清晰，通常规定概括后的街区面积不得小于两个记号性房屋的尺寸(0. 8×1. 2mm)；但也不得概括过大，否则其详细性会受到影响，在相邻比例尺综合时，一般不应产生两相邻街道同时舍弃的情况。

3. *正确反映居民地建筑与非建筑面积的对比*

建筑与非建筑面积的对比关系，主要表现在建筑面积与空地面积、与街道面积对比两个方面。

(1)建筑面积与空地面积的对比

街区按其内部建筑物的密度大小，可区分为密集街区与稀疏街区。为了保证建筑地段与非建筑地段面积的对比，必须根据不同的街区类别实施不同的概括方法。

对于密集街区，应采取合并为主、删除为辅的方法对图形进行概括。将图上距离很近(如图上间距小于 0. 3mm)的建筑地段合并，并除去建筑地段图形上的一些细小弯曲。这时，应使并入建筑地段(包括街道在内)的“空白”部分与删去的建筑地段的面积大体相当，保持居民地视觉“建筑物”的正确对比。图 7-5 就是这种概括的举例，右上角的放

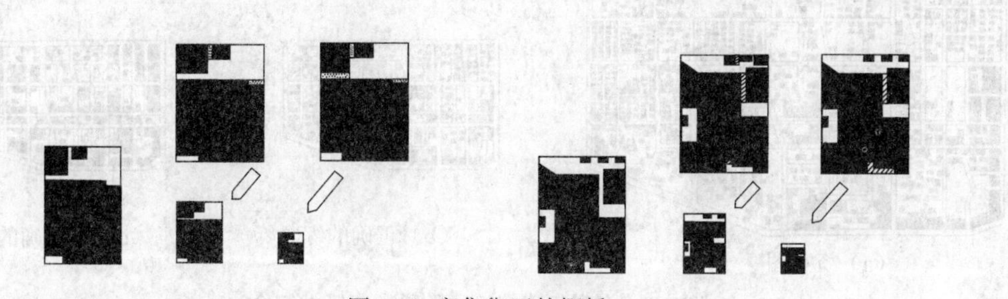

图 7-5　密集街区的概括

大图说明了图形概括的方法和部位。

对于稀疏街区，应分不同情况进行概括。概括由实地上相距较远的独立建筑物所构成的稀疏街区时，一般不能把建筑物合并为大的范围，只能用选取独立建筑物的方法进行综合(图 7-6)。对于成排分布的独立建筑物可采用选取两端、中间内插选取的方法(图 7-7)。

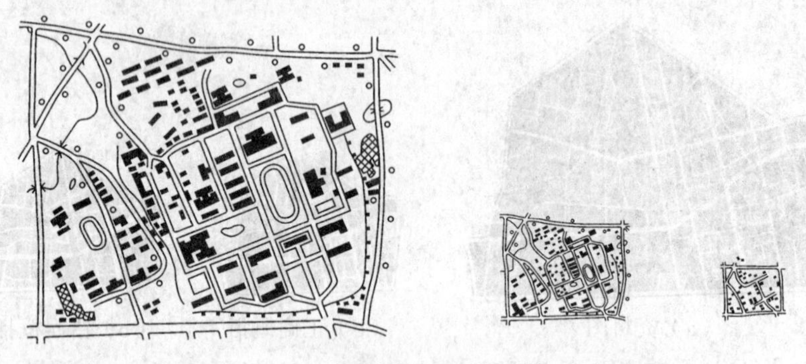

图 7-6　由独立建筑物构成的稀疏街区的综合

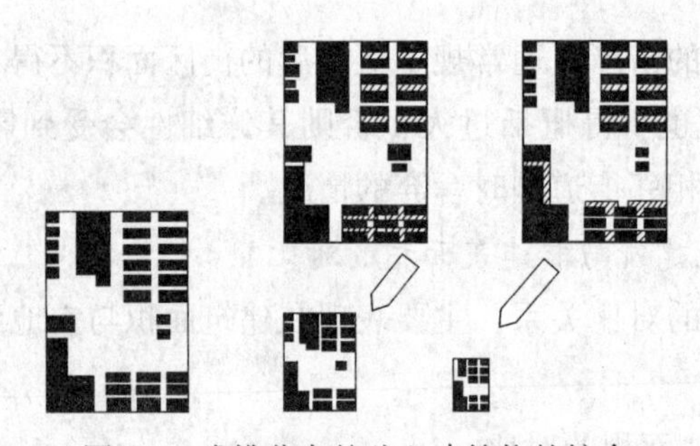

图 7-7　成排分布的独立建筑物的综合

有的街区内部空地较大，可属稀疏街区，但其中局部地段却由密集的建筑物构成，对这样的地段，其综合方法与密集街区相同，只是注意不要合并过大(图 7-8)。在错误的综合图上，有许多稀疏街区被合并成密集街区，歪曲了实地情况。

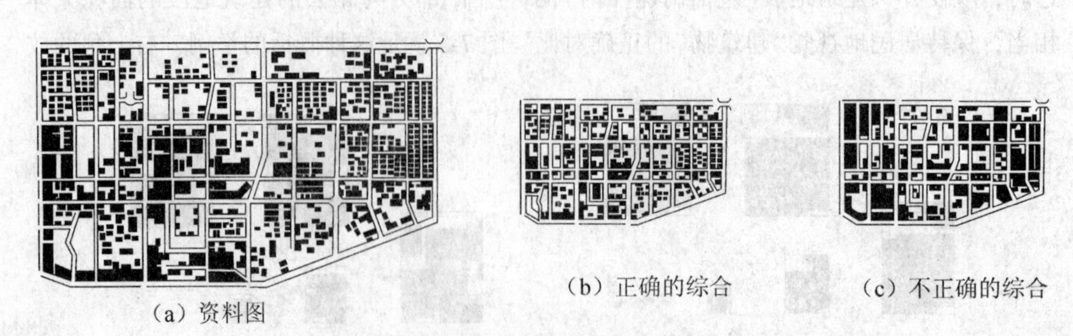

图 7-8　有密集建筑地段的稀疏街区的综合

随着地图比例尺的缩小，有的绿化地、种植地不能在其范围内绘出相应的符号，自然地变为“空地”了。这些空地在图上的正确表示有助于说明居民地的建筑与非建筑面积的对比，以及建筑物的分布状况等。通常，当空地在图上面积大于 $0.5\times0.5\text{mm}^2$ 时，应予以选取。小于此尺寸的视图上具体情况夸大表示或并入街区。

(2)建筑面积与街道面积的对比

地图比例尺缩小时，街道、铁路等符号相应夸大，必然占街区的范围，致使建筑面积百分比减小。图形概括时，这种建筑面积的减少，可以通过舍去次要街道而得到补偿，即次要街道并入了街区，使街区与街道的对比趋于平衡。

4. *正确地反映居民地的外部轮廓形状*

居民地的外部轮廓形状，有助于空中判定方位、了解通行情况、进行各种规划设计等。从制图的角度来说，它涉及地图比例尺缩小到一定程度时，用居民地的外部轮廓图形或用圈形符号来表示居民地的问题。

概括居民地的外部轮廓图形时，应保持外围轮廓的明显拐角、弧形或折线状，保持其外部轮廓图形与河流、道路、地形等要素的相互联系。概括居民地图形时，街道、铁路等符号相应放大所引起的街区移位，必须均匀地配赋在各街区中，不能因此而扩大或改变居民地的外部轮廓形状。城镇居民地的周围，通常由房屋稀疏的街区、工厂、商业集聚点及独立建筑物构成，并夹杂有种植地和农村地带，它们都影响着城市居民地外部轮廓。

图 7-9 是城镇居民地外部轮廓形状概括的举例，其中，(a)图是资料图，(b)图是正确的概括，(c)图是不正确的概括，它有几处明显的变形。

随着地图比例尺的缩小，居民地图形的面积也随之缩小，这时，居民地内部除几条主要街道外，内部结构已不能详细表示，而一些小城镇，甚至无法表示任何街道，只能用一个轮廓图形或圈形符号表示。

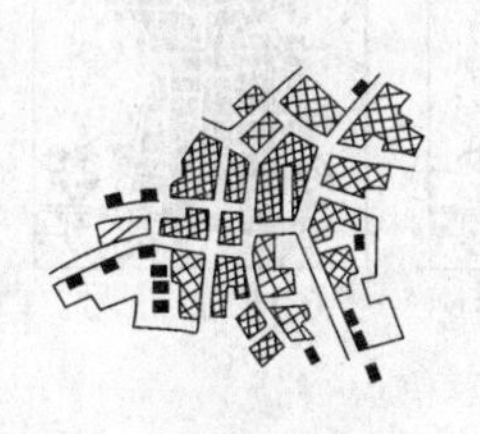

(a) 资料图

(b) 正确的概括

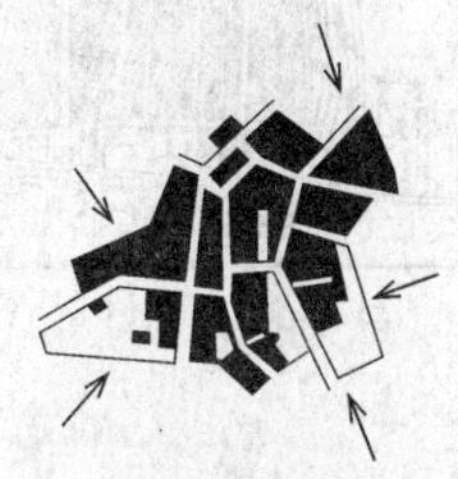

(c) 不正确的概括

图 7-9　城镇居民地外部轮廓形状的概括

在确定居民地的外部轮廓时，应先找出外部轮廓的明显转折点，连接成折线，对形状进行较大的概括(图 7-10)。河流和铁路不间断地通过居民地，公路直至轮廓边线。

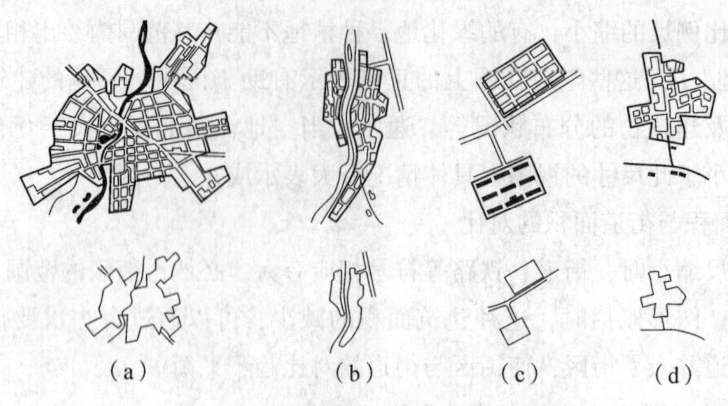

图 7-10　居民地外部轮廓图形的确定

九、城镇式居民地图形概括的一般程序

为了正确地概括居民地，保证主要物体精度以及描绘的方便，遵守一定的概括程序是十分必要的。在地形图的编绘中，对于用平面图形表示的居民地，通常可按图 7-11 所示的程序进行概括。

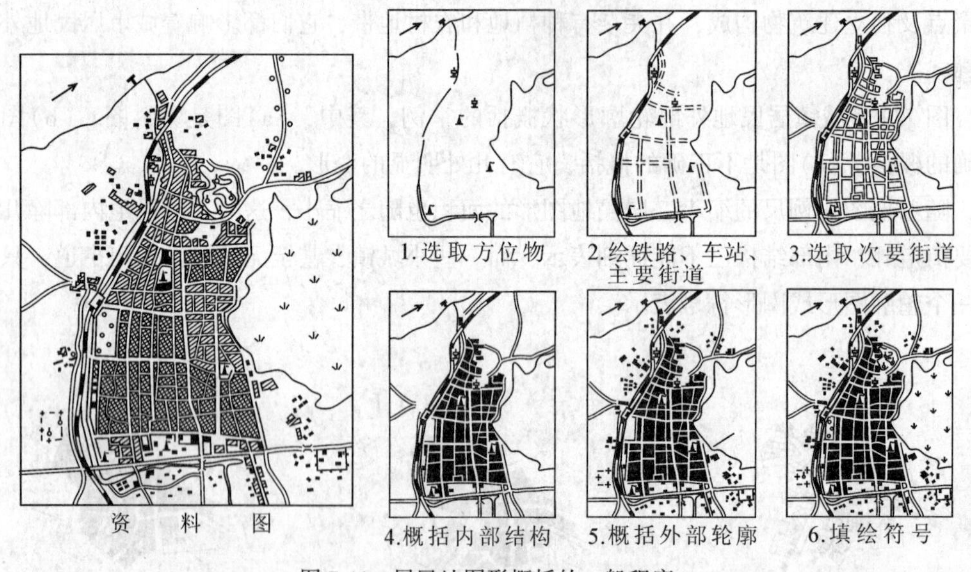

图 7-11　居民地图形概括的一般程序

1. 选取居民地内部的方位物

先选方位物，是为了保证其位置精确，并便于处理同街区图形发生矛盾时的避让关系。

方位物过于密集，应根据其重要程度进行取舍，以免方位物过多破坏街区与街道的完整。

2. 选取铁路、车站及主要街道

由于铁路和主要街道是非比例符号，它们占据了超出实际位置的图上空间。为了不使铁路或主要街道两旁的街区过分缩小，以致引起居民地图形产生显著变形，应使由铁路或主要街道加宽所引起的街区移动量均匀地配赋到较大范围的街区中。

3. 选取次要街道

①选取通行状况较好、连贯性强的次要街道。

②选取有利于反映街道网图形特征和街区方向的次要街道。

③考虑街区大小，选取有利于反映街道网密度对比的次要街道。

4. 概括街区内部的结构

①以合并、删除和夸大等方法概括建筑地段的图形。

②绘出建筑地段的相应质量特征，例如，在大比例尺地形图上区分突出房屋、高层房屋区等。

③绘出街区内不依比例表示的普通房屋。

在这一过程中，还包括居民地内部质量特征的概括在内，例如，将许多密集的建筑物合并成建筑地段，减少内部建筑物的质量差别等。

5. 概括居民地的外部轮廓形状

从图上确定居民地的范围及其轮廓的特征点，然后才考虑形状概括的问题，处理好与其他要素之间的关系。

6. 填绘其他说明符号

最后填绘的其他说明符号是指植被、土质等说明符号，例如，公园、果园、菜地、沼泽等符号。随着地图比例尺的缩小，详细区分其质量特征越小。当上述分布范围不能容纳说明符号时，就只能表示成空地了。

十、农村居民地的图形概括

我国的农村居民地分为街区式、散列式、分散式和特殊式四大类。

1. 街区式农村居民地的概括

街区式农村居民地按其建筑物的密度又可分为密集街区式、稀疏街区式和混合型街区式三种。

(1)密集街区式农村居民地的概括

建筑物密集，多数房屋毗连成片，并为几条主要通道所分隔，构成街区。密集街区式的农村居民地在全国各省区均有分布。但由于地形、经济发展状况等差异，居民地区域性差别较明显。大致以长江为界，东北、华北等地区的居民地规模较大，分布集中，平面图形比较规整。长江以南的许多地区，农村居民地虽多属此类，但居民地规模要小，平面图形规划性差，有的呈散乱分布。南方少数平坦地区，如珠江三角洲的一些地区，街区式农村居民地较大，也比较集中，但不如北方居民地规整。还有一种没有明显街道，而仅由居住区所形成的街式农村居民地，这种居民地往往没有明显的街道或通道，有的呈团状，有的沿河渠伸展。

对于密集街区式，由于街区图形较大，街道整齐，多为矩形结构，概括时应舍去次要街道，合并街区，区分主、次街道。合并后的街区面积不应过大(图 7-12)。

对于街区式农村居民地，由于没有明显的街道或通道，所以应根据具体情况，分别采用合并或合并与分割相结合的方法进行概括。

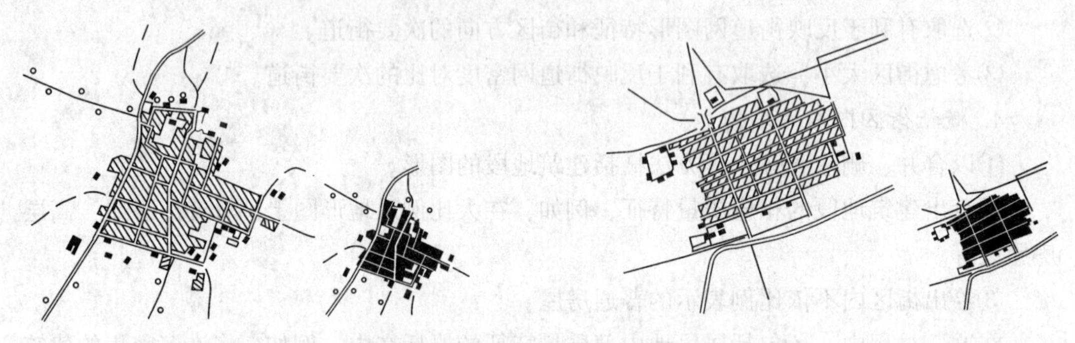

图 7-12　密集街区农村居民地的概括

(2)稀疏街区式农村居民地的概括

这类农村居民地的规模一般也较大，规划整齐，但多由稀疏的独立建筑物组成街区。黑龙江省和吉林省较为典型，内蒙古及新疆等也有一定的分布。

对于稀疏街区式，由于其街区由独立房屋组成，空地面积较大，概括时除舍去次要街道、合并各街区外，主要是对独立房屋进行取舍，以保持稀疏街区的特点(图 7-13)。

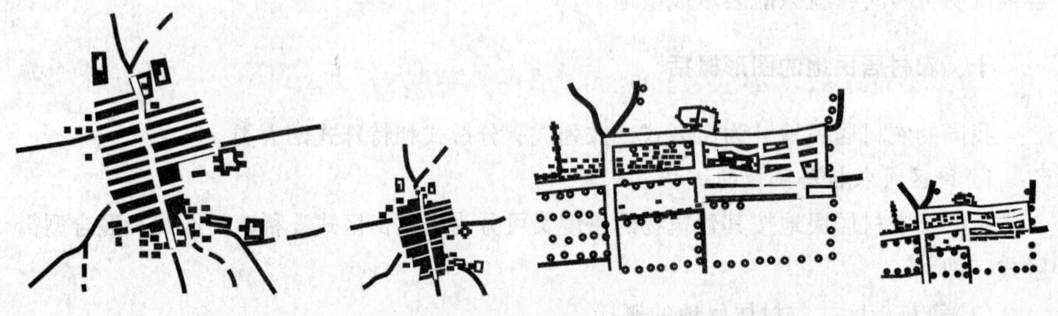

图 7-13　稀疏街区式农村居民地的概括

(3)混合型街区式农村居民地的概括

这类农村居民地是密集街区与稀疏街区混合而成的街区式农村居民地，主要分布在东北，内蒙古、新疆等地区也有少量分布。

混合型街区式农村居民地应根据各部分的固有特征采用相应的办法进行化简(图 7-14)。

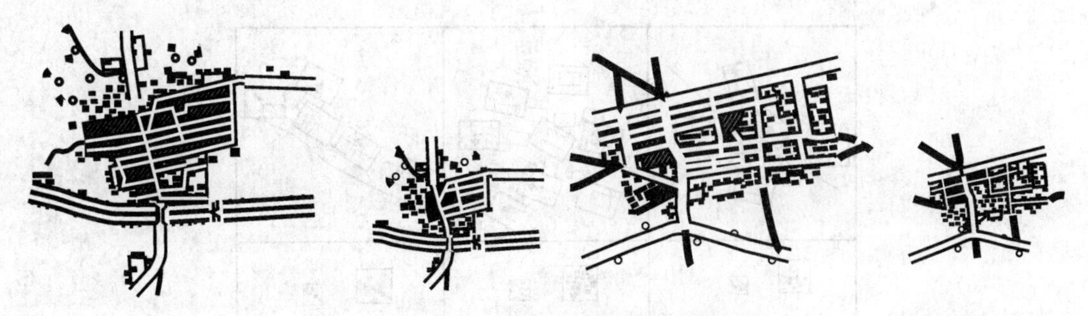

图 7-14　混合型街区式农村居民地的概括

2. *散列式农村居民地的概括*

散列式农村居民地主要由不依比例尺的独立房屋构成，有时其核心也有少量依比例尺的建筑物或街区建筑，但通常没有明显的街道，房屋稀疏且方向各异，分布为团状或列状。

对散列式农村居民地，其概括主要体现在对独立房屋的选取。选取方法如下：

(1)选取位于重要位置的独立房屋

优先选取处于中心部位、道路边或交叉口、河流汇合处等有明显标志部位的独立房屋。如果有依比例尺的房屋，也要优先选取(图 7-15)。对于独立房屋只能取舍，不能合并，但要保持它们的方向正确，重要的独立房屋其位置也应准确。

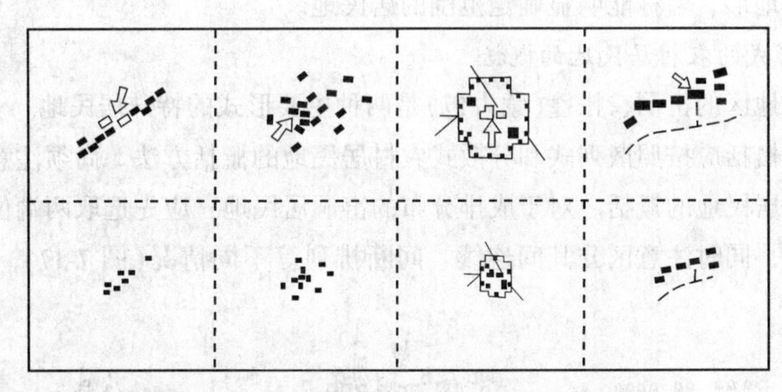

图 7-15　优先选取位于重要位置的独立房屋

(2)选取反映居民地范围和形状特征的独立房屋

散列式农村居民地不管是团状或列状，都有其分布范围，它们形成某种平面轮廓。选取分布在外围的独立房屋，目的在于不会由于制图综合缩小居民地的范围或改变其轮廓形状。对于沿道路、河流呈带状分布的居民地，优先选取两端的房屋，中间依密度适当选取。

(3)选取反映居民地内部分布密度对比的独立房屋

选取散列式居民地内部的房屋应注意不同地段的密度对比和房屋符号的排列方向。为了保持其方向和相互间的拓扑关系，所选取的房屋应进行适当的移位(图 7-16)。

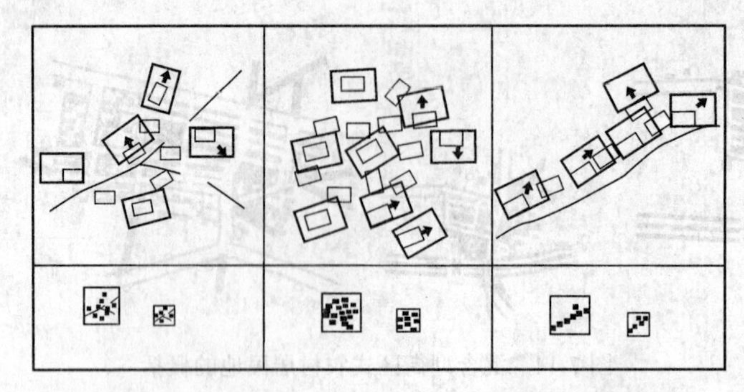

图 7-16　反映密度对比的独立房屋选取和移位

3. 分散式农村居民地的概括

分散式农村居民地房屋更加分散，各建筑物都依势而建，散乱分布，没有规划，看上去往往村与村之间的界限不清。但实际上分散式农村居民地是散而有界、小而有名的。也就是说，它们看上去是散的，但大多数居民地是有界限的，只是往往距离较近，难以辨认。每一个小居民地都有自己的名称，甚至附近的几个小居民地还有一个总的名称。

在实施概括时，也是主要采取选取的方法，表示它们散而有界和小而有名的特点。选取大的集镇、乡或村庄。房屋的舍弃与相应的名称舍弃同步进行，分清它们彼此的界限。选取根据地形、名称能明显确定范围的居民地。

4. 特殊形式的农村居民地的概括

我国西北地区的窑洞、帐篷(蒙古包)是两种主要形式的特殊居民地。

对它们的概括应按照散列式和分散式农村居民地的概括方法。尚须注意成排、成层分布的窑洞式居民地的概括。对于成排分布的窑洞居民地，应先选取两端位置的窑洞符号，中间内插，同时注意区分其间连续、间断排列等不同情况(图 7-17)。对于多层分

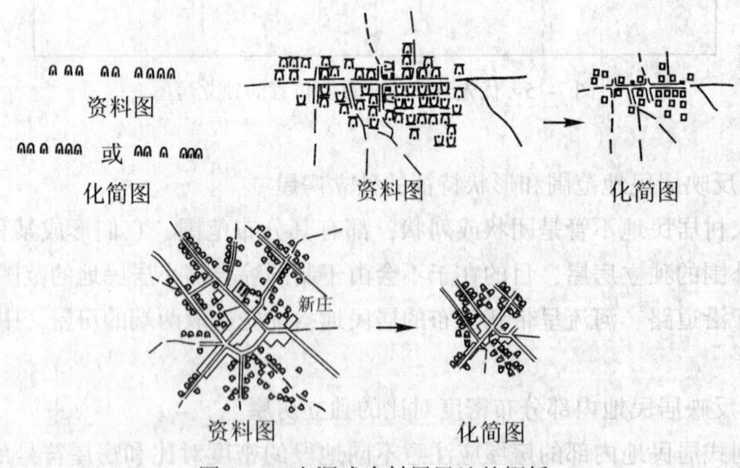

图 7-17　窑洞式农村居民地的概括

布的窑洞，应首先选取上、下两层窑洞，中间层数适当减少。这样，精确性是降低了，但保持了它的地理适应性。除此之外，还要注意窑洞符号的方向要朝向斜坡的下方，并与等高线协调一致，保持其固有特点(图 7-17)。

帐篷(蒙古包)是不固定的居民地，有的是常年居住的，有的只是季节性的。一般在大中比例尺地形图上选取表示。不过因为游牧地区地图内容不多，所以帐篷(蒙古包)可以适当多选取一些。

十一、用圈形符号表示居民地

随着地图比例尺的缩小，居民地的平面图形越来越小，以致不再能清楚地表示其平面图形。例如，1∶25 万比例尺地形图上，就有一部分居民地改用圈形符号表示，在1∶100 万比例尺的地形图上，只有少数城市仍用轮廓图形表示。由于圈形符号明显易读，在有些地图上，即便是平面图形很大，也改用圈形符号表示。

1. 圈形符号的定位

居民地由平面图形过渡到用圈形符号表示时，首先遇到的是圈形符号定位于何处的问题。圈形符号定位分为下面几种情况：

①平面图形结构呈面状均匀分布时，圈形符号定位于图形的中心(图 7-18(a))；

②居民地由街区和外围的独立房屋组成时，圈形符号配置在街区图形上(图 7-18(b))；

③居民地图形由有街道结构和部分无街道结构的图形组成时，圈形符号配置在有街道结构的部位(图 7-18(c))；

④散列式居民地圈形符号配置在房屋较集中的部位(图 7-18(d))；

⑤对于分散式居民地，首先应判明其范围，圈形符号配置在注记所指的主体位置。

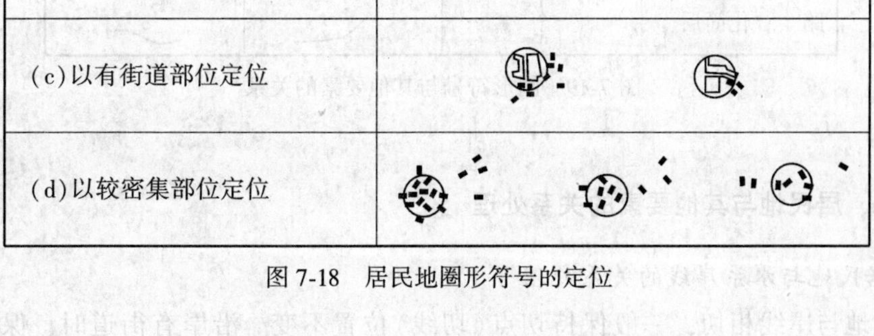

定位部位	图形及圈形符号的定位
(a)以平面图中心定位	
(b)以街区部位定位	
(c)以有街道部位定位	
(d)以较密集部位定位	

图 7-18　居民地圈形符号的定位

2. 圈形符号和其他要素的关系处理

表示居民地的圈形符号和其他要素的关系表现为：同线状要素具有相接、相切、相离三种关系；同面状要素具有重叠、相切、相离三种关系；同离散的点状符号只有相切、相离的关系。这其中同线状要素的关系最具代表性。

(1)圈形符号和线状要素相通关系

当线状要素通过居民地时，圈形符号的中心配置在线状符号的中心线上(图7-19(a))；由于比例尺缩小，当居民地圈形符号位于两条河流的交叉口放置不下，河流的等级又相差很大时，居民地圈形符号可与大河相切，与小河相割；两条河流的大小相当时，全都改为相割处理。

(2)圈形符号和线状要素相切关系

当居民地紧靠在线状要素的一侧时，表示为相切关系，圈形符号切于线状符号的一侧(图7-19(b))；居民地位于河流、道路和海岸近旁时，要保持居民地圈形符号与其相切。在中、小比例尺地图上，居民地与河流、道路相切只表示一个相对的概念，其中有的确是位于河流、道路的近旁，有的与河流、道路有一段距离，但随着地图比例尺的缩小和符号的相对扩大，也逐步变成了相切关系。也就是说，实地上位于河流、道路一侧有一条相当宽度的带状区中的居民地，在小比例尺地图上都表示为与河流、道路相切，这一带状地区的宽度随地图比例尺不同而异。

(3)圈形符号和线状要素相离关系

居民地实际图形同线状物体离开一段距离，在地图上两种符号要离开0.2mm以上(图7-19(c))，表示为相离关系。

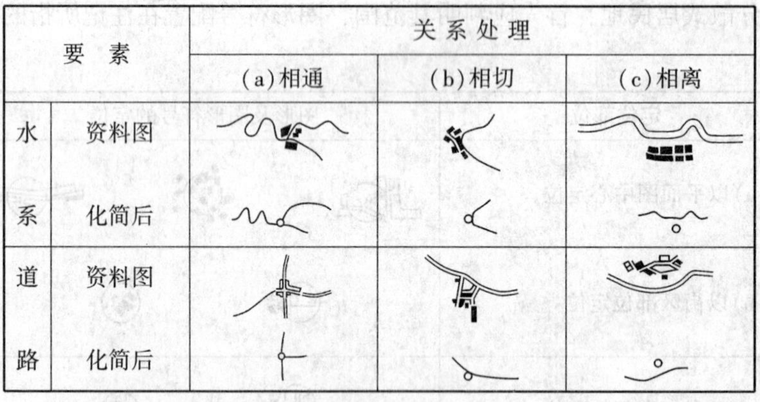

要素		关系处理		
		(a)相通	(b)相切	(c)相离
水系	资料图			
	化简后			
道路	资料图			
	化简后			

图7-19 圈形符号与其他要素的关系

十二、居民地与其他要素的关系处理

1. 居民地与水系岸线的关系处理

居民地与岸线相切，一般保持切点(切线)位置不变。沿岸有街道时，保留街道；

无街道时，居民地与岸线间空出 0. 2mm。当岸边街道为唯一或主要通道时，以圈形符号表示的居民地，圈形符号切于道路边线；非唯一或主要街道时，切于岸线(图 7-20)。

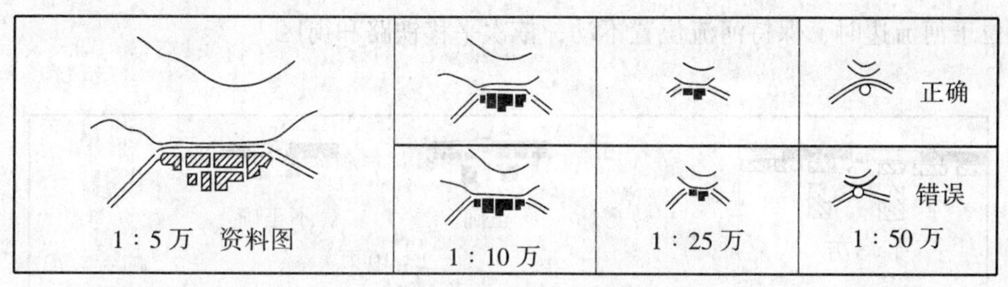

图 7-20　居民地与岸线关系的处理

位于海角处的居民地，因位置重要，一般应选取。当居民地以平面图形表示而海角又容纳不下时，可缩小街区面积或外移岸线，使二者之间空出 0. 2mm，并保持海角形状不变。当居民地以圈形符号表示而海角容纳不下时，则以保持海角特征为主，如果外移岸线后破坏了海角特征的显示，则将圈形符号配置在居民地中心位置与岸线相割(图 7-21)。

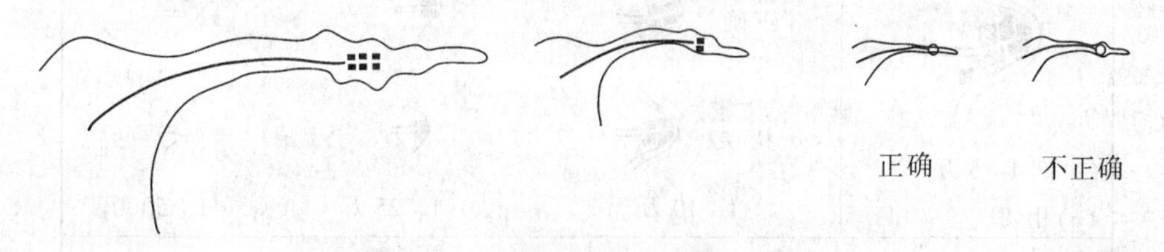

图 7-21　居民地与海角关系的处理

当资料图上居民地与岸线相离时，其处理方法应根据缩小后的居民地平面图形的边缘与岸线之间的距离而定。若图形(平面图形和圈形)与岸线间隔大于 0. 2mm，以相离处理；若图形与岸线间隔小于 0. 2mm，则以相切表示(图 7-22)。

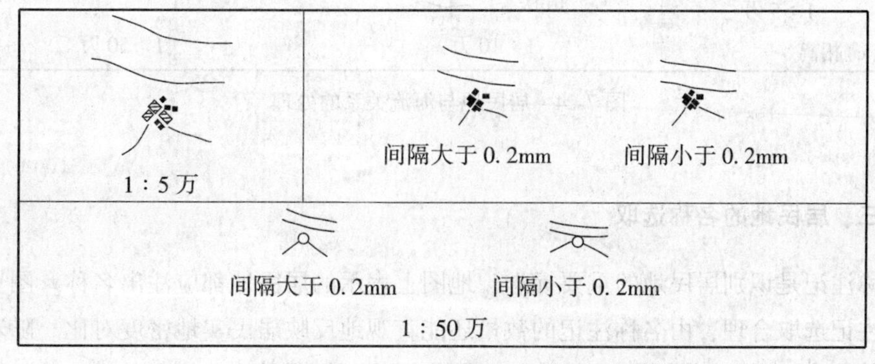

图 7-22　居民地与岸线相离时关系的处理

2. 街区与其他要素关系的处理

如图 7-23 所示，在有河流、铁路通过的城市中，河流、铁路与街道、街区比较起来，前者是主要的，而后者是次要的，应保持河流或铁路位置不动，平移或缩小街区；铁路位于河流边时，保持河流位置不动，依次平移铁路和街区。

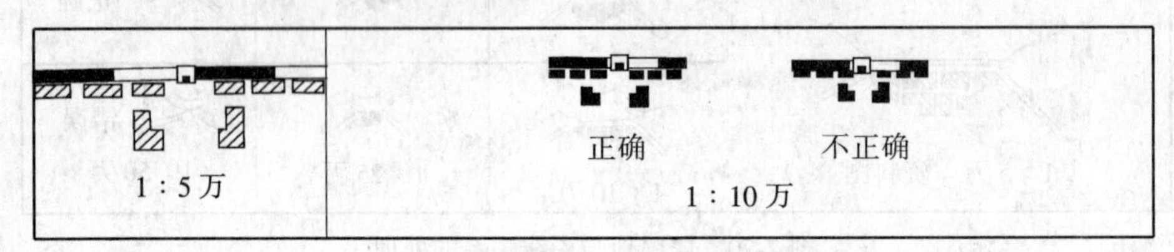

图 7-23　街区与铁路关系的处理

3. 居民地与河流关系的处理

河流对居民地有重要的制约作用，在处理相互关系时，应保持河流位置不变，移动居民地符号，以正确保持居民地与河流相切、相通、相离的三种关系(图 7-24)。

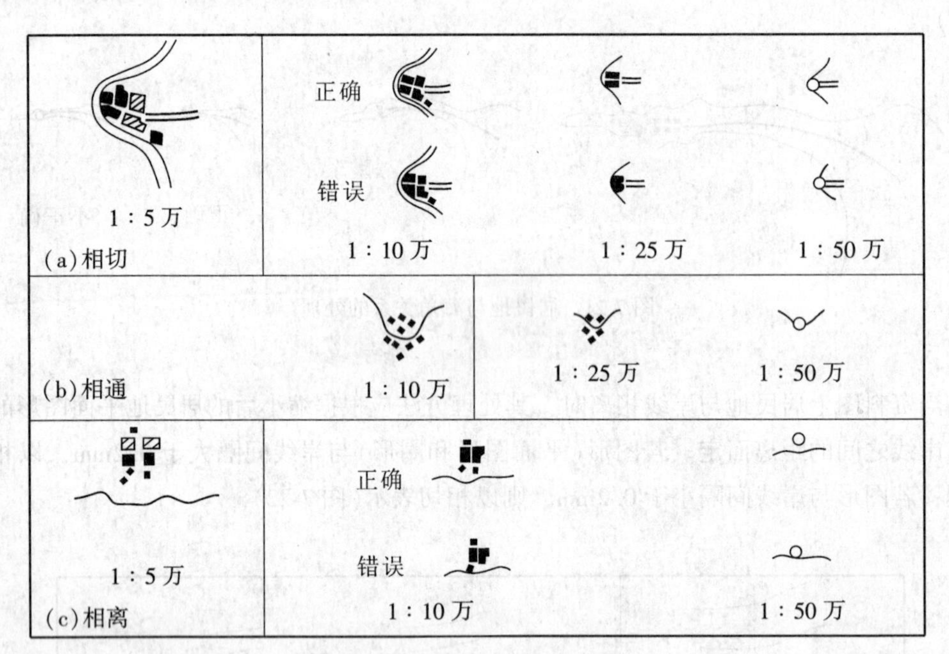

图 7-24　居民地与河流关系的处理

十三、居民地的名称选取

名称注记是识别居民地的重要标志，地图上表示的居民地都应注出名称。图上居民地名称注记选取合理，由名称注记的数量还能直观地反映居民实地密度对比。随着地图比例尺的缩小，居民地图形逐渐缩小，这种作用将更加明显。

一般在大于1∶5万比例尺的地形图上，几乎所有居民地的名称都可以选取。

在1∶100万及更小比例尺的普通地图上，一般表示在图上的居民地都要注出相应名称，也不存在居民地名称注记单独选取的问题。

只有在1∶10万~1∶50万比例尺地图上，为了满足详细表示居民地的需要，允许少量小居民地仅表示其平面图形而不注出名称。属此种情况的有：

①在城市郊区和与城市连在一起的农村居民地。当地图比例尺缩小以后，城郊居民地的名称过多而无法配置时，可以选注部分居民地名称。

②当居民地成群分布，有分名也有总名时，可以选注。例如，有总名的各居民地平面图形毗连成片虽未连成一片但图上相距很近，一般保留总名，选注分名，但当总名指示范围不清时，一般可将总名作为地理名称注出，选注分名为宜。

③当一些居民地连续分布，虽无总名，但各居民地名称的基本部分相同，只是前面冠以"东、南、西、北"，"前、后、左、右"，"上、中、下"，"新、老"，"大、小"等字义时，可视具体情况选注，密集时应选取其中较大村庄的名称注记，也可将名称的共同部分作为总名注于这些居民地的适当位置。

④大居民地有正名和副名时，副名可按规定选注。

镇以上居民地注全名，有正名和副名时，一般都应注出；行政中心名称与其驻地名称不一致时，驻地名称以副名比正名小二级的同体字括注。

乡、街道名称注专名，"乡"、"街道"可以省略，专名为一个字时，应注明全名。

当居民地具有两级以上政府驻地时，选取高一级名称注记。

第二节　交通网的制图综合

交通网是各种运输通道的总称，它包括陆地上的各种道路、管线，空中、水上航线及各类同交通有关的附属物体和标志。无论何种比例尺的地图上，总是把道路作为连接居民地的网络看待，所以通常称为道路网。在考虑其制图综合时，也将其作为网络看待。

一、道路选取指标的确定

道路选取指标指的是单位面积内选取道路的数量。它可以是所选道路构成网眼的大小，也可以是单位面积内所选道路的网眼个数，还可以是确定道路在哪一级内进行选取以及这一级道路选取的数量等。

道路选取指标的确定，要求反映不同地区道路网的密度对比。例如，人口稠密的平原地区，道路网发达；山区或高原地区，人口稀疏，道路不太发达。这种道路密集与道路稀少的对比，应在图上反映出来，以显示道路与社会经济发展、自然环境的关系。为此，对不同密度的地区，就应采用不同的选取指标。

道路选取指标的拟订，还有它自己的特性。其他要素的载负量通常是随地图比例尺的缩小而增大，道路则不然。由于1∶25万和1∶50万地形图通常作为道路图使用，所以道路表示得比较详细，比例尺再缩小，道路的意义相应减少，因而被大量舍去，以致小比例尺地图一般只保留了铁路和公路的一部分。所以，从1∶100万比例尺以后，道路载负量有降低的趋势。

确定道路选取指标的方法较多，这里本着简便易行的原则，介绍以下三种方法。

1. 规定道路网眼面积大小

根据长期的制图和用图实践，从地图的详细性和清晰性出发，总结出图上道路网眼面积可以作为道路选取时的数量指标。

道路组成多边形网，网眼面积指多边形的大小。将网眼面积作为选取指标的影响因素包括居民地密度，居民地大小和居民地名称注记的长短。地形图上小型居民地密集地区道路网眼至少要在1~1.5cm^2以上，大型居民地密集地区要保持1.5~2cm^2的密度。居民地名称长度平均超过3个字时，网眼面积还要放大。因此，道路网综合时，网眼面积一般以2~4cm^2为宜，最密为1cm^2。

2. 回归分析方法

在一定比例尺范围内，道路的网眼数同地图上表示的居民地个数有线性相关关系。这种相关关系可表示为：

$$y=a+bx \tag{7-13}$$

式中，y是道路网眼数，x是居民地个数，a、b是待定参数。

在1∶5万和1∶10万比例尺地形图上，根据统计回归分析得

$$y=-0.98+0.9x \tag{7-14}$$

根据式(7-14)，可以依据选取在地图上的居民地的数量来确定道路选取网眼数。

式(7-14)是1∶5万和1∶10万地形图上的道路网眼数选取的模型，其他比例尺图上的道路网眼数选取模型要根据相应比例尺图的统计数据，经回归分析确定参数a、b来建立。总的规律是随地图比例尺的缩小，道路网的综合程度比居民地更大。

若道路构不成网，则不能用式(7-13)来计算。实际上也不必进行计算，因为在这种情况下，道路几乎可以全部选取。

3. 方根模型

地形图上的道路网选取指标可用以下方根模型确定：

$$n_F=n_A\sqrt{\left(\frac{M_A}{M_F}\right)^x} \tag{7-15}$$

式中，n_F是新编图上道路选取条数，n_A是资料图上道路条数，M_F是新编图的比例尺分母，M_A是资料图的比例尺分母。随着比例尺的缩小，选取级x应逐渐提高，最高可使用4级。

下面是根据方根模型(7-15)确定道路选取指标的试验，1∶5万、1∶10万和1∶20万地形图的选取级分别为1、2和3，计算结果见表7-14。图7-25是高密度道路网的综合结果，图7-26是低密度道路网的综合结果。

表 7-14　　　　　　　　　　　**方根模型确定道路选取指标**

比例尺	选取级	高密度选取的道路数量	低密度选取的道路数量
1：2.5 万		42	9
1：5 万	1	30	6
1：10 万	2	15	3
1：20 万	3	5	1

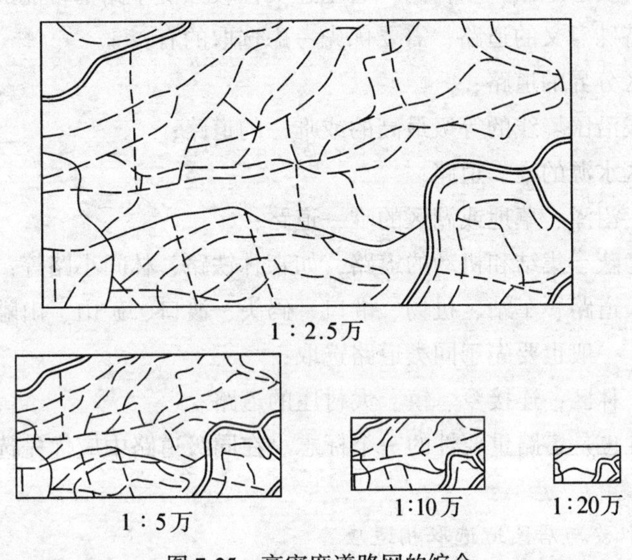

图 7-25　高密度道路网的综合

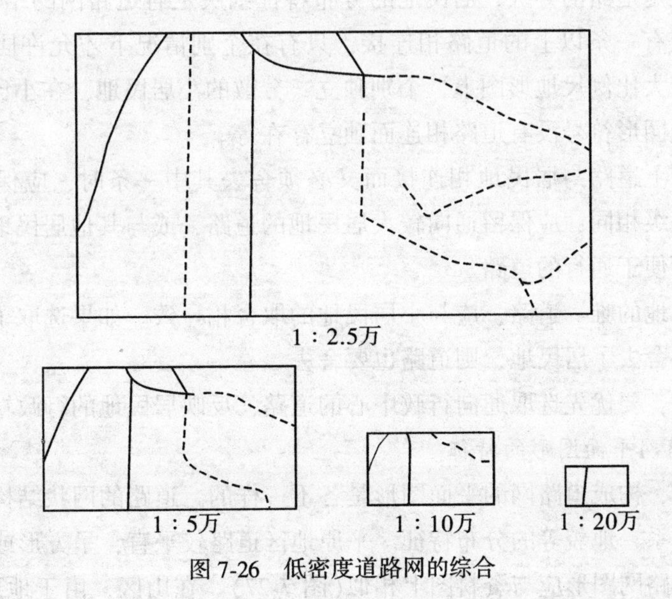

图 7-26　低密度道路网的综合

二、道路选取的一般原则

1. 优先选取重要道路

道路选取的主要依据，就是道路在通行和运输方面的意义。所谓重要的道路，一是指道路的等级高，二是指道路具有某方面的特殊意义。

道路的“等级高”包含两层意思；其一是指道路的修筑质量好，通行和运输能力强，如铁路和高速公路等；其二是指在一定的地区范围内相对重要的道路，例如，在没有铁路、公路的交通不发达地区，乡村路，甚至连贯性较强的小路都可能成为那里的重要道路。属于有某种特殊意义的道路，需要优先考虑选取的有：

①作为行政区分界的道路；

②通向国境或沿国境线的等级最高的或唯一的道路；

③通向沙漠区水源的唯一道路；

④穿越沙漠、沼泽、草地或湖区的唯一道路；

⑤便于部队隐蔽、集结和机动的道路，如森林铁路、林间小路等；

⑥通向高等级道路、车站、机场、港口、码头、渡口、矿山、山隘、制高点、边防哨卡等处的道路，一般也要先于同类道路选取；

⑦贯通山区、林区，连接乡、镇、大村庄的道路。

此外，连贯性也是道路重要性的一个标志。在同级道路中应优先选取连贯性较好的道路。

2. 道路的选取要与居民地选取相适应

道路与居民地有着密切的联系，居民地的密度大体上决定着道路网的密度，居民地的等级大体上决定道路的等级，居民地的分布特征则决定着道路网的结构。一般来说，每个居民地都应有一条以上的道路相连接，只有在个别情况下才允许居民地无道路相连。例如，在较大比例尺地形图上，个别独立、分散的小居民地，在小比例尺地图上允许一些小居民地圈形符号没有道路相连而独立存在等。

当有两条以上道路与居民地相连接而又必须舍去其中一条时，应保留等级高的一条。如果道路等级相同，应保留通向较大居民地的道路，或与其他居民地间距离最短的或障碍物较少而便于通行的道路。

通向小居民地的唯一道路，应与小居民地的取舍相一致。如果选取了居民地，则道路应选取；如果舍去了居民地，则道路也要舍去。

选取道路时，要优先选取通向行政中心的道路，反映居民地的行政辖属关系。

3. 保持道路网平面图形的特征

不同的地区，构成道路网的平面图形是各不一样的。道路的网状结构，其形状多取决于居民地、水系、地貌等的分布特征。平原地区道路较平直，呈方形或多边形网状结构，选取后的道路网图形应与资料图上相似(图 7-27)。在山区，由于地形条件的限制，道路会构成不同的网状。例如，在平行岭谷地区，主要的道路沿谷地穿行，次要的道路翻越山岭，多交织成四边形网状。又如，在丘陵地区(尤其是石灰岩丘陵地区)，大多数道路沿丘陵的“山脚”绕行，形成不规则的网状结构。在道路选取时，应注意这些道路网的平面图形特征，保持选取后的道路网图形与资料图上相似。

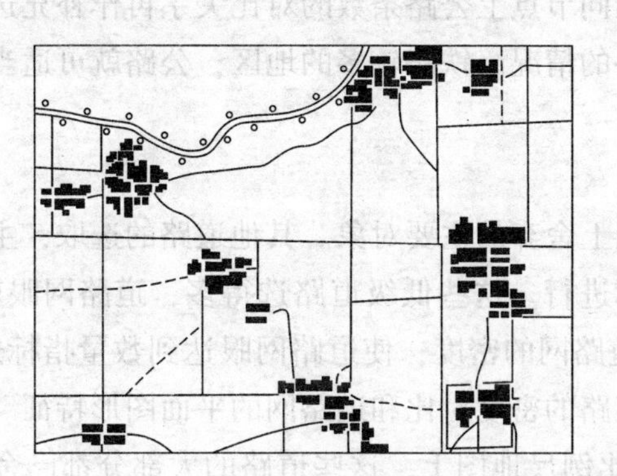
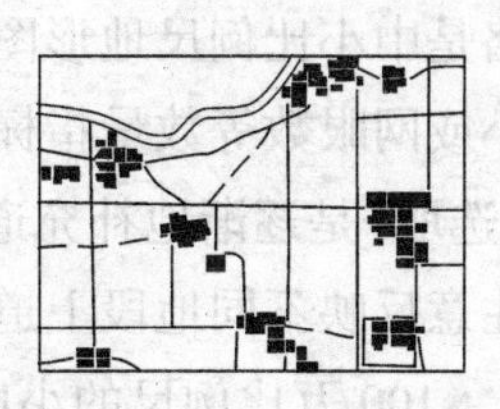

图 7-27　呈矩形网状结构道路的综合

4. 保持不同地区道路的密度对比

道路分布的密度，与人口的分布、经济的发达程度、自然条件的好坏等关系很大，从城市郊区、平原地区到丘陵、山地，以至沙漠、戈壁地区，道路的密度逐渐降低。在道路综合过程中，对道路稠密区，舍去的多；对于道路稀疏区，舍去的较少；对于道路非常稀疏的地区，甚至中、小比例尺地形图上，都可以保留包括小路在内的全部道路。在同一种比例尺地图上，不同地区道路的选取是不平衡的。随着地图比例尺的缩小，不同密度区的道路在图上的密度差异有逐渐缩小的趋势。尽管如此，还要求道路经过选取以后，要体现出不同区域道路密度的对比关系，避免产生道路密度拉平或倒置现象。因此，在道路综合时，要按各种不同的密度区采用不同的选取指标，这样就可以始终保持密度对比关系。

三、道路选取的方法

1. 铁路的选取

我国铁路网密度较小，从地形图直至 1∶400 万的小比例尺的普通地理图，都可以完整地选取全部的营运铁路网，要舍去的只是一些通往厂矿的专用线、短小的支叉线和窄轨铁路等，而且图上短于 10mm。

2. 公路的选取

公路的密度比铁路要大很多倍，因而选取的问题要复杂一些。当前，在我国的大中比例尺地形图上，大部分的公路都可以表示出来，舍弃多在城市近郊、工矿区一些专用线，短小支线、等外级公路、村级公路中进行。图上长度不足 10mm，平行距离不足 5mm 的短小岔道可酌情舍去。舍弃的程度随地图比例尺的缩小而增大。在比例尺为 1∶100 万以下的地图上，公路舍弃较多，特别是农村的村村通公路建设，公路网密度迅速增大，地图上公路的舍弃亦逐渐增多。

在中小比例尺地形图上综合公路时，首先要选取高速公路、国道、省道、高等级公路等，选取连接省与省之间、重要城市之间的公路，然后再以各级行政中心为节点选取比较重要的公路，最后，为保持不同节点上公路条数的对比关系再作补充选取。

选取公路时还要顾及已选铁路的情况。铁路较多的地区，公路就可适当少取，其总量不宜超过“$2cm/cm^2$”的标准。

3. 其他道路的选取

其他道路是中小比例尺地形图上舍弃的主要对象。其他道路的选取，主要是根据道路的网眼大小或网眼数等数量指标进行。这些低级道路选得多，道路网眼就小，所以，这类道路的“选取”是逐渐地补充道路网的密度，使道路网眼达到数量指标规定的大小。当然，也要注意反映不同地段上道路的密度对比和道路网的平面图形特征。

在小于 1 : 100 万比例尺的小比例尺地图上，这些道路的大部分都已舍去，只剩下其中意义较大、连贯性较强的少数道路。这时，它们的选取仍是起着反映地区道路网的特征，补充道路网的密度，保持密度对比和网眼平面结构特征的作用。

四、概括道路形状的方法

道路上的弯曲按比例尺不能正确表达时，就要进行概括。地图上应在保持道路位置尽可能精确的条件下，正确显示道路的基本形状。

大比例尺地图上，道路符号在图上占据的宽度和实地差别不大时，道路的实际弯曲可以正确表示出来。当符号宽度大大超过实地宽度时，例如，1 : 10 万地图上要超过近 10 倍，1 : 100 万地图上超过约 80 倍，道路的弯曲特征会自然地消失掉，为了保持各地段道路的基本形状特征，必须对道路的特征形状进行综合化简。

道路形状概括的基本方法是删除、夸大、共线和局部改变符号等。

1. 删除

随着地图比例尺的缩小，道路上无特征意义的微小弯曲，可适当地删除一部分，以达到清晰地反映道路形状基本特征之目的。道路上的小弯曲可以根据尺度标准给予删除，从而减少道路上的弯曲个数，但是要注意保持各路段的弯曲对比(图 7-28)。

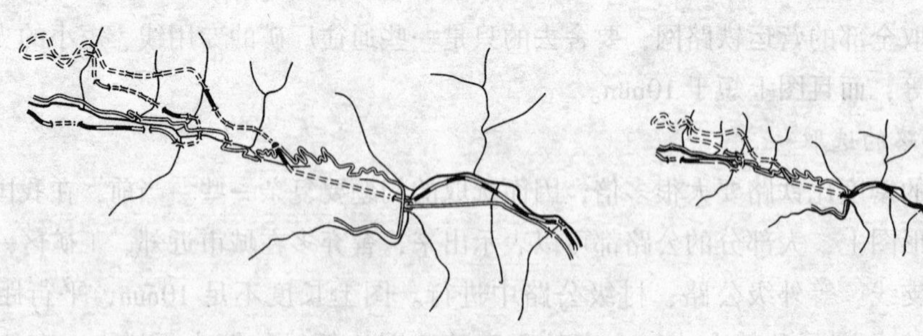

图 7-28　删除道路的小弯曲

2. 夸大具有特征的弯曲

对于具有特征意义的小弯曲，特别是具有方位意义的特征弯曲，即使其尺寸在选取最小尺度以下，也应当夸大表示。例如，平直路上的突然弯曲，形状特殊的小弯曲等(图 7-29)。

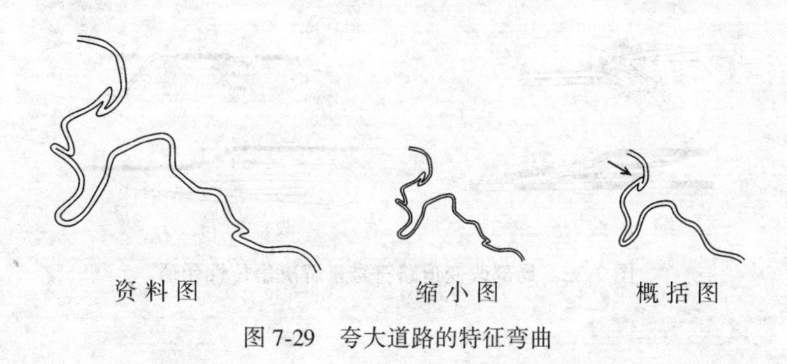

图 7-29　夸大道路的特征弯曲

3. 共线

山区公路的“之”字形弯曲，为了保持其形状特征又不过多地使道路移位，可采用共线的方法作特殊处理(图 7-30)。高等级道路立体交叉和高速公路的互通也常常采用共线的方法进行图形化简(图 7-31)。

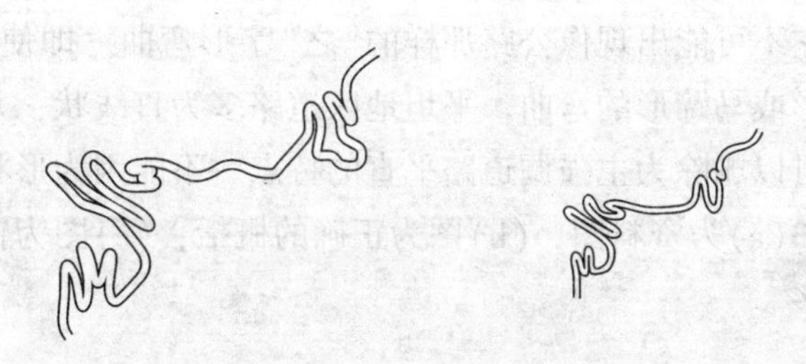

图 7-30　用符号共边线概括道路

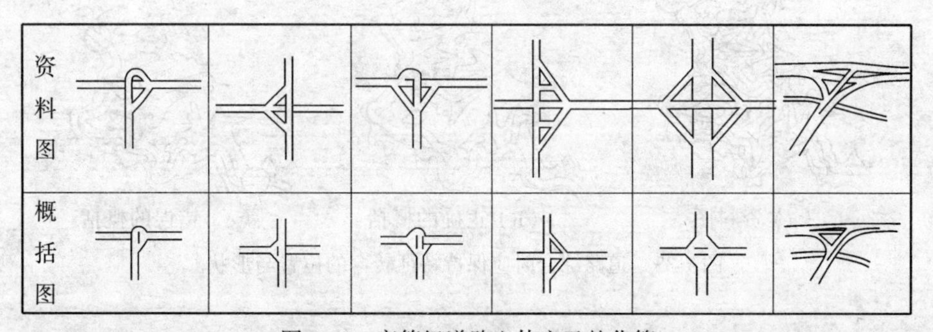

图 7-31　高等级道路立体交叉的化简

4. 局部改变符号

随着地图比例尺的缩小，道路符号代表的宽度比道路实际宽度夸大了很多。为了解决道路符号“压盖”两旁地物的问题，可以采用局部地段改变符号的做法。一种方法是缩小符号宽度的尺寸，另一种是改变符号的图形(图 7 32)。例如，当道路与路旁建筑物出现争位性矛盾时，只用细线绘出道路的中心位置，居民地符号位置不变，以减少移位。对铁路岔道密集区，将铁路符号改为 0. 1~0. 2mm 的细线。

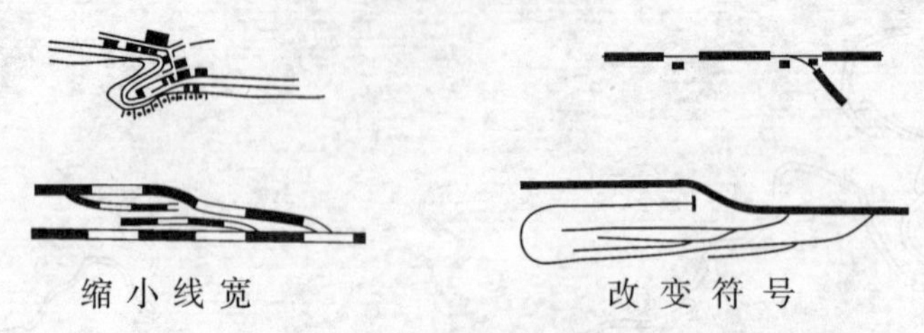

图 7-32　局部改变道路符号来解决争位性矛盾

五、概括道路形状的基本原则

1. 保持道路特征转弯的精确位置和形状

形状概括的大小，主要取决于道路本身的等级高低和道路分布区域的特点。道路等级高，概括应小，等级低，概括可大一些。例如：公路的小弯曲要尽量地保留，必要时还用夸张的方法综合；对小路，删除小弯曲是概括的主要方法。铁路在设计上要求保持一定的曲率半径，它不可能出现像公路那样的“之”字形弯曲。即使在小比例尺地图上，铁路也只能出现套形或马蹄形的弯曲。平坦地区道路多为直线状，几乎不需要概括，有的概括较少，这时可以删除为主强调道路平直的特点。不能因为形状概括而产生很大的移位和变形。图 7-33(a)为资料图，(b)图为正确的概括，(c)图为错误的概括，图上移位、变形的地方很多。

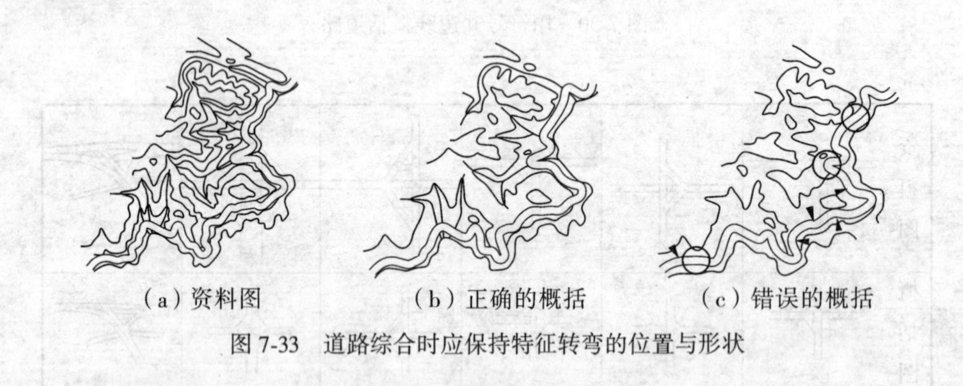

(a) 资料图　　(b) 正确的概括　　(c) 错误的概括

图 7-33　道路综合时应保持特征转弯的位置与形状

2. 概括后的道路形状与其他要素相协调

山区道路多迂回曲折，尤其是盘山公路呈“之”字形的复杂弯曲时，概括程度相对来说也不能太大以免失去其弯曲特征。概括时还要注意公路与等高线的相互关系。图

7-33(c)用圆圈标示处，是道路形状概括与地貌等高线不协调的示例，公路沿山坡和谷地绕行的特点遭到破坏。

通常等高线的弯曲被舍去后，道路的弯曲也要相应舍去，保持道路与等高线的关系正确(图7-34)。

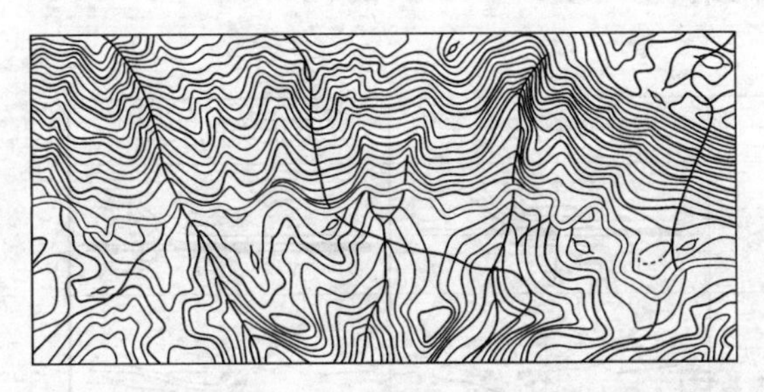
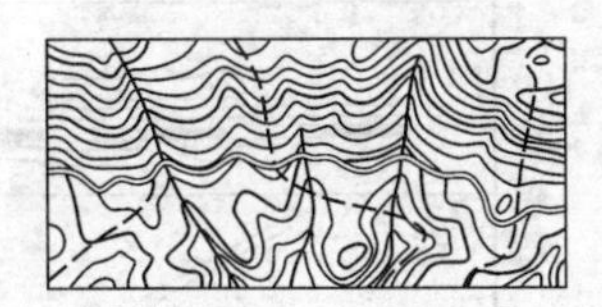

图7-34　道路的概括与地貌相协调

当河流的弯曲被舍去后，道路的弯曲一定要相应舍去，保持道路与河流的关系正确(图7-35)。

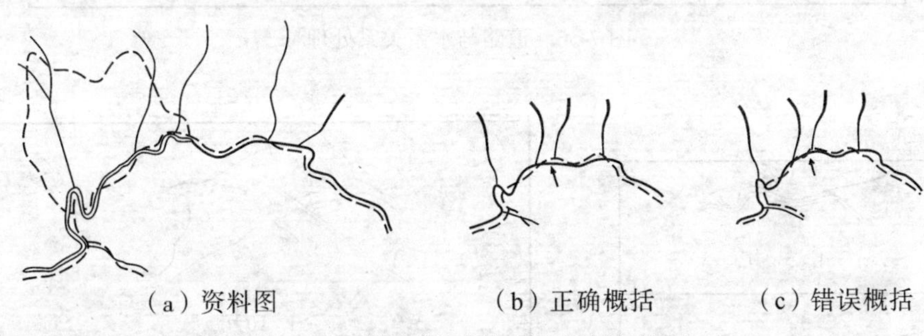

(a) 资料图　　(b) 正确概括　　(c) 错误概括

图7-35　道路的概括与河流概括相协调

3. 反映各段道路曲折的对比关系

道路的形状与地形有关，不同地区的道路弯曲程度不相同，不同类型的道路弯曲程度也不相同，就是同一条道路上不同路段的弯曲程度也有很大差异。进行道路形状概括时，切忌顾此失彼或千篇一律，否则会歪曲道路的弯曲特征，不能正确反映各段道路曲折的对比关系。

六、道路与其他要素的关系处理

1. 道路与水系岸线的关系处理

当道路与水系物体(海岸线、湖岸线及河流符号)发生争位性矛盾时，一般保持固定性强的水系物体的位置，移动道路。但当水系物体保持不动而严重地破坏道路(特别是铁路、高速公路和高等级公路)形状特征时，亦可考虑移动水系物体的位置(图

7-36)。

海、湖、河岸线与岸边道路的关系，一种是道路依岸平行，一种是道路通过浅滩连接大陆和岛屿。在处理这两种关系时，对于前者，应保持岸线位置不动，平移道路符号，并使其保持 0.2mm 间隔(图 7-37)；对于后者，保持通过岸线的道路的走向不变，中断岸线，通过水域的路段不加绘岸线(图 7-38)。

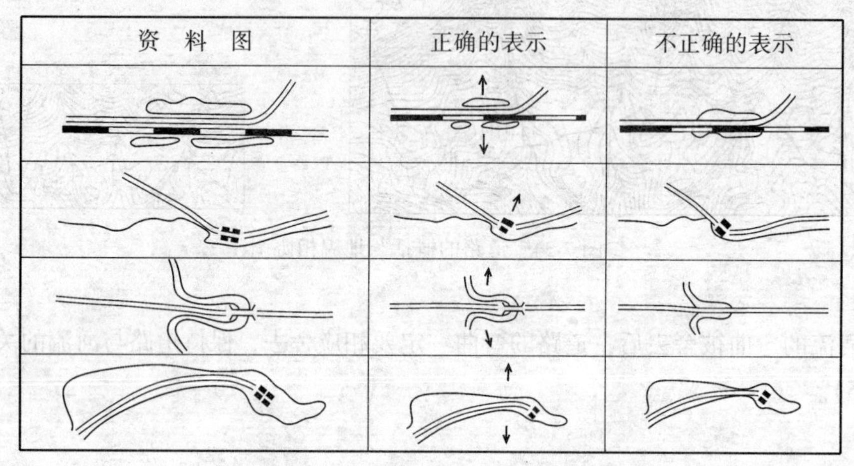

图 7-36　道路与水系关系处理

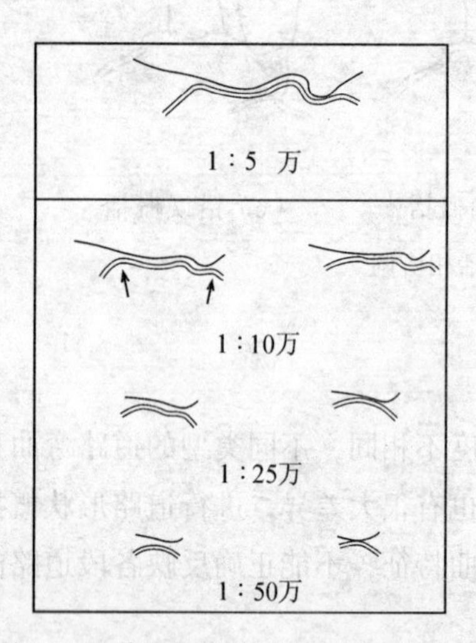

图 7-37　道路与岸线平行时关系的处理

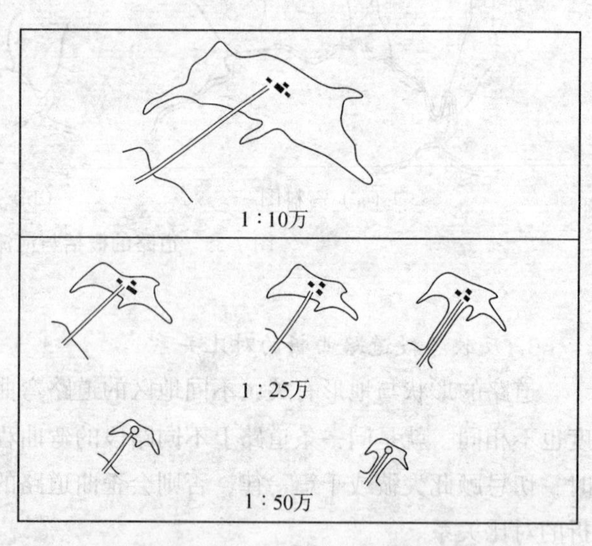

图 7-38　道路通过水域时关系的处理

2. 高等级道路与居民地关系的处理

县级以下居民地与铁路、公路等高等级道路比较起来，铁路、公路是主要的，居民地是次要的。为了保持两者相切、相通和相离的正确关系，应移动居民地。

(1)居民地与道路相切

居民地用平面图形表示且与铁路相切时(图 7-39(a))，其间应空 0.2mm；在资料图上居民地与公路相切或间隔小于0.2mm时，街区与公路共边线表示。若以圈形符号表示，则以圈形符号切于道路符号边线。

(2)居民地与道路相通

当道路通过居民地街区平面图形时(图7-39(b))，铁路应连续直接通过，并与街区保持0.2mm间距；对于散列式居民地，公路连续通过，若居民地有完整的街道，则道路与街道口衔接处应平齐间断。居民地用圈形符号表示时，道路符号中心线与居民地圈形符号中心点正接。

(3)居民地与道路相离

若居民地图形(平面图形和圈形)与道路间隔大于0.2mm，以相离处理(图7-39(c))。

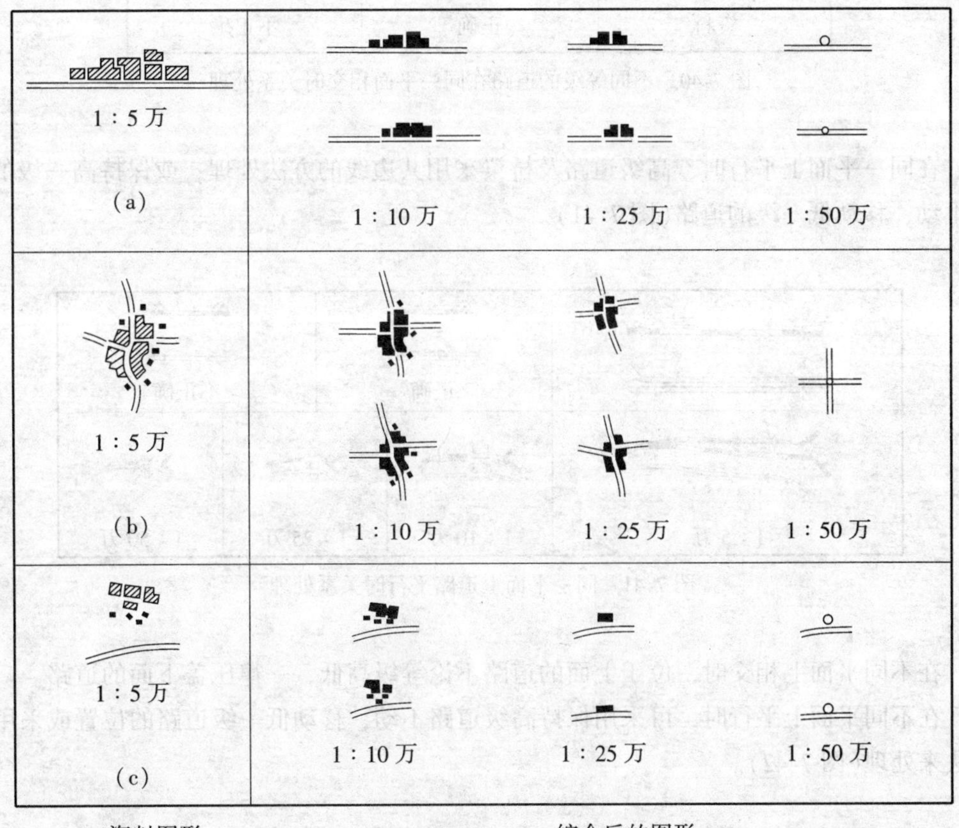

图7-39　高级道路与居民地关系的处理

3. 不同等级道路之间的关系处理

各种不同等级的道路之间发生争位性矛盾时，道路组成复杂的图形，有的在同一平面上相交、平行，有的在不同平面上相交、平行。处理这类图形关系时，有的是要位移，有的是要化简图形。

在同一平面相交时，应保持高级的道路符号完整连贯，其他道路在交叉点处衔接；低级道路(单线)均应以实部相交，并保持交点位置准确(图 7-40)。

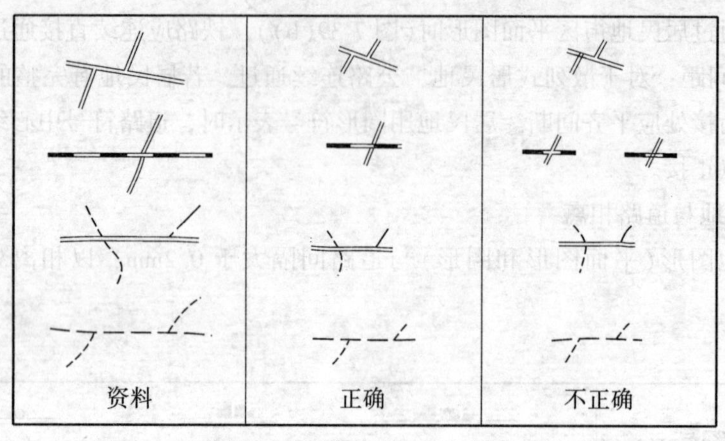

图 7-40　不同等级的道路在同一平面相交时关系处理

在同一平面上平行时，高级道路及桥梁采用共边线的方法处理；或保持高一级的道路不动，移动低一级的道路(图 7-41)。

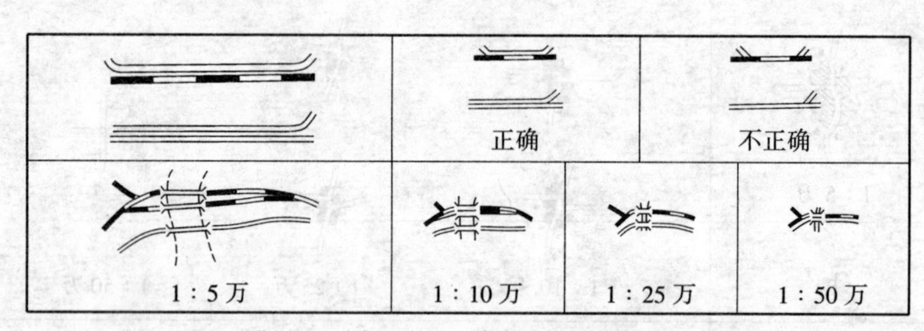

图 7-41　同一平面上道路平行时关系处理

在不同平面上相交时，位于上面的道路不论等级高低，一律压盖下面的道路。

在不同平面上平行时，可采用保持高级道路不动，移动低一级道路的位置或采用共边法来处理(图 7-42)。

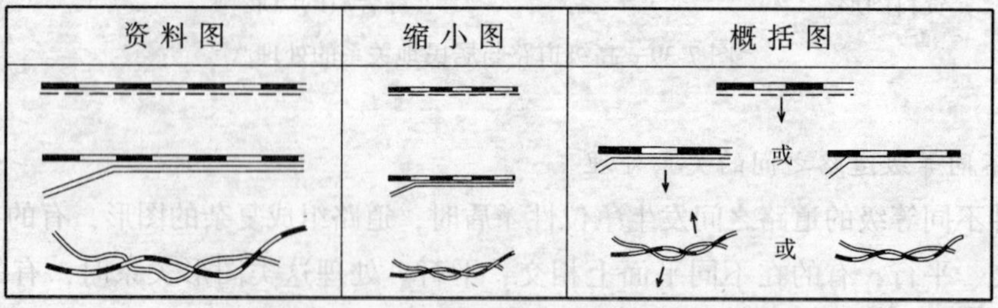

图 7-42　不同平面上道路平行时关系的处理

4. 同等级道路之间的关系处理

在同一平面上平行时，相同等级的道路则视具体情况，或者移动一条，或者两条同时向两侧移动，或者共线(图 7-41)。

在不同平面上平行时，采取相对移位的方法或者共线方法来处理(图 7-43)。

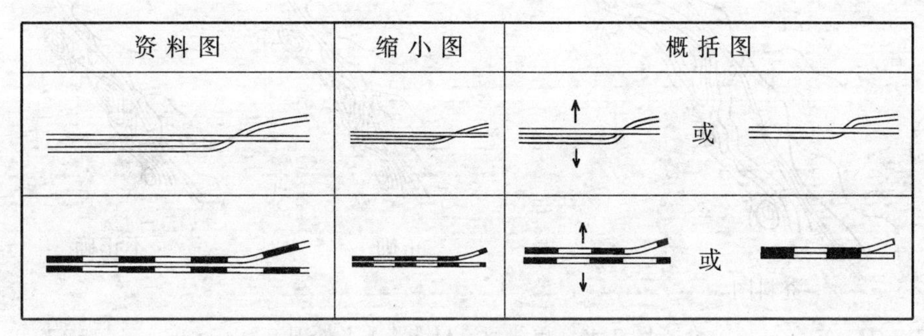

图 7-43　同等级道路关系处理

5. 特殊情况下道路与其他要素的关系处理

在某些特殊情况下，应考虑地区特点、要素制约关系、图形特征、移位难易程度等因素来处理道路与其他要素的关系。

(1)峡谷中道路与其他要素关系的处理

保持谷底河流位置正确，依次平移铁路、公路。不论等级高低，其次序是先移动靠近河流的，后移动远离河流的。为了减少移位，平行的高级道路可共线，必要时也可缩小符号尺寸和相互间的间隔(图 7-44)。

图 7-44　峡谷中道路与其他要素的关系处理

(2)开阔地区道路与河流的关系处理

位于等高线稀疏的开阔地区的单线河流与高级道路，应保持高级道路的位置不动，移动单线河流(图 7-45)。

(3)狭长陆地延伸的道路与岸线的关系处理

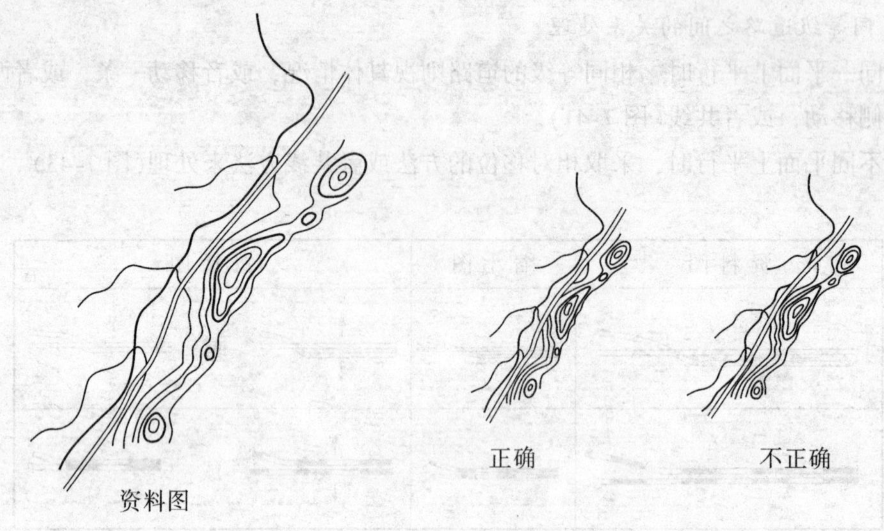

图 7-45　单线河流与铁路关系处理

沿海、湖狭长陆地延伸的高等级道路与岸线的关系。应移动岸线，保持高等级道路完整而位置准确(图 7-46)。

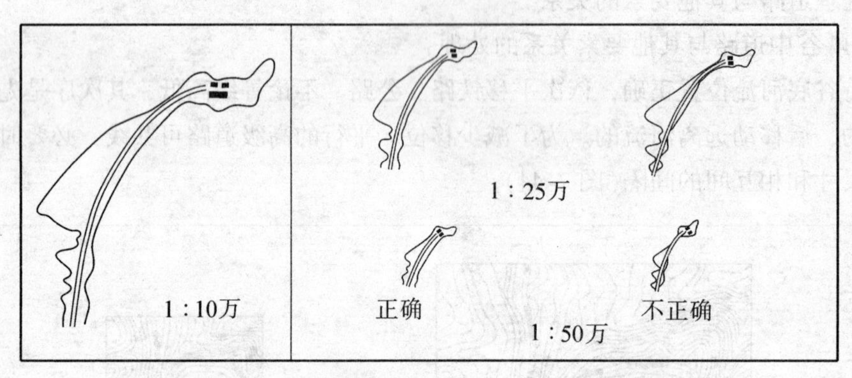

图 7-46　公路经过狭长海角时与岸线关系处理

(4)狭长河湾的道路与其他要素关系处理

狭长河湾与道路、居民地相毗邻时，应保持道路位置准确，居民地位置不变，而平移河流，扩大河湾(图 7-47)。

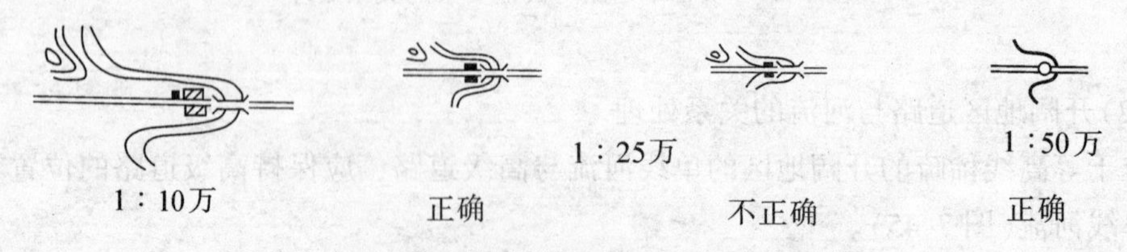

图 7-47　河湾中的道路与居民地、河流关系处理

七、道路附属物的选取

道路的附属物主要包括火车站、桥梁、渡口、隧道、涵洞、里程碑、路堤和路堑等。道路附属物对于经济建设和军事作战都有重大的意义。它们对于运输的通畅、部队的运动影响极大。道路附属物的综合主要表现在选取方面。

1. 火车站及其附属建筑物的选取

火车站及其附属建筑物主要包括车站、会让站、机车转盘、车挡、信号灯、信号柱、站线等。在大比例尺地形图上，一般可用平面图形表示。车站内的站线不能全部选取时，应先选取外侧站线准确配置，再选取部分中间站线均匀配置，但间距不应小于0.3mm。当站线宽度不超过车站符号时，站线全部删去。随着地图比例尺的缩小，火车站符号不能用平面图形表示时，则改用记号性车站符号表示，此时车站符号放置在主要站台位置上。在大于1∶10万的地形图上，应表示全部的火车站。随着地图比例尺的进一步缩小，当车站符号也不能全部表示时，则要进行取舍。一般是选取主要的、等级高的车站，舍去次要车站。火车站的等级，通常可以根据较大比例尺地形图进行判别；根据列车时刻表进行判别，通常快车站、停车时间较长的站往往是重要的或比较重要的车站；利用铁路部门的专题地图和其他文字资料进行判别；根据车站所处的位置和周围的环境，有时也可判断火车站的等级高低，车站周围建筑物密集、有主要街道相连、有较大的车站广场的，多为主要的车站等。选取的车站，一般应注出名称。若车站名称与所在居民地名称一致且靠得很近，可省去车站名称。

对机车转盘、车挡和有方位意义的信号灯、柱，在大比例尺地形图上，可择要选取。

2. 桥梁的选取

桥梁与道路、河流是紧密地联系在一起的。因此，桥梁的选取应与道路的选取相一致，有桥梁就应有道路相连接。

在大比例尺地形图上，铁路和公路上的桥梁一般应全部表示，地物稠密地区可只选取跨越主要河流的桥梁；1∶50万、1∶100万地形图上舍去的桥梁就显著增多，双线河流上的车行桥一般选取；在更小比例尺地图上，除个别重要的桥梁(如长江大桥、黄河大桥等)要表示外，一般都不表示，道路直接通过河流符号。

桥梁的选取除受道路选取的影响外，桥梁的等级高低和特殊意义也影响其取舍。优先选取保持连接铁路、公路的桥梁，舍去那些次要的桥梁，在交通不发达的地区，则首先选取主要通道上跨越较大障碍的桥梁。

桥梁的说明注记也随地图比例尺的缩小而进行取舍。在大、中比例尺地形图上，公路上的桥梁符号须加注载重吨数，密集时方可取舍。从通行的情况出发，优先应选取那些载重吨位大和载重吨位小的桥梁说明注记。

3. 道路附属建筑物的选取

道路附属建筑物主要指隧道、明峒、涵洞、路堤和路堑。

铁路、公路上的隧道、明峒缩短了路程，便利于通行，而且可以起到隐蔽的作用，在各种比例尺地形图上都必须选取。平原地区隧道、明峒很少，如有，则应尽量选取；山区，隧道、明峒密集时一般只选取，不合并，选取图上长度超过1mm的依比例尺表示的隧道、明峒，长度不足1mm择要选取，用不依比例尺的隧道、明峒符号表示。不能依比例尺表示的连续的隧道群，在其两端分别选取不依比例尺的隧道符号，中间酌情选取配置符号。特别大或非常重要的隧道、明峒，有时在某些小比例尺地图上也需要选取。

铁路、公路上的涵洞符号，在大比例尺地形图上择要选取，中、小比例尺地形图上全部删去。

铁路、公路上的路堤、路堑，一般是根据图上长度和实地比高选取，图上长5mm，比高2m以上的应选取。

渡口，在大比例尺地形图上一般应全部选取火车轮渡、汽车轮渡的渡口；通行困难地区的人行渡口也需选取。在小比例尺地图上，当河流仍用双线表示时，如有车渡(特别是火车车渡)，应考虑选取渡口。

路标是设置在道路边上指示道路通过情况的标志。在大比例尺地形图上，具有方位作用的才选取。中国及各省、市级公路零公里标志应选取；公路上的里程碑一般不选取，只是在方位物稀少地区才有选择地选取，并注出公里数。

八、运输管线的制图综合

运输管线是陆地交通的组成部分，它们包括输送油、汽、气、水等液体和气态的管道，输送电能的高压输电线路，输送信号的通信线等。运输管线的制图综合主要表现在选取方面。

1. 高压输电线的选取

大比例尺地形图上，在地物密集以及电力线较多的经济比较发达地区，高压输电线可以全部舍去；在其他地区根据地物的密集程度适当选取图上长5mm且电压35kV以上的高压输电线，地物越稀，选取越多；在地物稀少地区还可选取部分35kV以下的高压输电线。1∶25万地形图上，在地物比较稀少地区可选取部分35kV以上的高压输电线；在更小比例尺的地形图上，高压输电线全部舍去。

街区中的高压输电线要全部删去，舍去图上距铁路、公路符号3mm以内的高压输电线，但在高压输电线分岔、转折处和出图廓时应绘出一段符号，以示走向。

2. 管道的选取

管线运输是现代化工业发达的标志。地下管道不选取，街区内的管道不选取。图上长1.5m以上的管道应选取，选取的石油、天然气、水等管道应分别加注“油”、“气”、“水”等输送物名称。

3. 通信线的选取

大比例尺地形图上，在地物密集以及通信线较多的经济比较发达地区，通信线可以全部舍去；在地物稀少地区选取较固定的或有方位意义的通信线，多行并行的择要选取。1∶25万及更小比例尺地形图上，陆地通信线全部删去，只选取海底光缆、电缆线，并分别加注“光”、“电”注记。舍去图上距铁路、公路符号3mm以内的通信线，但在通信线分岔、转折处和出图廓时应绘出一段符号，以示走向。

九、水上交通线的制图综合

水上交通包括内河航线和海上航线。

内河航线只在城市普通地图上完整选取，地形图上一般只选取通航河段起讫点，区分出定期通航和不定期通航的河段，选取相应的码头设施，可以通行的水利工程设施及它们允许通过的吨位。

在双线河、湖泊及沿海港口中，图上长度大于1mm的码头应选取。

沿海和远洋航行的海轮停泊港口和对外开放的内河港全部选取，其他内河港择要选取。

海上航线由航海线和港口标志组成。海上航线又分为近海航线和远洋定期或不定期通航的航线。选取近海航线沿大陆边缘用弧线绘出，但应避开岛屿和礁群。选取远洋航线常按两点间的大圆航线方向描绘，表示的航线要绕过岛、礁和危险区。相邻图幅的同一航线方向要一致，并注出起、终点的名称与里程。根据灯光射程选取灯塔、灯桩，在1∶50万地形图上灯光射程小于10海里，灯塔、灯桩择要选取，10海里以上全部选取。

十、空中交通的制图综合

空中交通是指航空线路，它是用航空标志——机场来表示的。在大比例尺地形图上，选取民用、军用、军民合用机场，符号配置在机场的适中位置上。同时选取通往机场道路，机场的铁丝网、围墙等表示机场范围。机场内的跑道、油库、塔台等反映机场性质的设施全部舍去，如果有房屋的选取，用房屋符号表示。选取民用机场名称，军用、军民合用机场名称全部舍去，用附近较大的城镇名称作为机场名称。在中小比例尺地形图上，只选取民用机场，军用、军民合用机场全部舍去。

第三节　境界的制图综合

境界的综合比较简单，主要体现在选取和形状概括两个方面。

一、境界的选取

境界的选取主要取决于用图者是否需要详细地显示各种境界以及图上表示多种境界的可能性。

在世界地图上除了国界以外，其他各级行政区划界并不一定要求表示为同等的详细程度，同一图上不同国家的行政界线也可以有不同程度的取舍。例如，面积大的国家可以表示详细些，选取一、二级行政区划境界，面积小的国家可以表示概略些，仅选取一级行政区划境界，更小的国家可以全部舍去国内的行政区划境界。即使大小相当的国家，各个国家内的行政区划境界选取详细程度也不完全相同，这是因为各国的行政区划本来就不相同。而且行政区划变动较大，要获得图上所表示国家相同质量的行政区划资料是非常困难的。因此，对其他国家的内部行政境界表示的详细程度，往往采取灵活处理的方法。

境界的取舍有时还受区域面积大小的影响，例如，某一县在另一县中的“飞地”，当其小到图上难以表示时，也可以删除。当然，如果是一个国家的领土，即使地图比例尺很小，通常也采用夸大、设置放大图或加注记的方法来全部选取显示。

当几种境界(有时多达三种)相重合时，一般选取最高级境界。但也有一些地图采用不同的做法，例如，日本的1∶20万地图上，对于重合的境界采用几种符号相间组合的方法来表示。

二、境界的形状概括

境界形状概括的方法与前面所述没有什么区别，只是要求形状概括的程度尽量小，即要求在图上以最小的弯曲精确地绘出，在能表示清楚的情况下一般不应有较大的综合或移位。尤其对国界的概括更应特别慎重，因为国界的表示关系到国家主权与国际关系的重大政治性问题，必须严肃对待。化简国界形状时，要保持国界的形状特征，应尽量保留细小弯曲和转折点。若弯曲小于图解的可能性，一般应删除，而不采用夸大的方法来强调某些小弯曲。

绘制国界时，首先要求十分准确，有坐标的界碑点应按其坐标展出，形状概括要尽量的小，一般应强调国界图形的显示，并注意其他要素的图形与其协调。其次，要特别注意有争议地区的国界画法。地图上对有争议地区的国界处理，反映了地图作者的立场。编绘国界应以我国政府公布或承认的正式签订的边界条约、协议、议定书及其附图为准。如签订的边界条约、议定书等已进行了联合检查，并对原议定书及附图有修改，则国界应以联合检查的有关文件或附图为根据编绘。尚未签订边界条约、议定书的国界应按传统习惯线标绘。编绘外国国界，应以中国地图出版社发行的最新地图为准。对于有争议的国界，常见的有以下几种表示法：绘制一种正式边界符号表明地图出版国的立场；绘制为未定国界；两种立场的边界都绘出，用正式符号表示地图出版国的立场，另一条用未定界符号表示争议的存在。存在争议的岛屿、地区，一般加注说明注记而不设底色等。正确表示国界和其他要素的相关位置，国界两侧的各种地物及其相应注记，应配置在各自所属的区域内，以准确表示各种地物的归属。位于国界线上和紧靠国界线的居民地、道路、山峰、山隘、河流、岛屿和沙洲等应选取，并明确其领属关系。

以共有河为界的(河流属于两国共有)，无论河流符号宽窄，国界符号不绘在河中，而在河流两侧每隔3~4cm交替绘出一段(每段3~4节)，岛屿归属用附注标明。随着比例尺的缩小，当河流符号太窄或变成单线时，在岛屿所属国家的外侧绘出国界符号。当共有河界与国内河流、湖泊出口汇合处的河口较宽时，用黑线标出国界河的范围。

国界线上的独立地物(如独立石、独立树、水井等)，在实地有一定的方位意义，又是两目的分界标志之一时，一般应选取表示。制图时，符号的实地中心绘在国界线上。独立地物密集时，可舍去无特征意义的。

国界线上及其附近的地形、地物名称的制图综合。位于国界线上及其附近的地形、地物的名称，如居民地、道路、山隘、山峰、河流、岛屿和沙洲等的名称，应详细选取表示，并明确其领属关系。特别是国界条约协定中指出的作为划界依据的山名、河名、村名等，应尽量选取表示，其名称应与条约附图一致；若与新测地名不一致时，可将边界条约附图的用名作副名括注。名称过密时，可舍去少量不太重要的。

第四节　独立地物的制图综合

独立地物包括测量控制点、居民地设施(部分)和地貌符号(部分)。独立地物的制图综合主要表现在选取上，同时要顾及与其他要素的关系。

一、独立地物的选取

独立地物的选取，是根据其重要性来决定的。所谓重要性，主要是根据独立地物建筑质量的高低及方位意义的大小来衡量的。建筑物的质量高低表明独立地物重要性是不言而喻的。方位意义的大小说明独立地物的重要程度也很容易理解，例如：处于山头上的气象台站、亭塔等，往往比平坦地带人口稠密地区的其他独立地物显得重要；荒僻的戈壁、草原、沙漠地区人口稀少，独立地物显得重要，而城镇郊区，独立地物较多时，其重要性即相对降低；同一地区，高耸的塔和烟囱比低矮的亭、庙等显得重要，等等。

在城市居民地内，一般只选取高大明显、有一定方位作用的突出地物，有一定历史、文化意义的文物古迹，以及能反映现代科学技术和经济发展水平的地物，如钟(鼓、城)楼、宝塔、电视发射塔、体育场、体育馆、科学测站等。

在城市外围及居民地密集地区，还应选取有方位作用和有重要意义的地物，如水塔、烟囱、塔形建筑物、纪念碑、发电厂(站)、气象台(站)、水厂、污水处理厂及科学测站等。既无方位作用，又无经济意义的地物符号，可大量舍去，例如，窑、打谷场、饲养场、土堆、坟地、磨坊等。

在居民地及地物稀少地区，矮小不突出的地物也应酌情选取，如窑、独立石、独立坟、土堆、土坑等。

选取独立地物时，除考虑物体的重要性之外，尚需反映独立地物分布的范围与分布密度对比等。独立地物密度较大，选取百分比小，但是选取的绝对数量要多一些，这样才能正确反映独立地物分布密度对比。

二、独立地物之间及其与其他要素关系的处理

独立地物密集时，除了进行选取外，有时还要采用移位的方法来显示。移位的原则仍然是保持重要独立地物而移动次要独立地物的位置。移位的方法是沿着两独立地物符号主点连线方向向外移动。

独立地物与其他地物符号发生争位性矛盾时，也要采取移位的方法来处理。

独立地物与线状地物(如单线河流、道路、街道等)发生争位性矛盾时，通常是移动独立地物符号，使其保持与线状地物的相交、相切和相离的关系。有定位点的独立地物应保持位置的正确，强调独立地物的位置精确，与居民地、水系、道路等地物相重时，可间断街区、水系、道路边线，独立地物不采用移位的方法选取绘出，这对于要求位置精确的地图来说，是十分必要的，况且习惯以后即使地理适应性有所减弱也不影响阅读。

独立地物与次要地物(如独立房屋等)发生争位矛盾时，一般保持独立地物的位置而移动其他地物符号。

与同色要素(如居民地街区符号等)发生争位性矛盾时，一般间断其他要素，绘出独立地物符号；若与不同颜色的要素(如河流、等高线等)发生争位性矛盾时，有间断其他要素绘出独立地物符号的做法，也有两者相交绘出的。如果独立地物符号较小，最好是间断其他要素符号绘出，以保证独立地物符号的完整与清晰。

有定位点的工矿建筑物、公共设施及其他独立地物，应选取准确配置。当与居民地、水系、道路及其他地物相重时，可间断居民地、水系、道路的边线，将独立地物符号完整绘出。

海、湖、河岸线与独立地物发生占位矛盾时，应保持独立地物的点位准确，而中断或移动岸线(图 7-48)。

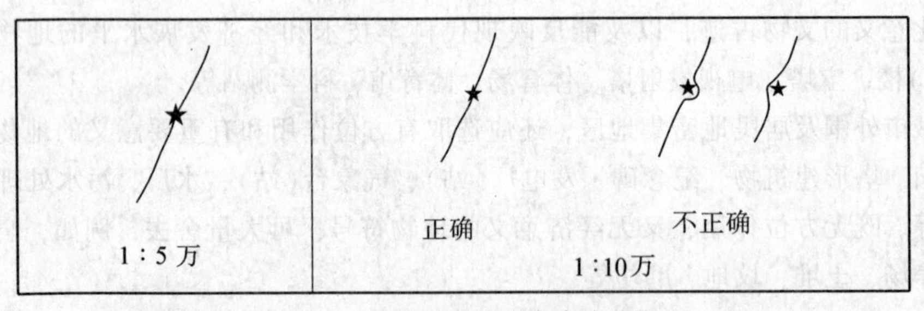

图 7-48 独立地物与水系岸线关系处理

第八章 普通地图自动综合

在数字地图制图时代，如何将普通制图综合原则和方法在数字环境下自动实现是地理信息科学的研究前沿问题。要实现数字地图综合自动化，必须将整个普通地图制图综合处理过程模型化、算法化和程序化。而程序又必须规则化和智能化，但这几个“化”并不容易实现。因此，普通地图自动综合是地图制图学中最具挑战性的研究领域，也被地理信息学术界誉为“世界难题”。

第一节 普通地图自动综合现状分析

一、制图综合过程的模型化

数字地图环境下的自动制图综合赖以实施的基础是模型、算法和知识。因为只有易于程序化(计算机程序和人工智能程序)，计算机才能执行制图综合的各项操作，而模型、算法和知识是易于编程的。

数字环境下的普通地图综合的理论模型包括信息机理模型、过程概念抽象模型等，其中的核心应该是将数学模型与知识推理、GIS 工具有机结合，形成普通地图自动综合的强有力方法和技术环境。

数字化环境下的普通地图综合的数据模型是对模拟地图上所表达的地理实体及其相互关系的抽象、概括与数据组织。基于地理实体的数据模型按照实体分布的维度可以分为点、线、面三大类，而对于较为复杂的面模型往往对其建立拓扑关系，以便制图综合中对对象之间的相互关系进行查询，这些拓扑关系包括多边形—弧段、弧段—点、弧段—左右多边形、节点—弧段等。栅格模型、TIN 模型、Voronoi 图模型往往作为地理实体的索引，在地图综合过程中结合具体的综合算法，起到快速查询、设定约束的作用。栅格模型是对平面在两个正交方向上的均匀剖分，结构简单但欠缺灵活性；TIN 模型是由三角网对整个平面的连续铺盖，可以根据地理实体的具体分布情况而调整疏密程度，在实际使用中多使用带约束的 Delaunay 三角网来作为地图综合的辅助数据模型；Voronoi 图是 Delaunay 三角网的对偶图，连续铺盖的 Voronoi 多边形可以看作是每个地图实体的势力范围，这对于普通地图要素占位矛盾判断、关系处理中的移位尺度计算有着积极作用。这些模型不仅仅以面向对象的模式对地理实体进行抽象表达，相当一部分模型针对地图综合的最终目标，在综合算法与常规的地图元素之间起到桥梁的作用。

所以，研究制图综合模型、算法和知识是研究制图综合的一项基础性工作。这就意味着，复杂的创造性思维过程由制图专家完成，而繁重的作业过程则由程序化的模型、算法、知识驱动的计算机来实现，因此，制图综合质量取决于模型、算法、知识的合理性、完备性及智能化程度。

地图综合的模型也分单独要素(即要素层次)、要素类(即要素类层次)及整幅地图(即地图层次)三个层次。而在单独要素层次，地图综合的模型便是地图综合的几何变换操作。在经典的教科书中，可以看到5~6个操作，如删除、合并、移位、化简、夸大和符号化。但是这些综合算子对计算机处理来说过于概括了。Master和Shea(1992)将这些操作进行了细化，提出了聚合、融合、分类、收缩、移位、增强、夸大、兼并、精化、化简、光滑和典型化这12个操作。后来有学者认为这12个操作还是过于笼统，因此在此基础上区分出了6组共40个操作，增加了删除、分割等操作。这些操作都很具体，易于计算机的实现。

二、制图综合过程的算法化

普通制图自动综合算法分为两大类：一类为基础算法，另一类为高级算法。基础算法指的是对综合操作的几何变换的简单实现，而高级算法可能是由几条基础算法组成的复合算法或智能算法。

在普通制图自动综合发展的初期，由于计算能力的限制，减少线上点的个数是十分重要的问题。因而出现了很多减少点的数据量的相关算法，也叫点压缩算法。这些算法的基本思想是：从心理学角度看，线上的某些点与其他点相比，具有更为丰富的信息，仅用这些点已足够刻画该实体的形状特征。信息丰富的点在地理空间信息科学领域里被称为特征点。最经典的是Douglas-Peucker(Douglas and Peucker，1973)算法。这些算法，旨在减少表达曲线的点数量。在通常情况下，通过删除一些点能使线的形状得到简化，人们采用这种算法来做制图综合。由于Douglas-Peucker算法在对线划要素进行化简的过程中存在自相交问题，有学者提出了基于客观综合的自然规律的线划要素综合算法。

这一算法的参数仅为新编图和资料图的比例尺，称为比例尺驱动的客观综合算法。慢慢地，人们也开发了线光滑、线局部修正、线典型化、线的取舍等许多算法，同时，小波理论、弹性力学模型等数学工具也被广泛应用。

从20世纪80年代初开始，许多学者对面要素综合产生了兴趣。Monmonier(1983)为取舍及合并提出了一些好方法，Li和Su(1995)开发了一套基于数学形态学的算法。

遗传算法、智能体技术和弹性力学在自动制图综合中的应用是近10年来研究最多、取得成果最多的新的研究领域。

遗传算法是一种仿生算法，由生物体的进化过程抽象而来。它通过全面模拟自然选择和遗传机制，以编码空间代替求解问题的参数空间，以适应度函数作为评价依据，以编码群体作为进化的基础，建立起一个迭代过程。在这一过程中，群体中的个体不断进化，函数接近最优解，最终达到求解问题的目的。主要在点群目标的选取、线要素化简、道路网综合、河流选取和人工水网的自动综合、点注记和线注记的自动配置等方面应用比较广泛。但是，遗传算法存在效率和收敛的问题。

智能体(Agent)技术最初来源于分布式人工智能领域，是处于某个环境中的封装好的计算实体，是一种新的计算和问题求解的思路。TIN技术的几何处理功能非常强大，但面对智能化的挑战，仍满足不了自动制图综合的需求。Agent与TIN两种技术的结合，可构建ABTM(Agent based TIN model)算法，主要用于居民地建筑物合并、点群要素选取和线要素化简。

弹性力学是研究弹性体受力作用产生变形的原理，即弹性体受到一定的外力作用时会产生形变，当外力撤销时可恢复原形。如果仅仅是弹性体部分受力，则形变时物体整体形状基本保持不变，只是局部变形。这个特点正是地图制图综合中所希望出现的效果，即保持目标空间关系总体的不变性。地图要素关系处理是自动综合的一个难点，图形符号位移操作是关系处理的一种主要方法，而位移操作的一个主要的约束条件就是要正确表达要素目标间的空间关系。导致位移操作复杂性的一个主要因素是位移具有传播的特性，只有解决和控制了位移的传播，才能避免位移操作后产生新的冲突并能保持正确的空间关系。而基于弹性力学原理的位移操作就是迄今为止最为有效的优化方法。有的学者深入研究了目标冲突的探测方法，并对目标受力进行了分析，在此基础上根据目标自身的特点分为平移和变形两类位移操作方法。平移即目标进行整体移动，这种操作不改变目标自身的形状特征；变形即目标通过改变局部的形状来解决冲突。

此外，基于人工神经元网络和“圆”的自动制图综合算法方面的研究也取得了许多研究成果。

三、制图综合过程的智能化

一般来说，制图综合知识的获取有三种途径。第一种是从专家那里获取，即让专家告诉大家，他是怎样做的？但人们很快发现专家的许多经验只可意会而不可言传。第二种途径是从现有的规范中找。但人们也很快发现规范太粗，不能告诉你怎样去做。第三种途径是从现有的地图中找。但人们也很快发现地区的差异性很大，从一个地区得到的知识对另一地区不一定适用。由于这些问题，制图综合专家系统研究在20世纪90年代初热了一阵子以后在自动制图综合中的应用都处于低谷，导致制图综合的智能化进展步履维艰。

普通地图制图综合的难度和复杂性集中体现在它对人类思维活动的高度依赖。而人类在实施制图综合时的思维活动又具有主观性、灵活性和判断标准的模糊性等特征。这也是多年来地图学与地理信息科学领域的专家们在地图自动综合领域没有实质性的突破，特别是在理论与方法上缺少系统性，在实现技术上没有找到强有力工具的主要原因。要使人类在地图综合过程中的主观判断变成计算机可以接受的、可形式化的规则，关键就是建立地图综合的指标体系和知识法则，因为它既是研究和建立制图综合数学模型的理论基础和关键性控制技术环节，也是建立地图综合专家知识库的指导原则和原始素材。要充分利用地图专家的专门知识进行地图智能化综合，把专家系统与地理信息系统相结合是必然的趋势。专家系统是一个基于知识的智能推理系统，它涉及对知识获取、知识库、推理控制机制以及智能人机接口的研究，是集人工智能和领域知识于一体的系统。把专家系统引入地图综合，其基本思想是：将制图人员手工执行地图综合任务时所用的各种知识(包括地图规范、制图经验、书本知识等)收集起来，分类整理成地图综合的规则库和知识库，进而依据它们构造出地图综合的推理机和解释器，一起组成地图综合专家系统，指导地图综合的自动实现。

普通地图制图综合过程控制是一个复杂的系统工程，实际上包含了制图综合的所有内容。有学者深入研究了自动制图综合链理论和技术模型，通过把抽象的综合操作步骤化，形成一系列可实现的综合操作过程，并转化为计算机可识别的操作链，使得计算机可以依据特定的制图综合编译器执行该综合链，从而找到了一条切实可行的计算机综合新思路、新途径和新方法，达到了提高制图综合自动化水平的目的。

空间关系是数字地图自动综合的基础之一，在普通地图综合的概念模式设计、算法设计、过程控制及地图综合结果评价等方面具有直接的应用。制图员在地图综合过程中，运用自己的大脑思维灵活有效地处理了地图目标的空间关系，解决了地图目标的表达问题。在数字环境下，地图综合的实质问题并没有变化，自动化的综合转化为对人类手工综合的模拟。因此，地图综合各环节的算法设计与实现，仍然需要处理地图信息的描述与表达问题，也就是数字地图目标之间的空间关系问题。在数字地图综合过程中，由于比例尺的缩小、图形的合并、删除、化简和移位、目标语义的转换以及某些空间目标维数的变化等，要素间的关系会发生改变。但这种变化必须遵循一定规律，才能保证同一空间场景在不同尺度数据库之间的一致性，满足空间数据质量的要求。要表达目标综合前后的这些变化，就有赖于空间关系理论。已有学者开展了普通地图综合对空间关系的依赖性较强的点群、线网(线簇)、面群目标的制图综合算法。

但制图综合本质上是一个高度智能化的系统，智能离不开知识，有知识才能谈得上智能，制图综合就是知识重新表达与知识抽象相结合的过程，制图综合知识是制图综合过程的基础。例如，利用制图综合知识对综合前的数据进行检查，可以获得待综合区域的特点、重点综合内容、综合方法等信息；利用制图综合知识对综合后的数据进行检测，可以判别综合结果是否满足要求。制图综合知识是制图自动综合过程控制的主要依据。正是基于这样的认识，有学者对制图综合知识的分类、获取和知识库构建、制图综合知识的结构化描述、制图综合知识的属性、制图综合知识的管理与组织及其在自动制图综合过程控制与推理中的应用等问题进行了研究，取得了较好的效果。

四、制图综合过程实现的协同化

在数字地图制图环境下，人们的认识存在着两种倾向：一种倾向是认为普通制图综合完全是凭制图经验的个体劳动过程，由计算机完成人都尚未弄清楚的制图综合是不可能的，实际的地图生产中也只是将传统的用绘图工具对模拟地图进行综合“搬到”计算机屏幕上用鼠标进行制图综合，本质上仍是手工方式；另一种倾向是夸大了计算机的作用，认为只要编写出程序，就能利用计算机在很短时间内完成手工制图时需要花费许多人力和很长时间才能完成的制图综合作业，盲目追求制图综合的全自动化。这两种倾向都是不科学的，都是因为对人和计算机处理信息的能力和特点以及人和计算机在制图综合过程中的相互关系缺乏深入分析研究。从理论上讲，都是因为缺乏对制图综合过程本质和特征的正确把握。

针对上述数字地图制图综合中人机协同存在的问题，王家耀院士研究了人在制图综合过程中的思维方法和计算机模拟人在制图综合中的思维的能力，并提出了自动综合中人机的最佳协同理论。关于人在制图综合过程中的思维方式，主要研究了制图综合的抽象思维方式(基于联系的归纳推理思维、基于过程的形象推理思维、基于规则的演绎推理思维)、视觉思维方式(视觉选择性思维、视觉注视性思维、视觉结构联想性思维)和灵感思维方式等。关于计算机模拟人在制图综合中的思维的能力，研究表明，目前的计算机模拟抽象思维比较容易，特别是制图综合专家系统技术的研究，能比较有效地模拟基于规则的演绎推理思维，而对于制图综合过程中的视觉思维特别是灵感思维，计算机模拟起来就困难了，甚至不可能；同时，利用计算机模拟制图综合中人的思维方式求解制图综合问题必须具备问题形式化、可计算性、合理的复杂度等前提条件。另外，实用的自动综合必须是以数据库支持为前提，而目前已建成的数据库并不是为地图生产建立的，即使有些制图综合问题能够形式化、算法化，但没有可供计算的数据，仍然无法求解；即使有些制图综合问题可以总结成规则知识，但没有与结论相匹配的前提条件信息，基于规则的推理仍然得不出合理的结论。所以，要求数据库中的数据能客观、正确地反映人脑思维系统，目前还不现实，这就影响计算机对制图综合过程中人的思维的有效模拟。由于计算机目前还不能有效模拟制图综合过程中人的全部思维方式，这就决定了人在制图综合中不可替代的作用，也决定了自动编图系统只能是人机协同系统。关于自动制图中的人机协同问题，应根据人和计算机处理地图信息的工作特点，实现最佳人机协同，即充分发挥人的创造能力，充分利用计算机处理地图信息的能力，充分发挥人在自动制图综合过程中的主导作用和计算机的辅助(支持)作用。

按照协同论观点，协同式的自动综合不仅有人机协同，还应有模型、算法、知识推理等各种技术手段之间的协同。每个地区、每种地图要素都有各自的特点，每一种技术手段也都有各自的优点和不足，它们各自解决制图综合问题的能力都有限，但若将它们进行有效的结合，充分发挥各自的优点，通过优势互补来弥补各自的不足，则可以使整个系统解决制图综合问题的能力大大增强。显然，这样的系统应该由许多能够完成不同任务的子系统组成，且应是一个开放的系统。

五、制图综合过程的系统化

尽管像 20 世纪 90 年代 Intergraph 公司推出的 DynaGEN、德国汉诺威大学的 CHANGE、法国国家地理研究所(IGN)的 STRATEGE 和基于 Agent 的 Carto 2001、苏黎世大学的基于 Agent 的居民地综合系统 PolyGon、Laser-Scan 公司基于 Agent 的 Clarity 等纷纷面世，但离问题的解决还很远，很难让人们看到其整体应用和全面解决的前景。其主要原因是：没有把自动综合作为一个整体(全要素、全过程、可控制)来研究；自动综合系统中缺乏知识和智能的支持；众多的综合算法只能处理特定环境下的特定问题且相互之间缺乏整体配合；缺乏能支持自动综合操作的空间数据模型与数据结构。

自动综合质量评估与控制的主要目的，是通过制图综合约束集和综合结果评价策略的建立，构建自动综合的算法评价模型和质量监控机制，对各种自动综合算法从属性精度、几何精度、空间关系、特征保持和误差传播等方面进行评估，进而对综合结果的总体质量做出评价，同时对自动综合的执行过程进行全程的实时质量监测与控制。

要实现把自动综合作为一个整体来研究，必须解决过程控制和保质设计两个问题。对于过程控制问题，20 世纪 80 年代有学者就提出“综合过程是一个思维过程，这种思维过程可以模拟为某种控制模式”。近年来，有学者在分析制图综合特点的基础上，借鉴人工智能领域的研究成果，提出了一种制图综合知识的分类、获取和表达方式，以及对知识的组织和管理方法，以支持模型、算法、过程控制和质量评估；借鉴人工智能领域的 Agent 思想和技术，提出了一种制图综合 Agent 新的分类方法，详细研究了该 Agent 实体的生存和交流模式及其结构化描述方法，以支持自动综合系统框架设计和开发；开发了具有较强的图形操作、探测能力与智能性强和运算速度快的基于 ABTM 的制图综合算法和基于圆特性的制图综合算法；借鉴工业领域的工作流思想和技术，提出了一种把模型、算法、知识及评估连接在一起的自动制图综合链和基于综合链的制图综合过程控制模型，以支持对整个制图综合过程的控制。在此基础上，构建了一个能实际运行的自动综合系统软件。

对于普遍关注的自动制图综合质量问题，有学者认为制约自动制图综合质量的原因，除了计算机处理抽象思维快捷迅速而处理制图综合中大量存在的形象思维和灵感思维十分困难的一面外，还取决于综合过程模型、综合算法和知识(特别是规则)的合理性、完备性、智能化程度以及自动综合结果评价模型，而且自动制图综合质量问题的内涵应包括自动制图综合过程的质量控制体系框架、质量评价策略和质量控制过程实施三个方面。据此，提出了基于保质设计的制图综合模型框架、质量管理机制和数学描述。在分析制图综合约束条件的基础上，深入研究了基于数据库的保质设计制图综合知识表达；在进行面向综合质量控制数据模型需求分析的基础上，提出了面向综合质量控制的数据模型和基于该模型的综合质量控制过程；针对目前制图综合中的拓扑一致性检查与评价方面研究薄弱的情况，研究了制图综合中的拓扑一致性评价与保持的理论与方法；根据基于保质设计的制图综合模型需要多维约束空间的支持，提出了基于多维约束空间的自动制图综合结果质量评估模型和制图综合中应用最多的线要素化简算法质量评价模型，并以等高线化简为例对线要素化简算法评价模型进行了验证和统计分析；最后，构建了制图综合生产系统。

第二节　普通地图自动综合软件

数字技术环境下，随着计算机图形学、人工智能、网络技术等支撑平台技术的发展，以及地图综合本身算法、过程决策、评价分析技术的突破，采用计算机软件实施普通地图自动综合成为可能。

一、概述

普通地图综合软件的研制可以采用两种模式：一种是在通用的 GIS 平台基础上二次开发集成针对地图综合的功能，完成空间数据的尺度变换；另一种则是在操作系统平台上从底层专门开发，不依托其他空间数据管理加工平台。

前一种模式由通用 GIS 平台开发商提供地图综合的算子功能模块，用户将这些地图综合模块与其他的图形编辑功能集成。这种模式将综合操作与一般的图形编辑(如样条光滑、线段求交、多边形旋转等)放到同一层次，缺乏针对地图综合实施的操作环境专门设计，这种软件运行时将综合过程决策、结果评价分析任务交给操作员交互式完成。Intergraph 系统中提供了专门的地图综合模块 Map Generalization，ArcInfo 从 6.0 版本开始就提供了 Douglas-Peucker。算法化简曲线的指令 GENERALIZE，在新版 ArcGIS 中增加了多个地图综合算子指令，包括：Buildingsimplify——针对建筑物多边形的形状化简；Centerline——提取双线道路、双线河流的中心线，将双边界线表达转化为单线表达；Findconflicts——根据视觉辨析间距阈值，探测邻近目标的空间冲突；Merging——合并两个同维的目标(点、线、面)，结果为原目标的并集；Simplification——化简曲线、边界，包括 Douglas-Peucker 算法和弯曲弃除两种候选方案；Amalgamation——合并指定属性项的值相同的邻近多边形、线或者区，用于土地利用图斑语义层次的归并。

后一种从底层开发的模式针对性强，软件系统的功能主要在于提供地图综合算子，而其他非尺度变换功能(如空间分析、符号化等)不是系统的主要内容，同时对于地图综合的规则建立，多比例尺可视化环境、综合决策分析、综合结果评价等都有专门的设计。目前基于这种模式研制开发的软件系统有：法国 IGN 地图院 COGIT 实验室研制的 Stratege，苏黎世大学的 PolyGen，德国地图研究院的针对 DLM 模型综合的 ATKIS 软件，英国 G1amorgan 大学研制的针对空间邻近关系识别及冲突处理的 MAGE。LascerScan 公司研制针对数字地图 DLM 综合及 GML 数据输出的 ATKIS-GEN 软件。我国有武汉大学研制的针对国家基本比例尺地图系列综合缩编的 DoMap 软件等。

地图综合软件本质上与空间数据采集、图形编辑一样都是针对地图数据变换的，但与一般的地图图形编辑软件相比，地图综合软件对图形变换要复杂得多。这种复杂性表现在图形变换的算法复杂、源数据形式多样、可视化操作环境要求特殊。从软件界面上所表现出来的操作功能有较大的差别，一般的图形编辑软件主要是针对点、线、面进行几何操作，而地图综合软件是算法复杂的综合算子。

二、普通地图综合软件的分类

地图综合软件的设计首先要明确软件的应用目标、操作环境、处理数据对象等条件的差异，需要对软件进行分类，不同类型的地图综合软件对应的综合功能与系统结构会有较大差别。地图综合软件的分类可以基于多种标准，根据自动化程度可分为交互式综合与自动综合，根据是否在网络环境运行可分为在线式综合与离线式综合，根据待综合数据模型可分为面向 DLM 数据的综合与面向 DCM 数据的综合，根据综合结果数据的形式可分为面向状态的综合与面向过程的综合。

1. 交互式综合与自动综合

地图综合行为包括智能性决策分析和劳动性操作实施，软件胜任哪一层次的任务决定了其自动化水准和地图综合的效率。

自动化综合是指软件不仅能够执行底层综合算子实施，还可执行上层过程决策，包括软件自动识别空间结构、自动调用匹配的综合算子、自动设定参量系数，在用户启动执行指令后，系统自动完成整个综合过程，输出结果地图，并对综合结果进行质量评价，该自动化过程甚至可以省去图形可视化显示，用户极少干预整个综合任务。对于这种软件的设计，主要工作在于引入人工智能技术，通过智能推理研制地图综合的决策分析模块，能正确地调用组合底层的综合算子模块。自动化的地图综合软件在某种意义上可看作是面向空间数据尺度变换的专家系统。由于综合决策上智能推理研究的难度，目前全自动的地图综合软件还难以实现，但针对部分结构单一的要素，如等高线，在一定地形化简算法支持下可批量化完成，另外对于特定领域的比例尺变化范围较小的综合过程，如基于属性条件的数据过滤等也可实施批量化自动综合。

与自动化综合相对的便是交互式综合，即人机协同作业机制下通过作业员交互式参与完成综合过程。首先是在软件平台上“人”、“机”的综合任务分工问题，总体来讲是作业员完成上层的决策分析，而由计算机软件完成具体的算法执行，如执行化简、合并、移位的具体操作。综合过程决策的智能行为高，有地图生产经验知识的作业员的判断可在瞬间完成，底层的几何图形操作在综合算法支持下，计算机也可快速完成，因此这一人机协同工作模式是不同角色的优化配置，提高地图综合效率是明显的。

交互式综合与自动综合是一个逐步转化的过程，随着自动化决策功能的成熟，软件可逐步涉及人工智能推理领域。综合行为是不同层次决策的组合，从人工智能角度，综合的知识可分为几何知识、结构知识和处理过程知识多个层次，部分较容易实现的综合知识决策可率先在软件中实现，逐步提高软件的自动化水平，直至全部由软件决策达到全自动化。根据目前地图综合研究的水平，交互式综合软件是主要的产品形式，该类软件的设计要界定人机任务分工、研制提供一批高效率的地图综合算子功能，同时为作业员的交互式参与综合的判断决策提供良好的辅助环境，使得人眼很快识别何处有空间冲突，并辅助评判综合结果的质量好坏。

2. 在线式综合与离线式综合

在网络时代，地图的生产、浏览、发布等均与网络环境相关，为此产生了地图综合软件的两种运行模式：在线式综合与离线式综合。两种软件的设计有很大差别。

在线式地图综合是在服务器/终端机制下，基于终端用户的服务申请，通过“中间件”技术建立网络环境下的地图综合服务体系，在服务器端和用户终端实施不同层次的地图数据综合，输出不同尺度、不同分辨率下的地图综合结果。

在线式地图综合软件的开发实质为网络服务体系的建立及相关组件的接口与集成，根据网上地图综合数据处理过程：数据访问预处理、综合算子调用控制、图形综合化简操作、空间关系一致性处理，分别构建一批独立功能的组件。基于中间件技术在 Web Service 的工作机制下集成为网络服务体系，将地物选取、图形化简、合并、移位等地图综合服务的描述和服务的入口发布并在 Web 上注册，终端用户(即服务的请求者)通过 Registry 查找所需的服务，服务请求者与找到的服务进行绑定并与其进行交互，完成在线地图综合服务。

在线式地图综合服务体系中，地图综合支持服务为综合算子提供基础几何分析算法，主要包括 Delaunay 三角网构建与空间邻近分析、Voronoi 图分析、多边形布尔运算、数学形态学算子、最小支撑树 MST 及网络分析等，为地图综合算子提供几何算法基础；综合算子服务提供化简、光滑、聚合、融合、降维、夸大、移位等综合算子功能服务，按照数据对象的几何维数、语义特征进行分类。该服务是交互式网络地图综合的基础；综合过程服务提供制图综合的过程控制(基于优化方法、人机协同的和智能体方法的)、综合算子的组合调用、综合参量的传输，以及综合过程的结果评价分析，本服务直接面向终端用户。

与离线式综合相比，在线式地图综合软件的开发面临两个关键问题：一是需要将专业化的综合服务模块与通用性的数据管理服务模块集成，将地图综合中间件深层次地嵌入到网络服务体系中，这是系统集成中的关键问题；二是综合算子算法必须是实时响应的，适宜在线操作。

在网络环境下实施地图综合将是地图生产的发展趋势，比较好的方法是将在线式综合与离线式综合结合，共同完成从服务器到终端用户的不同比例尺数据的综合与传输。该结合表现为离线式综合生成地图数据的“半成品”，以多版本结构预存在服务器中，同时通过中间件或其他形式提供实时在线式地图综合服务，操作时用户申请该服务完成符合特定分辨率、比例尺、精度要求的最终综合结果。一方面离线式综合的半成品减少了复杂数据处理的难度，减少在线资源的投入；另一方面在线时综合可充分考虑用户的需求满足个性化的综合需求，在初步的半成品版本上产生自适应的综合结果。

3. 面向 DLM 的综合与面向 DCM 的综合

地图综合软件处理的数据对象可分为两种模型，即数字景观模型(Digital Landscape Model，DLM)和数字制图模型(Digital Cartographic Model，DCM)。模型不一样导致综合软件的功能、操作环境、评价条件也有较大差别。

DLM 是地图数据库的用户视图，是在计算机中实现了的对客观世界的高度抽象，有如下基本特征：①用属性、坐标与关系来描述存储对象，是面向地理景观特征的；②没有规定用什么符号系统来具体表示，独立于表示法的；③以数字形式存储的抽象地图可满足多种用户的共同需求。

在数据库世界从新的视点导出低分辨率下的地图数据库 DLM1 到 DLM2，即为模型综合。通过模型的抽象与化简，DLM2 对实体世界的描述更加概括、更加抽象，舍掉次要的地物目标，选取的重要目标对其主要空间、属性、时态特征也以简洁的方式予以表达，此阶段的表达不考虑图形可视化，不考虑采用什么符号，不涉及地图的艺术性、美术特征。在软件设计功能方面主要表现为：按资格选取(分辨率确定在数据库中表达的内容)、合并(导出新的更高层次的地理实体概念)、聚合等。

基于 DLM 模型采用特定的符号系统可视化生成符合视觉认知要求的图形形式，便是数字制图模型 DCM，是面向图式符号的或面向制图表示的，是地图生产者所特有的模型。从可视化角度，将数字景观模型用图形模型表达出来 DLM 到 DCM，处理其中的空间冲突，即为图形综合。由于目标的图形可视化并不是简单符号化过程，其间会产生视觉空间冲突、符号间距太小不易于视觉分辨等问题，为此产生图形综合的需要。图形综合可看作是模型综合的后续阶段，它充分展示地图的艺术美学特征，顾及地图用户视觉心理，对运用符号参量可视化时产生的问题通过综合得到克服，增强地图的可读性。面向 DCM 模型的综合主要表现为移位、夸大、空间冲突关系处理。

在测绘生产单位，DLM 与 DCM 的生产通俗地称作“建库”与“出图”，所采用的平台软件也不一样，在综合化简功能方面也是同样的情形。面向 DLM 的综合主要考虑分辨率、拓扑关系一致等要求，不考虑符号化后产生的空间冲突，而面向 DCM 的综合主要考虑图形符号间的关系处理。

三、地图综合软件结构设计

从底层开发的地图综合软件系统，既要包含一般图形软件对地图数据存储管理的数据库管理平台，又要面向综合缩编任务提供专门的软件功能模块与用户界面，在内核的数据维护管理、检索、数据读写方面与其他软件没有差别，而综合功能是这类软件的独特性。

DoMap 软件采用基于面向对象技术，运用 VC++语言开发，通过动态链接库和组件技术建立系统框架。

DoMap 软件在操作系统上运行，由内向外产生三层圈式结构：①内层数据库管理平台，实现空间数据的维护，包括数据的读写维护、空间索引的建立、地图要素的分层管理、多功能图形标识查询、逻辑条件查询、地图目标的可视化显示、地图层目标级和节点级基本几何编辑与属性编辑等，在功能上与一般的 GIS 软件相似；②中层综合算子、综合环境建立，建立点、线、面不同几何型目标选取、化简、合并、移位的综合算子算法，建立综合规则库框架，建立底图层、综合层数据混合显示框架环境；③外层缩编工程应用扩展，面向地图综合缩编工程应用提供系统界面制定综合规则，建立地图综合操作流程、建立地图综合评价指标及方法。

第二层综合算子和综合环境的建立是地图综合软件的核心，根据国内外在地图综合算子研究的最新进展，设计研制一批实用的通用型地图综合算子，主要有：基于Delaunay 三角网邻近分析的多边形化简与合并，基于矩形几何的建筑物差分组合及化简，基于约束 Delaunay 三角网模型的道路中轴线提取及网络模型建立，基于局部凸壳识别和凸壳层次结构的曲线化简，基于布尔运算的多边形叠置分析，基于 Voronoi 图的点群选取化简，基于栅格形态变换的多边形合并，等等。第三层地图缩编工程应用，通过多种综合算子的组合完成面向现有数据库的地图综合过程开发，将第二层的算子组件、动态链接库集成开发，得到专门定制的综合应用软件。

由于地图综合任务的广泛与应用领域的多样性，对综合算子的功能需求、综合规则和作业流程差别较大，难以形成统一的地图综合应用软件。如适宜 1∶1 万综合缩编 1∶5 万任务的算子功能与 1∶10 万综合缩编 1∶25 万的算子会有较大差别，而适宜地形图综合缩编的作业流程与土地利用专题地图的综合缩编也有较大差别。因此采用组件技术，在共性的地图综合算子基础上面向特定任务需求定制专门的应用系统。

基于面向对象技术进行软件的程序模块设计，关键是类结构的组织及调用、继承关系的建立。图 8-1 是地图综合软件程序的类结构，右侧部分为地图综合算子类，它将地

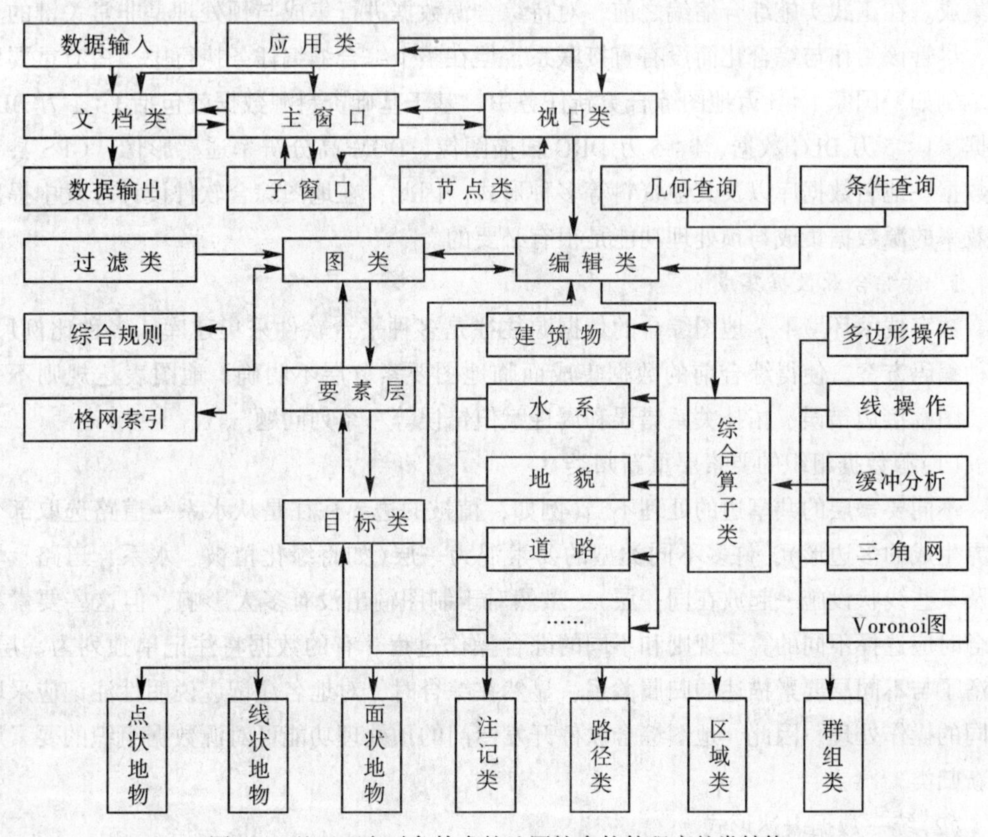

图 8-1　基于面向对象技术的地图综合软件程序的类结构

理要素类和几何操作类连接起来，这是因为适用的综合算子不仅要根据几何特征确定还要考虑语义特征。例如，同样是多边形化简，对于建筑物多边形和湖泊多边形则要采用不同的算法，前者要顾及建筑物多边形的直角垂直化几何特征，后者则是不规则多边形的化简。根据目前研究，在地图综合算法设计中普遍采用计算几何模型 Delaunay 三角网、Voronoi 图、多边形布尔运算等，在程序模块设计中要专门开发一批该类模块，基于这些几何构造模型提供多边形合并、多边形中轴化、多边形毗邻等操作。

系统程序处理的数据对象从上到下划分为图、要素层、目标，与一般 GIS 软件中划分的数据层次基本相同。目标往下再划分包括了两种不同的目标，一种是简单目标，即在一般 GIS 软件确立的点、线、面和注记，另一种是复合目标路径、区域和群组。路径定义为弧段的顺序集成，区域定义为邻近多边形的集合(如岛屿群，与 ArcInfo 的 Region 类似)。在软件设计中增加复合目标，是因为地图综合的数据对象是复杂的，许多算法表现为多目运算，即参与运算的多目标集具有完整的地理意义，因此在系统中定义专门的复合目标为综合算法的数据对象提供对象框架。

四、待综合源数据的集成与预处理

普通地图综合软件加工处理的数据对象往往是多种形式、多种来源、多种格式的数据集成。在正式实施综合缩编之前，对待综合源数据进行集成与预处理是非常关键的步骤，尽管该工作与综合化简没有直接联系，但在整个综合缩编任务执行中，占有重要地位。例如，国家 1∶5 万地图综合更新任务中，基于基础资料源数据就包括 1∶1 万 DLG 数据、1∶5 万 DLG 数据、1∶5 万 DRG 扫描图像、DOM 高分辨率遥感影像、GPS 县乡道数据、地名数据库以及其他资料等多种形式。因此，在地图综合软件设计开发中提供高效率的源数据集成与预处理功能是很有必要的。

1. 待综合源数据集成

数字技术环境下，地图综合的数据源往往是多种平台软件采集建库、多种比例尺、多种编码方案，使得综合前的数据集成面临地图要素分层不明确、地图表达规则不一致、图幅接边错误、拓扑关系错误和属性赋值错误等一系列问题。

(1)源数据组织的要素层重新归类

不同要素层的共享边的处理不当(例如，植被的边界往往是从水系、道路选取部分边界生成的多边形)，许多不同类型的要素混为一层(如将绿化植被、水系、道路、境界及某些线状设施一起放在同一层)，虽然对于制图输出没有多大影响，但这些要素在综合时应选择不同的算子规则和不同的综合操作过程。有的数据将注记单独列为一层，混淆了与不同层要素描述的归属关系，显然在综合时，对地名注记、说明性注记应采取不同的操作处理。因此，地图综合软件开发专门的预处理功能可对源数据组织的要素层重新归类。

(2)统一数据表达形式

不同时期不同单位测绘的基础地图在属性层次上划分标准不一，例如，部分图对植被类型区分为果园、水稻田、林地、草地等，而另一部分图则区分为针叶林和阔叶林，部分图高程点密度不一致。由于地形条件和制图区域特征的差异，部分1∶1万地图的地形按25m高程间隔设置一根计曲线，而部分1∶1万地图按20m高程差设置计曲线。有的图幅范围为50cm×50cm，而有的图幅范围为40cm×60cm。软件需要提供语义层次重新划分，统一数据表达形式的基本功能。

(3)图幅之间接边改正

如果是同一个制图任务完成的分幅图生产，相邻图幅关系处理与接边应当没有问题，而不同时期不同部门面向不同目标生产的相邻图幅，拼接是会产生较大问题，部分图拼接后在接边处出现明显的等齐式多边形裁接线，尤其是大面积的林地、湖泊多边形拼接。

(4)拓扑关系和属性赋值改正

尽管源数据生产时有严格的制图规范，但对大规模工程数据库建设错误是不可避免的。某些错误在源数据应用中没有显露出来，或者对非综合的应用没有多大影响，但面向地图综合任务时，这些错误将是致命的。例如，等高线高层值赋错，对于等高线图形输出没有影响，但在综合时依据高层差选取，就会发现错漏一批等高线，产生严重错误。

以上部分问题，综合前可通过错误检查功能和交互式编辑加以改正，有些则因缺乏真实信息或修改工作量太大只好维持现状。这些问题不同程度地影响综合效率，如要素分类分级很严格，综合选取时根据属性条件批量选取即可完成综合，如果没有严格区分，属性混为一谈，则需投入大量的交互式人工操作才能完成。

2. 数据预处理

面向综合任务的数据预处理主要是为后继综合做准备，达到可以实施快速选取、高效率综合的目的，在地图综合软件设计中需要考虑的预处理功能有：

(1)属性编码、数据字典统一匹配映射

综合前后的地图数据往往采用两套编码方案，语义描述的数据字典也有差别，为此在地图综合软件中通过预处理将数据表达统一，有利于后继综合变换。由于综合前大比例尺地图表达详细、要素类型划分细、语义字段丰富，而综合后的结果数据往往表达概略，在预处理时可以将源数据中对综合化简没有影响的字段去掉，对数据的语义信息“瘦身”。在分类要素对应转换中存在三种映射关系：①一对一，综合前的某一编码转换为综合后的某种编码，编码值可以不一样；②多对一，综合前的多种编码归并为同一种新的编码，如果园、茶园等转换为园地；③一对零，源数据表达中的某些要素在综合后的表达中不需要保留，直接把它删除，例如，大比例尺地图1∶1000上表达的路灯，在1∶5000结果图上无条件删除。这种预处理，已经开始涉及简单地选取综合操作，只不过不需要复杂的尺度变换分析，只是在语义属性层次上的批量化处理。

(2)图幅拼接

如果综合前后比例尺相差 n 倍，综合输出同样幅面的地图，则需要 n^2 幅图拼接后作为综合的工作底图。图幅拼接需要对图形、语义信息作一致性匹配处理，包括目标的合并，其中图幅边界分幅线的处理是一个重要内容。分幅边界辅助线要弃除，原图幅的分幅边界线部分地参加了多边形地物的封闭，在弃除内边界线时，要考虑跨图幅多边形的接边吻合性。有些弧段接边不严格，拼接后产生裂缝，边界的弧段不被两边多边形共享，此时如果强行删除这种弧段，则会破坏多边形的封闭性，因此不能简单地将图幅边界线删除，要通过多边形融合(Dissolve)删除共享边界。

(3)坐标系投影转换

综合前后不同比例尺数学基础的表达，产生坐标系的变换与投影转化，在地图综合软件中需要提供相应的预处理功能，包括地图投影变换、经纬度大地坐标到大地平面坐标的变换、投影带的转化。例如，国家基本比例尺地形图系列中1∶1万采用3度分带，而1∶5万地图采用6度分带。

(4)基于几何特征的数据过滤

由于源图数据的曲线作了光滑处理，对于缩小比例尺后的综合结果表达，矢量点在高密度阈值下显得过于密集，严重影响后继数据的处理速度。数据拼接后利用曲线化简法对曲线作保守的压缩处理，可大大降低数据量。该预处理引入了曲线化简综合操作，但只是几何上的化简(准确地说为数据压缩，不是综合处理)，不考虑曲线的地理特征，其目的在于提高数据的后继处理速度，减少数据存储量，定义保守的化简阈值不会改变曲线的拓扑结构及弯曲特征。另外，根据目标的长度、面积等阈值，批量删除过于细节化表达的目标，也可减少一部分数据量。

(5)图像数据的预处理及与矢量地图的匹配

影像数据由于现势性强，日益成为地图综合缩编中的重要数据资料，辅助决策变化信息的提取、作为更新数据的背景资料，因此在地图综合软件中要提供图像数据预处理功能，保证航摄像片、遥感影像、DRG扫描图能调入系统平台，作为数据更新的底图资料。功能包括：图像图形的坐标匹配，可视化环境下的简单图像变换(平移、旋转、比例缩放)，图像作为底图背景在放大、缩小后的快速显示。

五、系统参量与综合规则

操作控制参量与综合规则是控制地图综合过程的关键，也是交互式工作中，人机联系的纽带。地图综合软件设计中关于综合规则的控制、界面与操作是一个重要内容。

面向综合过程控制的综合规则是决策算子、算法、参量选取的条件，综合中具体的规则形式多种多样、适于形式化管理，制图综合软件总结出表达综合规则的六元组通式

(〈层代码〉,〈 操作算子〉,〈属性码〉,〈指标项〉,〈下限〉,〈上限〉)

其中，〈层代码〉确定本规则所适用的要素层；〈操作算子〉确定本规则是针对哪种综合操作(删除、合并还是化简)；〈属性码〉确定本规则适用要素层下的哪一类目标，如同样是建筑物层，对高层砖结构建筑物多边形化简与土结构平房化简规则不一样；〈指标项〉确定规则针对的特征项，是以长度大小还是以面积大小作为化简依据；〈上限〉、

〈下限〉确定指标项的取值范围。该六元组的通用意义可表达为：

当〈层代码〉内的目标具有〈属性码〉，且其〈指标项〉小于〈上限〉而大于〈下限〉时，执行〈 操作算子〉。

该表达式中 6 个参量的定义分别为：

〈层代码〉：Char，取值为建筑物、水系、道路、地貌等要素层的对应代码；

〈操作算子〉：String，字符串表示的综合操作，如 DELETE/SIMPLIFY/LINK 等；

〈属性码〉：Long，由数据库建库方案规定；

〈指标项〉：String，取值为 AREA/HEIGHT/DENSTTY/GAP—DISTANCE 等综合算子的控制指标；

〈上限〉：Float，为对应指标的上限取值，由综合后图的 mm/mm^2 单位表示；

〈下限〉：Float，为对应指标的下限取值，由综合后图的 mm/mm^2 单位表示。

规则库建立取决于地图综合任务要求，可根据综合前后比例尺地形图的图式规范、专题要素化简综合的特殊要求以及常规编图过程的经验决定，一般由系统管理员征询各方面用户要求后统一规定，并选择典型地理特征区域内的几幅图做实验，综合结果输出通过检查重新在系统中修订规则指标，综合程度过大的应减小综合指标阈值。

六、建立可视化环境

地图综合操作对象为 DLM 模型下的地理特征目标或者 DCM 模型下的图形目标，综合操作由用户根据界面上显示的标准符号化图形间的邻近关系、密度对比、图形模式、空间冲突做出决策，高质量的符号可视化可帮助用户高效率地决策。针对地图综合大数据量、多比例尺、动态缩放环境等条件，软件的可视化要专门设计。交互式综合操作的快速响应，要求符号化为实时的，符号化算法要优化，要提供骨架化显示、部分符号化显示、完全符号化显示等多种模式。考虑到综合前后两种比例尺的变化，应区分四种显示状态：底图层要素在综合前坐标系下显示、底图层要素在综合后坐标系下显示、综合层要素在综合前图标系下显示、综合层要素在综合后坐标系下显示。在多种形式的组合中，图形显示能提供良好的视觉感。

1. 几何要素的可视化

综合中对点、线、面、注记进行图形可视化要考虑以下因素：视觉意义的正确传输、层次结构的体系化表达、实时符号化的运行效率。基本比例尺地形图显示有严格的图式标准，是图形系统可视化的依据，同时还要考虑计算机环境下可视化的适应性。

数据库内目标层次体系化特征的体现由颜色、线宽、线型实现，即对每一层规定其可视化的符号参量。

点目标的可视化的符号参量主要是颜色，按照严格的图式符号进行，显示时按比例放大，在地图综合软件环境下建立各种比例尺的点符号库文件、分类码与码号库的对照表文件，实现点线目标的显示提供骨架式和符号式两种方式。

线目标的可视化的符号参量主要是颜色、线型、线宽，线符号化需要运用平行线、定比分割等几何算法，是一个耗时的过程。在数据库大范围显示或交互式编辑操作中，运用骨架式显示，即只设定线型、颜色、线宽，不进行真型符号显示，避免等待时间太长、影响操作效率。而当用户要查看、编辑综合结果的符号形式，特别是图形符号间的配置冲突关系时，应对线进行符号式显示。线目标的符号式显示也存在两个文件：符号对照表和线符号库文件。根据线状符号的组合语法规则，将其分解为基本单元，并设定描述参量得到线符号库文件，根据符号参量描述调用专门的符号生成函数完成其可视化。

面目标的可视化的符号参量主要是填充色、边界色、边界线型、线宽，面目标的显示运用 VC 的多边形填充函数 PolyPolygon( )完成，符号参量取决于层的设置。

注记型目标的可视化的符号参量主要是字体、字色，注记型目标的显示，运用 VC 的写注记函数 Text( )实现，数据库中已记录了注记的字体、字号、定位坐标显示参量，在层内规定了注记的显示颜色。

层之间设定显示顺序，在层管理器的界面上，处于底部的层先显示，处于顶部的层后显示，显示结果表现为上层压盖下层。一般地，用户可按注记、点、线、小面积面状目标、大面积面状目标的顺序调整层的排列。

2. 两种比例尺状态下的图形显示

综合过程中图形显示要逼真地将综合前后目标符号化图形相对大小和相对位置关系体现出来，用户通过视觉判断何处密度过大、何处符号间有压盖冲突，从而决定化简综合策略。数据库内存储的目标为大地坐标，无符号大小概念，也不随输图比例尺变化而变化，但在屏幕上两种比例尺下符号化显示时应作比例缩放处理。综合前与综合后按不同比例尺状态显示对线、面目标没有影响，但点符号和注记的显示有应比例的变化。这是因为点符号、注记大小不随比例尺缩小而变小，而是保持固定的大小。在缩小后的表达空间里要包容原来大小的符号，必然产生空间冲突。如果符号按比例尺缩小，则视觉分辨不清。

在综合前较大比例尺底图参考系下显示图形时，直接符号化即可，按综合后较小比例尺显示图形时，要将数据库坐标缩小到 $1/n$（n 为前后比例尺倍率，如由 1∶50 000 图综合缩编 1∶100 000 图，则 $n=2$）。显示结果表现为缩到屏幕中央面积为 $1/n$，这样让用户获得综合产生图幅范围变化的感性认识。点符号、注记的大小应当保持不变，从而在缩小空间后产生了图形符号间的相互冲突。

地图综合软件的可视化环境中，存在两种地图坐标系：综合前大比例尺底图参考系、综合后小比例尺综合图参考系。图层具有两种性质：底图层和综合层。其间存在始终组合显示模式：

①底图参考系下显示底图层：正常显示。

②底图参考系下显示综合层：点符号放大 n 倍，注记按库内存储的字号显示。

③综合参考系下显示底图层：原图强行缩小，得到类似缩小复印的效果，地物间的相对位置关系不变，库内坐标缩小到 $1/n$ 倍后显示，注记字号缩小到 $1/n$ 倍显示，线宽缩为原来的 $1/n$ 倍。

④综合参考系下显示综合层：库内坐标缩为 $1/n$ 倍后符号化显示，注记按库内规定的字号显示，点符号按正常大小显示。

点目标符号化根据其所处层的性质和设定显示参考系决定是否对原符号 n 倍比例变换。而注记总是以库内记录的字号作为显示依据，其相对大小的变化已显式记录在数据库中，即从底图层选取注记到综合层时，其字号放大到 n 倍，相反，缩小到 $1/n$ 倍，从而保证综合前后注记视觉大小不变。这种可视化效果表现为地图层上的地物选取到综合层后，符号大小会突然增大 n 倍，邻近地物相互压盖，从而发现空间表达冲突。

地图综合软件设计两种显示参考系供用户选择，上述四种显示方式都可能存在。如查看图幅的综合效果，则设定为综合参考系下显示综合层；如查看同一要素层综合前后的效果对比，则设定为综合参考系下同时显示综合层和对应的底图层；如查看不作任何取舍化简，底图要素缩小比例后的显示效果，则设定为综合参考系下显示底图层。

对于面状目标，多边形填充在底图层和综合层同时存在时，相互压盖，不能发现其间的差异关系。规定当多边形普染可以设置为透明状态，使多边形综合后与底图层地物关系一目了然。

七、综合过程控制设计

在人机协同作业交互式地图综合机制下，人决策综合算子的选取、软件的过程控制模块，决定算法执行和参量设定，综合决策包括算子选择、算法确定到参量设定的三级控制过程。综合执行的过程表现为从现有的资料图层上派生新的综合结果图层，包括直接从资料图层上选取部分重要目标拷贝到综合图层上，以及对选取的目标进一步作综合化简、合并等处理后在综合图层上产生新目标。

具体地，执行一个综合过程包含五个步骤：①建立综合操作环境，设定综合缩编的控制参量与地图综合规则；②确定综合图层、资料层，建立图形可视/隐藏、锁定/非锁定工作状态；③从资料图层选取目标到当前操作的综合层上，根据不同要素类型，在选取中系统自动对数据作预处理，对坐标压缩，过滤删除一批次要地物；④对选取的目标作综合化简、合并、几何类型转换等综合操作；⑤对综合结果上下文环境进行一致关系协调处理，包括要素体系内的关系处理和跨要素层的关系处理。

在地图综合软件中，定义综合前大比例尺地图要素为底图层，建立与每一底图层对应的综合层框架。由底图层向综合层有选择地拷贝目标，实现地图综合中的目标选取，在综合过程控制中遵循如下原则：

①只有位于综合层上的目标才能实施化简合并等综合操作。

②点状目标和注记由底图层拷贝到综合层时，其可视化状态进行符号比例放大处理。

③综合操作只能对单一的几何要素类(点/线/面/注记)目标进行。

④目标在底图层与综合层之间可多次选取删除。

⑤综合操作可反复进行，结果不满意时，删除综合结果，从底图层选取目标重新进

行综合。

⑥综合层跨层间的冲突关系处理受操作的优先级约束。

⑦任一由算法实现的综合结果都可由人工进行调整、修改编辑。

⑧提供简单的综合评价辅助分析功能，但最终决策由人判断。

在软件过程控制设计中，执行一项菜单指令，要受以下五个条件控制：

①激活要素层(水系、居民地、植被、道路网、地貌等)。

②激活要素类型(点/线/面/注记/区域等)。

③比例尺(原图比例尺、综合后比例尺)。

④用户操作消息(两个选中多边形是分别化简，还是合二为一)。

⑤综合规则指标(选取高程点的密度比率阈值等)。

地理要素层决定算子选择的语义特征差别，如建筑物多边形与湖泊多边形的化简应采用不同的算法；对同一要素层下不同几何维数的目标，其综合化简的操作不一样，如水系层下的单线河与双线河(几何类型差异)都实施化简则有不同方法；操作消息的选定不一样显然会调用不同算子，如对房屋多边形是实施化简还是合并(操作差异)；比例尺段的差异也决定操作的不同，如多边形房屋化简由 1∶50 000 到 1∶100 000 变成矩形形状，由 1∶50 000 到 1∶2500 000 化简可能变成点表示；综合指标规则参量的差异直接导致综合化简的程度，产生结果不一致，如采用 Douglas-Peucker 法综合单根等高线，矢高不同，保留下的点不一样。

在综合软件的程序设计中，以上五个条件表现为操作函数的接口参量，即调用一个综合过程，需要通过软件环境设置、消息激活确定这五个参量，然后才能执行该函数。

八、分要素综合功能设计

地图综合软件与一般的图形编辑软件在功能设计上的不同之处在于：地图综合软件按地理要素分类设计功能，而一般图形编辑软件按几何要素分类设计功能。地理特征和几何特征结合决定综合算子的设计，同样是多边形数据，语义特征不同的建筑物、街区、湖泊及土质植被所采用的综合算子、综合策略与技术路线有较大差别。

1. 操作层的划分

地图综合软件设计按地理要素对操作对象划分层次，开发层管理器，并提供面向层操作的算子功能。划分操作层的依据有：地图的要素分类(自然要素分地貌、水系、土质植被；社会经济要素分居民地、道路网、管网设施、境界等)、几何特征(点、线、面、网等)及空间相关性等。面向综合的地图要素层具有如下特征：操作的有序性、结构的单一性、层次的可叠置性等。解决不同层要素间的空间冲突问题要考虑综合层的优先级，保持优先级高的地物固定，而删除、裁剪、移位优先级低的地物。结构单一性是由综合算子运算要求决定的，大部分算法要求数据对象具有单一的结构，如道路构建的图结构、面状湖泊水库构建的多边形群结构、所有的高程点形成的 Voronoi 图、建筑物群产生的 Delaunay 三角网结构。按单要素综合后，还需将这些层叠置在一起，调整其间的空间关系，解决冲突矛盾。

划分综合对象层次以后，便决定了对该层要素实施操作的综合算子的调用和有关控制参量的设定，是后继综合过程应用模块开发的基础。(同样是多边形，如果位于水系层，其化简采用算法A，如果位于建筑物层，其化简要采用算法B)。地图综合软件中常用的操作要素层及对应的综合功能见表8-1。

表8-1　地图要素对应的制图综合功能

要素	主要属性、关系描述	主要操作
居民地	房屋多边形坐标、楼层、房屋结构、邻近房屋、形状、最小外接矩形	建筑群划分、邻近房屋识别、房屋平移、化简形状、删除、合并、评价
水系	多边形坐标、三角网特性、最小外接矩形、形状描述、多边形关系	小湖泊识别、过滤、删除、双线河转单线河、岛屿弃除、合并、化简、评价
道路网	道路坐标、长度、性质、局部凸壳描述、邻近关系、弯曲特征	删除、合并、连接、平移、中轴线提取、化简、弯曲特征概括、评价
地貌	等高线坐标、性质、高程、邻近关系、谷地、山脊、高程点	等高线过滤、内插、连接、删除、弯曲特征化简、光滑、评价
土质植被	多边形坐标、面积、周长、属性特征、邻近关系、边界弯曲特征、外形	删除、化简、合并、移动、边界化简、评价

2. 居民地制图综合

对居民地形状概括、邻近多边形合并、群集居民地抽象化和典型化选取等是居民地综合的主要操作。

(1)城镇居民地综合

地图综合中街区、街道的处理是相互联系的，选取的街道随着比例尺缩小n倍后，原街道路间的距离变得难以识别，对街道进行拓宽成为一种主要操作。在街道空白区域提取骨架线，按预定的宽度作平行多边形，裁剪街区，拓宽后半依比例表达，宽度由符号化等级决定，从定性上抽象为主干道和次要道路。街道拓宽后，需要同时调整与之相邻街区多边形的位置关系，使之与拓宽后的街道仍然保持正确的空间邻接(图8-2)。为

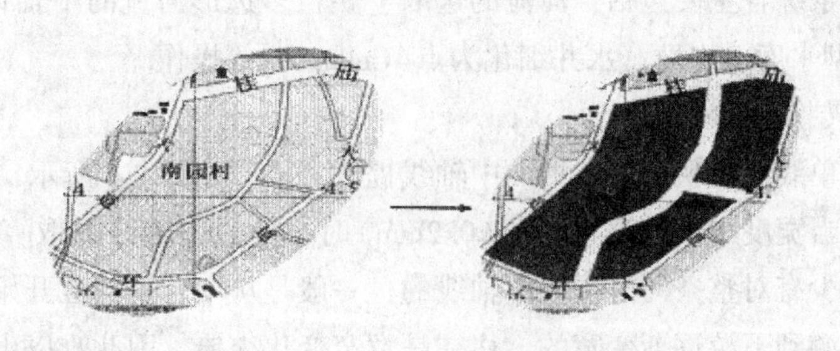

图8-2　城镇居民地综合

保证生成的街区块间的街道宽度符合"主要街道"、"次要街道"的划分，还可作平行线裁切处理。

(2)散列式居民地综合

散列式居民地从几何特征上由2维转变为0维的点和1维的线组成，在综合算子上称作 Collapse，基于面积大小和延展方向上的长度决定该操作的实施，如图 8-3 所示。

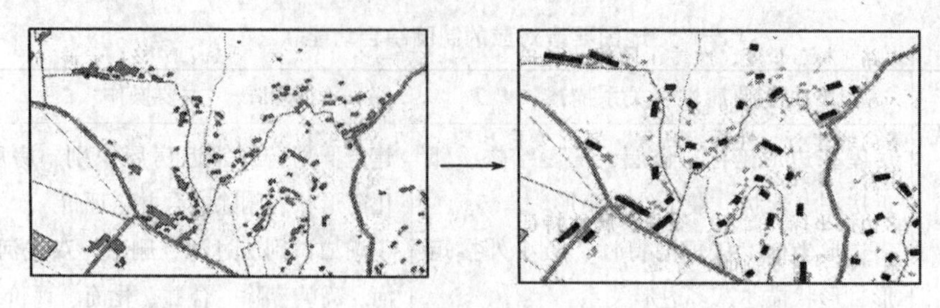

图 8-3　散列式居民地综合

(3)居民地的移位

由其他图形变换后产生空间拥挤，如道路符号变宽，需要移位，通过缓冲区探测待移位的建筑物，计算移位方向与移位距离，保证居民地与其他地物没有压盖，间隙达到视觉辨析距离(一般为 0.2mm)。移位处理如图 8-4 所示。

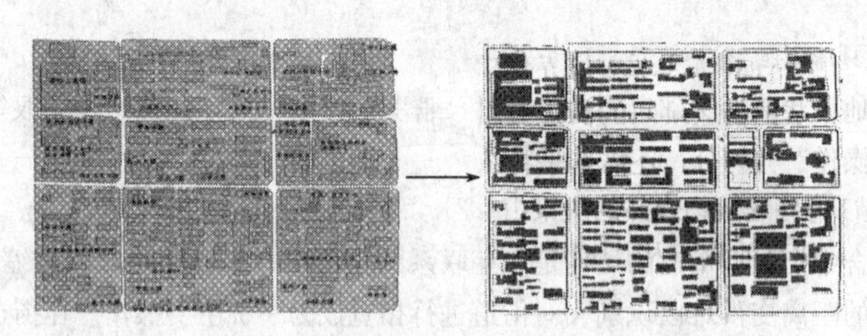

图 8-4　街道符号变宽后建筑物移位处理

3. 水系制图综合

针对水系要素综合主要包括：河流的选取、狭长多边形河流的中轴化(双线河转变为单线河)、小型水库、水塘、水井细化为点(Collapse)等操作。

(1)双线河转换为单线河

双线河变为单线河由狭长多边形的中轴线提取完成，如图 8-5 所示，灰色部分为综合前的双线河，当宽度小于可辨析距离(0.2mm)时，使用中轴线提取算子综合为单线河。应用中，很少有对整条河流提取中轴线的，一般是从中游某部位开始，由于实际河流宽度并是从上游到下游逐渐变宽的，往往是宽窄变化交错，因此难以由机器自动识别从何处提取中轴线，该判断由人工完成。另外，水系综合时单线河选取之后要对其进行简化，删除一定阈值以下的部分弯曲，同时要注意与等高线的正交关系，即河流流向总是与地貌等高线相垂直。

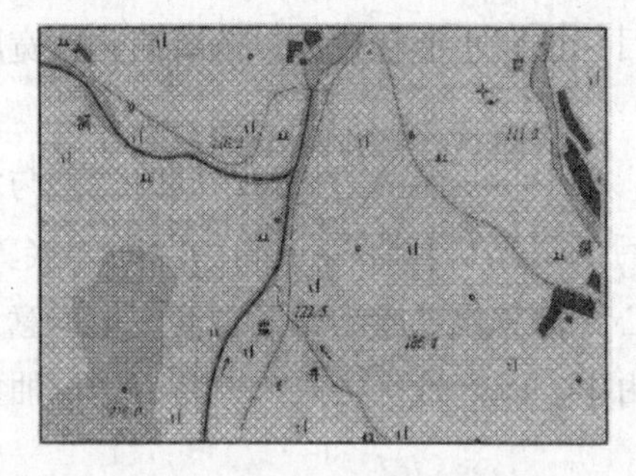

图 8-5　双线河转变为单线河

(2)鱼塘群综合

这是水系要素综合时的一种空间关系的调整，如图 8-6 所示，比例尺缩小后鱼塘群内各多边形间的距离关系不可辨析，综合后将其调整为拓扑邻近。在江南水域发达的农村地区，该操作较频繁。该操作的实现是在邻近鱼塘多边形间隙空白区域提取骨架线，沿着骨架线将多边形边界缝合，犹如穿衣服“拉上拉链”。

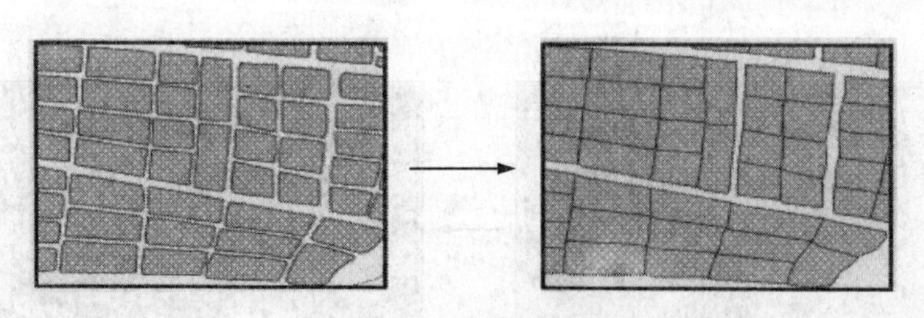

图 8-6　鱼塘群的综合

(3)水系岸线的化简

在矢量点压缩基础上，顾及边界弯曲特征，删除小弯曲，保持岸线的形态特征(图 8-7)。

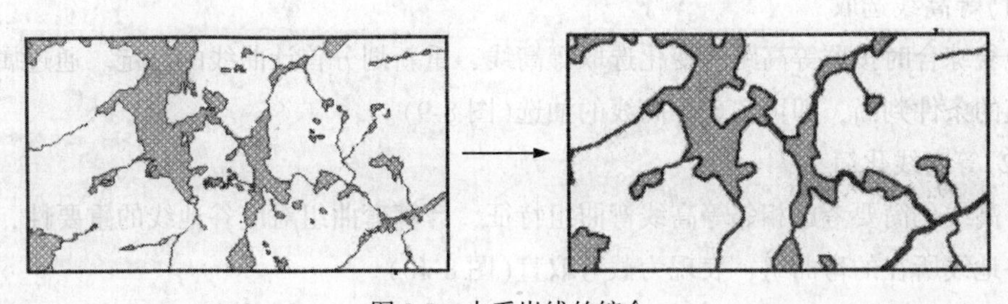

图 8-7　水系岸线的综合

(4)小面积水库、水井转换为点符号

由面状多边形中心点代替小面积水库、水井。

4. 道路设施综合

道路综合主要有道路目标选取、形状化简、等级简化、宽度拓宽等功能。

(1)道路拓宽

与街道拓宽操作类似，按中心线向两边拓宽，同时调整与之相邻道路的建筑物及其他附属设施，使之与拓宽后的道路仍然保持正确的空间邻接关系。在较大比例尺地图上，道路边界线不是由中心线符号化生成的，其宽度有地理意义，在中小比例尺地形图上如1：25万地图上则可由中心线符号化生成，道路表达可抽象为1维线，宽度已无地理意义。

(2)道路形状化简

主要是矢量点压缩和小弯曲的删除，道路形状化简算法应顾及其特点：相对于河流、湖泊边界的曲折性而言，道路基本表现为大绕度延展，平直段部分占主要，一般不需删除地理意义上的弯曲。

(3)道路的选取

在网络体系下，顾及联通性、网眼密度、道路分支长度、属性等级等特征，设计道路选取算法，如图8-8所示。

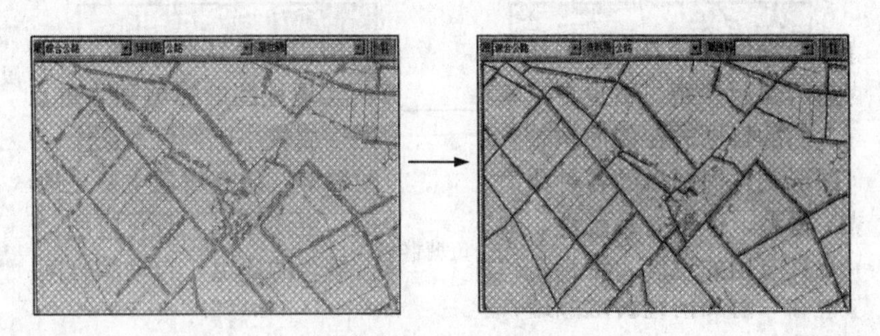

图8-8　基于网络分析的道路选取

5. 地貌综合

(1)等高线选取

地貌综合时按照等高距的变化选取等高线，重新划分首计曲线的设定。通过属性项高程值的条件判断，即可实现等高线的抽选(图8-9)。

(2)等高线化简

等高线化简要考虑相邻等高线弯曲组特征，计算弯曲组对应谷地线的重要性，删除次要谷地线所在的弯曲组，表现为截弯取直(图8-10)。

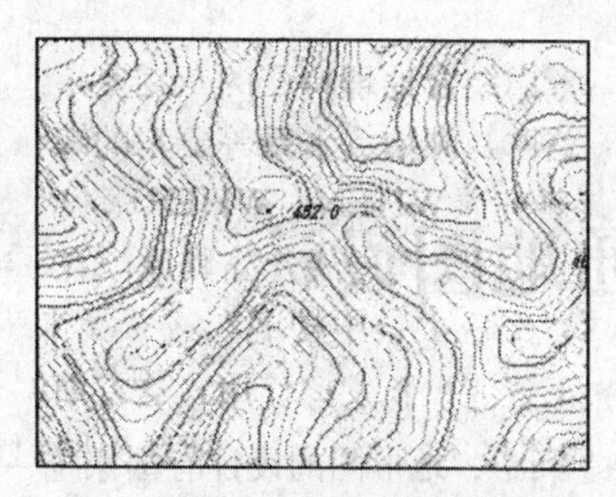

图 8-9　等高线选取

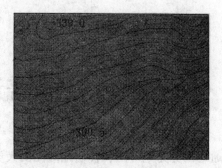

图 8-10　等高线化简

(3)高程点选取

基于高程点分布密度、地貌特征点位置、与相关地物关系等特征分析，优先选择位置较为关键的高程点，如山峰的最高点等，对一般的高程点，则按照一定的比例直接将底图层中的点选择抽稀，然后再放到综合层中。

第九章　普通地图设计

普通地图分为地形图和普通地理图两大类。其中，地形图的设计有国家统一的编绘规范和图式作为指导性文件，各级机构进行地形图设计时，均应在统一的编绘规范指导下根据制图区域特点再进行详细设计。普通地理图的设计则没有国家统一的编绘规范作指导，但由于普通地理图与地形图在内容的表达方面具有许多共同点，因而设计时可参考地形图编绘规范。

普通地图设计的任务是根据编图任务书的要求，确定地图生产的规划和组织，研究制图区域的地理情况，收集、分析、选择地图的制图资料，确定制图的软、硬件环境，根据地图的用途设计地图数学基础，选择地图的内容，确立制图综合原则和指标，设计地图上各种内容的表示方法和符号，进行地图的图面设计和整饰设计等。

第一节　普通地图编辑工作概述

地图生产是一项复杂的任务。为了提高成图质量、降低成本、缩短成图周期，常常需要按生产的不同阶段和参加人员的不同能力进行专业分工，这样有利于发挥不同层次的专长。为了使所有的参加者按照统一的目标充分协调地工作，就产生了对地图生产的规划与组织问题，这些工作称为地图编辑。从事这项工作的专业工作者称为地图编辑。

地图编辑是地图的主要创作者，他们应当具有丰富的地图专业知识，对地图图理有深刻的理解，了解国家的相关政策及相关学科的知识。

一、编辑工作的意义和分类

地图设计与编辑是地图制图学各种活动的中心，贯穿于整个制图过程。

根据编辑工作的阶段性，编辑工作可分为：编辑准备工作(地图设计)，编绘过程中的编辑工作，出版准备阶段的编辑工作，地图出版阶段和出版以后的编辑工作。

1. 编辑准备工作(地图设计)

在地图设计阶段，编辑是工作的主体。地图编辑需要亲自研究地图生产的任务，确定地图的用途，进行地图投影、内容、表示方法、综合原则和指标、整饰规格及制图工艺的设计，最后完成地图设计文件的编写。

2. 编绘过程中的编辑工作

在地图生产过程中，地图编辑需要指导作业员学习编辑文件，指导他们做各项准备工作，解答他们在制图生产中遇到的问题，并检查他们的工作质量。最后还要领导对地图成果数据的检查验收。

3. 出版准备阶段的编辑工作

当地图成果数据送到印刷厂以后，地图编辑要协助印刷厂的工艺员制定印刷工艺，并对印刷厂的打印样图进行检查和验收。

4. 地图出版阶段和出版以后的编辑工作

地图出版以后，地图编辑应收集读者对该图的意见，编写科学技术总结，从而达到积累经验、不断改进工作的目的，并为地图的再版做好准备。

总之，地图编辑工作是贯穿整个地图生产过程的核心工作。

二、编辑工作的组织

地图编辑工作采用集中和分工相结合的形式。

集中指的是国家测绘业务主管部门根据国家建设的需要和地图的保障情况，确立编制各类地图的总方针，提出改进工艺、提高地图质量的方向，引导各单位的地图编辑员发挥创造精神，以保证不断创造出高质量的地图作品。在编制国家基本比例尺地图时，只有实行高度集中领导，例如，制定统一的规范、图式，才能保证地图综合质量和整饰规格的统一。各单位的制图工作都必须在这个集中的领导下进行。

分工是按业务性质或成图地区划分任务，由不同的制图机构负责相应的地图编辑工作。

在一个制图机构内部，由总编辑或总工程师负责总的技术领导工作，编辑室负责本单位地图生产中的设计和施工中的技术领导工作。

在编制地图集或系列的大型地图作品时，可以单独成立编辑部，设主编、副主编、编辑等。

为了有效地进行编辑领导，制图单位必须有长期的和年度的计划，总编根据年度计划给每个地图编辑分配年度、季度和逐月的工作任务。

承担某项具体制图任务的地图编辑称为该地图的责任编辑。

三、编辑文件

根据制图任务的类型差别，编辑文件有所区别，概括起来为图 9-1 中所列举的情况。

地形图指国家基本比例尺地图。对于这一类地图，国家测绘主管部门以国家标准形式发布了各种比例尺地图的编图规范和图式等一系列标准化的编辑文件。每一个具体的制图单位在接到制图任务书后，根据规范、图式的规定并结合制图区域的地理情况，编写区域编辑计划。针对每一个具体图幅，则要在区域编辑计划的基础上，结合本图幅的具体情况编写图幅技术说明。

普通地理图由于没有规范和图式，通常要编写地图大纲，再根据具体任务编写区域

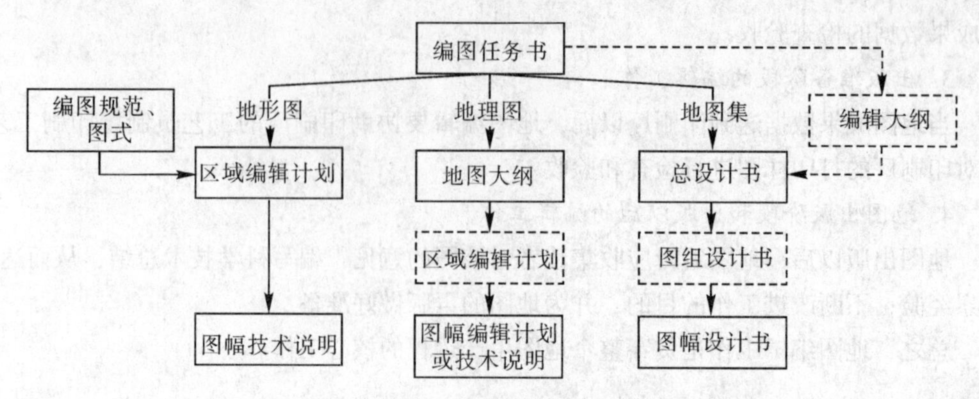

图 9-1　编辑文件的种类和相互关系

编辑计划。对于每一个具体图幅，编写图幅编辑计划或技术说明。

普通地图集的编制要复杂一些。如果编图任务书的内容很详细，可以直接根据任务书的要求设计和编写地图集总设计书，否则，要先编写一个编辑大纲提供给编委会讨论，认可后再编写总设计书。对于每个图组，由于其类型、内容都相差甚远，要编写图组设计书。每一幅图又有不同的类型，还要编写图幅设计书(相当于图幅编辑计划或技术说明)。

编图任务书是由上级主管部门或委托单位提供的，其内容包括：地图名称、主题、区域范围、地图用途、地图比例尺，有时还指出所采用的地图投影、对地图的基本要求、制图资料的保障情况以及成图周期和投入的资金等项目。

地图编辑在接受制图任务后，经过一系列的设计，编写相应的编辑文件。

四、编辑准备工作的内容和程序

承担地图设计任务的地图编辑在接受制图任务以后，按下列程序开展工作：

①根据任务书，研究并规划编图所需要的人力、物力、财力、时间以及必要的组织措施。

②确定地图的用途和对地图的基本要求。

确定地图的用途是设计地图的起点，是确定地图类型的依据。横向制图任务通常在委托书中并不具有对地图在专业技术方面的要求，为此，承担任务的编辑，在接受制图任务后首先是要同有关方面充分接触，从确定地图的使用方式、使用对象、使用范围入手，就地图的内容、表示方法、出版方式、价格等同委托单位充分交换意见。

对于地形图，地图的用途和对地图的要求在规范中都有明确规定，不需要上述过程。

③分析已成图，研究制图资料和制图区域的地理情况。

为了使设计工作有所借鉴，在接受任务之后，往往先要收集一些同所编地图性质上相类似的地图加以分析，明确其优点和不足，作为设计新编地图的参考。

没有高质量的资料，就不可能生产出高质量的地图。地图生产中的资料工作包括收集、整理、分析评价、选择制图资料等多个环节，首先是收集和整理制图资料，在经过初步分析后就要研究制图区域的地理情况，在掌握了制图区域的特点以后再反过来分析、评价和选择制图资料。

制图区域是地图描绘的对象，想要确切地描述它，必须先深刻地认识它。研究制图区域就是要认识制图区域的地理规律，这对以后的多项设计都有意义。

④设计地图的数学基础。

包括设计或选择一个适合于新编地图的地图投影(确定变形性质、标准纬线或中央经线的位置、经纬线密度、范围等)，确定地图比例尺和地图的定向等。

⑤地图的分幅和图面设计。

当地图需要分幅时进行分幅设计。图面设计则是对主区位置、图名、图廓、图例、附图等的设计。

国家基本比例尺地形图不需要进行分幅和图面设计。

⑥地图内容及表示方法设计。

根据地图用途、制图资料及制图区域特点，选择地图内容，它们的分类、分级，应表达的指标体系及表示方法，针对上述要求设计地图符号并建立符号库。

⑦各要素制图综合指标的确定。

制图综合指标决定表达在新编地图上的地物的数量及复杂程度，是地图创作的主要环节。

⑧数字地图制图工艺设计。

在数字环境下，地图制图过程是相对稳定的，在制图硬件、软件及输入输出方法选定后，基本不需要进行过程设计。

⑨样图实验。

以上各项设计是否可行，结果是否可以达到预期目的，常常要选择个别典型的区域做样图试验。

在上述各项工作的基础上，地图编辑积累了大量的数据、文件、图形和样图等，这时就可以着手编写地图的设计文件了。

⑩领导地图的编绘和出版准备。

⑪领导各阶段的成品检查，协助印刷厂的工艺员完成制印工艺设计。

⑫收集对地图作品的意见，编写科学技术总结，提出地图再版时的改进建议。

第二节　普通地图的总体设计

地图的总体设计指的是确定地图的基本面貌、规格、类型等方面的设计。它包括地图投影、坐标网、比例尺、分幅、图面配置和拼接方法的设计，图例设计以及地图的美术设计等。

一、地图投影的选择

1. 影响地图投影确定的因素

在编制任何性质的地图或地图集时，选择一个合适的地图投影具有重要意义。这是因为，一个适当的地图投影，不但能保证最适合于地图用途的要求，而且可以根据需要，选定其变形性质并限定变形的大小，保证地图的精度和地图的实用性。

地图上的经纬线网是构成地图数学基础的主要数学要素，而地图投影就是研究如何将椭球面(或球面)上的点投影到平面上，建立经纬线平面表象的理论和方法。所以，制作地图的首要任务是选择好地图投影。地图投影的确定是地图编制工作中的一个重要环节，它不仅直接影响地图的精度，而且对地图的使用有重大影响。随着现代地图投影理论与方法的迅速发展，投影的种类和方案极其多样，这就为某一具体地图选择和设计最适宜的投影方案提供了极为有利的条件，但也增加了投影确定工作的复杂性。确定地图投影是一项创造性的工作，没有现成的公式、方案或规范，而要在熟悉各类地图投影的性质、变形分布、经纬线形状及所编地图的具体要求的前提下，经过对比来确定。地图投影的确定受相互制约的多种因素的影响。

(1)制图区域的空间特征

制图区域的空间特征，是指它的形状、大小和在地球椭球体上的位置。依制图区域的形状和位置选择投影，大多按经纬线形状的分类来决定采用哪一类投影，使投影的等变形线基本上符合制图区域的轮廓，以减少图上的变形。如区域形状接近圆形的区域，在两极地区宜采用正轴方位投影，东、西半球地图常采用横轴方位投影，在中纬度地区宜选用正轴圆锥投影，在低纬度地区多采用正轴圆柱投影，因为它们的等变形线形状与纬线一致，东西任意延伸变形也不会增大；沿经线南北向延伸的竖长形地区，一般可采用横轴圆柱投影；沿任意斜方向延伸的长形地区，多采用斜轴圆柱投影或斜圆锥投影，这样也可使投影变形较小且分布比较均匀。

制图区域愈大，投影选择愈复杂，需要考虑的投影种类愈多，并且需联系其他方面的要求，综合考虑方能作出决定，对于一个面积很大的地区(如区域的纬差超过22.5°或半径超过2 200km)，不同的投影其误差可能有较大的差别，像世界地图、半球地图、各大洲与各大洋地图等，其区域范围很大，投影所产生的变形也很大，需要考虑的投影方案有很多，使之投影确定较为复杂；制图区域愈小，确定投影就只考虑它的几何因素了，此时选择何种投影方案，其变形都是很小的。所以，投影确定问题，实际上是设计编制大区域小比例尺地图的任务。

制图区域的空间特征对选择地图投影的影响，是就主区范围而言的，不同的主区范围其形状、大小和位置有所不同，投影选择也就有所差别。例如，设计中国全图时，若南海诸岛作为附图，可选择等角正圆锥投影；若南海诸岛不作附图，这样主区范围变了，则应改为选择等角斜方位投影、伪方位投影、等面积伪圆锥投影(彭纳投影)等。

若制图区域的某局部区域因用途需要，形成重要性的差别(由于政治、经济、国防等方面的原因)，选择投影时通常把变形最小的部位，尽可能放在图幅的最重要的部分。例如，编制世界地图时，中国应处于变形最小的位置；编制城市交通旅游地图时，对各主城区繁华地图应尽量放大，可考虑采用多焦点的变比例尺投影。

(2)地图的用途和使用方法

地图用途决定着需选用何种性质的投影，不同用途的地图，对地图投影性质有不同的要求，也就是说，一定的用途常限制使用某些特定的投影。例如，政区地图，各局部区域的面积大小对比处于突出地位，常使用等面积投影；用作定向的地图则适于采用等角投影；军用地图，要求方位距离准确，在一定区域内点与点之间的关系没有角度变形，保持图形与实地相似，通常采用等角投影；教学用地图，为了给学生以同等重要的要素和完整的地理概念，常采用各种变形都不大的任意性质投影；要求方位正确的地形图使用等角投影；要求距离较精确的地图(如交通图)常使用任意投影中的等距离投影。有些地图已形成固定的模式，例如海洋地图、宇航地图都用墨卡托投影(等角圆柱投影)，航空基地地图都用等距离方位投影，各国的地形图大多数都用等角横切(割)圆柱投影。世界时区图，为了便于划分时区，习惯用经纬线投影后互相成垂直平行直线的等角正轴圆柱投影等。

地图用途制约着选择的投影应达到的精度。用于精密量测的地图，其长度和面积变形应小于±0.5%，角度变形小于0.5°；中等精度量测的地图，要求投影的长度和面积变形在±3%以内，角度变形小于3°；近似量测或目估测定的地图，投影的长度变形和面积变形在±5%、角度变形在5°以内；不作量测用的地图，只需保持视觉上的相对正确即可。

地图的使用方式对地图投影的确定有一定的影响。根据使用方法，地图可以分为桌面用图、挂图、单张使用、拼接使用、系列图和地图集中的地图等。它们对投影有不同的要求。桌面用图侧重于较高的精度，而对区域的整体性要求不高，不追求区域总的轮廓形状的视觉效果，为了节约图面常可使用斜方位定向；挂图则着重在视觉上的相对正确和整体性方面，强调区域形状视觉上的整体效果，一般不提倡斜方位定向；单张使用的地图只考虑本图的制图区域来选择投影，而拼接使用的地图选择投影时要考虑到图幅之间的拼接；系列地图和地图集中的地图常常着眼于它们之间的相互比较和相互协调来选择近似的或一致的投影。

(3)地图对投影的特殊要求

设计的地图中，有些地图对投影有特殊要求，它会使投影选择限制在某些投影的范围内。例如，在经纬线形状方面，教学地图中的世界全图或半球地图，一般要求经纬线对称于赤道，极地投影成点状，表现出球状概念，这可从正轴(横轴)方位投影或伪圆柱投影方案中选择；编制世界时区图时，为了清楚地表达时间的地带性，就选择投影后经纬线网成正交平行直线的等角圆柱投影。当要求在地图上的大圆弧表示为直线时可采用球心(日晷)投影方案，而这种投影中的长度、角度和面积变形都是很大的。

地图配置方法对投影选择和设计的影响有时也是很明显的。例如，在编制我国适用的世界地图时常要求投影中我国位于图幅中央，形状比较正确，在地图上我国的面积和其他相近似的国家不得相对地缩小，要求经纬网形状对称于赤道和中央经线，采用了正切差分纬线多圆锥投影(1976 年方案)。

某些专用地图的特殊需要，使得现有的投影都不能满足要求，必须重新设计和探求能满足特殊要求的地图投影。例如，为解决卫星图像投影问题，开辟了空间投影领域；为满足专用地图在一个投影平面上，投影比例尺发生显著变化的要求，设计了变比例尺地图投影和多焦点地图投影；为在图上突出重点地区，而以其周围地区作为陪衬，设计出组合方位投影；若要在图上保持两个定点到任何点的方位角和距离正确，则设计双方位投影和双等距离投影，可以解决军事上测向、测距定位及导航等方面的问题。

(4)地图的内容

一般说来，所编地图内容对选择投影的变形性质有很大的影响。例如，经济地图为了表示出经济要素的面积分布和面积的正确对比，常常要采用等面积性质的投影；航海地图、航空地图、气候地图等，为了比较正确地表示航向、风向和海流的流向，以及为了使一定面积的几何图形相似，一般多采用等角性质的投影；有时为表示沿纬线分布的地图内容要素，则常采用纬线表示为直线的圆柱投影或伪圆柱投影方案，等等。

(5)地图的出版方式

出版方式，是指地图是以单幅形式出版的，还是以图集系列图和图组形式出版的。如果地图是以单独一幅出版的，则在投影选择上有较大的活动余地，可以从许多方案中选取比较合适的投影。如果地图是以图集、系列图和图组的形式出版，那么在选择投影时除了考虑到本幅具体地图的情况外，还应考虑到各幅地图投影之间的内在联系和统一协调，应使各组地图尽可能采用同一类型同一性质的投影系统，使之具有系统性，便于比较。

(6)地图投影本身的特征

1)变形性质

不同性质的地图投影适合于不同的用途。

2)变形大小和分布

变形分布的有利方向应当同制图区域形状相匹配，变形大小要能满足地图精度要求。正圆柱、正圆锥投影，变形同经度无关，随纬度的增宽而增大，它们适用于东西延伸的地区；方位投影的等变形线分布同心圆，离中心愈远则变形愈大，适应于面积不大的圆形区域；投影面和地面相切的投影只有正变形，边缘地区的变形就可能比较大；投影面和地面相割的投影变形有正有负，分布比较均匀。另外，受变形性质的影响，对于等角投影，面积将有较大的变形，而对于等面积投影，角度会有较大的变形。任意投影时，长度、面积、角度都有变形，但大小比较适中。

3)经纬线形状

不同的投影会构成不同的经纬线形状，为了使地图具有良好的视觉效果，通常要求经纬线网格具有正交或近似于正交、等分或近似等分的图形；曲线形状的经纬线有利于表示出地面的球体概念，而直线则有利于表示出地理事物分布的地带性规律。例如，横轴方位投影、若干多圆锥投影都有利于表示出世界的球形感。

4）地球极点的表象

极点被投影成点（或接近于点），视觉上比较好，但整个制图区域的局部地区会有很大变形；极点投影成线，虽然极地的投影变形较大，却可以换来区域内较均匀的变形分布。

5）特殊线段的形状

地图上的某些特殊线段投影后的形状，也常成为确定投影的因素之一。墨卡托投影中等角航线成直线，这就是航海图采用该投影的理由。在球心投影上，地球表面两点间距离最近的大圆航线成直线，它是地面上距离最近的线，表达港口和基地、机场之间联系的地图可以考虑采用这种投影。例如，航空图上，要求把地面上距离最近的大圆航线投影成直线，以方便空中领航，就要选择改良多圆锥投影或等角正圆锥投影等。

具体确定投影时，要综合考虑上述因素，对于同一个要求可能有几种投影都可以适应，从中选出适应面最宽的投影。

2. 地图投影确定与建立

并不是所有的新设计地图都需要选择投影，例如，区域性分幅图中的地形图，各国都预先严格地确定了投影。因此，地图的投影选择问题，实际上是对区域性小比例尺地图而言的。

在具体进行投影选择时，要综合考虑上述五种因素，找出一种投影能适应的要求多，重要性大，它就是应该确定的投影。

在选择地图投影时对投影的共同要求是，经纬网形状不复杂，在制图区域内变形较小而分布均匀，新投影应便于地图制作，等等。在上述这些要求中最主要的就是对投影变形性质和变形值大小的要求。可以这样说，地图投影的选择在很大程度上取决于对变形性质和变形值大小的要求。地图采用何种变形性质的投影？这主要是根据地图的用途、内容及使用方法来确定的。而变形值所达到的范围则取决于所表示区域的面积大小和所取的变形性质。

在很多情况下，我们可以选择变形小到不易被实践量测所觉察或不影响地图使用的投影。例如，在为区域范围很小（≤600 万平方公里，经纬差在 12°以内）的地图选择投影时，无论采用何种单独设计的投影方案，所有投影的变形差别实际上可以忽略不计，选择什么样的投影都是可以的。又如，当为各种示意性质的地图，其中包括各种教学挂图等选择和设计投影时，对变形值范围的要求可以放宽很多。

区域地图是一种大区域的普通地图，有按经纬线分幅的区域性分幅图和完整地反映全区地理形势，纵览全局的区域性全图之分。区域地图的区域范围大小差别悬殊，经纬差几度到几十度不等，所以地图比例尺也就多种多样。

当制图区域范围很大，如当地图上表示整个地球表面的 5%～8%或 2 500 万至 4 000

万平方公里的区域时，投影所产生的变形值已被量测所明显察觉，这就需要认真地综合考虑各种要求，选择或者设计出比较满意的地图投影。在这种情况下，选择投影有两种方法，一种是采用等角性质或等面积性质的投影方案，另一种是采用角度、长度和面积变形都尽量小的投影方案。

对于大区域小比例尺挂图来说，由于不会在图上进行量测，精度的要求还可降低，即便是制图区域的经纬差达到23°左右，只要长度和面积变形不超过3%，角度变形不超过3°，是不会影响使用的。所以，对于范围不大的制图区域，没有必要过多地从投影变形大小去考虑，应多从制图区域的形状和地理位置、经纬线网的形状，以及使用资料情况等条件来考虑选择地图投影。

一般地说，对于不大的区域采用等角性质的投影为好，对于较大的区域，为使各种变形较为适中，选用等距离性质的投影或任意性质的投影为宜。

有时，设计的地图会遇到现有的投影都不能满足制图区域和新设计地图的要求，这时就需要探求新的投影。

对于一项具体设计任务即进行地图投影的选择，其方法是：按照投影选择的一般原则，结合制图区域的空间特征和地图用途对投影的要求进行分析，考虑了几种投影方案后，再对这些方案分别进行变形值的估算，通过比较，哪种投影适应的因素多，重要性大，就选择为该地图投影。

有些投影需要选择标准纬线的位置，在编绘较小区域的地图时，标准纬线的位置差异对投影变形实际上并没有很大影响。例如，编制各省(区)的地图时，有的从理论上的最优化出发来选择标准纬线(如用边纬和中纬变形绝对值相等的条件)，结果选定的标准纬线不是整数，不能在图面上表现出来，这对改善地图的变形并没有多少帮助，反而对用图有一定的影响。所以，标准纬线也宜选择一个较为完整的数字。

投影方案确定后，根据选择的投影确定公式的常数，运用它的公式依经纬线网间隔，计算投影的坐标值和变形值。

3. 我国编制地图常用的地图投影

(1)世界地图

1)等差分纬线多圆锥投影(1963年方案)

2)正切差分纬线多圆锥投影(1976年方案)

3)任意伪圆柱投影

4)正轴等角割圆柱投影

5)任意圆柱投影

(2)各大洲地图

1)亚洲地图

①斜轴等面积方位投影(投影中心：40°N，90°E或40°N，85°E)。

②彭纳投影(等面积伪圆锥投影，标准纬线：40°N，中央经线80°E)。

2)欧洲地图

①斜轴等面积方位投影(投影中心：54°N，20°E)。

②正轴等角圆锥投影(标准纬线：40°N，66°N)。

③等距离圆锥投影(标准纬线：40°N，66°N)。

3)北美洲地图

①斜轴等面积方位投影(投影中心：45°N，100°W)。

②斜轴等距离方位投影(投影中心：45°N，100°W)。

③彭纳投影(等面积伪圆锥投影，标准纬线：45°N，中央经线100°W)。

4)南美洲地图

①斜轴等面积方位投影(投影中心：5°S，70°W)。

②桑生投影(投影中心：60°W)。

5)非洲地图

①横轴等面积方位投影。

②桑生投影。

③横轴等角圆柱投影。

6)大洋洲地图

①斜轴等面积方位投影(投影中心：25°S，135°E)。

②正轴等角圆锥投影(标准纬线：34°30′S，15°20′ S)。

(3)中国全图

①斜轴等角方位投影(投影中心：30°N，105°E)。

②斜轴等面积方位投影(投影中心：30°N，105°E)。

③斜轴等距离方位投影(投影中心：30°N，105°E)。

④伪方位投影(投影中心：30°N，105°E)。

⑤正轴等角圆锥投影(南海诸岛作插图处理，标准纬线：25°N，47°N)

⑥正轴等面积圆锥投影(南海诸岛作插图处理，标准纬线：25°N，47°N)

(4)中国分省(区)地图

我国分省(区)的地图宜采用下列两种类型投影：正轴等角割圆锥投影(必要时也可采用等面积和等距离圆锥投影)；宽带高斯-克吕格投影(经差可达9°)；我国的南海海域单独成图时，可使用正轴圆柱投影。

关于投影的具体选择，各省(区)在编制单幅地图或分省(区)地图集时，可以根据制图区域情况，单独选择和计算一种投影，这样各个省(区)可获得一组完整的地图投影数据(例如，割圆锥投影在制图区域中具有两条标准纬线)，变形也比分带投影的变形值小一些。我国目前各省(区)按制图区域单幅地图选择圆锥投影时，所采用的两条标准纬线，投影的长度变形最大的可达0.5%(新疆)，一般都在0.2%以内。

(5)中国海区图

①等角正圆柱投影(标准纬线±30°)。

②等角斜圆柱投影(双重投影)。

(6)各大洋地图

1)太平洋地图

通常采用斜轴方位投影、伪圆柱投影和墨卡托投影，在斜轴方位投影中有等面积或任意性质的投影。

2)印度洋地图

通常采用等面积伪圆柱投影、横轴等面积方位投影和墨卡托投影。

3)大西洋地图

通常采用等面积伪圆柱投影、方位投影、伪方位投影和墨卡托投影。

(7)半球地图的常用投影

1)东半球图

①横轴等角方位投影(投影中心：0°，70°E)。

②横轴等面积方位投影(投影中心：0°，70°E)。

2)西半球图

①横轴等角方位投影(投影中心：0°，110°W)。

②横轴等面积方位投影(投影中心：0°，110°W)。

3)南、北半球地图

①正轴等距离方位投影。

②正轴等角方位投影。

③正轴等面积方位投影。

(8)南极、北极地图的常用投影

①正轴等角方位投影。

②正轴等距离方位投影。

③正轴等面积方位投影。

二、制图区域范围和地图比例尺的确定

制图区域范围的确定要综合考虑地图的用途和类型的需要。国家系列比例尺地图的制图区域范围已由编绘规范明确规定，无需另作考虑。对普通地理图而言，首先要从地图制作的基本资料上明确制图区域主区的地理分布范围。然后，根据地图分幅、地图尺寸、比例尺及与邻区重要地物的关系等情况综合确定制图区域范围。

地图比例尺指的是在地图上标明的、没有投影变形的部位上的比例尺，它代表地面上微分投影在地图上缩小的倍数。

1. 选择比例尺的条件

在编制地图时，比例尺的选择以制图区域范围的大小、图纸规格和地图需要的精度为制约条件。

比例尺决定实地上的制图区域表象在图面上的大小，所以制图区域的范围和地图比例尺的确定是密切相关的。一定大小的区域范围，当图纸的规格为预先确定时(例如，

地图集中的地图需符合一定的开本大小等)，要根据图纸大小来确定地图的比例尺。显然，范围较大的区域要选择比较小的比例尺，而范围小的区域则可选用较大的比例尺。

除了制图区域的范围以外，比例尺的选择还同地图内容的密度和详细程度、地图量测时可能的精度等有密切关系。

比例尺应该能够保障制图区域以必要的详细程度描绘出来，例如居民地，全国地图上以反映县级居民地为目标可以用 1∶400 万或 1∶600 万的比例尺，各省、自治区地图上以反映乡镇级居民地和重要村镇为目标必须用 1∶50 万甚至更大的比例尺；县图以反映行政村和重要村庄为目标就要用 1∶10 万左右的比例尺。

地图需要的精度往往成为选择比例尺的先决条件。因为要求一定的量测精度同地图上图解的可能性密切相联系，而只有较大的比例尺才能使图解性增强。与此相联系，比例尺选择还应考虑可能描绘在地图上的最小面积，地图上可能表示的地物密度，地图载负量以及明显阅读该区域最复杂地段表象的可能性。

制图资料的保障情况和使用的方便(尽可能采用完整的整数)有时也成为选择地图比例尺考虑的因素。

制图物体表象在地图上的密度要求同地图的使用方式有关，挂图上的密度就要比桌面用图小一些，因此以同样的详细程度表示制图区域时，桌面用图的比例尺可以小一些，挂图的比例尺就要大一些。

2. 选择比例尺的方法

(1)保障地图具有指定的精度

根据指定的精度来选择地图的比例尺可以按照下面的近似公式来计算：

$$M=\frac{m_d}{\Delta} \tag{9-1}$$

式中，M 为地图比例尺分母；m_d 为容许的中误差；Δ 为地图上的图解和量测误差。

其中，m_d 以米计，Δ 以毫米计，转换系数为 1 000，根据经验，应把实际误差与图上误差的比值乘以$\sqrt{2}/2$，以实现中误差和绝对误差的转换，故系数近似地定为 710。

例如，某项任务要求在地图上量测两点的中误差在实地上不超过 100m，此时 m_d = 100m。通常认为地图上的图解误差为 0. 2mm，用精密分规量测的误差为 0. 08mm，则根据误差传播定律有：

$$\Delta=\sqrt{(0.2\sqrt{2})^2+0.08^2}=0.29\ \text{mm}$$

根据式(9-1)算出 M=244 828，把比例尺凑成整数，M=25 万，即选择 1∶25 万的比例尺就能满足指定的精度要求。

(2)根据区域范围和图纸大小确定比例尺

1)计算法

根据制图区域的范围和图纸规格直接计算确定地图比例尺。

例：某省为了提升测绘地理信息服务保障水平，编制一幅挂图，以形象直观的地图语言反映该省的居民地、交通、行政区划、水系、地貌和植被等基础地理信息。挂图幅面为标准全开，内图廓尺寸 707mm×1012mm。该省南北方向长约为 380km，东西方向宽约为 650km。问挂图的比例尺为多大比较合适。

解：650 km/1 012mm＝650 000 000/1 012＝642 292

380km/707mm＝380 000 000/707＝537 482

因为 1∶642 292<1∶537 482

把比例尺凑成整数，所以比例尺为：1∶65 万。

根据长边求出一个比例尺后，还必须根据二者的短边再求一个比例尺，二者不一致时，取其中较小的比例尺作为最后确定的比例尺。

这种方法适用于各种挂图和单张地图的比例尺确定。

2) 套框法

地图集的开本确定以后，它可能的图幅范围也就确定了，只能根据这个条件和制图区域范围来确定地图比例尺。若需要确定比例尺的是一组地图，例如，在设计地图集中分区图时，图纸的规格是确定的，而各区域的范围大小并没有改变，这时，最适合用套框法。套框法的基本思路是：根据图纸大小和区域范围，预先选一组比例尺，然后选定一幅小比例尺地图作为工作底图，制作出各比例尺相应的图框，再用这些图框去套各区域范围，以此确定各区适用的比例尺。

具体做法举例说明如下：

①选择一幅 1∶100 万的地图作为工作底图(图 9-2)。

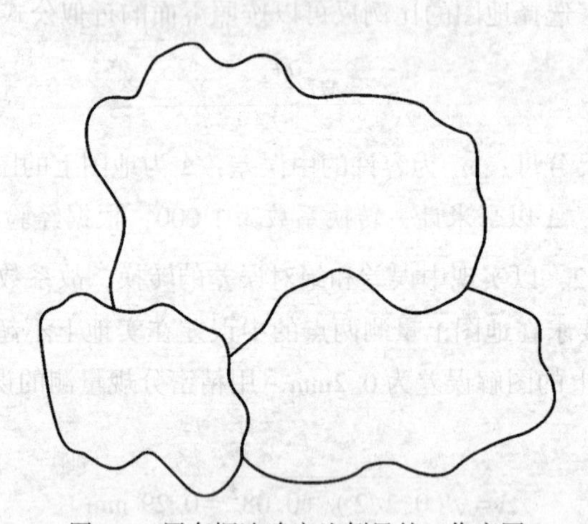

图 9-2　用套框法确定比例尺的工作底图

②确定内图廓尺寸。假定地图集的展开页为 4 开，有效面积 54. 6cm×39. 3cm，内图廓定为 47cm×32cm。

③把内图廓尺寸化为工作底图上各(预先选定的)比例尺相应的尺寸，可根据下式进行计算：

$$\left.\begin{aligned} a &= A \cdot \frac{M}{m} \\ b &= B\,\frac{M}{m} \end{aligned}\right\} \tag{9-2}$$

式中，a、b 为工作底图上相应的图廓边长；A、B 为设计图的内图廓尺寸；M 为设计的地图比例尺分母；m 为工作底图的比例尺分母。

其中，$A=32\text{cm}$，$B=47\text{cm}$，$m=100$ 万，预先选定比例尺为：1∶40 万、1∶50 万、1∶60 万，所以 M 分别为 40 万、50 万、60 万。从而计算出 a 边相应为 12.8、16、19.2cm；b 边相应为 18.8、23.5、28.2cm。

④根据计算的尺寸制作出图框(图 9-3)。

⑤在工作底图上对各区套框，就可确定各区域适用的地图比例尺。

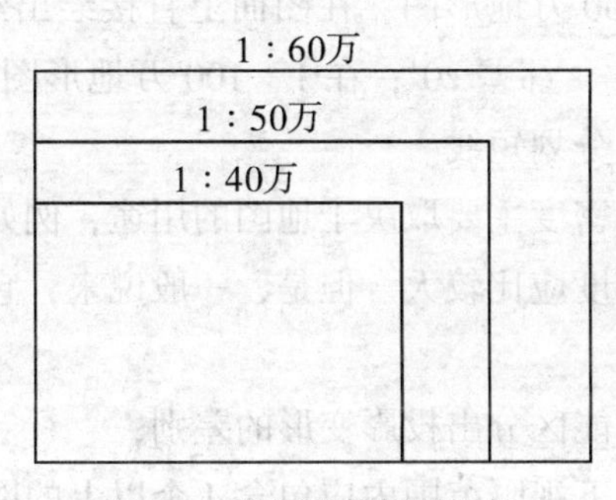

图 9-3　套框法使用的图框

三、坐标网的选择

地图投影最后都要以坐标网的形式表现出来。为了确定制图物体的位置，必须有供确定坐标用的坐标网。设计地图时要特别注意选择适当的坐标网，因为它直接关系到地图的用途、使用方法等。地图上的坐标网有地理坐标网(经纬线网)和直角坐标网(方里网)。

各国的地形图上，坐标网大多选用双重网的形式。即大比例尺地形图，图面以直角坐标网为基本网，地理坐标网为辅助网，只是用图廓和分度带的形式来表现；中小比例尺地形图以地理坐标网为基本网，图面描绘出经纬线网，把直角坐标网以辅助网的形式绘于内外图廓之间。西方许多国家的地形图还被套印上统一的通用横轴墨卡托投影的坐标网，供军队联合作战时使用。供导航使用的地图又常被套上以导航台为焦点的双曲线网。

小比例尺地形图上则通常只采用地理坐标网。

1. 地理坐标网的确定

地理坐标网是由经线和纬线所构成的坐标网，经纬线网在制图上的意义，在于绘制地图时不仅起到控制作用，确定地球表面上各点和整个地形的实地位置，而且还是计算和分析投影变形所必需的，因而，也是确定比例尺、量测距离、角度和面积所不可缺少的。

地图大纲中应当定出图上的经纬线网的密度。过分稠密的网线会使图面显得杂乱，过稀又会使图上量测或目测确定目标的位置产生困难，并会降低地图的精度。所以，必须根据地图的用途和使用特点来确定经纬线网的密度。

在1∶1万~1∶10万比例尺的地形图上，经纬线只以图廓线的形式直接表现出来，并在图角处注出相应度数。为了在用图时加密成网，在内外图廓间还绘有加密经纬网的加密分划短线(图式中称“分度带”)，必要时对应短线相连就可以构成加密的经纬线网。

1∶25万地形图上，除内图廓上绘有经纬网的加密分划外，图内还有加密用的“十”字线，其密度为：1∶25万地形图上为经差15′，纬差10′。

我国的1∶50万~1∶100万地形图，在图面上直接绘出经纬线网，其密度分别为：1∶50万地形图上为经差30′，纬差20′；在1∶100万地形图上经纬差各1°，内图廓上也有供加密经纬线网的加密分划短线。

普通地理图上，经纬网密度主要取决于地图的用途，例如，教学挂图上经纬网就可以稀一些，科学参考图上密度应比较大。但是，一般说来，它应当符合下面几点要求：

①应该是整度数；

②在一个网格内视觉不能区分出投影变形的差别；

③在不移动视线的情况下视野范围内应包含4个以上的网格。

小比例尺地图上经纬网的密度，还受制图区域的地理位置，地图投影的类型，同类型地图的习惯用法等因素的影响。通常根据需要取1°、2°、5°、10°的间隔。

用墨卡托投影编制地图时，在同种比例尺的图面上经线间隔是固定不变的，而纬线间隔却随纬度增高而增大。这时确定经纬网密度以纬线为准，使其保持在一个网格中用内插法加密时，误差控制在0.2mm以内为宜。

2. 直角坐标网的确定

方里网是由平行于投影坐标轴的两组平行线所构成的方格网。因为是每隔整公里(其密度规定见表9-1)绘出坐标纵线和坐标横线，所以称之为方里网，由于方里线同时又是平行于直角坐标轴的坐标网线，故又称直角坐标网。

表9-1　**地形图上方里网的密度规定**

比例尺 密度	1∶1万	1∶2.5万	1∶5万	1∶10万
图上距离(cm)	10	4	2	2
实地距离(km)	1	1	1	2

直角坐标网是为改善地理坐标网的不足而出现的。在大比例尺地形图上，用地理坐

标网来展绘点位或读出图上点的地理坐标，比较麻烦且精度不高(经纬线在实地和图上均为曲线，其单位长度亦不是常数)，因此，不适应现代战争的需要，如作战时要依照地图传达命令，指示目标，根据地图迅速计算炮兵及机枪实施精确射出所必需的距离和方向等，都不大方便，所以，在这些地形图上另外加绘了直角坐标网。同样，这种直角坐标网也为经济建设用图提供了方便。

直角坐标系以中央经线投影后的直线为 X 轴，以赤道投影后的直线为 Y 轴，它们的交点为坐标原点。这样，坐标系中就出现了四个象限。纵坐标从赤道算起向北为正、向南为负，横坐标从中央经线算起，向东为正、向西为负。

我国位于北半球，全部 X 值都是正值。在每个投影带中则有一半的 Y 坐标值为负。为了避免 Y 坐标出现负值，规定纵坐标轴向西平移 500km(半个投影带的最大宽度不超过 500km)。这样，全部坐标值都表现为正值了。地图上注出的 Y 坐标值是加上 500km 后的所谓通用坐标值。

我国规定在 1∶1 万~1∶10 万地形图上必须绘出方里网。

3. 邻带坐标网的确定

在 1∶1 万~1∶10 万地形图上由于每一个点的经线方向和坐标纵线构成一定的夹角，这个夹角随纬度和经差的不同而变化(中央经线与坐标纵线的夹角随纬度增高而加大)。当处于相邻两带的相邻图幅拼接使用时，两图图面上绘出的直角坐标网就不能统一相接，而形成一个折角，这就给拼接使用地图带来不便。例如，欲量算位于相邻两带的两图幅上两点的距离和方向，在坐标网不统一时，就不可能。

为了解决相邻带图幅拼接使用的困难，规定在一定的范围内把邻带的坐标延伸到本带的图幅上，这就使某些图幅上有两个坐标(方里)系统，一个是本带的，一个是邻带的。为了区别，图面上都以本带坐标(方里)网为主，邻带坐标(方里)网系统只在网廓线以外绘出一小段，需要使用时才连绘出来。

据《1∶2.5~1∶10 万地形图图式》规定，每个投影带西边最外一行 1∶10 万地形图的范围(即经差 30′)内包含的 1∶10 万、1∶5 万、1∶2.5 万地形图均需加绘西部邻带的方里网；每个投影带东边最外一行 1∶5 万地形图的范围(经差 15′)和一行 1∶2.5 万(经差 7.5′)的图面上也需加绘东邻带的方里网。这样，每两个投影带的相接部分(45′的范围)都应该有 1 行 1∶10 万，3 行 1∶5 万，5 行 1∶2.5 万地形图的图面上需绘出邻带方里网。

邻带图幅拼接使用时，可将邻带方里网连绘出来，就相当于把邻带的坐标系统延伸到本带来，使相邻两幅图具有统一的直角坐标系统。

绘有邻带方里网的区域范围是沿经线带状分布的，故称为投影的重叠带。

邻带方里网加绘的实质就是将投影带的范围扩大，即西带向东带延伸 30′投影，东带向西带延伸 15′(7.5′)投影。这样，每个投影带计算的范围不是 6°，而是 6°45′，这时东带中最西边的 30′范围内的图幅，既有东带的坐标，又有西带的坐标。在制作地形图的坐标网时，这一个范围内的图幅，除了按东带坐标展绘图廓和方里网之外，还需要按西带坐标绘制出邻带方里网。同样，东带的延伸也是如此。

由于部队装备的改善，运动速度和武器射程增大，以及为了快速确定目标的坐标与方位，在中比例尺地形图上有改用直角坐标网的趋势。

为了其他的目的有时也采用其他形式的坐标网，例如，航海图上作为无线电导航手段确定船舶的位置用双曲线网。

地图上的坐标网通常都用细线描绘，桌面用图上为0.1~0.2mm，挂图上根据实际需要可以放大到0.2~0.7mm。有的外国地图上把坐标网线印成点线的形式，这样使图面上密集的网线不会显得过于障目，也不那么死板。

四、地图分幅设计

地图的总尺寸称为地图的开幅。顾及纸张、印刷机、方便使用等条件，地图的开幅应当是有限制的。确定地图开幅大小的过程就叫分幅设计，它讨论如何科学地划分图幅范围的问题。本节分别讨论制图区域范围、分幅地图、内分幅地图和不拼接的矩形分幅地图等不同类型地图的分幅设计问题。

1. 确定制图区域范围

确定一幅图中内图廓所包含的区域范围，也称“截幅”。主要受地图比例尺、制图区域地理特点、地图投影、主区与邻区的关系等因素的影响。

(1)制图主区有明确界线时区域范围的确定

新编地图一般都有一定的主区，如一个国家、一个省、一个县等。编图时除主区以外，还要反映主区同周围地区的联系，即还要包括一定的邻区，共同组成制图范围。制图主区有明确界线时区域范围的确定：

①截幅的基本要求是主区应完整，主区在图廓内基本对称。

对称是传统艺术形式的主要原则之一，运用到地图设计中，如图面设计、花边设计、图名的字体设计等都经常用到对称原则。主区在图廓内对称，指的是主区四边最突出的部位同图廓的距离基本一致，以达到视觉上的匀称为准。

②截幅时要考虑主区与周边地区的联系。

主区同周围地区有着自然和社会方面的多种联系，例如，自然、人文、政治、经济、军事和国际关系等。为了充分说明制图主区，就必须尽可能地把同主区有重要联系的物体反映到图面上来。例如，湖北省地图要尽量完整地表示出南部的洞庭湖；四川省地图南部要把金沙江的大转弯部位包括进来，北面则应表示出宝鸡市甚至西安市和陇海铁路；福建省地图要完整地表示出台湾海峡等。这些对说明主区同外部的联系有重要意义。

对称和保持同周围联系这两者之间可能会有矛盾，在图廓受到限制的条件下，有时不得不局部放弃对称的要求，来照顾主区同周围的地理联系。

③没有特殊要求，截幅时不宜把主题区域以外的地区包含过大。

(2)制图主区无明显界线时图幅范围的确定

当制图主区无明显界线时，截幅主要以某个特定区域来确定，尽量保持特定范围的政区或地理区域的完整。这种图的图名，通常泛指这一地区的名称。

(3)图组范围的确定

在确定图组图幅范围时不但要保持每个行政单位、地理区域的完整，图幅之间还应有一定的重叠，特别是重要地点、名山、湖泊、岛屿、大城市、重要工业区、矿区或一个完整的自然单元等尽可能在相邻两幅图上并存，因为它们是使用邻图时最突出的连接点。

图组中的每一幅图都可以单独使用，每幅图的比例尺也可以不同。例如，一个国家的一组省图，一个区域的一组交通图等。

截幅时，还要考虑横放、竖放的问题。对于挂图，横放图幅便于阅读，是主要样式。但有些地区的地理特点决定其不宜横放，例如，山西省的地理形状为竖长形，所以山西省的挂图一般要竖放。

2. 确定地图的分幅(分幅、内分幅)

地图的分幅设计是由于印图纸张和印刷机的幅面限制，以及方便用图的要求，需要按一定规格的图廓分割制图区域所编制的地图，把制图区域分成若干图幅。地图分幅可按经纬线分幅，也可按矩形分幅。矩形分幅有两种，拼接与不拼接。拼接的叫内分幅，多为区域挂图，使用时，沿图廓拼接起来，形成一个完整的区域。不拼接的为单幅成图，矩形图廓，如大比例尺地形图、单幅挂图、地图集中的单幅图等。

(1)经纬线分幅

经纬线分幅是当前世界各国地形图和大区域的小比例尺分幅地图所采用的主要分幅形式。大区域作图，特别是小比例尺分幅地图，要采用分带投影，所以，分幅只能以经纬线为准，规定每幅图的经纬差。

经纬线分幅的主要优点是：经纬度是全球性的统一系统，这样分幅使每个图幅都有明确的地理位置概念，便于检索，它可以使用分带或分块投影，控制投影误差。但是，它也有一系列的缺点，这主要表现为：①当经纬线被描述为曲线时，若用分带投影，图幅拼接时就会产生裂隙；②随着纬度的升高，相同经纬差所包含的面积不断缩小，因而实际图幅不断变小，不利于有效地利用纸张和印刷机的版面；③按一定的经差和纬差分幅时可能会破坏重要地理目标的完整。

经纬线分幅设计就是如何减少由经纬线分幅本身带来的缺陷。

1)合幅

经纬线分幅的地图，为了解决各图幅的图廓尺寸相差过大的问题，在设计图幅范围(即确定图幅的经差和纬差)时，要以尺寸最大的图幅(通常是纬度最低的图幅)为基础进行计算，使最大的图幅能够在纸上配置适当，有足够的空边和布置整饰内容的位置。其他图幅的尺寸则会逐渐减小。为了不使图廓尺寸相差过大，当图幅尺寸过小时可以采用合幅的办法。例如，前苏联和东欧一些国家地形图，每幅图的纬差都是12°，经差则随纬度的增高而加大。在纬度48°以下的地区每幅图经差18°，48°至60°之间每幅图经差 24°，60°至 72°之间为 36°，而在 72°至 84°之间则为 60°。国际 1∶100 万地图也采用类似的合幅方案。这样，可以在一定程度上减少图幅之间的不平衡。

2) 破图廓或增加补充图幅

经纬线分幅有时可能破坏重要物体(如一个大城市，一个岛屿，一个重要的工业区、矿区或一个完整的自然单元)的完整。为此，常常采用破图廓(图 9-4)的办法。有时涉及的范围较大，破图廓也不能很好解决，就要设计补充的图幅(图 9-5)，即把重要的目标区域单独编成一幅图，但该图不纳入整个分幅系统，它的图幅范围小于标准分幅范围。

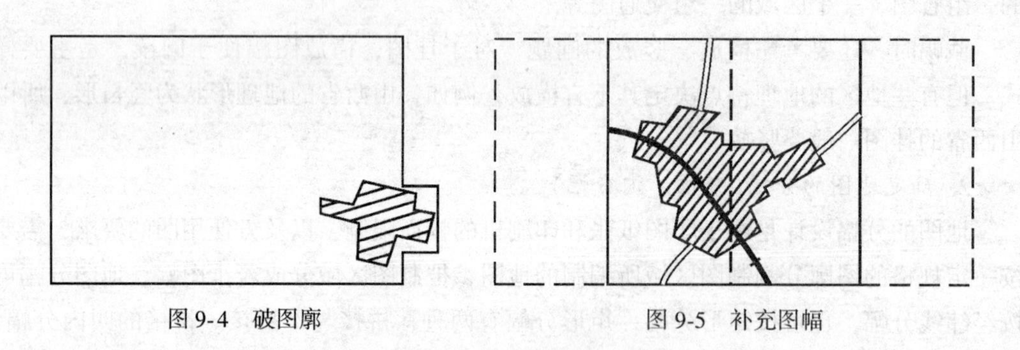

图 9-4　破图廓　　图 9-5　补充图幅

3) 设置重叠边带

为了克服经纬线分幅地图接图不方便的问题，往往采用一种带有重叠边带的经纬线分幅方案。其特点是：以经纬线分幅为基础，把图廓的一边或数边的地图内容向外扩充，造成一定的重叠边带。

图 9-6 是 1∶100 万航空图的分幅式样。该图为经纬线分幅，地图内容向三个方向扩展，构成重叠边带，东、南方扩充至图纸边，西边扩至一条与南图纸边垂直的纵线，只有北边的图廓保持原来的形状。这样，拼图时就可以不受纬线曲率的影响，也可以不用折叠，从而便于使用。

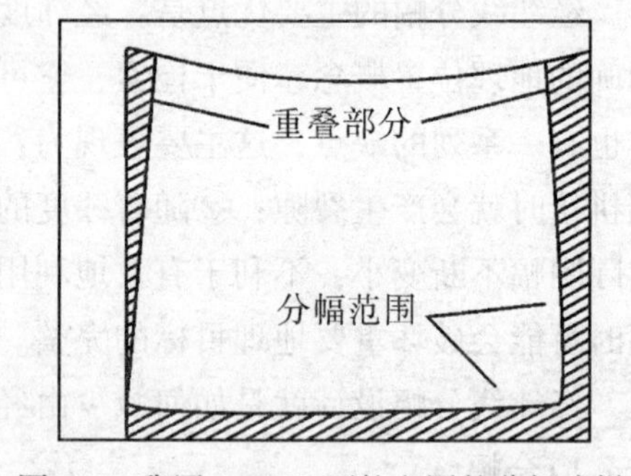

图 9-6　我国 1∶100 万航空图的分幅式样

有重叠边带的经纬线分幅设计实际上也是拼接设计的一种方式。

对于零星岛屿、突出强调部分等不值得单独出版的一幅图，可用移图的方式处理，将这些地点绘在就近的图幅空余处。

(2) 矩形分幅

制图区域较小的大比例尺图常采用矩形分幅。它的条件是制图区域较小，可居于一个投影带内，即投影不必分带而变形不超过限值。通常，区域经纬差不超过 5°的小区或经差(纬差)不超过5°的狭长地带都可以应用。这种分幅形式比较简单，只需要考虑纸张、印刷机的规格及使用方便等因素。如我国大于1∶5 000比例尺地形图只要按某个投影坐标系统按同样间隔的直角坐标网划分图廓即可。

矩形分幅的优点是建立制图网较方便；图幅大小一致，便于拼接使用；可以使分幅线有意识地避开重要地物，以保持其图形在图面上的完整。缺点是失去了经纬线对图廓的地理定位，当分幅具有局部性时，为各幅图的共同使用带来了困难。

矩形分幅的设计，限于制图区域独立，不必再向四周扩充的地图。如某些国家(如瑞士)的地形图也曾这样分幅。一些小区域(如县、乡等)的独立制图任务，如大比例尺的规划图、施工图、土地利用图等，也可以采用这种分幅形式。

矩形分幅的地形图，分幅线常常就是坐标网，而把经纬线在图边和图内用短线和十字线绘出。

此外，还有一种灵活配置矩形图廓的分幅形式，就是在制图区域内根据区域形状特点、纸张规格和用图需要等具体条件，确定每幅图的矩形图幅范围，并相对固定其位置。

海图和普通地图集中的分区地图，也是采用这种机动分幅形式。

在实施地图分幅时要顾及以下因素：

1)纸张规格

印图需要大量的纸张，最大限度地发挥纸张的作用是降低成本的重要因素。设计地图的图廓时要尽可能适应纸张的各种规格的大小。

通常，出版地图时分为：两全张(1 068×1 496mm)、一全张(770×1 068)、方对开(534×770)、长对开(385×1 068)、方四开(381×534)……普通纸张的规格为787~1 092mm，由于印刷机的大小和印刷成品要求的尺寸不同，常使用全开、对开、四开等尺寸的纸张印刷，其具体规格见表9-2(可能的最大尺寸)。

表9-2 纸张的规格 单位：mm

开 数	毛边白纸尺寸	光边白纸尺寸	开 数	毛边白纸尺寸	光边白纸尺寸
全 开	787×1 092	781×1 086	五 开	354×433	351×430
对 开	546×787	543×781	六 开	364×393	362×390
三开(直)	364×787	362×781	八 开	393×273	390×270
三开(T)		371×751	十六开	273×196	270×790
四 开	393×546	390×543			

如果有特殊需要，还可以考虑使用其他的纸张，例如，850×1 168，880×1 230，690×960，787×960mm等。

但是，地图的成图尺寸还必须在光边除去印刷机咬口、丁字线，对于图册除掉切口。从表9-2可以看出，纸张光边每边要去掉3~5mm。全张印刷机咬口10~18mm，对开印刷机咬口9~12mm。

为了彩色图的各色套印，需要在地图数据胶片的(除咬口边外的)三方绘出丁字线。一般要求丁字线垂直于图边的方向长度不少于4mm，成图后切边时又要去掉3mm，即带丁字线的图边又要去掉7mm。

在设计分幅地图时，必须顾及这些情况。

2)印刷条件

设计地图分幅时还要顾及充分利用印刷机的版面。胶印机的种类很多，按印刷纸张的尺寸可分为全张机、对开机、四开机。但实际进机的纸张最大尺寸往往都比标准纸大些。例如，J120Z型全张机，纸张最大尺寸为880×1 230mm，J2203A、J2108A对开机为650×920mm，J201s型对开机为650×915mm，J2109型对开机为640×920mm等。但要注意，最大印刷面积一般都要比进纸面积小15~20mm。

3)主区在图廓内基本对称，同时照顾到与周围地区的联系

在两者之间有矛盾时往往会优先照顾主区同周围的地理联系。

4)各图幅的印刷面积尽可能平衡

印刷面积指的是图纸上带有印刷要素的有效面积，各边应算到丁字线和咬口线，而不是单指图廓的大小。内分幅的挂图，图名往往放在北图廓的外面，外围的图幅上还要有花边、图外说明等，再往外才是丁字线。分幅时必须考虑这些因素，以便有效而合理地利用纸张和印刷版面。

5)照顾主区内重要物体的完整

主区内的重要城市、矿区、主要风景区、水利工程建筑等小区域性的重要制图物体，尽可能完整地保持在一个图幅(印张)范围内，即分幅线不要穿过这些制图物体，这会给地图的使用带来方便。

6)照顾图面配置的要求

分幅设计时，还要顾及图名、图例、图边、附图等要素同分幅线的联系。例如，图名的字和图例、附图等都尽可能不被分幅线切割。

除此之外，在确定内分幅时，还应注意：分幅数不宜过多，分幅越多，印刷时的油墨色就越不容易一致。大幅挂图的内分幅，可以考虑图幅局部组合使用的方便。

(3)地图分幅的方法和步骤

1)在工作底图上量取区域范围的尺寸

在进行分幅和图面设计时，一般总是在作为工作底图用的较小比例尺地图上进行。在工作底图上量取制图区域东西方向和南北方向的最大距离。为此，应先找出区域边界在东、西、南、北方向上最突出点，并按平行或垂直于中央经线的方向量取其最大尺寸。但必须注意，用于作为工作底图用的较小比例尺的地图应具有必要的精度，投影和新编图相同或相近，在这种图上量取的距离才有实际意义。另一种方法是利用图廓或在

图廓上任意选择三个点的投影坐标计算其图廓尺寸。

2）换算成新编图上的长度并与纸张和印刷机的规格相比较

将量得的长度换算成新编图上的长度，例如，所用的工作底图比例尺为 1∶200 万，欲设计的地图为 1∶50 万，要把量取的尺寸放大 4 倍，这尺寸就成为设计图廓的基本依据。

根据主区的大小和纸张的有效面积，在充分顾及空白边、花边、重叠边、内外图廓间的间隔的条件下，设计图幅的数量及排法，其方法是把主区大小和纸张有效面积相比较，采用最合理的排法，用最少的幅数拼出需要的图廓范围。整幅图纸张的尺寸(图幅总尺寸)= 内图廓尺寸+外图廓花边宽度+内外图廓间距+图名字高(若图名在图内则无此项)+字底距外图廓的距离+空白边(若出血印刷的地图则无此项)+图外附注。一般应使得除掉外图廓和必要的空边外，内图廓能容纳主区并稍有空余。

设计时如发现图廓内邻区面积过大，可以适当缩小图廓尺寸，仍按上述分幅条件配置图幅。若纸张容纳不下，有两个可供选择的措施，一个是变更纸张的规格、变更图名的位置、变更花边和空边的宽度等；另一个是调整地图的比例尺，但要注意比例尺数字的相对完整。

3）确定分幅线的位置和每幅图的尺寸

图廓总的尺寸确定以后，就可以根据印刷面积相对平衡的原则，将整幅图纸张的尺寸与印刷纸张的有效面积相比较，要充分利用最大印刷面积，合理利用纸张，确定分幅线的位置和每幅图的图廓尺寸，使地图的成图尺寸与标准纸张的开幅相符。

内分幅时，应适当考虑每幅图上政区、地理单元尽可能完整，大城市不要在分幅线上。

下面以湖北省 1∶50 万普通地理挂图进行的分幅设计为例说明内分幅设计的方法(图 9-7)。

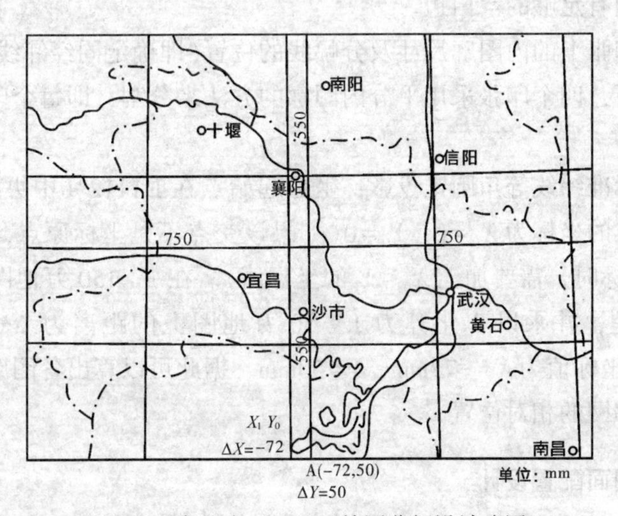

图 9-7　湖北省 1∶50 万挂图分幅设计略图

①量取湖北省东西方向和南北方向的距离。

在 1∶150 万地图的湖北省范围上量 $L_{WE}=497mm$，$L_{NS}=312mm$。

②放大为 1∶50 万同图纸和印刷机规格相比较。

放大为 1∶50 万，即 $L_{WE}=497\times3=1\ 491mm$，$L_{NS}=312\times3=936mm$。根据地图整饰方面的要求，花边宽度为图廓边长 1%～1.5%，假定花边宽度为 20mm，内外图廓间的距离为 10mm，图名用扁体字，每个字的大小按图廓的 6%左右计算，假定为 70×100mm。这样，在不考虑主区突出点与内图廓间的距离(即四个方向突出点接触内图廓)的情况下，印刷面积至少应为 1 551mm×996mm。如果图名放在北图廓外，还要加上字高(70mm)和图名与外图廓的间隔(20mm)，印刷面积为 1 551mm×1 086mm。这一尺寸用全张纸印刷是容纳不下的，假设在东西和南北方向上，图廓拼接时重叠 10mm，如果再考虑纵、横方向各一次重叠(10mm)，印刷面积需 1 561mm×1 096mm，再考虑到四边的丁字线和咬口线(即把白边也算进去)，全部印刷面积还要增加。

显然，不管是否包括图名和重叠边，在不破图廓的情况下两张竖排的标准全张纸是容纳不下的，这样就排除了用标准纸的两全张或四对开设计的可能性。这里还有两种设计可供选择，其一是用两张 880mm×1 230mm 的全张纸印刷；其二是用四个大对开(例如，采用 J2108A 印刷机，印刷版面可达 650mm×920mm)的版面。假定使用第二个方案设计，在确保印刷质量的条件下，印刷面积至少可达 1 200mm×1 760mm，假定东西方向内图廓定为 1 500mm，还有足够的空间来配置重叠、花边和白边等。内图廓中，除包括主区 1 491mm 以外，也有一定的空余；南北方向，主区范围 936mm，不论把图名放在图内或图外，都有足够的位置。为了充分利用图廓内的自由空间，减少印刷面积，把图名放在图廓内。考虑到配置附图、图例等的需要及主区同周围地区的联系，内图廓边长定为 1 100mm，南方保留南昌市和洞庭湖，北方只有焦枝和京广铁路比较重要，图上已能明确表示。根据这种情况，内图廓中四边空余部分可以平分，以求视觉上的对称，同时也能保证地图有足够的空白边。

③确定每个印张上的内图廓尺寸及分幅线的位置(即确定同经纬线的联系)。

根据以上分析，四个印张采用平分内图廓的方法来分割，即每个印张上的内图廓为 550mm×750mm。

该图采用双标准纬线等角圆锥投影，坐标起始点在 Eλ112°(中央经线)和 Nφ29°的交点上。假定该点的坐标为 $X_0=0$，$Y_0=0$(如果该交点不是坐标原点，其值也可以不是 0，计算图廓点坐标时，需要加上 X_0、Y_0的坐标值)。在 1∶150 万地图上量取起始点到 A 点的纵横坐标差，并乘以 3 化算为 1∶50 万地图上的距离为 $\Delta X=-72mm$，$\Delta Y=50mm$，则 A 点的坐标值为 $X=-72mm$，$Y=50mm$。据此可以算出各图廓点的坐标，并由此固定图廓同经纬网的相对位置。

五、地图的图面配置设计

地图图面配置设计，就是要充分利用地图幅面，针对图名、图廓、图例、附图、附表、图名、图例、比例尺及各种说明的位置、范围大小及其形式的设计；对于具有主区的地图，它还包括主区范围在图面上摆放位置的问题。

1. 图面配置的基本要求

(1)清晰易读

地图各组成部分在图面的配置要合理。所设计的地图符号必须精细，要有足够大小，而且便于阅读。选择色彩的色相和亮度易于辨别，符号的形状易区分，可以方便地找到所要阅读的各种目标。

(2)视觉对比度适中

地图设计时，可以通过调节图形符号的形状、尺寸和颜色来增加对比度。对比度太小或太大都会造成人眼阅读的疲劳，降低视觉感受效果，影响地图信息的传递。

(3)层次感强

为了使地图主题内容能快速、准确、高效地传递给用图者，必须处理好图形与背景的关系，使主题和重点内容突出，不受背景图形的干扰，整体图面具有明显的层次感。在地图设计时，主题和重点内容的符号尺寸应该比其他次要要素符号大而明显，颜色浓而亮，使其处于图面的第一层面。其他要素依据重要程度则处于第二或第三层面。

(4)视觉平衡

地图是以整体的形式出现的，然而在一幅地图上，又是由多种要素与形式组合而成的。这就涉及若干有对应关系要素的配置，如主图与附图，陆地与水域，主图与图名、图例、比例尺、文字及其他图表(照片、影像、统计图、统计表)，彩色与非彩色图形等。图面设计中的视觉平衡原则，就是按一定方法处理和确定各种要素的地位，使各要素配置显得更合理。图面中的各要素不要过亮或过暗，太长或太短，偏大或偏小，位置安排不当，与图廓靠得过远或过近。

2. 图面配置的内容

在同一幅地图上，图面配置的内容包括图面主区和图面辅助元素(地图的图名、图例、比例尺、统计图表、照片、影像、文字说明等)的配置，并指出图幅尺寸，图名、比例尺、图例、各种附图和说明的位置和范围，地图图廓、图边的形式等。

(1)图面主区的配置

主区应占据地图幅面的主要空间，地图的主题区域应完整地表达出来；地图主区图形的重心或地图上的重要部分，应放在视觉中心的位置，保持图面上视觉平衡(图 9-8)。

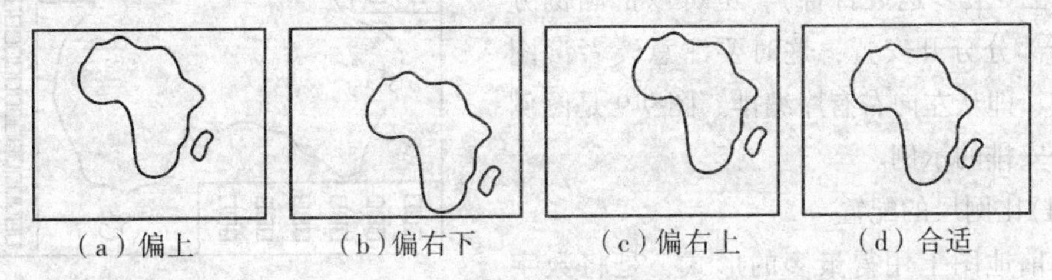

图 9-8　图面主区的配置

配置主区时还应注意，主区要饱满匀称，与周边保持协调。当然，也不要为了留出四周空间，而过多地缩小主区，这不仅使主区构图过小，也浪费了幅面和纸张。只有在主区获得尽可能大的面积的同时，图面仍留有适当的空间，以用作其他元素的配置，这才是比较合适的。

(2)图名的配置

单幅地图图名的选择应有准确的区域代表性，以有利于地图的检索和使用。图名应当简练、明确，含义要确切肯定，要具有概括性。通常图名中包含两个方面的内容，即制图区域和地图的主要内容。普通地理图或是常见的政区图，可以用其区域范围来命名，如《武汉市地图》。一般的专题地图以包含地图的主要内容来命名，如《湖北省防洪形势图》，使读者从图名中就能领会地图所表示的基本内容。地形图往往选择图内重要居民地的名称作为图名，该图幅如果没有居民地，则选择区域的自然名称、重要山峰名称等作为图名。大区域的分幅小比例尺普通地理图也使用地形图选择图名的原则。

大型地图的图名多安放于图廓外图幅上方中央，图名占图边长的三分之二为宜，离左右图廓角至少应大于一个字的距离，距外图廓的间隔约为三分之一字高，以求突出而清晰，但字体不可过大，排列不能与图幅同宽。若纸张有限制也可放于图内适当位置，一般安置在右上角或左上角，可以用横排的形式，也可以用竖排的形式。小幅图面的图名位置机动性较大，可放于图内的任何空位或大面积水域部分。

排在图廓内的图名，可以分为有框线的和无框线的。有框线时框线的间隔为字的三分之一，无框线指的是把图名嵌入地图内容的背景中，整个图名不再加框线。这种方式在挂图和满幅印刷(无图廓线)的地图上使用得比较多。

分幅地图上图名一般用较小的等线体。挂图的图名常用美术字，通常采用宋变体或黑变体，根据图廓的形状选用长体或扁体字，再对字的形式进行必要的装饰和艺术加工。字的大小与字的黑度相关联，黑度大的可以小一些，黑度小时则可以大一些，但最大通常不超过图廓边长的6%。

(3)图例的配置

图例的位置，从布局上要考虑在预定的范围内，密度适中、安置方便、便于阅读。图例、图解比例尺和地图的高度表都应尽可能地集中在一起，在图内的主区内或图外的空边上系统编排。但是当符号的数量很多时(有的地图上多达数百种)，也可以把图例分成几个部分分开安置，这时要注意读者读图的习惯，即从左向右有序编排。图9-9是图例分三处安排的示例。

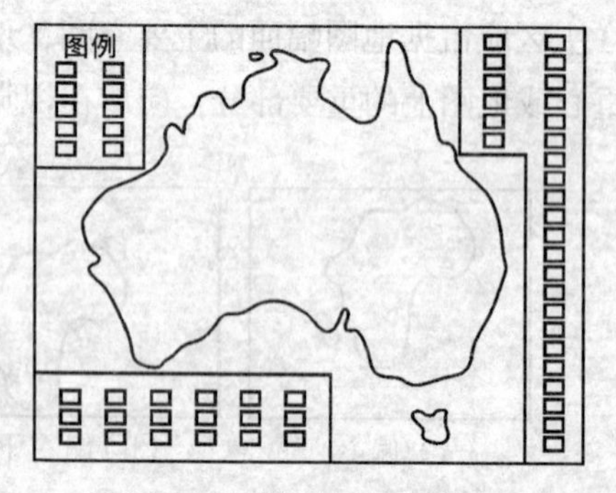

图9-9　分块配置图例

(4)比例尺的配置

目前地图上用得最多的形式，是将数字比例尺和直线比例尺组合一起表示在地图上，数字比例尺最好全用阿拉伯数字，电子地图用直线比例尺表示。比例尺放置的位置，在分幅地图上多放在南图廓外的中央，或者左下角的适当地方；在内分幅的挂图上，常放在图例的框形之内，也可将比例尺放在图内的图名或图例的下方。

(5)附图的配置

1)地图的附图设计

附图，指除主图之外在图廓内另外加绘的一种插图或图表。它的作用主要有两方面：一是当做主图的补充，二是作为读图的工具。附图的内容和形式十分多样，通常有以下几类：

①工具图。

这类附图方便读者较快地掌握地图的内容，是作为读图的辅助工具而加绘的插图。如我国的1：50万和1：100万比例尺地形图上，读图时不易立刻看出全图范围高程的高低变化和最高点、最低点的情况，“地势略图”能起到高程索引的作用。设计地势略图时，高度分层无需与图内等高线的高程带一致，通常用棕色和黑色构成3~4种网线色调即可。

其他读图用的工具图还有“资料保障略图”，说明主图的基本资料分布情况等。

②嵌入图。

由于制图区域的形状、位置以及地图投影、比例尺和图纸规格等的影响，需要把制图区域的一部分用移图的办法配置(嵌入)在图廓内较空的位置，以达到节省版面的目的。在严格的意义上，移图是主图的一部分，这里只从图面配置角度把它作为附图。移图部分可以采用缩小的比例尺和另一种投影，例如，《中华人民共和国地图》上把南海诸岛作为嵌入图移到主图的图廓内，世界地图上嵌入两个以方位投影编制的南、北极地图等；另一种移图方法是不改变投影和比例尺，把相对的独立部分图形的位置搬动嵌入主区的图廓内(图9-10)。

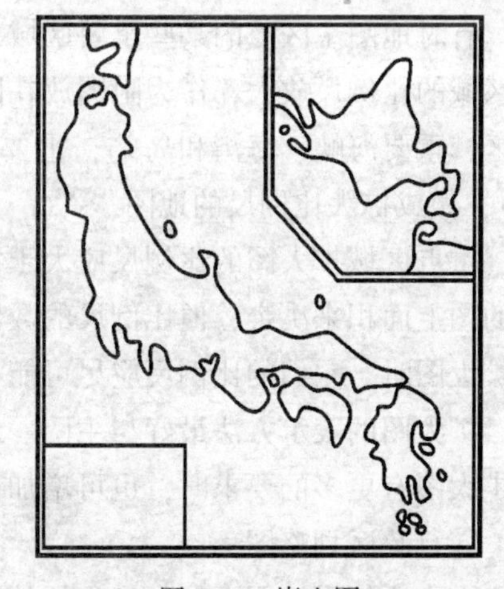

图9-10　嵌入图

设计嵌入图时，地图要素的符号和色彩应当与主图完全一致。

③位置图。

单张地图的位置图用来指明制图区在更大范围内的位置。例如，《中华人民共和国全图》附有“亚洲图”，再如《深圳市地图集》中深圳市在全国的位置图。这种位置图的比例尺都小于主图，表示方法也较主图简单些，不必表示地貌，仅表示出行政区域轮廓间关系即可。为了起到说明主区位置的作用，在位置图上通常把主图范围显示得突出些，可以用底色、晕线和整饰主区轮廓线的方法，以明显区别于周围地区。

分幅地图的位置图就是接图表，它的形式也有很多：有的附在图廓外的空边上，指出本图及四邻的图名或图号；有的是绘出较大区域的分幅略图，从中突出显示出本幅图的位置(图9-11)；有的则是在图廓四周注出邻幅的图号或图名，这也能起到接图表的作用。

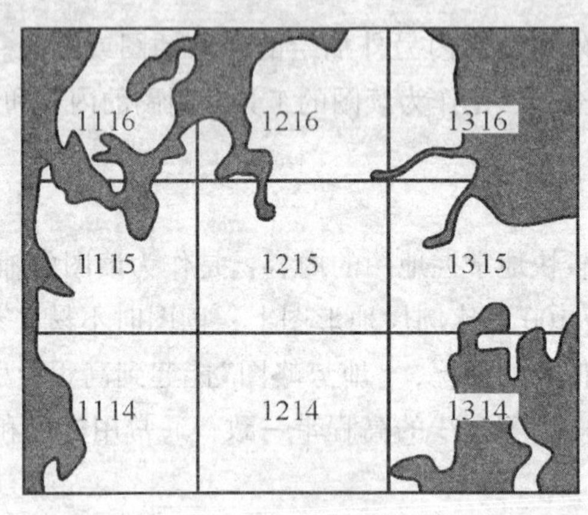

图9-11　位置图(接图表)

④重点区域扩大图。

有时地图主区上的某些重要区域，需要用较大的比例尺详细表达，于是就把这一局部区域的比例尺放大，作为附图放在同一幅地图的适当位置上。如选择重要城市和城市街区，重要海峡、海湾和岛屿，重要地区和小国家，某一重点区域(风景区、工矿区等)，做成扩大比例尺的地图。

重点区域扩大图的比例尺应大于主图，究竟选择多大比例尺合适，要由附图可能占有的图上面积来决定，但比例尺的数值要完整。如果一幅地图上需要放置两个以上同一类扩大图时，它们的比例尺应尽可能相同，以便于读图时比较。

扩大图的表示方法最好与主图一致，一般不增添新的符号，这样读图方便些。如果对扩大图有更多的要求时，也可增加少数符号。

⑤行政区划略图。

在小比例尺地图上，由于包括的区域范围较大，行政区划的单位较多，而每个单位的图面范围比较小，不可能一一配置图面注记。

这时，往往在图面上的某处配置一个行政区划略图，专门对其行政区划情况加以说明。

⑥主图的内容补充图。

由于主图表示方法的限制和需要从多层次多侧面对主图内容进行补充，此时，一幅图的主区内又不能表示全部的内容，必要时可以将一部分内容作为附图，作为对主图内容的补充。例如，在省级普通地理挂图上附以本省同国内、外航空联系的示意图；政区图上配置地势图作为插图，城市图上附市区交通图等。这些补充专题要素的附图的选题，要根据地图的内容设计和地图的要求来决定，它们的表示方法和形式是多种多样的，无固定的格式，比例尺通常要小于主图。

以上介绍的几种附图，是就一般情况来讲的，在特殊情况下，还可以灵活处理，不受上述附图种类的约束。当然，附图也不是非要不可的，附图的数量应尽可能少，充塞附图过多，反而使整个图面杂乱，破坏了图面的整体感。另外，附图的框边不宜宽大复杂，以免因过于突出而破坏全图视觉平衡；附图上表示的内容尽管比主图简单，但制作要精致，否则会影响全图的面貌；附图的四周若注有经纬度，注意不要与主图的经纬度注记相混淆。附图的大小，应视整个图幅的面积大小而定，幅面大的图幅，附图可设计大一些；幅面小的图幅应该小一些，以便能与主图相互协调。这些都是在设计附图时需要考虑的问题。

附图在图幅上的位置，一般来说并无统一的格式，但要注意保持图面的视觉平衡，避免影响阅读图面主区。通常置于图内较空的地方，并多数放在四角处，可以在上，也可以在下。有时也可以置于靠近图廓的中间部位，或稍离开图廓边的一定位置。

(6)图表和文字说明的配置

为了帮助读图，往往配置一些补充性的各种统计图表，对主题进行概括和补充，以使地图的主题更加突出。这些图表在专题图上较多。除了各种图表之外，图面上往往还要放置一些文字说明，这类说明的内容常涉及诸如编图使用的资料及其年限，地图投影，坐标系和高程系，编图过程及编绘、出版单位等。

附图和图表、文字说明的数量不宜过多，以免充塞图面。简要的文字说明可以和图例安排在一起，或放在图上的空白部分。配置附图和图表时，要注意图面上的视觉平衡。

经纬线分幅的地图和矩形分幅的地图，主要是地形图，也包括一些专题地图，如1∶100万航空图、地质图、地貌图等，它们的图面设计比较简单。典型的设计方案如图9-12所示。对于具体的地图，也可以根据其图纸大小、图例的多少等调整其位置。

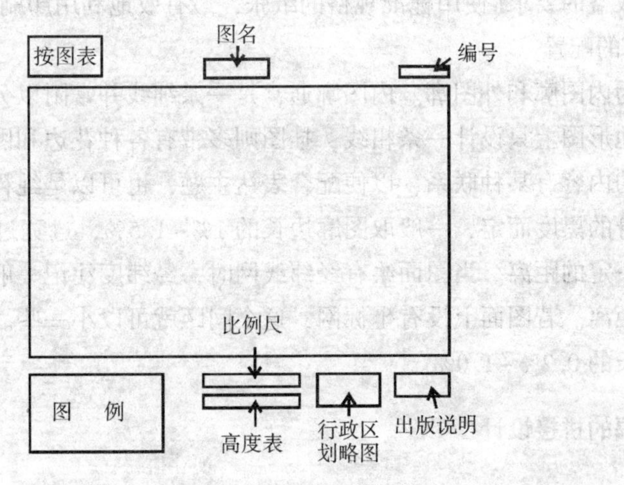

图9-12　经纬线分幅地图的图面设计

这些地图的共同特点是图幅数量多、作业量大，对这些地图主要关心的是它们图面上的地理内容的科学性，其整饰则应尽量规格化，图名和各种说明都使用字库中有的字体，图例和各种图表也都极少装饰。

内分幅地图，通常是有主区的挂图，图面设计的问题比较复杂，不但各种图面因素的摆放位置比较灵活，其表现形式的装饰性也要求较高(图 9-13)。

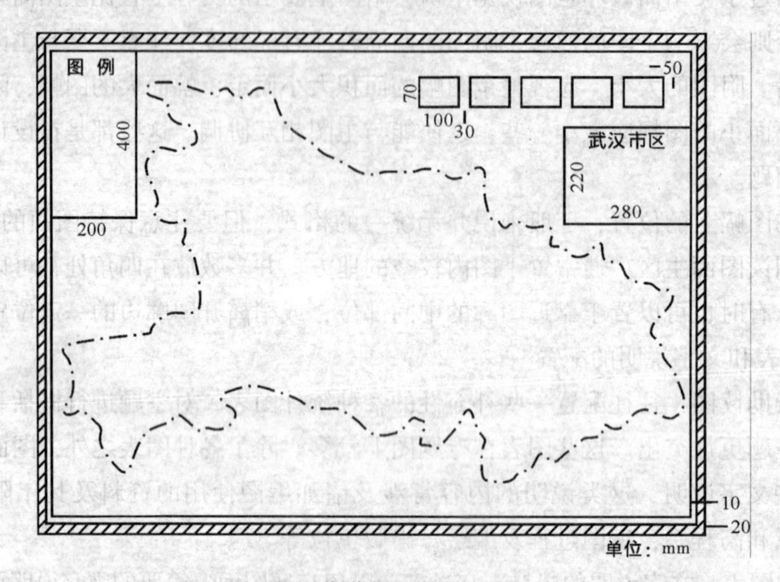

图 9-13　内分幅地图的图面设计

对于它们的设计还要考虑到以下几个方面的要求：

①地图用途和地图内容；

②地图使用的条件(桌面的、墙上的、多幅的、单幅的、地图集、视力阅读等)；

③经济效益的要求(使用标准规格的纸张，最有效地利用印刷版的有效面积)；

(7)图廓的配置

图廓分为内图廓和外图廓。内图廓通常是一条细线并常附以分度带。外图廓的种类则比较多，地形图上只设计一条粗线，挂图则多带有各种花边和图案。花边的图案可以同地图表达的内容有某种联系，以便配合表达主题，也可以是纯粹的装饰性图案。花边的宽度视本身的黑度而定，一般取图廓边长的 1%~1.5%，过宽过细都不美观。内外图廓间也要有一定的距离。当图面绘有经纬线网时，经纬度注记一般注于这个位置，所以要有充分的距离。若图面上没有坐标网，这个间距就可以小一些。内外图廓间的间距通常为图廓边长的 0.2%~1.0%。

六、图幅的拼接设计

分幅地图在以完整的图面使用时都有一个拼接的问题。拼接有两种形式，图廓拼接和重叠拼接。

图廓拼接是沿图廓线进行拼接，这是地图拼接常用的一种方式。重叠拼接是根据设计的重叠部分相吻合，达到拼接的目的。

1. 图廓拼接设计

图廓拼接是沿图廓线进行拼接，这是地图拼接常用的一种方式。每幅图都完整地绘出自己的内图廓，使用时沿图廓线进行拼接。地形图都是用图廓拼接的，经纬线分幅的普通地理图也常使用图廓拼接。由于经纬线分幅地图常使用分块(或分带)投影，使得同一条经线或纬线在分别投影时产生不同的曲率，造成拼接时产生裂隙。为了克服这个缺点，不得不采用上面讲的设重叠边带的拼接形式作为补充。

2. 重叠拼接设计

重叠拼接是根据设计的重叠部分相吻合，达到拼接的目的。图幅拼接时不是仅仅依据图廓线，而是在相邻图幅之间设置一个重叠带，拼接时使重叠带内的图形相吻合。它既可以用于经纬线分幅地图，也可以用于矩形分幅地图。经纬线分幅地图的拼接形式已经在分幅设计中介绍过，这里主要论述作为挂图使用的矩形分幅地图的拼接形式(图9-14)。

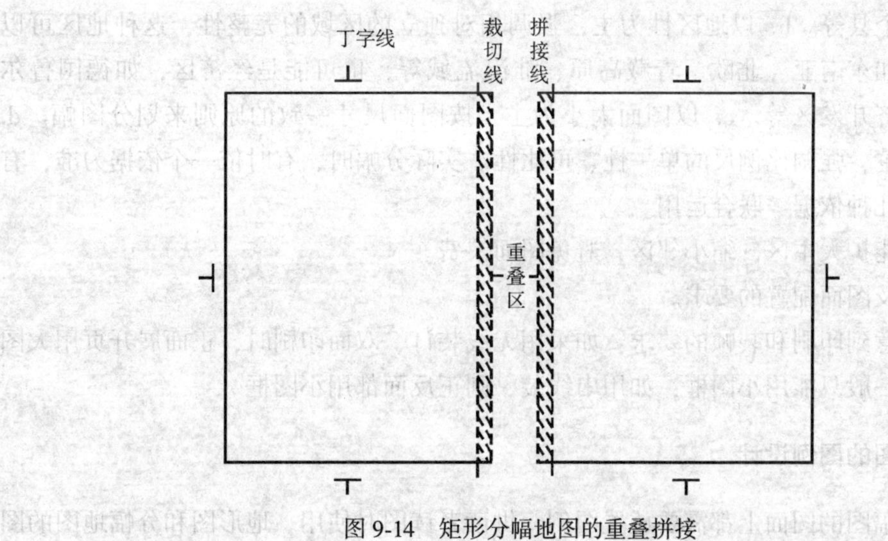

图 9-14　矩形分幅地图的重叠拼接

重叠规则一般是上压下、左压右，这一方法是为了看图时在图面上运笔方便，上下拼接时也可避免在接缝处堆积灰尘。

上面的图幅绘出裁切线，下面的一幅绘出拼接线，它们的位置均应在展点时一并展出。这两条线实际就是相邻两幅地图的图廓线，它们应当严格一致。

拼接线和裁切线均应绘在成品尺寸内外，成品范围线两边各绘 5mm(有时也可作为图廓角线绘出)。如果要用注记标明，这些字亦注于外侧。

重叠区不必太宽，一般 8~10mm，甚至再少一些也没有关系。把重叠区分成两部分，大部分放在拼接线以外，少部分(如 1~2mm)配置在裁切线外侧，以免裁切不准时漏白。重叠区内容只绘图形不贴注记，所有注记均应离开裁切线2~3mm，以免被切断。也有的设计使重叠部分两边对称，不分拼接线和裁切线，待图幅印出后把尺寸较小的一边作裁切。

印刷时重叠区范围线并不印出，拼接线和裁切线只在地图数据中以重叠拼接图层保存。

3. 不拼接的矩形图廓地图图幅范围的确定

在制图区域内，根据区域形状、图纸规格、地图比例尺等具体条件灵活地配置图幅，这和上面讲的地图分幅在概念上有一定的差别。配置图幅实质上是确定每幅图的矩形图幅的范围，并把它的位置相对固定。但是，图幅之间不需要拼接，实质上是每个图幅自成体系，其定向和图廓坐标都可以互不联系。由于它也是将制图区域划分为若干图幅，同地图分幅有一定的联系，有的把它称为机动幅。

这种分幅形式由于不拼接，图幅之间一般都有不同程度的重叠，否则就会出现漏空。

地图集中的分区地图，近海的航行图等也大都采用这种分幅形式。其分幅原则为：

①分幅依据：a. 以行政区为主，强调政治、行政区划单位的完整性，如一个国家、一个省、一个县等。b. 以地区性为主，强调相对独立的区域的完整性，这种地区可以是自然区，如东南亚、北欧、青藏高原、淮河流域等，也可能是经济区，如德国鲁尔区，浦东经济开发区等。c. 以图面大小为主，按图面尺寸一致的原则来划分图幅。d. 以比例尺为主，强调比例尺的单一性、可比性。实际分幅时，有时依一个依据为准，有的综合考虑几种依据，联合运用。

②尽可能扩大主区，缩小邻区，避免图面浪费。

③要顾及图面配置的要求。

④要注意到印刷和装帧的要求：如采用无线装订、双面印刷时，正面展开页用大图框，反面则一般只能用小图框；如用串线装，则正反面都用小图框。

七、地图的图例设计

通常每幅图的图面上都需要放置图例，供读者读图时使用。地形图和分幅地图的图例常放在图廓外的某个位置，内分幅地图的图例则常放在图廓内主区外的某个位置上。

图例是带有含义说明的地图上所使用符号的一览表。它有双重的任务：在编图时作为图解表示地图内容的准绳，用图时作为必不可少的阅读指南。甚至有人认为图例是读图的钥匙。图例应当包含地图上的全部内容，阐明各要素的意义和它们的分类，通过科学的编排，体现出各类符号重要性的差别。图例设计是地图设计过程中的一个重要环节。

1. 图例设计的基本要求

①完备性。图例中必须包括地图上所有图形和文字标记的类型，并且能够根据图例对地图上所有的图形符号进行解释。

②一致性。图例中符号的形状、色彩、尺寸等视觉变量和注记的字体、字号及字向等设计要素，必须严格与图面上相应内容一致。

③说明的准确性。图例中符号含义(或名称)要明确，不同的符号不能有相同的解释，所有的说明都应简洁，富有科学性。

④编排的逻辑性。整个图例应保持分类分级的合理性、内部结构的连续性及图案序列的逻辑性，并达到图面表示的层次性和协调性的效果。

⑤图例的框边设计讲求艺术形式，但又不能过于复杂，若框边范围有余地，也可以将数字比例尺、图解比例尺、地貌高度表、坡度尺等尽可能放在一起。

2. 图例设计的内容

由于专题地图内容和表示方法各不相同，所以图例的内容、复杂性、容量和结构也各不相同。在图例设计中，一般需要做以下几方面的工作：

①按照既定类别为每一项内容设计相应的符号和色彩，设计各种文字和数字注记的规格和用色，并对其给予简要说明。

②图例符号的一致性设计。图例中的点状符号，其图形、大小、颜色均应严格与描绘地图内容时所使用的符号一致。对于线状和面状符号，由于有比例尺的因素在内，情况比较复杂。不依比例尺的线状符号，通常要求其形状、尺寸、颜色同图内一致。依比例的线状和面状符号(双线河、湖泊、地类或土壤性质等)，根据图上表达的意向来设计图例，以表达形状为主时，图例中突出其边线，要求其尺寸和颜色同图内一致，由于它们是依比例的，不可能有完全一致的形状；以表达性质为主时，图例中所示的只是表达面状区域性质的颜色或网纹，完全不出现形状的概念，通常用一定大小的矩形斑块来限定它们。

③为每项地图内容要素确定较为理想的表示方法及相应的符号，符号应做到信息量大、构图简洁、生动、表现力强、便于记忆。

④图例设计，要通过样图经过反复试验、比较和分析，最后确定符号的形状、大小、颜色和构图。

⑤编排的逻辑性设计。符号的编排要有严密的分类和顺序，并体现各种符号的内在联系。图例中的符号可以根据其内容分为若干组，每组还可以冠以小标题，也可以连续排列。通常都是把重要的符号排在前面，例如，普通自然地理图把自然地理要素，而且首先是把对其他要素起约制作用的水文要素排在前面，行政区划图则是把行政中心和境界线排在前面。

八、地图的艺术设计

地图涉及社会、文化、经济、科技等诸多领域，渗透到人类生活的各个方面。作为描述、研究人类生存环境的一种信息载体，地图融科学、艺术于一体。随着人们生活水平的提高，人们对地图作品的要求也越来越高，不仅要求地图有现势性、准确性、实用性，而且对地图的艺术美也提出了更高要求。

地图是以视觉图像为特征的科学产品，它除了实用价值外，还具有艺术价值。地图美学设计的目的就在于以适合于地图用途的美学形式来美化地图，以期达到提高地图信息含量、提高读者兴趣、提高信息传输效率和使地图具有时代美感的目的。地图的艺术美主要由地图的整体风格、构图、符号及色彩、材质、整饰等内容的美学设计共同体现。

1. 整体风格

地图的整体风格是指视觉上的综合感受。针对不同的地图用途，需要有不同的风格设计思想。如地形图，其主要功能是经济建设和国防建设的重要基础图件，因而设计风格是严谨、简洁的；旅游地图主要是为读者休闲、娱乐提供导向作用的，因而其设计风格可以是现代、华丽、时尚的，也可以是浪漫、清新、优雅的。

地图的整体风格与地图构图、地图符号及色彩设计、整饰、材质的选择密切相关。

2. 地图构图

构图美的地图看上去让人赏心悦目。为了达到构图美的目的，地图设计人员需要根据制图区域的轮廓特点，灵活掌握对称和平衡、重复和群化、节奏和韵律、对比和变化、调和和统一、破规和变异等构图技巧，将地图图面的各元素有机地组合在一起，同时还要考虑图面趣味中心的建立。强调趣味中心不仅要考虑层次性，而且要强调构图的合理性，主次要分明。如果一张地图主次不分明，地图的主要信息就难以高效率地传递。

3. 地图符号及色彩设计

地图符号是一种专用的图解符号，采用便于空间定位的形式来表示各种物体与现象的性质和相互关系。地图符号不仅种类多、大小各异，而且其尺寸、形状、方向等对整幅地图的美观有直接影响。因此，地图符号的设计必须考虑地图的主题和内容、读者的心理和社会环境等因素。

地图上的注记是否美观端庄对地图美也有直接影响。影响地图注记美的因素有字体、颜色、大小、间隔及位置等。不同的字体，不仅有不同的书法要领，而且在不同的地图上用途也不同。经过长时间的制图和用图实践，地图的注记形成了许多约定俗成的形式，这还需要地图设计者反复琢磨比较。

色彩在地图作品中的作用举足轻重。地图上的色彩可提高地图的表现力和地图设计的灵活性及地图的清晰度。色彩运用得当，会使地图作品图面丰富且具有语言性，这种特殊的语言不仅形象直观，视觉传达力强，还可增强地图作品的艺术美感，使其更具有感染力。

地图上点状、线状、面状色彩综合交替重叠，在色彩搭配设计时特别忌讳孤立地对待某一种色彩，而不顾及周围的色彩对它的影响。设计时必须从整体出发来选择与组合色彩，在确定色彩主题的基础上兼顾局部用色，尽量使图面的整体装饰达到美的效果。

4. 地图整饰

地图整饰是运用视觉感受的基本规律和形式美的基本法则来设计和绘制地图内容，

以达到最佳的表现形式，从而实现地图的实用价值和审美价值的统一。即地图的设计和制作不仅要正确地表示制图对象，还要从美学的角度考虑如何使地图的视觉效果更加美观，对读者更有吸引力。可以说，地图整饰工作贯穿于地图设计和制作的各个环节。

对单张地图的设计而言，图型及表示方法设计，符号和色彩设计，图名、图例、插图的设计，图面内容的组织和配置，图廓、花边的设计等一系列工作，综合体现了地图科学性、实用性和艺术性的统一要求。

对地图集或系列地图的设计而言，不仅要考虑其中每幅地图的艺术设计，还要从整套地图作品的角度去思考地图作品的整体美。地图集的美术设计要遵循美术创作的一般规律，又必须凸显图集装帧的特点和风格。它是根据图集的性质和内容，通过艺术构思确立装帧艺术风格，并根据图集装帧的整体需要，设计护封、封面、封底、书脊、环衬、扉页、引导页、版式等内容及各部分之间的映衬关系，同时还要对地图集设计的各个环节强调统一协调性。地图整饰的协调性尤为重要，它体现在统一协调的整饰手法、版式构成及色彩的协调设计、字体与图例设计的统一性等方面。

5. 材质的选择

地图印制材料对地图作品的品质有举足轻重的影响。精美的印刷材料能充分体现地图作品的品质和格调，高档纸材和先进的印刷技术，更能体现地图作品本体的“书卷气”，能发挥作品的沉静精致之美。不同用途的地图选择不同的印制材料，如纸张、布纹材料、丝绸等。对地图作品的品质要求较高时，在地图设计时要认真考虑地图印制材料的选择。印制材料选择恰当，可以更好地突出和烘托主题。反之，则既无法突出地图主题的表达，还可能降低地图作品的品质。

目前，纸质地图作品多选用铜版纸印刷。铜版纸纸面细腻、光滑，有光泽。采用铜版纸印刷，符号印制更精细，色彩效果更好。铜版纸厚度有 80~200g 规格。高品质的地图作品多采用 157~200g 的铜版纸。地图集的封面、封底可采用特种纸，内页采用 157~200g 的铜版纸或亚粉纸都可提高地图集的品质。另外，结合镂空、凹凸、烫金、烫银、激光金、过油等印制工艺，地图作品的品质可更上一层楼。

高品位、高格调的地图艺术设计，可以满足读者的审美需要，引起受众的审美愉悦，同时也潜移默化地影响着读者的审美价值取向和人格境界。因此，地图作品所体现的文化品质和格调，直接体现作品的审美价值和艺术品位。所以，地图设计者应当从上述的各个方面努力提高地图作品的文化品质和格调，提高地图作品的艺术功效与审美价值。

第三节　普通地图注记设计

普通地图注记通常分为名称注记、说明注记、数字注记和图外注记等。名称注记说明各种地物的名称。说明注记说明各种地物的种类和性质。数字注记说明地物的数量特征，如高程、水深、桥长等。图外注记包括图名、比例尺等。地图要素注记设计是普通地图设计的重要内容之一。

一、海洋要素注记设计

海洋要素的注记分为名称注记和说明注记两大类。

1. 名称注记设计

海洋名称注记分为海洋注记和岛屿注记两种。名称注记的字体、字色、字大、字列设计见表9-3。

表9-3　　海洋名称注记的设计

<table>
<tr><th>类　别</th><th>内　容</th><th>字体</th><th>字色</th><th>字大</th><th>注记配置</th></tr>
<tr><td rowspan="2">海洋名称</td><td>洋、海</td><td>左斜宋</td><td rowspan="2">蓝色</td><td rowspan="4">根据物体的面积或长度确定</td><td rowspan="4">①尽量用水平字列
②沿物体长轴方向用雁行字列或屈曲字列</td></tr>
<tr><td>海湾、海峡、海沟等</td><td>左斜宋</td></tr>
<tr><td rowspan="2">岛屿名称</td><td>群岛</td><td>扁等</td><td rowspan="2">黑色</td></tr>
<tr><td>岛屿、岬、角、礁、滩</td><td>宋体</td></tr>
</table>

凡是具有规范图式的系列比例尺地图，都已给出每一级注记的示例，可根据物体的等级(面积大小等)比照图式上相近的等级来确定。若是自行设计的地图，则需要首先确定选用字级的区间，而后再根据物体的等级(如面积大小)来确定选用字大。例如，一般规定海洋要素名称注记在2.5~8.0mm的字大中选用，同时规定海洋在4.0~8.0mm中选用；海湾在2.5~5.0mm中选用；海峡在2.5~4.0mm中选用。首先要搞清全图范围内每种要素的最大和最小面积(或长度等)以及它们相互间的对比，才能定出实际选用的区间的上、下限及分级情况。有了这一标准，即可根据物体的面积(或长度)确定所选用的字大。

2. 说明注记设计

普通地图上海洋说明性注记分为质量方面的注记和数量方面的注记两种。说明性注记的内容、字体、字色、注记配置方式设计见表9-4。

表9-4　　海洋说明注记的设计

<table>
<tr><th>类　别</th><th>内　容</th><th>字体</th><th>字色</th><th>配置方式</th></tr>
<tr><td rowspan="2">质量方面的</td><td>干出滩性质(沙、沙砾、淤泥等)</td><td rowspan="2">细等线</td><td rowspan="2">黑 色</td><td rowspan="2">水 平</td></tr>
<tr><td>海底底质(沙、泥等)</td></tr>
<tr><td rowspan="3">数量方面的</td><td>无滩陡岸比高</td><td>长等线</td><td rowspan="3">蓝 色</td><td rowspan="3">①水 平
②垂直于等深线、流向符号</td></tr>
<tr><td>潮流、海流流速</td><td>等 线</td></tr>
<tr><td>水深注记、等深线注记</td><td>长等线</td></tr>
</table>

二、陆地水系注记设计

1. 河(渠)名称注记的设计

采用左斜宋体注记河(渠)名。在地形图图式中，对各级河流名称的注记大小都作了相应的规定；小比例尺普通地图因为没有统一的图式，都是由编辑在设计地图时定出河名大小的。

一般认为，河流名称注记的等级根据地图的用途分为3~5级比较合适，字大根据河流长度确定，重要的河名其字大不应小于3.5mm；最小的河名字大也应超过最小一级居民地名称的字大，不能小于2.0mm；其他各级根据具体情况确定。

河流名称注记字大应根据河流的大小、主支流和上下游关系保持一定的级差，上游和支流不能大于下游和主流。

河(渠)名注记一般采用屈曲字列配置，字隔一般以4~5倍字大为宜，一般15~20cm重复注出河名，河名多注于河流转折处、交汇处、接图处等。

2. 湖泊和水库的名称注记的设计

湖泊名称注记的字大根据面积确定，水库名称可根据等级确定，如果大型水库字大为4.0mm，大型水库可用3.5mm，小型水库可用3.0mm。

湖泊和水库名称的配置方法：尽量注存水域内，内部注不下时才注于水域外；一般用水平字列注出，也可沿湖泊、水库的伸展方向用屈曲字列注出；大湖泊、大水库可重复注记名称。

三、地貌注记设计

地貌注记分为高程注记、说明注记和名称注记。

高程注记包括高程点注记和等高线高程注记，用等线体注出。高程点注记是用来表示等高线不能显示的山头、凹地等，以加强等高线的量读性能，字色用黑色。等高线高程注记则是为了迅速判明等高线的高程，字色与等高线颜色相同。等高线高程注记配置时字头要朝高处，所以要尽量配置在山体的南面坡上。

说明注记是用以说明物体的比高、宽度、性质等，用等线体注出，字色与等高线颜色相同。

名称注记包括山峰、山岭、山脉注记等。山峰名称一般用长中等字体，多与高程注记配合注出，根据山体的大小和著名程度设计字大，字色用黑色；独立山、高地和山隘与山峰名称设计相同。山岭、山脉名称一般用“耸肩”中等字体沿山脊中心线注出，根据山体的大小和著名程度设计字大，字色用黑色，过长的山脉应重复注出其名称。在不表示地貌的图上，可借用名称注记大致表明山脉的伸展、山体的位置等。

四、居民地注记设计

居民地的名称注记占普通地图注记的80%以上，居民地名称的设计质量对普通地图的清晰易读性影响极大。

1. *居民地名称的定名*

居民地的定名要做到名称和用字正确。

在地图数据制作时，往往容易产生居民地名称张冠李戴的现象。在制作小比例尺普通地图数据时，甚至制作地形图数据时也容易产生这种现象，例如，制作像四川省那样的分散式居民地或密集居民地时最容易出现此类问题。地图数据制作时要特别注意使居民地的名称正确。

居民地名称的正字问题比较复杂。这主要是同音字、近音字错用，译名时用字不当或简化字使用不当等原因造成的，往往来自外业调绘和地方各级行政部门的报表。为此，在地图数据制作时要特别注意以下几点：

①城镇居民地名称，应以国家正式公布的名称为准，以最新出版的行政区划手册为准；

②经过地名普查的地区，应以普查后地名数据库为准；

③民政部门的统计报表可以作为定名时的重要参考；

④没有充分根据时，不宜随意改变居民地名称的用字。

2. *居民地名称注记的字大设计*

在我国的地形图上，居民地名称注记的大小在相应的图式或规范中都有明确的规定，基本上不存在设计字大的问题。

在小比例尺普通地图上，确定居民地名称注记的字大，则含有一定的设计意义。具体设计时，是和居民地圈形符号大小的设计相类似，应着重解决注记的最小尺寸、级差和最大尺寸的问题。

作为一般的挂图，居民地注记的最小尺寸往往要 2. 5mm 左右才便于阅读，作为桌面的参考用图，注记的最小尺寸可以小至 2. 0mm。如果是最详细的地图居民地的名称注记也不要小于 1. 75mm，否则将难以阅读。

居民地名称注记之间，级差只有大于 0. 5mm 时，才能被读者清楚区分。有了最小尺寸和级差这两个数据，就很容易定出图上最大一级居民地的注记尺寸。

还应当注意，居民地名称注记的字大分级不宜太多，一般不要超过 7 级。级别过多，级差又不能过小，图上最大一级居民地的名称注记则可能过大，地图不精致。

3. *居民地名称注记的配置方法*

名称注记配置在居民地符号的何方，会在一定程度上影响图面的清晰易读。

配置居民地名称时，要遵照以下的几项原则：

①居民地名称注记的配置，应使读者立即知道名称注记的所属，而不致产生任何疑问。

名称注记与其所说明的居民地符号相隔太远(一般应保持 0. 3mm 的间隔)，或配置在两居民地之间，或相邻居民地名称配置成连续无间的形式等，都容易造成居民地名称的混乱。

通常，居民地名称注记以安排在居民地的右方为最佳位置，也可根据图面上情况安排左上方或下方，不得已时才配置在其他位置上。

②名称注记应尽量不压盖重要地物，不得不压盖时也应留出道路的交叉口、河流汇合处、河流和道路的特征拐弯点、道路在居民地的入口等。

③居民地注记的排列，应反映居民地的分布特征。

居民地沿道路、河流分布时，名称注记应尽可能配置于相应居民地的同侧。位于行政境界两侧的居民地，其名称应分别配置在相应居民地的同侧，使居民地名称的行政隶属清晰无误。尤其是国界的两侧，更应遵照这一原则。

众多居民地沿某一方向呈线状分布时，注记排列应与居民地延伸方向相适应。这时居民地注记有反映居民地分布特征的作用。当居民地沿南北方向分布时，一般可采用垂直字列配置注记，当居民地沿东西方向分布时，可用水平字列注出。

第四节　地图的总体设计书

我国系列比例尺地形图的生产由测绘主管部门事先制定了编绘规范、图式等一系列的标准设计文件，不需要进行专门的地图设计。某些涉及广阔领域的比较规范化的专题地图，如地质图、地貌图、土壤图、土地利用图、地籍图、房产图等，往往也拟订专门的编绘规范来统一它们的规格和要求。地图设计书通常指普通地理图、大部分的专题地图和地图集的设计文件，主要包括总体设计书以及总体设计书指导下的地图编辑计划，目的是提出地图的总体设计规划，指导地图生产。

一、编写总体设计书的要求

地图总体设计书的编写要求具体如下：

①内容要明确，文字要简练。对作业中容易混淆和忽视的问题，应重点叙述。

②采用新技术、新方法和新工艺时，要说明可行性研究或试生产的结果，必要时可附试验报告。

③名词、术语、公式、符号、代号和计量单位等应与有关法规和标准一致。

④设计人员要深入地图生产的第一线检查了解方案的正确性，发现问题及时处理。

二、地图设计过程中的科学试验

地图设计的过程，常常也是一个创新的过程，特别是新图种的设计和制作。为了使设计的地图更加符合地图用途的要求，检验设计思想的可行程度，及早发现设计中的缺点和漏洞，加快成图速度，提高地图质量，在设计过程中常常会进行一些模拟性的生产实践，这些工作又称为科学试验工作。

1. 试验的项目和范围

地图设计的各个环节都可以成为试验的对象。试验工作的具体内容可能包括：

编图技术方法和程序，制图资料的使用方法，分幅与比例尺的确定，数据格式的转换，投影变换，不同数据源的数据匹配，各要素的选取指标确定，图形概括的原则和尺度，高度表的设计，色层表的调制，晕渲试验，色彩搭配试验，图面配置、图名、花边设计，图例设计，出版准备方法等。

在设计地图的过程中要选择哪些项目进行试验，要根据具体情况而定。对于比较有把握的项目可以不进行试验，而对把握不大的、有些新的想法和对地图质量有重要影响的项目则应组织进行科学试验。

2. 科学试验工作的组织和程序

制图科学试验工作也分为经常性的和专门性的。

经常性的试验，目的在于检验制图理论，获得各种数据，如极限载负量、符号尺度、图形概括的最小尺寸、视力读图的能力、选取指标等。制作各种样图，如典型地貌综合样图，居民地类型图，图幅困难等级和工日定额的标准样图，花边、图案等。经常性的科学试验工作由专门机关负责组织或委托给某方面的专家执行。

专门性的试验是为设计地图大纲而进行的试验，它可能是编图工艺、图面整饰、图例设计、高度表设计、选取指标的确定、各种样图(制图综合样图、晕渲样图、彩色样图)等方面的试验。设计地图时遇到有需要试验确定的项目，编辑即可委托有关机构或人员进行试验。

科学试验工作根据试验大纲在编辑的领导下进行，试验结束后把试验结果连同试验过程说明的文字报告一起，经过编辑部门的讨论评审，方可在地图大纲中引用。

3. 试验大纲

每个项目的科学试验都应当有试验大纲。试验大纲应包括：

①试验项目；

②试验工作的意义——预定解决什么样的问题，在编图时如何使用试验成果；

③试验工作的程序和工艺；

④试验的具体内容和结果；

⑤试验工作应当引用的资料——说明它们的特性，使用的方法和程度；

⑥试验成果的质量要求。

4. 试验报告

所有的试验项目都应当编写试验报告。试验报告中通常包括：

①试验之前提出的任务；

②使用资料的原则和方法；

③对试验中间过程和试验结果的记述和评价。

全部的试验方案(包括成功的和失败的)都应加以说明。试验报告最好还要附上使用试验结果的建议。

制图单位的编辑部门有时还要吸收其他有关专业部门的学者参加对试验结果进行的讨论，提出审查意见。

5. 科学试验中的编辑工作

试验工作应在编辑的领导下进行。

编辑应向执行者介绍进行工作的任务和计划，介绍制图用的原始资料。试验工作是由不同专业的执行者——编绘员、美术设计人员、绘图员、印刷工艺员等分别进行的，他们不仅要了解自己的那一部分，而且要对全部的任务有所了解，确切知道自己承担的这一部分试验在总任务中的地位和作用。为此，编辑应首先向全体试验者布置任务，然后再分别讲解各自的特点。

在试验工作的过程中，编辑应密切注意工作的进程，及时地、有系统地检查对大纲的执行要求，解答执行者的问题，帮助分析中间试验结果。在完成每一个阶段的试验以后，帮助做出阶段工作总结，分析过渡到下一阶段时是否有必要对工艺进行修改。

三、地图制图综合指标图

在设计地图的过程中，对各要素的数量和质量指标进行了大量的研究。把研究的结果用图解和注释的方法，在适当的底图上表示出来，成为一种直观的参考资料，这就是制图综合指标图。

正确的制图综合要求在数量和质量两个方面正确反映地区的类型特征和典型特点，还要能反映出不同区域间的协调和对比关系。为此，事先要进行大量的分析、量算和试验工作，得出结论性的意见。为要把这些意见有效地传达给作业员并保证在制图综合中正确实现，最简便的方法就是制作制图综合指标图。

编绘员根据指标图，在制图综合原则的指导下，可以有目的地强调制图区域的规律和特点，确定新编图上的选取标准和定额，定名和配置注记等。这样，使多幅地图的设计容易达到一致性。

1. 编制指标图的资料

(1)基础底图

指标图是在底图上表示出相应的指标，所用的底图可以是专门设计的工作底图，也可以是由其他类似地图复制的略图。这些略图只要具有主要河流、道路、居民地、山峰等有定位意义的目标，能够和编图资料对照定位，就可以作为编制制图综合指标图的基础底图。底图通常比编图比例尺小，但要能在新编图上正确定位。比例尺过小或内容过于概略对指标图的使用都会有不利的影响。

(2)划分区域范围的资料

选取指标是建立在地理分区基础上的，在不同的密度区规定相应的选取指标，它是反映各地区对比的基础。分区的资料来自地理研究成果，例如，河系类型、河网密度、居民地密度、地貌切割密度、道路网密度等，根据不同的类型或密度等级划分区域界线。制图区域地理研究得到的分区略图，是编制指标图的最重要的分区资料。

(3)选取指标

选取指标是指标图的主题，在设计地图时对各要素的选取要事先计算(或经样图试验)，确定各要素的选取指标，把这些指标用图解或注释的办法表达在基础底图上，就容易被编绘员接受并便于使用。

2. 指标图的种类

根据指标图的内容，可以把它们分为质量指标图和数量指标图。

(1)质量指标图

质量指标图是在分区的基础上表达质量指标为主的指标图，例如：

1)山系图

主要说明山系的走向和分级，山脉、主要山峰、山隘的名称和分布。

对山系的分级没有明确的指标，在编制中小比例尺地图时通常用以下原则：

①对全国的地形结构有控制意义的山系为第一级；

②对大地貌区的地形结构有控制意义的为第二级；

③对绵延 20km 以上，比高超过 1 000m，有明显走向的为第三级；

④其他视具体情况分为第四级和第五级。

⑤东部地区的孤峰，如泰山、庐山、黄山等，可以只考虑高度，不考虑其延伸长度。

2)山岳形态略图

山岳形态略图是表达地貌形态的一种略图，它的内容主要包括：

①山脊走向和类型特征：按山系的分级设置不同的符号，在略图上确定其位置及走向，再在这个基础上表达出平顶、圆顶、尖顶、锯齿形的山峰和山脊特征；

②斜坡形状：地貌综合时确定等高线描绘的顺序，处理等高线的移位等都要依据对斜坡形状的分析研究。我们通常把斜坡区分为凸形坡、凹形坡、等齐坡和阶形坡四大类；

③陡坡方向(斜坡不对称性的特征)；

④主峰、主要山隘的位置及高程；

⑤特殊地貌分布区等。

一般都是把山系图的内容合并到山岳形态略图中去做，只有编制全国性的大型制图作品时，才考虑把二者分开。

图 9-15 是一张带有山系分级的山岳形态略图。

常见的其他类型的质量指标图有：海系类型图、海岸类型图、湖泊类型图、水系名称指标图、通航河道图、居民地类型和分级图、典型地貌分布图等。由于类型常常作为确定选取指标和图形概括的参考，在许多情况下都把类型分区图作为指标图的基础底图来表示。

(2)数量选取指标图

数量选取指标图是在分区的基础上标示作为选取标准的数量指标图。常见的有：

1)河流选取指标图

按实地的密度系数分级划分区域范围，在不同的范围内表示出相应的选取指标(图

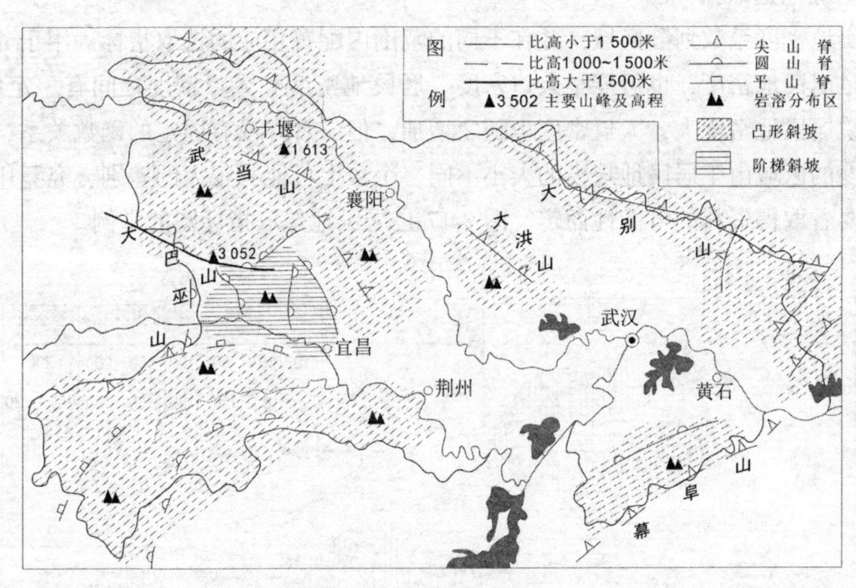

图 9-15　山岳形态略图

9-16)。河系类型的分区线同河网密度分区线可能一致，但大多数情况下是不一致的，最好把类型分区同时表达在选取指标图上，这样，编绘员就更容易领会和执行选取指标。指标图若用多色表示，同时表示三个指标(类型、密度、选取标准)没有什么困难。指标图若用单色绘制，同时表示三种指标有一定的困难，通常把选取指标同河网密度放在一起，河系类型图则单独做。

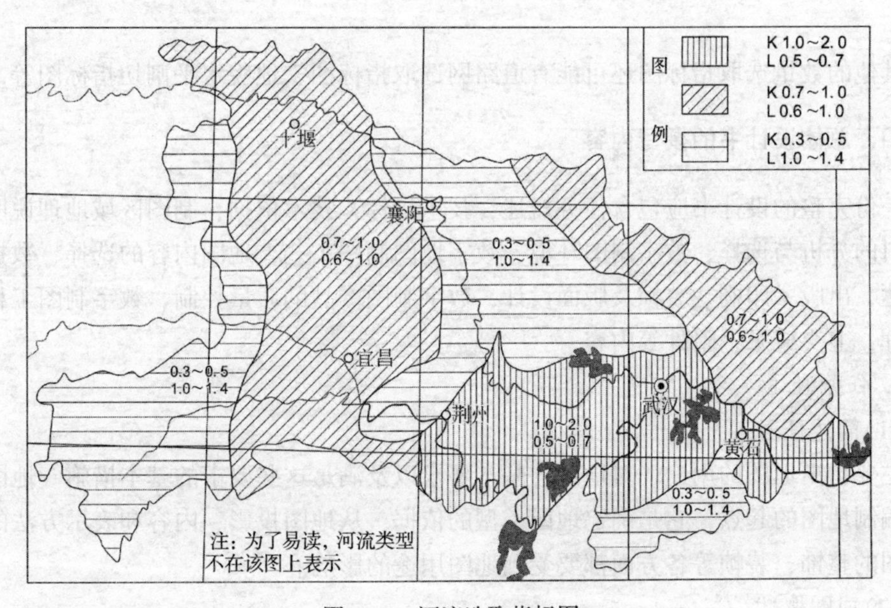

图 9-16　河流选取指标图

2)居民地选取指标图

按实地密度系数划分区域，并在不同的范围内配置相应的选取指标。用于分区的资料可能是居民地密度，也可能是人口密度。居民地密度和人口密度之间有一定的联系，一般来说居民地密度大，人口密度也随之增加，但二者并没有固定的函数关系，即同样人口密度的区域由于居民地规模的大小不同，个数上可能有很大的差别，究竟用什么指标分级要看取得资料的可能性而定。图 9-17 是居民地选取指标图的举例。

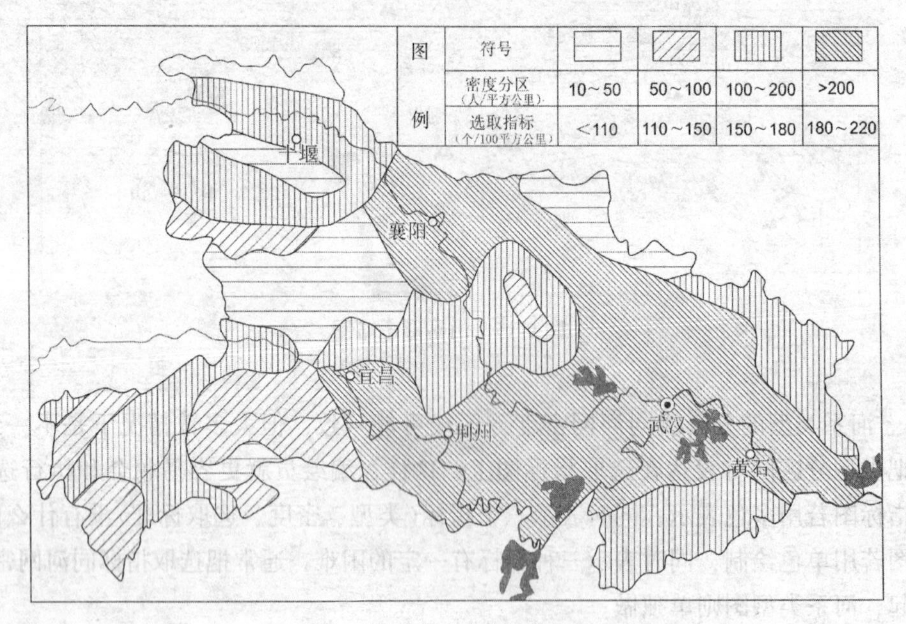

图 9-17　居民地选取指标图

其他的数量选取指标图还可能有道路网选取指标图、地貌水平割切指标图等。

四、总体设计书的撰写内容

一份完整的设计书应包含任务概述，技术指标，技术依据，制图区域地理说明，地图资料的分析与选择，数字制图环境，数字地图制图工艺，地图内容的选择、数据编辑和表达，出版、印刷、装帧及版面设计，数字制图产品的质量控制，数字制图工程的组织管理，上交成果、附件等内容。

1. 任务概述

(1)简述任务

主要指出地图的用途、对地图的基本要求以及满足这些要求的基本措施。地图的用途是编制地图的起点，它是确定地图类型的依据，从地图投影、内容和表示方法的选择到地图的整饰、装帧等各方面都要受到地图用途的影响。

(2)成图概述

包括地图名称、性质、类型，比例尺、开本，成果形式、版本，制图区域的地理范围，图幅数量，对地图成品的要求(精度等级、出版要求)等。

对地图集而言，则要说明地图集的开本、幅面大小、页数和出版形式，地图集内容的选题、图组划分、编排原则及目录，图面配置原则及格式。确定封面的样式、图名的字体、色彩、图案标志以及封面、封底、副封、扉页、环衬的色彩与形式；对图名页和背页的利用；地图的图面装饰、图边和图组标志；地图集的装订形式，并指明对装帧设计的具体要求。

2. 技术指标

(1)数学基础

包括选用地图投影的说明和建立数学基础的方法和规定。地图投影的种类、特点和基本性质，标准线的位置，投影区域范围变形的分布规律和最大变形值；经纬线网的密度；投影成果表及其说明；建立地图数学基础的方法和精度要求；经纬线网的表现形式和描绘方法等。

(2)分幅编号及拼接原则

分幅编号设计包括地图的分幅方法、分幅及编号方案、开本尺寸、拼接方式及拼接原则等内容。

(3)数据分层与编码

数据分层与编码包括数据分层规则、数据属性、数据内容及分类代码表等。

(4)数据格式

数据格式包括原始数据的格式、最终成图数据的格式以及格式的转换要求等。

(5)数据精度

数据精度包括数据的采集限差，图廓点及公里网点的定位控制点点位误差，图廓边长与理论边长的较差，对角线长度与理论值的较差；更新要素的相对精度等。

3. 技术依据

技术依据包括引用技术标准及技术文件；参考技术标准及技术文件。

4. 制图区域地理说明

制图区域地理说明是区域地理情况的高度概括，包括总的地理概况和重要的地理特征。目的在于使作业员对制图区域有一个总的了解。它必须简明扼要地阐明制图区域的地理位置、制图区域和范围、行政区划、该区在全国地理分区中所处的位置。并按该地区的自然或经济情况划分为若干区，分要素简要的综合性的说明。至于各要素的具体特点，则放到制图综合部分的前面去叙述。

地理说明还应附一些必要的略图，如河系类型图和河网密度图等，以加强地理说明的效果。这些附图也可以作为各要素制图综合指标图的地理基础。

区域地理概况的编写，应与地图的用途和表示内容相适应，重点应放在地图的主要元素方面。

5. 地图资料的分析与选择

应说明共收集到哪些资料，写出资料分析评选的结果，确定基本资料、补充资料和参考资料。

对于基本资料，应当先介绍它们的“身份”，然后，就其数学基础的精度，内容的完备性、与客观现实的相应性和现势性等方面加以说明，指出该资料的缺点，用什么资料补充和修正。还要明确指出该资料使用的方法和程度。如果涉及国界或其他政治上敏感的方面，要加以特别说明。

对于补充资料和参考资料，则不需要进行全面的说明，重点是指出使用该资料的哪个部分用于解决什么问题，以及如何去解决。

6. 数字制图环境

数字制图环境指需要使用的各种硬件设备和软件条件，要说明使用这些硬件设备和软件主要用于制作或解决什么问题。软件还需要说明版本情况。

7. 数字地图制图工艺

拟定制图生产工艺方案，包括工艺流程、同工序的先后次序、各环节的技术措施和要求。目前，数字地图制图技术应用已相当广泛，不同类型和不同规模的数字地图制图系统也非常多，而且系统功能也比较完备。工艺流程包括数字地图制图的基本过程，分为地图设计、数据输入、数据处理和数据输出四个阶段。地图生产工艺方案可以用框图的形式加以说明。

8. 地图内容的选择、数据编辑和表达

(1)地图内容的选择与表示方法

明确地图的主题及体现主题的具体内容，包括它们的分类、分级程度，并根据内容的性质和特点设计内容的表示方法。

(2)各要素的制图综合

各要素的制图综合是设计书的主要部分，其作用是保证地图(集)不同图幅间或不同地区间能做到相互协调，避免出现疏密、大小、主次要素倒置的现象，必要时可提出具体的数字指标以便于掌握。其内容包括：该要素的地理特点，选取指标和选取方法，概括的原则和概括程度，典型特征的描绘和特殊符号的使用，注记的定名与选取，如何使用补充资料，各要素之间的关系协调，数据的更新等。

(3)符号设计与符号库

符号设计应说明符号设计的基本原则和方法，明确符号的颜色、形状和尺寸，符号的配置原则；注记的字体、字大、字色的设计，注记的配置原则等。完整的符号列表作为附件放在设计书的后面。

符号库的建立方法，符号库的管理及符号的使用规则等。

(4)样图设计

样图设计与制作是为了给编制不同类型图提供直观、形象的参考依据。因此，需选择各图组或各类型图有代表性的图幅，进行具体的设计，并对类型图的制作提出原则性要求。

(5)接边的规定

地图的拼接形式、接边的部位、宽度、方法等的具体规定。

9. 出版、印刷、装帧及版面设计

这部分内容包括出版要求、印刷要求、地图产品的装帧设计和版面设计等。

10. 数字制图产品的质量控制

根据资料、技术力量、设备及使用的工艺等条件，提出可能达到的质量标准，从而确定检查验收的要求和基本程序。内容包括质量控制的内容、方法、程序以及相关技术指标和要求。

11. 数字制图工程的组织管理

包括地图数据、技术、人力、财力、物力、进度等方面的管理方法和计划。

12. 上交成果

明确成果的内容与形式、地图成果数据、元数据及图历簿、图件的数量等。

13. 附件

设计书的附件内容和数量，根据所设计地图的情况而定。其中可能包括的内容有：色标，符号表，分幅和图面设计略图、资料配置略图、各要素的分区和制图综合指标图、典型地区的综合样图，不同类型样图，各种统计表格，图面及整饰略图等。

五、地图编辑计划的撰写

地图编辑计划是在图式规范或总体设计书的原则指导下，结合任务的具体内容、具体的制图区域、特点和要求，拟定的设计文件，主要包括作业方法和技术规定，用以指导地图编绘作业的实施。要结合具体的制图区域的特点通过试验，确定的符号尺寸、整饰、地图载负量、各要素综合指示、选取指标和表示方法。编辑计划不应当重复图式规范和总体设计书中阐述的一般原则。它的内容应当是这些原则针对某区域的具体化。地图编辑计划一般包括以下内容。

1. 任务说明

提出完成任务的要求，说明地图的用途，简述制图区域的位置，数学基础，图幅数量和对成图数量、质量及完成任务期限的要求。编图应遵循的图式规范或总体设计书等。

2. 区域地理概况

简要说明与地图内容有关的区域类型特征和典型特点，指出自然地理要素的基本特征，便于在作业中正确反映。

地图表示的对象是制图区域，想要确切地表现它，必须先深刻地认识它。认识制图区域的地理规律，对于分析资料，投影选择，图面设计，地图内容的分类、分级，表示法的选择、选取和概括等都是十分有意义的。深入研究制图区域的地理情况，以便掌握各要素的分布规律和典型特征。

3. 制图资料的评价和使用

确定基本资料、补充资料和参考资料的名称和内容。对各种资料作出简要评述，对使用部分应予以重点评价，并确定出各种资料的使用原则、方法和使用程度。

制图资料是编制新地图的内容方面的基础，没有高质量的资料，就不可能编制出质量高的地图。相反，有了好的资料若没有很好的分析、评价，就不能正确地使用。新编地图的编图工艺、地图投影和表示法的选择，各要素的分类、分级等，都会或多或少地受到制图资料的影响。

4. 地图制作方法

按照任务的基本要求，根据地图类型、精度和成图时限、制图资料和制图人员及设备的条件，确定地图制作方法和程序。少数图幅需改变作业方法时，应作出明确的规定。在设计小比例尺地图时，应顾及地图的投影、分幅、符号、整饰及印刷等问题，确定最适合的地图制作方法。

5. 地图内容的选择及地图符号和图例设计

根据地图的用途、用图对象的要求、制图资料的情况以及对制图区域情况研究的结果，确定地图上应该表示的内容、指标体系以及它们的分类和分级等。

针对地图的内容和地图类型，设计表示方法和相应的符号，并把各类符号有系统地排列、组合和说明，成为地图的图例。

地图的表示法、符号和图例设计，通常伴随地图的彩色设计共同进行。

6. 地图各要素的编绘

按照作业程序，结合制图区域和资料的具体特点，把图式规范或总体设计书中有关的规定具体化，将各要素综合程度、选取原则、质量要求等，作出明确而具体的规定。

对于普通地图来说，主要包括：河流的选取指标，图形概括指标，湖泊的选取指标，岛屿和海岸的综合指标，居民地的选取指标，道路网的选取指标，等高线谷地的选取指标，土质、植被类的选取指标等。

对于专题地图，制图综合指标主要体现为点状物体的选取资格，线状和面状物体的选取资格和概括尺度，分类分级的简化或合并的尺度，统计资料按怎样的方向和类别加工，统计图表的图解精度等。

7. 接边的规定

明确接边的原则，具体说明接边关系和规定。确定不同资料接边的原则，处理重大的接边问题。

8. 样图试验

以上拟定的原则，如图面设计、资料使用、符号设计、内容选择、综合指标、彩色设计、工艺方案等是否可行，能否得到预期的效果，都要经过样图试验来实现。

对试验样图要经过评论，如果认为它是合适的，试验样图就可以作为编辑文件中所附的样图，供地图制图学习参考。如果认为某些方面仍然不合适，还要经过调整、重新制作样图。

9. 附表和附图

在地图制作技术指示中，应采用一些略图和附表来丰富和补充其内容，使文件直观实用，提高文件对作业的指导作用。通常附下列图表：

(1)图幅接合表

图幅接合表应有图幅编号、新编地图的图名、邻接图名、经纬度，并标明接边关系。

(2)资料配置略图

资料配置略图应表示出基本资料、补充资料、参考资料的配置情况。

(3)水系和道路略图

水系和道路略图要反映出制图区域内主要河系、湖泊、水库及道路情况，以及根据现势资料需要补充的水库、道路。根据具体情况也可分别制作水系、道路略图。

(4)地图符号对照表

当使用旧资料或使用国外资料进行编图时，应附有地图符号对照表及转换要求。编绘小比例尺图或特种图时，应附有新设计的地图符号。

(5)整饰规格样图

对于普通挂图、普通地图集以及中小比例尺地形图，应按地图成果数据的要求，明确规定各种文字、图表及符号的大小和位置。

图表的制作应根据具体情况而定，可增减、合并，以实用和满足作业需要为准。

第十章 制图区域和制图资料

第一节 制图区域研究

研究制图区域，目的在于清楚地了解制图现象的区域特征，从整体上了解制图区域的地理概况和基本特征。深刻地认识制图区域是成功地编写地图大纲和保证制图综合质量的重要条件之一。研究制图区域是普通地图设计阶段重要内容之一。

一、研究制图区域的目的

在研究制图区域时，应查明制图现象的类型特征(某类事物共有的特征)和典型特点(局部事物特有的有代表性的特点)。查明它们的分布规律、相互联系和发展的倾向。研究的重点则应放在同新编图的用途、主题和比例尺相适应，并能够反映在新编图上的有关内容。研究制图区域一般有以下几个目的：

1. 认识制图区域，指导制图综合

在编写地图大纲时，为了预先确定地图内容的分类、分级，特征，符号化和综合尺度，需要对制图现象的区域特点有深刻的认识。在地图编绘规范中，都指出了各地理要素制图综合的原则和方法。研究制图区域的目的，是要使规范中规定的综合原则和方法与研究的具体制图区域的实际情况结合起来，使之更加具体化。

2. 帮助分析评价制图资料

了解制图现象的区域特性，如要素的分布规律、分类分级、形态特征和各区域间的对比等，对于分析和评价制图资料的质量有切实的帮助。例如，不了解地区的河流发育阶段、河系的结构等自然条件，很难说出资料图上的河流图形表达的是否正确；不了解河网密度及同邻区的对比情况，难以作出其选取是否合理的结论等。总之，对于制图区域没有正确的认识，是不能正确分析和评价制图资料数据。

3. 鉴定资料的质量

制图资料数据是编图的基础，只有正确了解制图现象的区域特性，才能鉴定制图资料的优劣。这些特性，如要素的分布规律、分类分级、形态特征和各区域间的对比等，对评价制图资料是否反映区域特点会有切实的帮助。例如，不了解地区的河流发育阶段、河系的结构等地理特性，就很难说明资料图上的河流图形表达得是否正确；不了解河网密度及同邻区的对比状况，就难以作出河流选取是否恰当的结论。

4. 正确选定地图内容并进行要素的分类和分级

根据地图用途、比例尺和实地情况，可以确定地图上应该表达什么内容，如何正确地进行分类和分级。为了满足读图者的要求且正确反映地区的特点，深刻了解地区的地理情况有助于对地图内容的正确选择。

在指标分级时，一个很重要的条件是分级后表达的地域差别应能反映出实地上的状况，即把突出多的或突出少的、突出好的或突出差的同一般水平的地域区别开来。显然，这也要以对实际情况的正确理解为基础。

5. 指导选取指标的确定

必须对实地的情况有透彻的了解，才能正确地确定选取指标。例如，只有了解实地的居民地分布密度或人口分布密度，才能正确确定居民地在图上的选取指标；只有了解地区的河网密度及河流按长度分布的特点，才能确定在较密地区采用较低的标准进行选取。在编图的过程中，为了正确地使用编辑文件规定的指标，也必须首先了解编图地区的实际情况。

6. 正确使用制图综合的原则和方法

制图综合的原则和方法都有其特定的使用范围和条件，例如，点状物体只能选取不能合并；零星分布的林地不宜合并，大块林地附近的小块林地可以合并到大片林地中；正向地貌概括时应保留山脊高地、删去沟谷低地等。这些都是以确切了解制图区域的特点为前提的。

7. 正确使用地名

地名使用的混乱是当前地图资料上的一个相当普遍而严重的问题。另外，我国地名标准化的工作已有相当大的进展，各县基本上都已编出了地名志，研究这些地名志，了解编图地区地名的情况，是正确分析资料进而在新编地图上正确使用地名的基础。

8. 制作各种略图

为了用图解的方法把编辑文件中指出的各种特点和数据表达出来，使编绘人员更加容易理解和掌握，常常要制作各种略图。例如，河系类型图、居民地密度分区图、地貌类型图等，这些略图都是在研究制图区域的基础上制作的。

二、研究制图区域的要求

1. 研究结论能够落实到图面上

研究制图区域的深度和广度取决于地图的用途、主题和比例尺等因素，因为它们共同决定着图面上可能表达的详细程度。

用途和主题确定研究的方向。例如，编制地势图时重点是研究地貌和水系，编制行政区划图时要研究居民地、境界和交通，编制普通地图时则需要进行全面的研究。

研究的深度和详细性主要受地图比例尺的影响。在其他条件相同时，大比例尺地图要求比较详细地认识制图物体的细部，而当地图的比例尺较小时，可以局限于查明这些物体的最重要的特点，把注意力转向现象的分布、它们之间的相互联系等一般的规律性方面。例如，编大比例尺地图时要研究居民地平面图形的特点，而对小比例尺地图，由于居民地是用圈形符号表示的，研究居民地平面图形将是徒劳的。随着地图比例尺的缩小，研究的对象要从个体向总体转化，即从个别目标的特性转到它们的分布和相互联系的规律性。例如，研究居民地时从以一个居民地的结构为主要对象转为居民地的等级、分布规律、与其他要素的联系等；地貌则从碎部形态转到类型、山系特征等。因此可以说，随着地图比例尺的缩小，要研究得更加深入。

地理研究的成果是地图大纲中的地理说明。其内容应该能够在图面上反映出来并能定量和定位，使其能够作为制图综合时确定选取标准和图形概括原则，选定名称注记的依据。总之，确切的制图区域研究可以帮助我们克服盲目性。

提高制图区域地理研究的质量和针对性，对提高我国地图的科学质量是一个很重要的条件。

2. 要特别注意各要素的数量分析

各要素的数量分析可能使地理研究更加深入和具体，且更容易在图面上体现出来。提高普通地图质量的主要途径是不断加强数量指标的研究，使编图建立在可靠数据的基础上。

数量分析比文字描述更加困难。过去都是靠手工的图上量算来确定指标，由于工作量大，有些指标实际上不可能得到，随着科学技术的发展，基于数字地图量算工作越来越简单，地图数量指标的研究也必然越来越广泛和深入。

3. 要重视对社会要素的研究

实际工作中，区域地理研究往往只偏重于自然要素，甚至只进行水系和地貌的研究。对于普通地图来讲，这是远远不够的。在编绘地图时，居民地等级、道路等级、地名翻译、有争议的边界画法等，都要取决于对这些问题的研究。

4. 要重视各要素之间的联系

一切客观事物都具有内在联系的规律性。例如，居民地的等级会制约道路的等级，地貌会制约道路的形状，地貌结构会制约水系的结构，水系会制约地貌的形态。在研究制图区域时，要注意揭示各要素之间联系的特征，以便正确地表示它们，达到相互协调的目的。

5. 要同制图资料的分析相结合

制图区域研究通常是同资料分析相互结合的。分析评价资料需要对制图区域有充分的了解，反过来，对制图区域的认识又是从各种各样的制图资料中获得的。不根据制图资料(特别是地形图)是不可能深入研究制图区域的。问题是要恰当地处理它们之间的关系。

地形图是按照科学的方法和严格的要求测制的，它能够正确地反映实地的客观现实，是研究制图区域的基本依据。各种比例尺的编绘地图，都有可能对实地情况造成一定的歪曲，特别是各地区之间的对比上容易出现问题。如果欲用编绘图作为研究制图区域的依据，必须事先对它本身的质量有确切了解。当然，随着地图比例尺的缩小，地图上表达的内容向总体规律转化，地图对物体碎部的歪曲也许并不影响它作为资料使用的价值。例如，居民地平面图形结构表达得不正确，对于在小比例尺地图上改用圈形符号表示居民地并没有什么影响，农村居民地数量对比上的歪曲，对于以表示城镇为基本对象的小比例尺地图也不会有什么重要影响。

正确的研究程序是根据实测地形图(没有实测地形图就用比例尺尽可能大的地形图来代替)和文字资料研究制图区域的地理情况，在这个基础上来分析评价资料。如果作为制图基本资料的地图就是实测地形图，许多分析可以不必去做。

三、制图区域研究的内容

1. 制图区域研究结果的应用

制图区域地理研究的内容取决于在以后的编图过程中使用的情况。地理研究的结论将在下列工作中使用：

①评价制图资料地理内容的完备性和地理适应性，有时也对地图内容的现势性和政治性的评价有参考价值；

②确定各要素的分类和分级；

③设计表示法和符号系统；

④确定选取指标；

⑤指导制图综合；

⑥确定制图物体的名称；

⑦制作各种略图。

2. 制图区域研究的内容

为了编制普通地图，地理研究的重点是基本要素的类型、分布、质量特征、数量特征，不同要素之间的联系和相互制约关系。

(1)陆地水系

水系的结构特征及河网密度，湖泊类型及分布特点，运河、沟渠等人工水系物体的分布状况。

①河流：河系类型，度分级，河流等级，宽度变化，图形特征，伏流、消失河和地下河段，网状河系中的主要河道、河流各段的名称和主要河源等。

②湖泊：分布特征、密度、大小、形状特征、湖水性质、岸线特征、沼泽化或围垦情况等。

③还有河流通航情况，泉源的类型和分布，水库、堤坝、蓄洪区、闸、码头、桥梁等工程建筑或附属物体。

(2)海洋要素

海岸类型，岛、礁、航海设施分布特点，海底地貌的形态特征。

①海岸：曲折系数，有无潮浸地带，有滩或无滩，同岸线相毗邻的后滨的性质，主要河口的性质。

②岛礁：近海底质，岛屿、礁石的性质和分布。

③海底地形：海底斜坡的坡度，离岸距离和底质情况等。

④海上交通：港口、航线、助航标志等。

(3)陆地地貌

陆地地貌的类型及形态特征。

①地貌结构：按类型分区及其界限，山系结构及岩性，山脉、山体的走向和分布，高度，宽度等。

②形态：斜坡形状和切割情况，形态特征、构造形态，激变地形的分布和特点，正、负向地形的分布和对比情况。

③数量标志：最高点、最低点的高程，地区平均高程，地面平均高差，平均坡度，切割密度和切割深度，雪线及有特殊意义的某些等高线。

④特殊地貌形态：黄土、岩溶、冰川、火山、沙地等特殊类型地貌的分布及特点。

⑤山名：山脉和山峰的名称及高程，主要山隘及名称等。

(4)植被

各种植被的分布特点。森林、灌木林、经济林、草场等面状物体的类型、轮廓和分布特征，它们同水系、地貌等要素的联系。

(5)居民地

居民地的分布特点和密度差别，居民地平面图形的基本特征及行政意义等。

①居民地的分类和分级：行政等级、人口数分级。

②居民地密度或人口密度：选取居民地本来应以居民地密度为基础，但有时这个指标得不到，只有人口密度指标。它们之间有密切的联系，但由于不同地区的居民地规模大小相差很大，在划分居民地密度分区时，两种指标都可以用，但必须顾及它们的差别。编制小比例尺地图时，居民地选取指标主要受人口密度的影响；1∶50万~1∶100万比例尺的地图上居民地的选取，会同时受到两种因素的影响。所以，在研究制图区域时，要有针对性地对它们进行研究，特别是城市的类型及按人口的分级等问题。

③居民地的名称注记：通名、字数、地方字等特点。

④居民地与河流、道路、地貌的关系。

⑤有特殊意义的居民地。

⑥特殊类型的居民地：农场、林场、药材场、渔场、工矿区等。

(6)道路

①道路的等级、通行情况、分布特点和密度差别。

②道路网的密度，道路的分类和分级，道路的形状特征，道路功能(通运能力)、重要性(贯通的地区)，道路的结构特征等。

(7)境界

①各类境界状况，特别是未定国界、省界。

②境界的种类，国界、未定国界、海上国界的画法，有争议的地段及我国政府的立

场，界标、界河、山口等分界标志，国内境界的等级，有无争议地段等。

(8)其他要素

其他要素的分布情况。有特殊文化、历史或经济价值的地物和国家重大工程项目的分布情况。有科学标志、历史标志和革命纪念标志等物体分布情况，如卫星定位运行站、环保监测站、科学试验站等，根据需要加以说明。

四、研究制图区域所用的资料

研究制图区域所用的资料通常包括：地图资料、遥感影像数据、网络地图和文献资料。

1. 地图资料

可以用于研究制图区域地理情况的地图资料包括：

(1)较小比例尺的地图

这种地图用于认识区域地理位置，类型分区，各要素总的特征以及同邻区的联系。

(2)大比例尺地图

最好是实测地形图，如 1∶5 万地形图。特殊情况也可以用 1∶10 万或 1∶25 万地形图(主要用于高山或荒漠地区)。根据这些地图可以统计、分析各要素的结构、形态、分布、定位、名称等的详细信息，从而总结出其规律性。

(3)各种专题地图

专题地图往往对其主题要素表达得详细而具体，是评价该要素地理条件的良好依据。例如，地质图可以帮助对地面岩石性质、地质构造、断裂线的位置等特征的分析；交通图则对该地区的道路分级、里程、交通枢纽等方面表示得很详细，可以作为了解该地区交通状况的基本依据。

(4)全国性的各种指标图

为了统一我国的制图工作，逐步编制了一些全国性的分要素指标图，如河网密度图、河系类型图、山系图、大地构造图、山岳形态略图、典型地貌分布图、居民地(或人口)密度图、道路密度图、道路分级图等。这些指标图都是通过大量的统计量算和科学分析以后编制的，为了解制图区域的地理情况，特别是确定同全国其他地区的对比关系是很有用的。

2. 遥感影像数据

遥感影像数据常包括航空摄影影像数据、地面摄影影像数据和卫星影像数据。

现在大比例尺地形图大都是用全数字摄影测量方法成图的，所以，一般情况下在编图时无需查阅影像数据，只是在解决图面上的疑难问题时，或者需要补充新的内容时，原来的或新拍摄的航空摄影影像数据被使用。

航空摄影影像数据和地面摄影影像数据给我们提供了用视力直接研究地面的可能性。但是，由于它们的比例尺都比较大，在中、小比例尺地图上需要表达的那些重要的或整体性的特征，常常被淹没在大量的碎部影像之中。

借助卫星影像数据，为研究制图区域和制作地图提供了新的可靠资料。卫星影像数据具有以下优点：

①可获得大范围的同一时间的影像数据。

当卫星影像数据摄影比例尺为1∶200万～1∶800万时，70mm×70mm的卫星影像数据可覆盖20 000～300 000km^{2}的面积。同时还可以获得有关的各种数据信息。

②分辨率高，信息量大。

卫星影像数据信息量丰富，而且采用多光谱摄影，可以获得更多的环境信息，利用图像处理技术可以获得更准确的数量和质量标志。卫星影像数据地面几何分辨率为0.5m～4 000m。光谱波段，从紫外线到微波，甚至超长波，光谱分辨率超过240个波段。目前的卫星影像数据可以直接用于1∶10 000地形图的测图，足已保障1∶5 000地形图的修编要求，如修建了新的水库，发生变化的湖泊形状，河流刚刚改道，修建了新的工厂和道路等，使用新卫星影像作局部的修正或补充。卫星影像数据提供丰富的影像资料。

③卫星影像自然完成了"制图视觉综合"。

"视觉综合"又叫消除综合，指的是自然消除了按地图比例尺来说应当过滤掉的那些碎部特征，突出总体的轮廓和结构。例如，为了研究秦岭山系，如果用数百幅详细表达地形碎部的地形图，并不能给出它的轮廓、结构等整体概念，如果利用1∶100万或1∶250万的地图，由于对它们多次的综合可能造成一定的歪曲，但是用低几何分辨率卫星影像数据，例如1∶100万卫星影像上，这些大型的特征就表现得一目了然，真实而清晰。这对研究较大区域的地理规律是十分有用的。

④利用不同时段卫星影像研究制图现象的变化动态。

由于采用了星座技术，卫星影像数据时间分辨率可以天计或半天计。如此循环，可以不断地获得新的影像，通过比较分析，可以很容易发现制图现象的变化。

⑤利用卫星影像研究区域地理综合体。

卫星影像同时客观地显示出各要素在相当大范围的分布和相互联系。探测卫星有一定的穿透能力，可从若干厘米到数十米，在某些条件下，探测的深度可达100m，超长波可达10 000m的深度。所以利用卫星影像可以研究河床、河漫滩和河流阶地，狭谷、低地、山地的范围，山系的结构和地面的切割特征，岩石性质和地质结构，陆地和水下的连续性等。通过光谱分析、图像解译，可以判断森林的树种和分布，耕地、沼泽、沙地的类型和分布等。把这些要素综合分析，将有助于对制图区域的分析更加深入。

3. 网络地图

据不完全统计，当前我国从事互联网地图服务的网站约4万个，主要网络地图服务运营商有：天地图、百度地图、Google地图、腾讯地图、搜狗地图、高德地图、灵图、图吧、城市吧、E都市等。地图品种有2维电子地图、2维矢量地图、2.5维地图、3维地图、影像地图、街景地图、地形图等。

天地图是国家测绘地理信息局主导建设国家地理信息公共服务平台。目的是提高测绘地理信息公共服务能力和水平，改进测绘地理信息成果服务方式。天地图运行于互联网、国家电子政务网、移动通信网等网络环境，它把分散在各地、各部门的地理信息资源整合为“一站式”地理信息在线服务系统，由地理信息数据系统、软件服务系统和支持海量数据在线服务的服务器系统组成国家、省、市三级节点，为国家信息化建设构建统一的空间基础平台，实现地理信息资源共享，提供权威高效的地理信息在线服务。表10-1列出天地图的地理信息数据资源。

这些地图数据、影像数据、地名数据不但质量好，有权威性，而且现势性强，对认识区域地理位置，各要素总的特征，了解制图区域交通状况，分析各要素的结构、形态、分布、定位、名称等的详细信息都非常有用。

表10-1　　**天地图的地理信息数据资源**

数据类型	名称(比例尺/分辨率)	覆盖范围	显示级别
电子地图	矢量数据(1∶100万)	全球	1~10级
	矢量数据(1∶25万~1∶100万)	全国	1~12级
	导航电子地图数据	全国	13~18级
影像图	影像数据(250m)	全球	1~10级
	影像数据(15~30m)	全国	8~10级
	影像数据(2.5m)	全国	11~14级
		国外局部	11~14级
	影像数据(0.5m)	全国400多个城市	15~18级
地形晕渲图	地形晕渲数据	全球	1~10级
		全国	1~14级
地名地址库	全球地名数据	国家、省级行政区划	
	全国地名数据	省、地市、县、乡镇、行政村、自然村等	
	全国兴趣点(POI)数据	餐饮、宾馆、学校、医院、银行、加油站、车站等	

4. 文献资料

同制图区域或多或少有些联系的文献资料非常多，它包括各种地理文献、地貌、水资源等；政府网站上都有自然地理、地理位置、行政区划等方面的详细信息，这些信息有权威性，现势性强；利用时要进行精选，尽可能找出其中最原始的材料，从大量的文字叙述中找出对编图有用的部分。文字资料中最重要的是地貌区划资料，它较具体地告诉我们地貌分区、类型、结构和形态特征等一系列的材料，而且最主要的是可以找到本区同周围地区的联系。地貌区划中有时还有对河流的详细描述。

其他的如地理考察资料，各种统计资料(例如，居民地的行政意义统计表，人口排队表，道路统计表等)，都对地理环境有详细描述。

五、研究制图区域的方法

研究制图区域的方法包括室内研究和实地调查两类。

1. 室内研究

为了查明地理区域的类型特征和典型特点，根据已有的地图资料、遥感影像数据、网络地图、文字资料，在室内对资料进行必要的比较和量算分析，是设计大多数地图，特别是设计中小比例尺地图和国外地区的地图时进行区域地理研究的基本方法，有时是唯一的方法。

室内研究的方法一般包括分要素阅读、量算分析和比较。

(1)分要素阅读

先按不同要素把地图上、影像上、网络地图数据和文字资料中的有关材料分要素集中起来，进行阅读分析，必要时作出详细摘要。各要素的质量特征，例如，类型、分区及同其他要素的联系等是在阅读资料的过程中确定的。

(2)量算分析

阅读和视力比较都只能得到比较一般的概念，许多具体的数量指标靠阅读地图是不能得到的，必须实施具体的量算。在分析制图区域时应量算的内容通常有：河网密度、居民地密度、地貌切割密度、道路网的密度、各种曲线的曲折系数等。有基本地形图数据库后，许多数量特征可以直接从数据库中分析提取。

(3)比较

不同资料上得到的材料可能是不一致的，可以通过比较判断其可靠性。也可以通过一组相互联系的资料比较，或进行统计分析，派生出新的认识和结论。

2. 实地调查

在有条件时，也可以用实地调查的方法来研究制图区域，利用野外考察的方法对实地获得感性认识，但它只能是室内方法的补充，只能建立在室内预先详细地对现有资料进行分析的基础上，以便把野外调查限制在尽可能小的范围，并使其具有明确的目的。用野外方法研究制图区域通常有以下三个目的：

①对现有资料的缺陷进行补充，例如提高地图资料的现势性和详细程度；

②判断并消除现有资料中产生的矛盾或其他的不一致；

③获得分析或使用资料(如遥感影像)的标准样品。

野外调查的成果必须同室内分析研究的成果共同比较，才能使地理研究得到正确的结论。

六、制图区域地理研究的成果及应用

制图区域地理研究的成果应当是获得关于制图区域地理情况的明确概念，即区域中主要的要素，它们的等级、特性和相互联系等。有了这些成果，就足以保证使编绘规范或地图大纲中规定的原则能够同制图区域相结合并加以具体化，根据研究的成果拟定要素的分类、分级、表示法、概括尺度和选取标准，使其能顾及区域特征的差别。

在制图生产中，地图设计和编绘通常是由不同的人来完成的，所以在地图的设计文件中应当对制图区域的地理情况作清楚而肯定的说明。

根据地图的类型和比例尺，确定地图设计文件中关于地理说明的对象和详细程度。对于大比例尺地形图，要具体说明各要素的详细特征。例如，海岸的结构特征，河流平面图形的特征，河床的宽度，有无河漫滩、河岸阶地以及流速、底质等特征，居民地的类型和内部结构，地貌的切割形态等。对于中、小比例尺地图，则只要说明它们的类型、分布特征和相互联系等总的概念。

为了加强地理说明的效果，要根据研究的结论绘制若干张区划略图，它们既是了解地理情况的依据，又是制图综合指标图的地理基础。

为了使地理研究更有效地指导各要素的制图综合，它的编写往往分成两部分。在大纲的"制图区域地理说明"部分往往只说明区域总的概念和类型规律，使编图者对制图区域的位置、同更大区域的联系和总的特征等有一个基本了解。各要素的具体特征则放在各要素的制图综合中去阐述，这样可以同综合指示结合得更紧密，而且可以避免重复，使地理说明部分显得简单明确。

制图区域地理说明总的结构大体是：制图区域的位置、范围、行政归属，按地理单元(通常按地貌类型划分)分别说明各要素的类型、分布特点、形态方面总的规律和典型特点，为了增强说明效果，也可以简要地说明影响它们发生和发展的主要因素。

第二节　制图资料和数据

编制普通地图是根据资料进行的，在目前全数字地图制图环境下，编制普通地图主要是根据制图数据进行的。凡能够用于编图的资料(数据)都称为制图资料(数据)，它是编制地图的基础。

制图资料(数据)的质量对于确保新编图的质量、加快成图速度和降低成本等都有重要的影响。一幅高质量的地图，首先它的内容要正确，要具有必要的精度和详细性，所表达的内容要与实地的现实情况一致。要达到这些要求，正确地选用编图资料是根本性的措施。

编图中正确使用高质量的资料(数据)，有助于多快好省地完成编图任务；不仅如此，如果制图资料(数据)的使用方法不正确，也不可能得到满意的编图成果。所以，不但要有高质量的资料(数据)，而且还要正确地使用。

编图过程中的资料(数据)工作包括资料(数据)的收集、整理、选择、分析、评价和加工等。其目的是保证把内容最新、最完备、最精确和使用起来最方便的资料(数据)正确地用于编图。

收集资料(数据)是资料(数据)工作的基础，编图前必须尽可能全面地收集资料(数据)。显然，如果在设计地图时遗漏了最好的资料(数据)，在编图过程中或编图工作完成后发现了它们，欲加以补充引用或据以修改地图内容，将会造成很大的困难甚至重编。为了说明收集资料(数据)工作必须深入、细致地进行，很多文献都把收集资料称作搜集资料。

对收集来的资料(数据)要进行整理(处理)，它有两个目的：其一是以明确的形式提出收集资料(数据)的结果，如资料(数据)目录或接图表等；其二是为选择资料(数据)提供一定的依据。收集来的资料(数据)有的可能互相矛盾，也有的是对别的资料的说明或评论，可以互相印证。通过对资料(数据)的分类、编目和初步阅读、比较，对资料(数据)的质量会有一定的认识，给下一步选择资料(数据)打下了基础。

编图时并不是把各种资料(数据)都同等看待的，而是把各方面都比较好的资料(数据)作为基础，称为基本资料。根据它的缺陷再选用其他资料进行补充和修正，这就提出了对制图资料进行选择的问题。

为确切了解制图资料(数据)的优缺点，以便在编图时发扬优点，克服缺点和错误，恰当地使用资料(数据)，还需要对制图资料进行分析和评价。对不同用途的资料进行分析、评价的深度和广度都应当有差别，作为基础用的基本资料各方面都要作严格、细致、全面的分析评价，对补充和参考性质的资料只作有重点的分析，而对于那些对编图没有什么意义的资料可以不去分析。当然，有时也会遇到这样的情况：通过具体的分析评价，认为被选作基本资料的地图不符合要求，这时需要重新选择、甚至要重新收集资料。

为把制图资料(数据)运用到编图中去，需要对资料(数据)进行必要的加工。

一、制图资料(数据)的收集

收集制图资料(数据)的工作分成两部分，即经常性的资料(数据)收集工作和为了新编图的资料(数据)收集工作。

1. 经常性的资料(数据)收集工作

经常性的资料收集工作由各级资料部门(全国测绘资料中心，各省、市、自治区测绘主管部门的资料处，各制图单位的资料科、室等)负责。它不是专为某一制图任务收集资料，而是经常关心各种实测和编绘地图的成图情况，与各成图单位取得联系，收集有关的各种制图资料。

为了管理和使用的方便，资料部门都备有接图表、资料目录等。有的还制作资料卡片，简要地记载资料的名称、类型、范围、比例尺、印色、出版机关和成图时间等。有时还附有对资料的简要评述，例如，地貌表示法和高度表，地图的投影，分幅编号系统，平面坐标系、高程系、坐标网的形式和密度，地图的分幅编号系统，各要素的分类、分级和表示法等。

目前有许多资料档案部门建设了资料管理信息系统，一个综合性的多用户测绘资料档案管理系统，应该集资料目录、大地测量成果、航摄航测与制图档案、地图资料等信息于一体，文字、数字与图形三位一体，可根据数据库内容动态生成资料目录统计地图和大地成果网图，进行定性和图形定位检索；还可以完成资料档案编目、接收、发出、销毁与遗失登记，地图调拨，资料档案的供应、提供、统计等各种业务。一般可分大地测量成果、遥感影像和地图等建立3个成果档案信息子系统，可以将上述与地图有关所有资料建立一个地图成果档案信息子系统，通过空间定位数据、属性数据连接技术，解决了以属性数据直接进行图形显示的问题。通过不规则地理范围检索方法，解决了随机或不规则地理范围的检索，为查阅资料提供了极大的方便。各种实测地图和编绘地图基本上都建立了基础地理信息系统或基础地理信息数据库，能方便地为编图提供制图数据。

有了这些系统和数据库，编辑在接受设计地图的任务之后，只需要查一下资料信息、接图表等，就可以掌握资料保障的大体情况，并针对具体的编图任务，有目的地补充收集其他资料。

2. 为了新编图的资料收集工作

针对某项具体的编图任务，单靠资料部门经常提供的资料(数据)是不够的，还必须进一步收集其他资料(数据)，其中主要是分散在地方上的、基层组织中或专业部门中的资料(数据)。例如，为了补充地形图的内容，常常需要向民政部门收集人口数量和居民地行政等级以及行政区划方面的最新资料，国界勘界资料数据，省界勘界资料数据，最新行政区划简册，最近出版的行政区划图集；向交通部门收集新修道路方面的资料，全国道路普查数据，地铁，轻轨，快速路，主干道，国、省、县、乡道数据，特别是GPS道路数据；向水利部门收集水利工程(水库、堤坝、渠道等)方面的资料，水系普查数据；向林业部门收集植被方面的最新资料，其他诸如管线运输、文物、科学测站等资料都需要收集。还要收集勘界、电力、地名、土地利用等专业资料。如今，这些资料中的一部分可以从网络地图上获取。

不但要收集普通地图资料(数据)，还要注意其他方面的资料，如地理描述、专题地图、文字资料和统计资料等，它们对于查明普通地图资料上内容的完备性和变动情况是非常有益的。

在收集资料时要有明确的目的性，制图任务是明确的，针对制图任务而进行的资料收集工作也应有明确的目的，不应该收集与本图无关的资料，否则会给资料收集带来意外的困难，延缓工作的进程。

收集资料时，还要特别注意其在地图上定位的可能性，例如，水库的名称和容积，以及科学测站等资料，如果不能在地图上定位，这些资料就会失去其意义。非地图形式的制图资料中描述的目标，通常靠两种手段来定位。

(1)描述定位

描述定位指的是根据对制图对象的文字描述来确定它的位置。

为了在编图中引用制图物体，必须对制图物体的位置有同地图内容相结合的足够详细的描述，一般只能对点状物体描述定位，如指出该点在某交叉路口、某山顶等。水库由于可以用等高线作为参照目标，只要确定出水坝的位置、长度、水面高度，也能在地图上标绘出来。水库需要指出在某个明确的目标(如居民地、河口、山口等)的哪个方向上，有多少距离，或指出坝址的高程、水面高程及坝高；新建的公路要指出同一系列居民地的相关位置及里程等。总之，对于欲引用到新编图上的制图物体，必须以原来地图资料上已有的目标为基础，找出其间的相互关系，再根据最新遥感影像，使其在新编图上定位。其他的线状、面状物体，则很难使用描述定位。

(2)坐标定位

以电子表格形式记录的欲加绘到新编图上的点、线和轮廓范围的地理坐标或直角坐标，是确定位置的最好方法。像地图上的平面控制点、国界的界标、科学测站等都可能有单独测定的平面直角坐标。现在地图资料基本是数据形式，都有地理坐标或直角坐标，定位既准确又方便，图形数据库将在资料工作中发挥越来越大的作用，将提供越来越多的带有直角坐标值的资料图形。

收集资料时，必须把定位资料一并收集。

二、制图资料(数据)的分类

为了科学地做好资料工作，必须研究资料的分类。主要根据资料的功能和形式两个标志进行。

1. 根据资料的功能分类

根据资料在编图中的功能分为：基本资料、补充资料和参考资料。

(1)基本资料

作为新编地图基础的资料，即新编地图上的主要内容要取自这种资料(数据)。一般资料图(数据)比例尺大于新编地图比例尺，精度符合要求，现势性强。

(2)补充资料

引用其中的某些或个别内容来补充基本资料的某些不足。它可能是地图(数据)，也可能是影像数据和文字资料。如编制地形图，应收集测量控制成果、基本资料的元数据、图历簿，最新影像数据、数字正射影像图，与地形图要素有关的专题资料，最新编绘出版的地图和地图集。

(3)参考资料

在新编地图上并没有直接引用，只在研究制图区域或分析、评价其他资料时用作参考的资料。

有的文献把补充资料和参考资料合并为一类，称为补充和参考资料。

2. 根据资料的形式分类

根据资料的形式分为：地图资料(数据)、影像数据、文字资料和其他信息数据。

(1)地图资料(数据)

用于编图的地图形式的资料包括：各种地形图、普通地理图、专题地图(包括各种指标图和现势图)。其中，地形图一般被作为编制普通地图的基本资料，现在都以地图数据的形式存储在数据库里；这些地图数据有的是利用数字测图方法实地采集的，有的是利用全数字摄影测量方法采集的，有的是利用大比例尺地形图数据编辑获得的。普通地理图有的被作为编制普通地图的基本资料，也有的只作为研究制图区域、证实其他资料的可靠程度或对基本资料作局部的补充或参考资料。

以普通地图中某一要素为主题的专题地图，如政区图、交通图、水系图、地势图、森林分布图等，经常被作为编图的补充资料。如果专题地图上的主题不是普通地图上的基本要素，如地质图、气象图、经济图等，则多作为研究制图区域地理情况的参考资料。

(2)影像数据

影像数据资料包括：各种比例尺的航空影像数据、各种卫星影像数据、地面立体摄影影像数据、典型物体的普通摄影影像数据等。

影像数据资料在普通地图编图中通常作为研究制图区域或分析、评价基本资料的参考，有时作为某项内容或单个目标(如建筑物、水库、公路等)的补充资料。有时也作为植被、土质等地图上划分界线的基本依据。

(3)文字资料

用于编图的文字资料包括：

①行政区划简册：每年发布的行政区划简册可作为行政区划更新，行政单位所在地的地名变动等重要依据。

②各种区划资料：许多专业都有自己单独的区划，它们通常都是根据本专业多方面的指标综合考虑得到的区划。例如，地貌区划则说明制图区域在全国地貌分区中的位置，并描述水系、地貌的特点，是研究制图区域地理情况时的主要参考资料。

③地理考察资料：针对某一种具体目的，或对某个地区组织的综合考察，往往有对制图物体详细而具体的描述，成为分析制图区域的参考。尤其在没有实测地图的地区，这种考察报告及其附图，甚至可以作为编图时图形定位的主要依据。

④各种测绘档案资料：包括记载成图情况的图历簿、编图的设计文件(地图大纲、编辑计划等)，编图的技术总结，记录三角点、水准点等控制点的直角坐标或高程的控制点成果表等，它们往往可以作为分析、评价制图资料质量的依据，控制点成果表又可用于建立地图的数学基础。

⑤资料通报：由国家测绘资料中心不定期发布的资料通报，包括各种成图及各要素在一定时期内的重要变动等情况。

⑥政府文告和报刊消息：包括表明制图物体的位置、等级和内容变化的边界条约、政府文告等，以及报刊中有关新建铁路、公路、桥梁、水利工程、行政区划变动等消息，都可以作为编图的补充资料或参考资料。

⑦统计资料：这是文字资料中一种特殊形式的资料。我国各级政府都有相应的统计部门，各专业部门都设有专门的统计机构，收集并整理各行各业的统计数据，例如，城镇人口统计是居民地按人口分级的依据；居民地或人口密度的统计成为确定居民地选取指标的依据；如河网密度的统计，通航里程的统计，交通线长度及运输量的统计，森林

覆盖面积的统计等，可以作为判定制图对象重要程度、研究制图区域地理情况的参考。

(4)其他信息数据

GPS采集的道路、建筑物的图形数据是更新编图的最精确数据。志愿者地理信息VGI(Volunteered Geographic Information)出现于2007年，已被公认为是一种对来自政府部门和商业机构的权威数据的有效补充。大量步行者或驾车者的GPS轨迹使数字地图变得更具实用功能。目前，网络地图用户可利用地图应用程序编程接口(Application Programming Interface，API)提供的多种方法实现与地图的交互功能，满足用户一系列向地图添加内容的需求，这些添加内容是地图更新信息的重要来源。支持API的主流电子地图有Google地图、天地图、百度地图、腾讯地图、高德地图、虚拟地球、雅虎地图等。其中，Google地图API在功能性、稳定性、地图展示速度、开发简易程度、开发成本等方面都是同行中的绝对领先者。志愿者地理信息提供的地名是地图地名的重要参考信息。

三、资料(数据)整理

收集来的资料(数据)可能很多，它们良莠不齐，相互重叠，还可能相互矛盾，为要把这些资料(数据)提供编图使用，首先必须对收集到的资料(数据)进行整理。

制图资料(数据)的整理工作包括：

1. 资料(数据)登记

对收集到的所有资料(数据)必须细心地分类登记，其中对于地图资料(数据)要指出它们的名称、范围、比例尺、完成的时间、出图单位、成图方法等。对其他形式的资料要指出它们的名称、形式和来源等。涉及保密的资料，要按有关规定执行。

2. 对资料(数据)进行检查

收集来的资料(数据)，可能有许多并不是资料的原本，而是复制出来的，例如，抄写的统计表和文字资料，手工绘制的略图等。复制的资料要尽可能用原本来校对，要检查是否有漏抄的，以免造成差错，并且一定要有抄写和校对者的签名。对复印资料只检查复印的质量即可，对地图数据检查数据的质量。

3. 列出重叠和印证的资料

根据登记的资料清单，列出在同一范围内相互重叠的资料，尽可能弄清它们之间的相互关系(原始的和派生的)，要特别指出能够用于印证其他资料正确性的资料，并把它同被说明的资料列在一起。

制图资料整理的结果通常是获得资料分布略图和资料登记表。根据这些结果，编辑可以得出制图区域资料保障情况的明确概念。对于重复的资料，下一步的工作是合理地选择，而对于暴露出来的缺陷，必须组织进一步的收集，必要时还要到实地调查。

资料整理是一项十分细致的工作，一般由编辑来完成，也可以指定其他人或由专门做资料工作的人员来完成。

四、现势资料和数据

在地图出版以后，实地上的情况还在不断地发生变化，其中特别是居民地的行政等级、人口数、境界线、道路、居民地建筑、水利建筑、地名等方面的情况可能变化更快。这些变化了的情况，在编图时都应该对基本资料进行补充或修改。反映变化情况的资料称为现势资料。

1. 现势资料的类型

编图时被经常用作现势资料的有：

(1)影像数据

影像数据包括：各种卫星影像数据、各种比例尺的航空影像数据、地面立体摄影影像数据、典型物体的普通摄影影像数据等。特别是卫星影像数据地面几何分辨率为0.5m到4 000m；光谱波段，从紫外线到微波，甚至超长波，光谱分辨率超过240个波段；由于采用了星座技术，卫星影像数据时间分辨率可以天计或半天计；卫星影像数据可以直接用于地形图的修编要求，如新建设的经济开发区，修建了新的水库，发生变化的湖泊形状，河流刚刚改道，修建了新的工厂和道路等，使用新卫星影像作局部的修正或补充。卫星影像数据提供的丰富影像信息可以基本保证除境界线外的地面所有变化图形信息更新。

(2)现势图

现势资料往往比较分散，即在一份资料上可取的内容较少，若把这些资料零星地交给制图员，特别是当资料的种类比较多时，使用起来就会感到困难，而且容易产生错乱，将来的地图审校工作也很麻烦。为此，可以把所有变化了的情况预先转绘到一张底图上，这种反映现势情况的地图称为“现势图”。

现势图的制作分为两种情况：经常性的和为了某项任务专门制作的。

经常性的现势图是由资料部门收集全国各方面的变化情况，标绘到一定比例尺的地图上，通常应当用1∶25万和1∶100万两种比例尺标绘，并经常向全国各制图单位通报，接受用户的查询。各制图单位的资料室也应经常标绘现势资料图，供编图时查用。

专门性的现势图由担任某项任务的编辑或指定的编绘员完成，它是把为编制某地图而收集的现势资料中有用的部分集中起来，转绘到一张底图上，供编图时使用。

(3)各种专业现势性资料

对地形要素影响较大的重大工程设计资料，收集各专业部门最新发布的铁路及公路变化、大型工程建设、灾害重建等现势资料。

(4)行政区划资料

国家民政部门定期发布各级行政区划的现状，地名变更，境界区划变更，作为行政区划变动的基本依据。

(5)网络地理信息

网络地理信息具有现势性强、更新快的特点，为地图数据更新提供了一条快捷省力的变化发现新方法，尤其对涉及地名、居民地、交通、水利等要素的更新提供十分有用的更新线索。

(6)政府有关文件

包括新闻公报、业务通报、边界协定等。

(7)新出版的地图

在基本资料出版以后出版的各种地图，包括普通地图和专题地图，都可以作为现势资料使用。特别是专题地图，因为它们是由各专业部门出版的第一手资料，列于补充普通地图上同它有关的那部分内容往往很有价值。

(8)各种统计数据

如人口统计数据，乡镇、村名称统计表，水库统计表等。

(9)实际调查实测资料数据

在收集不到必要的资料时，也可以组织一些实际调查，包括向各业务主管部门调查或向地方政府部门调查，根据调查结果编制出相应的现势资料。对县级以上居民地区域，以及重大工程、自然灾害所引起的显著变化区域所涉及的重点要素进行外业巡查获取信息，到实地核查、实测需要更新的要素几何位置及其相关属性；对其他区域，可根据资料与影像情况进行重点核查，补测专业部门权威资料、影像资料及其他资料无法满足更新要求情况下的重点要素的位置及属性。

2. 现势资料的使用

用现势资料更新基本资料上的陈旧内容或补充基本资料的不足，是编图中经常遇到的情况。从使用的角度来讲，现势内容分为两类，一类是基本资料上已经有明确的位置，但其等级、名称是需要改变的；另一类是基本资料上没有的，需要根据现势资料转绘上去的。

需要转绘上去的内容应尽可能转绘到基本资料上，这样转绘的精度比直接转绘到新编图上去的精度较有保证。

由于各要素的情况有所不同，其现势资料的使用方法也有一定的差别。

(1)水系

水系中最常见的现势资料包括：河流、湖泊平面形状的改变，渠网的变化，新建的水库以及名称的变化等。

在基本资料上改变湖泊、河流的图形以及加绘渠网，都应该在基本资料图形数据和影像数据上先找出3个以上的相应点(经纬线网交点，明显地物点等)进行数据匹配，把影像数据轮廓图形转换到基本资料图形数据上。

对于新建的水库，可以根据河流形状和其他目标首先确定坝址，再根据水面高度按基本资料上的等高线来确定水库的形状。改变水系名称注记或说明注记的资料可以在编图时直接使用。

(2)居民地

居民地的现势资料一般都只涉及行政等级、人口数或名称的改变，也有少数的情况涉及居民地的平面图形。

改变居民地图形应先将影像数据和基本资料图形数据进行精确匹配，然后在基本资料图形数据上更新居民地图形。如果要求精度更高的少量居民地图形更新，可以利用GPS实地进行居民地图形数据采集，然后直接对基本资料图形数据的居民地图形进行更新。

改变居民地的名称和等级都可以在编图时进行。

(3)道路

道路最常见的现势资料是改变道路的等级和加绘新建道路。在原有道路的基础上改变道路的等级比较容易，只要在编绘时改为相应的符号即可。加绘新的道路就比较困难，先将影像数据与和基本资料图形数据进行精确匹配，这时主要是要注意道路同其他要素(如居民地、河流、地貌等高线等目标)的相关位置，而且同时要注意到各种道路固有的形状特征，然后在基本资料图形数据上加绘新的道路图形。如果要求精度更高的少量道路图形更新，可以利用GPS实地进行道路中心线数据采集，然后直接对基本资料图形数据添加道路图形数据。

(4)地貌

地貌要素的变化相对来说比较小，编图时一般都不允许根据现势资料改变等高线的图形。编绘地貌时只能应用现势资料改变地貌名称注记及著名山峰的高程注记。如果地貌变化确实较大，可以利用全数字摄影测量方法进行地貌局部更新。

(5)境界

利用现势资料改变境界线的等级或位置的事是常有的。只改变境界的等级时问题不大，可在编图时改绘成相应的符号。改变境界的位置应特别慎重。现在境界线变化一般都有数据，用变化后的境界线数据直接更新基本资料图形数据。如果没有境界线变化后的新数据，可以将境界线的原始资料扫描，用扫描影像数据与基本资料图形数据进行匹配，匹配时要注意：以山脊分界时，境界线应严格按山脊线匹配；并且以明显地物点作匹配依据，还可以找出境界上的若干明显转折点进行匹配，最后进行跟踪矢量化。以河流为界时，按相应的规则绘制。

五、制图资料和数据的选择

根据收集到的关于制图资料和数据的说明和评价，在整理的过程中初步对照资料本身进行比较，就可以粗略定出资料使用的程序。资料选择和数据的实质是确定基本资料和数据，其他资料就只能作为补充资料和参考资料。

基本资料和数据是新编地图的基础，它的好坏对于拟定编图质量有决定性的影响，所以要认真地选择。

编图用的基本资料和数据要符合以下条件：

1. 地图内容要能满足新编地图的基本要求

编图总是根据底图数据进行的，作为基本底图的数据应该基本具备新编图上所需要的全部内容，编图时只需补充少量的点状、线状和面状物体。如果需要补充大量的线划要素，该图数据就不宜作为基本资料数据使用。

从地图内容的分类、分级和综合程度来讲，基本资料数据应该比新编地图详细些，从而为新编地图的制图综合留有充分的余地。其分类、分级应同新编图大部分相适应，不相同的可以转换。但如果基本资料上内容过多，也会影响新编图成图的质量和速度。

从地图内容的精度来看，它们应当是精确的。由于编制地图通常都是使用较大比例尺的地图资料数据，缩小成为新编地图的比例尺，其误差的绝对值应当以换算为编图比例尺的数值为衡量标准。

2. 比例尺要适当

编制普通地图时，通常要求用大于新编图比例尺的地图作为基本资料数据。如果有几种资料数据都能符合上述要求，则应选择尽量接近于新编图比例尺的资料作为基本资料数据，这样地图制图综合的工作量大大减少，可以提高新编图成图的质量和速度。

3. 资料的现势性强

编图时使用补充资料的目的大部分是为了增强地图的现势性，选用的基本资料数据如果现势性强，编图过程中就会减少对底图数据的修改工作。所以，选择基本资料时要把资料的现势性作为一个基本条件。

4. 数据处理方便

基本资料数据要能够成为编绘底图数据，要受地图投影和数据格式两个方面的制约。作为基本资料用的地图数据，它使用的地图投影应当同新编图一致或相近较好，目前地图数据一般都是采用地理坐标记录的空间数据，只要知道新编图的投影方式及投影参数，在数字地图制图软件中，就可以快速、方便地进行投影变换，把地理坐标转换成新编图所需要的平面坐标，如果地图投影差别较大，要注意投影变换后数据精度是否满足新编图的要求。地图数据也常常会面临不同的数据格式之间进行转换的问题，目前，数据格式转换的最主要途径是将基本资料图的数据格式转换成能够被图形编辑软件所能接收的标准图形文件格式，基本资料数据格式是常用的数据格式处理起来比较方便。

总之，选择基本资料地图数据时要从多方面考虑。但其中最重要的是地图数据的内容，其他条件都只是影响工作量的大小，内容则是决定新编图质量的关键，如果基本内容不具备或不正确，就不能作为基本资料地图数据使用。

在选定基本资料数据以后，根据基本资料数据的不足，再选用其他资料数据作为补充资料数据。

当然，选择基本资料数据也有不准确的时候。如果经过具体的分析、评价，发现基本资料数据不符合上述要求，要重新选择或进一步收集资料数据。当确认不可能有更好的资料数据时，只有从收集的资料数据中选择相对较好的作为基本资料。

六、制图资料数据分析和评价的标准

对制图资料数据的分析和评价是一个整体，但又有不同的含义。对资料数据按一定的方法和标准进行研究，积累对资料数据认识的素材，这个过程称为资料数据分析。把分析的结果进行归纳，提出对资料数据认识的结论称为资料评价。分析和评价是相互联系、相互依存的两个阶段，其目的在于查明制图资料数据在编图中的可用程度和使用方法。

对资料的分析和评价有经常性和专门性的两种。

经常性的分析、评价是资料部门的工作。把收集来的资料作为一种科学作品来看待，对它的科学性、政治性和艺术性进行评论，同时也收集各种报刊和内部资料上对制图作品的评论，以便有效地向读者介绍，这对积累制图经验，提高理论和技术水平，积累资料等具有重要意义。经常性的资料评论可以作为担负专门任务的责任编辑了解制图区域资料保障情况的参考。

专门性的分析、评价资料数据是针对某项具体的制图任务的。从编图的实际需要出发，对制图资料数据进行分析、评价。它和经常性的资料分析、评价工作有相当明显的差别，即它紧紧抓住了制图中使用资料数据的要求。例如，经常性地图评论常常把地图的艺术质量作为一个重要的标准，而作为资料数据使用时这一项就没有多少实际意义。自然色晕渲表示地貌具有直观性强的艺术效果，作为科学作品它是非常好的，但把它作为制图资料使用意义不大，在数字地图制图环境下无法利用。

我们这里主要讨论对资料专门性的分析和评价。

由于资料的使用程度不同，分析的深度也有所区别。这里主要针对制图基本资料的分析、评价进行讨论。对基本资料需进行较为深入的分析研究，对其他资料则只针对欲使用的部分进行分析。

对基本资料应从以下几方面进行分析、评价：

1. 地图的政治性

地图在表示地面的自然和社会现象时，首先表达出作者的政治立场和观点，在分析资料数据时必须给予应有的注意，以免编图时出现政治性的错误。

涉及地图政治性的内容很多，这里仅就作为编图资料使用时指出几个主要方面。

(1)国界和其他境界线的画法

国界和其他境界线的画法体现了地图作者对有争议地区的原则立场。评论这方面的内容应根据我国政府承认的正式的边界条约、议定书和附图为准。

(2)地名的使用

许多地名(包括国名、居民地名称和其他要素的名称)，特别是国外译名，常常有多种形式，而某种形式可能有强烈的政治倾向，使用哪一个名称是代表作者立场的。

(3)涉及国家主权的其他要素

如界河、界湖、界峰、山口、岛屿等的归属问题，它们的名称、高程的注法等都和政治立场有关。

2. 地图内容的完备性

地图内容的完备性本来应当从数学基础和地理要素两个方面来分析，但通常把数学基础放到地图的精确性中去讨论，所以这里主要讨论地理内容的完备性。

地理内容的完备性主要是从内容的分类、分级和载负量的角度，看其是否能达到新编图的要求，通常从以下几方面加以分析：

①地图内容的分类、分级是否和新编图相适应。

首先要看资料数据上包含要素的种类能否满足新编图的要求，然后分要素看其分级的标志和数量是否适应新编图的要求。所谓适应，并不要求完全相等，一般来说，作为资料的地图比例尺较大，其分类、分级的数量可能多一些，只要其分类、分级标志同新编图一致，或二者之间可以转换，就可以认为是合乎要求的。如果从资料到新编图上的分类和等级不能转换就要作为资料数据的缺陷提出，并需从补充资料中找出解决的办法。

②各要素表达的数量是否满足新编图的要求。

新编图对各要素选取的数量，可以根据其用途和比例尺有一个基本的估计，资料数据上包括的内容一定要比要求的多一些，使编图时的制图综合有一定的余地。

③图形概括程度是否能满足新编图的详细性。

数量上能够满足并不意味着图形的详细程度可以满足新编地图的要求。概括程度指的是图形概括的尺度，例如，河流、海岸、湖岸线的弯曲大小，等高线和其他地物轮廓弯曲的最小尺寸等，这些弯曲缩小到新编图的比例尺，应比新编图要求的图形详细。

国家基本比例尺地图数据是根据统一的规范和图式编绘或测绘的，作为下一个比例尺地图的编图资料数据时通常不需对其内容的完备性进行分析，可以认为这个方面是可以信任的。

如果是非本专业部门编制的专题地图，往往会发现尽管其比例尺较大，但并不具备必要的完备性，特别是内容的数量、图形概括程度等方面并不一定能满足新编图的要求，使用这些地图数据作为资料时就要注意分析这个方面的质量。

3. 地图内容的地理适应性

地图内容的地理适应性指的是地图上所表达的地理要素内容在多大程度上真实地反映了客观实际，同实地分布规律的符合程度，在多大程度上正确地表达了制图对象的类型特征和典型特点。为此应当从以下几方面进行分析：

(1)分级是否和实地相符

地图上表达的内容要素一般都是要分级的，这种分级应该能反映物体间某种从量到质的差别，不应当把实际上差异大的目标划分到同一级中去，也不应当把一切条件都相当的目标分到不同级别中去，分级后还应能反映出具有最高或最低等级的物体同一般物体的真实差别。分析时应着重注意：

①河流、湖泊的分级同实际大小相适应；

②居民地分级同其建筑规模、行政等级、人口数量相适应；

③高程带同地貌类型相适应；

④植被的分类、分级同它的分布规律(特别是地貌高度)相适应等。

(2)各要素的图形能否反映地区的类型特征和典型特点

在区域研究中我们了解到地区各要素的类型特征和典型特点，分析资料时就要看其是否能在资料图上反映出来，反映的程度如何。由于地图是用符号表达的，随着地图比例尺的缩小，各要素之间的争位性矛盾越来越突出，处理不当也会破坏地图要素和实地的相应关系。

例如，地图上的河系图形是否同该河系的类型及河流的发育阶段相适应，湖泊的类型、湖群的分布是否和其他水系要素及地貌要素相适应，海岸图形是否同其类型相适应，等高线图形、地貌符号的配置是否同地貌类型相适应，道路的平面图形是否同地区条件相适应等。还要特别注意本地区地理要素所固有的典型特点在地图上是否得到了充分的反映。

(3)各地区之间的密度对比是否正确

随着地图比例尺的缩小，实地上的许多物体被舍掉了，反映出来的常常只是其中一部分较为重要的。地图内容和实地的相应关系还表现在各地区间的对比关系。在作为制图资料进行评价时，只要各地区间密度等级的顺序得到保持就可以了。否则，根据基本资料编图就会出现疏密倒置的情况。

(4)各要素之间的关系处理是否正确

地图的比例尺越小，各要素之间的争位矛盾就越突出，如果处理不当，就会破坏各要素之间的协调和适应关系。地图数据符号化以后表达在图面上的各要素的符号之间关系是否协调和适应，例如，居民地与河流、道路的切、割关系，河系类型与地貌结构之间的关系，道路图形与地貌的联系，植被、沼泽同地貌的联系，境界线同河流、地貌图形的联系等。

4. 地图内容的现势性

现势性指的是地图上各要素同实地现时情况的一致程度。研究现势性要注意研究以下几个方面：

(1)地图数据的成图时间

成图时间是评定现势性的一个重要标志，一般来说最新出版的地图数据其现势性较强，陈旧的地图现势性较差。

(2)编图时是否经过现势修正

单从成图时间确定其现势程度是不可靠的，还要查阅其编图时是否经过了现势修正，数据是否更新。有些单位编图时往往并不加绘任何现势资料，所以，尽管其出版时间很近，也不一定具有真正的现势性。

(3)实地要素变化的情况

地区不同，实地各要素变化的速度不一样。显然，经济发展快的地区，有的地方正处于开发的过程中，如国家级、省级经济开发区，常常变化较快，如修建新的铁路、公路、水利工程、工矿企业等，它们陈旧的速度就会快一些，现势性就差一些；另外一些地区变化就可能慢一些，如贫困山区，地图保持其现势性的时间就长一些。

在分析地图内容的现势性时要有针对性，即只注意对新编图发生实际影响的那些变化。如果对新编图没有影响，即使是实地发生了变化，也不把它看成现势性方面的问题。例如，在编制小比例尺普通地图时，地貌、植被等方面的变化，小型水利工程，居民地的扩建等，对新编图不会有什么影响，可以不进行研究。

5. 地图的精确性

地图的精确性从以下几方面进行分析：

(1)地图的数学基础

首先要看其是否具有严密的数学基础要素，如地图投影、比例尺、坐标网(平面直角坐标网或经纬线网)、平面坐标系和高程系、图廓等。显然，不具有完整地图数学基础要素的地图很难具有很高的精度。然后再按各数学基础要素分别进行分析。

地图投影的性质决定其变形情况，在数字地图制图时，投影转换及相应的图形变换都没有问题，但是，资料地图数据和新编地图的地图投影之间具有相似性更好。

资料地图上的坐标网，对于大比例尺地图是直角坐标网为主，经纬线网(地理坐标网)为辅；对于中、小比例尺地图则是地理坐标网。它们是转绘地图内容时的控制基础，其密度至少不能小于对新编地图坐标网密度的要求。地图上的坐标网是同坐标系密切结合的，如果资料地图上的坐标系和新编地图不同，还需要确定不同坐标系统之间的改正数。

高程系的差别涉及所有点的高程，如果都是以海平面出发的高程系统，一般相差并不很大，编图时可只改换高程点的高程数，而不改绘等高线。如果是假定高程，或使用的是不同量度标准的高程系统，有时会涉及全部等高线的改绘，这样的地图尽量不要用作编图的基本资料。

图廓尺寸的精度是相对的，如果是均匀变形，用扫描纠正很方便，若各方向的伸缩系数不同，纠正就会有些困难，通常处理后得到的地图边长误差小于0.4%就认为是可用的。

(2)地图内容的位置精度

位置精度指的是各要素的符号位置相对于坐标网的中误差。通常在评价位置精度时，只选用其中的某些特征点来衡量，如居民地的中心点，道路与河流交叉点等。

以大比例尺的实测地形图作为比较的依据。量测两种地图上相应点至坐标网交点的距离并乘以各自的比例尺分母后进行比较，其差值就是这些点同坐标网交点的相对误差。一般情况下，道路、河流的交叉点，独立地物点等具有较高的精度，而居民地中心点由于定位不准或因其他原因的移位，常常具有较大的误差。

国家基本比例尺地图是根据统一的规范编绘的，如果把它们作为基本资料使用可以认为是可靠的，不需对其精度加以评论。其他的地图，如果其图上点位相对误差为±0.5mm左右，都可以认为是正常的。

6. 地图数据处理的难易性

地图资料数据使用的地图投影同新编图一致或相近较好，利用数字地图制图技术，只要知道新编图的投影方式及投影参数，在数字地图制图软件中，就可以快速、方便地进行投影变换，把地理坐标转换成新编图所需要的平面坐标，如果地图投影的差别较大，要注意投影变换后数据精度是否满足新编图的要求。地图数据也常常会面临不同的数据格式之间进行转换的问题，目前，数据格式转换的最主要途径是将基本资料图的数据格式转换成能够被图形编辑软件所能接收的标准图形文件格式，基本资料数据格式使常用的数据格式处理起来容易一些。

七、制图资料数据分析、评价方法

分析、评价资料数据的方法很多，凡是能够确定资料数据质量的方法均可以用来分析、评价资料数据。但从其实质来讲，可归纳为比较法和分析法。

比较法的实质在于通过各种资料数据的比较找出差异，以引导对资料数据的深入研究。

1. 视力阅读比较

(1)同大比例尺地形图相比较

我们通常把实测的大比例尺地形图(1∶5万地形图)当成实地情况，用以和被分析的资料相比较，通过比较可以确定资料上地理内容的完备程度，各要素的位置精度，各要素之间的适应性，各地区之间的密度和概括程度的对比关系等。

(2)同现势资料相比较

确定各要素的现势情况。同遥感影像数据相比较，可以确定地图资料数据现势性的好坏。

(3)同卫星影像相比较

利用卫星影像的宏观性、透射性和对色光的不同反射性能造成的影像差别，同制图资料相比较可以发现：河流的改道，湖泊群的分布范围和形状的改变，运河的开凿(南水北调工程)，水库的建设和基本形状，主要道路的建设，地面结构——断层、褶皱的方向和位置，地貌类型，海岸的形状和结构，海岛的分布，沙丘的形态和分布等方面的差异。

例如，把卫星影像同1971年的地形图相比较，发现杭州湾向外推移了20km，长江的喇叭口明显地缩小了。把卫星影像同作为编图资料的地图数据相比较，特别是对于中、小比例尺的编图，有着重要的意义。

(4)同文字资料相比较

评定地图资料上是否反映了制图地区的地理规律。

2. 数量分析比较

分析、评价资料的比较法，可以用视力阅读比较，它能一般地鉴定资料表达的质量。但单纯用视力阅读比较不能得出确切的结论，所以我们进一步引用数量分析的方法进行比较。

(1)通过数量分析确定各要素在不同地区的密度对比

将地图要素实地密度与地图上量算出相应的密度进行对比，就可以判断各地区之间的对比关系是否得以正确地表达了。

例如，把1∶5万地形图上量算的结果当成实地值，如果分析的是1∶50万地形图，在相应的密度分区中量算出河流密度系数，量算结果见表10-1，然后计算出河流选取系数y。

$$y=\frac{k_{50}}{k_5}$$

式中：k_5是在1∶5万地形图上量测的河流密度系数；k_{50}是在1∶50万地形图上量测的河流密度系数。

表10-1　**河流密度系数量测分析**

密度分区	Ⅰ	Ⅱ	Ⅲ	Ⅳ	Ⅴ
k_5(km/km^2)	1.18	0.83	0.57	0.38	0.18
k_{50}(km/km^2)	0.61	0.52	0.36	0.25	0.14
y	0.52	0.63	0.63	0.66	0.78

把表10-1中的数据绘成构形图(图10-1)，就更容易看出各地区密度的对比情况。

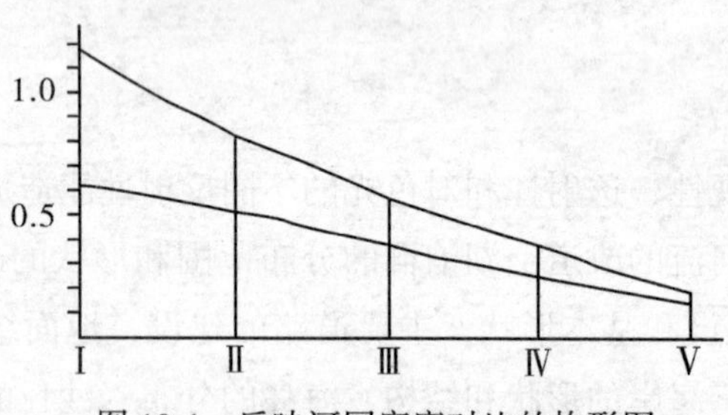

图10-1　反映河网密度对比的构形图

根据地图综合原理，密度系数越大，选取系数应该越小，在密度极小的地区选取系数接近于1，图10-1构形图上表现出协调的两条折线，表明该资料图(1∶50万地形图)河流综合恰当，正确地反映了河流密度对比关系。这个方法同样也可用于评价居民地密度、道路网密度、地貌切割密度等其他要素的地图综合程度是否正确。

(2)量算各要素特征点对坐标网交点的中误差

这里的中误差是指资料图数据对实测地形图数据的中误差。

例如，在被分析的1∶50万地形图上量测一组居民地离最近的经纬线交点的距离，在1∶5万地图上量取相应的距离，缩小至1∶50万后两组数字相比较，就可以算出点位的中误差(表10-2)。

表 10-2　　资料图居民地对实测地形图数据的中误差　　单位：mm

居民地编号	1	2	3	4	5	6	7
s_{50}	38.4	17.7	24.4	45.8	32.3	27.1	50.6
s_5	38.7	17.6	24.2	45.4	32.8	27.2	50.8
相对误差 Δ	−0.3	0.1	0.2	0.4	−0.5	−0.1	−0.2
中误差	$\sqrt{\frac{(\Delta\Delta)}{n}}=0.29$						

表 10-2 中，s_{50}是 1∶50 万地图上居民地点位至经纬线交点间的距离，s_5 是 1∶5 万地形图上量测的相应距离换为 1∶50 万比例尺地图上的数值。用同样的方法也可以量算道路、河流的交叉点，独立地物点中误差，用以估算地图资料的精度。

(3)确定线状要素的曲折系数或单位长度内的弯曲个数

线状要素，如水系物体的岸线和道路等，其综合质量可以通过对其弯曲的选取和概括来加以说明。其中曲折系数或者单位长度上的弯曲个数指标是一个重要标志。通过对不同比例尺地图上相应线段的量测统计，就可以评价其综合质量及各线段间曲折系数的对比关系。

八、制图资料数据的处理加工

为编图收集的各种资料数据，在使用前需要进行必要的加工。加工的主要任务是完成旧资料不同系统、不同格式的标准化转换。根据所编地图的类型、地图资料使用的方法和程度，处理加工的方法会有差别。通常可能有如下几种处理加工的形式：

1. 椭球体和坐标系统的转换

我国以往的地形图都使用克拉索夫斯基椭球体和 1954 年北京坐标系。现在使用的是 1975 年由 IUGG/IAG 第 16 届大会推荐的地球椭球体和 1980 年国家大地坐标系。因而，不同椭球体和坐标系的坐标要进行数据换算。

1980 年国家大地坐标系是在对全国天文大地网进行整体平差的基础上建立的。我国共有一、二等三角点约 5 万个，三、四等三角点十多万个，这次整体平差包括三角点近 5 万个，据此求出大地原点的基准数据及由 1954 年北京坐标系到 1980 年国家坐标系的转换参数和坐标改正值。

坐标系的转换还有许多工作没有完成，主要包括：①没有参加平差的三角点的坐标改算；②由坐标系改算引起的地形图图廓位置的变化；③用 1954 年北京坐标系的地形图作为资料编制 1980 年坐标系新图时如何确定图廓位置。

现在已编制了有关的转换数据库，计算出所有地形图图廓点的移动距离。就全国范围而言，图廓移动值 ΔX 在−28～−90m，ΔY 在−12～132m，我国的北部和东北地区差值较小，西南地区则差值较大。

坐标值的变化自然会引起图廓位置的移动。在数字地图制图的条件下，通过数据库裁切和拼接，移动图廓位置已不存在问题。

2. 制作新旧符号对照表

为了在编图时能够顺利地使用资料，在地图设计阶段应制作新旧符号转换对照表，为此要进行以下各方面的转换和对照：

(1)量度的转换

从非标准计量单位转换到标准计量单位，例如，等高线从英制转换成米制，就需要一个对照表。

(2)分类、分级的转换

制图资料数据和新编图上的分类、分级标志及分级数量都可能是不相同的，要列出它们之间的对应关系，例如，资料图上的某几类物体在新编图上合并为一类，以及它们等级之间的相应关系。居民地从行政意义分级改换成按人口数分级，公路从按行政等级分级转到按运输能力分级，森林从状态分类到树种分类等。

(3)表示方法的转换

同一个内容在制图资料和新编图上可能采用不同的表示方法，例如，从用深度点表示的海底地貌到用等深线表示，从用平面图形表示居民地到用圈形符号表示等，这里就有一个如何转换的问题。

(4)符号的转换

物体的名称和含义相同时，两种地图采用的符号可能不一致，这时要列出所用符号的一一对应关系。如果新编地图上对含义进行了概括，例如，不同级别或不同类别的物体合并(如两种不同性质的沼泽合并成一种湿地)，就要指出制图资料上的某几种符号对应于新编图上的一种符号。

特别是当所用的资料是不常见的地图时，例如是外国的地形图，这项工作就更为重要。

九、遥感影像数据

遥感指在一定的距离外，不直接接触目标物，用特定的仪器和方法去感知物体的固有特性，以研究和了解地理环境中物体的空间分布、属性以及物体间的联系和变化规律。

遥感影像数据通常分为航空遥感和航天遥感两种。

遥感影像数据的优点是：①覆盖范围广，宏观图像完整；②图像能重复获得，实时传递，连续性好，能反映动态变化过程；③图像具有多光谱性能，信息量丰富，且可直接合成彩色图像；④遥感影像数据可直接以数字储存，有利于计算机处理和数字地图制图。从遥感影像数据提供的制图信息特点和它在编图过程中的作用来看，它在制图中的应用是十分广泛的，主要有下列几个方面：

1. 制作影像地图

影像地图是按照一定的地图投影，分幅和精度，对航空或航天遥感图像进行平面定位、投影改正，并按照规定的表示方法，把影像要素、线划要素、图式符号和说明注记，综合表现在同一图面上的地图。根据采用资料的不同可分为航空影像地图和卫星影像地图。影像地图的特点是：能直观反映地表形态，图面信息丰富，层次分明，资料来源快，现势性强，所以影像地图对于反映地理概貌，综合调查和分析评价，进行工农业生产及自然资源调查与制图具有较大的实践意义。影像地图在世界各国都广泛应用。

影像地图的发展也很快，由黑白、单色图发展到假彩色图和模拟彩色图；由影像图发展到影像线划和专题影像地图等；由单一卫星图像发展到多种空间图像成图。

数字影像配合矢量数据线划图，在三维动态软件的支持下，可非常逼真地模拟地理环境，并可以模拟飞行或地面移动，改变视点观察不同方向上的模拟实况。

2. 更新普通地图

遥感影像的覆盖面积较大，时间上是连续的，能反映自然现象的动态变化，现势性强，有利于用来更新普通地图。从其更新的内容来看，在自然要素方面，主要是修改或补充水系要素、植被等；在社会要素方面，主要修改变化较快的居民地、交通网等内容。利用遥感影像更新普通地图上的水系要素(如河流、湖泊、水利工程等)有较好的效果。例如，在南美沙漠和半沙漠地区，利用遥感图像发现了320个以前地图上没有的干盐湖和咸水湖，并对以前地图上已有的86个咸水湖及其边界作了较大的修改，根据遥感图像画出了38处湖泊和季节性洪水范围。

3. 指导普通地图制图综合

当利用大比例尺航片或地形图编绘较小比例尺地图时，由于大比例尺航片或地形图上的信息量大，难以决定制图信息的取舍，利用遥感图像指导制图综合就能很快解决问题。例如，利用1∶2.5万航片或地形图编1∶25万的地形图，需要经过数次编绘(制图综合)。现在可利用放大到1∶25万的卫星影像作为制图综合的参考标准，使图上各种要素的制图综合有一个宏观的影像标准，制图综合程度容易把握，可以加快编图速度，提高编图质量。

第十一章 普通地图数据的制作

普通地图设计工作完成以后，紧接着就是普通地图数据的制作。它的主要工作包括数据处理、数据更新、制图综合、数据符号化编辑、数据接边与整饰。为了更好地制作普通地图数据，就要先了解数字地图制图技术方法的基本概念。

第一节 数字地图

随着计算机技术的发展，为了能在计算机环境下识别和使用地图，要求将地图上的内容以数字的形式来组织、存储和管理，这种形式的地图就是数字地图。数字地图是对现实世界地理信息的一种抽象表达，是空间地理数据的集合。数字地图在计算机中的表示和存储形式为一组数据，由坐标位置、属性和一定的数据结构组成，通过符号化，可在计算机屏幕上显示，还可以在输出设备上再现成符号化的地图，也可以打印输出、数字制版再印刷得到纸质地图。

一、数字地图分类

数字地图按数据的组织形式和特点分为矢量数字地图(Digital Line Graphic，DLG)、栅格数字地图(Digital Raster Graphic，DRG)、数字地面高程模型(Digital Elevation Model，DEM)和数字正射影像地图(Digital Orthophoto Map，DOM)四种。

1. 矢量数字地图

矢量数字地图是依据相应的规范和标准对地图上的各种内容进行编码和属性定义，确定地图要素的类别、等级和特征，地图上的内容用其编码、属性描述加上相应的坐标位置来表示。矢量数字地图的制作通过全数字摄影测量、对已有地图数字化、对已有数据进行更新或对已有数据进行缩编等方法实现。

2. 栅格数字地图

栅格数字地图是一种由像素所组成的图像数据，它的生产通过对纸质地图进行扫描而获得，也可以利用DLG以栅格数据格式直接输出得到。这种类型的数字地图制作方便，能保持原有纸质地图的风格和特点，通常作为地理背景使用，不能进行深入的分析和内容提取。

3. 数字地面高程模型

数字地面高程模型实际上是地表一定间隔格网点上的高程数据，用来表示地表面的高低起伏，这种数字地图通过人工采集、数字测图、全数字摄影测量或对地图上等高线扫描矢量化等方法生成和建立。

4. 数字正射影像地图

数字正射影像地图是对卫星遥感影像数据和航空摄影测量影像数据进行一系列加工处理后所得到的影像地图及数据。数字影像地图数据结构采用通用的图像文件数据结构，如 TIFF、BMP、PCX 等。它由文件头、色彩索引和图像数据体组成。

为了实际应用的方便，数字地图在大地坐标系统、图幅分幅、地图投影、高程基准、内容表示和符号系统等基本原则问题上，保持同现有纸质地图的一致性。

二、矢量数字地图

1. 矢量数字地图的特点

矢量数字地图有一系列特点，它适应了计算机技术的发展及要求，具有广阔的发展前景、更受用户欢迎。矢量数字地图具有动态性，其内容和表示效果能够实时修改，内容的补充、更新极为方便。矢量数字地图内容的组织较为灵活，可以分层、分类、分级提供使用，能够快速地进行检索和查询。矢量数字地图显示时，能够漫游、开窗、放大和缩小。矢量数字地图所提供的信息能够用于统计分析，进行辅助决策。在新的技术支撑下，还能够将数字地图的内容与图像、声音、文字、录像等内容结合在一起，生成更富表现力的多媒体电子地图。

矢量数字地图具有数据量小、使用方便、便于查询和分析等特点，含有地图要素编码、属性、位置、名称及相互之间拓扑关系等方面的信息，有特定的组织形式和数据结构。常见的矢量数字地图格式有 Arc/Info 的 Shape、E00、Coverage 格式，ArcGIS 的 Geodatabase 格式，MapInfo 的 Mif 格式，MapGIS 格式等。除了编码和属性项信息以外，这些格式都是将地理信息或地图内容按要素层组织，然后在每一层中再按地理实体图形特征分为点目标、线目标和面目标，用点、线段和多边形与之对应，具有邻接、关联关系的节点、线段和多边形之间建立拓扑关系，这些拓扑关系在数据结构和数据组织上表示为下列形式：

①线段与点的关系列表：线段号，点数，第 1 点坐标，第 2 点坐标，…，第 n 点坐标。

②线段与多边形关系列表：线段号，左多边形编号，右多边形编号。

③线段与节点关系列表：线段号，首节点，末结点。

④多边形与线段关系列表：多边形编号，线段数，线段号 1，线段号 2，…，线段号 n。

2. 矢量数字地图要素分类与编码

矢量数字地图的要素编码采用国家标准《基础地理信息要素分类与编码》(GB/T 13923-2006)。该标准的制定是以相应的地图编绘规范和图式为依据，从基础地理信息角度对地理信息要素进行了系统而全面的整理、归类与补充，通过要素的分类和编码，确定类别、等级明确的代码结构，最终形成我国统一和协调一致的基础地理信息要素分类代码标准文本，以满足我国当前大、中、小不同比例尺基础地理信息数据的采集、建库以及数据交换、应用等需求。它对系列比例尺地图要素统一编码，同一要素在1∶500至1∶1 000 000比例尺基础地理信息数据库中有一致的分类和唯一的代码，即不同比例尺地图上共有的地图要素，属性编码完全一致。某一比例尺地图特有的要素，也统一进行编码，并留有扩充的余地，便于用户增加特有的地理信息。

(1)要素分类

地理信息要素分类采用线分类法，要素类型按从属关系依次分为四级：大类、中类、小类、子类。

大类包括定位基础、水系、居民地及设施、交通、管线、境界与政区、地貌、土质与植被八类。中类按照1∶500~1∶2 000、1∶5 000~1∶100 000、1∶250 000~1∶1 000 000三个比例尺段进行类别划分，八大类再划分中类47类。中类在三个比例尺段出现情况不相同，例如，中类的输电线只出现在前两个比例尺段，中类的城市管线仅出现在第一个比例尺段，这说明比例尺越小，分类越概略，地图综合程度越大。中类在三个比例尺段分别为47类、46类和44类。地名要素作为隐含类以特殊编码方式在小类中具体体现。

小类、子类也是按照上述三个比例尺段进行类别划分。小类、子类在三个比例尺段出现情况差别更大，例如，小类中的支渠子类为地面支渠、高于地面支渠、地下渠、地下渠出水口，地面支渠、高于地面支渠只出现在前两个比例尺段，地下渠、地下渠出水口仅出现在第一个比例尺段。同样说明比例尺越小，分类越概略，地图综合程度越大。又例如，小类中的航海线只出现在最后一个比例尺段，这是因为航海线在中小比例尺地形图上才表示，是比较宏观的地理现象。小类在三个比例尺段分别为243类、246类和171类，子类在三个比例尺段分别为376类、295类和107类。

大类、中类不得重新定义和扩充。小类、子类不得重新定义，根据需要可进行扩充。

(2)要素编码

分类编码采用6位十进制数字码，分别为按数字顺序排列的大类(一位)、中类(一位)、小类(两位)和子类(两位)码，共同构成要素的唯一标识码。具体代码结构如图11-1所示。

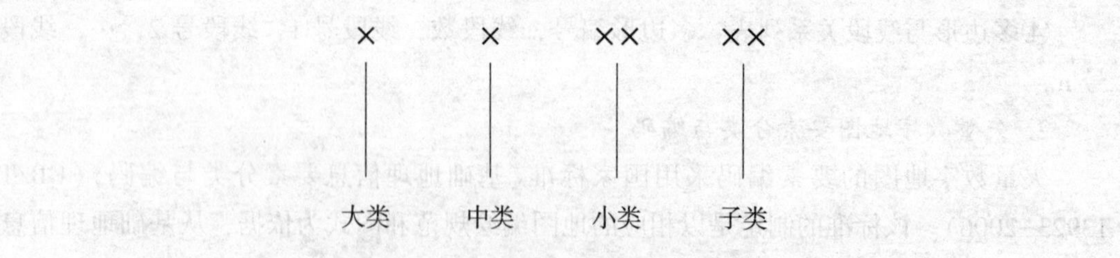

图11-1　基础地理信息要素代码结构

第一位为大类码；第二位为中类码，在大类基础上细分形成的要素类；第三、第四位为小类码，在中类基础上细分形成的要素类；第五、第六位为子类码，为小类码的进一步细分。

例如，卫星定位连续运行站点的代码为110301，常年河的代码为210100，国道的代码为420100。

除了要素的编码以外，要素的其他描述性信息(质量、数量、空间分布特征)使用属性项结构表示，对地理信息的这种表示方法便于计算机、地理信息系统和数据库技术对地理信息数据的处理、管理和应用。

3. 地理要素层属性项结构

地理要素基础属性的规定及描述已放入到相应的“数据字典”标准中考虑，这样强化了要素分类代码与数据字典的协调和统一。国标《地理信息要素数据字典》(GB/T 20258-2006)分为四个部分，分别是：第一部分1∶500~1∶2 000、第二部分1∶5 000、1∶10 000、第三部分1∶25 000~1∶10 000、第四部分1∶25 000~1∶1000 000。所有基础地理要素的属性信息都有其不同的特点，属性表中列出了要素的有关属性项，分别从属性名称、属性描述、数据类型和字段要求、属性值域或示例、约束/条件、备注几个方面进行描述。属性表中所列的属性项并非全部，用户可根据需要扩充。表11-1是卫星定位等级点的属性表，要素描述：利用卫星定位技术测定的国家等级控制点，包括A~E级。表11-2是常年河-地面河流的属性表，要素描述：常有水的地面上的自然河流。

表11-1 **卫星定位等级点属性表**

属性名称	属性描述	数据类型 字段要求	属性值域或示例	约束/条件	备注
代码	要素分类代码及第七位的图形码	长整型10	1103021	M	
点名	卫星定位等级点的名称	字符型60		M	
等级	卫星定位等级点的等级	字符型10	A/B/C/D/E/2/3/4	M	
大地纬度	卫星定位等级点的大地纬度(°)	浮点型4.8		M	
大地经度	卫星定位等级点的大地经度(°)	浮点型4.8		M	
大地高	卫星定位等级点的大地高(m)	浮点型9.4		M	
高程	卫星定位等级点的高程(m)	浮点型4.3		M	
数据源	数据来源类型	字符型10		C	
更新日期	数据更新日期	日期型		C	

表 11-2 常年河-地面河流属性表

属性名称	属性描述	数据类型 字段要求	属性值域或示例	约束/条件	备注
代码	要素分类代码及第七位的图形码	长整型 10	2101012/2101013	M	
名称	河流名称	字符型 60	“清江”	M	
实体编码	行业名称代码	字符型 20	A/B/C/D/E/2/3/4	C	
级别	河流级别	整型 1	1/2/3/4/5/6/7	C	
水质	水质类型	字符型 2	淡/盐/咸/苦	C	
河流类型	内流或外流	字符型 2	内/外	C	
通航性质	可否通航	字符型 8	通航/不通航	C	
数据源	数据来源类型	字符型 10		C	
更新日期	数据更新日期	日期型		C	

表 11-1 和表 11-2 中，数据类型分为字符型、浮点型、长整型、日期型等；字符型、长整型的字段字节宽度，用一个自然数来表示；浮点型的字段字节宽度，用一个小数来描述，如 4.8，表示浮点数的整数部分是 4 位数，小数部分是 8 位数；属性值域为该属性项可取值范围，取值可以提供简单枚举全部列出；不能通过简单枚举全部列出的，列举出典型示例；约束/条件是规定该属性项为必选属性或条件可选属性，用字母“M”表示必选属性，字母“C”表示条件可选属性。

4. 数字地图数据组织

矢量数字地图的数据按图幅进行组织。由于不同比例尺的数据组织有些区别，下面以 1∶25 万地形图为例来进行论述。

(1)数据分层

1∶25 万地形图的数据共分为九个数据集三十二个数据类。数据分层的命名采用四个字符，第一个字符代表数据分类，第二、第三个字符是数据内容的缩写，第四个字符代表几何类型。九个数据集(要素分类)分别是定位基础(C)、水系(H)、居民地及设施(R)、交通(L)、管线(P)、境界与政区(B)、地貌与土质(T)、植被(V)、地名及注记(A)，三十二个数据类(数据分层)是在要素分类基础上进行，如地貌与土质(面)(TERA)、地貌(线)(TERL)、地貌(点)(TERP)，TERA、TERL、TERP 是数据分层的命名。

(2)属性项名称及定义

属性项有 21 个，定义内容有属性项名称，名称描述，数据类型(TEXT、LONG、DUIBLE)，是否允许为空，长度，小数点位数等。例如，HYDC(属性项名称)、水系名称代码(名称描述)、TEXT、Yes(是否允许为空)、8(长度)，该属性项无小数点位数。

(3)属性表定义及内容

三十二个数据类(数据分层)每层对应至少一个属性项，最多八个属性项。例如，水系(面)(HYDA)有国标分类码(GB)、水系名称代码(HYDC)、名称(NAME)、水质(WQL)、库容量(万立方米)(VOL)、时令月份(PERIOD)、类型(TYPE)等八个属性项。

5. 数字地图数据格式

1∶25 万地形数据库的分幅数据以 ArcGIS 的 GeoDataBase 格式存储。GeoDataBase 格式存储的各数据层内容，除 GeoDataBase 格式缺省的数据项外，应严格按照各数据层属性表和属性项的定义执行。数据投影文件填写内容应正确。

1∶25 万地形数据库入库数据以 ArcGIS 的 FILE GeoDataBase 格式存储。

6. 1∶25 万地形数据组织

1∶25 万地形数据库的分幅数据按照图号进行组织。每幅矢量数字地图由两类数据文件组成，即元数据文件为一类，属性数据和坐标数据文件为另一类。每幅图的图号作为所有数据文件的前缀，而后缀用来标识不同类型的数据文件。

元数据文件每幅图一个，文件名后缀为 *. xls，它是数字地图的档案信息，根据所描述的内容不同，分别用字符型、整型、双精度型、浮点型等数据类型表示，其长度和表示方法都有详细的规定。元数据内容，主要包括数字地图生产单位、生产日期、数据所有权单位、图名、图号、图幅等高距、地图比例尺、图幅角点坐标、地球椭球参数、大地坐标系统、地图投影方式、坐标维数、高程基准、主要资料、接边情况、地图要素更新方法及更新日期等。

属性数据和坐标数据文件每幅图一个，文件名后缀为 *. mdb，它包含要素层属性和要素层的坐标等数据层。

属性数据文件主要用来记录某一要素层中点、线、面要素的编码、名称、各种属性描述、地图图形特征及地图要素拓扑关系等信息。属性文件的格式首先是要素层属性项结构，然后是地图要素的图形特征，是实体点、有向点还是节点，是折线还是曲线，是特殊面(有嵌套关系的面)还是一般面，接下来是地理数据的资料来源，最后是地图要素的拓扑关系，如链的始末节点号和链的左右面号。通过搜索和排序，可以建立起点、线、面要素的内在联系。注记层属性数据文件是把一幅图上所有地图要素的注记和一些地理名称全放在这一个文件里，主要记录的内容有注记的编号、编码、名称、字体、字型、字大、字向、颜色等内容，既不区分要素层，也不区分点、线、面类别。

坐标数据文件也是每一要素层 1 个，各个要素层的坐标文件格式是相同的。坐标数据文件主要用来记录要素层上点状、线状要素的具体坐标位置。由于每一层要素的多少是不一样的，同时线状要素的坐标的点数也不相同，因此不同要素层坐标数据文件的长度是不同的。各类数据文件的组织形式见《1∶25 万地形要素数据规定》。

1∶25 万矢量数字地图及比例尺小于 1∶25 万的矢量数字地图的坐标都采用地理坐标和图幅坐标系，即以图幅左下角廓点为原点，实际上存储的是各点的经纬度的原点的差值。用于要素位置采集的数据源的几何精度必须满足相关数据产品标准规范中的精度要求，1∶25 万地形要素与数据源的位置偏差最大不能超过图上 0.2mm。

三、小比例尺普通地图数据组织

小比例尺普通地图，有的地图内容复杂，有的地图内容简单，在数字环境下地图制图的数据组织的基本原则是相同的。

1. 顾及地图内容关系

凡具有空间分布的物体或现象，不论是自然要素，还是社会经济要素；也不论是具体的现实事物，还是抽象、假设的概念，都可以用地图的形式来予以表现，因而出现了种类繁多、形式各异的地图。但是，归纳起来，所有地图的内容不外乎由地图整饰内容、地图注记和地图符号等所构成。地图整饰内容主要有图名、图廓、花边、图号、接图表等。地图注记包括地图上所有文字和数字注记，如河流名称、湖泊名称、山脉名称、山头名称、居民地注记、地名、街道名称、道路名称、地物名称、高程注记、水深注记等。地图符号包括地图上点、线、面所有类型的符号，如控制点、河流、道路、等高线、湖泊等。

尽量将地图整饰内容、地图注记部分和地图符号部分相互分开，并分别分层制作。根据图层的压盖顺序，一般来说，有关地图整饰内容的图层应放置在上层，地图注记部分的图层放置在中间层，地图符号部分的图层放置在下层。

2. 顾及地图符号类型

根据约定性原理，采用演绎的方法可将地图符号区分成三种：点状符号、线状符号和面状符号。点状符号所代指的概念可认为是位于空间的点。这时，符号的大小与地图比例尺无关且具定位特征，如高程点、控制点，居民点，矿产地等符号。线状符号所代指的概念可认为是位于空间的线。这时符号沿着某个方向延伸且长度与地图比例尺发生关系。例如，河流，渠道、岸线，道路、航线。等高线与等深线实际上体积符号，但它们的图形和线状符号完全一样，因此，在计算机地图制图中，把它们与线状符号归为一类来处理。面状符号所代表的概念可认为是位于空间的面，这时，符号所处的范围同地图比例尺发生关系。且不论这种范围是明显的还是隐喻的，是精确的还是模糊的。用这种地图符号表示的有水部范围，植被林地范围、土质分布范围等。在数字地图制图中，把面积色(分级底色、质别色、背景色、区域色)作为面状符号来处理。

点状符号、线状符号和面状符号要分层制作。一般来说，点状要素放置在上层，线状要素放置在中间层，面状要素放置在最下层。

3. 顾及地图地物的重要性

地图地物有的是比较重要，有的显得不是那么重要。如交通网中的高速公路、铁路、国道、省道、专用公路、县道、大路、乡村路、小路、时令路，一般来说，高速公路、铁路、国道、省道是比较重要的道路，专用公路、县道、大路是一般道路，小路、时令路是次要道路。随着地图比例尺缩小，地物的重要性往往会变小。在小比例尺普通地图上，高速公路、铁路、国道是比较重要的道路，省道变为一般道路，专用公路、县道变为次要道路，大路、小路、时令路则无法表示，要将它们删除。按地物重要性分层制作，把重要地物放置在上层，一般地物放置在中间层，次要地物放置在最下层。有时要根据实际地物压盖顺序进行调整，如一般情况下是高速公路图层在铁路图层之上，但有个别地方铁路是在高速公路上方，此时，就要调整图层的顺序，把铁路图层放置在高速公路图层之上。

4. *顾及地图缩编的需要*

用数字地图技术制作一幅小比例尺普通地图，特别是相对而言地图比例尺较大，一定要考虑到将来会对这幅地图数据进行编辑，制图综合，处理成更小比例尺地图。地图制图综合主要有选取和概括两个基本方法。选取是指从大量的制图物体中选出较大的或较重要的物体表示在地图上，舍掉次要的物体。如选取较大的或较重要的居民地、河流、道路，舍去较小的或次要的居民地、河流、道路。因此，要把最小、最次要、等级最低地物放在一层制作，如将居民地的自然村一级放置在一个图层，把小型水库、小路、时令路分别放置在一个图层。但比例尺缩小到一定的程度时，可以将这些图层删除，很容易就实现地图制图综合的选取过程，大大地提高地图数据处理(编辑)速度。

5. *顾及特殊情况*

根据上述原则设计的图层，如果达不到实际空间数据可视化效果，这时要考虑调整图层压盖顺序，例如，境界线的色带、主区内普染色、主邻区色带、邻区普染色、主区内色带等要根据实际可视化效果进行适当调整。有些重要地物实际在次要地物下方，例如，有些高速公路在县道、乡道的下方，这时要将县道、乡道的图层调到高速公路的上方。

6. *顾及地图数据再利用*

用数字地图制图技术制作的地图数据，只是用来数字制版，印刷纸质地图出版发行，这是极大的浪费。这些地图数据，可以用于电子地图和网络地图的制作。如电子地图和网络地图有通过符号的跳动闪烁突出反映感兴趣的地物空间定位，可进行路径查询分析、量算分析和统计分析等空间分析这些特殊功能。所以，地图的图层设计还要考虑方便电子地图和网络地图的制作。还有可能用这些地图数据来建地图数据库，这样地图的图层设计还要考虑建地图数据库的需要。

四、小比例尺普通地图制图的图层设计基本顺序规律

根据上述数字制图数据组织基本原则，可以得到地图图层设计的基本顺序(从上到下)规律如下：

①图面整饰部分；

②图例部分；

③附图部分(插图、移图、扩大图)；

④点状要素注记部分；

⑤线状要素注记部分；

⑥面状要素注记部分；

⑦点状要素符号部分；

⑧线状要素符号部分；

⑨面状要素符号部分；

⑩面积色部分。

图面整饰部分根据地图类型不同，内容也有些不一样，主要包括图名、图廓、花边等图层。

图例部分主要包括说明注记、点状符号、线状符号、面状符号、图例底色(背景色)等图层，图层顺序安排与主图类似。

附图部分通常包括位置图、重点区域扩大图、行政区划略图、移图等，它们的图层顺序安排与主图基本一致。

点状要素注记部分包括地图幅面上所有点状要素注记，这些注记还要按要素种类分层存储，并根据地物的重要性，把重要地物注记放置在上层，一般地物注记放置在中间层，次要地物注记放置在最下层。

线状要素注记部分包括河流、道路等图上所有线状要素注记，这些注记也要按要素种类分层存储，并根据地物的重要性，把重要地物注记放置在上层，一般地物注记放置在中间层，次要地物注记放置在最下层。

面状要素注记部分包括海洋、湖泊、植被等图上所有面状要素注记，这些注记同样要按要素种类分层存储，并根据地物的重要性，把重要地物注记放置在上层，一般地物注记放置在中间层，次要地物注记放置在最下层。

点状要素符号部分包括地图幅面上所有点状要素符号，这些符号还要按要素种类分层存储，并根据地物的重要性，把重要地物符号放置在上层，一般地物符号放置在中间层，次要地物符号放置在最下层。

线状要素符号部分包括河流、道路等图上所有线状要素符号，线状要素符号部分图层设计和图层顺序安排与点状要素符号部分相似。

面状要素符号部分包括海洋、湖泊、植被等图上所有面状要素注记，面状要素符号部分图层设计和图层顺序安排与点状要素符号部分相似。

面积色部分包括区域底色和衬托底色，这些面积色一般都是一种颜色一个图层，图层的顺序主要依据压盖关系来确定。如区域底色，一般是主区底色在上，邻区底色在下。

第二节　地图数据库

随着数字地图数量的急剧增加，面对日益增长的地图数据量，如何对地图数据进行有效的管理，如何更好地发挥地图数据的效益，为多种应用服务，由此地图数据库便应运而生。地图数据库是用数据库的技术和方法来管理数字地图，有一整套的方法和技术完成数字地图内容的存储、修改、检索、拼接和应用，并保证数字地图数据的安全性和共享性。这样，就使数字地图的生产、更新、管理和应用走上现代化的发展道路。地图数据库的建立有助于提高地理信息服务能力，它能为各行各业及时提供适应计算机技术发展的数字测绘产品，满足国民经济快速发展对数字地图的需要。

一、地图数据库基本概念

地图数据管理指的是对数据的组织、存储、检索和维护等，是进行地图数据处理的基础。计算机系统的地图数据管理能力随着计算机软件和硬件的发展而不断发展。地图数据库系统的基本特点是：

①以地图数据库的形式组织存储数据，地图数据量远远大于程序量。

②库中地图数据被结构化，用复杂的数据模型描述数据间的联系。

③库中地图数据无不必要的冗余，可为多种应用服务，实现了数据的最小冗余和共享。

④地图数据单独存储，集中管理，独立于应用程序。

⑤统一的软件——数据库管理系统(DBMS)实现对库中地图数据的一致操作，如修改、检索和重新组织等。DBMS提供了多用户和数据库间的接口。

二、地图数据库作用

地图数据库的发展是为满足信息处理领域对空间数据的需求，为适应现代社会对数字地图产品的需求而发展起来的，它是以数据库技术、数字地图制图技术、空间信息系统的发展为基础的。国际上一些发达国家从20世纪70年代开始研究地图数据库技术，已建成了一些有代表性的地图数据库。美国1∶24 000地形数据库包括地貌、水文、植被覆盖、非植被覆盖、境界、测量控制和标记、运输、人工建筑要素、公用土地等9类内容，是20世纪90年代末建成的，近年来开始利用共享信息进行局部或单要素的内业更新。20世纪80年代中期美国建立了全球矢量岸线数据库。加拿大2006年建成全国人口稠密地区的1∶50 000地图数据库。这些地图数据库在它们国家的经济和军事中发挥了重要作用。

我国对数字地图制图的研究始于20世纪70年代末，对地图数据库的探讨始于80年代初，80年代中期开始建立一些局部区域的地图数据库，90年代中期兴起了地图数据库建立和应用的高潮。现已建成的地图数据库有全国范围的1∶5万、1∶25万和1∶100万矢量地图数据库。至2011年7月更新丰富精化了我国1∶5万的数据内容，大幅度地提高了其现势性，使得我国同类基础地理信息产品居于国际先进之列。这些地图数据库对于满足国家经济建设和社会发展的需要，提高测绘地理信息的服务保障能力具有十分重要的作用和价值，同时为我国进一步开展地理国情监测奠定了数据基础，主要的应用方面包括：用于各级政府的宏观管理，决策支持；用于维护国家安全、主权和领土完整；用于国家宏观资源管理、规划、调查；用于各省建立省级基础地理信息系统；支持科研院所、大学等科学研究项目；用于防灾、减灾，对各种灾害的灾情统计、分析等；广泛用于商业系统和一些公益性项目，取得了巨大的经济效益和社会效益。

地图数据库系统作为大量空间信息的集合，作为空间数据处理技术的代表，作为一个完整的运行系统，集软件、数据和相关技术为一体，有着广泛的应用领域，在普通地图生产和应用中起着重要作用。

1. 普通地图生产的核心和基础

社会的进步和经济的发展对地图需求越来越多，对地图产品的要求也越来越高。数字地图、电子地图、网络地图和导航地图是地图新产品的突出代表，随着计算机技术的应用，地图生产已发生根本性的变化，数字地图生产方式使地图数据库成为核心，数据库不但存储了大量空间数据，成为地图生产的主要数据源，同时也是生产和提供数字地图的新基地。以地图数据库为基础的新的地图生产技术日益成熟，数字地图制图技术已用于生产。地图数据库丰富的数据处理功能对地图自动综合的实现大有益处，同时也加快了普通地图生产速度，提高了地图产品质量。

我国幅员辽阔，地图更新是一项十分繁重的任务。地图数据库在更新时只需修改库内已发生变化的数据，不需要重新建库，且修改手段多样、更新速度快，有利于提高地图数据的现势性。

2. 空间信息系统的重要组成

随着国家经济发展与自然资源的开发利用，许多与空间信息管理和应用有关的部门，都在建立各自的信息系统，开展基于地理信息的空间分析、土地利用、人口普查、病虫害预报、矿产分布、交通管理、灾害性天气预报，环境污染整治及其他与资源和环境有关的信息管理，以及各种规划和决策咨询，这些系统都需要地图数据库提供基础地形信息，提供数据处理的区域环境。

地图数据库可以为军兵种指挥自动化系统及与作战环境有关的各种装备和人员分布的管理信息系统等提供现势性强的数字化地理信息，也可为地形分析系统提供基础信息。地图数据库可用于巡航导弹的地形匹配制导和数字图像匹配系统，为炮位侦察雷达实时提供数字高程数据。

三、地图数据库逻辑结构

地图数据库由于存储的是连续地表信息，范围广、数据量大，往往需多个数据库体。多个数据库间在逻辑上可分为两种结构，一种是层次结构，一种是并列结构，例如，按数据规模和区域，全国数据库可分为若干个分库，分库与分库间是一种并列结构，其存储的数据内容、方式基本一致。按数据类型、比例尺、数据内容等分为多种多个子库，如地形高程子库、地名子库等。子库与子库间呈并列关系，而分库与子库间是层次结构。分库上层还可设总库，用以协调分库间联系，保障全局性的数据提供。

不同层次的数据库的硬件、软件配置可以不同，但应具备兼容性，特别是向上兼容，库间数据要便于交换、传输。

四、地图数据库技术构成

地图数据库的软件系统，一般由五个基本技术模块组成。

①数据获取和编辑检查。采用不同设备和技术，对各种来源的地图数据进行采集，对获取的数据实施编辑检查，建立原始数据库。

②数据存储和数据库管理。又称数据库管理系统(DBMS)，是地图数据库的核心技术模块。按地图模型组织数据，在结构化数据基础上实施统一有效的管理和操作。

③数据处理和检索。这是一系列工具软件的集合，包括地图投影变换、几何量算、数据裁剪和拼接等，按用户要求重新组织数据，便于实际应用。

④数据输出与符号化。将库中按要求查询、检索、提取得到的数据传输给用户，也可按用户要求处理后再输出，输出形式可以是数据、数字地图、电子地图、纸质地图等。

⑤图形编辑和用户界面。该模块是基础技术模块，在上述各模块中都有所涉及。图形编辑是适合空间数据特点的数据编辑方式，能方便地对空间数据进行编辑修改。用户界面是用户与系统交互的工具。用户界面，可以为用户提供许多方便，有利于发挥系统效益。

五、地图数据库设计

地图数据库设计，是地图数据库建立和应用的前提，也是充分发挥地图数据库效益的保证。地图数据库建库中和应用时出现的错误，许多都和设计有关。设计一旦完成，实施中就很难修改。建立地图数据库是一项投资巨大的工程，设计非常重要。

对于地图数据库，设计可分为两类。一类是作为应用系统组成部分的地图数据库设计，另一类是作为独立的完整的信息系统——地图数据库系统的设计。

1. 应用系统中的地图数据库设计

作为应用系统中一个重要组成部分的地图数据库设计，其设计目标主要是满足系统要求和良好的数据库性能。

良好的数据库性能指数据库本身的技术指标先进。例如，数据存储合理，存取效率高，数据精度好，安全可靠，数据操作简单，功能强等。

数据库设计主要包括结构特性和行为特性设计。结构特性设计是指定义数据内容和数据结构、数据模型。行为特性设计是指数据库的数据操作、管理和处理功能设计，以及应用功能设计，如数据录入功能、数据检索功能、数据编辑功能和数据显示功能等。

2. 地图数据库系统设计

地图数据库本身信息丰富，容易构成完整的信息系统，例如，地图数据库应用系统、数字地图分析系统等。作为系统，设计时的基本要求是加强系统的实用性、降低系统开发和应用的成本，提高系统的生命周期。

作为应用系统，设计内容较多，包括系统的总体设计方案、总体结构、系统的软硬件环境组成、系统的数据模型、主要技术方法、系统的应用模式等，可分为总体功能设计、系统结构设计、数据模型设计、技术设计和应用设计。

系统设计通常采用结构化设计思想，采用自上向下划分模块、逐步求精的方法。首先从总体出发，考虑全局，确定模块间接口，然后自上向下，一层层完成设计。

系统设计要协调处理好需求、经费、时间、技术实力和性能指标之间的关系，最大限度发挥系统潜力。

六、地图数据库建库

地图数据库系统在完成系统设计后，必须经过实验和试生产，才能全面开始建库工作。地图数据库建库的大量任务是获取和录入地图数据。地图数据的来源主要有四个方面：实测成果、已出版的地图、遥感资料和已有的数字地图。实测的数据成果经处理后可以直接入库，这部分成果常常用于大比例尺地图数据库建立。纸质地图和遥感资料必须经过数字化处理然后入库，这是目前建库最常用的方法，适合多种比例尺地图数据库建立。在已有地图数据库基础上派生出不同比例尺地图数据库，是降低建库成本、缩短建库时间的一种建库方法。例如，对1：5万地图数据库可以通过自动综合的方法，按1：25万地图数据库要求对内容进行选取、综合、拼接等处理直接生成1：25万地图数据库。这种建库方法对地图综合的要求较高，特别适合于同类型相邻比例尺地图数据库的建立。

七、地图数据库管理系统

地图数据库管理系统由六大部分构成：数据定义、数据检索、数据操纵、数据控制、图形显示和维护管理，完成对地图数据的输入、存储、维护、操作和管理。

1. 数据定义

数据定义的功能是将原始库地图数据读入，建立相应的各种表并存入硬盘。数据定义包括数据读入、模式编译、物理模式编译和栅格模式编译几个子模式。

2. 数据检索

数据检索是管理系统的基本功能，是数据操纵等其他功能实现的基础。数据检索可细分为定性检索、定位检索、拓扑检索和组合检索。

(1)定性检索

定性检索是指按要素的属性检索，检索的条件和依据是所采用的基础地理信息属性编码标准。按要素编码的大类码检索，检索的是要素层，按某一具体编码检索的是某一要素类，如国道。按编码和属性项内容检索的是具有某些性质的一些要素，如人口数超过 100 万的居民地。地名作为一种特殊的属性，按地名检索也是一种定性检索。

(2)定位检索

定位检索也称开窗检索，可以检索出某一矩形范围内所有的地图要素。定位方法可以是数据库接受的地理、直角等坐标。矩形窗口可以是在某一幅图内，也可以在地图数据库管理系统所允许同时处理的若干幅图范围内。

(3)拓扑检索

借助拓扑结构中表示的要素间的拓扑关系进行检索，检索出的地图要素都满足一定的拓扑关系。例如，按点—线关联检索，可以检索出和某一城市相连的所有公路，按面—面邻接关系检索，可以检索出与某一政区相邻的其他政区。

(4)组合检索

组合检索是定性、定位和拓扑检索的混合操作或对三种检索结果进行与(AND)、或(OR)逻辑运算。例如，窗口内的定性检索，窗口内的拓扑检索，有条件的拓扑检索和窗口中的有条件拓扑检索等。

3. 数据操作

数据操作是对数据库中数据进行操作和管理的有关功能，包括对属性和几何数据进行增加、插入、删除、修改、合并、更新等，并把操作后的数据写回数据库中，更新相应的模式和关系表。数据操作包括数据编辑和接边处理两个子模块，数据编辑采用交互式图形编辑方式。数据操作必须保持数据的完整性和一致性，例如，删除某一目标的几何数据必须删除其属性数据等。

4. 数据控制

数据控制的功能是规定用户对库中数据的存取权限、从库中拷贝副本、多个用户存取数据的并发控制及发生突然故障时数据库库体的恢复等。

5. 图形显示

图形显示是将检索的结果用图形输出，以简化的地图图形方式显示，供用户观察分析。

我国 1∶25 万地图数据库管理系统有数据库管理、查询、检索、图形显示、信息提取、投影转换、统计分析、绘图输出、与地名数据库的连接功能及检索功能、文档管理、数据库更新、日志管理、账户管理等功能。

第三节　地图数据制作的技术流程

正确的技术流程是实现地图数据制作又好又快的技术保证。新编图的类型、用于编图的资料数据、地区的复杂程度、制图人员的水平等各方面的差异，都直接影响地图数据制作的技术流程选择。

一个完整的地图数据制作的技术流程应当包括：

①编图使用的资料数据和地图数据的处理方法；

②地图数据制作方法及各个环节的相互关系；

③各工序的技术要求和标准。

在确定地图数据制作的技术流程时，以求尽可能地发挥其技术能力，提高地图数据制作质量和降低地图数据制作成本。

制定地图数据制作的技术流程时可以使用框图加文字说明，把地图数据制作过程各环节的特点及相互关系等阐述得简单明确。

一、地图数据制作的一般技术流程

根据编图的数据来源不同，普通地图数据制作的技术流程大同小异，图 11-2 是普通地图数据制作的一般技术流程。

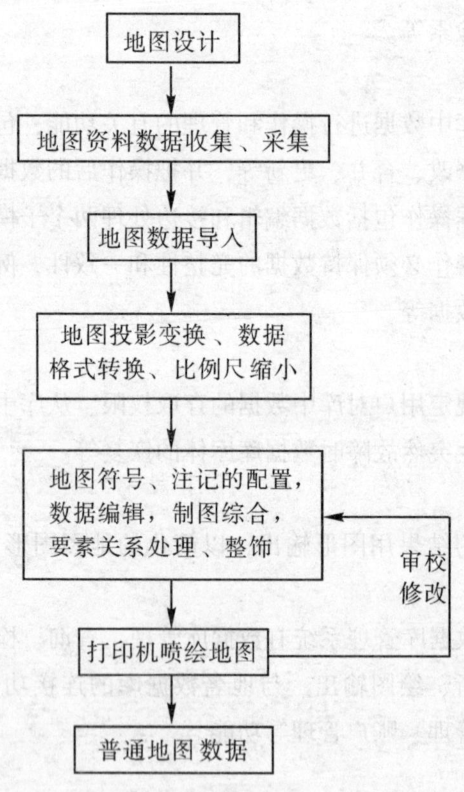

图 11-2　普通地图数据制作的一般技术流程

二、地形图数据制作的技术流程

我国地形图数据制作一般有两种方法，一是利用地形图数据库数据，先采集地形数据，再进行符号化编辑后形成地形图数据；二是利用地形图制图数据，采集地形数据与符号化编辑同时进行得到地形图数据。图 11-3 是地形图数据制作的技术流程。

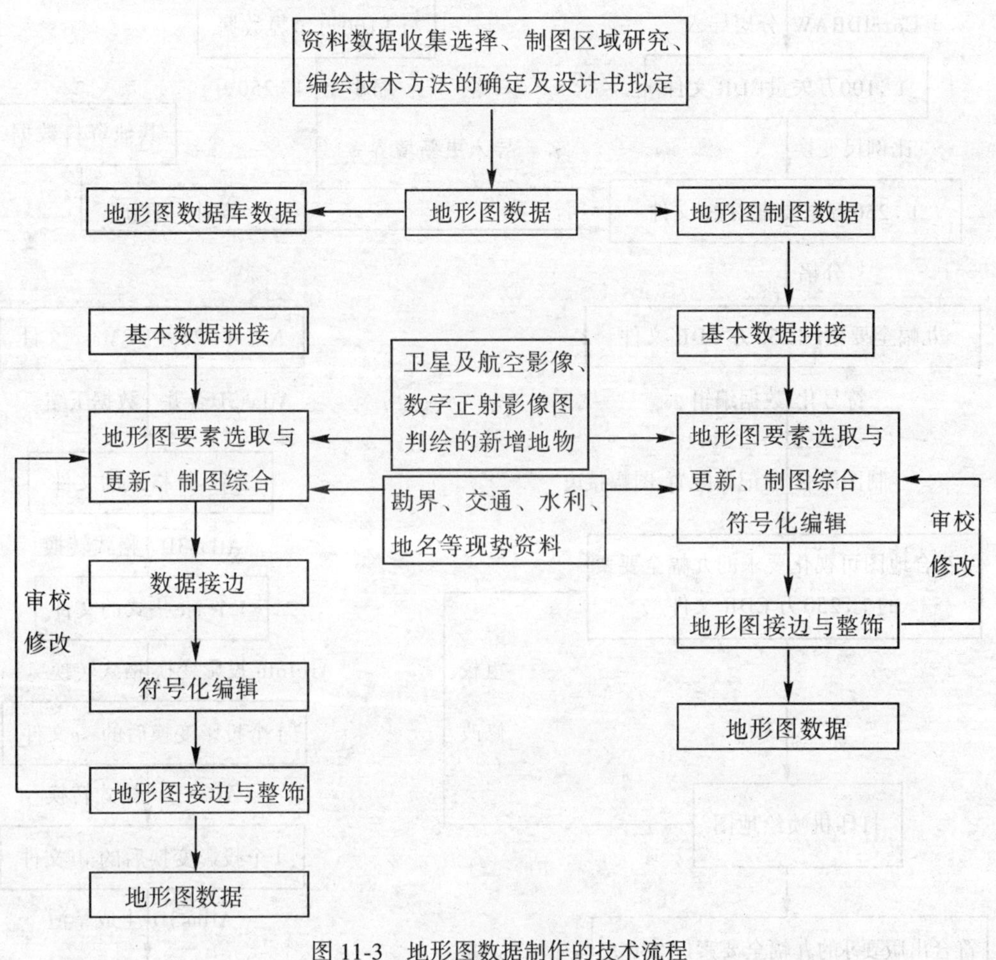

图 11-3　地形图数据制作的技术流程

三、小比例尺普通地图数据制作的技术流程

小比例尺普通地图制图的数据源比较复杂，相对而言地图数据制作的技术流程也要复杂，特别是要利用 DEM 数据制作地貌晕渲。图 11-4 是以 1∶100 万地形图数据在 CorelDRAW 图形软件中制作 1∶250 万矢量普通地图数据，以 1∶25 万 DEM 为数据源在 Atlas3D 软件中制作 1∶250 万彩色地貌晕渲栅格数据，然后在 CorelDRAW 图形软件中进行数据融合，形成 1∶250 万全国彩色地貌晕渲的九全张挂图数据的技术流程。

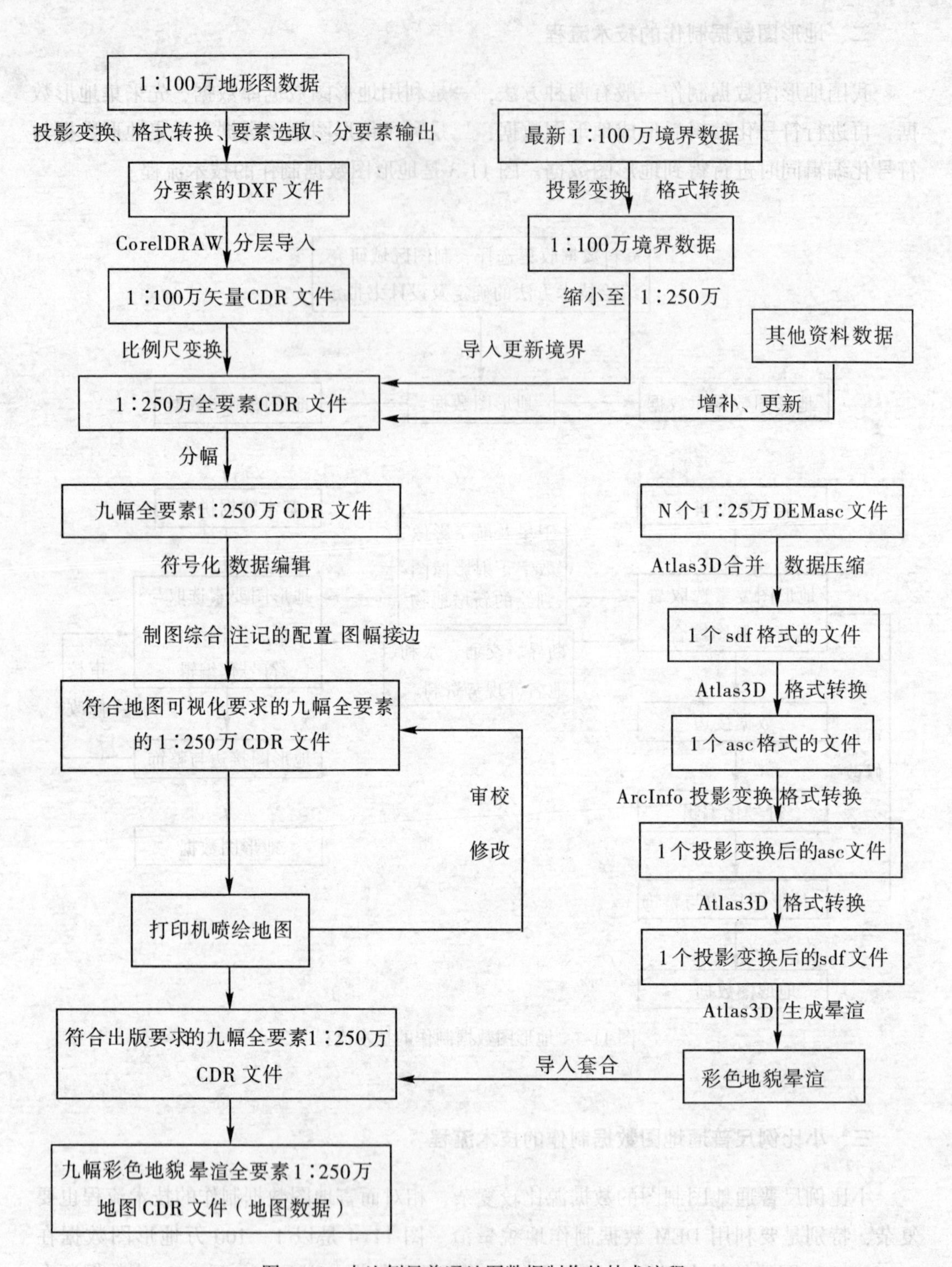

图 11-4　小比例尺普通地图数据制作的技术流程

第四节　普通地图数据处理

数字地图数据处理是普通地图数据制作的重要环节。数字地图数据处理是指从数据获取到数据存储前的基本处理，处理的内容依数据获取方式不同而不同，但有一些处理是必需的。处理的主要目的是进行地图要素选取，进行数据变换，保证提供使用的数据的正确性。

数据处理是指对数据进行加工、变换，以便新编地图数据的方便制作、存储、管理和应用。处理的主要内容如下：

一、坐标系变换

现行地形图数据采用 2000 国家大地坐标系。首先需要将其他坐标系地图数据转换为 2000 国家大地坐标系。主要包括下述坐标系坐标转换，将地方任意坐标转换为 2000 国家大地坐标系坐标，将 1954 年北京坐标系坐标转换为 2000 国家大地坐标系坐标，将 1980 西安坐标系坐标转换为 2000 国家大地坐标系坐标。通过严密的转换模型和算法可将原来建立的旧的地方假定坐标系统、1954 北京坐标、1980 西安坐标转换为现行 2000 国家大地坐标系。这样，使所有的地图资料数据坐标系统一。

二、地图数据拼接

将地图资料数据按照成图比例尺的图幅范围进行数据拼接处理，对分幅数字地图在相邻公共边上进行相同的地图要素的拼接。矢量数据根据其几何性质划分，可以分为点、线、面三种形式。线要素和面要素实际上是由一系列的点组成，因此，无论是线拼接，还是面拼接，实际上都可以归纳为参与拼接的线和面要素的位于拼接边处的节点和端点的几何位置拼接。

三、地图投影变换

在平面直角坐标和经纬度坐标相互转换时，地图投影变换发挥着重要的作用。另外，当地图资料数据的投影和要制作的新编图数据的地图投影不同时，也必须进行地图投影变换。例如，利用 1∶1 万地形图数据制作编 1∶2.5 万地形图数据，基本资料数据为 3°分带，应将拼接后的数据进行投影变换为 6°分带。又如，利用 1∶50 万地形图数据制作编 1∶100 万地形图数据，地图投影从高斯-克吕格投影变换为等角圆锥双标准纬线投影。小比例尺普通地图的投影是根据制图区域形状和地图用途进行设计的，地图资料数据投影变换是经常发生的。大型知名的 GIS 软件都有常用的地图投影变换功能。

四、地图比例尺变换

当地图资料数据的比例尺和要制作的新编图数据的比例尺不同时，要进行比例尺变换。常常是将地图资料数据的比例尺缩小，数字地图的比例尺变换速度快，精度高。

图形图像输出设备上的开窗、放大、缩小是一种几何上的比例变化，一般不视为数字地图比例尺变换，它只是一种临时的、过渡性变化。

五、地图数据格式变换

地图数据在获取、存储、处理和输出的各个阶段，数据格式可能会有所不同，处理中的格式变换主要是按数字地图产品要求提供规范化的标准格式的数据。

常见的地图数据格式转换有 Arc/Info 的 Shape、E00、Coverage 格式，ArcGIS 的 Geodatabase 格式，MapInfo 的 Mif 格式，MapGIS 格式等之间的相互转换。小比例尺普通地图常常使用 CorelDRAW 等图形软件，需要将上述地图数据格式转换成 CorelDRAW 的 CDR 格式。在实际制作地图数据的过程中，选择了在 PC 机上广为流行的工程制图的标准文件格式 DXF 作为中间数据格式，进行地图数据格式转换。

六、数据光滑处理

数字地图的数据光滑处理是信息量的压缩，又称数据简化或数据综合，是从原始数据集中抽出一个子集，在一定的精度范围内，要求这个子集所含数据量尽可能少，并尽可能近似反映原始数据信息，目的是减少存储量，删除冗余数据，常用的方法有特征点筛选法、距离长度定值比较法，道格拉斯-普克法等。较大比例尺地图数据用于缩编新地图数据时，在保持几何形状不失真的情况下进行光滑处理，一是减少存储量，二是使图形线划光滑流畅。

第五节　普通地图数据制作

对地图数据进行加工处理后，就要着手新编地图的数据制作。

一、数据源中要素提取

地图分层作为数字地图制图采用的基本技术之一，一方面可以将复杂的地图简单化，从而大大简化了数据的处理过程；另一方面，以单一的图层作为处理单位，为以后的数据提取和数据修改提供了方便。在提取矢量数据源时，首先要参考矢量数据的逻辑分层，从中选择所要提取的地图图层。

从地图数据库中或现有数据文件中抽取数据，则要根据地图生产的要求利用一定的软件来进行提取。在这个过程中，矢量地图数据预处理的部分工作就必须进行，如地图数据格式转换、点位坐标的变换和纠正及对地图数据的抽取和利用等。如果成图比例尺和地图数据库的比例尺相同，成图的内容又与地图数据库中的内容相近，地图要素制图综合的问题要小些，否则提取什么样的内容、怎样提取，取舍指标怎样控制、其他内容怎样补充都需要研究，并进行充分的试验。一般都是从大于成图比例尺的地图数据源中提取新编图所需要的要素数据信息。

例如，以1∶1万地形图为数据源制作1∶5万地形图数据。通过筛选1∶1万地形图要素数据，按照建立好的要素对应关系和转换原则，去除多余要素。建立要素转换模型，进行要素代码转换，数据整合和结构重组。在此基础上，对1∶1万数据进行数据格式转换，数学基础转换和数据拼接，形成满足1∶5万地形要素数据制作的基本资料数据。

再以1∶100万地形图数据为基本资料数据制作1∶250万矢量普通地图数据为例，来论述要素提取方法。

1∶100万数字地图是根据地理要素的分类分层存储的，数据分为12类要素，每一类要素根据几何特征含有1或2个数据层，共有15个数据层。各层包括1至4类属性表，共有29类属性表，其中6层有注记。

在矢量数据源的分层内容包括：政区、居民地、铁路、公路、机场、文化要素、水系、地貌要素、其他自然要素、海底地貌、其他海洋要素、地理格网12大类。由于新编1∶250万普通地图受比例尺、图幅范围和载负量等的限制，纸质地图能反映的信息量有限，考虑到新编1∶250万普通地图的用途，在数据源中选取的要素有：

国界、未定国界、地区界、省界、停火线、省(自治区、直辖市)界、特别行政区界、地级市(地区、自治州、盟)界、铁路、建筑中铁路、高速公路、建筑中高速公路、国道、省道、一般公路、其他道路、长城、山隘、岩溶地貌、火山、港口、雪被、冰川、浅滩、岸滩、沙洲、沙漠、砾漠、风蚀残丘、珊瑚礁、航海线、河流(包括真形河流)、水库、瀑布、伏流河、运河、水渠、时令河(湖)、井、泉、温泉、沼泽、盐碱地、蓄洪区、海岸线、经纬线、北回归线以及所选自然要素和人文要素的注记。

二、地图数据制作顺序

普通地图数据制作顺序与其本身的重要性以及各要素之间的联系特点密切相关。一般来说，选取精度高的、轮廓固定性好的、比较重要的、起控制作用的要素数据先制作。例如，控制点、水系等要素要求精度高、对其他要素起骨架作用，这些要素数据要先制作。道路的选取从属于居民地，所以要在居民地以后制作道路数据。境界线一般以河流或山脊为界，境界线从属于河流、地貌等高线等，境界线数据制作要在它们之后。只有当国界、省界有固定坐标时，才会先制作国界、省界数据，使其他要素与之相适应。

普通地图数据制作顺序按有利用要素关系协调原则和重要要素在先，次要要素在后的顺序进行。一般顺序为：内图廓线、控制点、高程点、独立地物、水系、铁路、主要居民地、公路及附属物、次要居民地、其他道路、管线、地貌、境界、土质与植被、注记、直角坐标网、图幅接边、图廓整饰。

普通地图制作顺序原则：

(1)点位优先顺序

①有坐标信息的点，如控制点、界桩等；

②有固定位置的点，如独立地物等；

③有相对位置的点，如附属设施等。

(2)线状地物优先原则

①有坐标信息的线，如国界、省界等；

②有固定位置的线，如河流、岸线、道路等；

③表达三维特征的线，如等高线。

地图资料数据、地图内容的复杂性也会对地图数据制作顺序有影响。当资料数据的可靠程度不一样时，要从最好的资料数据的部分开始制作地图数据，使精确的数据先定位，有利用其他地图内容的配置。从复杂的地图内容开始，可以比较容易掌握地图总体的容量，使地图载负量不会过大。

三、地图数据制作的屏幕比例尺

普通地图数据如果在屏幕上按成图比例尺制作，理论上制图员可以准确地掌握地图容量、符号之间的间隔，恰当地处理各要素之间的相互关系；但是实际制作难度非常大，几乎是不可能，常常放大到3~5倍，即屏幕显示用300%~500%。太大会增加数据制作工作量，太小制作的数据达不到质量要求。符号之间间隔的把握可依靠固定的尺度符号，例如，用一个尺度符号0.2mm小方块放在符号旁，就可以判断符号之间的间隔是否达到0.2mm。

四、地图数据的编辑

根据地图数据补充、参考资料进行地图要素的修改和补充。采用理论数据计算生成内图廓线及公里格网、北回归线等要素。按规定的符号、线型、色彩等要求对地形图要素进行符号化处理。

在地图数据编辑过程中，常会出现假节点、冗余节点、悬线、重复线等情况，这些数据错误往往量大，而且比较隐蔽，肉眼不容易识别出来，通过手工方法也不易去除，导致地图数据之间的拓扑关系和实际地物之间的拓扑关系不符合。进行拓扑处理时，通过一定的拓扑容限设置，可以较好地消除这些冗余和错误的数据。

①去除冗余顶点、悬线、重复线；

②碎多边形的检查、显示和清除；

③节点类型识别包括：普通节点、假节点和悬节点；

④弧段交叉和自交；

⑤长悬线延伸；

⑥假节点合并。

五、地图数据的制图综合

按地形图要素的综合指标和设计书的要求进行要素的选取和图形的概括，要素综合时，为了更准确地把握取舍尺度，可将原比例尺相同的数字栅格地图放在基本数据下面作为背景参考对照。

对地图各要素符号化的关系处理和图形概括如下：

1. 地形图数据的制图综合

地图内容在符号化的过程中要将不同的要素存放在不同的层中，这样就可以对不同的要素进行有选择性的操作，要编辑某一层要素就单独打开那一层，以免相互之间干扰。当要显示所有的要素时就打开全部的层。在符号化的过程中，符号的大小、色彩、粗细及相互之间的关系最好反映最后印刷出版所要求的成图情况，应按所要求的尺寸来显示和记录，这样制图人员才能准确地处理好地图上各要素相互之间的关系，解决诸如压盖、注记配置、移位、要素共边等问题，保证所制作出来的地图数据的质量。

对于地物符号化后出现的压盖、符号间应保留的空隙或小面积重要地物夸大表示等情况引起的地物要素的位移时，位移值一般不超过0.5mm。

要素选取指标的确定必须符合规范规定，与地理信息数据的要素表示尺度、地图要素的密度分布和图面负载能力相统一。根据实际情况确定适合本图幅的指标要素，制图综合中在依据要素选取指标的同时，应灵活把握要素选取原则。选取更有方位意义，对道路要素构网更有意义，更能表现制图区域地貌特征和地形特点的要素，使经过综合后的要素疏密适度、分布合理。

要素制图综合尺度的确定必须按照规范要求，制图区域必须确定符合实地情况的制图综合尺度。在要素制图综合中必须在把握地形要素表示尺度的同时，注意制图区域所在地区的地形地貌特征，使经过综合后的要素表示合理，地域特征鲜明。

要素图形简化尺度的确定必须符合规范中对要素简化、最小弯曲、要素细部特征等的要求。首先确定各类要素是否允许进行图形简化，并严格把握图形简化尺度，使经过图形简化的要素图形细部表示合理，避免要素过于破碎和表示过于粗略。

正确处理好水系、道路、居民地、地貌等要素之间的关系，保持其各要素间的相离、相切、相割关系。地物要素避让关系的处理原则一般为：自然地理要素与人工建筑要素矛盾时，移动人工建筑要素；主要要素与次要要素矛盾时，移动次要要素；独立地物与其他要素矛盾时，移动其他要素；双线表示的线状地物其符号相距很近时，可采用共线表示。

地图地物密度过大时，可根据地物重要性进行适当的再取舍或将符号略为缩小；连续排列和分布的同类点状要素(如窑洞)符号化后若相互压盖，优先选取两端或外围的地物以反映其分布特征，中间依其疏密情况适当取舍；而不同类点状要素(如电视塔与水塔)符号化若相互压盖，应优先选取高大、有定位等重要意义的地物。

地物要素图形概括后的形状应与其相邻的地物要素相协调。如概括后的道路形状应与地貌、水系相协调，水系岸线应与等高线图形相协调等。

要素关系协调处理是为了保证要素的逻辑一致性和拓扑关系正确性，保证要素关系的合理就必须做好三个层次的要素关系协调处理。

①必须做好多个数据层相关要素之间逻辑一致性的协调处理，如公路、河流、公路桥之间位置关系的协调处理，有名称的要素和地名层要素之间的属性关系协调处理等。

②必须做好多个数据层相关要素之间拓扑关系正确性的协调处理，如不同数据层毗邻面状要素之间公共边线的协调处理。

③必须做好同一要素表示连续性的协调处理，如河流的单、双线表示变化的协调处理。

2. 小比例尺普通地图数据的制图综合

(1)道路要素数据综合与关系的处理

在地图上，应当把道路作为连接居民地的网线看待。

道路连接、相交时的关系处理。不同等级的道路相连接的地方，在实地上有时没有明显的分界线，但在地图上则用了两种符号配置其属性。为了使它们之间的关系表示得合理、清楚，表示时相接的两条道路中心线一致(图 11-5)。

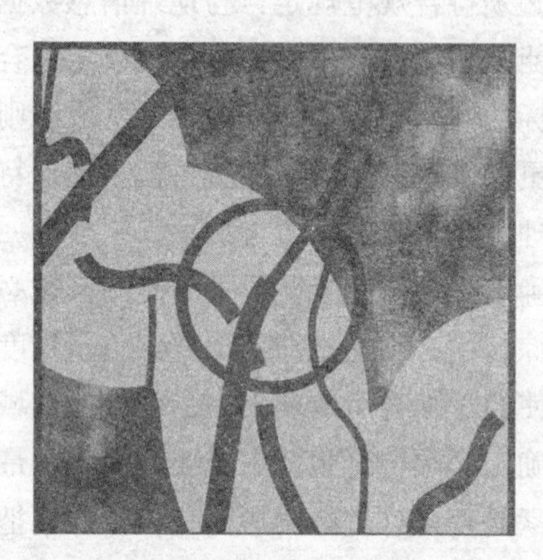

图 11-5 道路连接的关系处理

一般情况下，道路压盖顺序(从高等级到低等级道路排列)为高速公路→建筑中高速公路道路弯曲程度的处理。例如，数据源为 1∶100 万数字地形图，成图的比例尺为 1∶250 万挂图。受到印刷机和人眼的辨别能力的限制，弯曲的内径为 0.4mm 时，宽度需达到 0.6mm 至 0.7mm。在地图上应保持道路位置尽可能精确的条件下，正确显示道路的基本形状特征，在必要时对特征形状加以夸大表示。道路上的弯曲按比例尺不能表达时，要进行概括(图 11-6)。

道路相交时，主要指道路间的压盖问题，即道路图层顺序的设计。

一般情况下，道路压盖顺序(从高等级到低等级道路排列)为高速公路→建筑中高速公路→铁路→建筑中铁路→国道→ 省道→一般公路→其他道路。但也存在特殊情况，

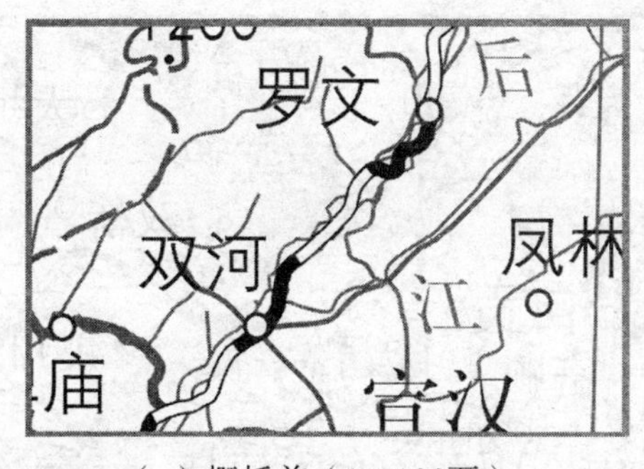

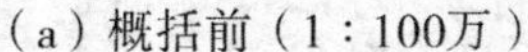

（a）概括前（1：100万）　　（b）概括后（1：250万）

图 11-6　道路弯曲概括

如铁路在高架桥上经过，而高速公路在桥下，在地图上就应做相应的调整修改。

道路要素间冲突时的关系处理。随着地图比例尺的缩小，地图上的符号会发生占位性矛盾(如道路的重叠问题)。比例尺越小，这种矛盾就越突出。通常采用舍弃、移位等手段来处理。

当道路要素发生冲突时，特别是当同等级道路在一起时，一般会采用舍弃的方式。即便是不同等级的，若构成的道路网格密度过大，也应选择舍弃。一般情况下优先选取该区域内等级相对较高的道路，选择舍弃低等级道路，以达到符合要求的道路网密度。但对于作为区域分界线的道路，通向国界线的道路，沙漠区通向水源的道路，穿越沙漠、沼泽的道路，通向如机场、车站、隘口、港口等的重要目标的道路，这些具有特殊意义的道路需优先考虑。

当不同类别的符号发生冲突时，如果不采用舍弃其中一种的方法，就采用移位的方式。具体做法是：当二者重要性不同时，应采用单方移位，使符号间保留正确的拓扑关系。如保持高等级道路的现状，对低等级道路进行相应的移位；若当二者同等重要时，采用相对移位的方法，使之间保持必要的间隔。

进行移位后，关系处理后应达到：各要素容易区分，要素的移动不能产生新的冲突，局部空间关系和点群的图案特征必须保持，为了保证空间完整性与方位相对正确性，移动的距离应当最小。经过数据格式转换、比例尺的缩小，在地图中各级道路难免会重叠在一起，这就需要对道路进行移位。对道路格网密度过大的区域，采取舍弃的方法。如图 11-7 所示，图 11-7(a)为道路关系处理前的情形，即直接从 1：100 万地图数据库中转换得到的矢量图，只对其进行了符号化、配置注记。可以看出道路的关系杂乱，互相压盖严重，很难辨别出道路之间的关系位置，而且道路显得很凌乱，低等级道路较多且存在断头路。因此，就必须对其进行关系处理。基本采取移位、舍弃等方法。图 11-7(b)是关系处理后的结果，从图中很容易看出道路关系表达明确，能够很快地辨认出各级道路的方位、走向等。各区域道路格网密度适中，达到了很好的视觉效果，突出了地图的一览性。

（a）处理前（1：100万）

（b）处理后（1：250万）

图 11-7　道路关系处理

(2)水系与其他要素关系的处理

陆地水系主要包括河流、湖泊、水库、渠道、运河和井泉等方面。河流起到了骨架的作用，如果移动河流则引起与地貌冲突。因此要保持河流的精确位置。鉴于上述原因，地图上河流与交通网、境界等人文要素之间，在符号化、配置其属性后发生冲突时，解决此问题的原则是：要保证高层次线状要素的图形完整，低层次线状要素与高级别线状要素的重合部分应隐去。

河流与道路要素之间的关系处理。地图上如铁路、公路、河流等这些都有固定位置，它们以符号的中心线在地图上定位。当其符号发生矛盾时，根据其稳定性程度确定移位次序，例如：道路与河流并行时，需要首先保证河流的位置正确，移动道路的位置。有些区域的道路的走向是沿着河流的流向。当它们之间发生冲突时，移位后道路的走向应与河流流向一致。在小比例尺普通地图上，道路通过河流等水系要素时原则上不断开，即不绘制桥梁符号。但对于长江、黄河流域著名的桥梁(如武汉长江大桥)可以象征性地表示出来。

河流与境界要素之间的关系处理。在很多种情况下，境界是以河流为分界线，或以河流中心线，或沿河流的一侧为界。这就需要对境界进行跳绘。在小比例尺普通地图上，主要遵循：①以河流中心线为界时，应沿河流两侧分段交替绘出。但要注意：由于国界、省界和地级界是点线相间构成的，进行跳绘时，应保持点与线的连续性；②沿河流一侧分界时，境界符号沿一侧不间断绘出(图 11-8)。

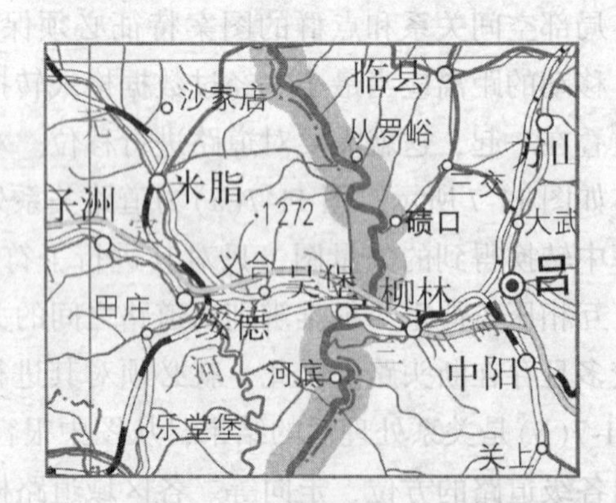

图 11-8　境界在河流两边跳绘

(3)居民地和其他要素关系的处理

在小比例尺普通地图上，各级居民

地一般是以不同大小的圈形符号表示。它与其他要素的关系表现为：同线状要素具有相接、相切、相离三种关系；同面状要素具有重叠、相切、相离三种关系；同离散的点状符号只有相切、相离的关系。其中与线状要素的关系最具有代表性。

①相接：当线状要素通过居民地时，圈形符号的中心配置在线状符号的中心线上；

②相切：当居民地紧靠在线状要素的一侧时，表示相切关系，圈形符号切于线状符号的一侧；

③相离：居民地实际图形同线状物体离开一段距离，在地图上两种符号要相距 0. 2mm 以上。

当居民地圈形符号与境界、经纬网、道路等要素一起发生冲突时，如图 11-9 所示，宁夏回族自治区吴忠市(地级市)的位置处理。图中的纬线是 38°N，其位置的实际情况为：吴忠市位于北纬 37°多；在高速公路的左边，与其相离；在该条地级市界转折处的上方；与国道相接。但由于在小比例尺地图上表示，则不能按其上述方位标注。解决的方法是只保证圈形符号的中心点与纬线、高速公路、地级市界相离；配置在国道的中心线上。

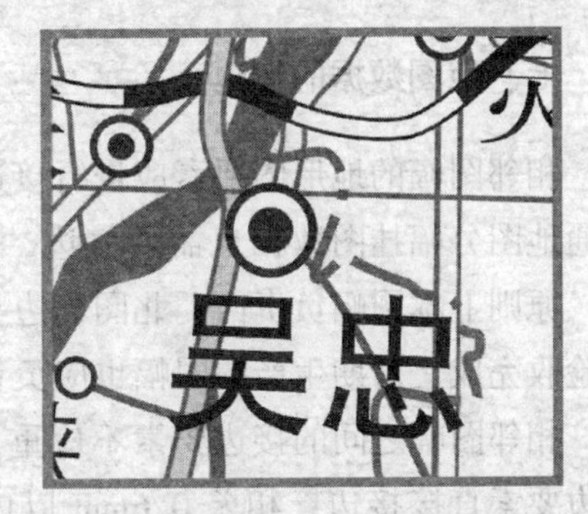

图 11-9　居民地和其他要素关系的处理

(4)境界与其他要素的关系处理

境界是区域的范围线，它象征性地表示了该区域的管辖范围。就国界而言，国界的正确表示非常重要，它代表着国家的主权范围。对于国界两侧的地物符号及其注记都不要跨越境界线，应保持在各自的一方，以区分它们的权属关系。

六、地图数据制作中生僻汉字的处理

我国幅员辽阔，地方语言种类多，难免会遇到一些生僻地名，尤其是我国南方省份生僻汉字出现的频率很高。地图上尤其是我国南方省份的大比例尺地图上存在着大量的生僻汉字，由于它们不在国标汉字集当中，这些汉字在字库中难以显示，即没有相应的编码与之对应。所以在制作地图数据时，这部分生僻汉字既没有相应的编码，也没有输入方法，要对它们进行存储、检索和使用无从谈起。

所以，生僻汉字的问题是数字制图生产过程中必须要解决的问题。对地图上这些生僻汉字的编码、输入方法、汉字造字、应用接口以及造字工具等进行全面研究，即生僻汉字的造字一般是取已有相同字体汉字的偏旁部首进行拼凑组合，它对造字软件的要求是要有丰富的编辑修改功能，能对汉字笔画进行拉伸、缩放、移动、删除、拷贝和定位等操作。在对所造的汉字经过多次绘图检查和反复修改，确认所造汉字结构合理、大小适中以后，形成所要的生僻汉字矢量字库。利用汉字造字工具的有关功能迅速把要造的汉字造好，经修改确认后，一方面以图形的方式添加到矢量字库中，另一方面形成

Windows 的资源汉字。

如果还没有建成生僻汉字矢量字库，可以采用以下解决方案：

①如果地图数据制作时采用的汉字矢量字库较小，可采用字体相近较大汉字矢量字库代替。例如，地图数据制作时采用的是汉仪字体，经过试验比较，与之相近的为方正字体，而且方正字库较大；遇到汉仪字库不能识别的字体则改用方正字体代替，然后转换成曲线。

②采用拆字、拼字的方法对生僻汉字进行匹配，创造出新字。例如，地名中安徽省亳州市中的“亳”在汉仪字库中不能识别，可以先写出“毫”字，再在地图制图软件中打散、取已有相同字体汉字的偏旁部首进行拼凑组合，造型工具创建此字。

七、地图数据的接边

相邻图幅的地形图要素应进行接边处理，包括跨投影带相邻图幅的接边。小比例尺普通地图分幅挂图数据也需要接边。接边内容包括要素的几何图形、属性和名称注记等，原则上本图幅负责西、北图廓边与相邻图廓边的接边工作，但当相邻的东、南图幅已验收完成，后期生产的图幅也应负责与前期图幅的接边。

相邻图幅之间的接边要素不应重复、遗漏，在图上相差 0.3mm 以内的，可只移动一边要素直接接边；相差 0.6mm 以内的，应图幅两边要素平均移位进行接边；超过 0.6mm 的要素应检查和分析原因，由技术负责人根据实际情况决定是否进行接边，并需记录在元数据及图历簿中。

接边处因综合取舍而产生的差异应进行协调处理。经过接边处理后的要素应保持图形过渡自然、形状特征和相对位置正确，属性一致、线划光滑流畅、关系协调合理。

八、地图图廓整饰

按规定对地形图进行图廓整饰，并正确注出图廓间的名称注记。

1. 图廓间的道路通达注记

铁路、公路以及人烟稀少地区的主要道路出图廓处应注通达地及里程。铁路应注出前方到达站名；公路或其他道路应注出通达邻图的乡、镇级以上居民地，如邻图内无乡、镇级以上居民地时，可选择较大居民地进行量注。当道路很多时可只注干线或主要道路的通达注记。

铁路或公路通过内外图廓间复又进入本图幅时，应在图廓间将道路图形连续表示出，不注通达注记。

2. 界端注记

境界出图廓时应加界端注记，但当境界穿过内外图廓间复又进入本图幅时，可在图廓间连续表示出境界符号，不注界端注记。

3. 图廓间的名称注记

居民地、湖泊、水库的平面图形跨两幅图时，面积较大的注在本图幅内，面积较小的应将名称注在该图幅的图廓间。县级以上居民地名称用比原字大小二级的细等线体注出，县级以下居民地名称用相应等级字大的细等线体注出。湖泊、水库名称选择用2. 0~2. 5mm 左斜细等线体注出。

小比例尺普通地图的图廓整饰主要包括内外图廓线和图廓间的花边的数据制作。

九、元数据制作及图历簿的填写

元数据及图历簿包含了分幅数据的基本信息、更新变化情况、更新使用主要资料情况、更新生产情况、生产质量控制情况、图幅质量评价、数据分发信息等，是地形图数据成果之一。元数据及图历簿内容，主要包括数字地图生产单位、生产日期、数据所有权单位、图名、图号、图幅等高距、地图比例尺、图幅角点坐标、地球椭球参数、大地坐标系统、地图投影方式、坐标维数、高程基准、主要资料、接边情况、地图要素更新方法及更新日期等。由于不同比例尺的元数据及图历簿元数据及图历簿有些区别，下面以 1∶25 万地形图为例来进行论述。

1∶25 万地形图数据制作中，将全部图幅的分幅元数据图历簿导入 ArcGIS 的 FILE GeoDataBase 文件，生成数据库元数据。此外，根据设计需要，可派生出数据产品的元数据、更新数据生产图历簿、分发服务元数据等。填写元数据及图历簿应注意以下要求：

①分幅数据元数据按照《1∶25 万地形数据库更新元数据结构及示例》中的有关要求，填写更新生产的相关内容，以 Excel 格式存储。

②数据库元数据由分幅数据生成，以每个分幅数据元数据为记录单位，采用空间数据方式记录，图形信息为 1∶25 万图幅范围，属性信息记录具体的元数据内容。

③元数据的填写应全面、严谨、规范，对作业过程中出现的特殊技术问题及处理情况、更新数据检查验收情况、资料的处理与使用等须有详细记录。

④图历簿为元数据中的部分内容，不再进行打印，相关生产和检验人员在《生产检查责任人签字表》中签名，并在更新成果汇交中一并汇交后归档。签字表以 1∶25 万图幅为单位，记录每幅图的生产人员、各级质量检查责任人的本人签字和时间。

小比例尺普通地图的元数据及图历簿包含了地图数据的基本信息、更新变化情况、更新使用主要资料情况、更新生产情况、生产质量控制情况、地图质量评价、数据分发信息等。

第六节　地图数据的审校

地图数据的制作是一项技术复杂、任务艰巨的地理信息工程，涉及多种测绘新技术的综合应用。地图数据审校的基本任务就是发现错误，保障制作的地图数据达到《图式》、《规范》或《地图大纲》要求的质量，对地图数据质量作出客观的评价。

一、地图数据审校的方法

地图数据审校检查常用人工对照检查、程序自动检查、回放图检查、人机交互检查四种方法。不同的检查方法具有各自的优势，而且通常需要组合使用。检查时需根据不同的要素或内容，选择合适的方法。

(1)人工对照检查

通过人工检查核对实物、数据表格或可视化图形，从而判断检查内容的正确性。可以将相邻图幅的数据拼接检查、将不同格式的数据叠合检查，可放大，局部关系清楚，但视野较小，缺乏全局感。该方法具有简便、易操作的特点，但是检查速度太慢。上机检查数据分幅、坐标系、格式、拓扑、属性及结构的正确性。

(2)程序自动检查

通过设计模型算法和编制计算机程序，利用空间数据的图形与属性、图形与图形、属性与属性之间存在的一定逻辑关系和规律，检查和发现数据中存在的错误。该方法具有速度快、效率高等特点，缺点是计算机自动识别的正确性不够高。

(3)回放图检查

回放图检查主要用于检查要素综合取舍的正确性、要素关系的合理性和要素更新的完整性。地图缩编是从较大比例尺到较小比例尺进行操作的，单纯在机器上检查不易对要素的综合取舍程度在全制图范围内进行整体的控制，可采用输出回放图辅助进行图形综合和要素选取程度的检查。这是数字地图制图早期最常用的一种质量检查方法，视野开阔，各种要素关系清晰明确。要素的编码、属性也可以在回放图上通过符号、颜色、线型、注记等体现出来。但费时、费力、不直观，并造成仪器设备、纸张的极大浪费。

(4)人机交互检查

数据中很多地方靠程序检查不能完全确定其正确与否，但程序检查能将有疑点的地方搜索出来，缩小范围或精确定位，再采用人机交互检查方法，由人工判断数据的正确性。必要时采用人工对照检查方法，通过人工方式检查核对资料数据表格或可视化的图形，从而判断检查内容的正确性。该方法具有速度与正确性最佳比率的特点，应在地图数据质量检查中大力推广。

在深入研究分析地图数据的生产技术规定、工艺流程、资料使用要求、数据质量要求、数据组织及成果归档要求等方面的基础上，针对影响地图数据质量的各项数据质量因子与指标，确定采用可操作的检查方法。

二、地图数据审校的项目

地图数据检查的项目主要包括：

①空间参考系，包括坐标系统、高程基准、投影参数、数据分幅。

②位置精度。平面精度包括：控制点坐标、平面位置中误差、接边、几何位置，图形和属性原则上都应接边；高程精度包括：控制点高程、高程注记点高程中误差、等高

线高程中误差、等高距。

③属性精度，包括分类代码值、属性值。属性内容应完整，属性项定义正确，属性值填写正确合理，要求填写的属性信息无遗漏。相同属性值要素之间的连通性、各层数据中要素名称、河流及湖泊水库等的代码、铁路和公路编码、境界编码应正确。

④时间精度。资料数据和成果图数据的现势性。

⑤完整性。要素多余、要素遗漏。检查图层中的空地物类，是否有临时图层。

⑥逻辑一致性。概念一致性包括：属性项、数据集。格式一致性包括：数据归档、数据格式、数据文件、文件名称。拓扑一致性包括：重合、重复、相接、连接、闭合和打断。

⑦地图表征质量。几何表达包括：几何类型、几何异常。地理表达包括：要素取舍、图形概括、要素关系和方向特征。不能有要素几何位移、节点错误、多边形错误、方向错误等。成果地图数据之间的关系应协调合理，重点保证水系与等高线的关系，水系要素与河流编码数据的关系，水系与道路、居民地与道路的关系，居民地与地名库的关系，公路与铁路和 GPS 交通网数据及公路附属设施等的关系应合理。

⑧附件质量。元数据包括：项错漏、内容错漏。图历簿的错漏。附属材料的完整性、准确性、权威性。元数据的内容应完整、正确，数据格式、数据结构等应严格按照规定执行，无遗漏和错填。

地图数字的制作一项过程复杂而繁琐的工作，要保证地图数据的质量，必须对地图数据制作过程的各个环进行质量检查。在地图数据生产过程中的审校工作分为三种类型：生产单位的中队(组或室)检查，生产单位的大队(部门或院)检查，省测绘地理信息局质检站负责验收。

质检人员要熟悉数据质量控制、检查的要求、内容和方法。

可以设计质量检查层，检查的结果要单独存放在一个数据层上，即质量检查层。根据作业科室检查、部门检查、质检站三级质量审校、验收的地图数据质量控制模式，按权限设立了三个检查层，每层对应一个错误信息记录文件，其文件结构为独立点文件存储结构，其文件名是数字地形图图号加“err X”，其中，X= 1、2、3，分别代表室检查、部门检查、质检站三级检查的错误信息。在质量检查的过程中通过读取或存储错误信息文件，以实现质量控制图层显示错误信息和标注错误信息的目的。同时可以实现：

①将地图数据和查图记录一起透明显示时，既可以保证地图数据不被覆盖，又能够清晰地显示错误的属性、位置和性质。

②查图过程完成后即可把质量检查层删除。

③建立查图过程错误标志属性码与错误标志符号库的对应文件。

④建立用户以错误标志属性码与错误标志矢量位置为基本数据项的数据文件。

⑤提供以各种错误等级统计数值为支持的地图数据质量评定系统，对地图数据质量进行评定。

⑥建立查图权限级别，以便各级查图人员在同一个质量控制系统中行使自己的

权利。

地图(成果)数据出版之前，必须对地图内容进行认真的检查。由于目前在计算机屏幕上对地图内容进行检查还有一定的难度，所以大多采用绘图的方法对地图内容进行检查，通过在绘图样张上的比对和检查来发现错漏。检查工作完成后，要回到计算机上对地图内容进行修改，直至地图内容准确无误为止。

检查各要素符号的色彩模式和配色组成。由于地图数据采用四色印刷方式，因此必须要保证所有符号均采用 C、M、Y、K 的色彩模式；要避免符号的配色组成中出现不应有的成分，例如，黑色只能是 K100，不可以再包含 C、M、Y 中的任何成分。

检查数据的规范性，是否有冗余数据存在。例如，是否有不能正常显示的文字注记，是否有对数字制版的有影响的特殊效果等。

第十二章　地图数字出版

从20世纪50年代开始，国内外地图制图工作者对地图的编制如何摆脱繁重的手工方式，实现地图制图自动化进行了理论与方法的研究。经过60多年的发展，从最初提出的地图制图自动化，后来提出的计算机辅助地图制图、计算机地图制图、数字地图制图，数字地图制图的技术问题(包括硬件与软件系统)已基本解决，已全部实现各种类型地图的数字地图制图。

过去地图及地图集的生产都是靠手工作业的方法来完成，从总体设计、编辑计划的制订、编稿图的完成、地图清绘，到地图印刷工厂的照相、翻版、分涂、制版和印刷，每一步都离不开制图人员的参与。仅就这一过程本身来讲，既费事、费时，又十分繁琐。对于这样一种生产过程和生产方式，无论是首次生产还是以后的更新再版，编辑修改都十分困难。随着计算机技术在地图制图领域的广泛应用，以及数字地图制图理论和方法的不断成熟和完善，现在完全可以在数字环境下来实现上述生产过程。在印刷出版界广泛使用数字制版和数码打样的今天，地图的生产和制作朝这一方向迈进是很自然的事情。特别是当地图数据库陆续建立以后，为了充分发挥地图数据库的作用，必须采用新的作业流程和方法来完成地图的生产和更新工作，使地图的生产走上数字化和现代化的发展道路。使地图数据库与数字地图制图系统相连接，采用新的手段、新的技术来完成地图的编制。这种软件系统和技术的应用，实现了地图生产方式的重大转变，使地图的生产跨上一个新的台阶。这种软件系统在相应的硬件设备支持下直接输出高质量的分色印刷版，缩短了地图的生产周期，提高了地图的制作质量。大量的数字地图产品生产出来以后，一方面满足国民经济建设的需要，加速国家的现代化建设，另一方面测绘地理信息行业本身也要利用这些数字地图产品去生产新的数字地图和纸质地图，并同时完成对地图数据库的更新和维护，实现本行业的技术进步和生产方式的转变。

第一节　地图数字出版技术特点

地图数字出版以地图(成果)数据为主要信息源，以电子出版系统为平台，使地图制图与地图印刷结合更加紧密；它将地图设计、地图编辑、地图编绘、地图清绘和印前准备(包括复照、翻版、分涂)融为一体，给地图生产带来了革命性变化。地图数字出版技术具有如下特点：

1. 地图印刷前各工序的界限变得模糊

常规的地图制图包括地图设计、地图编制与地图制版、印刷两大阶段。前者包括地图编辑、地图编稿、地图编绘、地图清绘；后者包括复照、翻版、分涂、修版、套版、制版、打样、印刷等多道工序。在过去地图制作过程中，许多工作需要受过专门训练的专业技术人员分别处理，例如，地图设计、地图编绘、地图清绘、复照、翻版、分涂、修版、套版，现在可由同一个人来完成，并且各种操作可以交叉进行。

2. 缩短了成图周期

取消了传统地图制图和地图印刷工艺中的许多复杂的工艺步骤，大大缩短了成图周期。把地图编辑、地图编绘、地图清绘、复照、翻版、分涂等工艺合并在计算机上完成；对急需的少量地图(如抗震救灾地图、防洪救灾地图)，可用彩色喷绘或彩色激光打印方法获得。

3. 降低了地图制作成本

①由于地图制作的印刷前各工艺步骤的操作，全部在计算机上进行，减少了操作差错，降低了返工率。

②工艺步骤的简化，节省了材料、化学药品。

③地图设计、制作一体化，降低了地图制图人员的劳动强度，减少了人力。

④基本采用四色印刷，降低了印刷费用。

4. 提高了地图制作质量

①地图手工编绘的地图数学基础展绘、地理要素的编绘都会产生一定的误差。

②地图手工清绘的线划发毛、不实在，线划粗细不均匀，同时也会产生一定的误差；注记剪贴不平行和垂直南北图廓；符号手工绘制不精致。

③过去的复照、翻版、分涂等每个工序都使地图的线划、注记、符号发肥，变形。

④数字地图制作可以通过系统硬件解决套准、定位问题。消除过去胶片拷贝过程导致的套准精度。

总之，数字地图制图精度比传统地图制图精度提高了 1~2 个数量级(由±(0.1~0.3)mm 提高到±(0.01~0.005)mm)。地图符号、注记精致，线划精细。

5. 丰富了地图设计者的创作手法

(1)地图色彩设计

过去制作地图彩色样张，由于靠手工制作，只能设计有限几个样张。现在可在计算机上制作地图彩色样张，不论多大数量，只要改变设计样张的颜色成分数据，很容易实现。地图集的设色可用色彩数据控制，确保颜色的统一协调性。

(2)图面配置

过去将做好的地图、照片和文字在图版上来回摆动，现在可在计算机上直接排版。

(3)三维制作和特殊效果

过去地图的立体符号很少，主要是因为手工制作很困难；现在计算机图形软件上有立体符号制作功能，制作立体符号非常方便，立体符号、立体地形逐渐多了起来。光影、毛边、渐变色等特殊艺术效果在地图(集)中经常出现。

6. 网络化结构

①采用计算机网络技术可以实现地图信息的远程传输。

②实现了先分发，后印刷的设想。

传统的地图印刷是先印刷，后分发。数码印刷可以通过通信、网络技术先将地图数据直接传输到用户，然后再传输到印刷厂印刷。

7. 改变了传统地图出版的含义

地图电子出版系统的出现，扩大了地图出版领域，使出版物不仅仅局限于地图印刷品，多媒体出版、Internet 出版将是今后出版的重要方式。

8. 地图容易更新和再版

为了充分发挥地图在国民经济建设中的作用，需要经常更新地图内容，再版新地图，保持地图现势性。地图出版之后，只要保存原有数据，如果要更新和再版，对地图数据进行编辑、修改和更新是件轻而易举的事情，数字地图制图技术增强了地图的适应性和实用性。

第二节　地图数字出版系统的软件构成

地图数字出版系统的软件除了系统控制外，还要用来进行彩色图形处理、彩色图像处理、文字处理、彩色版面组版、彩色图文输出等。

一、字处理软件

字处理软件能够实现文本的输入，简单的页面编辑，而且由字处理软件产生的文件很小，能在不同的平台间传输。这类软件有：Microsoft Word，WPS 等。

二、矢量图形处理软件

矢量图形处理软件具有图形绘制功能，能绘制直线、曲线、圆弧等；可喷涂，并在封闭图形内按指定色均涂、半透明等；文稿编辑功能，文字作为图形进行自由加工；图表的设计制作、编辑功能；可在色彩层次和两个图形之间自动生成连续色调；可自动矢量化跟踪；可对图形进行任意的放大、缩小、旋转、反向和变形。具有地图符号制作、图形编辑修改、图文混排、要素分层和地图图形输出等功能，最终生成 EPS 格式的数据文件送印前系统输出，可以在数字制版机以最高分辨率输出。例如，CorelDRAW、FreeHand、Illustrator、Microstation、AutoCAD 等，根据能否输入地理属性信息并建立要素间拓扑关系，又将这一类软件分为通用制图类软件和地图制图类软件两种。

通用制图类软件有 CorelDRAW、FreeHand、Illustrator 等。目前，大量的高质量地图作品均由这类软件制作完成，它们也常常用来生产地图集和艺术性较高的专题地图作品。这些软件的重点在通用图形设计上，不是针对地图制图开发的，在制作地图之前必须进行一定的准备工作，如建立符号库、进行图层设定等。这些软件只能接受一些通用的图形或图像格式数据，不能形成地理信息数据。

地图制图类软件是指专门为地图制图开发的软件，这些软件一般都提供了数字化仪采集、扫描矢量化、多种地理数据格式转换、地图投影变换、坐标变换、几何纠正、地图编辑、地图整饰等功能。地图制图类软件在地形图数据生产中起着主导作用，替代了以前繁重的手工制图劳动，是地形图生产方式的一次革命，在国内市场上应用比较广泛的这类软件是 ArcGIS，MicroStation、MapGIS、Auto-CAD，以及在此基础上二次开发的一些制图系统。这些制图系统只要开发得好，在地图图形符号采集和编辑的时候兼顾地理信息生产的需要，或在生产地理信息的同时兼顾地图图形输出的需要，那么就可以在同一个生产流程中既完成纸质地形图的生产，又完成数字地形图数据的生产。

三、图像处理软件

图形处理软件主要用于连续调图像的编辑和处理，包括色彩校正、图像调整、蒙版处理以及图像的几何变化等。特种技能包括放置尺寸变化、清晰化和化柔、虚阴影生成、阶调变化等。美国的 Adobe 公司的 Photoshop 是最有影响的图像编辑、加工的软件，用于版面制作、彩色图像校正、修版和分色等处理。

四、彩色排版软件

这类软件用于将字处理文件、图形、图像组合在一起，形成整页排版的页面，并能控制输出。如专业排版软件 PageMaker 有文字编辑、图形图像编辑、拼版等主要功能。

五、分色软件

这类软件主要用于处理彩色图像分色，一般有确定复制阶调范围、确定灰平衡、调整层次曲线、校正颜色、强调细微层次、限制高光、去除底色等功能，如 Aldus Preprint。

六、字库

注记是地图的重要内容之一，汉字注记，特别是地名，有一些不常用的字，因此，选择字库，除要考虑字体齐全、字形美观外，还要考虑字库的容量大小。一般有汉仪字库、方正字库、文鼎字库、汉鼎字库、创艺字库、华文字库等。

第三节　地图数字出版技术流程

随着计算机制图技术、激光技术以及精密机械技术的迅速发展，传统的以手工绘图方式制作出版原图、以光学照相制版技术为基础的模拟出版方式逐渐被以计算机为主的数字出版技术所代替。

随着更快的 CPU、总线技术、更好的图形显示，更高容量的内存 RAM 及磁盘存储技术、高分辨率的扫描仪和显示器、数码照相机以及各种数码打样机等软硬件的发展，数字出版系统更加成熟并被引用到地图出版领域中来，实现了地图印前处理的数字化。

数字印前系统软件和硬件的开放性，使得地图出版原图的来源渠道增多，不仅可以来源于地图制图数据，还可以来源于航测数字成图数据，地图出版实现了航测、制图、印前处理的一体化生产技术流程，这是目前地图出版生产技术流程的主流。

在出版系统中，将地图成果数据经过数码打样检查修改无误；然后，用 RIP(Raster Image Processor 栅格图像处理器)矢量数据转换为栅格数据，通过直接制版机输出分色印刷版或通过数字印刷机制成印刷品。其主要技术流程如图 12-1 所示。

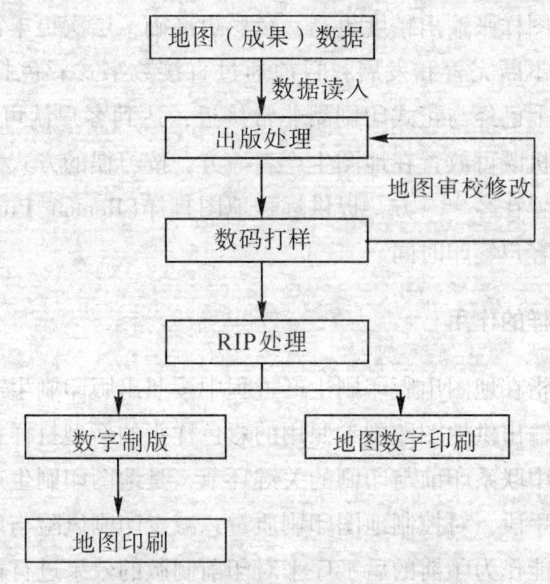

图 12-1　地图数字出版的技术流程

在流程中，地图出版完全实现了图形、图像、文字处理的数字化，地图数据蒙版制作、版面设计、拼版、颜色设计、文字处理等全部在计算机中通过软件完成，地图数据在计算机中能够得到准确的控制和利用。地图出版一体化技术的产生，是地图出版技术史上的一次革命性飞跃，它标志着地图出版技术进入了新时代。

地图数字出版技术流程是地图印刷品质量控制的第一步，地图数据通过特定软件读入数据，进入出版系统，这类数据的质量主要受屏幕编辑、颜色处理及分色效果等因素影响。地图影像数据经过图像处理，也进入到出版系统，这类数据主要受分辨率的影响、描述亮度变化所采用的灰度级数的影响、不同设备颜色表色域的影响、阶调调整及分色效果的因素影响，这些影响因素直接关系到生成网点的大小和印刷后网点的变形情况。

地图数字出版技术流程的特点是生成的地图数据在计算机条件下可以准确读取，但是一旦数据要脱离计算机进行输出，影响地图印刷品质量的可变因素增多，在后续的各个地图生产环节中质量控制更为复杂。

第四节　地图数码打样

随着地图数字出版的不断推进，地图印刷阶段性结果均以数字化的方式存储和传输，如何快速、便捷地提供地图彩色样张，以预测地图印刷效果和供客户签印，成为地图印刷复制过程数字化必须解决的问题，这对直接制版工艺尤显突出和急切。数码打样采用色彩管理技术将数字化彩色页面直接输出彩色样张，是一个从计算机到样张(Computer-to-Proof)的过程，满足了全数字化工作流程的需要。地图数码打样具有强大的色彩管理功能，地图样张输出精度更高，色彩更准确，层次更丰富。随着图文合一处理和彩色打印技术的不断完善和发展，目前通过直接数字式彩色打样机得到的地图样张，在质量上和效果上已经与正式印刷品非常接近，达到客户认可的合同样张的水平。直接数字式彩色打样机既可放置在地图生产者一方，按习惯的方式为客户提供样张服务以得到确认；也可放置在客户一方，提供远程地图打样(Remote Proofing)服务，从而极大地缩短地图打样和客户签印时间。

一、地图数码打样的作用

地图数码打样是指在地图出版印刷生产过程中按照出版印刷生产标准与规范处理好页面图文信息，直接输出供地图印刷参照用的彩色样张的新型打样技术。地图数码打样是地图印刷生产流程中联系印前与印刷的关键环节，是地图印刷生产流程中进行质量控制和管理的一种重要手段，对控制地图印刷质量、减少印刷风险与成本极其重要。

地图数码打样既能作为印前的后工序来对印前制版的效果进行检验，又能作为地图印刷的前工序来模拟印刷进行试生产，为印刷寻求最佳匹配条件和提供墨色的标准。

因此，地图数码打样不仅可以检查地图设计、地图数据制作等过程中可能出现的错误，而且能为地图印刷提供生产依据，为用户提供验收标准在实际印刷生产中，在地图印刷前与客户达成印刷成品最终效果的验收标准，避免地图内容的印刷错误，减小了地图印刷的风险与成本，保证地图印刷质量，意义重大。

地图数码打样的作用主要包括以下方面：

①为客户提供标准的地图审批样张。

地图样张是一个专业制版公司的成品，客户签样才标志着整个制版环节的完成。

②为地图印刷提供基本的控制数据和标准的彩色样张。

只有客户签样后才可以上机印刷，是印刷行业确保地图印刷内容和质量的准确，区分双方责任的原则，也是印刷机长根据样张需要对印刷环境进行调整的依据。

③地图数据错误的检查。

通过地图数码样张能够全面检查印前从地图成果数据到印刷版各工艺环节的质量，

发现已存在或可能在印刷中出现的错误，以便对出现的错误进行校正，降低地图生产的风险。因此，地图数码打样具有为用户和承印单位发现地图数据印前作业中的错误；为地图印刷提供各种不同类型的样张；作为地图印刷前同客户达成合约的依据等功能。

总之，地图数码打样的关键是模拟印刷效果，发现印前中地图成果数据的错误，为地图印刷提供相关的标准。

长期以来，原稿、显示、打样、印刷等各个环节之间的颜色不一致性，给客户造成了很大的困惑。客户在屏幕上看到电子版面颜色与地图印刷品颜色不一样，地图印刷品与签样样张颜色不一样，厂家和客户常常因为这些问题产生纠纷。直到色彩管理和数码打样技术的应用，才在整个印刷流程构建了一致性颜色标准的图文信息传播平台。

数码打样是指在出版印刷生产过程中按照出版印刷生产标准与规范处理好页面图文信息，直接输出供印刷参照用的彩色样张的新型打样技术。这种直接将数字化的图文信息版面输出到大幅面打印机上得到模拟印刷样张的方式替代了传统的出片、制版、机械打样工序。数码打样是出版印刷流程数字化的关键性工艺环节，直接制约着出版印刷的生产流程与产品的质量。

二、地图数码打样的特点

地图数码打样既不同于传统打样机平压圆的印刷方式，又不同于印刷机圆压圆的印刷方式。而是以印刷品颜色的呈色范围和与印刷内容相同的 RIP 数据为基础，采用数码打样大色域空间匹配印刷小色域空间的方式来再现印刷色彩，不需任何转换就能满足地图各种印刷方式的要求。能根据用户的实际印刷状况来制作样张，彻底解决了不能结合后续实际印刷工艺，给印刷带来困难等问题。

地图数码打样由于集成了出版印刷领域最新的理论与技术，因此与地图传统打样相比具有以下技术优势：

(1)工艺先进且适应性强

地图数码打样是现代地图数字出版系统的重要组成部分和关键工艺环节，它能模拟不同的印刷方式、不同纸张和油墨印刷效果，模拟范围广；可以模拟与匹配目前平印、凹印、凸印、柔印、网印等各种地图印刷方式的加网与图文色彩、层次、清晰度的再现，克服了不同印刷方式在传统打样中必须先建立不同印刷方式间非线性传递过程转换的弊端，能够满足不同用户、不同要求与不同印刷条件地图打样的质量要求。模拟色域空间大于印刷打样的色域空间，色彩效果好；地图数码打样与印刷在整个色空间中的色差要小于传统打样与印刷之间的色差，因此，数码打样的样张在实际使用中，印刷机操作人员普遍感到容易。因此，地图数码打样具有广泛的工艺先进性与适应性。

(2)速度快且成本低

地图数码打样可以将印前地图数据处理制作好的版面，直接打样输出，减少了传统打样中出片、晒版、显影，打样准备等环节，能在很短的时间内获得样张，提高了地图生产效率，满足了用户对时间的要求。输出一张大对开(102cm×78cm)720dpi 样张的时间，一般机型可在5min之内完成，输出速度远远快于传统打样的时间(一般单色打样机完成四色大幅面打样的时间需2h左右)。而且数码打样的设备投入仅为传统打样的30%，占空间小，材料消耗低，设备维护简便，还能减少RIP与人工时间、胶片输出和印版消耗，还可以避免传统打样发现错误返工时造成的浪费，增加地图数据内容修改的措施，其综合成本大大低于传统打样。

(3)质量稳定且重复性好

地图数码质量稳定、重复精度高，打样可以采用一次RIP解释，多次输出，系统设备与软件全部采用数字控制，降低了对工艺、设备、环境及人员的技术要求，输出样张的质量稳定和重复性远远高于传统打样。传统打样有可能会出现套印不准而造成图像清晰度下降，而数码打样不存在套印不准的问题。

(4)作业方便且可靠性高

地图数码打样采用了全数字的计算机控制，降低了作业工序和人为干预，能够实现数据化、规范化、标准化的地图生产作业，只要按照用户要求及规范打印，就能保证输出样张质量的一致，从而避免了传统打样受出片、晒版、显影、水墨平衡等诸多因素影响，造成样张打样对人员技术的高度依赖。

地图数码打样采用的数字控制设备具有体积小、价格低廉的特点，对打样人员知识及经验的要求比传统打样工艺低，易于普及和推广。

三、地图数码打样的原理和方法

地图数码打样的工作原理与传统打样和印刷的工作原理不同。数码打样是以地图数字出版系统为基础，利用同一页面图文信息(IRP数据)由计算机及其相关设备与软件来再现彩色图文信息，并控制地图印刷生产过程的质量。

地图数码打样系统由数码打样输出设备和数码打样控制软件两个部分构成。地图数码打样采用将传统色彩控制理论与现代ICC(International Color Consortium，国际色彩联盟)色彩匹配理论相融合的色彩管理与匹配控制技术，即高保真地将印刷色域同数码打样色域成色范围一致，在地图生产中实际匹配结果达98%以上。

地图数码打样的流程是：制作地图页面电子文件→IRP→数码打样。

作业程序是：系统设定→电子文件的验收→拼大版→选择打样材料→数码打样。

地图数码打样打一套对开四色版仅需15min。一套地图数码打样软件可以控制多台数码打样机。

地图数码打样的质量控制采用控制标版和密度计的数据测量方式，重点控制高达980个色彩区域的还原，远远优于传统打样重点控制的实地密度。避免在国内尤其是彩色胶印的印前和印刷中习惯于用放大镜观看网点的形态来判断或控制打样或印刷品的质量，对地图印刷人员素质与经验的要求以及控制数据的准确性。

由于地图数码打样的技术基础和应用目标与地图传统打样不完全相同，因此必须注意以下几个关键技术问题，才能准确理解地图数码打样。

(1)网点结构

由于目前使用的地图数码打样系统主要采用彩色喷墨打印机作为打样输出设备，彩色喷墨打印机的输出分辨率最高只有 2400×1200dpi，而传统加网方式满足印刷条件的输出分辨率必须高于 2450×2450dpi，因此所有的数码打样系统都采用了类似日本网屏公司的“视必达”加网的加网结构，即在 1%～15%采用特殊的调频加网，15%～80%采用常规加网，80%～100%采用特殊的调频加网。这种加网方法输出的图文既能够对图文准确再现，消除图文纹理产生的龟纹，又能够利用相对分辨率较低的设备。但是会给习惯于用放大镜观察网点来控制质量的用户带来不便，在某些区域尽管两种打样样张的色彩与层次完全一致，但用户无法通过放大镜观察网点来确定色彩或层次。

(2)色彩控制技术方法

地图数码打样系统采用色彩匹配的色彩控制技术方法来建立印刷呈色色域与打印呈色色域的一致，能够分别对不同印刷方式、不同印刷材料、不同生产环境匹配，即建立 ICC Profile 文件。该色彩控制方法完全是根据用户印刷的真实条件来匹配，通过对实际印刷的标准样张信息的采集，能够真正实现样张与印刷品的一致，并具有极高的重复性，ICC Profile 文件还可以直接传入印刷机的控制系统来控制其印刷墨量。与通过实地密度和网点值的传统打样完全不同，对地图印刷经验和人员的专业要求降低。

(3)全数字的作业方法

地图数码打样系统的地图数码打样作业采用全数字的作业方式，所有数据都来自于高精度分光光度计，各种印刷方式、印刷条件、印刷材料的印刷呈色色域与打印呈色色域的匹配全部由软件来实现，对地图制印人员的经验和网点判读能力没有太多要求，只需要按设计好的作业程序进行。因此，对于习惯于通过密度或放大镜，基于网点来进行打样或印刷的地图印刷专业人员讲，则必须改变工作习惯，从经验型作业向数字型作业转变，适应当前印刷领域控制数据化、集成化的趋势。

地图数码打样的特点是采用数码打样设备的大色域匹配印刷工艺的小色域的方式来再现印刷色彩。地图数码打样适应性强主要体现在它不仅可以进行模拟胶印的打样，还可以用于模拟其他印刷方式的打样，如柔印、凹印、丝网印刷等。

四、地图数码打样误差分析

理论上来说，建立了数码打样环境，使可以实现打样输出设备 ICC 同印刷 ICC 的转换，也就是说实现地图数码打样色彩与地图印刷色彩的一致匹配效果。但实际上，数码打样色彩不能完全做到与印刷色彩一致，其误差原因主要有以下几个方面：

①印刷参考样张的标准性。如印刷样张的墨色均匀性等会影响到不同测量点位，得到不同测量结果。

②打样输出设备的色彩稳定一致性。

③观察条件的影响。

④数码打样输出用墨水、纸张以及呈色方式与印刷用油墨、纸张及呈色方式不同，

造成样张色彩的光谱特性不同。

⑤分光光度计是在某一标准光源下测量色块的，因光源的不同会引起数据的变化；另外，测量仪器也存在一定的测量误差。

⑥观察者的主观意识会造成色彩感觉的不同。

⑦用于设备 ICC 生成的标准色块只代表了色空间的一部分，其他色块需要进行插值计算，会造成一定的误差。

影响数码打样质量的因素除了数码打样输出设备的线性化及 ICC 特性文件、印刷工艺条件 ICC 特性文件获取等以外，还有其他很多因素。有些综合反映在输出设备的基本线性化或输出设备 ICC 特性文件、印刷 ICC 特性文件内，有些是人为的因素造成的对数码打样环境建立质量的影响。

(1)数码打样设备对打样质量的影响

喷墨打印机打印头工作情况的好坏将直接影响数码打样的输出效果。打印头能够达到的打印精度决定数码打样的输出精度，低分辨率的打印机无法满足数码打样的需求。打印机的横向精度是由打印头分布状况决定的，纵向精度受步进电机影响，如果走纸不好，会对打印精度造成影响，打印时可能会出现横纹，必要时需要校正打印头。生产过程中打印头出现堵塞时，样张上就会出现断线现象，此时清洗墨头便可消除该现象。

打印头要及时更换，不要等到打印头不能使用时再更换，通常建议更换墨盒时同时更换打印头。有些公司的墨盒与打印头是同时销售的，不单独销售墨盒，能有效地保证打印质量。实践证明，为了节约一些成本，一个打印头使用两盒墨水可以确保打印质量。

(2)数码打样墨水对打样质量的影响

打样墨水对打样色彩还原起到决定性作用。喷墨打印机的墨水有颜料型和染料型两种。颜料型墨水不易褪色，同印刷油墨特性更加接近，但光源环境对样张色彩影响更加明显。染料型墨水成本较低，对打样的纸张适用范围更广。

建议使用打印机原装墨水，以确保打印输出时有足够的色域来满足模拟不同印刷效果的数码打样要求。

如果要使用非原装墨水，一定要对其进行严格的测试，看是否可以满足数码打样对墨水的起码要求。

(3)数码打样纸张对打样质量的影响

数码打样纸张一般为仿铜版打印纸。一方面，它同印刷用铜版纸具有相似的色彩表现力，更易达到同印刷色彩一致的效果；另一方面，涂层的好坏将影响样张在色彩和精度方面的表现，同时打样纸张的吸墨性和挺度也会影响打样质量。

在确定了打样墨水以后，什么样的纸张可以适合做数码打样呢？这就需要对纸张进行基本线性化的基础上测试纸张 ICC，如果纸张 ICC 大于印刷 ICC 色域，则基本可以用来做模拟该印刷工艺条件的数码打样。

综合数码打样输出设备、墨水和打印头，以及数码打样纸张，最终反映到数码打样输出设备的 ICC 上，也就是纸张 ICC 上。

五、地图数码样张的审校

地图数码样张是地图的最终形式的体现，检查时要注意：

(1)地图内容有无多余或遗漏

一些地图冗余数据、往往打印都很难检查出来，在数码打样时有可能出现。这些数据有些是地图数据制作时不小心添加上的线划或是地图注记配置时不能显示汉字，有些是不需要图层，这些冗余数据一般在屏幕上没有显示，地图打印时该图层处于关闭状态。特别是在通用地图制图软件中，会常常有这样的情况发生。另外，也有个别地图注记、符号打样时没有输出数据，特别是生僻字，要特别注意这些地图内容的遗漏，因此，地图注记一般在印刷前最好进行曲线划处理。

(2)地图易读性

如果地图彩色样张阅读效果不是很好，可以移动地图注记的位置、微调地图的颜色设计以改善地图易读性。

(3)地图要素协调性

地图符号、线划、底色、半色调是否相互协调。

(4)地图底色检查

如果是分幅地图，还要检查各分幅间的底色的一致性。

(5)地图色彩检查

检查地图符号、线划、注记的色彩正确性，如果有问题，需要检查地图成果数据的颜色的数据是否正确。所有彩色图形应该都为 CMYK 模式。

(6)地图数据格式和图像分辨率检查

在检查的过程中，一般彩色图像的分辨率至少为 300dpi，灰度图像一般为 600dpi，黑白线条则要求为 1200dpi。应注意图像的数据格式，适用于数字制版和印刷的格式应该为 EPS 格式和 Tiff 格式。

(7)地图图廓尺寸和出血量检查

对地图图廓尺寸和出血量进行检查。出血量至少为 3mm，图廓尺寸也必须在允许的纸张开本范围内。检查色标、套版线以及各种印刷和裁切用线是否设置齐全以及地图大版文件的尺寸是否正确。

第五节　地图数字制版

地图数字制版，即计算机直接制版，简称 CTP(Computer-to-Plate)，是一种经过计算机将地图成果数据的图文信息直接复制到版材上的技术，省去了胶片作为晒版的中间环节，其原理是通过计算机控制激光头，在印版上直接制出印刷时所需的图文或空白部分。地图数字制版技术是融计算机技术、激光技术和材料科学于一体，不再需要激光照排机输出胶片、拼版、拷贝及晒版等工序。

地图数字制版系统包括各种直接制版设备和相应的直接制版数码印刷版材，如热敏CTP、银盐CTP、紫激光地图数字、光聚合CTP等。随着直接制版技术的成熟，所需版材价格的逐步下降，直接制版技术会得到迅速发展。

一、数字制版机

数字制版CTP机从曝光系统方面可分为内鼓式、外鼓式、平板式、曲线式四大类。从应用的技术方面可分为热敏激光扫描成像、紫激光扫描成像、UV光源(包括常规光和激光)扫描成像以及喷墨成像四大类。从曝光系统方面看，使用最多的还是内鼓式和外鼓式。热敏CTP机多采用外鼓式曝光，紫激光CTP机多采用内鼓式曝光。UV光源技术目前采用平板式较多，近年来也有采用滚筒式扫描曝光的。曲线式曝光目前使用得很少。外鼓式与内鼓式曝光共同呈主流趋势。

1. 外鼓式CTP机

外鼓式CTP直接制版机工作时，版材包紧在滚筒外表面上，当滚筒以每分钟几百转的速度沿圆周方向旋转时，版材会随着滚筒以相同的速度旋转。曝光时，声光调节器根据计算机图文信息的明暗特征，对激光器光源所产生的连续的激光束进行明暗变化的二进制调制，调制后的受控激光束照射在印版上，从而完成了对印版的扫描成像。在成像过程中，激光器沿着与滚筒轴平行的丝杆步进移动。一般情况下，为提高生产效率，经常采用多个激光束进行扫描。

(1)外鼓式CTP机优势

①外鼓式的优点是适用于大幅面印版的作业，多适用于热敏版材，采用多光束激光头。由于热敏印版所需要的热量大，光源必须要有较大的功率，采用外鼓式制版机可以把光源的定位靠近印版。

②印版安装在滚筒外面，与印刷机上印版状态一样。能够模拟印刷机的弯版曲率，保证套准精度。

③激光到印版的距离短。

④光学系统不依赖于照排幅面。

(2)外鼓式CTP机不足

①适用的版材规格少。

②滚筒不能高速旋转，上下版慢，在滚筒转动时要保证转动稳定，需要特定的配重平衡装置来维持印版的平衡稳定。

③激光束多，偏移量很大，影响网点成像质量，需要进行补偿。

(3)外鼓式CTP机光源

外鼓式CTP机光源常常使用830 nm或1064 nm波长的红外激光器，可以分解阳图热敏CTP版材上的涂层材料，使阴图型热敏CTP版材涂层材料交联聚合或者烧蚀热敏CTP版材上的涂层等。

外鼓式制版系统不需要任何偏转棱镜，同时允许成像激光头更加靠近成像鼓，这一点对热敏成像非常有利，因为距离越近，所提供的激光能量很高。热敏 CTP 技术成熟得比较早，普及率较高。因其成熟而完美的制版质量，高档彩色商业印刷还是多选用热敏 CTP 机。近年来，热敏 CTP 首先实现大幅面、超大幅面，所以在包装印刷领域也大受欢迎。热敏 CTP 的制版速度也明显得到提高，不少经济、实用型的热敏 CTP 机的推出，受到中小型印刷厂的欢迎。

热敏 CTP 机的发展，首先还是在制版质量方面，一些制造商相继采用 GLV 光栅阀技术和方形光点成像技术等先进的影像形成技术，使制版质量得到了有效的保证，其1%~99%的网点质量和超高的解像力、清晰度，使制出的印版精度更高，上机印刷彩色还原更逼真。其次，通用的热敏 CTP 对开机型更加成熟，并积极向大幅面、超大幅面发展，同时，还向经济实用、实惠型方向发展。有的热敏 CTP 机，不但能制对开版，还能制 200mm 规格以下的印版，更加方便。

热敏 CTP 机制版速度越来越快，柯达的热敏 CTP 的制版速度已达 60 张/小时，是目前制版速度最快的热敏 CTP 机。热敏 CTP 机多采用阳图型热敏 CTP 版制版，不需要预热，节省了占地面积，缩短了制版时间。

2. 内鼓式 CTP 机

内鼓式 CTP 机把滚筒内层作为承托印版的鼓，内鼓是向内凹陷的，印版装载到内鼓的内部后，卷曲地贴在成像鼓的内壁，通过抽真空设备将其固定在成像位置。曝光时，声光调节器根据计算机图文信息的明暗特征，对激光器光源所产生的连续的激光束进行明暗变化的二进制调制。调制后的激光束并不是直接照射在印刷版上，而是通过反射镜照射到一组旋转镜上。一方面，旋转镜垂直于滚筒轴作圆周运动，随着镜子的旋转，激光束就被垂直折射到滚筒上，因此转动镜子也就转动了激光束；另一方面，旋转镜沿滚筒轴进轴向步进移动，也就是说，激光束相对于滚筒作螺旋形运动。扫描印版时，大部分激光被印版吸收，调整激光束的直径可以得到不同程度的分辨率；调整镜子的转速，则可以调节曝光时间。

(1)内鼓式 CTP 机优点

①扫描速度快，目前较先进的紫激光技术多采用这种激光方式。

②印版不动，这样使整体结构变得简单，机械稳定性好。

③采用单激光头，因此无激光束间的相互调节，价格相对便宜。

④上下版方便，可支持多种打孔规格，打孔的设计简便。

(2)内鼓式 CTP 机不足

①不适合大幅面的印版。

②不适合热敏版，网点受激光强度及显影处理会有变化。

③光学路径长，使激光到印版的距离变长，对抖动敏感。

(3)内鼓式 CTP 机光源

内鼓式 CTP 机光源常用 400nm、410nm 的紫激光，使激光器结构日趋简单，性能不断提高，价格明显下降。由于紫激光波长短，产生的激光点比较小，光学分辨率高，可以确保高光学分辨率输出；紫激光光源较小的体积也就意味着转速可以提高，如果配合上高感光度的银盐版，印版的输出效率较高；紫激光的发光波长处在传统光化学感光材料的感光波长范围内，因而缓解了版材开发的难度；紫激光只在对应的印版上感光成像，所以可以在黄色安全灯下操作，增加了使用的方便性；紫激光二极管光源稳定、光点结实，可以产生出高质量的印刷网点；紫激光激光器体积小，模块程度高，维修、更换方便。

紫激光 CTP 技术在近年来的发展是喜人的。今天的紫激光 CTP 机选用的紫激光器寿命更长。制版速度普遍较快，克劳斯的 CTP 机的制版速度达 300 张/小时。

总之，内鼓式 CTP 直接制版机制版速度快，特别是紫激光技术的应用，更使内鼓式 CTP 机如虎添翼，但成像质量需进一步提高；此类制版机常常使用银盐、光聚合等光敏 CTP 版材。外鼓式 CTP 机制版速度稍慢，但成像质量好，多用在商业印刷领域；该制版机常常使用热交联、热烧蚀、热分解等热敏 CTP 版材。地图数字制版应该首选外鼓式的热敏 CTP 机，热敏 CTP 机网点质量好和超高的解像力、清晰度，印版精度高，上机印刷彩色还原逼真，能满足地图数字印刷制版的所有需求。

二、地图数字制版技术

地图数字制版是由激光器产生的单束原始激光，经多路光学纤维或复杂的高速旋转光学裂束系统分裂成多束(通常是 200~500 束)极细的激光束，每束光分别经声光调制器按计算机中地图图像信息的亮暗等特征，对激光束的亮暗变化加以调制后，变成受控光束照射到印版表面进行成像工作，印版被固定在成像鼓的外侧，当滚筒以每分钟几百转的速度沿圆周方向旋转时，版材会随着滚筒以相同的速度旋转。与此同时，激光照射在印刷版上，完成对印刷版的扫描。在印版上形成地图图像的潜影；经显影等后工序(或免处理)，计算机屏幕上的地图图像信息就还原在印版上供印刷机直接印刷。

地图数字制版技术工艺流程中，由于印版的曝光方式是采用激光逐点扫描曝光，印刷网点面积由曝光的激光点组成的。网点大小能够准确控制，通过对设备进行线性化，以及准确控制制版过程中的显影液浓度、显影温度、曝光时间等条件，并配合使用印版网点检测仪对输出在印刷版上的网点进行量测，可以使印版上的网点得到准确而有效的控制。

网点质量的可控性，使过去不可避免的晒版引起的网点扩大问题也可以轻松解决，并且可以保证每次印版输出质量的稳定性。铝基印版的稳定性也远远高于软片，对印版图文位置的控制更加有保证，从而使套印更加准确，不会出现由于手工拼版而出现的套印不准问题。

设备调试到最佳状态后，地图数字制版能够达到以下质量指标：

①加网参数可以实现与 RIP 解释时的设置一样。

②网点变形检验，从星标上看不出明显的不平衡。

③网点阶调范围，在加网线数为200 lpi时可以达到1%~99%的网点可见。

④阶调线性化误差，在RIP中作过线性化后，线性化误差可以达到2%以内。

⑤最小线宽可以实现20μm的线条在主、副扫描方向都可见并连续。

⑥几何尺寸误差小于0.05mm。

⑦渐变过渡的输出基本平稳，无明显阶变、跳动。

⑧重复精度小于0.01mm。

在地图数字制版技术中，由于地图图文信息直接以逐点扫描曝光的方式复制到版材上，能够准确地复制地图数据图像，在版材上网点可以做到准确再现。

第六节　地图数字印刷

数字印刷技术的快速发展使得其可应用的领域不断拓宽，从最初简单的商业印刷已经扩展至标签印刷、包装印刷、出版印刷等各个领域。

一、数字印刷原理与方法

数字印刷分为喷墨数字印刷和静电成像数字印刷两大类，两大技术各有特点。

1. 喷墨数字印刷

喷墨数字印刷是由计算机根据印刷图文信息，控制喷嘴，将需要的墨水(粉)直接喷印(射)到承印物上，完成图文复制即完成印刷过程。喷墨数字印刷图文的复制由计算机直接到承印物，中间没有任何图文转移的载体，因此，喷墨数字印刷是没有印版的印刷。

喷墨数字印刷速度快，印刷成本低，稳定性好，比较环保；但纸张的适应性差，印刷质量也差些。

喷墨印刷的主要部件当然是喷墨头，无论是热喷墨、压电喷墨还是连续喷墨，喷墨头都要完成同样的工作——控制墨水通过喷嘴喷出。随着喷墨技术的日益成熟，鉴于喷墨印刷的速度和成本优势，喷墨数字印刷会有较大的发展空间。

2. 静电成像数字印刷

静电成像亦称电子成像。静电成像数字印刷的印刷过程与传统印刷的印刷过程基本相同。静电成像数字印刷是由计算机根据印刷图文信息，控制静电(电子)在中间图文载体上的重新分布而成像(潜像或可见图像)，形成图文转移中间载体(即通常说的印版)，油墨(墨粉)经过中间载体(印版)转移到承印物上，完成图文复制即完成印刷过程。因此，静电成像数字印刷是有印版的印刷。静电成像数字印刷与传统印刷一样，在印刷前首先要制版(中间载体上成像)，油墨通过中间载体——印版，把印刷的原图文复制到承印物上。两者所不同的是，静电成像数字印刷的印版与传统印刷印版的结构、形态及印版生成方法不同。

静电成像数字印刷及其印刷机对承印物无特殊要求，色域范围大于传统印刷，色彩更亮丽真实，印刷质量可以达到胶印水平，单个像素可达 8 位的阶调值；部分机型具有独立处理套印、字体边缘、人物肤色及独特的第五色功能。

静电成像数字印刷及其印刷机的缺点主要是：受激光成像技术的限制，单组成像系统高速旋转时，激光束会发生偏转，在印版滚筒中间和边缘之间出现距离差，从而造成图像层次不清，细节损失；电子油墨进行四色印刷时，有时采用各色油墨全部转移到胶皮滚筒橡皮布上叠加成像，可能会造成网点增大或混色，而影响高光和暗调部分的色彩还原和丢失一些细节。

到目前为止，静电成像数字印刷技术，仍然是数字印刷的主流技术。静电成像数字印刷技术及其印刷机是数字印刷及设备中种类最多，应用广泛，印刷质量好的数字印刷技术。地图数据应采用静电成像数字印刷技术。

二、数字印刷技术发展趋势

数字印刷技术快速发展主要体现在以下三个方面：

1. 印刷幅面不断扩大

印刷幅面对数字印刷的产能非常重要，特别是地图数字印刷，而数字印刷要想实现工业化应用，产能的提升必不可少。目前，生产型数字印刷设备的印刷幅面以 A4、A3 和 B3 为主，但随着喷墨打印头的阵列化和静电数字印刷设备的感光鼓/感光带幅宽的提升，B2 幅面的数字印刷设备逐渐出现并走向应用。B2 幅面数字印刷设备的推出之所以重要，一方面在于印刷幅面的增大能有效提升生产效率、降低单位生产成本；另一方面在于，胶印的最大印刷幅面通常为 B1，数字印刷设备的幅面尺寸越接近 B1，对传统印企的吸引力就会越大。因此，B2 幅面数字印刷设备是数字印刷挑战胶印的先锋。目前，虽然主流的数字印刷厂商都推出了 B2 幅面的数字印刷设备，但真正投入市场的只有富士胶片 JetPress 720、网屏 Truepress JetSX 和 HP Indigo 10000 等。

2. 墨水及色粉性能持续改进

对于高速喷墨印刷设备来说，墨水对于提升印刷质量和印刷速度，拓展应用领域的重要性不言而喻，各大厂商也对墨水的研发给予了足够的重视，推出了各种类型的墨水，如 HP 的颜料型水性墨水、柯达的纳米级水性墨水、施乐的微粒树脂墨水、富士胶片的环保水性墨水、网屏的色颜料经聚合物包覆处理的喷墨墨水、奥西的 CrystalPoint 墨水等。可以说，高速喷墨印刷的质量和速度能媲美胶印，墨水技术的快速发展功不可没。当然，大多数喷墨墨水是根据不同的喷墨打印头特性研发的，因此通用性还存在一定的问题，如何突破该问题将成为未来墨水技术的发展重点。

对于静电数字印刷设备来说，色粉同样是关键，其由着色剂、树脂、添加剂等构成，色粉颗粒的形状、一致性、呈色性和介质附着力是影响印刷质量的重要因素。研发纳米级、高饱和度呈色以及绿色环保的色粉成为许多厂商的主要攻关方向。

3. 在线涂布装置和 UV 墨水的应用

一些高速喷墨印刷设备，如 HP T 系列、柯达 Prosper 系列等都可以连接在线涂布装置，对普通纸张进行在线涂布，进而扩大了高速喷墨印刷设备的纸张适用范围；部分针对包装及标签印刷领域的高速喷墨印刷设备则使用了UV喷墨墨水，如网屏 Truepress Jet L350UV 喷墨印刷系统、方正桀鹰 L1400 彩色 UV 喷墨标签数字印刷机等，同样也提高了承印材料适应性，也拓展了高速喷墨印刷的应用领域，使之由商业印刷领域向标签、包装、出版印刷领域发展。

三、数字印刷和传统印刷的区别

数字印刷的印前图文是数字的；而传统印刷的印前图文是模拟的，也可以是数据，如果是数据可用数字制版技术制作印刷版，然后再印刷。

1. 油墨有别

传统印刷用油墨只有液体油墨一种。数字印刷用油墨有液体油墨和墨粉两种。墨粉需要加热熔化后再干燥固化。

2. 印版不同

传统印刷都有印版，其印版图文是恒定不变的。数字印刷除喷墨印刷外也有印版。数字印刷印版目前主要有：

①恒定图像印版：类似传统印版，但材质不同。

②无(非)恒定图像印版：可多次成像，成像后可擦去，但不能记录，每印刷一次必须重新成像(制版)。

③可重复成像印版：可多次成像，成像后可记录，根据需要也可擦去。

3. 印刷幅面

目前，静电成像数字印刷只适合小幅面以 A4、A3 为主，少量为 A2，最大幅面为 A1。喷头固定的喷墨印刷幅宽不宜太大，喷头可移动的喷墨印刷幅宽可以很大，但速度不能很快。传统印刷适合各种幅面。

4. 图文可变性

除恒定图像数字印版印刷外，数字印刷很容易实现每张印刷品都不同的可变印刷，传统印刷则很困难。

5. 质量

目前，传统印刷质量高，大多数数字印刷质量尚有差距，数字印刷可以满足一般质量需求。

6. 印刷速度不同

目前，数字印刷机的印刷速度远低于传统印刷机的印刷速度。最快单张纸喷墨打印机富士 Jet Press 720 每小时可打印幅面为 750mm×530mm 的纸 2 700 张。而最快的对开单张纸胶印机速度是每小时 18 000~20 000 张，两者相差 14 倍。又如，目前最快的卷筒纸喷墨打印机柯达 Prosper 5000XL 每分钟可打印 200m，而卷筒纸胶印机最高速度是每分钟 960 ~1 080 m，效率相差 5 倍。

7. 成本

印刷数量较大时，传统印刷的成本低。印刷数量较小时，数字印刷的成本低。目前的分界线是200张左右。总体看来，数字印刷成本高，有统计数据显示静电成像数字印刷机成本是单张纸胶印机成本的5~10倍。

8. 市场不同

传统印刷的最大优势是印刷质量和效率，因此，传统印刷适合印刷数量较大的印刷品印刷。数字印刷最大的优势是图文可变、快速，可一张起印。因此，数字印刷适合数量较少的个性化按需印刷和可变图文(数据)印刷。

四、地图印刷特点

地图印刷是整个印刷工艺的一个重要分支，有着自己的特点，主要体现在以下几个方面：

①地图信息的表示有着很强的设计表示特征。地图设计是对地图信息的创新式加工，将没有生命的数据赋予生命力。地图素材通常不具备色彩信息，地图设计时需要将不同要素进行色彩化、符号化处理。

②图种多样性。地图信息多样化，根据内容与表达方式的不同而分为普通地图、地形图、影像地图、专用地图等。

③要求印刷精度高。地图上为了使不同级别的信息要同时在一定幅面上正确、清晰地表达，有些线划会非常细，要求印刷时有很好的印刷精度，确保地图要素套印准确、不断线，从而也保证了地图具有较准确的量算功能。

④为了在一张图上表达完整的地图信息，地图的幅面常常会超大。由于印刷机幅面限制，地图印刷经常需要进行拼幅处理。

⑤地图印刷用色多。除了常规的四色印刷以外，还有大量的六色或以上的地图印刷任务，印刷难度高。

五、地图数字印刷

目前，如果地图印刷数量不超过200张，幅面不大于B2(500×706mm)可以采用数字印刷技术方法，也是应急地图印刷的首选方案。

1. 地图数字印刷技术方法

以比较有代表性的静电成像数字印刷技术的HP Indigo静电数字印刷系统为例，来论述地图数字印刷技术方法和步骤：

(1)印版充电

该过程是对安装在成像滚筒(即印版滚筒)上的光电成像印版PIP(Photo Imaging Plate)充电，且让其达到一定的电位。

(2)印版曝光

采用激光二极管扫描PIP印版，从而形成电子潜像。曝光控制机根据经调制处理过的地图图文信息控制激光束的开启和关闭，印版上与页面图文区域相对应的部分被曝光，使这些区域的静电荷中和，从而在印版表面生成肉眼看不见的静电潜像(样图版面信息)。

(3)地图图像显影

地图图像显影是利用回收滚筒和成像滚筒间的电位差和电子油墨特性，在成像印版上着墨形成实际的图像。由于显影辊筒和印版均带有不同的电压，于是在旋转着的印版滚筒与显影滚筒之间产生了强大的静电力。经过曝光处理后的印版图文区域带电较少(原电荷已经被部分中和)，而非图文区域带电较多，由于油墨带电，借助于印版滚筒与显影辊筒间的静电力，油墨中的带电粒子被吸引到图文区域，非图文区域聚集很多电荷，因此排斥带电的油墨颗粒，使墨滴朝向显影辊筒迁移，由接收盘接收后送到油墨容器重复使用。

(4)清除处理

清除过程表示清除成像印版表面多余的液体和油墨，对印版图文区域和非图文区域进行清洁和压缩处理，借助于印版滚筒与其他相关滚筒之间的机械压力和静电力，把印版表面的非图文区域多余的、作为油墨颗粒载体使用的液体清除掉，图文部分多余的液体也一起被清除，从而使转移到印版表面的油墨颗粒紧密地黏结在一起。使得图文部分有清晰和协调的外观，非图文部分则清除干净，没有任何残留下来的油墨颗粒。从印版表面清除下来的油墨由接收盘回收，送到分离器过滤出油液，以供重复使用。

(5)第一次油墨转移

在静电力和机械压力的共同作用下，印版表面的带电油墨层转移到带电橡皮滚筒上。

(6)清理工作

主要清除成像印版上所有遗留油墨和静电荷，并对其放电复位。到此为止，印版表面已经经历了一个完整的旋转周期，等待下一次充电，为下一个印刷周期做好了准备。

(7)第二次油墨转移

让橡皮滚筒继续旋转并对其加热，在其表面的电子油墨也因此而被加热，导致油墨颗粒部分熔化并混合在一起，组成热而带黏性的液状胶体。当油墨与承印材料表面接触时，由于承印材料温度要明显低于油墨颗粒的熔化温度，油墨颗粒快速固化并黏附到承印物表面。

2. 地图数字印刷质量控制内容

(1)地图印前数据的质量检测

对地图数据文件进行检查，发现问题和错误。

1)地图版面内容的检查

地图版面内容是由地图要素图形、注记和图像三者组成的。对于印刷的地图注记文字必须用矢量格式保存，而且还要注意字库匹配的问题。如果没有地图成果数据所提供的字体，应将所有注记曲线化处理。由于图形是矢量文件，所以对于地图图形，一般要注意的是色彩和文件格式问题。在检查的过程中，一般彩色图像的分辨率至少为300dpi，灰度图像一般为600dpi，黑白线条稿则要求为1200dpi。同时还应注意图像的格式和色彩模式，适用于印刷的格式应该为EPS格式和Tiff格式。所有彩色图形、图像应该都为CMYK模式。另外，如果使用专色印刷，需要对专色进行必要的设置。

2)地图版面设计的检查

必须要综合纸张交接和印后加工等因素，对地图数据图形尺寸和出血量进行检查。出血量至少为3mm，图形尺寸必须在允许的纸张开本范围内。检查色标、套版线以及各种印刷和裁切用线是否设置齐全以及地图大版文件的尺寸是否正确。

(2)原材料的检查

作为地图数字印刷所使用的原材料，纸张和油墨的变更会直接影响最终的印刷输出，改变印刷输出的色域空间。纸张的性能及印刷适性，数字印刷油墨性能，必须与相应的数字印刷技术相适应。因此，对原材料的质量进行控制是保证印刷稳定输出的必要条件。只有保证了印刷材料的稳定性，才能保证印刷输出的稳定性。

(3)地图印刷成品的质量检查

通过网点面积、网点增大值、实地密度、灰平衡、灰度等指标来分析地图数字印刷成品的质量。

3. 地图数字印刷质量控制方法

在地图数字印刷流程中，作业信息都以数据形式存在，所能看到的仅仅是输入的版面元素、显示设备所表现的地图版面信息。任何失误或者错误都会造成数据传输失败或者输出结果异常。因此，为了保证数据正确畅通地传递，必须有一套合理的控制方法。

(1)网点的控制

地图数字印刷采用的是数字混合加网技术，因此对于网点的控制同样至关重要。数字混合加网技术是综合调幅、调频两种加网技术，并结合数字化控制的混合加网技术。它借鉴了调幅网点与调频网点两者的优点，具有稳定性和可操作性的优势，相对于传统的加网技术，数字混合加网技术的输出速度和分辨率都有很大的提高。

(2)图像颜色、层次、清晰度和一致性的控制

通过色彩管理、数据传输与管理，可以很好地对地图颜色、层次、清晰度和一致性进行控制。

1)色彩管理

色彩管理，是指运用软、硬件相结合的方法，在地图生产系统中自动统一地管理和调整颜色，以保证在整个过程中颜色的一致性。地图数字印刷流程是个开放式的系统，对于输入、处理以及输出设备，可能分别来自不同的厂家，各设备对于颜色的描述及表达方式都有所不同。即便是同一设备，如果使用次数增加，也会发生损耗，对颜色的表现力也会相应地变化，色彩复制难度增加。并且有的时候为了异地观看或复制，彩色图形文件还需要在不同设备或者媒体之间传递。因此，为了实现不同输入、输出设备间的色彩匹配，使色彩能够在不同设备与媒体间一致性地传递，即实现“所见即所得”，必

须要对设备进行色彩管理。国际色彩联盟ICC为了实现色彩传递的一致性，开发了一种跨计算机平台的设备颜色特性文件格式，并基于此构建了一种包括与设备无关的色彩空间PCS(Profile Connection Space)、设备颜色特性文件(ICC Profile)和色彩管理模块的色彩管理框架CMM(Color Management Model)，称为ICC标准格式，目的就是建立一个以一种标准化的方式交流和处理图像的色彩管理模块，并允许色彩管理过程跨平台和操作系统进行，使各种设备和材料在色彩信息传递过程中不失真。

2)数据传输与管理

在地图数字印刷流程中，数据量会随着数字化程度的加深而呈几何级数增加。虽然有快速的网络，但仍然需要对数据的传输与管理进行优化。因此，印前领域制定了两个相关的规范OPI(Open Prepress Interface)和DCS(Desktop Color Separation)。OPI规范允许在拼版时使用低分辨率的替代图像，分色输出时再由OPI服务器自动替换为相应的高分辨率图像，这样就可以减少网络中文件的传输量。DCS规范可以管理桌面出版系统的整个分色过程，缩短生产时间，降低对设备的要求。在地图数字印刷过程中，数据在各个环节中流动。因此，在地图数字印刷过程中保持不同平台对文件的解释一致，并保证地图数据文件在传输过程中不缺失是极其重要的，否则就得不到正确的输出结果。

参考文献

[1]蔡孟裔，毛赞猷，田德森，等. 新编地图学教程[M]. 北京：高等教育出版社，2000.

[2]陈俊勇. 中国现代大地基准——中国大地坐标系统2000(CGCS 2000)及其框架[J]. 测绘学报，2008，37(3)：6-11.

[3]高俊. 地图学四面体——数字化时代地图学的诠释[J]. 测绘学报，2004，33(1)：269-271.

[4]高锡瑞，何宗宜. 基于数据的1：250万《中华人民共和国地图》设计与制作[J]. 测绘通报，2009(8)：1-5.

[5]何宗宜. 计算机地图制图[M]. 北京：测绘出版社，2008.

[6]何宗宜，谭芬. 地图矢量数据处理研究[J]. 测绘科学，2006，31(6)：74-76.

[7]何宗宜. 地图数据处理模型的原理与方法[M]. 武汉：武汉大学出版社，2004.

[8]何宗宜，刘新华，杨明. 利用DLG数据制作地形图[J]. 北京：地球信息科学学报，2003(2)：60-62.

[9]何宗宜. 基于分形理论的水系要素制图综合研究[J]. 武汉大学学报(信息科学版)，2002，27(4)：427-431.

[10]何宗宜.《深圳市地图集》普通图组的设计与编制[J]. 测绘科学技术学报，2001(3)：36-39.

[11]何宗宜.《深圳市地图集》的设计研究[J]. 测绘科学，2001，26(1)：25-29.

[12]何宗宜，杜清运.《深圳市地图集》的研制[J]. 测绘通报，1999(10)：28-31.

[13]何宗宜. 地形图上主要内容选取指标的改进设想[J]. 测绘通报，1995(1)：37-40.

[14]何宗宜，胡爱华. 浅论我国地形图上公路表示的改进[J]. 测绘通报，1995(6)：33-35.

[15]何宗宜. 改进我国地形图的一些设想[J]. 武测科技，1994(3)：30-34.

[16]何宗宜. 系列地形图实用确定居民地选取指标的数学模型[J]. 武测科技，1993(3)：24-29.

[17]何宗宜. 用多元回归分析方法建立计算居民地选取指标的数学模型[J]. 测绘学报，1986，15(1)：41-49.

[18]何宗宜. 地图上确定居民地选取指标的依据研究[J]. 武汉测绘科技大学学报，

1986, 11(1): 56-62.

[19]宁津生，陈俊勇，李德仁，等. 测绘学概论[M]. 武汉：武汉大学出版社，2004.

[20]王东华，刘建军，商瑶玲，等. 国家1∶50 000基础地理信息数据库动态更新[J]. 测绘通报，2013(7)：1-4.

[21]王家耀，李志林，武芳，等. 数字地图综合进展[M]. 北京：科学出版社，2011.

[22]王家耀，孙群，王光霞，等. 地图学原理与方法[M]. 北京：科学出版社，2006.

[23]王家耀，孙群，王光霞，等. 普通地图制图综合原理[M]. 北京：科学出版社，2009.

[24]祝国瑞. 地图学[M]. 武汉：武汉大学出版社，2004.

[25]祝国瑞，尹贡白. 普通地图编制[M]. 北京：测绘出版社，1983.

[26]A H Robinson Etal. Elements of Cartography[M]. 6 th ed. John Wiley & Sons Inc, 1995.

[27]A M MacEachren, D R F Taylor. Visualization in Modern. Cartography[M]. Pergamon, 1994.

[28]Judith A. Tyner. Principles of Map Design[M]. New York: The Guilford Press, 2010.

[29]Menno-Jan Kraak and Ferjan Ormeling. Cartography: Visualization of Spatial Data [M]. 3rd ed. England: Pearson Education Limited, 2010.

[30]Zongyi He, Aihua Hu, Jing Miao, Yajing Yin. The Design and Mapmaking of "Shenzhen and Hong Kong Atlas": proceedings of 26 th ICA [C]. Germany: Dresden, 2013.